Aumann · Haupt
Einführung in die reelle Analysis II

Einführung in die reelle Analysis

II Differentialrechnung der Funktionen mehrerer Veränderlicher

von
Georg Aumann und Otto Haupt

3., völlig neugestaltete Auflage des Werkes
Haupt · Aumann · Pauc, Differential- und Integralrechnung

Walter de Gruyter · Berlin · New York 1979

Dr. phil., Dr. rer. nat. h.c. Georg Aumann ist em. o. Professor an der Technischen Universität München und ord. Mitglied der Bayerischen Akademie der Wissenschaften.
Dr. phil., Dr. rer. nat. h.c., Dr. h.c. Otto Haupt ist em. o. Professor an der Universität Erlangen-Nürnberg, ord. Mitglied der Bayerischen Akademie der Wissenschaften und ord. Mitglied der Akademie der Wissenschaften und der Literatur in Mainz.

CIP-Kurztitelaufnahme der Deutschen Bibliothek

Aumann, Georg:
Einführung in die reelle Analysis / von Georg Aumann u. Otto Haupt. – Berlin, New York : de Gruyter.
1. u. 2. Aufl. u.d.T.: Haupt, Otto: Differential- und Integralrechnung.
NE: Haupt, Otto:
2. Differentialrechnung der Funktionen mehrerer Veränderlicher. – 3., völlig neugestaltete Aufl. – 1979.
ISBN 3-11-005720-4

Satz: W. Tutte Druckerei GmbH, Salzweg-Passau. – Druck: Gerike, Berlin. – Bindung: Lüderitz & Bauer Buchgewerbe GmbH, Berlin.
Printed in Germany.

Vorwort

Gegenstand des vorliegenden 2. Bandes sind im wesentlichen die Funktionen von mehreren reellen Variablen; um den Umfang dieses Bandes nicht allzusehr anschwellen zu lassen, war es nötig, die Integraltheorie dem 3. Bande zuzuteilen, der in Bälde folgen soll. Im 2. Bande wird daher, neben allgemeinen Betrachtungen, nur die Differentiation zur Sprache kommen.

Der 1. *Teil* vermittelt dem Leser in knapper Form die nötigen Grundkenntnisse aus der linearen und multilinearen Algebra sowie der Topologie; hinsichtlich der letzteren gehen wir auf ihren Ursprung zurück, bei dem sie zunächst nur als Werkzeug zur Analysis von Abbildungen entwickelt wird. Bei diesem Ausgangspunkt stößt man überraschender Weise auf die Methode der Definition durch Abstraktion, d. h. auf die in der Algebra seit langem geübte Methode der Schaffung neuer Objekte durch Bildung von Äquivalenzklassen in Produktmengen (vgl. 1.5.1., Anmerkung); diese, Algebra und Analysis einigende, Betrachtungsweise wollten wir dem Leser nicht vorenthalten, da sie unseres Wissens sonst nirgends zu finden ist.

Der 2. *Teil* behandelt die reellen Funktionen, soweit dies ohne Differentialrechnung möglich ist; wichtigste Gegenstände sind die Funktionen beschränkter Dehnung (Lipschitzfunktionen), Ungleichungen und konvexe Funktionen, sowie die Vertauschbarkeit von Grenzübergängen, wobei das letztere Thema im Falle reeller Funktionen durch die betonte Verwendung der (stets existierenden) extremen Limiten eine Behandlung im Sinne der „direkten Methode“ erfährt.

Der 3. *Teil* gehört der Differentialrechnung der Abbildungen des R^n in den R^k. Neben einer ausführlichen Analyse der verschiedenen Differenzierbarkeitsbegriffe, werden, wie das Inhaltsverzeichnis ausweist, eine Reihe klassischer Themen behandelt. Unter diesen seien hervorgehoben: Extremumprobleme bei reellen Funktionen mehrerer reeller Veränderlicher (nach Weierstrass); vollständige Systeme partieller Differentialgleichungen und das Integrabilitätskriterium von C. Carathéodory; das Gaussche Prinzip des kleinsten Zwanges bei gebundenen mechanischen Systemen; Differentialausdrücke der Physik und alternierende Differentialformen; Einhüllende von Kurven- und Flächenscharen; freier und gebundener Limes von Differenzenquotienten höherer Ordnung; Derivierte beliebiger reeller Funktionen einer reellen Veränderlichen.

Zu gelegentlich gestellten Aufgaben (wie auch zu jenen des 1. Bandes) sollen die Lösungen im 3. Bande gebracht werden.

Die Schwierigkeiten in der Bezeichnungsfrage bei Funktionen mehrerer Veränderlicher sind bekannt; nur eine, den jeweiligen Bedürfnissen angepaßte Bezeichnung vermeidet Schwerfälligkeiten, und so haben wir uns nicht gescheut – nicht nur zur Wahrung des Zusammenhanges mit der Tradition – gelegentlich auch die, zwar sehr suggestive, aber strengen Maßstäben nicht genügende, klassische Symbolik zu verwenden.

Dem Verlag danken wir für seine Bemühungen, insbesondere um eine gediegene Ausstattung des Werkes.

Georg Aumann
Otto Haupt

Inhalt

Erster Teil
Algebraische und geometrische Grundbegriffe

1.1. Der R^n als Vektor- und Punktraum .. 9
1.2. Lineare Abbildungen von Vektorräumen in Vektorräume 20
1.3. Skalarprodukt und Norm 30
1.4. Multilineare Abbildungen und k-Volumen im R^n 34
1.5. Topologie 43
1.6. Topologische Gruppen. Topologische Vektorräume. Normierte Vektorräume 68
1.7. Ergänzungen, Aufgaben 74

Zweiter Teil
Funktionen und Abbildungen

2.0. Einleitung 83
2.1. Lipschitzabbildungen 84
2.2. Ungleichungen und konvexe Funktionen 91
2.3. Mehrfache Grenzübergänge und ihre Vertauschbarkeit 103
2.4. Ergänzungen, Aufgaben 122

Dritter Teil
Differentialrechnung

3.1. Differential und Differenzierbarkeit. 157
3.2. Differentiation höherer Ordnung ... 172
3.3. Freie, stetige, gleichmäßige Differenzierbarkeit 180
3.4. Differenzierbarkeit und Kontingent. 187
3.5. Lösung reeller Gleichungen 189
3.6. Extremumprobleme bei reellen Funktionen mehrerer reeller Variablen... 201
3.7. Gewöhnliche Differentialgleichungen im Vektorraum R^k 214
3.8. Vollständige Systeme partieller Differentialgleichungen erster Ordnung .. 222
3.9. Integrabilitätskriterium von C. Carathéodory 228
3.10. Das Gaussche Prinzip des kleinsten Zwanges bei gebundenen mechanischen Systemen 232
3.11. Funktionaldeterminante und Volumverzerrung 237
3.12. Koordinatentransformation und damit verbundene Umrechnungen, insbesondere von Ableitungen 241
3.13. Differentialausdrücke der Physik und alternierende Differentialformen ... 244
3.14. Einhüllende von Kurven- und Flächenscharen 250
3.15. Scharen äquidistanter Flächen 258
3.16. Derivierte beliebiger reeller Funktionen einer reellen Variablen . 261
3.17. Interpolation 270
3.18. Freier und gebundener Limes von Differenzenquotienten n-ter Ordnung 277
3.19. Interpolation und Differenzenquotienten bei reellen Funktionen .. 294
3.20. Ergänzungen, Aufgaben 296

Literaturnachweis 306

Verzeichnis der verwendeten Symbole ... 308

Sachverzeichnis 309

Berichtigungen zum 1. Band 314

Erster Teil

Geometrische und algebraische Grundbegriffe

1.1. Der $\mathbb{R}^n$ als Vektor- und Punktraum

Wir wiederholen hier in aller Kürze (und zum Teil ohne Beweis) einige Grundtatsachen aus der analytischen Geometrie und linearen Algebra. (Fehlende Beweise sind also dem Leser überlassen).

1.1.1 Definition: Es sei $n \in \mathbb{N}^+$; als n-dimensionaler reeller Zahlenraum $\mathbb{R}^n$ wird das kartesische Mengenprodukt $\mathbb{R} \times \ldots \times \mathbb{R}$ von n Faktoren $\mathbb{R}$ bezeichnet (vgl. I., 1.6.4) also das System der geordneten n-tupel $x := (\chi_1, \ldots, \chi_n) =: (\chi_\nu)$, $\chi_\nu \in \mathbb{R}$, $\nu = 1, \ldots, n$. Für $(0, \ldots, 0)$ schreiben wir $\bar{0}$, auch 0.

1.1.2 *Gleichheit, Addition und Multiplikation mit reellen Zahlen bei n-tupeln.*

1. Definition: Für $x, y, z \in \mathbb{R}^n$ und $\alpha \in \mathbb{R}$ erklären wir, wenn $x = (\chi_\nu)$, $y = (\eta_\nu)$, $z = (\zeta_\nu)$,

(1) $x = y :\leftrightarrow \bigwedge_\nu \chi_\nu = \eta_\nu$ **(Gleichheit),**

(2) $x + y = z :\leftrightarrow \bigwedge_\nu \chi_\nu + \eta_\nu = \zeta_\nu$ **(Addition),**

(3) $\alpha x = y :\leftrightarrow \bigwedge_\nu \alpha \chi_\nu = \eta_\nu$ **(Multiplikation** mit dem **„Skalar"** α).

Die $\chi_1, \ldots, \chi_n$ heißen **Komponenten** von x. Es besagen also (1) bis (3), daß Gleichheit bzw. Addition und Multiplikation bei n-tupeln „komponentenweise" zu prüfen bzw. zu vollziehen sind.

Mit diesen Definitionen und den Umbenennungen $V := \mathbb{R}^n$, $K := \mathbb{R}$ gilt:

(I) Vermöge der Addition $(+)$: $V \times V \rightarrowtail V$ stellt $(V, +)$ eine Abelsche Gruppe dar mit $\bar{0}$ als neutralem Element (vgl. I., 2.0.5).

(II) K ist ein Körper (vgl. I., 2.0.6) und die (Links-)Multiplikation αx von $x \in V$ mit $\alpha \in K$, also $(.)$: $K \times V \rightarrowtail V$, genügt folgenden allgemeinen Regeln:

(III) $\alpha(x + y) = \alpha x + \alpha y$, $(\alpha + \beta)x = \alpha x + \beta x$, $\alpha(\beta x) = (\alpha\beta)x$, $1x = x$.

2. Definition: Ein Quadrupel $(V, +, K, \cdot)$ mit den Eigenschaften **(I)**, **(II)** und **(III)** heißt ein **Vektorraum** über dem Grund- oder Skalarkörper K, auch K-Vektorraum, kurz K-VR oder VR; die Elemente von V heißen **Vektoren**, die von K **Skalare**.

Folgerungen (aus **(I)**, **(II)**, **(III)**):

(a) $\bigwedge_{x\in V,\alpha\in K} \alpha x = \bar{0} \leftrightarrow \alpha = 0 \vee x = \bar{0}$.
(b) $\bigwedge_{x\in V} (-1)x = -x :=$ inverses Element zu x in $(V,+)$.

3. Definition: Zwei Vektoren u, v heißen **parallel**, in Zeichen $u \| v$, wenn $\bigvee_{\alpha\in K} u = \alpha v \vee v = \alpha u$. Insbesondere ist also $\bar{0}$ parallel zu jedem Vektor; ferner ist Parallelität in $V\setminus\{\bar{0}\}$ eine Äquivalenz.

Anmerkung: Modifiziert man (II), indem man darin das Wort „Körper" ersetzt durch „Ring mit 1-Element", so nennt man $(V, +, K, \cdot)$, wenn neben dem modifizierten (II) auch (I) und (III) gelten, einen K-Modul, auch eine Abelsche Gruppe mit Operatoren (Multiplikatoren) und den Ring K den Operatorenbereich (vgl. 1.1.3, Beispiel).

Im Sinne der 2. Definition ist $(\mathbb{R}^n, +, \mathbb{R}, \cdot)$ ein Vektorraum, kurz V$\mathbb{R}^n$, über $\mathbb{R}$.; und als VR heißt $\mathbb{R}^n$ der reelle, n-dimensionale (Zahlen-)VR. Man kann die Elemente $(\chi_1, \dots, \chi_n)$ des $\mathbb{R}^n$ aber auch als „Punkte" deuten und erhält dann den „Punktraum" $\mathbb{R}^n$, der zusammen mit dem VR $\mathbb{R}^n$ einen sogenannten „affinen" Raum (vgl. 1.1.6) liefert; dies soll zunächst am Beispiel $n = 2$ (Ebene) anschaulich dargelegt werden. Wenn unmißverständlich, schreiben wir, statt V $\mathbb{R}^n$ oder VR $\mathbb{R}^n$, einfach $\mathbb{R}^n$.

1.1.3 *Anschaulich geometrische Deutung in der Ebene.*

Zur Veranschaulichung und Motivation späterer Begriffsbildungen bzw. Beziehungen (vgl. 1.1.6) betrachten wir entsprechend dem $\mathbb{R}^2$ die „kartesische Ebene E der Punkte (x, y)" mit einem (x, y)-Koordinatensystem $(x := \chi_1, y := \chi_2)$, dessen „Nullpunkt" $O := (0,0)$ ist. Neben der üblichen Deutung des Paares (x, y) als „Punkt" p der Ebene E, kurz $p = (x, y)$, haben wir noch die algebraische Deutung von (x, y) als Vektor $v = (x, y)$ gemäß 1.1.2 (mit $n = 2$); das Zusammenspiel dieser beiden Begriffe im Sinne einer Geometrie („Affingeometrie") ergibt sich dadurch, daß wir jedem Punktepaar $p_1 := (x_1, y_1), p_2 := (x_2, y_2)$ zuordnen den Vektor

$$v = \overrightarrow{p_1 p_2} := (x_2 - x_1, y_2 - y_1), \tag{1}$$

den von p_1 nach p_2 führenden „Verbindungsvektor", den wir uns veranschaulichen können durch die orientierte (gerichtete) Strecke mit p_1 als „Anfang" und p_2 als „Ende". Die Abbildung

$$p \longmapsto \overrightarrow{p_1 p}, \quad p \in E, \tag{2}$$

bei festem $p_1 \in E$, von den Punkten in die Vektoren ist bijektiv; deshalb heißt $\overrightarrow{p_1 p}$ auch der *Ortsvektor* des Punktes p bezüglich des „Aufpunktes" p_1. Speziell mit $p_1 = \bar{0}$ sind der Punkt $= (x, y)$ und der zugehörige Ortsvektor $\overrightarrow{Op} = (x, y)$ (bzgl. $\bar{0}$) repräsentationsmäßig identisch; dies macht die Doppeldeutung in 1.1.2 (Ende) klar.

Aus der Definition (1) folgt das Additionsgesetz der Verbindungsvektoren:

(3) $$\overrightarrow{p_1p_2}+\overrightarrow{p_2p_3}=\overrightarrow{p_1p_3},$$

welches auch „Parallelogrammgesetz" der Vektoraddition genannt wird; es ist nämlich die Aufgabe, die Summe $\overrightarrow{Op_3}$ der Ortsvektoren $\overrightarrow{Op_1}$ und $\overrightarrow{Op_2}$ aus der Gleichung

(4) $$\overrightarrow{Op_1}+\overrightarrow{Op_2}=\overrightarrow{Op_3}$$

zu ermitteln, äquivalent mit der Aufgabe, das Dreieck Op_1p_2 zu einem Parallelogramm $Op_1p_3p_2$ zu ergänzen. In der Tat ist (4) gleichwertig sowohl mit $\overrightarrow{Op_2}=\overrightarrow{p_1p_3}$ als auch mit $\overrightarrow{Op_1}=\overrightarrow{p_2p_3}$.

B e i s p i e l : Mit der Deutung der (Orts-)Vektoren als Punkte erscheinen die Elemente des Moduls $(\mathbb{Z}^2, +, \mathbb{Z}, \cdot)$ als die Punkte des (ganzzahligen) Gitters $\{(m,n): m\in\mathbb{Z} \wedge n\in\mathbb{Z}\}$.

Zur Veranschaulichung der Multiplikation von Vektoren mit Skalaren führt eine Ähnlichkeitsbetrachtung, der wir vorausschicken:

Definition: Unter der Geraden durch den Punkt p_0 mit dem Richtungsvektor $v_0 \neq \vec{0}$ verstehen wir die Menge aller Punkte p, die sich darstellen lassen in der Form

(5) $$\overrightarrow{Op}=\overrightarrow{Op_0}+\alpha v_0 \qquad \text{mit } \alpha\in\mathbb{R}.$$

Wenn nun für zwei Ortsvektoren $\overrightarrow{Op_1}$, $\overrightarrow{Op_2}$ die Relation $\overrightarrow{Op_2}=\alpha\overrightarrow{Op_1}$ mit einem $\alpha\in\mathbb{R}$ besteht, so liegen sie auf einer Geraden durch O. Betrachtet man daneben die Punkte $q_1 := (1,0)$, $q_2 := (\alpha, 0)$ auf der x-Achse, so gilt $\overrightarrow{p_2q_2}=\alpha\overrightarrow{p_1q_1}$, sodaß die Dreiecke Op_1q_1 und Op_2q_2 ähnlich (und ähnlich gelegen) sind. Dies kann zur Konstruktion von $\alpha\overrightarrow{Op_1}$ dienen.

Eine entsprechende Geometrisierung der Vorstellung von allgemeinen K-VR durch Einführung von „Punkten" wird in 1.1.6 behandelt.

1.1.4 *Beispiele von Vektorräumen. Basis eines Vektorraumes*

(1) Oberkörper als *VR*. Ist K' Oberkörper des Körpers K, so ist $(K', +, K, \cdot)$ ein K-VR, wobei + bzw. · die Addition in K' bzw. die eingeengte Multiplikation $(\cdot)$: $K\times K' \to K'$ bedeuten. – Beispiel: $K' := C$ (= Körper der komplexen Zahlen) und $K := \mathbb{R}$.

(2) Produkte von VR. Ist $(i \mapsto V_i)_{i\in I}$ eine indizierte Menge von K-VR V_i, so wird das Produkt $V := \times_i V_i$ (d.h. die Menge der $x := (i \mapsto x_i)_{i\in I}$ mit $\bigwedge_i x_i \in V_i$, kurz $x=(x_i)_i$) zu einem K-VR vermöge der Definitionen:

(P) $$x+y := (x_i+y_i)_i \qquad \text{und} \quad \alpha x := (\alpha x_i)_i.$$

Spezialfall: $\bigwedge_i V_i = K$. Statt $\times_i V_i$ schreiben wir dann kürzer K^I. Ist insbesondere I endlich, etwa $I := \{1, \ldots, n\}$, so setzen wir $K^n := K^I$, in Übereinstimmung mit dem Fall $\mathbb{R}^n$ (vgl. auch I., 6.2.3.1 (Funktionenring)).

(3) V e k t o r ä q u i v a l e n z e n und l i n e a r e A b b i l d u n g e n.

1. Definition: Ist V ein K-VR, so heißt eine Äquivalenz $\sim$ in V **Vektoräquivalenz** in V, wenn $+$ und $\cdot$ konsistent sind gegen $\sim$, d.h. wenn

$$\bigwedge_{x,y,u,v\in V}\bigwedge_{\alpha\in K} x\sim y\wedge u\sim v\rightarrow x+u\sim y+v \qquad \text{und} \quad x\sim y\rightarrow \alpha x\sim\alpha y.$$

1. Satz: *Die Äquivalenzklassen* $[x]$ *bzgl. einer Vektoräquivalenz* $\sim$ *bilden einen* VR *vermöge der Definitionen* (vgl. I., 1.5.4.2, Anm. 1):

$$[x]+[y]:=[x+y] \qquad \text{und} \quad \alpha[x]:=[\alpha x].$$

2. Definition: Sind V und V' beide K-VR, so heißt die Abbildung $f\colon V\rightarrowtail V'$ **linear**, wenn für alle $x,y\in V$, $\alpha\in K$ gilt:

$$(L_a)\ f(x+y)=f(x)+f(y) \qquad \text{und} \quad (L_m)\ f(\alpha x)=\alpha f(x).$$

2. Satz: *Ist* $f\colon V\rightarrowtail V'$ *linear, so wird durch* $f(x)=f(y)$ *in* V *eine Vektoräquivalenz* $x\sim y$ *erklärt. Umgekehrt ist für jede Vektoräquivalenz in* V *die Zuordnung* $x\mapsto [x]$ *linear.*

(4) Vektorraum der linearen Abbildungen. Sind V, V' K-VR, so wird die Menge $L(V,V')$ aller linearen $f\colon V\rightarrowtail V'$ durch die Definitionen

$$(LA)\ (f+g)(x):=f(x)+g(x) \text{ und } (\alpha f)(x):=f(\alpha x), f,g\in L(V,V'), \alpha\in K,$$

zu einem K-VR, den wir auch mit $L(V,V')$ bezeichnen.

3. Definition: Die Elemente von $L(V,K)$, d.h. die linearen Abbildungen eines K-VR V in den zugehörigen Skalarkörper K, heißen die **linearen Funktionale** auf V und $L(V,K)$ selbst der **Dualraum** V^* von V.

1.1.4.1 *Unterräume eines Vektorraumes*

Wichtige Beispiele vom VR sind die Unterräume von V.

1. Definition: Als (K-Vektor-)**Unterraum** V' des K-VR V wird jede Teilmenge V' von V bezeichnet, welche mit der in V erklärten Addition und Multiplikation ein (K-)VR ist (d.h. Addition und Multiplikation von Vektoren aus V' führen nicht aus V' hinaus), also

$$\bigwedge_{x,y\in V'}\bigwedge_{\alpha\in K} x+y\in V' \qquad \text{und} \quad \alpha x\in V'.$$

1. Satz: *Die Menge* $\mathfrak{V}$ *aller Unterräume* V' *von* V *ist vermöge* $\subset$ *nach oben und unten vollständig geordnet* (vgl. I., 2.0.4, U_8); *hierbei gilt für jede Teilmenge* $\mathfrak{V}'$ *von* $\mathfrak{V}$ (vgl. I., 1.6.3.1, Satz 4)

$$\inf\mathfrak{V}'=\bigcap\mathfrak{V}'(:=\bigcap\{V'\colon V'\in\mathfrak{V}'\}),$$
$$\sup\mathfrak{V}'=\bigcap\{V''\colon V''\in\mathfrak{V}\wedge V'\supset\bigcup\mathfrak{V}'\}.$$

2. Definition: (a) Unter einer **Linearkombination**, kurz LK, von Vektoren $x_1,\dots,x_n$ aus einem K-VR versteht man jede Summe $\alpha_1x_1+\dots+\alpha_nx_n$ für beliebige $\alpha_1,\dots,\alpha_n\in K$.

(b) Die Gesamtheit aller LK von (je endlich vielen) Vektoren einer Menge E von Vektoren heißt die **Vektorraumhülle von** E, bezeichnet mit $[\![E]\!]$. Ist $E=\{x_1,\dots,x_n\}$, so schreibt man kürzer $[\![E]\!]=[\![x_1,\dots,x_n]\!]$.

3, Satz: (1) *Ist E irgend eine (nicht leere) Teilmenge des* K-VR *V, so ist die Vektorraumhülle* $[\![E]\!]$ *von E der kleinste Unterraum von V, der E enthält:* $[\![E]\!]=\bigcap\{V'':V''\in\mathfrak{B}\wedge V''\supset E\}$.
(2) *Eine Teilmenge V' von V ist genau dann ein Unterraum (von V), wenn* $[\![V']\!]=V'$.

1.1.4.2 *Basis eines Vektorraumes.*

1. Definition. (a) Ist V ein VR, so heißt die Teilmenge M von V ein **Erzeugendensystem von** V, kurz ***E*-System**, wenn $[\![M]\!]=V$ ist. – (b) Ein E-System von V heißt **Basis** von V, wenn dieses E-System, etwa B, minimal ist, d.h. wenn keine echte Teilmenge von B ein E-System von V ist.

Beispiel: Im VR K^n, $n\in\mathbb{N}^+$, bilden die n Vektoren $e_\nu:=(\delta_{\nu 1},\dots,\delta_{\nu n})$, $\nu=1,\dots,n$, mit $\delta_{\nu\mu}:=1$ bzw. 0, je nachdem $\nu=\mu$ bzw. $\nu\neq\mu$, eine Basis. Denn jedes $x=(\chi_1,\dots,\chi_n)\in K^n$ ist LK der e_ν, nämlich $x=\chi_1 e_1+\dots+\chi_n e_n$; und andererseits ist z.B. e_n nicht darstellbar als LK der $e_1,\dots,e_{n-1}$, welche also kein E-System bilden.
Der Übergang von einem E-System von V zu einem anderen (von V) ist ein wichtiges Hilfsmittel in der linearen Algebra. Hierzu der

1. Satz. Austauschsatz. Voraussetzung. *Es sei M ein E-System des* VR *V, also* $[\![M]\!]=V$. *Ferner sei* $x\in M$ *und* $x'\in V\backslash[\![M']\!]$ *mit* $M':=M\backslash\{x\}$.

Behauptung: *Es ist auch* $N:=M'\cup\{x'\}$ *ein E-System von V*; m.a.W.: *Austausch von x gegen x' liefert wieder ein E-System von V.*

Zusatz: Ist M sogar eine Basis von V, so auch N.

Beweis: Für jedes $z\in V$ gilt $z=\alpha x+y$ mit $\alpha\in K, y\in[\![M']\!]$. Analog gilt $x'=\beta x+y'$ mit $\beta\in K\backslash\{0\}$ und $y'\in[\![M']\!]$. Daher $x=\beta^{-1}x'-\beta^{-1}y'\in[\![M'\cup\{x'\}]\!]=[\![N]\!]$. Weil aber auch $y\in[\![M']\!]\subset[\![N]\!]$, folgt $z\in[\![N]\!]$, also $[\![M]\!]\subset[\![N]\!]\subset[\![M]\!]$, d.h. $[\![N]\!]=[\![M]\!]=V$. – Betr. Zusatz. Ist M minimal für V, so M' minimal für $[\![M']\!]$. Wegen $x'\in V\backslash[\![M']\!]$ ist daher N minimal für V.
Zu einer anderen Definition der Basis führt die

2. Definition. (a) Eine endliche Folge $x_1,\dots,x_k$ von Vektoren eines K-VR heißt **linear unabhängig**, kurz **l. unabh.**, wenn sie folgender Bedingung genügt

(LU) $$\bigwedge_{\alpha_1,\dots,\alpha_k\in K}\Big(\sum_{\nu=1}^{k}\alpha_\nu x_\nu=\mathfrak{o}\rightarrow\bigwedge_\nu\alpha_\nu=0\Big).$$

M.a.W.: Die Darstellung des Nullvektors $\mathfrak{o}$ als LK der $x_1,\dots,x_k$ ist nur „in trivialer Weise" möglich, d.h. nur dadurch, daß alle $\alpha_\nu=0$ sind. – (b) Eine (nicht leere) Teilmenge M eines VR heißt **l. unabh.**, wenn jede endliche Teilfolge von paarweise verschiedenen

Vektoren aus M l.unabh. ist. – (c) **„linear abhängig"**, kurz **l. abh.**, bedeutet soviel wie „nicht l.unabh.".

Folgerungen. (1) Eine l.unabh. Folge besteht aus paarweise verschiedenen Vektoren, enthält nicht den Nullvektor $\bar{0}$ und ist in jeder Reihenfolge l.unabh. – (2) Jede Teilfolge einer l.unabh. Folge ist l.unabh.

2. Satz: Voraussetzung. *Es sei M ein E-System des K-VR V.*

Behauptung. *Gleichwertig sind folgende Aussagen:* (i) *M ist eine Basis von V.* – (ii) *Es ist M l.unabh.* – (iii) *Jedes $x \in V$ ist „im wesentlichen", (d.h. abgesehen von Nullsummanden und von der Reihenfolge der Summanden) auf genau eine Weise darstellbar als endliche* LK *von paarweise verschiedenen Vektoren aus M* (d.h. zu jedem $x \neq \bar{0}$ gibt es genau ein $k \geqq 1$, ferner (bis auf die Reihenfolge) genau eine Teilfolge $y_1, \ldots, y_k \in M$ und genau eine Folge $\alpha_1, \ldots, \alpha_k \in K \setminus \{0\}$, sodaß $x = \alpha_1 y_1 + \ldots + \alpha_k y_k$ („Basisdarstellung" von x)).

Beweis: Betr. $\neg$ (iii) $\rightarrow \neg$ (ii). Sind nämlich $\sum_{\nu=1}^{n} \alpha_\nu x_\nu = \sum_{\mu=1}^{m} \beta_\mu x_\mu$ zwei wesentlich verschiedene Darstellungen mit Vektoren aus M, d.h. entweder $\{x_1, \ldots, x_n\} \neq \{y_1, \ldots, y_m\}$ oder (im Falle $\bigwedge_\nu x_\nu = y_\nu$ und $n = m$), es sind nicht alle $\alpha_\nu = \beta_\nu$, so führt die Differenz der beiden Seiten obiger Gleichung auf $\sum_{\kappa=1}^{k} \gamma_\kappa z_\kappa = \bar{0}$ mit $k \geqq 1$, paarweise verschiedenen z_κ und nicht allen $\gamma_\kappa = 0$, d.h. auf eine nicht-triviale Darstellung der $\bar{0}$, also auf lineare Abhängigkeit des M. – Betr. $\neg$ (ii) $\rightarrow \neg$ (i). Ist $\sum_{\kappa=1}^{k} \gamma_\kappa z_\kappa = \bar{0}$ mit paarweise verschiedenen $z_\kappa \in M$ nicht trivial, mithin ein $\gamma_\kappa \neq 0$, etwa $\gamma_n \neq 0$, so gilt $z_n = -\sum_{\kappa=1}^{n-1} \gamma_n^{-1} \gamma_\kappa z_\kappa$, es ist also $M \setminus \{z_n\}$ ein E-System für M. – Betr. $\neg$ (i) $\rightarrow \neg$ (iii). Ist M nicht minimal, also ein gewisses $z \in M$ als LK anderer Elemente aus M darstellbar: $z = \sum_\nu \alpha_\nu z_\nu$, so sind beide Seiten dieser Gleichung wesentlich verschiedene Darstellungen des gleichen Vektors, es ist also M nicht l.unabh.

1.1.4.3 *Existenz von Basen eines Vektorraumes.*

Satz: *Jeder* VR *$V \neq \{\bar{0}\}$ besitzt Basen. Allgemeiner: In jedem E-System M von V ist eine Basis von V enthalten.*

Beweis. Jeder VR V besitzt E-Systeme, z.B. ist V selbst ein E-System von V. Des Weiteren unterscheiden wir zwei Fälle.

I. Das vorgegebene E-System M ist abzählbar: $M = \{x_1, x_2, \ldots\}$. Es gibt ein erstes $x_{n_1} =: x'_1 \neq \bar{0}$. Entweder ist $V = [\![x'_1]\!]$ oder es gibt in der Folge $x_{n_1+1}, x_{n_1+2}, \ldots,$ ein erstes $x_{n_2} =: x'_2$, sodaß $\{x'_1, x'_2\}$ l.unabh. ist. Entweder ist $[\![x'_1, x'_2]\!] = V$ oder, usw. Fortsetzung der Schlüsse liefert eine (endliche oder unendliche) Teilfolge $M' := \{x'_1, x'_2, \ldots\}$ von M derart, daß jeder Abschnitt $x'_1, \ldots, x'_m$ von M' l.unabh. ist. Und da jede endliche Teilmenge von M' in einem Abschnitt enthalten, gemäß 1.1.4.2, Folgerung 2., also selbst l.unabh. ist, gilt dies definitionsgemäß auch für M' selbst. – Bemerkung. Für verschiedene Anord-

nungen des (abzählbaren) E-Systems und verschiedene E-Systeme liefert das beschriebene Verfahren i. a. verschiedene Basen.
II. Es ist M nicht abzählbar. Hier kann man mit Hilfe transfiniter Induktion (vgl. Hausdorff (Lit.), § 13, S. 62) analog schließen oder dazu gleichwertige Schlußweisen (vgl. Kowalsky (Lit. zu 1.4.6), Nr. 6.2., S. 35) anwenden.

Beispiele.
(1) Der Ring der Polynome (im Sinne von I., 6.3.1) besitzt eine abzählbare Basis. – (2) Eine nicht-abzählbare Basis besitzt der R-VR V der rationalen Funktionen f der Gestalt $f(x) := \sum_{\nu=1}^{n} \alpha_\nu (x-\chi_\nu)^{-1}$, $-1 < x < 1$, mit $n \in \mathbb{N}^+$; $\alpha_\nu, \chi_\nu \in \mathbb{R}$, wobei $|\chi_\nu| > 1$. Man zeigt, daß die Funktionen $(x \longmapsto (x-\chi')^{-1})$ mit $|\chi'| > 1$ eine Basis von V bilden. – (3) Auch $\mathbb{R}$ als VR über dem Körper $\mathbb{Q}$ der rationalen Zahlen besitzt keine abzählbare Basis (jede Basis heißt Hamel-Basis), (vgl. Hausdorff, Lit., S. 174).

1.1.5 *Dimension von Vektorräumen.*

1.1.5.1 – 1. Satz: *Besitzt ein* VR $V \neq \{\bar{0}\}$ *eine Basis der* Länge $k \in \mathbb{N}^+$, *d. h. besteht die Basis aus k Elementen, so gilt:* (1) *Jede Basis hat die Länge k.* – (2) *Je k l.unabh. Vektoren bilden eine Basis.* – (3) *Je* $k+1$ *Vektoren sind l.abh.*

Beweis: Es sei $X := \{x_1, \ldots, x_k\}$ eine Basis von V und $Y := \{y_1, \ldots, y_m\}$ eine Menge von m l.unabh. Vektoren aus V. Da $y_1 \neq \bar{0}$, so gilt (nach etwaiger Umnumerierung der x_κ) $y_1 = \sum_\kappa \alpha_\kappa x_\kappa$ mit $\alpha_1 \neq 0$. Wegen der Eindeutigkeit der Darstellung ist $y_1 \notin [\![X \setminus \{x_1\}]\!]$ und, zufolge des Austauschsatzes nebst Zusatz, $\{y_1, x_2, \ldots, x_k\}$ Basis von V. Weiter ist $y_2 = \beta_1 y_1 + z_2$ mit $z_2 \in [\![x_2, \ldots, x_k]\!]$ und $z_2 \neq \bar{0}$ (wegen der l. Unabhängigkeit der y_μ), sodaß (nach etwaiger Umnumerierung der $x_2, \ldots, x_k$) das x_2 gegen y_2 ausgetauscht werden kann. Fortsetzung der Schlüsse liefert im Falle $k \geqq m$ in $\{y_1, \ldots, y_m, x_{m+1}, \ldots, x_k\}$ eine Basis von V, sodaß $\{y_1, \ldots, y_m\}$ keine Basis von V ist. Im Falle $k = m$ ist $\{y_1, \ldots, y_m\}$ Basis von V. Der Fall $m \geqq k$ ist nicht möglich, weil sonst $\{y_1, \ldots, y_k\}$ Basis von V, also $y_{k+1} \in [\![y_1, \ldots, y_k]\!]$ und daher die y_μ nicht l.unabh. wären. Damit sind die Beh. (1) – (3) bewiesen.

Definition. Die **Dimension** $\dim V$ eines VR V wird so erklärt: (a) Für $V = \{\bar{0}\}$ ist $\dim V = 0$. – (b) Es ist $\dim V = k \in \mathbb{N}^+$, wenn V eine Basis der Länge k besitzt. – (c) Besitzt $V \neq \{\bar{0}\}$ kein endliches Erzeugendensystem, so ist $\dim V = \infty$. – In den Fällen (a) und (b) heißt V **endlich-dimensional**. – Für $V = \emptyset$ kann $\dim V = -1$ gesetzt werden.

2. Satz: *Für jeden Unterraum V' eines* VR V *gilt* $\dim V' \leqq \dim V$. *Bei endlich-dimensionalem V ist* $\dim V' = \dim V$ *gleichwertig mit* $V = V'$ *(wenn V' Unterraum von V).*

1.1.5.2 Ist $\{v_1, \ldots, v_m\}$ Basis des m-dimensionalen K-VR V, so ist jedes $w \in V$ eindeutig darstellbar als

$$(+) \qquad W = \alpha_1 v_1 + \ldots + \alpha_m v_m \qquad \text{mit} \quad \bigwedge_\mu \alpha_\mu \in K.$$

Das dem w gemäß (+) umkehrbar eindeutig entsprechende (geordnete) m-tupel $(\alpha_1, \ldots, \alpha_m) \in K^m$ heißt der **Skalar-Repräsentant**, kurz **S-Repr.**, von w **bezüglich der** (geordneten) **Basis** $(v_1, \ldots, v_m)$. Die $\alpha_1, \ldots, \alpha_m$ werden als die **Komponenten** von w bezgl. der Basis bezeichnet. Und wegen der Eindeutigkeit der Darstellung (+) lassen sich Addition und Multiplikation für Vektoren „komponentenweise" vollziehen (vgl. 1.1.2). Daher gilt der

Satz: *Jeder m-dimensionale K-VR V ist „linear isomorph" zu* $(K^m, +, K, \cdot)$, *d.h. es existiert eine lineare Bijektion* $f: V \rightarrowtail K^m$.

Beweis: Das fragliche f ist durch $(w \rightarrowtail (\alpha_1, \ldots, \alpha_m))$ gemäß (+) gegeben.

1.1.5.3 *Berechnung der Dimension eines endlich-dimensionalen Unterraumes U eines K-VR V aus einem endlichen Erzeugendensystem E von U.*

Im Fall $U = \{\bar{0}\}$ ist $\dim V = 0$. Es sei also $E := \{u_1, \ldots, u_m\}$ und $U = [\![E]\!] \neq \{\bar{0}\}$, ferner sei $\mathfrak{b}$ eine Basis von V und die S-Repr. der u_μ bzgl. $\mathfrak{b}$ seien bekannt. Da für die Darstellung der endlich vielen $u_1, \ldots, u_m$ insgesamt nur endlich viele $b \in \mathfrak{b}$, etwa $b_1, \ldots, b_t$, benötigt werden, kann man ansetzen

$$u_\mu = \sum_{\tau=1}^{t} b_{\mu\tau} b_\tau, \qquad \mu = 1, \ldots, m,$$

mit $\beta_{\mu\tau} \in K$ und l.unabh. $b_1, \ldots, b_t \in \mathfrak{b}$. Aus dem Schema

$$\begin{pmatrix} \beta_{11} \cdots \beta_{1t} \\ \cdots\cdots\cdots \\ \beta_{m1} \cdots \beta_{mt} \end{pmatrix}$$

der S-Repr. der u_μ läßt sich in höchstens m Schritten eine Basis von U in folgender Weise berechnen: Jeder Schritt besteht in einer Umwandlung des jeweils vorliegenden E-Systems E von U in ein „einfacheres E-System E" von U mit dem Erfolg, daß nach dem letzten Schritt eine Basis für U vorliegt, mit deren Länge dann auch die Dimension von U bekannt ist.

1. Schritt: Da nach Vor. $U \neq \{\bar{0}\}$, sind nicht alle u_μ Null. Man streiche aus E alle Nullvektoren; es verbleiben $u'_1, \ldots, u'_n$, $1 \leqq n \leqq m$, mit $[\![u'_1, \ldots, u'_n]\!] = [\![E]\!]$. Nun nehme man eine Umnumerierung der b_τ vor, derart daß $u'_\nu = \beta'_{\nu 1} b_1 + a_\nu$ mit $\beta'_{11} \in K \setminus \{0\}$ und $a_\nu \in [\![b_2, .., b_t]\!]$, $\nu = 1, \ldots, n$. Sodann bilden wir das zu $\{u'_1, \ldots, u'_n\}$ vektorhüllengleiche E-System $\{u''_1, \ldots, u''_n\}$ von U gemäß

$$u''_1 := (\beta'_{11})^{-1} u'_1 = b_1 + (\beta'_{11})^{-1} a_1$$

$$u''_\nu := u'_\nu - \beta'_{\nu 1} (\beta'_{11})^{-1} u'_1 \in [\![b_2, \ldots, b_t]\!], \qquad \nu = 2, \ldots, n.$$

2. Schritt: Wie der 1. Schritt nur mit $u''_2, \ldots, u''_n$ und $b_2, \ldots, b_t$ an Stelle von $u_1, \ldots, u_m$ und

$b_1, \ldots, b_t$; usw. – Nach r Schritten, $1 \leqq r \leqq \min\{m, t\}$, erhalten wir als ein E-System für U das System:

$$\begin{aligned} u_1^+ &= b_1 + a_1^+, \\ u_2^+ &= \quad b_2 + a_2^+, \qquad\qquad \text{mit } a_\varrho^+ \in [\![b_{\varrho+1}, \ldots, b_t]\!],\ \varrho = 1, \ldots, r. \\ &\cdots\cdots\cdots \\ u_r^+ &= \qquad\quad b_r + a_r^+. \end{aligned}$$

Es ist $\{u_1^+, \ldots, u_r^+\}$ eine Basis von U und daher $\dim U = r$.

1.1.6 *Zu einem Vektorraum gehöriger Punktraum. Affiner Raum.*

Es handelt sich darum, das in 1.1.3 beschriebene Zusammenspiel von Punkten und Vektoren, welches erst die üblichen geometrisch-anschaulichen Vorstellungen vom Raum zur Geltung bringt, hier für beliebige VR darzustellen. Dies ist neben Gründen der Anschauung vor allem deshalb notwendig, weil alle unseren späteren Erörterungen auf der Vorstellung eines Punktraumes beruhen, wobei der VR als algebraische Struktur das rechnerische Werkzeug bereitstellt. Wir werden hier die Konstruktion eines zu einem VR gehörigen Punktraumes in unmittelbarem Anschluß an die Betrachtung in 1.1.3 vornehmen, womit schon die gewünschten Vorstellungen hervorgerufen werden. Eine tieferliegende Begründung der Zusammenhänge von „Punkten" und „Vektoren", welche auf transformationsgruppentheoretischen Überlegungen beruhen, werden wir in den Ergänzungen andeuten (vgl. 1.7.3).

1.1.6.1 Die im Falle des $\mathbb{R}^2$ (1.1.3) benützte (wenig befriedigende) Doppeldeutung der Zahlenpaare (χ_1, χ_2), nämlich einmal als „Punkte" und daneben als „Vektoren" ersetzen wir im Interesse begrifflicher Klarheit jetzt, und zwar sogleich für den Fall beliebiger VR, durch folgendes: Zunächst wird eine formale Trennung der „Punkte" und „Vektoren" vorgenommen, indem man sich neben dem VR V noch gegeben denkt: Erstens eine Menge P, deren Elemente „Punkte" heißen, und Zweitens eine Bijektion $\varphi: P \rightarrow V$ (dabei entspricht φ der in 1.1.3 betrachteten Bijektion $(p \longmapsto \overrightarrow{p_1 p})$ bei festem p_1). Ohne Schwierigkeit konstruiert man, ausgehend von einem VR V, solche P und φ; etwa: $P := \{\{x\} : x \in V\}$ und $\varphi(\{x\}) := x - x_0$ für $x \in V$ und ein festes, beliebig wählbares $x_0 \in V$.

Mit einem solchen Paar (P, φ) definiert man nun die „Verbindungsvektoren" $\overrightarrow{p_1 p_2}$ für $p_1, p_2 \in P$ durch die Abbildung $\Delta\varphi: P \times P \longrightarrow V$ gemäß

(*) $$\overrightarrow{p_1 p_2} := \Delta\varphi(p_1, p_2) := \varphi(p_2) - \varphi(p_1) \qquad \text{(Grundrelation).}$$

Bei festem p_1 heißt $\overrightarrow{p_1 p}$ wieder der „Ortsvektor" von p bzgl. des „Aufpunktes" p_1 und in der Bijektion bzw. ihrer Umkehrung

(**) $$p \longmapsto x := \overrightarrow{p_1 p},\ p \in P, \text{ bzw. } x \longmapsto p := \varphi^{[-1]}(\varphi(p_1) + x),\ x \in V,$$

erhalten wir eine vektoralgebraische Darstellung (1,1-deutige Parameterdarstellung) der Punkte durch die Vektoren bzw. umgekehrt (Prinzip der analytischen Geometrie (Descartes)).
Aus (*) folgt unmittelbar die Gültigkeit des Additionsgesetzes (3) in 1.1.3 (Parallelogrammgesetz).
Die vorangehenden Bemerkungen führen zu folgender

Definition: Unter einem K-**affinen Raum** verstehen wir ein Tripel (P, V, φ), worin P eine „Punktmenge", V einen K-VR und $\varphi: P \rightarrowtail V$ eine Bijektion bezeichnet mit der Grundrelation $\varphi(p_2) - \varphi(p_1) = x$, welche den affin-geometrischen Zusammenhang zwischen Punkten $p_1, p_2 \in P$ und Vektoren $x \in V$ beschreibt.

1.1.6.2 Bezeichnung: Die K-affinen Räume (P, V, φ) und (V, V, j) sind isomorph insofern vermöge $\varphi: P \rightarrowtail V$ und $j: V \rightarrowtail V$ die Grundrelation $\varphi(p_2) - \varphi(p_1) = x$ für (P, V, φ) übergeführt wird in $x_2 - x_1 = x$, also in die für (V, V, j). O.B.d.A. kann man daher treffen die

Vereinbarung. Wird nur ein (einziger) K-affiner Raum (P, V, φ) betrachtet, so ersetzen wir ihn durch $(V) := (V, V, j)$ und gebrauchen dann für Punkte die gleichen Bezeichnungen $x, y, \dots$, wie für Vektoren. Um Mißverständnissen hinsichtlich der Deutung (als Vektor oder Punkt) vorzubeugen, setzen wir dabei fest: Die Bildung von Linearkombinationen für Punkte sei beschränkt auf „baryzentrische" und „homothetische" im Sinne der nachstehenden

1. Definition: Eine Linearkombination (LK) von *Punkten* $x_1, \dots, x_r$ des K-affinen Raumes (V, V, j), also $\alpha_1 x_1 + \dots + \alpha_r x_r = \sum_{\varrho=1}^{r} \alpha_\varrho x_\varrho$ mit $\bigwedge_\varrho \alpha_\varrho \in K$, heiße **baryzentrisch** bzw. **homothetisch**, je nachdem $\sum_{\varrho=1}^{r} \alpha_\varrho = 1$ bzw. $= 0$. Dabei ist die baryzentrische LK als *Punkt* zu deuten und die homothetische als *Vektor*.

Beispiele: Es ist zu deuten: (b) $2^{-1}(x_1 + x_2)$ als Mittelpunkt von x_1 und x_2 (d.h. der Strecke mit den Endpunkten x_1, x_2). – (h) $x_2 - x_1$ als der „gebundene" Vektor mit x_1 als „Anfangs-" und mit x_2 als „End-Punkt".

1. Anmerkung: Ersichtlich kann die Vereinbarung nicht gelten für den Fall, daß mehrere K-affine Räume mit gleicher Punktmenge in Beziehung zu einander stehen; man muß dann bei der Bezeichnung (P, V, φ) bleiben.

2. Anmerkung. Es ist (P, V, φ) isomorph auch zu $(V, V, j - x_0)$ bei beliebigem x_0.

2. Definition: Für eine beliebige Teilmenge X des K-affinen Raumes (V) versteht man unter der **baryzentrischen Hülle** $bH(X)$ bzw. unter dem **homothetischen Erzeugnis** $hE(X)$ die Gesamtheit der baryzentrischen bzw. homothetischen LK aus (je endlich vielen)

Punkten von X. – Es heißen $x_1, \dots, x_k$ **affinabhängig**, wenn eine homothetische (nicht triviale) LK der $x_1, \dots, x_k$ Null ist.

Folgerungen (aus den beiden Definitionen).

(1) Jede baryzentrische LK von baryzentrischen LK ist wieder eine baryzentrische LK. – (2) Jede formal gebildete LK von homothetischen LK läßt sich als homothetische LK schreiben. – (2') Die formal gebildete Summe aus einer homothetischen LK und aus einer baryzentrischen LK läßt sich als baryzentrische LK schreiben. – (3) Jede homothetische LK y aus $x_1, \dots, x_k$ läßt sich schreiben als LK aus den k^2 Differenzen $x_i - x_j$; $i, j = 1, \dots, k$; und umgekehrt. Dabei genügen für eine derartige Darstellung von y schon $(k-1)$ dieser Differenzen, z. B. $x_i - x_1, i = 2, \dots, k$. – (4) Es sind $x_1, \dots, x_k$ affinabhängig genau, wenn eines von ihnen baryzentrische LK der übrigen ist.

1.1.6.3 *Affine Unterräume.*

1. Definition: Ein affiner Raum (P', V', φ) heißt **affiner Unterraum** von (P, V, φ), wenn $P' \subset P$, wenn ferner V' Unter-VR von V ist und wenn die Grundrelation in (P', V', φ') übereinstimmt mit der Einengung der Grundrelation von (P, V, φ) auf $(P' \times P') \times V'$, wenn also $\Delta\varphi' = \Delta\varphi | P' \times P'$, wobei $\Delta\varphi := \varphi(j_2) - \varphi(j_1)$.

Zusatz: Ist speziell $(P, V, \varphi) = (V)$, so reduziert sich die Einengungsbedingung auf $\varphi' = j | P' + x_0$ für passendes $x_0 \in V$.

Beweis des Zusatzes: Aus $\varphi'(x_2) - \varphi'(x_1) = x_2 - x_1$ für $x_1, x_2 \in P'$ folgt $\varphi'(x_2) = x_2 + x_0$ mit $x_0 = \varphi'(x_1) - x_1$. Umgekehrt: Aus $\varphi' = j | P' + x_0$ folgt $x_0 = \varphi'(x_1) - x_1$ für jedes $x_1 \in P'$, also $\Delta\varphi' = \Delta\varphi | P' \times P'$.

1. Satz: Voraussetzung: *Es sei $(V) =: A$ ein K-affiner Raum (also V ein* K-VR).

Behauptung: (1) *Eine Teilmenge P' von V ist genau dann die Punktmenge eines K-affinen Teilraumes (P', V', φ') von A, wenn es ein $x_1 \in P'$ gibt so, daß*

($\mathfrak{B}'$) $$\mathfrak{B}_{x_1, P'} := \{x' - x_1 : x' \in P'\}.$$

(Vektor-)*Unterraum von V ist: alsdann ist $V' := \mathfrak{B}_{x_1, P'}$ und $\varphi' = j | P' - x_1$.* – (2) *Ist (P', V', φ') ein K-affiner Unterraum von A, so gilt*

$$\bigwedge\nolimits_{x_1, x_2 \in P'} \mathfrak{B}_{x_1, P'} = \mathfrak{B}_{x_2, P'}.$$

Beweis: Zu (1). – (a) Es sei (P', V', φ') affiner Unterraum von A. Dann ist die Abbildung $(x' \mapsto \varphi(x') - \varphi(x_1) = x' - x_1)$ von P' auf V' bijektiv, also das Bild $\mathfrak{B}_{x_1, P'} = V'$ ein VR; und für $\varphi' : P' \to V'$ mit $\varphi' := j - x_1$ gilt $\Delta\varphi'(x', x'') = (x'' - x_1) - (x' - x_1) = \Delta j(x', x'')$. – (b) Umgekehrt: Ist $\mathfrak{B}_{x_1, P'}$, für ein $x_1 \in P'$, ein VR V', so stellt $(x' \mapsto x' - x_1)$ eine Bijektion

φ' von P' auf V' dar; daher ist (P', V', φ') mit $\varphi' := j|P' - x_1$ und $V' := \mathfrak{V}_{x_1, P'}$ ein Unterraum von V. – Zu (2). Folgt aus zu (1), (a).
Zufolge Satz 1. ist ein affiner Teilraum (P', V', φ') von (V) bereits durch seine Punktmenge P' eindeutig bestimmt; wir können ihn daher kurz als den "affinen Teilraum" P' („Unterraum" P') von (V) bezeichnen. Wir haben daneben den

2. Satz: *Ist V ein VR, $x_1 \in V$ und V' Untervektorraum von V, so stellt (P', V', φ) mit $P' := x_1 + V' := \{x_1 + v' : v' \in V'\}$ und $\varphi' := j|P' - x_1$ einen Unterraum von (V) dar, welcher mit $x_1 + V'$ bezeichnet werde. – Umgekehrt ist jeder Unterraum (P', V', φ') von (V) als ein $(x_1 + V')$ darstellbar mit beliebig wählbarem $x_1 \in P'$.*

3. Satz: Erzeugung affiner Räume durch baryzentrische und homothetische LK.

Voraussetzung: *Es sei $(V) := (P, V, \varphi)$ ein affiner Raum und X eine beliebige, nicht leere Teilmenge von P.*

Behauptung: *Für den „von X aufgespannten Unterraum" von (V), d.h. für den kleinsten Unterraum (P', V', φ') von (V) mit $X \subset P'$ gilt: $P' = bH(X)$ und $V' = hE(X)$.*

Beweis: Gemäß Satz 1 ist $V' = \{x' - x_1 : x' \in P'\}$, $x_1 \in P'$. Gemäß Folgerung 3. gilt also $V' = hE(P')$. Wegen $X \subset P'$ und der Minimaleigenschaft von P' folgt $V' = hE(X)$. Und gemäß Satz 2, ist dann $P' = bH(X)$.

3. Definition: Die **Dimension dim (V)** eines K-affinen Raumes $(V) := (P, V, \varphi)$ sei gleich $\dim V$ gesetzt. Ein 1- bzw. 2- bzw. k-dimensionaler affiner Raum heißt **Gerade** bzw. **Ebene** bzw. **k-Ebene**. Die $(n-1)$-Ebenen in einem n-dimensionalen affinen Raum (V) heißen auch **Hyperebenen** von (V).
Aus der Definition folgt z.B. für eine Gerade G eines affinen Raumes mit dem Skalarkörper K die Parameterdarstellung $G := \{x_1 + \alpha v_0 : \alpha \in K\}$, worin x_1 irgend einen Punkt von G und $\mathfrak{0} \neq v_0 \in V$ irgend einen „Richtungsvektor" von G bezeichnet (mit v_0 ist auch βv_0 Richtungsvektor für jedes $\beta \in K \setminus \{0\}$).

1.2. Lineare Abbildungen von Vektorräumen in Vektorräume

1.2.1 Die linearen Abbildungen sind (vgl. 1.1.4, (3)) gekennzeichnet durch (L_a) und (L_m); man bezeichnet daher die linearen Abbildungen auch als VR-Homomorphismen. Aus (L_a), (L_m) folgt u.a.: Sind V, V' K-VR, so gilt für jedes $f \in L(V, V')$ bei beliebigen $x_\mu \in V$, $\alpha_\mu \in K$, $\mu = 1, \ldots, m$:

$$f(\textstyle\sum_\mu \alpha_\mu x_\mu) = \sum_\mu \alpha_\mu f(x_\mu) \qquad \text{und} \quad f(-x) = -f(x), f(\mathfrak{0}) = \mathfrak{0}.$$

Beispiele linearer Abbildungen.

(1) Die Nullabbildung $f\colon V \rightarrowtail \{\bar{0}\}$. – (2) Die Identität $\bigwedge_{x\in V} f(x)=x$. – (3) Es seien V, W K-VR, ferner seien $v_1,\ldots,v_n \in V$ l.unabh. und $w_1,\ldots,w_n \in W$ beliebig. Dann gibt es genau ein lineares $f\colon [\![v_1,\ldots,v_m]\!] \rightarrowtail [\![w_1,\ldots,w_n]\!]$ mit $f(v_\nu)=w_\nu$ für alle ν. Dieses f ist bijektiv genau dann, wenn auch die $w_1,\ldots,w_n$ l.unabh. sind. – In der Tat: Für $v=\sum\alpha_\nu v_\nu$ gilt $w=f(v)=\sum\alpha_\nu f(v_\nu)=\sum\alpha_\nu w_\nu$; und da der S-Repr. $(\alpha_1,\ldots,\alpha_n)$ von $v\in[\![v_1,\ldots,v_n]\!]$ bezüglich der l.unabh. $v_1,\ldots,v_n$ eindeutig bestimmt ist, gilt dies auch für $f(v)$. Sind überdies die $w_1,\ldots,w_n$ l.unabh., so ist auch der S-Repr. von $w\in[\![w_1,\ldots,w_n]\!]$ bezüglich $w_1,\ldots,w_n$ eindeutig bestimmt, also gleich $(\alpha_1,\ldots,\alpha_n)$; und umgekehrt.

Bemerkung: Bei $f\in L(V,W)$ sind die Bilder von l.abh. v_ν wieder l.abh. (in W); daher sind die Urbilder v_ν von l.unabh. $f(v_\nu)$ wieder l.unabh. – Das Umgekehrte gilt genau für injektive f, d.h. genau für diese f sind die Urbilder von l.abh. $f(v_\nu)$ l.abh., die Bilder von l.unabh. v_ν dagegen l.unabh. Es gilt nämlich der

Satz: Kennzeichnung der injektiven linearen Abbildungen.

Voraussetzung: *Es seien V und W beide K-VR. Ferner sei $f\in L(V,W)$.*

Behauptung: *Folgende drei Aussagen sind gleichwertig:*

(1) *Es ist f injektiv* (d.h. $f(x')\neq f(x'')$ für $x'\neq x''$);

(2) *Der „Kern“ $f^{[-1]}(\bar{0})$ von f enthält nur die $\bar{0}\in V$;*

(3) *Für jede Teilmenge X von V gilt: Ist $f(X)$ l.abh. in W, so auch X in V (oder, was das Gleiche: Ist X l.unabh. in V, so auch $f(X)$ l.unabh. in W).*

Zusatz: (a) Es ist $f\in L(\text{VR }\mathbb{R}^n, \text{VR }\mathbb{R}^k)$ surjektiv genau dann, wenn $\dim(f(\text{VR }\mathbb{R}^n))=k$, also $k\leqq n$. – (b) Es ist $f\in L(\text{VR }\mathbb{R}^n, \text{VR }\mathbb{R}^k)$ injektiv genau dann, wenn $\dim(f(\text{VR }\mathbb{R}^n))=n$, also $n\leqq k$.

Beweis: (1)$\rightarrow$(2). Es ist $f^{[-1]}(w)$ einpunktig und wegen $f(\bar{0})=\bar{0}$ auch der Kern. – (2)$\rightarrow$(3). Aus der nicht-trivialen LK $\alpha_1 f(v_1)+\ldots+\alpha_r f(v_r)=\bar{0}$ folgt $f(\alpha_1 v_1+\ldots+\alpha_r v_r)=\bar{0}$, nach (2) also $\alpha_1 v_1+\ldots+\alpha_r v_r=\bar{0}$. – (3)$\rightarrow$(1) Es ist $\{v\}$ l.unabh. genau für $v\neq\bar{0}$. Gemäß (3) zieht also $\bar{0}\neq v'-v''$ nach sich $\bar{0}\neq f(v'-v'')=f(v')-f(v'')$.

Betr. Zusatz. (a) Dann. Es ist $f(V\mathbb{R}^n)$ als k-dimensionaler Unterraum von $V\mathbb{R}^k$ gleich $V\mathbb{R}^k$ (vgl. 1.1.5.2). – Nur dann. Bei surjektivem f ist $f(V\mathbb{R}^n)=V\mathbb{R}^k$. – (b) Dann. Wenn $\dim(f(V\mathbb{R}^n))=\text{n}$, existiert eine Basis $(y_1,\ldots,y_n)$ von $f(V\mathbb{R}^n)$, wobei $y_\nu=f(x_\nu)$, $x_\nu\in V\mathbb{R}^n$. Die $x_1,\ldots,x_n$ bilden ihrerseits eine Basis von $V\mathbb{R}^n$ (gemäß Bemerkung vor dem Satz). Wegen $f(\sum\alpha_\nu x_\nu)=\sum\alpha_\nu y_\nu$ für alle $(\alpha_1,\ldots,\alpha_n)\in\mathbb{R}^n$ folgt $f^{[-1]}(\{\bar{0}\})=\{\bar{0}\}$. – Nur dann. Folgt aus dem Satz wegen (1)$\rightarrow$(3).

Anmerkung: V und W seien K-VR, ferner sei $(b_1,\ldots,b_k)$ Basis von W und $f\colon V\rightarrowtail W$ mit $f=\psi_1 b_1+\ldots+\psi_k b_k$. Es ist f linear genau dann, wenn die $\psi_\kappa\colon V\rightarrowtail K$ linear sind, $\kappa=1,\ldots,k$.

1.2.2 *Matrizen als Skalar-Repräsentanten linearer Abbildungen endlich dimensionaler Vektorräume.*

1.2.2.1 Im Folgenden sei X bzw. Y ein n-bzw. k-dimensionaler K-VR, ferner sei $\mathfrak{b}(X) := (x_1, \ldots, x_n)$ bzw. $\mathfrak{b}(Y) := (y_1, \ldots, y_k)$ eine (geordnete!) Basis von X bzw. Y. Ist nun $f \in L(X, Y)$, so ist f durch die Bilder $f(x_1), \ldots, f(x_n) \in Y$ eindeutig bestimmt und diese wiederum besitzen (bezüglich $\mathfrak{b}(Y)$) die eindeutigen Darstellungen

$$f(x_\nu) = \textstyle\sum_{\kappa=1}^{k} \beta_{\kappa\nu} y_\kappa, \qquad \nu = 1, \ldots, n.$$

Bezüglich der Basen $\mathfrak{b}(X)$ und $\mathfrak{b}(Y)$ ist also f umkehrbar eindeutig bestimmt durch das mit $\mathfrak{M}(f) := \mathfrak{M}(\mathfrak{b}(X), \mathfrak{b}(Y))(f)$ zu bezeichnende kn-tupel der $\beta_{\kappa\nu} \in K$, also

$$\mathfrak{M}(f) := (\beta_{11}, \ldots, \beta_{1n};\ \beta_{21}, \ldots;\ \beta_{k1}, \ldots, \beta_{kn}) \in K^{kn};$$

m. a. W.: Bei fester Wahl der Basen $\mathfrak{b}(X)$ in X bzw. $\mathfrak{b}(Y)$ in Y existiert ein bijektives $\mathfrak{M}$: $L(X, Y) \rightarrowtail K^{nk}$; und dieses $\mathfrak{M}$ ist überdies linear, wenn K^{kn} als K-VR $(K^{kn}, +, K, \cdot)$ aufgefaßt wird (vgl. 1.1.4, (2)). Für die skalare Darstellung eines $f \in L(X, Y)$ ergibt sich nämlich mit den Darstellungen $x = \sum_\nu \xi_\nu x_\nu \in X$ und $f(x) = y = \sum_\mu \eta_\mu y_\mu \in Y$, daß

$$\eta_\mu = \beta_{\mu 1} \xi_1 + \ldots + \beta_{\mu n} \xi_n, \qquad \mu = 1, \ldots, k,$$

sodaß also der Addition zweier f bzw. der Multiplikation von f mit einem Skalar (gemäß (LA) in 1.1.4, (4)) die Addition bzw. Multiplikation entsprechender $\beta_{\mu\nu}$ entspricht.
Die Bijektivität und Linearität von $\mathfrak{M}$ berechtigt dazu, $\mathfrak{M}(f)$ als Skalar-Repräsentanten, kurz S-Repr., von f bezüglich der Basen $\mathfrak{b}(X)$ und $\mathfrak{b}(Y)$ zu bezeichnen.

1.2.2.2 Die Darstellung der η_μ durch die ξ_ν in 1.2.2.1 legt es nahe, $\mathfrak{M}(f)$ nicht als „linear" angeordnetes nk-tupel anzuschreiben, sondern entsprechend den beiden Indizes κ, ν als „eben" angeordnetes (Rechtecks-)Schema.

Definition: Das Schema

$$B := \begin{pmatrix} \beta_{11} \cdots \beta_{1n} \\ \cdots\cdots\cdots\cdots \\ \beta_{k1} \cdots \beta_{kn} \end{pmatrix} =: (\beta_{\kappa\nu})$$

sei bezeichnet als k, n-**Matrix** der $\beta_{\kappa\nu}$. Werden die $\beta_{\kappa\nu}$ gedeutet als die Elemente von $\mathfrak{M}(f)$, so setzen wir $\mathfrak{M}(f) := B$ und sprechen von der **Matrix der Abbildung** f bezüglich der Basen $\mathfrak{b}(X)$ und $\mathfrak{b}(Y)$. Man bezeichnet $z_\kappa := (\beta_{\kappa 1}, \ldots, \beta_{\kappa n})$, $\kappa = 1, \ldots, k$, bzw.

$$s_\nu := \begin{pmatrix} \beta_{1\nu} \\ \vdots \\ \beta_{k\nu} \end{pmatrix}, \qquad \nu = 1, \ldots, n,$$

als die κ-te **Zeile** bzw. als die ν-te **Spalte** von $(\beta_{\kappa\nu})$; mithin liefert der Index κ bzw. ν in $(\beta_{\kappa\nu})$ die Nummer derjenigen Zeile bzw. Spalte, in der $\beta_{\kappa\nu}$ in B steht.

Demgemäß kann man B auch schreiben

$$B = (z_\kappa)_k^{\kappa=1} = (s_\nu)_{\nu=1,\dots,n} = ((\beta_{\kappa 1} \cdots \beta_{\kappa n})) = \begin{pmatrix} \beta_{1\nu} \\ \vdots \\ \beta_{k\nu} \end{pmatrix}.$$

n,n-Matrizen heißen auch *quadratisch*. Jedes z_κ bzw. s_ν kann überdies aufgefaßt werden als einzeilige, d.h. als $1,n$-Matrix, bzw. als einspaltige, d.h. als $k,1$-Matrix. Dementsprechend kann man jede $1,n$-Matrix bzw. jede $k,1$-Matrix deuten als S-Repräsentanten eines Vektors, d.h. eines **Zeilen-** bzw. **Spaltenvektors**.

Anmerkung: (1) Die S-Repr. eines Vektors haben wir bisher als Zeilenvektoren geschrieben; soweit mit solchen S-Repr. als Spaltenvektoren operiert wird, werden wir das jeweils kenntlich machen.
(2) Auch dann, wenn im Rechtecksschema die $\beta_{\kappa\nu}$ nicht Skalare sind, sprechen wir von einer Matrix mit den Elementen $\beta_{\kappa\nu}$.

1.2.2.3 *Das Rechnen mit Matrizen.*
Bei Vektoren war die Addition bzw. die Multiplikation mit einem Skalar gleichbedeutend mit der entsprechenden Operation, ausgeübt auf die Komponenten des S-Repr. Demgemäß setzen wir für Matrizen fest:

Definition: (1) Es seien X bzw. Y K-VR mit $n = \dim X$ und $k = \dim Y$; ferner seien $f, f' \in L(X, Y)$. Bezüglich der Basen $\mathfrak{b}(X)$ bzw. $\mathfrak{b}(Y)$ von X bzw. von Y seien $B := (\beta_{\kappa\nu}) =: \mathfrak{M}(f)$ bzw. $B' := (\beta'_{\kappa,\nu}) =: \mathfrak{M}(f')$ die S-Repr. von f bzw. f'. Dann wird für B, B' die **Addition** sowie die **Multiplikation mit einem Skalar** $\alpha \in K$ erklärt durch $B + B' := (\beta_{\kappa\nu} + \beta'_{\kappa\nu})$ und $\alpha B := (\alpha\beta_{\kappa\nu})$. Dabei gilt $\mathfrak{M}(f+f') = \mathfrak{M}(f) + M(f')$ sowie $\alpha\mathfrak{M}(f) = \mathfrak{M}(\alpha f)$. Die Rechenregeln aus 1.1.1 haben Geltung.
(2) Es seien X, Y, Z K-VR mit $\dim X = n$, $\dim Y = k$, $\dim Z = m$ und mit Basen $\mathfrak{b}(X)$, $\mathfrak{b}(Y)$, $\mathfrak{b}(Z)$. Weiter sei $f \in L(X, Y)$ und $g \in L(Y, Z)$ und (bezüglich $\mathfrak{b}(X)$ usw.) $\mathfrak{M}(f) = (\beta_{\kappa\nu}) =: B$, $\mathfrak{M}(g) := (\alpha_{\mu\kappa}) =: A$, $\mathfrak{M}(g \circ f) := (\gamma_{\mu\nu}) =: C$. Dann gilt

(c) $\quad \gamma_{\mu\nu} = \alpha_{\mu 1}\beta_{1\nu} + \dots + \alpha_{\mu k}\beta_{k\nu} = \sum_{\kappa=1}^{k} \alpha_{\mu\kappa}\beta_{\kappa\nu}, \qquad \mu = 1, \dots, m;\ \nu = 1, \dots, n;$

es errechnet sich mithin $\gamma_{\mu\nu}$ als „Produktsumme" aus der μ-ten Zeile von A und der ν-ten Spalte von B: „Zeilen-Spaltenprodukt", Schematisch deutlich wird dies durch die Schreibweise

$$\begin{pmatrix} \cdots\cdots\cdots \\ \cdots\ \gamma_{\mu\nu}\ \cdots \\ \cdots\cdots\cdots \end{pmatrix} = \begin{pmatrix} \cdots\cdots\cdots \\ \alpha_{\mu 1} \cdots \alpha_{\mu k} \\ \cdots\cdots\cdots \end{pmatrix} \begin{pmatrix} \cdot\ \beta_{1\nu}\ \cdot \\ \cdot\ \cdot\ \cdot \\ \cdot\ \beta_{k\nu}\ \cdot \end{pmatrix}.$$

Man bezeichnet die durch (c) beschriebene Operation vermöge deren das **Produkt** C aus

A und B gewonnen wird, als **Matrizenmultiplikation** und schreibt $C = A.B = (\gamma_{\mu\nu}) = (\alpha_{\mu\kappa})(\beta_{\kappa\nu}) := AB$ und $\mathfrak{M}(g \circ f) = \mathfrak{M}(g)\mathfrak{M}(f)$.

Bemerkungen: (I) Die Produktbildung erfordert, daß die Anzahl der Spalten des 1. Faktors A gleich ist der Anzahl der Zeilen des zweiten Faktors B.
(II) Das System der n,n-Matrizen (mit Elementen aus einem Körper K) bildet einen Ring bei $+$ und $\cdot$ mit der **„Einheitsmatrix"** $E := (\delta_{\mu\nu})$ als Einheit, wobei $\delta_{\mu\nu} = 1$ bzw. $= 0$ für $\mu = \nu$ bzw. $\mu \neq \nu$. Außerdem bildet das System einen K-VR mit der **„Nullmatrix"** $0 := (\bar{0}, \ldots, \bar{0})$ als der Null $\bar{0}$, die zugleich Null des Ringes ist.
(III) Der in (II) genannte Matrizenring ist *nicht kommutativ*. Beispiel:

$$\begin{pmatrix}1&1\\1&0\end{pmatrix}\cdot\begin{pmatrix}1&0\\1&1\end{pmatrix}=\begin{pmatrix}2&1\\1&0\end{pmatrix}\neq\begin{pmatrix}1&0\\1&1\end{pmatrix}\cdot\begin{pmatrix}1&1\\1&0\end{pmatrix}=\begin{pmatrix}1&1\\2&1\end{pmatrix}.$$

Außerdem gibt es im Ring *Nullteiler*. Beispiel:

$$\begin{pmatrix}1&0\\0&0\end{pmatrix}\cdot\begin{pmatrix}0&0\\1&0\end{pmatrix}=\begin{pmatrix}0&0\\0&0\end{pmatrix}.$$

1.2.2.3.1 (a) Die in 1.2.2.1 angegebenen Gleichungen für die „Transformation" der ξ_ν in die η_κ lauten in Matrizenschreibweise

$$(\mathrm{L}_0) \qquad \begin{pmatrix}\eta_1\\ \vdots\\ \eta_k\end{pmatrix}=\begin{pmatrix}\beta_{11}\cdots\beta_{1n}\\ \cdots\cdots\cdots\\ \beta_{k1}\cdots\beta_{kn}\end{pmatrix}\begin{pmatrix}\xi_1\\ \vdots\\ \xi_n\end{pmatrix}=\mathfrak{M}(f)(\xi_\nu)_n^{\nu=1}$$

(b) Allgemeiner gilt für beliebige $x'_1, \ldots, x'_m$ und für deren Bilder $f(x'_1), \ldots, f(x'_m)$ die Beziehung

$$(\mathrm{L}'_0) \qquad (s(f(x'_1)), \ldots, s(f(x'_m))) = \mathfrak{M}(f)((s(x'_1), \ldots, s(x'_m)))$$

wobei $s(f(x'_\mu))$ bzw. $s(x'_\mu)$ die als k,1- bzw. n,1-Matrizen geschriebenen S-Repr. der $f(x'_\mu)$ bzw. x'_μ bedeuten.
(c) Elementare Umformungen einer n,t-Matrix.
Die in 1.1.5.3 beschriebenen Umformungsschritte, sogen. elementare Umformungen, bei einer n,t-Matrix $B = (\beta_{\varrho\tau})$ erweisen sich als gleichwertig zur Multiplikation (links) von B mit gewissen einfachen, von B unabhängigen n,n-Matrizen $A_i = (a_{\nu\mu})$ die erklärt werden, wie folgt: (I) In A_1 sind alle Glieder in der Hauptdiagonale (also alle $a_{\nu\nu}$) gleich 1, ferner $a_{21} = 1$, alle übrigen $a_{\nu\mu} = 0$. (Für $n = 2$ ist $a_{11} = a_{22} = a_{21} = 1, a_{12} = 0$). Es bewirkt $A_1 B$ die Addition der Glieder der 1. Zeile in B zu den entsprechenden Gliedern der 2. Zeile. – (II) Zu A_2 gehören 2 Zahlen $r, s \in N := \{1, \ldots, n\}$, $r \neq s$, derart, daß $a_{\nu\nu} = 1$ für $\nu \neq r$, $\nu \neq s$, und $a_{rr} = a_{ss} = 0$, ferner $a_{rs} = a_{sr} = 1$, alle übrigen $a_{\nu\mu} = 0$ (für $n = 2$ ist $a_{11} = a_{22} = 0$, $a_{12} = a_{21} = 1$). Es bewirkt $A_2 B$ die Vertauschung der r-ten Zeile mit der s-ten Zeile in B. –

(III) Hinzugenommen werde noch A_3, worin alle Glieder außerhalb der Hauptdiagonale Null sind, hingegen $a_{11}=\lambda$ und $a_{\nu\nu}=1$ für $\nu\in N\setminus\{1\}$. Es bewirkt A_3B die Multiplikation der Glieder der 1. Zeile in B mit λ.

Folgerungen. (1) Setzt man $A_3(\lambda):=A_3$ und $A_4(\lambda):=A_3(\lambda^{-1})A_1A_3(\lambda)$, so bewirkt $A_4(\lambda)B$ eine sogen. **Scherung** der 2. Zeile von B, d.h. die Addition der mit λ multiplizierten 1. Zeile von B zur 2. Zeile. – (2) Linksmultiplikationen von B mit den A_i, $i=1,\dots,4$, liefern also Operationen mit den Zeilen von B. Demgegenüber werden durch Rechtsmultiplikation von B mit t,t-Matrizen C, die entsprechend gebaut sind wie die A, entsprechende Operationen mit den Spalten von B geliefert. (Im Fall $n=t$ kann man $C_i:=A_i^T$ setzen (betr. A^T siehe 1.2.2.5)). – (3) Durch gleichzeitige Links- und Rechtsmultiplikation von B je mit geeigneten Produkten A' bzw. C' von A- bzw. C-Matrizen läßt sich B auf sogenannte Diagonalform bringen, d.h. $A'BC'=(\delta'_{\nu\mu})$, wobei $\delta'_{\nu\mu}=0$ für $\nu\neq\mu$, während $\delta'_{\nu\nu}=1$ bzw. $=0$ für $1\leqq\nu\leqq q$ bzw. $q+1\leqq\nu$, wenn q der Rang (vgl. 1.2.2.7) von B ist.

1.2.2.4 *Die Transformationsdeterminante.*

Mit den Bezeichnungen aus 1.2.2.3, Definition (1), sei $\dim X=\dim Y=\dim Z=n$, sodaß $\mathfrak{M}(f)$, $\mathfrak{M}(g)$ und $\mathfrak{M}(g\circ f)$ sämtlich n,n-Matrizen sind. Nach dem Multiplikationssatz für Determinanten gilt somit die *Multiplikationsregel für die „Transformationsdeterminanten"*

(M) $$\det\mathfrak{M}(g\circ f)=(\det\mathfrak{M}(g))\cdot(\det\mathfrak{M}(f)).$$

Spezialfall: $Z=X$ und $f\colon X\rightarrowtail Y$ bijektiv sowie $g:=f^{[-1]}$, also $g\circ f=j$. Wegen $\mathfrak{M}(j)=E$ gilt daher

(D) $$1=\det E=(\det\mathfrak{M}(f^{[-1]}))\cdot(\det\mathfrak{M}(f)) \text{ oder } \det(\mathfrak{M}(f^{[-1]}))=(\det\mathfrak{M}(f))^{-1}.$$

1. Satz: *Sind X und Y K-VR mit $\dim X=\dim Y=n$, so ist $f\in L(X,Y)$ genau dann bijektiv, wenn* $\det\mathfrak{M}(f)\neq 0$.

Beweis: Für $\mathfrak{M}(f)=B=(\beta_{\kappa\nu})$ gilt nach bekannten Sätzen: Falls $\det B\neq 0$ besitzt das System der Gleichungen $\eta_\kappa=\beta_{\kappa 1}\xi_1+\dots+\beta_{\kappa n}\xi_n$ (vgl. 1.2.2.1) bei beliebigem $y:=(\eta_1,\dots,\eta_n)$ genau eine Lösung $x:=(\xi_1,\dots,\xi_n)$ und umgekehrt.

2. Satz: *Ist X ein K-VR, so bildet das System der bijektiven $f\in L(X,Y)$ bei der Verkettung $\circ$ als Verknüpfung (= Multiplikation in der Gruppe) eine Gruppe $GL(X)$, die sogen.* lineare Gruppe *von X (mit j als Eins).*

Beweis: Satz 1. zusammen mit (M) und (D).

Zusatz: Die S-Repr. $\mathfrak{M}(f)$ der $f\in GL(X)$, nämlich die n,n-Matrizen mit Elementen aus K und mit $\det\mathfrak{M}(f)\neq 0$) bezüglich einer festen Basis von X, bilden bei der Matrizenmultiplikation als Verknüpfung eine zu $GL(X)$ isomorphe Gruppe mit $E=\mathfrak{M}(j)$ als Einselement. Zu jedem $A := \mathfrak{M}(f)$ existiert die mit A^{-1} bezeichnete Reziproke gemäß $AA^{-1} = A^{-1}A = E$.

Anmerkung: Bei linear geordnetem (auch „angeordnetem“) Skalarkörper K des K-VR X, also z. B. $K := \mathbb{R}$, liefert das System der $f \in GL(X)$ mit $\det \mathfrak{M}(f) > 0$ wegen (M) eine Untergruppe $GL(X)^+$ von $GL(X)$. Man nennt die $f \in GL(X)^+$ auch orientierungstreu, insofern nämlich die Vektor-n-tupel $(f(x_1), \ldots, f(x_n))$ und $(x_1, \ldots, x_n)$ gleich orientiert sind, insofern nämlich $\det(f(x_\nu))$ und $\det(x_\nu)$ gleiches Vorzeichen besitzen, weil

$$\det(f(x_1), \ldots, f(x_n)) = \det \mathfrak{M}(f) \cdot \det(x_1, \ldots, x_n).$$

1.2.2.5 *Transposition.*

Beim Rechnen mit Matrizen kommt eine Operation hinzu, die beim Rechnen mit Skalaren nicht auftritt: das Transponieren, kurz gesagt: das Vertauschen von Zeilen und Spalten in einer Matrix, auch „Spiegelung der Matrix an der Hauptdiagonale“, falls $k = n$.

Definition: Ist $A = \begin{pmatrix} \alpha_{11} \ldots \alpha_{1n} \\ \ldots\ldots\ldots\ldots \\ \alpha_{k1} \ldots \alpha_{kn} \end{pmatrix}$ eine k,n-Matrix, $k \gtreqless n$, so versteht man unter der **Transponierten** A^T von A die n,k-Matrix

$$A^T := \begin{pmatrix} \alpha'_{11} \ldots \alpha'_{1k} \\ \ldots\ldots\ldots\ldots \\ \alpha'_{n1} \ldots \alpha'_{nk} \end{pmatrix} \qquad \text{mit } \alpha'_{\nu\kappa} := \alpha_{\kappa\nu}, \quad \nu = 1, \ldots, n, \quad \kappa = 1, \ldots, k.$$

Es gilt $(A + B)^T = A^T + B^T$, $(AB)^T = B^T A^T$, $(A^T)^T = A$.
Ist A eine n,n-Matrix, so gilt noch $\det A = \det A^T$.

Bemerkung: Durch Transposition gehen also insbesondere $1,k$-Matrizen in $k,1$-Matrizen über (und umgekehrt), m. a. W. Zeilenvektoren in Spaltenvektoren (und umgekehrt). Es ist also möglich, (L_0) in 1.2.2.3.1 so zu schreiben $(\eta_1, \ldots, \eta_k)^T = (\beta_{\kappa\nu})(\xi_1, \ldots, \xi_n)^T$. Von dieser Möglichkeit werden wir vielfach Gebrauch machen.

1.2.2.6 *Verhalten von S-Repräsentanten bei Basiswechsel.*

Die grundsätzliche Bedeutung der zunächst recht formal anmutenden Betrachtungen in 1.2.2.5, ergibt sich an Hand der folgenden Beispiele:

(I) Transformation von S-Repr. von Vektoren und Basen.

Es sei $\mathfrak{b} := (b_1, \ldots, b_n)$ eine Basis des K-VR $K^n := V$ und $x = \sum_\nu \xi_\nu b_\nu$, wobei also $\boldsymbol{\xi} := (\xi_1, \ldots, \xi_n)$ der S-Repr. von x bezgl. $\mathfrak{b}$ ist. Eine zweite Basis von V sei $\mathfrak{b}' := (b'_1, \ldots, b'_n)$ also $x = \sum_\nu \xi'_\nu b'_\nu$ und $\xi' := (\xi'_1, \ldots, \xi'_n)$.

(a) Da $\mathfrak{b}$ und $\mathfrak{b}'$ Basen sind, gilt $b_\nu = \sum_\mu \gamma_{\nu\mu} b'_\mu$ mit $\det C \neq 0$ für $C := (\gamma_{\nu\mu})$. Da $\mathfrak{b}$ bzw. $\mathfrak{b}'$ als $1,n$-Matrix mit den Elementen b_ν bzw. b'_ν aufgefaßt werden kann, folgt die *Transforma-*

tionsformel für Basen

$$\mathfrak{b}^T = C\mathfrak{b}'^T \quad \text{oder} \quad \mathfrak{b}'^T = C^{-1}\mathfrak{b}^T \quad \text{oder} \quad B' = C^{-1}B,$$

wenn B' bzw. B S-Repr. von $\mathfrak{b}'$ bzw. $\mathfrak{b}$ bezüglich einer (dritten) Basis. Es werde C als Transformationsmatrix der beiden Basen bezeichnet.

(b) Mit den Bezeichnungen wie oben folgt aus $x = \sum_\nu \xi'_\nu b'_\nu = \sum_\nu \xi_\nu b_\nu = \sum_\nu (\sum_\mu \gamma_{\mu\nu} \xi_\mu) b'_\nu$ die Transformationsformel für Koordinaten

$$\xi'^T = C^T \xi^T,$$

wenn als „Koordinaten" die Komponenten von Vektoren bzgl. einer Basis bezeichnet werden.

(II) Transformation von linearen Abbildungen $f \in L(K^n, K^m)$.

Es sei $\mathfrak{b} := (b_1, \dots, b_n)$ bzw. $\mathfrak{e} := (e_1, \dots, e_m)$ Basis von K^n bzw. K^m und $x = \sum_\nu \xi_\nu b_\nu \in K^n$ bzw. $y = \sum_\mu \eta_\mu e_\mu \in K^m$. Geht man von $\mathfrak{b}$ bzw. $\mathfrak{e}$ zu neuen Basen $\mathfrak{b}'$ bzw. $\mathfrak{e}'$ in K^n bzw. K^m über, so hat man (entsprechend (I) (b), wenn $x = \sum_\nu \xi'_\nu b'_\nu$ und $\xi = (\xi_1, \dots, \xi_n)$ usw.) $\xi^T = B\xi'^T$ analog $\eta^T = E\eta'^T$ mit $\det E \neq 0$ usw. Daneben hat man, wenn F S-Repr. von f bezüglich $\mathfrak{b}$ ist: $\eta^T = F\xi^T$. Daher $\eta^T = E\eta'^T = FB\xi'^T$ und $\eta'^T = E^{-1}FB\xi'^T = F'\xi'^T$ mit

$$F' := E^{-1}FB;$$

dies ist die

Transformationsformel für S-Repr. linearer Abbildungen.

Zusatz: Für Funktionale f, also $f \in L(K^n, K)$, $m = 1$, kann o.B.d.A. $E = E^{-1} :=$ der Einheitsmatrix gesetzt werden, sodaß sich ergibt $F' = FB$ als Transformationsformel für S-Repr. linearer Funktionale.

1.2.2.7 *Rang von linearen Abbildungen und Matrizen.*

Es sei X bzw. Y ein K-VR mit $t = \dim X$ und $m = \dim Y$; ferner sei $\mathfrak{b}(X) = (x_1, \dots, x_t)$ bzw. $\mathfrak{b}(Y) = (y_1, \dots, y_m)$ Basis von X bzw. Y. Weiter sei $f \in L(X, Y)$ und $B = (\beta_{\mu\tau})$ der S-Repr. von f bzgl. $\mathfrak{b}(X)$ und $\mathfrak{b}(Y)$. Die Spaltenvektoren in B seien $s_\tau = f(x_\tau)$, $\tau = 1, \dots, t$. Wegen $f(X) = [\![s_1, \dots, s_t]\!]$ gilt $\dim f(X) = \dim [\![s_1, \dots, s_t]\!]$.

Definition: Als **Rang** $\mathrm{Rg}\, f = \mathrm{Rg}\, B = \mathrm{Rg}(s_1, \dots, s_t)$ wird $\dim f(X)$ bezeichnet.

Satz: *Sind* $z_1, \dots, z_m$ *die Zeilenvektoren in* B, *so gilt auch* $\mathrm{Rg}(z_1, \dots, z_m) = \mathrm{Rg} f$ *oder, was damit gleichbedeutend:* $\mathrm{Rg} B = \mathrm{Rg} B^T$.

Zusatz: (1) Es ist $\mathrm{Rg}\, f$ gleich der größten Anzahl l.unabh. Spalten- bzw. Zeilenvektoren in B. – (2) Bezeichnet man als k,n-Untermatrix B' von B jede Matrix, die aus B durch Weglassen von $m-k$ Zeilen und $t-n$ Spalten aus B entsteht, dann ist $r = \mathrm{Rg} B$ gleichbedeutend damit, daß mindestens eine r,r-Untermatrix B' mit $\mathrm{Rg}\, B' = r$ existiert und daß

r die größte derartige Zahl ist. – (3) Für eine k,k-Matrix A gilt Rg $A=k$ genau dann, wenn $\det A \neq 0$ ist.

Beweis: Zufolge der Definition von Rg B kann das Umformungsverfahren in 1.1.5.3 als Verfahren zur Bestimmung von Rg $(z_1, \ldots, z_m)$ gedeutet werden. Man beachte nun: Die Umformungen einer Matrix gemäß 1.1.5.3 bestehen im wesentlichen aus Umnumerierungen und aus linearen Verknüpfungen der Spalten s_τ, bei welchen weder Rg $(z_1, \ldots, z_m)$ noch Rg $(s_1, \ldots, s_t)$ geändert wird. Und in der am Ende des Verfahrens erhaltenen Matrix M stehen auf der einen Seite der Diagonale lauter Nullen, sodaß der Rang des Systems der Spalten von M gleich ist dem des Systems der Zeilen von M. Daher ist $Rg(s_1, \ldots, s_t) = Rg(z_1, \ldots, z_m)$ auch in der am Beginn des Verfahrens vorliegenden Matrix.

1.2.3 *Affine Abbildungen.*

Definition: Es seien $(V)=(P, V, \varphi)$ und $(V')=(P', V', \varphi')$ K-affine Räume. Dann heißt eine Abbildung $f: P \rightarrow P'$ **affin**, wenn das Bild jeder baryzentrischen LK (vgl. 1.1.6.2) aus Punkten von P gleich ist der nämlichen baryzentrischen LK ihrer Bilder, also

$$\bigwedge_{k \geqq 2} \bigwedge_{x_1, \ldots, x_k \in P} \bigwedge_{\alpha_1, \ldots, \alpha_k \in V} \alpha_1 + \ldots + \alpha_k = 1 \rightarrow f\left(\sum_\kappa \alpha_\kappa x_\kappa\right) = \sum_\kappa \alpha_\kappa f(x_\kappa).$$

Satz: Voraussetzung. *Es seien (V) und (V') K-affine Räume und $f: P \rightarrowtail P'$.*

Behauptung: *Gleichwertig sind folgende Aussagen:* (1) *Es ist f affine Abbildung mit $x_0' = f(x_0)$.* – (2) *Es existiert eine lineare Abbildung $g: V \rightarrowtail V'$ derart, daß $f(j) = x_0' + g(j - x_0)$.*

Beweis: (2) $\rightarrow$ (1). Wegen der Linearität von g. – (1) $\rightarrow$ (2). Wir setzen $h = f - f(\bar{0})$. Es ist h ebenfalls affin mit $h(\bar{0}) = \bar{0}$. Für beliebige LK $\sum_\kappa \beta_\kappa x_\kappa = S$ gilt daher $h(S) = h(S + (1 - (\beta_1 + \ldots + \beta_k))\bar{0}) = (\sum_\kappa \beta_\kappa h(x_\kappa)) + (1 - (\beta_1 + \ldots + \beta_k))h(\bar{0}) = \sum_\kappa \beta_\kappa h(x_\kappa)$, d.h. h ist linear. Mithin ist $f := f(\bar{0}) + h = (f(\bar{0}) + h(x_0)) + h(j - x_0) = f(x_0) + g(j - x_0)$ mit $g = h$.

Zusatz: (1) Jede lineare Abbildung ist affin (d.h. „baryzentrisch invariant"), aber nicht umgekehrt. – (2) Hingegen sind die linearen Abbildungen gekennzeichnet durch „homothetische Invarianz" (Aufgabe).

1.2.4 *Konvexität im affinen $\mathbb{R}^n$; $n \geqq 1$.*

Definition: Es sei $\mathbb{R}_0^+ := \mathbb{R}^+ \cup \{0\}$ die Menge der reellen, nichtnegativen Zahlen. Eine Linearkombination $\sum_{\varrho=1}^r \alpha_\varrho x_\varrho$ von Punkten x_ϱ im affinen $\mathbb{R}^n$ heiße **konvex**, wenn sie baryzentrisch (also $\sum_\varrho \alpha_\varrho = 1$) ist und wenn außerdem $\bigwedge_\varrho \alpha_\varrho \in \mathbb{R}_0^+$ gilt. Eine Teilmenge T des $\mathbb{R}^n$ heißt **konvex**, wenn alle konvexen LK aus beliebigen zwei Punkten von T zu T gehören.

Folgerungen: (1) Es ist M konvex genau dann, wenn alle konvexen LK aus Punkten von M wieder Punkte von M liefern. – In der Tat: Konvexe LK von konvexen LK liefern wieder konvexe LK und jede konvexe LK läßt sich erzeugen durch Bildung, schrittweise, aus je zwei Punkten. –
(2) Der Durchschnitt beliebig vieler konvexer Mengen ist wieder konvex. – (3) Für beliebiges $M \subset \mathbb{R}^n$ ist die Menge $kH(M)$ aller konvexen LK aus je endlich vielen Punkten von M konvex. Man bezeichnet $kH(M)$ als die **konvexe Hülle** von M. – (3a) Für $\emptyset \neq M \subset \mathbb{R}^n$ gilt $kH(M) = \bigcap\{K : K \text{ konvex} \wedge M \subset K\}$; dabei ist $\mathbb{R}^n := \bigcap\emptyset$ zu setzen. Es ist M konvex genau für $M = kH(M)$. Es gilt $kH(\overline{M}) = \overline{kH(M)}$. Mit M ist auch $\overline{M}$ konvex, aber nicht umgekehrt. – (3b) Die Abbildung $kH : \mathfrak{p}(\mathbb{R}^n) \longrightarrow \mathfrak{p}(\mathbb{R}^n)$ ist extensiv (d.h. $M \subset kH(M)$), isoton (d.h. $M \subset M' \rightarrow kH(M) \subset kH(M')$) und idempotent (d.h. $kH(kH(M)) = kH(M)$).

Beispiele und Konstruktion konvexer Mengen. (Beweise als Aufgaben!)
I. Die Simplexe. Als **abgeschlossenes n-dimensionales Simplex**, kurz **n-Simplex**, $S(a_0, \ldots, a_n)$ mit den affin unabhängigen Ecken $a_0, \ldots, a_n$ im $\mathbb{R}^m$, $m \geqq n \geqq 1$, bezeichnet man die Punktmenge $S(a_0, \ldots, a_n) := kH\{a_0, \ldots, a_n\} = \{x : \bigvee_{\alpha_0, \ldots, \alpha_n \in \mathbb{R}_0^+} \sum_i \alpha_i = 1 \wedge \sum_i \alpha_i a_i = x\}$, auch das **von** $a_0, \ldots, a_n$ **aufgespannte Simplex** genannt. Die $(n-1)$-Simplizes $S(a_0, \ldots, a_{i-1}, a_{i+1}, \ldots, a_n)$, $i = 0, \ldots, n$, heißen die *$(n-1)$-Seiten* von $S(a_0, \ldots, a_n) =: S$. Allgemein bezeichnet man als **k-Seiten** von S, $0 \leqq k \leqq n-1$, die von je $k+1$ Ecken von S aufgespannten k-Simplexe. – Die „offenen n-Simplexe" ergeben sich, wenn man oben die α_i auf $\alpha_0, \ldots, \alpha_n \in \mathbb{R}^+$ einschränkt.
$S(a_0, a_1)$ heißt auch *Verbindungsstrecke* der Punkte a_0 und a_1, $S(a_0, a_1, a_2)$ *Dreieck(sfläche)* mit den Ecken a_0, a_1, a_2.
II. Das System $\mathfrak{K}$ aller konvexen Teilmengen des $\mathbb{R}^n$ ist ein vollständiger und induktiver Verband (mit $\subset$ als Ordnung); denn es gilt:
Für $\mathfrak{K}' \subset \mathfrak{K}$ ist

$$\inf \mathfrak{K}' = \bigcap \mathfrak{K}', \quad \sup \mathfrak{K}' = \bigcap\{K : K \in \mathfrak{K} \wedge \bigwedge_{K' \in \mathfrak{K}} K' \subset K\};$$

ferner gilt für eine isotone Folge $\mathfrak{K}' := (K_n')_n$ mit $K_n' \subset K_{n+1}'$

$$\sup \mathfrak{K}' = \bigcup_n K_n' \qquad \text{(„Induktivität").}$$

Beispiele: Das offene n-Simplex als $\sup_\nu S_\nu$ einer aufsteigenden Folge von abgeschlossenen n-Simplexen S_ν; die **Halbgerade** $[j > 0]$ im $\mathbb{R}^1$ als $\sup_\nu I_\nu$ einer aufsteigenden Folge von abgeschlossenen Intervallen I_ν. Statt dessen schreibt man auch $[\chi > 0]$, wobei χ die Koordinate in $\mathbb{R}^1$ bezeichnet.
III. *Affine Abbildungen erhalten die Konvexität:* Ist $f : \mathbb{R}^n \longrightarrow \mathbb{R}^k$ eine affine Abbildung, so ist mit konvexem $K \subset \mathbb{R}^m$ bzw. $K' \subset \mathbb{R}^k$ auch $f(K)$ bzw. $f^{[-1]}(K')$ konvex.

Beispiele: **1.** Jeder affine Teilraum des $\mathbb{R}^k$ ist konvex.
2. Ist $f(x) := \alpha_1 \chi_1 + \ldots + \alpha_m \chi_m + \alpha_0 = 0$ die Gleichung einer Hyperebene im $\mathbb{R}^n$, so ist der offene bzw. abgeschlossene Halbraum $[f > 0]$ bzw. $[f \geqq 0]$ konvex.

3. Zusammen mit (II): Jeder nicht leere Durchschnitt von endlich vielen abgeschlossenen Halbräumen des $\mathbb{R}^m$ ist konvex und heißt ein *konvexes Polyeder*, wenn beschränkt Beispiel: Das *m-dimensionale, abgeschlossene,* **achsenparallele Parallelotop**

$$[\alpha_1 \leqq \chi_1 \leqq \beta_1] \cap \ldots \cap [\alpha_m \leqq \chi_m \leqq \beta_m]$$

im $\mathbb{R}^m$ der $(\chi_1, \ldots, \chi_m)$.

4. Allgemeiner nennt man, wenn y_0 einen Punkt des $\mathbb{R}^m$ und $y_1, \ldots, y_m$ m lin.unabh. Vektoren des $\mathbb{R}^m$ bezeichnen, die Punktmenge

$$P := \{x : x = y_0 + \varrho_1 y_1 + \ldots + \varrho_m y_m \wedge \bigwedge_\mu 0 \leqq \varrho_\mu \leqq 1\} \qquad \text{bzw.}$$
$$P' := \{x : x = y_0 + \varrho_1 y_1 + \ldots + \varrho_m y_m \wedge \bigwedge_\mu 0 < \varrho_\mu \leqq 1\}$$

das *von den „gebundenen" Vektoren* $\overrightarrow{y_0, y_0 + y_1}, \ldots, \overrightarrow{y_0, y_0 + y_m}$ *aufgespannte* **abgeschlossene** bzw. (nach links) **halb-offene Parallelotop**; sind speziell die y_μ achsenparallele Vektoren, so kommt man auf das vorausgehende Beispiel.

5. Es sei $\emptyset \neq M \subset \mathbb{R}^m$. Jeder minimale, M enthaltende abgeschlossene Halbraum H des $\mathbb{R}^m$ heißt ein **„Stützhalbraum"** von M und die H begrenzende Hyperebene heißt eine **„Stütz(hyper)ebene"**. Es gilt: *Die abgeschlossene konvexe Hülle von M ist gleich dem Durchschnitt aller Stützhalbräume von M.* (Zum Beweis benutze man die Trennungseigenschaft: Ist $x \notin kH\overline{M}$, so gibt es eine Hyperebene, in deren einem offenen Halbraum x und in deren anderem $\overline{M}$ liegt.)

1.3. Skalarprodukt und Norm

1.3.1 *Das Produkt einer* 1,*n-Matrix mit einer* 1,*l-Matrix* (vgl. 1.2.2.3) besitzt neben formalrechnerischen Eigenschaften auch eine geometrische Bedeutung. Dazu sei zunächst bemerkt:

1. Definition: Bezüglich einer Basis $\mathfrak{b}$ eines reellen n-dimensionalen VR V werde als **bilineare Normalform** von $x, y \in V$ bezeichnet die reelle Zahl

$$\sigma(x, y) := xy := \chi_1 \eta_1 + \ldots + \chi_n \eta_n = XY^T,$$

wenn $X := (\chi_\nu)$ und $Y := (\eta_\nu)$ die, als 1,n-Matrizen geschriebenen, S-Repräsentanten von x und y bezüglich $\mathfrak{b}$ sind.

Folgerungen: Die Abbildung $\sigma : V \times V \to \mathbb{R}$ mit $((x, y) \mapsto \sigma(x, y))$ besitzt folgende, von der Bezugnahme auf eine Basis unabhängige (leicht zu verifizierende) Eigenschaften:

(BL) $\sigma(x + x', y) = \sigma(x, y) + \sigma(x', y)$; $\sigma(y, x + x') = \sigma(y, x) + \sigma(y, x')$,
$\sigma(\alpha x, y) = \sigma(x, \alpha y) = \alpha\sigma(x, y)$ für alle $x, x', y \in V$ und alle $\alpha \in \mathbb{R}$.

(S) $\sigma(x, y) = \sigma(y, x)$ und (P) $\sigma(x, x) > 0$ für alle $x \in V \setminus \{\overline{0}\}$.

Man bezeichnet (BL) als Bilinearität, (S) als Symmetrie und (P) als Positivität. Aus (BL) ergibt sich als S-Repräsentant bezüglich einer Basis $\mathfrak{b}$ von V, wenn $(\chi_1, \ldots, \chi_n)$ bzw. $(\eta_1, \ldots, \eta_n)$ die S-Repr. von x bzw. y bezüglich $\mathfrak{b} = (b_1, \ldots, b_n)$ sind und $\sigma_{\nu\mu} := \sigma(b_\nu, b_\mu)$, $\nu, \mu = 1, \ldots, n$, ist, $(\sigma_{\nu\mu})$ mit

(D) $$\sigma(x, y) = \sum_{\nu,\mu} \sigma_{\nu\mu} \chi_\nu \eta_\mu;$$

es ist also die Abbildung σ eindeutig bestimmt durch die n,n-Matrix $(\sigma_{\nu\mu})$ (bezüglich $\mathfrak{b}$). Und umgekehrt liefert jede n,n-Matrix $(\sigma_{\nu\mu})$ vermöge (D) ein bilineares $\sigma: V \times V \longrightarrow \mathbb{R}$.

2. Definition: Ist V ein reeller VR (beliebiger Dimension), so werde jede, (BL) genügende Abbildung $V \times V \longrightarrow \mathbb{R}$ als ein **bilineares Funktional** auf V bezeichnet. Speziell werde jedes bilineare und zugleich symmetrische und positive Funktional auf V als ein **skalares Produkt**, kurz Sk.-Prod., in V bezeichnet.

3. Definition: Ist $\sigma: V \times V \longrightarrow \mathbb{R}$ ein skalares Produkt in V, so heißen zwei Vektoren $x, y \in V$ (σ-)**orthogonal**, in Zeichen $x \perp y$, wenn $\sigma(x, y) = 0$; insbesondere ist also der Nullvektor orthogonal zu jedem Vektor. – Im (beliebig dimensionalen) VR V heißt ein System $(x_i)_{i \in I}$, $x_i \in V$,(σ-) **orthonormiert**, wenn $\sigma(\chi_i, x_j) = 1$ bzw. $= 0$, je nachdem $i = j$ bzw. $i \neq j$.

Folgerung: Jedes orthonormierte System (Orthonormalsystem) ist linear unabhängig. (Denn aus $\alpha_1 x_{i_1} + \ldots + \alpha_n x_{i_n} =: q = \bar{0}$ folgt $0 = \sigma(q, x_{i_\nu}) = \alpha_\nu \sigma(x_{i_\nu}, x_{i_\nu}) = \alpha_\nu$ für alle ν).

1. Satz. Voraussetzung: *Es sei V ein reeller n-dimensionaler* VR *mit einem Skalarprodukt* σ in V.

Behauptung: (1) *Es besitzt V (σ-)orthonormierte Basen.* – (2) *Der Skalarrepräsentant* $(\sigma_{\nu\mu})$ *von* σ *bezüglich einer Basis* $\mathfrak{b}$ *besitzt bilineare Normalform genau dann, wenn* $\mathfrak{b}$ *(σ-) orthonormiert ist.*

Beweis: Betr. Beh. (1). Es sei $\mathfrak{b} := (b_1, \ldots, b_n)$ eine Basis von V. Man erhält aus $\mathfrak{b}$ eine Orthonormalbasis $(y_1, \ldots, y_n)$ vermöge folgender (induktiver) Konstruktion (Orthonormierung): Mit der Abkürzung $|y| := (\sigma(y, y))^{1/2}$ für jedes $y \in V \setminus \{\bar{0}\}$, also $|y| > 0$, setze man: $x_1 := b_1 : |b_1|$, sodaß $|x_1| = 1$, und allgemein, nachdem $y_\nu := b_\nu + \alpha_{\nu_1} x_1 + \ldots + \alpha_{\nu, \nu-1} x_{\nu-1}$ definiert ist, $x_\nu := y_\nu : |y_\nu|$, $\nu = 2, \ldots, n$; dabei sind die $\alpha_{\nu\varrho}$ eindeutig bestimmt als Lösungen der Gleichungen $\sigma(y_\nu, x_\varrho) = 0 = \sigma(b_\nu, x_\varrho) + \alpha_{\nu\varrho} \sigma(x_\varrho, x_\varrho)$ für $1 \leqq \varrho \leqq \nu - 1$. – Betr. Beh. (2) Es besitzt $\sigma_{\nu\mu}$ Normalform genau dann, wenn $\sigma_{\nu\varrho} = \sigma(b_\nu, b_\varrho) = 1$ bzw. $= 0$ für $\nu = \varrho$ bzw. $\nu \neq \varrho$.

In diesem Zusammenhang sei noch erwähnt der

2. Satz: Darstellung linearer Funktionale $f \in L(\mathbb{R}^n, \mathbb{R})$.

Zu jedem linearen Funktional existiert genau ein von x unabhängiger Vektor $a \in \mathbb{R}^n$ derart, daß $f(x) = a \cdot x$ für alle $x \in \mathbb{R}^n$, wobei $a \cdot x$ Normalform bezüglich einer Orthonormalbasis ist (Bew. als Aufg.)

1.3.2 *Vektorräume und affine Räume mit Skalarprodukt.*

1. Definition: Ist $(V)=(P, V, \varphi)$ ein reeller affiner Raum (beliebiger Dimension) mit skalarem Produkt $\sigma: V\times V \to \mathbb{R}_0^+$, so schreiben wir $u\cdot v = uv := \sigma(u, v)$ für $u, v\in V$. Ferner bezeichnen wir $|u| := (u\cdot u)^{1/2}$ als **Norm** oder (geometrisch) als Länge von $u\in V$. Falls $|u|=1$ heißt u **Einheitsvektor**. Weiter heiße $|x-y|$ der **Abstand** der Punkte $x, y\in(V)$.

1. Satz: *Es gilt*

(P) $|u|\geqq 0$ *und* $|u|=0 \leftrightarrow u=0$. *Entsprechend für* $|x-y|$ *(Positivität)*;

(S) $|x-y|=|y-x|$ *(Symmetrie)*;

(Du) $|u+v|\leqq |u|+|v|$ *und* $|x-y|\leqq |x-z|+|z-y|$ *(Dreiecksungleichung)*;

(H) $|\alpha x|=|\alpha|\cdot|x|$, *wobei* $|\alpha|$ *der absolute Betrag des reellen* α *(Homogenität)*;

(C) $|u\cdot v|\leqq |u|\cdot|v|$ *(Ungleichung von Cauchy-Schwarz)*.

Beweis: Klar bis auf (C) und (DU). – Betr. (C). $(\alpha u+v)(\alpha u+v)=(u\cdot u)\alpha^2+2(u\cdot v)\alpha+ + v\cdot v\geqq 0$, also $(u\cdot v)^2-(u\cdot u)(v\cdot v)\leqq 0$. – Betr. (DU). Für $\alpha=1$ gilt $(u+v)(u+v)=(u\cdot u)+ + 2(u\cdot v)+(v\cdot v)\leqq |u|^2+2|u|\,|v|+|v|^2=(|u|+|v|)^2$, wenn (C) benutzt wird.

2. Definition: Es sei $e_1 := |u|^{-1}u$ und $e_2 := |v|^{-1}v$ für $u\neq 0$, $v\neq 0$. Gemäß (C) gilt $-1\leqq e_1\cdot e_2\leqq 1$. Daher existiert genau ein Winkel $\gamma\in[0;\pi]$ mit $\cos\gamma=e_1\cdot e_2$ oder $u\cdot v=|u|\cdot|v|\cdot\cos\gamma$ (für $|u|\cdot|v|>0$). Man bezeichnet $\gamma=\gamma(u, v)$ als den **Winkel** *von u und v* bzw. der Einheitsvektoren e_1, e_2.
Es sind u und v, wenn $\neq\bar{0}$, orthogonal genau dann, wenn $\gamma(u, v)=\pi/2$.

1. Anmerkung: Die Beziehung

(KS)
$$(x-y)^2=(x-z)^2+(z-y)^2-2(x-z)(z-y)= \\ =|x-z|^2+|z-y|^2-2|x-z|\cdot|z-y|\cos\gamma$$

ist Ausdruck des *Kosinussatzes* (wie er aus der ebenen (euklidischen) analytischen Geometrie bekannt ist). (Es ist $|x-z|^2=(x-z)(x-z)=:(x-z)^2$ gesetzt worden).

2. Anmerkung: Motivation der Bezeichnung „Länge" und „Abstand". – Deutet man x, y, z, als die Ecken eines Dreiecks, so besagt (DU), daß die Summe der Längen zweier Dreiecksseiten nicht kleiner ist als die Länge der dritten Seite; oder anders gesagt: Die Längenmessung in (V) ist „unteradditiv". Dagegen ist die Längenmessung auf einer Geraden $\{\alpha x: \alpha\in\mathbb{R}\}$ (in (V)) „additiv" gemäß $|\alpha x|+|\beta x|=|(\alpha+\beta)x|$ vorausgesetzt, daß $\alpha\beta>0$. – Bemerkt sei noch: Der Abstand (in (V)) ist translationsinvariant, insofern nämlich $|x-y|=|(x+v)-(y+v)|$ für beliebiges $v\in V$.

3. Definition: Ein reeller VR V (beliebiger Dimension), in welchem ein Skalarprodukt $\sigma: V\times V\to\mathbb{R}_0^+$ erklärt ist, wird als **euklidischer Vektorraum** bezeichnet und ein reeller affiner Raum (V) mit zugehörigem euklidischem VR V als **euklidischer (Punkt-)Raum** E.

4. Definition: Eine affine, abstandstreue Surjektion $f: E \rightarrow\!\!\!\!\!- E'$ bei euklidischen Räumen E, E' heißt **orthogonal**. Im Falle $E = E'$ spricht man von einer **Bewegung** des E (auf sich oder in sich).

2. Satz: (I) *Es ist* $f: E \rightarrow\!\!\!\!\!- E'$ *orthogonal genau dann, wenn* f *surjektiv und affin ist und wenn das Skalarprodukt bei* f *invariant bleibt, wenn also* $\sigma(x, y) = \sigma'(f(x), f(y))$ *für alle* $x, y \in E$, *wobei* σ *bzw.* σ' *das Skalarprodukt in* E *bzw.* E' *bezeichnet.* – (II) *Jede orthogonale Abbildung ist bijektiv und winkeltreu, aber nicht umgekehrt.*

Beweis: Betr. (I) Nur dann. Gemäß des Kosinussatzes berechnet das Skalarprodukt sich eindeutig aus den Abständen. – Dann. Der Abstand wird eindeutig durch ein Skalarprodukt bestimmt: $|x - y| = ((x - y) \cdot (x - y))^{1/2}$. – Betr. (II) Es ist $\cos\gamma$ eindeutig bestimmt durch Abstände; ferner gilt $x \neq y \leftrightarrow |x - y| > 0 \leftrightarrow |x - y| = |f(x) - f(y)| > 0 \leftrightarrow f(x) \neq f(y)$. – Im $\mathbb{R}^n$ ist die Ähnlichkeitsabbildung bijektiv und winkeltreu, aber nicht abstandstreu.

Beispiele euklidischer Räume.

(1) Der $\mathbb{R}^n$ mit dem klassischen Skalarprodukt. – (2) Der reelle Hilbertraum $E_\infty := \{x : x := (\chi_n)_n \wedge \chi_n \in \mathbb{R} \wedge \Sigma_n \chi_n^2 < +\infty\}$ mit $\varrho(x, y) := x \cdot y := \sum \chi_n \eta_n$ (Gemäß (C) folgt aus $|x| < +\infty$, $|y| < +\infty$, daß $|x \cdot y| < +\infty$. – (3) $F := \{f : f : [a; b] \rightarrow\!\!\!\!\!- \mathbb{R} \wedge f \text{ stetig}\}$ mit $\sigma(f, g) := \int_a^b fg\,dx$.

3. Satz: *Je zwei euklidische Räume, gleicher endlicher Dimension,* E *und* E' *mit den skalaren Produkten* σ *bzw.* σ' *sind isometrisch, d.h. es ist* E' *orthogonales Bild von* E *(und umgekehrt).*

Beweis: Gemäß 1.3.1, Satz 1., wähle man in dem zugehörigen VR V bzw. V' eine (σ- bzw. σ'-)orthonormierte Basis $\mathfrak{b}$ bzw. $\mathfrak{b}'$ und erkläre $f: V \rightarrow\!\!\!\!\!- V'$ so: $f(x) = x'$ für $x \in V$, $x' \in V'$, genau dann, wenn der $\mathfrak{b}$-Repr. von x gleich ist dem $\mathfrak{b}'$-Repr. von x'. Für $x, y \in V$ gilt dann $\varrho(x, y) = \sigma'(f(x), f(y))$ (vgl.. 1.3.1, Satz 1.). Da f überdies affin ist, folgt die Orthogonalität von f aus Satz 1.

5. Definition: Es sei E^n ein n-dimensionaler euklidischer Raum. Es heißen $M, M' \in \mathfrak{p}(E^n)$ **kongruent**, wenn eine Bewegung $f: E^n \rightarrow\!\!\!\!\!- E^n$ existiert mit $M' = f(M)$ (und dann $M = f^{[-1]}(M')$); diese Kongruenz ist eine Äquivalenz in $\mathfrak{p}(E^n)$ (u.a. wegen Bijektivität von f). – Im E^n sei jetzt H eine Hyperebene und $\mathfrak{b} := (b_1, \ldots, b_n)$ eine Orthonormalbasis im E^n, bezüglich deren gilt $H := \{x : x := x_0 + \sum_{\nu=1}^{n-1} \chi_\nu b_\nu \wedge \chi_n = 0\}$; solche x_0 und $\mathfrak{b}$ existieren (Beweis!). Als **Spiegelung** $s = s(H)$ des E^n an H wird nun bezeichnet diejenige Bewegung, für die $s(H) := ((\chi_1, \ldots, \chi_n) \mapsto (\chi_1, \ldots, \chi_{n-1}, -\chi_n))$; dies ist eine Bewegung. Es gilt $s^2 = s \circ s = j$.

4. Satz: *Jede Bewegung* $f: E^n \rightarrow\!\!\!\!\!- E^n$ *ist darstellbar als Verkettung von höchstens* $n + 1$ *Spiegelungen.*

Zusatz: Bleiben bei einer Bewegung r Punkte $p_1, \ldots, p_r \in E^n$ ungeändert (sogen. *Fixpunkte* der Bewegung), so ist jeder Punkt aus $[\![p_1, \ldots, p_r]\!]$ Fixpunkt.

Beweis: (A) Es sei $x, y \in E^n$ mit $x \neq y$, ferner sei $M(x, y)$ die zur Strecke mit den Endpunkten x, y orthogonale Hyperebene durch den Mittelpunkt der Strecke. Es sei $s(x, y)$ die Spiegelung an $M(x, y)$, also $s(x, y)(x) = y$.
(B) Die Beh. des Satzes ergibt sich jetzt aus folgender Bemerkung (durch Induktion): Sind die Mengen $P := \{p_1, \ldots, p_r; x_{r+1}, \ldots, x_n\}$ und $P' := \{p_1, \ldots, p_r; x'_{r+1}, \ldots, x'_n\}$ im E^n kongruent (mit $x_\mu \neq x'_\mu$, $\mu = r+1, \ldots, n$), so existiert eine Spiegelung s_r derart, daß $s_r(p_\varrho) = p_\varrho$, $\varrho = 1, \ldots, r$ und $s_r(x_{r+1}) = x'_{r+1}$. Dabei sei $r = 0, 1, \ldots, n-1$ und für $r = 0$ kein p_ϱ vorhanden. – Beweis der Bemerkung. Für $r = 0$ ist $s_0 := s(x_1, x'_1)$ (vgl. (A)). Für $r \geq 1$ gilt wegen der Kongruenz von P und P': Es ist $|x_{r+1} - p_\varrho| = |x'_{r+1} - p_\varrho|$, $\varrho = 1, \ldots, r$ und daher $p_\varrho \in M(x_{r+1}, x'_{r+1})$, also $s_r(p_\varrho) = p_\varrho$ und $s_r(x_{r+1}) = x'_{r+1}$ für $s_r := s(x_{r+1}, x'_{r+1})$.
Betr. Zusatz. Jeder Punkt von $M(x_{r+1}, x'_{r+1})$ ist Fixpunkt von s_r, woraus wegen $[\![p_1, \ldots, p_r]\!] \subset M(x_{r+1}, x'_{r+1})$ die Beh. folgt.
Eine Kennzeichnung der Bewegungen sei noch erwähnt:

5. Satz: *Ist* $f: E^n \to E^n$ *eine affine Bijektion, also* $f = a + L$ (vgl. 1.2.3), so *sind folgende Aussagen gleichwertig:* (1) *Es ist* f *eine Bewegung.* – (2) *Bei* f *wird (mindestens) eine orthonormierte Basis des* E^n *auf eine orthonormierte Basis abgebildet.* – (3) *Die auf eine orthonormierte Basis bezogene Matrix* A *von* L *ist orthogonal, d. h. es ist* $AA^T = A^T A$ *die Einheitsmatrix und* $\det A = \pm 1$. – (4) *Es ist* A^T *orthogonal.*

Zusatz: Wird bei f eine orthonormierte Basis auf eine orthonormierte Basis abgebildet, so gilt das für jede orthonormierte Basis.

Beweis: (1)$\to$(2) Klar. – (2)$\to$(3)$\to$(4). Bezüglich der orthonormierten Basis $\mathfrak{b} := (b_1, \ldots, b_n)$ sei $a + A$ mit $A := (\alpha_{v1}, \ldots, \alpha_{vn})_n^{v=1}$ der S-Repr. von f. Wird $\mathfrak{b}$ auf das orthonormierte $\mathfrak{b}' := (b'_1, \ldots, b'_n)$ abgebildet, so gilt $b'_v = \sum_\mu \alpha_{v\mu} b_\mu$, also $b'_v \cdot b'_\mu = \sum_t \alpha_{vt} \alpha_{\mu t} = \delta_{v\mu} = 1$ bzw. $= 0$ für $v = \mu$ bzw. $v \neq \mu$, was mit $AA^T = (\delta_{v\mu})$ gleichbedeutend. Wegen $\det A^T = \det A$ ist $(\det A)^2 = 1$. Aus $AA^T = (\delta_{v\mu})$ folgt $A^T(A^T)^T = (\delta_{v\mu})$, also die Orthogonalität von A^T. – (4)$\to$(1) Bei der Translation $(y \mapsto a + y)$ bleiben die Abstände invariant. Es ist daher noch $(y \mapsto A(y))$ als abstandstreu nachzuweisen, also $|d| = |A(d)|$ für $d := x - y$ und alle $x, y \in E^n$. Aber für $d = \sum_{t=1}^n \beta_t b_t$ hat man $(A(d))^2 = (\sum_v (\sum_t \alpha_{vt} \beta_t) \beta_v)^2 = \sum_{r,t} (\Sigma_v \alpha_{vr} \alpha_{vt}) \beta_r \beta_t = \Sigma_r \beta_r^2$, weil A^T orthogonal. – Betr. Zusatz. Folgt aus (1)$\leftrightarrow$(3).

1.4. Multilineare Abbildungen und k-Volumen im $\mathbb{R}^n$

Die in 1.3.2 eingeführte Norm $|\cdot|$ im euklidischen $\mathbb{R}^n$ liefert die Länge eines Vektors, anders ausgedrückt: ein elementares 1-dimensionales (absolutes) Volumen. Darüber hinaus erlaubt, wie jetzt gezeigt werden soll, diese Norm die Definition eines elementaren (absoluten und orientierten) Volumens auch im $\mathbb{R}^n$ und zwar eines k-dimensionalen Volumens für $1 \leqq k \leqq n$ und $1 \leqq n$.

1.4.1 *Orientierte 2-Beine und orientierter Flächeninhalt eines Parallelogramms.*

Definition: Im $\mathbb{R}^2$ wird bezeichnet als 2-**Bein** ein geordnetes Paar (q_1, q_2) von Vektoren $q_i \in \mathbb{R}^2$ und als das von q_1, q_2 aufgespannte Parallelogramm $P(q_1, q_2)$ die Menge der Punkte, welche den $\alpha_1 q_1 + \alpha_2 q_2$ für alle $\alpha_1, \alpha_2 \in [0; 1]$ entsprechen. Ist (b_1, b_2) eine orthonormierte Basis des $\mathbb{R}^2$ und $q_i = \xi_i b_1 + \eta_i b_2$, $i = 1, 2$, so ergibt sich für den (absoluten) Flächeninhalt von $P(q_1, q_2)$ bekanntlich $|v|$, wenn $v := v(q_1, q_2) := \xi_1 \eta_2 - \xi_2 \eta_1$. Neben $|v|$ betrachtet man aber zweckmäßig v selbst; denn das Vorzeichen von v liefert eine weitere geometrische Information, nämlich die „Orientierung" des 2-Beins bzw. von $P(q_1, q_2)$, die wegen $v(q_1, q_2) = -v(q_2, q_1)$ von der Reihenfolge der q_1, q_2 abhängt. Hier in der Ebene läßt sich die „Orientierung" eines 2-Beins deuten als Umlaufsinn bei einer einfachen Durchlaufung des Randes von $P(q_1, q_2)$, etwa der Reihe nach über die Ecken $\bar{0}, q_1, q_1 + q_2, q_2, \bar{0}$. In diesem Sinne sprechen wir dann vom **orientierten 2-Bein** (q_1, q_2) sowie vom **orientierten Inhalt** $v(q_1, q_2)$ des $P(q_1, q_2)$.

1.4.1.1 Zwecks Verallgemeinerung der in 1.4.1 eingeführten Begriffe auf höhere Dimensionen notieren wir folgende, unmittelbar aus der Definition sich ergebende Eigenschaften von $v: \mathbb{R}^2 \times \mathbb{R}^2 \longrightarrow \mathbb{R}$: Für beliebige $q_1, q_2, q_1', q_2' \in \mathbb{R}^2$ und $\alpha \in \mathbb{R}$ gilt:

(H) $v(\alpha q_1, q_2) = v(q_1, \alpha q_2) = \alpha v(q_1, q_2)$ (Homogenität);

(D) $v(q_1 + q_1', q_2) = v(q_1, q_2) + v(q_1', q_2)$ und
$v(q_1, q_2 + q_2') = v(q_1, q_2) + v(q_1, q_2')$ (Distributivität oder Additivität);

(A) $v(q_1, q_2) = -v(q_2, q_1)$ (Schiefe oder Anti-Symmetrie);

(S) $v(q_1, q_2) = v(q_1 \pm q_2, q_2) = v(q_1, q_2 \pm q_1)$ (Scherungsinvarianz).

Anmerkung: Elementargeometrische Deutung im Falle $v(q_1, q_2) > 0$ und $\alpha > 0$: Es besagt (H) die Proportionalität der Inhalte zweier Parallelogramme mit einer gleichen Seite und proportionaler zweiter Seite; ferner wird durch (D) die Addition der Inhalte zweier, bis auf eine gemeinsame Seite fremder Parallelogramme definiert und (S) besagt die Inhaltsgleichheit zweier Parallelogramme mit einer gemeinsamen Seite derart, daß die Diagonale des einen Seite des anderen ist. Hinsichtlich (A) ist nur die Konsequenz

$$(A_0) \qquad v(q_1, q_1) = 0$$

elementargeometrisch plausibel.
Zu (H) – (S) sei noch bemerkt, daß (Beweis!)

$$\text{(i)} \qquad ((H) \wedge (D)) \rightarrow ((A) \rightarrow (S)),$$

womit indirekt (A) ebenfalls geometrisch gerechtfertigt wird. Wegen (i) soll (S) außer Betracht bleiben und die weitere Ausführung sich lediglich auf (H), (D) und (A) stützen.

1.4.2 Die in 1.4.1 aufgeführten Eigenschaften (H)–(A) von v dienen nun zur beabsichtigten Verallgemeinerung des Inhaltsbegriffes, wobei wir das Problem des absoluten Inhaltes zunächst zurückstellen. Als Verallgemeinerung von v werde erklärt

Definition: Es sei $k, n, m \in \mathbb{N}^+$ und $N := \{1, \ldots, n\}$, $K := \{1, \ldots, k\}$.
I. Unter einem **orientierten** k-**Bein** im $\mathbb{R}^n$ werde verstanden jedes geordnete k-tupel $(q_1, \ldots, q_k)$ von Vektoren $q_\kappa \in \mathbb{R}^n$; bei linear unabh. q_κ heiße das k-Bein **echt**. Mit $B(k, n)$ werde bezeichnet das System aller k-Beine im $\mathbb{R}^n$, also
$B(k, n) := V\mathbb{R}^n \times \ldots \times V\mathbb{R}^n$ mit k Faktoren.
II. Für eine Abbildung $f: B(k, n) \longmapsto \mathbb{R}^m$, also $f(q_1, \ldots, q_k) \in \mathbb{R}^m$, betrachten wir nachstehende Eigenschaften, die jeweils für alle $q_\kappa, q'_\kappa \in \mathbb{R}^n$ und alle $\alpha \in \mathbb{R}$ gelten sollen. Es heiße nun f **homogen** oder **multiplikativ**, wenn

(H) $$f(\ldots, q_{\varrho-1}, \alpha q_\varrho, q_{\varrho+1}, \ldots) = \alpha f(\ldots, q_{\varrho-1}, q_\varrho, q_{\varrho+1}, \ldots), \qquad \varrho \in K;$$

distributiv oder **additiv**, wenn

(D) $$f(\ldots, q_\varrho + q'_\varrho, \ldots) = f(\ldots, q_\varrho, \ldots) + f(\ldots, q'_\varrho, \ldots), \qquad \varrho \in K;$$

alternierend, auch **anti**- oder **schiefsymmetrisch**, wenn

(A) $$\bigwedge_{\varrho, \iota \in K} \varrho < \iota \rightarrow f(\ldots, q_\varrho, \ldots, q_\iota, \ldots) = -f(\ldots, q_\iota, \ldots, q_\varrho, \ldots).$$

Sind für f zugleich (H) und (D) erfüllt, so heiße f **multilinear**, genauer k-**linear**.
III. Eine k-lineare, alternierende Abbildung wird kurz als k-**alternierend** bezeichnet. Das System der k-linearen bzw. k-alternierenden Abbildungen von $B(k, n)$ in den $\mathbb{R}^m$ ist je ein reeller VR

$$L(k, n, m) \text{ bzw. } A(k, n, m).$$

Dabei werde, der Natur der Sache entsprechend, festgesetzt, daß $A(1, n, m) := L(1, n, m) = L(\mathbb{R}^n, \mathbb{R}^m)$ (vgl. 1.1.4, (4)). Im Fall $m = 1$ spricht man, statt von Abbildungen, von k-**linearen** und k-**alternierenden Formen** oder **Funktionalen**.

Beispiele: (1) Die Abbildung v in 1.4.1.1 gehört zu $A(2, 2, 1)$. – (2) Allgemein gehört $(q_1, \ldots, q_n) \longmapsto (\det(q_1, \ldots, q_n))a$, mit $a \in \mathbb{R}^m$, zu $A(n, n, m)$. – (3) Ein besonders wichtiges Beispiel aus $A(k, n, 1)$ wird geliefert durch die sogen. Gramsche Determinante $G = G(q_1, \ldots, q_k; r_1, \ldots, r_k)$ mit $q_\kappa, r_\kappa \in \mathbb{R}^n$, nämlich

$$G := \begin{vmatrix} q_1 r_1 & \cdots & q_1 r_k \\ \cdots & \cdots & \cdots \\ q_k r_1 & \cdots & q_k r_k \end{vmatrix} = \det(q_\kappa r_\tau),$$

wobei $q_\kappa r_\tau$ das Skalarprodukt der Vektoren q_κ, r_τ im $\mathbb{R}^n$ bezeichnet. In der Tat ist G bei festen $r_1, \ldots, r_k$ zufolge bekannter Eigenschaften von Determinante und Skalarprodukt k-alternierend in den $q_1, \ldots, q_k$.
Um eine andere Darstellung von G zu erhalten, führen wir die S-Repr. der q_κ bzw. r_τ bezüglich einer orthonormierten Basis $(e_1, \ldots, e_n)$ im $\mathbb{R}^n$ ein, sodaß $q_\kappa = \sum_\nu \alpha_{\kappa\nu} e_\nu$ bzw. $r_\tau = \sum_\nu \beta_{\tau\nu} e_\nu$. Sodann bezeichnen wir für die Kombination $(\nu_1, \ldots, \nu_k)$ aus N mit $(\bar\nu_1, \ldots, \bar\nu_k)$ diejenige Permutation von $(\nu_1, \ldots, \nu_k)$, für die $\bar\nu_1 < \bar\nu_2 < \ldots < \bar\nu_k$, und mit $\bar N^k$ das System aller dieser $(\bar\nu_1, \ldots, \bar\nu_k)$.

Aus bekannten Determinantensätzen ergibt sich jetzt

$$G = \sum_{(\bar\nu_1 \ldots \bar\nu_k) \in \bar N^k} d_{(\bar\nu_1 \ldots \bar\nu_k)} \varphi_{\bar\nu_1 \ldots \bar\nu_k}, \qquad \text{wobei}$$

$$\varphi_{\bar\nu_1 \ldots \bar\nu_k} = G(e_{\bar\nu_1}, \ldots, e_{\bar\nu_k}; r_1, \ldots, r_k) = \begin{vmatrix} \beta_{1\bar\nu_1} \cdots \beta_{k\bar\nu_1} \\ \cdots\cdots\cdots \\ \beta_{k\bar\nu_k} \cdots \beta_{k\bar\nu_k} \end{vmatrix}$$

Daraus folgt die sogen. *Gramsche Determinantenidentität*

$$\begin{vmatrix} q_1 r_1 \cdots q_1 r_k \\ \cdots\cdots\cdots \\ q_k r_1 \cdots q_k r_k \end{vmatrix} = \sum_{(\bar\nu_1, \ldots, \bar\nu_k) \in \bar N^k} \begin{vmatrix} \alpha_{1\bar\nu_1} \cdots \alpha_{1\bar\nu_k} \\ \cdots\cdots\cdots \\ \alpha_{k\bar\nu_1} \cdots \alpha_{k\bar\nu_k} \end{vmatrix} \cdot \begin{vmatrix} \beta_{1\bar\nu_1} \cdots \beta_{1\bar\nu_k} \\ \cdots\cdots\cdots \\ \beta_{k\bar\nu_1} \cdots \beta_{k\bar\nu_k} \end{vmatrix}.$$

Speziell für $q_\kappa = r_\kappa$, $\kappa = 1, \ldots, k$, hat man

$$(G_0) \qquad \begin{vmatrix} q_1 q_1 \cdots q_1 q_k \\ \cdots\cdots\cdots \\ q_k q_1 \cdots q_k q_k \end{vmatrix} = \sum_{(\bar\nu_1, \ldots, \bar\nu_k) \in \bar N^k} \begin{vmatrix} \alpha_{1\bar\nu_1} \cdots \alpha_{1\bar\nu_k} \\ \cdots\cdots\cdots \\ \alpha_{k\bar\nu_1} \cdots \alpha_{k\bar\nu_k} \end{vmatrix}^2.$$

Bemerkungen (1): Wie in 1.4.1.1 gilt (i), sodaß es genügt, (H), (D) und (A) in Betracht zu ziehen. – (2) Hinsichtlich der Unabhängigkeit von (H), (D) und (A) hat man: Aus (D) folgt (H) für alle rationalen α, aber nicht notwendig für alle reellen α, es sei denn, man nimmt Stetigkeitsforderungen hinzu. Die Konstruktion einer distributiven, aber nicht homogenen Funktion erfordert transfinite Hilfsmittel. Beispiele alternierender, aber nicht multilinearer bzw. multilinearer, aber nicht alternierender Abbildungen sind: Für $k = 2, n = m = 1$ $((x_1, x_2) \mapsto x_1^2 - x_2^2)$ bzw. $((x_1, x_2) \mapsto x_1 x_2)$.

1.4.3 *Darstellung der k-linearen Abbildungen*

Satz: Voraussetzung. *Es sei* $N := \{1, \ldots, n\}$, $K := \{1, \ldots, k\}$ *und* $(x_1, \ldots, x_n)$ *eine Basis des (Vektorraumes)* $\mathbb{R}^n$. *Weiter sei* $B(n, k)$ *das System der k-Beine im* $\mathbb{R}^n$ (vgl. 1.4.2, I.). *Es sei* $f: B(k, n) \to \mathbb{R}^m$ *mit* $((q_1, \ldots, q_k) \mapsto f(q_1, \ldots, q_k) \in \mathbb{R}^m)$, *wobei* $q_\kappa = \sum_{\nu \in N} \alpha_{\kappa\nu} x_\nu$, $\kappa \in K$ *und* $\alpha_{\kappa\nu} \in \mathbb{R}$.

Behauptung: (1) *Ist f k-linear, so gilt*

$$f(q_1,\dots,q_k)=\sum_{(\nu_1,\dots,\nu_k)\in N^k}\alpha_{1\nu_1}\dots,\alpha_{k\nu_k}f_{\nu_1\dots\nu_k}\qquad\text{mit}\qquad f_{\nu_1\dots\nu_k}=f(x_{\nu_1},\dots,x_{\nu_k}).$$

(2) *Eine k-lineare Abbildung* $g: B(k,n)\longrightarrow\mathbb{R}^m$ *wird eindeutig bestimmt durch beliebige Vorgabe der* n^k *„Basiswerte"* $g(x_{\nu_1},\dots,x_{\nu_k})$; *anders gesagt: Die* n^k *Werte* $h(\nu_1,\dots,\nu_k)$ *einer (beliebigen) Abbildung* $h: N^k\longrightarrow\mathbb{R}^m$ *bilden den* S-*Repr. eines k-linearen* $f: B(k,n)\longrightarrow\mathbb{R}^m$.

Zusatz: Für den reellen VR $L(k,n,m)$ (vgl. 1.4.2, III.) aller *k-linearen* $f: B(k,n)\longrightarrow\mathbb{R}^m$ gilt $\dim L(k,n,m)=n^k m$.

Beweis: Betr. Beh. (1). Folgt durch wiederholte Anwendung von (D) und (H) auf $f(q_1,\dots,q_k)=f(\alpha_{11}x_1+\dots+\alpha_{1n}x_n,\dots,\alpha_{k1}x_1+\dots+\alpha_{kn}x_n)$. – Betr. Beh. (2). Die k-Linearität von g folgt aus der Linearität der „Projektionen" $(q_\kappa\mapsto\alpha_{\kappa\nu})$.

1.4.4 *Darstellung der k-alternierenden Abbildungen.*

Vorbemerkung: Für jede k-alternierende Abbildung $f: B(k,n)\longrightarrow\mathbb{R}^m$ gilt
(A_0). Sind in $(q_1,\dots,q_k)$ zwei Vektoren gleich, so ist $f(q_1,\dots,q_k)=0$.
Ist nun $f\in A(k,n,m)$, d.h. (vgl. 1.4.2, III.), ist $f: B(k,n)\longrightarrow\mathbb{R}^m$ k-alternierend, und ist $(x_1,\dots,x_n)$ eine Basis des $\mathbb{R}^n$, so brauchen wir in der Darstellung dieses k-linearen f gemäß 1.4.3, Satz, Beh. (1), die Summation nur zu erstrecken über alle Kombinationen $(\nu_1,\dots,\nu_k)$ ohne Wiederholung von k Elementen aus N, d.h. nur für $\nu_\kappa\neq\nu_i$, wenn $\kappa\neq i$; $\kappa,i\in K$. Setzen wir allgemein $\operatorname{sgn}0:=0$ und $\operatorname{sgn}x:=|x|^{-1}x$ für $x\in\mathbb{R}\setminus\{0\}$ sowie $\operatorname{sgn}(\nu_1,\dots,\nu_k):=\prod_{1\leq i\leq j\leq k}\operatorname{sgn}(\nu_j-\nu_i)$, so folgt (Betr. $(\bar\nu_1,\dots,\bar\nu_k)$ und $\overline{N^k}$ vgl. 1.4.2, Beisp. (3))

$$f(x_{\nu_1},\dots,x_{\nu_k})=\operatorname{sgn}(\nu_1,\dots,\nu_k)f(x_{\bar\nu_1},\dots,x_{\bar\nu_k})$$

und mithin

$$(\mathrm{A}')\qquad f(q_1,\dots,q_k)=\sum_{(\nu_1\dots\bar\nu_k)\in\bar N^k}d_{\bar\nu_1\dots\nu_k}\varphi_{\bar\nu_1\dots\nu_k},$$

$$(\mathrm{A}'')\qquad \varphi_{\bar\nu_1\dots\bar\nu_k}:=f(x_{\bar\nu_1},\dots,x_{\bar\nu_k})\in\mathbb{R}^m,$$

$$d_{\bar\nu_1\dots\bar\nu_k}:=\sum_{(\mu_1,\dots,\mu_k)}\alpha_{1\mu_1}\dots\alpha_{k\mu_k}\operatorname{sgn}(\mu_1,\dots,\mu_k)\in\mathbb{R},$$

worin die Summation über alle $k!$ Permutationen $(\mu_1,\dots,\mu_k)$ von $(\nu_1,\dots,\nu_k)$ zu erstrecken ist. Ersichtlich ist $d_{\bar\nu_1\dots\bar\nu_k}$ die Determinante (k-reihig)

$$(\mathrm{A}''')\qquad d_{\bar\nu_1\dots\bar\nu_k}=\begin{vmatrix}\alpha_{1\bar\nu_1}&\dots&\alpha_{1\bar\nu_k}\\ \dots&\dots&\dots\\ \alpha_{k\bar\nu_1}&\dots&\alpha_{k\bar\nu_k}\end{vmatrix}$$

Da bekanntlich jede k-reihige Determinante als Funktion ihrer Zeilenvektoren k-alternierend ist, so liefert (A′) bei beliebiger Wahl der $\varphi_{\bar\nu_1\dots\bar\nu_k}\in\mathbb{R}^m$ eine k-alternierende Abbildung von $B(k,n)$ in $\mathbb{R}^m$. Es gilt also der

1. Satz: *Jede k-alternierende Abbildung* $((q_1,\dots,q_k)\mapsto f(q_1,\dots,q_k))$ *des (Vektorraumes)* $\mathbb{R}^n\times\dots\times\mathbb{R}^n$ *(k-fach) in den* (VR) $\mathbb{R}^m$ *ist bezüglich einer Basis* $(x_1,\dots,x_n)$ *des* $\mathbb{R}^n$, *wobei* $q_\kappa=\sum_{\nu=1}^n\alpha_{\kappa\nu}x_\nu$, $\kappa=1,\dots,k$, *eindeutig darstellbar in der Gestalt* (A′) *mit* (A″) *und* (A‴). – *Umgekehrt liefert* (A′) *bei beliebiger Wahl der Vektoren* $\varphi_{\bar\nu_1\dots\bar\nu_k}\in\mathbb{R}^m$ *eine k-lineare Abbildung (aus dem* VR $A(k,n,m)$*).*

Zusatz: Der Fall $k>n$ bleibt außer Betracht, weil in diesem Falle $\overline{N^k}=\emptyset$, also jedes $f=0$ ist.
Über den Zusammenhang der VR $A(k,n,m')$ und $A(k,n,m'')$ bei beliebigen m', m'' läßt sich behaupten:

2. Satz: *Für* $T\in L(\mathbb{R}^{m'},\mathbb{R}^{m''})$ *und* $f\in A(k,n,m')$ *gilt* $T\circ f\in A(k,n,m'')$, *d.h. lineare Abbildungen führen k-alternierende Abbildungen in k-alternierende über.* (Bew. als Aufgabe).

Folgerung: Jedes $f\in A(k,k,1)$ ist darstellbar als $f(q_1,\dots,q_k)=\alpha\det(q_1,\dots,q_k)$ mit $\alpha\in\mathbb{R}$. – Dies ergibt sich aus dem 2. Satz, falls $m'=m''=1$ und $k=n$ in Rücksicht auf $\dim A(k,k,1)=1$.

1.4.5 In 1.4.4, Satz 2., Folgerung, erwies sich $\det(q_1,\dots,q_k)$ als Prototyp für alle $f\in A(k,k,1)$ in dem Sinne, daß $f=\alpha\det(q_1,\dots,q_k)$ für beliebiges f bei geeigetem $\alpha\in\mathbb{R}$. Allgemein, d.h. für beliebige k, n, m mit $1\leqq k\leqq n$, gelangt man zu einer entsprechenden Darstellung der $f\in A(k,n,m)$, indem man als Prototyp eine geeignete k-alternierende Abbildung $p(k,n)\in A(k,n,m^*)$ mit $m^*:=\binom{n}{k}$ wählt, nämlich: Es bezeichne $\{e(\bar\nu_1,\dots,\bar\nu_k):(\bar\nu_1,\dots,\bar\nu_k)\in\overline{N^k}\}$ irgend eine Basis des VR $\mathbb{R}^{m^*}$; man beachte dabei, daß die Anzahl der (geordneten) Kombinationen $(\bar\nu_1,\dots,\bar\nu_k)$ gleich m^* und daß daher die Bezeichnungsweise $e(\bar\nu_1,\dots,\bar\nu_k)$ für die Basiselemente sinnvoll ist. Nun sei als Prototyp gewählt diejenige Abbildung

$$p(k,n)\in A(k,n,m^*)$$

durch welche das k-Bein $(x_{\bar\nu_1},\dots,x_{\bar\nu_k})$ abgebildet wird auf $e(\bar\nu_1,\dots,\bar\nu_k)$.
Mit diesen Festsetzungen ergibt sich der

Satz: Voraussetzung: *Es seien* $k,n,m\in N$ *mit* $1\leqq k\leqq n$ *und* $m^*:=\binom{n}{k}$.

Behauptung: *Zu jedem* $f\in A(k,n,m)$ *existiert genau ein* $F\in L(1,m^*,m)=L(\text{VR}\,\mathbb{R}^{m^*},\text{VR}\,\mathbb{R}^m)$ *so, daß* $f=F\circ p(k,n)$ *(Faktorisierung).*

Beweis: Bei gegebenem f existiert genau ein $F\in L(\mathbb{R}^{m^*},\mathbb{R}^m)$ mit $F:=((e(\bar\nu_1,\dots,\bar\nu_k)\mapsto f(x_{\bar\nu_1},\dots,x_{\bar\nu_k}))$ (vgl. 1.2.2.1). Dabei ist $F\circ f$ k-alternierend (1.4.4, Satz 2.) und bildet $(x_{\bar\nu_1},\dots,x_{\nu_k})$ auf $f(x_{\bar\nu_1},\dots,x_{\bar\nu_k})$ ab. Gemäß 1.2.2.1 folgt $f=F\circ p(k,n)$.

1.4.6 *Darstellung der Prototypen als Graßmannsche Produkte.*
In 1.4.5 war für jedes k der Prototyp $p(k,n)\in A(k,n,m^*)$ angegeben worden. Mit Benut-

zung des jetzt einzuführenden (assoziativen und distributiven Graßmannschen) äußeren Produktes $z_1 \wedge z_2$ von Vektoren z_1, z_2 gelingt eine einheitliche Darstellung des Prototyps gleichzeitig für alle $k = 1, \ldots, n$, in folgender Weise: Wir betrachten die $2^n - 1$ Vektoren $e(1), \ldots, e(n)$; $e(1,2), \ldots, e(n-1, n)$; $\ldots$; $e(1, 2, \ldots, n)$; dazu nehmen wir den Vektor $e(0) := 1 \in \mathbb{R}$ (welcher den $\binom{n}{0} = 1$ „Kombinationen von 0 Elementen aus n" entspricht). Mit diesen 2^n Vektoren als Basis des VR $\mathbb{R}^{2^n}$ definieren wir das **äußere Produkt** zunächst für die $e(\bar{v}_1, \ldots, \bar{v}_r)$, $1 \leqq r \leqq n$, durch

$$(\wedge)\quad e(\bar{v}_1, \ldots, \bar{v}_r) \wedge e(\bar{\mu}_1, \ldots, \bar{\mu}_t) := 1 \leqq r, t \leqq n \begin{cases} \operatorname{sgn}(\bar{v}_1, \ldots, \bar{v}_r, \bar{\mu}_1, \ldots, \bar{\mu}_t) e(\bar{\lambda}_1, \ldots, \bar{\lambda}_{r+t}) \\ \quad \text{falls } \emptyset = \{\bar{v}_1, \ldots, \bar{v}_r\} \cap \{\bar{\mu}_1, \ldots, \bar{\mu}_t\}, \\ 0 \text{ falls } \emptyset \neq \{\bar{v}_1, \ldots, \bar{v}_r\} \cap \{\bar{\mu}_1, \ldots, \bar{\mu}_t\}, \end{cases}$$

wobei

$$\{\bar{\lambda}_1, \ldots, \bar{\lambda}_{r+t}\} := \{\bar{v}_1, \ldots, \bar{v}_r, \bar{\mu}_1, \ldots, \bar{\mu}_t\} \qquad \text{mit} \qquad \bar{\lambda}_1 < \bar{\lambda}_2 < \ldots < \bar{\lambda}_{r+t}.$$

$$(\wedge_0)\qquad e(0) \wedge e(\bar{v}_1, \ldots, \bar{v}_r) = e(\bar{v}_1, \ldots, \bar{v}_r) \wedge e(0) = e(\bar{v}_1, \ldots, \bar{v}_r).$$

Forderung: Außer $(\wedge)$ und $(\wedge_0)$ soll das äußere Produkt (in $G := \mathbb{R}^{2^n}$) noch links und rechts distributiv sein (gegenüber der Addition in G) sowie kommutativ bei Multiplikation mit Skalaren[1]).

Wie sich zeigt, folgt daraus die Assoziativität von $\wedge$, sodaß $(G, \wedge)$ eine sog. Graßmannsche Algebra ist.

Folgerungen: (I) Das äußere Produkt ist assoziativ.

Beweis: Gemäß I., 3.4.7, genügt es, den Beweis für Produkte aus nur 3 Faktoren zu führen, etwa für $z_1 := e(\bar{v}_1, \ldots, \bar{v}_r)$, $z_2 := e(\bar{\mu}_1, \ldots, \bar{\mu}_q)$ und $z_3 := e(\bar{\tau}_1, \ldots, \bar{\tau}_s)$. Zu zeigen ist $(z_1 \wedge z_2) \wedge z_3 = z_1 \wedge (z_2 \wedge z_3)$. Dazu setze man $v := (\bar{v}_1, \ldots, \bar{v}_r)$, $u := (\bar{\mu}_1, \ldots, \bar{\mu}_q)$ und $t := (\bar{\tau}_1, \ldots, \bar{\tau}_s)$; ferner $(v, u) := (\bar{v}_1, \ldots, \bar{v}_r, \bar{\mu}_1, \ldots, \bar{\mu}_q)$ usw.; schließlich bezeichne $\gamma(\varrho) := (\bar{\varrho}_1, \ldots, \bar{\varrho}_p)$ die zu $\varrho := (\varrho_1, \ldots, \varrho_p)$ gehörige geordnete Kombination aus den $\varrho_1, \ldots, \varrho_p$. Wegen $\operatorname{sgn}(\gamma(v, u), t) = \operatorname{sgn}(v, \gamma(u, t))$ folgt gemäß $(\wedge)$, $(\wedge_0)$ die Beh.

(II) Gemäß $(\wedge)$ ist $e(\bar{v}_1) \wedge e(\bar{v}_2) = e(\bar{v}_1, \bar{v}_2)$. Im Hinblick auf (I) ergibt sich durch Induktion

$$e(v_1) \wedge e(v_2) \wedge \ldots \wedge e(v_r) = \operatorname{sgn}(v_1, \ldots, v_r) e(\bar{v}_1, \ldots, \bar{v}_r) = e(v_1, \ldots, v_r)$$

$$e(v) \wedge e(\mu) = -e(\mu) \wedge e(v) \qquad \text{(Vertauschungssatz)}$$

(III) Wir müssen hier darauf verzichten, einen systematischen Aufbau der oben eingeführten Graßmannalgebra zu geben; wir verweisen daher auf einschlägige Lehrbücher (vgl. Lit).

[1]) Daß $(\wedge)$, $(\wedge_0)$ und die „Forderung" zusammengenommen keinen Widerspruch implizieren, wird hier nicht bewiesen.

Indes sei noch kurz behandelt die Bildung der **Adjungierten einer k-alternierenden Abbildung**, nämlich

$$\mathrm{adj}: A(k,n,m) \longrightarrow A(n-k,n,m),$$

welche Abbildung für das Rechnen mit k-alternierenden Abbildungen von Bedeutung ist:

Definition: Es sei $a = \sum_{(\nu_1 \dots \nu_k)} \alpha_{\nu_1 \dots \nu_k} x_{\nu_1} \wedge \dots \wedge x_{\nu_k} \in A(k,n,m)$. Im Falle $1 \leqq k \leqq n-1$ setze man

$$\mathrm{adj}\, a := \sum_{(\bar\nu_1,\dots,\bar\nu_k)} \alpha_{\bar\nu_1 \dots \bar\nu_k} \operatorname{sgn}(\bar\nu_1,\dots,\bar\nu_k,\bar\mu_{k+1},\dots,\bar\mu_n) x_{\bar\mu_{k+1}} \wedge \dots \wedge x_{\bar\mu_n},$$

wobei $\{\mu_{k+1},\dots,\mu_n\} := \{1,\dots,n\} \setminus \{\nu_1,\dots,\nu_k\}$;
im Falle $k=0$ bzw. $k=n$ setzt man sinngemäß

$$\mathrm{adj}\,\alpha := \alpha(x_1 \wedge \dots \wedge x_n) \qquad \text{bzw.} \qquad \mathrm{adj}(\alpha x_1 \wedge \dots \wedge x_n) := \alpha.$$

Als *Beispiele von Rechenregeln* seien vermerkt:

(III 1) adj ist bijektiv und es gilt

$$\mathrm{adj}^2 a := \mathrm{adj}(\mathrm{adj}\, a) = (-1)^{k(n-k)} a$$

(also $=a$ bzw. $=(-1)^k a$ je nachdem n ungerade bzw. gerade ist).

(III 2) $\mathrm{adj}(a+b) = \mathrm{adj}\, a + \mathrm{adj}\, b$; $\mathrm{adj}(\lambda a) = \lambda \mathrm{adj}\, a$ (Linearität von adj).

(III 3) Für $a, a' \in A(k,n,m)$ gilt

$$\mathrm{adj}(a \wedge \mathrm{adj}\, a') = \sum_{(\bar\nu_1 \dots, \bar\nu_k)} \alpha_{\bar\nu_1 \dots \bar\nu_k} \alpha'_{\bar\nu_1 \dots \bar\nu_k}.$$

(III 4) Für $q_\kappa = \sum_{\nu=1}^n \alpha_{k\nu} x_\nu, \qquad \kappa = 1,2,3,$ ist

$$\begin{aligned}\mathrm{adj}((\mathrm{adj}(q_1 \wedge q_2)) \wedge q_3) &= (\mathrm{adj}(q_1 \wedge \mathrm{adj}\, q_3)) q_2 - (\mathrm{adj}(q_2 \wedge \mathrm{adj}\, q_3)) q_1 = \\ &= \left(\sum_{\nu=1}^n \alpha_{1\nu}\alpha_{3\nu}\right) q_2 - \left(\sum_{\nu=1}^n \alpha_{2\nu}\alpha_{3\nu}\right) q_1.\end{aligned}$$

(Bew. als Aufgaben).

B e i s p i e l im $\mathbb{R}^3$ $(k=2, n=3)$. Mit $q_\kappa := \sum_{\nu=1}^3 \alpha_{\kappa\nu} x_\nu, \qquad \kappa = 1,2,$ ist

$$\begin{aligned}q_1 \wedge q_2 = (\alpha_{11}\alpha_{22} - \alpha_{12}\alpha_{21}) x_1 \wedge x_2 + (\alpha_{12}\alpha_{23} - \alpha_{13}\alpha_{22}) x_2 \wedge x_3 + \\ + (\alpha_{13}\alpha_{21} - \alpha_{11}\alpha_{23}) x_3 \wedge x_1.\end{aligned}$$

Die enge Verwandtschaft dieses äußeren Produktes mit dem sogen. „vektoriellen Produkt" im $\mathbb{R}^3$ nämlich mit

$$q_1 \times q_2 = (\alpha_{11}\alpha_{22} - \alpha_{12}\alpha_{21}) x_3 + (\alpha_{12}\alpha_{23} - \alpha_{13}\alpha_{22}) x_1 + (\alpha_{13}\alpha_{21} - \alpha_{11}\alpha_{23}) x_2$$

ergibt sich durch Adjungiertenbildung gemäß

$$\mathrm{adj}(q_1 \wedge q_2) = q_1 \times q_2.$$

1.4.7 *Orientiertes und absolutes k-Volumen im* $\mathbb{R}^n$.

Es sei $\mathbb{R}^n$ der euklidische n-dimensionale Raum und $\bar{x}_1, \ldots, \bar{x}_n$ eine orthonormierte Basis im $\mathbb{R}^n$. Weiter sei $q_1, \ldots, q_k$ ein orientiertes k-Bein im $\mathbb{R}^n$.

Definition: Es werden bezeichnet: Das äußere Produkt $q_1 \wedge \ldots \wedge q_k$ als der **(orientierte)** k**-dimensionale Inhalt** oder als das **(orientierte)** k**-Volumen des** k**-Beins** oder auch des vom k-Bein aufgespannten (orientierten) k-dimensionalen Parallelotops $P(q_1, \ldots, q_k)$, ferner $|q_1 \wedge \ldots \wedge q_k| := (\sum_{(\bar{v}_1, \ldots, \bar{v}_k) \in \overline{N^k}} d^2_{\bar{v}_1 \ldots \bar{v}_k})^{1/2}$ (bezüglich $(\bar{x}_1, \ldots, \bar{x}_n)$ vgl. 1.4.2) als das **absolute** k**-Volumen** des k-Beins bzw. des Parallelotops $P(q_1, \ldots, q_k)$.

Gerechtfertigt wird diese Definition durch folgende Bemerkungen:

(I) Zunächst seien $q_1, \ldots, q_k \in [\![\bar{x}_1, \ldots, \bar{x}_k]\!]$. Dann gilt $q_\kappa = \sum_{i=1}^k \bar{\alpha}_{\kappa i} \bar{x}_i$, $\kappa = 1, \ldots, k$; und $q_1 \wedge \ldots \wedge q_k = \bar{I} \bar{x}_1 \wedge \ldots \wedge \bar{x}_k$ mit $\bar{I} = \det(\bar{\alpha}_{\kappa i})$.

(II) Neben der speziellen Basis $\bar{x}_1, \ldots, \bar{x}_n$ in (I) sei $e_1, \ldots, e_n$ eine beliebige orthonormierte Basis des $\mathbb{R}^n$. Es ist dann $\bar{x}_\nu = \sum_{\mu=1}^n \beta_{\nu\mu} e_\mu$, $\nu = 1, \ldots, n$, und $q_\kappa = \sum_{\nu=1}^n \alpha_{\kappa\nu} e_\nu$, mithin $\sum_{i=1}^k \bar{\alpha}_{\kappa i} \beta_{i\mu} = \alpha_{\kappa\mu}$, $\mu = 1, \ldots, n$. Mit den Bezeichnungen in 1.4.3 und 1.4.4 ergibt sich

$$d_{\bar{v}_1 \ldots \bar{v}_k} = \det(\alpha_{\kappa \bar{v}_\tau}) = \det(\textstyle\sum_i \bar{\alpha}_{\kappa i} \beta_{i \bar{v}_\tau}) = \bar{I} \cdot \det(\beta_{\kappa \bar{v}_\tau}).$$

Vermöge (G_0) in 1.4.2 hat man

$$\sum d^2_{\bar{v}_1 \ldots \bar{v}_k} = \bar{I}^2 \cdot (\sum (\det(\beta_{\kappa \bar{v}_\tau}))^2) = \bar{I}^2 \cdot \det(\bar{x}_\kappa \bar{x}_i).$$

Weil $(\bar{x}_1, \ldots, \bar{x}_k)$ orthonormiert ist, also $\bar{x}_\kappa \bar{x}_i = \delta_{\kappa i}$, folgt

$$\sum d^2_{\bar{v}_1 \ldots \bar{v}_k} = \bar{I}^2 = |q_1 \wedge \ldots \wedge q_k|^2.$$

Anmerkungen: (1) Es kann $|q_1 \wedge \ldots \wedge q_k|$ auch gedeutet werden als die Länge des Vektors $q_1 \wedge \ldots \wedge q_k$ im euklidischen $\mathbb{R}^{m^*}$, wobei $m^* = \binom{n}{k}$ (vgl. 1.4.5). – (2) Der Zusammenhang der Metriken von $\mathbb{R}^n$ und $\mathbb{R}^{m^*}$ ergibt sich auch daraus, daß die m^*,m^*-Matrix mit den Elementen $\det(\beta_{\nu_\kappa \mu_\tau})$ wegen der Orthogonalität von $(\beta_{\nu\mu})$ ebenfalls orthogonal ist. – (3) Die Komponenten („Richtungskosinuse") von $q_1 \wedge \ldots \wedge q_k$ bezüglich der orthonormierten Basis des Teilraumes $\mathbb{R}^n$ von $\mathbb{R}^{m^*}$ bestimmen bis zu einem gewissen Grade die Lage des k-Beins $q_1, \ldots, q_k$ im $\mathbb{R}^n$; in diesem Sinne können jene Komponenten als *„Stellungskosinus"* des k-Beins bezeichnet werden. – (4) Im Falle $n = k$ ist $|q_1 \wedge \ldots \wedge q_k| = |\det(q_1, \ldots, q_k)|$.

(III) Zusammen mit dem Ergebnis in (II) lassen sich jetzt die Formeln (A′), (A″) in 1.4.4, angewandt auf $q_1 \wedge \ldots \wedge q_k$ an Stelle von $f(q_1, \ldots, q_k)$, so deuten:

Die Summanden in (A′) *sind die k-Volumina der Projektionen des k-Beins* $q_1, \ldots, q_k$ *auf die von* $\bar{x}_{\bar{v}_1}, \ldots, \bar{x}_{\bar{v}_k}$ *aufgespannte (gemäß* $\det(\bar{x}_{\bar{v}_1}, \ldots, \bar{x}_{\bar{v}_k}) = 1 > 0$ *orientierte) k-Ebene und ihre „Summe" liefert das k-Volumen des k-Beins. Das absolute k-Volumen des k-Beins ist gleich der Quadratwurzel aus der Quadratensumme der (absoluten) k-Volumina der Projektionen des k-Beins.*

1.4.8 Erklärt man als k-Volumverzerrung *bei linearer Abbildung* $f: \mathbb{R}^k \to \mathbb{R}^n$, $1 \leqq k \leqq n$, den (nur von f abhängigen) Quotienten $\alpha' : \alpha$, wobei α' bzw. α das absolute k-Volumen des Bild-k-Beins bzw. des Urbild-k-Beins bezeichnet, so gilt: Bei f ist das Quadrat der k-Volumverzerrung gleich der Summe der Quadrate der k-Volumverzerrungen der Projektionen (bezüglich der gewählten Basis des $\mathbb{R}^n$).

1.4.9 Als absolutes *k-Volumen des Simplexes* $S(\bar{0}, q_1, \dots, q_k)$ (mit den Ecken $\bar{0}, q_1, \dots, q_k$) wird erklärt $(k!)^{-1}|q_1 \wedge \dots \wedge q_k|$, also das $(k!)^{-1}$-fache absolute k-Volumen des Parallelotops $P(q_1, \dots, q_k)$. Gerechtfertigt wird diese Definition des absoluten k-Simplexvolumens durch den Nachweis, daß dieses Volumen gleich ist dem k-Jordaninhalt von $S(\bar{0}, q_1, \dots, q_k)$, (wobei der k-Jordaninhalt eines k-dimensionalen Würfels gleich ist der k-ten Potenz seiner Kantenlänge). Dieser Nachweis ergibt sich sehr einfach mit Hilfe der Integralrechnung (vgl. I., 9.5.9 sowie Bd. III.).

Zusatz: Der Leser sei darauf hingewiesen, daß die Bestimmung des Simplexvolumens für $k \geqq 3$ nicht (wie für $k = 2$) auf „elementarem" Wege möglich ist, was die Heranziehung von infinitären Prozessen (beliebig genaue Approximation, Integral) rechtfertigt.

1.5. Topologie

1.5.0 *Einleitung*. Ein zentrales Problem ist für uns, wie schon in I., das Studium von Abbildungen und dabei in erster Linie das des Limesbegriffes. In I. waren wir hierbei von selbst auf „topologische" Begriffe wie „Umgebung", „Raster" usw. gestoßen (im $\mathbb{R}^1$, vgl. I., 5.5). Angesichts der Anschaulichkeit der Geometrie im $\mathbb{R}^1$, d.h. auf der (Zahl-) Geraden, erübrigte sich in I. eine nähere Analyse der fraglichen topologischen Begriffe. Diese soll jetzt unter allgemeineren Voraussetzungen nachgeholt werden.

1.5.0.1 Wie es in jedem mathematischen Problemkreis erforderlich ist, wurde in I. der Behandlung des Limesbegriffes ein bestimmter Gleichheitsbegriff (Äquivalenz) zu Grunde gelegt, nämlich für Abbildungen $f: D \to \mathbb{R}, D \subset \mathbb{R}$, die Identität: $f = g :\leftrightarrow \bigwedge_{x \in D} f(x) = g(x)$. Entscheidender Ansatzpunkt für die oben angekündigte Analyse topologischer Begriffe ist nun die Bemerkung, daß – zunächst für die Limestheorie – eine viel weniger fordernde Äquivalenz als die oben erwähnte der Sachlage angemessen ist.

1.5.0.2 Wir vergegenwärtigen uns die Sachlage am Beispiel des Stetigkeitsbegriffes bei reellen Funktionen (vgl. I., 6.2.1). Es sei $f: D \to \mathbb{R}$ mit $D := (x_0 - 1; x_0 + 1)$. Definitionsgemäß ist f stetig in x_0 genau, wenn

$$(s_f) \qquad \bigwedge_{\varepsilon > 0} \bigvee_{\varrho > 0} \bigwedge_{x \in J(\varrho)} |f(x) - f(x_0)| < \varepsilon, \qquad \text{wobei}$$
$$J(\varrho) := (x_0 - \varrho; x_0 + \varrho), \qquad 0 < \varrho \leqq 1.$$

Um unseren Überlegungen die gewünschte Richtung zu geben, betrachten wir die Aussage (s_f) nicht nur für individuelles f, sondern für alle möglichen $f: D \to \mathbb{R}$. In der Menge $\mathfrak{F}$ aller dieser Funktionen $f, g, \ldots$, liefert die Relation, wobei $\mathfrak{i}(x_0) := \{J(\varrho); 0 < \varrho \leqq 1\}$,

$$f =_{\mathfrak{i}(x_0)} g :\leftrightarrow \bigvee_{J \in \mathfrak{i}(x_0)} f|J = g|J$$

eine Äquivalenz (weil $\mathfrak{i}(x_0)$ ein Raster (I., 5.6.8.3) ist (Beweis!)) bezgl. welcher die Aussage (s_f) *konsistent* ist, d. h.

$$f =_{\mathfrak{i}(x_0)} g \wedge (s_f) \to (s_g).$$

Nun ist (s_f) zwar eine Eigenschaft von f bzgl. des Mengensystems $\mathfrak{i}(x_0)$, indes deuten wir hier (s_f) als eine Eigenschaft des Funktionensystems $f|\mathfrak{i}(x_0) := \{f|J : J \in \mathfrak{i}(x_0)\}$.

1.5.1 Der im Beispiel 1.5.0.2 verdeutlichte Zusammenhang des Stetigkeitsbegriffes mit übergeordneten Prinzipien findet seinen allgemeinen Ausdruck in der jetzt zu beschreibenden *„analytischen" Untersuchungsmethode für Abbildungen.*

1.5.1.1 Es seien X und Y feste Mengen und $\mathfrak{K}$ das System aller Abbildungen $f: X \to Y$. Um Trivialitäten zu vermeiden, setzen wir voraus, daß $X \neq \emptyset$ und $|Y| \geqq 2$, d. h. daß Y mindestens zwei Elemente enthält, etwa $y' \neq y''$.

(A) Wir wählen ein System $\mathfrak{r}$ von Teilmengen X' von X, also $\mathfrak{r} \subset \mathfrak{p}(X)$, und bilden für $f \in \mathfrak{K}$ das *Einengungssystem*

$$f|\mathfrak{r} := \{f|X' : X' \in \mathfrak{r}\}$$

mit der Absicht, Eigenschaften von f mit Hilfe von $f|\mathfrak{r}$ zu erfassen.

(B) Von $\mathfrak{r}$ fordern wir, daß die nachstehende Relation zwischen $f, g \in \mathfrak{F}$:

$$(\sim_{\mathfrak{r}}) \qquad f \sim_{\mathfrak{r}} g :\leftrightarrow \bigvee_{X' \in \mathfrak{r}} f|X' = g|X'$$

eine Äquivalenz in $\mathfrak{F}$ darstellt.

(C) Wir betrachten nur solche Eigenschaften von f, welche *bzgl.* $\sim_{\mathfrak{r}}$ *konsistent* sind und als $\mathfrak{r}$-*Eigenschaften* bezeichnet werden.

Die Untersuchung von f gemäß (A), (B), (C) auf $\mathfrak{r}$-Eigenschaften möge als Methode der Einengungssysteme, kurz ES-**Methode**, auch ES-*Verfahren*, bezeichnet werden.

Anmerkung: Setzt man die Äquivalenzrelation $\sim_{\mathfrak{r}}$ von $\mathfrak{F}$ auf $\mathfrak{F} \times \mathfrak{r} := \{f|U : f \in \mathfrak{F} \wedge U \in \mathfrak{r})$ fort gemäß

$$f|U \circleddash g|V :\leftrightarrow \bigvee_{W \in \mathfrak{r}} f|W = g|W,$$

so erkennt man, daß wir im ES-Verfahren ein „analytisches" Analogon haben zum „algebraischen" Verfahren, welchem wir z. B. bei der Erweiterung von $\mathbb{N}^+$ auf $\mathbb{Z}$ (I., 3.1) begegneten. Hier wie dort erfolgt zu Beginn eine *formale Vervielfachung* von $\mathfrak{F}$ auf $\mathfrak{F} \times \mathfrak{r}$

bzw. von $\mathbb{N}^+$ auf $\mathbb{N}^+ \times \mathbb{N}^+$ und hier wie dort erfolgt anschließend eine *inhaltliche Reduktion* durch Übergang zum System $(\mathfrak{F} \times \mathfrak{r})_{\ominus}$ bzw. $(\mathbb{N}^+ \times \mathbb{N}^+)_{\ominus}$ der entsprechenden Äquivalenzklassen und hier wie dort betrachtet man schließlich nur *konsistente Eigenschaften*. Diese drei Regeln zusammen bilden in der hier beschriebenen Allgemeinheit wohl das wichtigste und immer wiederkehrende Verfahren im Aufbau der Mathematik.

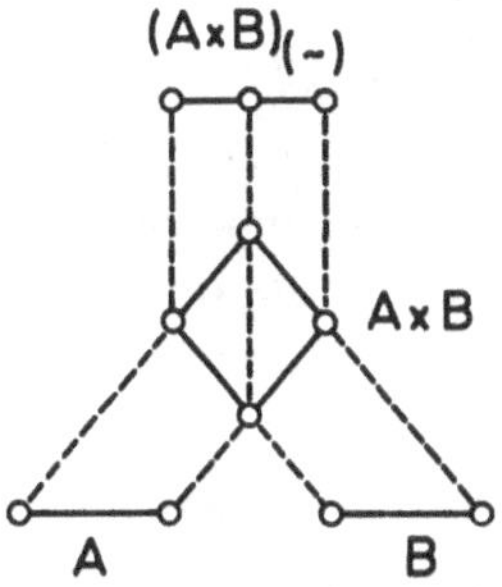

Schema der Schaffung neuer Objekte

1.5.1.2 Die Forderung (B) in 1.5.1.1 schränkt die Wahl von $\mathfrak{r}$ erheblich ein. Es gilt nämlich der

Satz: *Die durch* $(\sim_{\mathfrak{r}})$ (1.5.1.1) *in* $\mathfrak{F}$ *erklärte binäre Relation ist genau dann eine Äquivalenzrelation in* $\mathfrak{F}$, *wenn* $\mathfrak{r}$ *ein* **Raster i. w. S.** *ist, d.h.* wenn

(*r*) $$\mathfrak{r} \neq \emptyset \wedge \bigwedge_{U,V \in \mathfrak{r}} \bigvee_{W \in \mathfrak{r}} W \subset U \cap V.$$

Bemerkung: Der im vorstehenden Satz auftretende, gegenüber I., 5.6.8.3, (wegen der Zulassung von $\emptyset \in \mathfrak{r}$) abgeschwächte Rasterbegriff wird erforderlich, wenn man zu einer Gleichwertigkeitsaussage gelangen will. Bei der nachfolgenden Anwendung bei topologischen Räumen (1.5.3) kommt man zwangsläufig auf den Rasterbegriff im Sinne von I., 5.6.8.3, zurück. – Übrigens wird, falls speziell $\emptyset \in \mathfrak{r}$, durch $\sim_{\mathfrak{r}}$ die gröbste Äquivalen in $\mathfrak{F}$ geliefert, nämlich diejenige mit $\mathfrak{K}$ als einziger Äquivalenzklasse.

Beweis des Satzes: (1) Es sei $\mathfrak{r}$ ein Raster i. w. S. Die Reflexivität von $\sim_{\mathfrak{r}}$ folgt aus $\mathfrak{r} \neq \emptyset$. Die Symmetrie ist evident. Ist schließlich $f|U = g|U$ und $g|V = h|V$ mit $f, g, h \in \mathfrak{F}$ und $U, V \in \mathfrak{r}$, so gibt es $W \in \mathfrak{r}$ mit $W \subset U \cap V$, so daß $f|W = h|W$; es besteht also auch Transitivität. – (2) Es sei $\sim_{\mathfrak{r}}$ eine Äquivalenz, aber $\mathfrak{r}$ kein Raster i. w. S. Dann ist Entweder $\mathfrak{r} = \emptyset$, es wäre aber $\sim_{\mathfrak{r}}$ nicht reflexiv. Oder es gilt

$$\bigvee_{U', U'' \in \mathfrak{r}} \bigwedge_{W \in \mathfrak{r}} W \not\subset U' \cap U''.$$

Wir betrachten drei Abbildungen $f_1, f_2, f_3 \in \mathfrak{F}$ gemäß den Definitionen $f_1 := y'$ auf U'

und $=y''$ sonst. Ferner $f_2 := y'$ auf $U' \cup U''$ und $=y''$ sonst. Und $f_3 := y'$ auf $U'' \cup (X \setminus U')$ und $=y''$ sonst. Dann ist $f_1 \sim_{\mathfrak{r}} f_2$ und $f_2 \sim_{\mathfrak{r}} f_3$, aber $f_1 \not\sim_{\mathfrak{r}} f_3$. Denn (bei $y' \neq y''$) f_1 und f_3 haben gleiche Werte nur in $U' \cap U''$, während kein $W \in \mathfrak{r}$ mit $W \subset U' \cap U''$ existiert. Es wäre also $\sim_{\mathfrak{r}}$ nicht transitiv.

Hinweis: Es wird dem Leser (als Aufgabe) überlassen, bei der Einführung neuer Begriffe betr. Abbildungen jeweils die Konsistenz gegenüber $\sim_{\mathfrak{r}}$ nachzuprüfen.

Beispiel: Ist $f: X \rightarrow\!\!- \mathbb{R}$ und $\mathfrak{r}$ ein Raster i. w. S. auf X, so ist: $\bigvee_{U \in \mathfrak{r}} f|U$ beschränkt, eine $\mathfrak{r}$-Eigenschaft (Ist nämlich zugleich $f \sim_{\mathfrak{r}} g$ für $g: X \rightarrow\!\!- \mathbb{R}$, so gibt es $V \in \mathfrak{r}$ mit $f|V = g|V$ und dann (gemäß (r)) ein $W \in \mathfrak{r}$ mit $W \subset U \cap V$, also mit $g|W$ beschränkt). – Hingegen ist: $\bigwedge_{U \in \mathfrak{r}} f_1|U$ beschränkt, keine $\mathfrak{r}$-Eigenschaft. (Denn mit der Existenz eines $V \in \mathfrak{r}$, für das $f_1|V = g_1|V$, ist die eines $U' \in \mathfrak{r}$ vereinbar, sodaß $g_1|U'$ nicht beschränkt).
Der obige Satz rechtfertigt es, bei Anwendung des ES-Verfahrens nur Raster i. w. S. zuzulassen. Es ist daher angebracht, noch einiges über Raster i. w. S. anzumerken.

1.5.1.3 Äquivalenz und Vergleich von Rastern i. w. S.
Da es uns mehr auf die Relation $\sim_{\mathfrak{r}}$ zwischen Abbildungen ankommt als auf $\mathfrak{r}$ selbst, führen wir ein die

1. Definition: Die Raster $\mathfrak{r}$ und $\mathfrak{r}'$ i. w. S. auf X heißen **äquivalent**, in Zeichen $\mathfrak{r} \approx \mathfrak{r}'$, wenn ihre Abbildungsäquivalenzrelationen gleich sind, wenn also $\bigwedge_{f,g \in \mathfrak{F}} f \sim_{\mathfrak{r}} g \leftrightarrow f \sim_{\mathfrak{r}'} g$, kurz: $\sim_{\mathfrak{r}} = \sim_{\mathfrak{r}'}$.
Durch „$\approx$“ wird eine Äquivalenz, im System aller Raster i. w. S. auf X, geliefert.

2. Definition: Von den Rastern i. w. S. $\mathfrak{r}$ und $\mathfrak{r}'$ heißt $\mathfrak{r}$ **feiner als** $\mathfrak{r}'$ oder $\mathfrak{r}'$ **gröber als** $\mathfrak{r}$, in Zeichen $\mathfrak{r} \leqq \mathfrak{r}'$, wenn

($\leqq$) $$\bigwedge_{U' \in \mathfrak{r}'} \bigvee_{U \in \mathfrak{r}} U \subset U'.$$

Es ist „$\leqq$“ eine Präordnung (vgl. I., 1.6.10) im System der Raster auf X.

1. Satz: (a) *Wenn $\mathfrak{r}$ feiner als $\mathfrak{r}'$, dann ist die Äquivalenzrelation $\sim_{\mathfrak{r}}$ „gröber als“ $\sim_{\mathfrak{r}'}$, d. h. jede Äquivalenzklasse von $\sim_{\mathfrak{r}'}$ ist enthalten in einer Äquivalenzklasse von $\sim_{\mathfrak{r}}$* (vgl. I., 5.6.8.2); *und umgekehrt.* – (b) *Es gilt* $\mathfrak{r} \approx \mathfrak{r}' \leftrightarrow \mathfrak{r} \leqq \mathfrak{r}' \wedge \mathfrak{r}' \leqq \mathfrak{r}$.
Beweis. Betr. (a) Aus $\mathfrak{r} \leqq \mathfrak{r}'$ und $f \sim_{\mathfrak{r}'} g$, d. h. $f|U' = g|U'$ für ein $U' \in \mathfrak{r}'$, folgt (gemäß $\mathfrak{r} \leqq \mathfrak{r}'$) die Existenz eines $U \in \mathfrak{r}$ mit $U \subset U'$, also mit $f|U = g|U$, also $f \sim_{\mathfrak{r}} g$. Umgekehrt sei $\sim_{\mathfrak{r}}$ gröber als $\sim_{\mathfrak{r}'}$ und dabei $\mathfrak{r} \not\leqq \mathfrak{r}'$, also $\bigvee_{U' \in \mathfrak{r}'} \bigwedge_{U \in \mathfrak{r}} U \not\subset U'$. Wir betrachten die Abbildungen $f', f'' \in \mathfrak{K}$ mit $f' := y'$ überall, und $f'' := y'$ auf U' sowie $=y''$ sonst ($y' \neq y''$). Dann ist $f' \sim_{\mathfrak{r}'} f''$, aber $f' \not\sim_{\mathfrak{r}} f''$. – *Betr.* (b) Zwei Äquivalenzrelationen, von denen jede gröber ist als die andere, sind gleich.

3. Definition: Ein Raster i. w. S. $\mathfrak{r}$ auf X heißt **Filter** (i. w. S.) **auf** X, wenn jede Obermenge $V \subset X$ eines jeden $U \in \mathfrak{r}$ zu $\mathfrak{r}$ gehört ($V \in \mathfrak{r}$).

2. Satz: Voraussetzung: *Es sei* $\mathfrak{r}$ *ein Raster i.w.S.*

Behauptung: (1) *Es ist* $\mathfrak{f}(\mathfrak{r}) := \{M : M \in \mathfrak{p}(X) \wedge \bigvee_{U \in \mathfrak{r}} U \subset M\}$ *ein Filter i.w.S. auf* X. – (2) *Es gilt* $\mathfrak{r} \approx \mathfrak{f}(\mathfrak{r})$. – (3) *Es gilt* $\mathfrak{r} \leqq \mathfrak{r}' \leftrightarrow \mathfrak{f}(\mathfrak{r}') \subset \mathfrak{f}(\mathfrak{r})$. – (4) *Es gilt* $\mathfrak{r} \approx \mathfrak{r}' \leftrightarrow \mathfrak{f}(\mathfrak{r}) = \mathfrak{f}(\mathfrak{r}')$. – (5) *Jeder Filter* $\mathfrak{f}$ *ist ein d*-System, *d.h. mit* $M, M' \in \mathfrak{f}$ *ist auch* $M \cap M' \in \mathfrak{f}$.

Beweis: *Betr.* (1) Es ist $\emptyset \neq \mathfrak{r} \subset \mathfrak{f}(\mathfrak{r})$. Ferner $M, M' \in \mathfrak{f}(\mathfrak{r}) \rightarrow \bigvee_{U, U' \in \mathfrak{r}} U \subset M \wedge U' \subset M' \rightarrow U \cap U' \subset M \cap M' \rightarrow$ (weil $\bigvee_{W \in \mathfrak{r}} W \subset U \cap U'$) $M \cap M' \in \mathfrak{f}(\mathfrak{r})$. Ferner $(M \in \mathfrak{f}(\mathfrak{r}) \wedge M \subset M'') \rightarrow \bigvee_{U \in \mathfrak{r}} U \subset M \rightarrow M'' \in \mathfrak{f}(\mathfrak{r})$. – *Betr.* (2) Definitionsgemäß ist $\mathfrak{r} \leqq \mathfrak{f}(\mathfrak{r})$ und $\mathfrak{r} \subset \mathfrak{f}(\mathfrak{r})$. Daher $U \in \mathfrak{r} \rightarrow U \in \mathfrak{f}(\mathfrak{r}) \rightarrow$ (wegen $U \subset U$) $\mathfrak{f}(\mathfrak{r}) \leqq \mathfrak{r}$. – *Betr.* (3) Aus $\mathfrak{r} \leqq \mathfrak{r}' \rightarrow$ jede Obermenge eines $U' \in \mathfrak{r}'$ ist Obermenge eines $U \in \mathfrak{r} \rightarrow \mathfrak{f}(\mathfrak{r}') \subset \mathfrak{f}(\mathfrak{r})$. Umgekehrt: Aus $\mathfrak{r} \nleqq \mathfrak{r}' \rightarrow \bigvee_{U' \in \mathfrak{r}} \bigwedge_{U \in \mathfrak{r}} U \not\subset U' \rightarrow U' \notin \mathfrak{f}(\mathfrak{r}) \rightarrow \mathfrak{r}' \not\subset \mathfrak{f}(\mathfrak{r})$. – *Betr.* (4) Folgt aus Satz 1. – *Betr.* (5) Filterdefinition.

1.5.2 *Umgebungsräume.*

Definition: Als ein **Umgebungsraum** über einer Menge X werde bezeichnet jedes Paar $(X, \mathfrak{u})$ derart, daß *Erstens* $\mathfrak{u} : X \rightarrowtail \mathfrak{p}(\mathfrak{p}(X))$ mit $(x \mapsto \mathfrak{u}(x))$, $x \in X$ und daß jedes $\mathfrak{u}(x)$ ein Raster i.w.S. auf X ist, daß also gilt

$$(t_0) \qquad \bigwedge_{x \in X} \mathfrak{u}(x) \neq \emptyset \wedge \bigwedge_{U, V \in \mathfrak{u}(x)} \bigvee_{W \in \mathfrak{u}(x)} W \subset U \cap V;$$

und daß Zweitens die Abbildungsäquivalenzrelationen „$\sim_{\mathfrak{u}(x)}$" folgende Eigenschaften besitzen: Für alle $f, g \in \mathfrak{F}$ und alle $x \in X$ gilt:

$$(t_1) \qquad f \sim_{\mathfrak{u}(x)} g \rightarrow f(x) = g(x);$$

$$(t_2) \qquad f \sim_{\mathfrak{u}(x)} g \rightarrow \bigvee_{V \in \mathfrak{u}(x)} \bigwedge_{y \in V} f \sim_{\mathfrak{u}(y)} g.$$

Die $U \in \mathfrak{u}(x)$ werden als **Umgebungen** von $x \in X$ in $(X, \mathfrak{u})$ bezeichnet.

Erläuterung: Die Grundidee der Definition des Begriffes „Umgebungsraum" ist die folgende: (I) In jedem $x \in X$ kann man mittels $\mathfrak{u}(x)$ die ES-Methode zur Untersuchung von Abbildungen aus $\mathfrak{F}$ ansetzen, wobei die Implikationen (t_1) und (t_2) als weitere Hilfsmittel zur Verfügung stehen. – (II) Insbesondere erlaubt (t_2) den Schluß von der „punktalen" Eigenschaft $f \sim_{\mathfrak{u}(x)} g$ auf die entsprechende „lokale" Eigenschaft (vgl. I., 7.5.10), nämlich auf das Bestehen von $f \sim_{\mathfrak{u}(y)} g$ für alle y aus einer Umgebung V von x. – (III) Die letztgenannte Schlußmöglichkeit beschreibt einerseits den „räumlichen Zusammenhalt" der Punkte x von X, andererseits ist sie ein Werkzeug bei der Behandlung des allgemeinen „großen Problems" der Analysis, nämlich des Schlusses von punktalen Eigenschaften auf „globale".

1.5.2.1 Die bisherigen Betrachtungen entsprangen der Rückbesinnung auf die Analysis der Funktionen (Abbildungen), wie sie in I. exerziert wurde. Es lassen sich aber auch *alle funktionentheoretischen Gesichtspunkte abstreifen*, wie jetzt gezeigt werden soll. Man

gelangt dabei zur üblichen, rein-mengentheoretischen Behandlung der Topologie als „autonomer“ mathematischer Disziplin.
Die gewünschte mengentheoretische Kennzeichnung des Umgebungssystems $\{\mathrm{u}(x): x \in X]$ eines Umgebungsraumes (X, u) gemäß 1.5.2 wird geliefert durch den folgenden

Satz: Voraussetzung. *Es sei* $\{\mathrm{u}(x): x \in X\} =: \mathfrak{s}$ *ein System von Rastern i.w.S. auf* X.

Behauptung: (1) *Daß* $\mathfrak{s}$ *die Eigenschaft* (t_1) *besitzt ist gleichwertig mit*

(t_1')
$$\bigwedge_{x \in X} \bigwedge_{U \in \mathrm{u}(x)} x \in U;$$

(2) *Daß* (t_2) *für* $\mathfrak{s}$ *gilt ist gleichwertig mit*

(t_2')
$$\bigwedge_{x \in X} \bigwedge_{U \in \mathrm{u}(x)} \bigvee_{V \in \mathrm{u}(x)} \bigwedge_{y \in V} \bigvee_{W \in \mathrm{u}(y)} W \subset U.$$

1. Bemerkung: Gemäß (t_1') ist $U \neq \emptyset$ für jedes $U \in \mathrm{u}(x)$, d.h. die Raster i.w.S. $\mathrm{u}(x)$ eines Umgebungsraumes sind Raster mit (RI) im Sinne von I., 5.6.8.3; man spricht daher im Falle eines Umgebungsraumes (X, u) auch vom **Umgebungsraster** $\mathrm{u}(x)$ von x.

Beweis: *Zu* (1) Betr. $(t_1') \rightarrow (t_1)$. Klar.-Betr. $(t_1) \rightarrow (t_1')$. Es gelte (t_1), aber nicht (t_1'), also $\bigvee_{x_0 \in X} \bigvee_{U_0 \in \mathrm{u}(x_0)} x_0 \notin U_0$. Für die Abbildungen $f_1 := z_1$ überall und $f_2(x) := z_1$ für $x \in U_0$ und $f_2 = z_2$ sonst $(z_1 \neq z_2)$, gilt dann $f_1 \sim_{\mathrm{u}(x_0)} f_2$, aber $f_1(x_0) \neq f_2(x_0)$. – *Zu* (2) Betr. $(t_2') \rightarrow (t_2)$. Ist $f|U = g|U$ mit einem $U \in \mathrm{u}(x)$, so liefert (t_2') ein $V \in \mathrm{u}(x)$ mit $\bigwedge_{y \in V} \bigvee_{W \in \mathrm{u}(y)} W \subset U$. Dann ist aber $f|W = g|W$, also $f \sim_{\mathrm{u}(y)} g$ für alle $y \in V$. – Betr. $(t_2) \rightarrow (t_2')$. Ist (t_2), aber nicht (t_2') erfüllt, so gilt zunächst:

$$\bigvee_{x' \in X} \bigvee_{U' \in \mathrm{u}(x')} \bigwedge_{V \in \mathrm{u}(x')} \bigvee_{y' \in V} \bigwedge_{W \in \mathrm{u}(y')} W \not\subset U'.$$

Wir definieren $f, g \in \mathfrak{F}$ so: $f = g$ auf U', ferner $f = z'$ auf $X \backslash U'$ und $g = z''$ auf $X \backslash U'$, wobei $z' \neq z''$. Dann ist $f \sim_{\mathrm{u}(x')} g$, aber die rechte Seite der Implikation in (t_2) ist nicht erfüllt. Denn jedes $V \in \mathrm{u}(x')$ enthält ein y', sodaß jedes $W \in \mathrm{u}(y')$ ein $x'' \in X \backslash U'$ enthält, also mit $f(x'') \neq g(x'')$, sodaß $f|W \neq g|W$, also $f \not\sim_{\mathrm{u}(y')} g$.

2. Bemerkung: Der Umgebungsraum (X, u) läßt sich also auch mittels (t_0), (t_1'), (t_2'), d.h. ohne abbildungstheoretische Deutung, definieren; die Bedeutung für das Studium von Abbildungen tritt erst dann wieder offen zutage, wenn es sich um Abbildungen von Umgebungsräumen *in ebensolche* handelt (1.5.5).

1.5.2.2 Von unserem abbildungstheoretischen Standpunkt aus liegt es nahe, Umgebungsräume mit gleicher Abbildungsäquivalenzrelation als nicht wesentlich verschieden zu betrachten. Dies führt zur

1. Definition: Zwei Umgebungsräume (X, u') und (X, u'') mit dem gleichen Träger X heißen **äquivalent**, wenn (vgl. 1.5.1.3, 1. Definition) $\mathrm{u}'(x) \approx \mathrm{u}''(x)$ für alle $x \in X$, wenn also

ihre Abbildungsäquivalenzen gleich sind. Es handelt sich um eine Äquivalenz, was durch die Schreibweise $\mathfrak{u}' \approx \mathfrak{u}''$ zum Ausdruck gebracht werde.
Ein erster gegenüber $\mathfrak{u}' \approx \mathfrak{u}''$ konsistenter Begriff wird geliefert durch die

2. Definition: Die Teilmengen

$$E(f, g; \mathfrak{u}) := \{x : x \in X \wedge f \sim_{\mathfrak{u}(x)} g\}, \qquad f, g \in \mathfrak{F},$$

von X in $(X, \mathfrak{u})$ werden als **u-offen** bezeichnet und ihre Gesamtheit mit $\mathbf{G}(\mathfrak{u}) := \{E(f, g; \mathfrak{u}) : f, g \in \mathfrak{F}\}$.
Die u-offenen Mengen lassen sich nun einfach auch rein mengenalgebraisch kennzeichnen. Es gilt nämlich der

1. Satz: *Es sind gleichwertig die Aussagen:* I. *Es ist* $M \subset X$ *u-offen und* II. *es gilt*

(0) $$\bigwedge_{x \in M} \bigvee_{V \in \mathfrak{u}(x)} V \subset M.$$

Zusatz: Es ist $\mathbf{G}(\mathfrak{u})$ ein S, d-System; dabei ist kennzeichnend für ein S-System, daß die Vereinigung *beliebig* vieler Mengen aus dem System wieder zum System gehört.

Beweis: Betr. (I)$\rightarrow$(II). Für $M = E(f, g; \mathfrak{u}) =: E$ und $x \in M$ gilt $f \sim_{\mathfrak{u}(x)} g$, woraus gemäß (t_2) folgt $\bigvee_{V \in \mathfrak{u}(x)} \bigwedge_{x' \in V} f \sim_{\mathfrak{u}(x')} g$, also $x' \in M$, d.h. $V \subset M$. – Betr. (II)$\rightarrow$(I). Es gilt $M = E(f', g'; \mathfrak{u}) =: E$, wenn $f' := y'$ in X und $g' := y'$ in M und $g' := y''$ in $X \setminus M$. Denn $x \in M \rightarrow \bigvee_{U \in \mathfrak{u}(x)} f'|U = g'|U \wedge U \subset M \rightarrow E \subset M$. Es gilt aber $M \subset E$, weil $f'|U = g'|U \rightarrow x \in E$. – Betr. Zusatz. Die S-Eigenschaft von $\mathbf{G}(\mathfrak{u})$ ergibt sich aus (0) und die d-Eigenschaft aus (t_0).
Zufolge der S-Eigenschaft von $\mathbf{G}(\mathfrak{u})$ existiert zu jedem $X' \subset X$ die größte in X' enthaltene u-offene Menge $\mathbf{k}(X', \mathfrak{u})$ gemäß

(k 0) $$\mathbf{k}(X', \mathfrak{u}) := \bigcup \{G : G \in \mathbf{G}(\mathfrak{u}) \wedge G \subset X'\}.$$

3. Definition: Es werden bezeichnet: $\mathbf{k}(X', \mathfrak{u})$, kürzer $\mathbf{k}(X')$ oder $\underline{X}'$, als der **(u-)offene Kern** oder als das **(u-)Innere** von X' und dementsprechend die Punkte von X' als die (u-) **inneren Punkte** von X'.

2. Satz: (I) *Für die Abbildung* $\mathbf{k} := (X' \mapsto \mathbf{k}(X', \mathfrak{u}))$, $X' \in \mathfrak{p}(X)$, *gilt:*

(I 1) $\mathbf{k}(X') = \{x : x \in X \wedge \bigvee_{U \in \mathfrak{u}(x)} U \subset X'\}, \qquad X' \in \mathfrak{p}(X);$

(I 2) $\mathbf{k}(X') = X' \leftrightarrow X' \in \mathbf{G}(\mathfrak{u}), \qquad X' \in \mathfrak{p}(X);$

(I 3) $E(f, g; \mathfrak{b}) = \mathbf{k}(M)$ *für* $M := \{x : x \in X \wedge f(x) = g(x)\}, \qquad f, g \in \mathfrak{F}.$

(II) *Funktionaleigenschaften von* $\mathbf{k}$:

(k 1) $\mathbf{k}(X') \subset X'$;

(k 2) $X' \subset X'' \rightarrow \mathbf{k}(X') \subset \mathbf{k}(X'')$ (Isotonie);

(k 3) $\mathbf{k}(\mathbf{k}(X')) = \mathbf{k}(X')$ (Idempotenz);

(k 4) $\mathbf{k}(X' \cap X'') = \mathbf{k}(X') \cap \mathbf{k}(X'')$ ($\cap$-Distributivität);

(k 5) $\mathbf{k}(X) = X$.

Anmerkung: Wegen (k 2) gilt $\mathbf{k}(X') \cup \mathbf{k}(X') \subset \mathbf{k}(X' \cup X'')$, wobei im allg. das Gleichheitszeichen nicht gilt (Beispiel: $X := \mathbb{Q}^n$, $\mathrm{u}(x)$ das System der Kugeln mit dem Zentrum $x \in X$, $X' := \mathbb{Q}$, $X'' := X \backslash X'$).

Folgerungen: (a) Aus (I 1) folgt $x \in \mathbf{k}(U)$ für jedes $U \in \mathrm{u}(x)$, d.h. jeder Punkt ist innerer Punkt jeder seiner Umgebungen; dabei sind aber die Umgebungen i.a. nicht offen, d.h. die Umgebungen brauchen nicht aus lauter inneren Punkten zu bestehen. – (b) Wegen (k 1) ist $\mathbf{k}(\emptyset) = \emptyset$.

Beweis: *Betr.* (I). Zu (I 1) Wird die rechte Seite der Gleichung in (I 1) mit K bezeichnet, so gilt: Einerseits $\mathbf{k}(X') \subset K$; denn $x \in \mathbf{k}(X') \to \bigvee_{G \in G(\mathrm{u})} x \in G \subset X' \to \bigvee_{U \in \mathrm{u}(x)} U \subset X' \to x \in K$. – Andererseits ist $K \subset \mathbf{k}(X')$. In der Tat: $x \in K \to \bigvee_{U \in \mathrm{u}(x)} U \subset X' \to$ (wegen 1.5.2.1, Satz, (t_2'))

$$\bigvee_{V \in \mathrm{u}(x)} \bigwedge_{y \in V} \bigvee_{W \in \mathrm{u}(y)} W \subset U \subset X' \to (K \in \mathbf{G}(\mathrm{u}) \wedge K \subset X');$$

da aber $\mathbf{k}(X')$ definitionsgemäß die größte offene Teilmenge von X' ist, folgt $K \subset \mathbf{k}(X')$.– Zu (I 2). Es folgt „$\to$" aus (I 1) und aus dem 1. Satz, während „$\leftarrow$" sich aus der Definition von $\mathbf{k}$ ergibt. – Zu (I 3). Es gilt $x \in E \leftrightarrow \bigvee_{U \in \mathrm{u}(x)} f|U = g|U \leftrightarrow \bigvee_{U \in \mathrm{u}(x)} U \subset M \leftrightarrow x \in \mathfrak{k}(M)$.

Betr. (II). Zu (k 1) und (k 2): Folgen aus der Definition von $\mathbf{k}$. – Zu (k 3). Folge von (I 2). – Zu (k 4). Wegen (k 2) ist $\mathbf{k}(X' \cap X'') \subset \mathbf{k}(X') \cap \mathbf{k}(X'')$. Umgekehrt ist jeder (innere) Punkt von $\mathbf{k}(X') \cap \mathbf{k}(X'')$ (innerer) Punkt von $\mathbf{k}(X' \cap X'')$, nämlich von X' und von X''. – Zu (k 5). Es ist X offen in X. Übrigens ist (k 2) Folge von (k 4).

Betr. Anmerkung: Es ist $x \in \mathbf{k}(X') \cup \mathbf{k}(X'')$ innerer Punkt von X' oder von X'', also von $X' \cup X''$.

Definition: Jede Abbildung $\mathbf{k}: \mathfrak{p}(X) \rightarrowtail \mathfrak{p}(X)$ mit den Eigenschaften (k 1) – (k 3) bzw. (k 1) – (k 5) wird als **Kernoperator** bzw. als **offener Kernoperator** bezeichnet.

3. Satz: Voraussetzung: Es seien (X, u') und (X, u'') Umgebungsräume.

Behauptung: (1) $\mathbf{G}(\mathrm{u}') \subset \mathbf{G}(\mathrm{u}'') \leftrightarrow \bigwedge_{x \in X} \mathrm{u}''(x) \leqq \mathrm{u}'(x)$.

(2) *Es sind gleichwertig:* (a) *Es sind* (X, u') *und* (X, u'') *äquivalent.* – (b) $\mathbf{G}(\mathrm{u}') = \mathbf{G}(\mathrm{u}'')$. – (c) $\bigwedge_{x \in X} \mathrm{u}''(x) \leqq \mathrm{u}'(x) \wedge \mathrm{u}'(x) \leqq \mathrm{u}''(x)$.

Beweis: *Zu* (1). Betr. „$\leftarrow$". Es gilt: $x \in G \in \mathbf{G}(\mathrm{u}') \to$ (wegen 1. Satz, (a)) $\bigvee_{U' \in \mathrm{u}'(x)} U' \subset G \to \bigvee_{U'' \in \mathrm{u}''(x)} U'' \subset U' \subset G \to G \in \mathbf{G}(\mathrm{u}'')$. – Betr. „$\to$". Es gilt $(U' \in \mathrm{u}'(x) \wedge U' \subset G \in \mathbf{G}(\mathrm{u}')) \to x \in \mathbf{k}(U', \mathrm{u}') \in \mathbf{G}(\mathrm{u}') \subset \mathbf{G}(\mathrm{u}'') \to \bigvee_{U'' \in \mathrm{u}''(x)} U'' \subset \mathbf{k}(U', \mathrm{u}'') \to \mathrm{u}''(x) \leqq \mathrm{u}'(x)$. – *Zu* (2). Aus Früherem sowie aus Beh. (1) folgt $(X, \mathfrak{u}') \approx (X, \mathfrak{u}'') \leftrightarrow \bigwedge_{x \in X} \mathfrak{u}'(x) \approx \mathfrak{u}''(x) \leftrightarrow \bigwedge_{x \in X} \mathfrak{u}'(x) \leqq \mathfrak{u}''(x) \wedge \mathfrak{u}''(x) \leqq \mathfrak{u}'(x) \leftrightarrow \mathbf{G}(\mathfrak{u}') = \mathbf{G}(\mathfrak{u}'')$.

4. Satz: Voraussetzung. *Es sei* $\mathfrak{b} \in \mathfrak{p}(\mathfrak{p}(X))$ *ein* S, d-*System. Ferner sei*

$$(+) \qquad \mathfrak{v}(\mathfrak{b}): X \longrightarrow \mathfrak{p}(X) \quad \textit{mit} \quad (x \longmapsto \mathfrak{v}(\mathfrak{b})(x) := \{B : B \in \mathfrak{b} \wedge x \in B\}).$$

Behauptung: (I) *Es ist* $(X, \mathfrak{v}(\mathfrak{b}))$ *ein Umgebungsraum mit* $\mathfrak{G}(\mathfrak{v}(\mathfrak{b})) = \mathfrak{b}$. – (II) *Umgekehrt ist jeder Umgebungsraum* $(X, \mathfrak{u})$ *äquivalent mit* $(X, \mathfrak{v}(\mathbf{G}(\mathfrak{u})))$.

Bemerkung: Es ist $\mathfrak{v}(\mathbf{G}(\mathfrak{u}))(x)$ das System der sogen. $\mathfrak{u}$-*offenen* Umgebungen von x, d. h. der $\mathfrak{u}$-offenen, x enthaltenden Mengen.

Beweis: *Betr.* (I) Aus der d-Eigenschaft von $\mathfrak{b}$ folgt $\bigcap \emptyset$ (= Durchschnitt des leeren, also endlichen Systems) $= X \in \mathfrak{b}$, somit $\mathfrak{b} \neq \emptyset$, woraus dann (t_0) folgt. Es ist die Geltung von (t_1) evident. Und $y \in B \in \mathfrak{v}(\mathfrak{b})(x) \rightarrow B \in \mathfrak{v}(\mathfrak{b})(y) \rightarrow (t_2)$. Es ist also $(X, \mathfrak{v}(\mathfrak{b}))$ ein Umgebungsraum. Aus der Definition von $\mathfrak{v}(\mathfrak{b})$ folgt $\mathfrak{b} \subset \mathbf{G}(\mathfrak{v}(\mathfrak{b}))$, während das Umgekehrte aus der S-Eigenschaft von $\mathfrak{b}$ sich ergibt. – *Betr.* (II). Es gilt $x \in B \in \mathfrak{v}(\mathbf{G}(\mathfrak{u})) \rightarrow \bigvee_{U \in \mathfrak{u}(x)} U \subset B$. Und umgekehrt gilt $x \in U \in \mathfrak{u}(x) \rightarrow x \in \mathbf{k}(U) \in \mathfrak{v}(\mathbf{G}(\mathfrak{u}))$ und $\mathbf{k}(U) \subset U$.

1.5.3 *Topologische Räume*

Definition: Unter einem **topologischen Raum** $(X, \mathfrak{U})$ mit dem *Träger* X verstehen wir eine Klasse äquivalenter Umgebungsräume $(X, \mathfrak{u})$; dabei bezeichnet also $\mathfrak{U}$ eine Klasse äquivalenter $\mathfrak{u} \in \mathfrak{U}$ (im Sinne von 1.5.2.2). Es sind äquivalente $(X, \mathfrak{u})$ Repräsentanten des gleichen $(X, \mathfrak{U})$. Jedes $\mathfrak{u} \in \mathfrak{U}$ wird als eine **Umgebungsbasis** von $(X, \mathfrak{U})$ bezeichnet. Wir sagen ferner, durch $\mathfrak{U}$ bzw. durch ein $\mathfrak{u} \in \mathfrak{U}$ sei eine **Topologie** $\mathfrak{U}$ in X erklärt und X sei durch $\mathfrak{U}$ **topologisiert**.

Das System der $\mathfrak{U}$ (mit dem Träger X) ist in naheliegender Weise geordnet vermöge der Festsetzung: $\mathfrak{U}'$ *feiner* als $\mathfrak{U}$, in Zeichen $\mathfrak{U}' \leqq \mathfrak{U}$, und dann $\mathfrak{U}$ *gröber* als $\mathfrak{U}'$, wenn

$$\bigvee_{\mathfrak{u}' \in \mathfrak{U}} \bigvee_{\mathfrak{u} \in \mathfrak{U}} \bigwedge_{x \in X} \mathfrak{u}'(x) \leqq \mathfrak{u}(x) (\leftrightarrow \bigwedge_{x \in X} \mathfrak{f}(\mathfrak{u}'(x)) \leqq \mathfrak{f}(\mathfrak{u}(x)));$$

ferner $\mathfrak{U}' \sim \mathfrak{U} :\leftrightarrow U' \leqq \mathfrak{U}' \wedge \mathfrak{U} \leqq \mathfrak{U}'$ als Äquivalenz zwischen den $\mathfrak{U}$.
Da wir uns prinzipiell auf die Betrachtung von Eigenschaften beschränken, welche bezüglich der Basisäquivalenz konsistent sind, können wir uns erlauben, im Sinne des *Repräsentantenprinzips* (I., 1.5.4.1) auch einfach von „topologischen Raum $(X, \mathfrak{u})$“ zu sprechen. In diesem Sinne konsistente Eigenschaften (und Aussagen) werden wir als *topologisch* bezeichnen. So ist eine Aussage topologisch genau dann, wenn sie gleichwertig ist mit einer Aussage, die sich nur auf offene Mengen bezieht, also nicht nur auf Umgebungen.

Beispiele: Quasikompaktheit und Zusammenhang (vgl. 1.5.5.2, 1.5.8). – Gegenbeispiel: Nicht topologisch ist die Aussage: Es sei $X := \mathbb{R}^1$, $\mathfrak{u} := \mathfrak{i}$ (I., 5.5.4.1), ferner $x, y \in X$: $x \neq y \to \bigvee_{U \in \mathfrak{u}(x)} y \in U$. (Es gibt nämlich zu $\mathfrak{i}$ äquivalente Basen, für die das nicht gilt).
Als *ausgezeichnete Repräsentanten* $(X, \mathfrak{u})$ von $(X, \mathfrak{U})$ kommen für uns in Betracht Darstellungen von $(X, \mathfrak{u})$ (1) als $(X, \mathfrak{v}(\mathbf{G}(\mathfrak{u})))$ mittelst der offenen Umgebungen (1.5.2.2, Satz 4.). – (2) als $(X, \mathfrak{G}(\mathfrak{u}))$ mittelst des Systems der offenen Mengen. – (3) als $(X, \mathfrak{f}(\mathfrak{u}))$ mittelst der (von $\mathfrak{u}$ erzeugten) Umgebungsfilter $\mathfrak{f}(\mathfrak{u})(x) := \mathfrak{f}(\mathfrak{u}(x))$. (1.5.1.3).

1.5.3.1 *Beispiel: Die übliche Topologie des euklidischen* $\mathbb{R}^n$.
Im $\mathbb{R}^n$ der Punkte $x := (\chi_1, \ldots, \chi_n)$ mit der Norm $|x|_E := (\sum_\nu \chi_\nu^2)^{1/2}$ heißt $K_E(x_0, \varrho) := \{x : x \in \mathbb{R}^n \wedge |x - x_0|_E < \varrho\}$ mit $x_0 \in \mathbb{R}^n$ und $\varrho > 0$ die *offene (Voll-)Kugel* um x_0 (als Zentrum) mit ϱ als Radius. Die Systeme

$$\mathfrak{u}_E(x) := \{K_E(x, \varrho) : \varrho > 0\}, \qquad x \in \mathbb{R}^n,$$

machen $\mathbb{R}^n$ zum Umgebungsraum $(X, \mathfrak{u}_E)$, dessen Topologie als die „übliche Topologie" des euklidischen $\mathbb{R}^n$ bezeichnet wird.
Äquivalente Umgebungsbasen $\mathfrak{u}_S$ bzw. $\mathfrak{u}_M$ zu $\mathfrak{u}_E$ werden geliefert durch $|x|_S := \sum_\nu |\chi_\nu|$ bzw. $|x|_M := \max\{|\chi_\nu| : \nu = 1, \ldots, n\}$ als Normen (Beweis!).

1.5.4 *Abgeschlossene Mengen, abgeschlossene Hülle.*
Zu einer weiteren Darstellung topologischer Räume führt die Dualisierung des Begriffes „offen". Es bezeichne $\mathbf{C}$ die Komplementbildung in X.

Definition: Als ($\mathfrak{u}$-)**abgeschlossen in** $(X, \mathfrak{u})$ bezeichnen wir die Komplemente $\mathbf{C}G$ (in X) der offenen Mengen G; die *Gesamtheit der* ($\mathfrak{u}$-)*abgeschlossenen Mengen* in X werde mit $\mathbf{A}(\mathfrak{u})$ bezeichnet, also

$$\mathbf{A}(\mathfrak{u}) := \{\mathbf{C}(G) : G \in \mathbf{G}(\mathfrak{u})\}.$$

1. Satz: (a) *Es ist* $\mathbf{A}(\mathfrak{u})$ *ein* s,D-*System, d.h. die Vereinigung von je endlich vielen und der Durchschnitt von je beliebig vielen* $A \in \mathbf{A}(\mathfrak{u})$ *gehört wieder zu* $\mathbf{A}(\mathfrak{u})$, – (b) *Zu jedem* $M \subset X$ *existiert die kleinste abgeschlossene Obermenge* $\mathbf{h}(M)$ *von* M (in X), *als* **abgeschlossene Hülle** *von* M *(in* $(X, \mathfrak{u})$ *und mit* $\mathbf{h}(M)$ *oder* $\bar{M}$ *bezeichnet*; also

$$(h\,0) \qquad \mathbf{h}(M) := \bigcap \{A : A \in \mathbf{A}(\mathfrak{u}) \wedge A \supset M\}, \qquad M \subset X.$$

(c) Es gilt

$$(h^+) \qquad \mathbf{h} = \mathbf{C} \circ \mathbf{k} \circ \mathbf{C}.$$

Der Beweis dieses 1. ebenso wie der des folgenden 2. Satzes ergibt sich mittels Dualisierung, d.h. Komplementbildung (vgl. I., 1.6.3), aus entsprechenden Beh. über $\mathbf{k}$ bzw. offene Mengen (1.5.2.2).

2. Satz: Eigenschaften der abgeschlossenen Hülle.

(I) (I 1) $\mathbf{h}(X') = \{z : z \in X \wedge \bigwedge_{U \in \mathfrak{u}(z)} U \cap X' \neq \emptyset\}$, $\quad X' \subset X$;

(I 2) $\mathbf{h}(X') = X' \leftrightarrow X' \in \mathbf{A}(\mathfrak{u})$;

$\mathbf{C}E(f, g, \mathfrak{u}) = \mathbf{h}(M')$ mit $M' := \{z : z \in X \wedge f(z) \neq g(z)\}$, $\quad f, g \in \mathfrak{F}$;

(II) (h 1) $\mathbf{h}(X') \supset X'$;

(h 2) $X' \subset X'' \rightarrow \mathbf{h}(X') \subset \mathbf{h}(X'')$ (Isotonie);

(h 3) $\mathbf{h}(\mathbf{h}(X')) = \mathbf{h}(X')$ (Idempotenz);

(h 4) $\mathbf{h}(X' \cup X'') = \mathbf{h}(X') \cup \mathbf{h}(X'')$ ($\cup$-Distributivität);

(h 5) $\mathbf{h}(\emptyset) = \emptyset$.

Folgerung: Aus (h 1) folgt $\mathbf{h}(X) = X$ und aus (h 2), daß $\mathbf{h}(X' \cap X'') \subset \mathbf{h}(X') \cap \mathbf{h}(X'')$, wobei i.a. = nicht richtig ist.

1.5.4.1 *Berührpunkt, Häufungspunkt.*

Die Eigenschaft (I 1) in 1.5.4, Satz 2., enthält den Begriff des „Berührpunktes" (einer Menge), von welchem die Entwickelung der Topologie historisch ihren Ausgang genommen hat und mit welchem wir auch zur Übereinstimmung mit I., 5.5.1–5.5.4, gelangen.

1. Definition: Für $M \subset X$ heißt $x \in X$ **Berührpunkt** von M in $(X, \mathfrak{u})$, kurz ($\mathfrak{u}$-)Berührpunkt, wenn

(B) $$\bigwedge_{U \in \mathfrak{u}(x)} U \cap M \neq \emptyset.$$

Und x heißt ($\mathfrak{u}$-)**Häufungspunkt** von M (in $(X, \mathfrak{u})$, wenn x Berührpunkt sogar von $M \setminus \{x\}$ ist. Statt „x ist Berührpunkt vom M" sagt man auch: „x ist **adhärent zu** (oder **an**) M". – Nach 1.5.4, 2. Satz, (I 1) ist $\mathbf{h}(M)$ die Menge aller Berührpunkte von M.

2. Definition: Ist $X \subset M$, so heißen die 3 Teile der Zerlegung

$$X = (X \setminus \mathbf{h}(M)) \cup (\mathbf{h}(M) \setminus \mathbf{k}(M)) \cap \mathbf{k}(M)$$

der Reihe nach: **Äußeres, Begrenzung** und **Inneres von** M (**in** $(X, \mathfrak{u})$). Der zu M gehörige Teil der Begrenzung von M, also $M \setminus \mathbf{k}(M)$, heißt der **Rand von** M (in $(X, \mathfrak{u})$).

3. Definition: Ist $S, T \subset X$, so heißt S **dicht zu** T bzw. dicht **in** T, wenn $T \subset \mathbf{h}(S)$ bzw. wenn $S \subset T \subset \mathbf{h}(S)$. Ferner heißt S **nirgends dicht zu** T, wenn $T \cap \mathbf{Ch}(S)$ dicht in T ist. Schließlich wird $X' \subset X$ als **in sich dicht** bzw. als **perfekt** bezeichnet, wenn jeder Punkt von X' auch Häufungspunkt von X' ist bzw. wenn X' in sich dicht und zugleich abgeschlossen ist.

Beispiele: Es sei $J := [0; 1] \subset \mathbb{R}^1$. Dann ist $\mathbb{Q} \cap J$ dicht in J und in sich dicht, aber nicht abgeschlossen. Hingegen ist das Cantorsche Diskontinuum (I., 5.5.3) nirgends dicht zu J, aber sogar perfekt.

1.5.4.2 *Spurtopologien.*
Für einen topologischen Raum $(X, \mathfrak{u})$ mit der Umgebungsbasis $\mathfrak{u}$ und $\emptyset \neq A \subset X$ liefert

$$\mathfrak{u}_A(x) := \{U \cap A : U \in \mathfrak{u}(x)\} \qquad \text{für alle } x \in A,$$

eine Umgebungsbasis $\mathfrak{u}_A$ in A und damit die sogen. **Spurtopologie** $(A, \mathfrak{u}_A)$ von X *in* A; es heißt $(A, \mathfrak{u})$ auch der **topologische Unterraum** A von X. Dabei gilt der

Satz: *Ein* $T \subset A$ *ist* $\mathfrak{u}_A$*-offen bzw.* $\mathfrak{u}_A$*-abgeschlossen genau dann, wenn es ein* $\mathfrak{u}$*-offenes* G *bzw. ein* $\mathfrak{u}$*-abgeschlossenes* F $(F, G \subset X)$ *gibt, dessen Spur in A gleich T ist, d.h.* $T = A \cap G$ *bzw.* $T = A \cap F$. (Bew. als Aufgabe).

1.5.4.3 *Von einer Abbildung erzeugte Topologien.*
Es sei $f: X \rightarrowtail Y$ und $\mathfrak{u}_X$ bzw. $\mathfrak{u}_Y$ das System der offenen Mengen bezüglich einer Topologie in X bzw. in Y.

1. **Definition:** Es ist $\mathfrak{u}_{X(\rightarrow)} := \{G' : G' \in \mathfrak{p}(Y) \wedge f^{[-1]}(G') \in \mathfrak{u}_X\}$ ein S,d-System in Y; man bezeichet $(Y, \mathfrak{u}_{X(\rightarrow)})$ als die durch f in Y erzeugte **Finaltopologie**.

2. **Definition:** Es ist $\mathfrak{u}_{Y(\leftarrow)} := \{f^{[-1]}(G') : G' \in \mathfrak{u}_Y\}$ ein S,d-System in X; man bezeichnet $(X, \mathfrak{u}_{Y(\leftarrow)})$ als die durch f in X erzeugte **Initialtopologie**.
Eine Begründung ergibt sich aus den mengenalgebraischen Eigenschaften von $f^{[-1]}$ (vgl. I., 1.6.6, Aufg. 1.).

Beispiel: Die Spurtopologie in $A \subset X$ einer Topologie in X ist gleich der Initialtopologie vermöge $f: A \rightarrowtail X$ mit $(x \mapsto f(x) := x)$, $x \in A$.

1.5.5 *Stetige Abbildungen.*
Die Definition der Stetigkeit einer Abbildung übernehmen wir sinngemäß aus I., 6.2, nämlich:

1. **Definition:** Es seien $(X, \mathfrak{u})$ und $(X', \mathfrak{u}')$ topologische Räume, ferner sei $g: X \rightarrowtail X'$ mit $(x \mapsto x' = g(x))$, $x \in X$. Es heißt g **stetig in** $x_0 \in X$ bezüglich $\mathfrak{u}$, $\mathfrak{u}'$, wenn mit $x_0' := g(x_0)$ gilt:

(s) $$\bigwedge_{U' \in \mathfrak{u}(x_0')} \bigvee_{U \in \mathfrak{u}(x_0)} \bigwedge_{x \in U} g(x) \in U'.$$

Ist g stetig in x für alle $x \in X$, so heißt g **stetig in** X.

1. Bemerkung: Man kann sich von den Quantoren in (s) teilweise oder vollständig befreien. Es ist nämlich (s) gleichwertig mit

(s′) $$\bigwedge_{U' \in \mathfrak{u}(x_0')} \bigvee_{U \in \mathfrak{u}(x_0)} \tilde{g}(U) \subset U',$$

was besagt, daß der „Bildraster" $\tilde{g}(\mathfrak{u}(x_0)) = \{\{g(y) : y \in U\} : U \in \mathfrak{u}(x_0)\}$ feiner ist als der Umgebungsraster des Bildes $g(x_0)$, nämlich als $\mathfrak{u}'(g(x_0))$; und wofür man auch sagt: g sei $(\mathfrak{u}(x_0), \mathfrak{u}'(x_0'))$-*konvergent* (für $x \rightsquigarrow x_0$ gegen $g(x_0)$). Weiter ist, wenn $\mathfrak{f}$ die Filterbildung (1.5.1.3, Satz 2.) bezeichnet, (s') gleichwertig mit

(s'') $$\bigwedge\nolimits_{U' \in \mathfrak{u}'(x_0')} U' \in \mathfrak{f}(\tilde{g}(\mathfrak{u}(x_0)))$$

oder, indem wir auch den Filter $\mathfrak{f}(\mathfrak{u}'(x_0'))$ heranziehen:
Es ist g stetig in x_0 (bzgl. $\mathfrak{u}$, $\mathfrak{u}'$*) genau dann, wenn*

(s''') $$\mathfrak{f}(\mathfrak{u}'(g(x_0))) \subset \mathfrak{f}(\tilde{g}(\mathfrak{u}(x_0))).$$

Hinweis: Der der Stetigkeitsdefinition (s) zu Grunde liegende Konvergenzbegriff ist der der Rasterkonvergenz im Sinne von I., 5.6.8.4, welcher allgemein für unsere Umgebungsraster gilt. Stetigkeit besagt also: Konvergenz für $x \rightsquigarrow x_0$ bzgl. des punktierten Rasters $\mathfrak{u}(x_0)$ von x_0 (I., 5.6.8.3) und Limes gleich $g(x_0)$. (Für einen „isolierten Punkt" $x_0 \in X$, d. h. für $x_0 \in \mathfrak{u}(x_0)$, ist jede Abbildung stetig in x_0).
Analog zu I., 6.2.4 ergibt sich:
Verkettungen stetiger Abbildungen sind stetig.

Aufgabe: Für zwei durch $\mathfrak{u}$ und $\mathfrak{u}'$ in X definierte Topologien gilt: Es ist $\mathfrak{u}'$ feiner als $\mathfrak{u}$ genau dann, wenn die durch die Identität $j: X \rightarrowtail X$, vermittelte Abbildung von $(X, \mathfrak{u})$ in $(X, \mathfrak{u}')$ stetig ist.
Andere Kennzeichnungen der Stetigkeit werden geliefert durch die beiden folgenden Sätze.

1. Satz: Voraussetzung. *Es seien $(X, \mathfrak{u}_X)$ und $(Y, \mathfrak{u}\ )$ topologisch und $f: X \rightarrowtail Y$.* – Behauptung. *Gleichwertig sind:* (a) *Es ist f stetig in X.* – (b) *Die Initialtopologie (bzgl. f) $(X, \mathfrak{u}_{X(\leftarrow)})$ ist gröber als $(X, \mathfrak{u}_X)$, d.h. $\mathfrak{u}_{Y(\leftarrow)} \geqq \mathfrak{u}_X$.* – (c) *Die Finaltopologie$(Y, \mathfrak{u}_{X(\rightarrow)})$ ist feiner als $(Y, \mathfrak{u}_Y)$, d.h. $\mathfrak{u}_{X(\rightarrow)} \leqq \mathfrak{u}_Y$.*
Der 2. Satz benutzt folgende

2. Definition: Die „Mengen-Mengen-Abbildung" $h: \mathfrak{p}(X) \rightarrowtail \mathfrak{p}(X')$, heiße, wenn $(X, \mathfrak{u})$ und $(X', \mathfrak{u}')$ topologische Räume sind, **offen** bzw. **abgeschlossen**, genauer $(\mathfrak{u}, \mathfrak{u}')$-offen bzw. $(\mathfrak{u}, \mathfrak{u}')$-abgeschlossen, wenn die Bilder vermöge h von $\mathfrak{u}$-offenen bzw. von $\mathfrak{u}$-abgeschlossenen Mengen $\mathfrak{u}'$-offen bzw. $\mathfrak{u}'$-abgeschlossen sind. Ferner heißt die Punkt-Punkt-Abbildung $f: X \rightarrowtail X'$ offen bzw. abgeschlossen, wenn die zugehörige (Mengen-)Mengen-Abbildung $\tilde{f}$ (vgl. I., 1.6.6) offen bzw. abgeschlossen ist.
Es gilt nun der

2. Satz: *Gleichwertig sind die Behauptungen:* (1) *Es ist f stetig in X.* – (2) *Die Umkehrmengenabbildung $f^{[-1]}$* (von f) *ist offen.* – (3) *Die Umkehrmengenabbildung $f^{[-1]}$ ist abgeschlossen.*

Beweis: Betr. (2)→(3). Bei $f^{[-1]}$ werden Komplemente auf Komplemente abgebildet (I., 1.6.6, Aufg. 1). – Betr. (1)↔(2) Folgt aus der Definition der Stetigkeit.

2. Bemerkung: Eine stetige Abbildung braucht weder offen noch abgeschlossen zu sein. Beispiel: Die durch $\chi := \cos t$, $\eta := \sin t$ mit $t \in J := {}^+(0; 2\pi)$ vermittelte Abbildung g von J auf die Kreislinie $\chi^2 + \eta^2 = 1$ ist stetig und bijektiv. Aber die in J offene bzw. abgeschlossene Menge $J' := {}^+(0; \pi)$ bzw. $J'' := {}^+(\pi; 2\pi)$ besitzt ein nicht offenes bzw. nicht abgeschlossenes g-Bild. – Andererseits braucht eine stetige und offene bzw. abgeschlossene Abbildung nicht abgeschlossen bzw. nicht offen zu sein. Beispiele: (a) Die Projektion p der χ, η-Ebene E auf die χ-Achse X ist stetig und offen, aber nicht abgeschlossen, wie das p-Bild der in E abgeschlossenen Menge $\{(\chi, \eta) : \chi > 0 \wedge \eta = \chi^{-1}\}$ zeigt. – (b) Eine stetige und abgeschlossene, aber nicht offene Abbildung erhält man durch Erweiterung der oben angegebenen Abbildung g auf $\bar{J} := [0; 2\pi]$ als Definitionsbereich; denn das g-Bild des auf $\bar{J}$ offenen J' ist wieder nicht offen auf der Kreislinie.

3. Bemerkung: Da die Stetigkeitsdefinition (s) die in I., 6.2 benutzte als Spezialfall enthält, lassen sich die in I. angegebenen Sätze über stetige Funktionen $f: D \rightarrowtail \mathbb{R}^1$ mit $D \subset \mathbb{R}^1$, wie z.B. der über lokale Beschränktheit, gleichgradige Stetigkeit in kompakten Definitionsbereichen, Zwischenwertsatz in zusammenhängenden Definitionsbereichen usw. sinngemäß auf Abbildungen $f: D \rightarrowtail \mathbb{R}^n$ mit $D \subset \mathbb{R}^n$, und allgemeinere Abbildungen, übertragen, worauf jeweils bei gegebenem Anlaß hingewiesen wird.

1.5.5.1 *Topologische Abbildungen.*

Definition: Sind $(P, \mathfrak{u})$ und $(P', \mathfrak{u}')$ topologisch, so heißt die **Abbildung** $f: P \rightarrowtail P'$ **topologisch** oder ein **Homöomorphismus**, wenn f Erstens bijektiv und Zweitens umkehrbar stetig ist, d.h. wenn f und $f^{[-1]}$ beide stetig sind. Wenn P und P' topologisch auf einander abbildbar sind, heißen sie **homöomorph** (zueinander).
Mit $f: P \rightarrowtail P'$ ist auch $f^{[-1]}: P' \rightarrowtail P$ topologisch.
Mit Hilfe von 1.5.5, Satz 2., erhält man unmittelbar eine

Kennzeichnung topologischer Abbildungen: *Bei topologischen* $(P, \mathfrak{u})$ *und* $(P', \mathfrak{u}')$ *sind für bijektives* $f: P \rightarrowtail P'$ *gleichwertig die Aussagen:* (1) *Es ist* f *topologisch.* – (2) *Es ist* f *umkehrbar stetig.* – (3) *Es ist* f *umkehrbar offen, d.h.* f *und* $f^{[-1]}$ *sind offen.* – (4) *Es ist* f *umkehrbar abgeschlossen.*

Bemerkung: Daß eine bijektive und in der einen Richtung stetige Abbildung nicht topologisch zu sein braucht, zeigt das erste Beispiel in der 2. Bemerkung von 1.5.5.

1.5.5.2 *Topologischer Zusammenhang.*

Definition: Der topologische Raum $(X, \mathfrak{u})$ heißt **zusammenhängend**, wenn X nicht Vereinigung zweier nicht leerer, fremder, in X abgeschlossener Mengen ist (vgl. I., 5.5.9); gleichwertig damit ist, daß X nicht zerlegbar ist in zwei nicht leere, in X offene Mengen.

Die Eigenschaft zusammenhängend zu sein ist *topologisch invariant*, d.h. sie bleibt bei topologischen Abbildungen erhalten, sogar bei stetigen; es gilt nämlich der

Satz: Voraussetzung. (1) *Es seien* $(X, \mathfrak{u})$ *und* $(Y, \mathfrak{v})$ *topologisch und* $(X, \mathfrak{u})$ *sei zusammenhängend.* – (2) *Es sei* $f: X \rightarrowtail Y$ $(\mathfrak{u}, \mathfrak{v})$*-stetig.*

Behauptung: *Es sind zusammenhängend:* (I) $\tilde{f}(X)$ *in* $(Y, \mathfrak{u})$. – (II) *Der Graph F von f in* $(X \times Y, \mathfrak{u} \times \mathfrak{v})$.

Zusatz: Die Umkehrung des Satzes gilt im allgemeinen nicht. Beispiel: $X := \mathbb{R}^2$ der Punkte $(\chi, \eta) \in \mathbb{R} \times \mathbb{R}$, $Y := \mathbb{R}$ und $f(\chi) := \sin(\chi^{-1})$ für $\chi\ (0; 1)^+$ und $f(0) := 0$. Dabei ist f nicht stetig in 0, aber $\tilde{f}(X)$ und F sind zusammenhängend.

Beweis: *Betr.* (I) Im Falle $\tilde{f}(X) = G' \cup G''$ mit disjunkten offenen $G', G'' \neq \emptyset$ gilt wegen der Stetigkeit von F: Es sind $H' := f^{[-1]}(G')$ und $H'' := f^{[-1]}(G'')$ nicht-leer, offen in X (1.5.5) sowie disjunkt mit $X = H' \cup H''$, im Widerspruch mit Vor, (I). – *Betr.* (II). Definitionsgemäß ist $F := \{(x, f(x)) : x \in X\}$. Es ist $h := (x \mapsto z := (x, f(x)),\ x \in X$, stetig gleichzeitig mit f. Wegen $h^{[-1]}(z) = x$ folgt ein Widerspruch, wie bei (I).

Beispiel: Jeder *Weg* W in Y, d.h. jedes stetige Bild einer Strecke X in Y, ist zusammenhängend (wegen weiterer Beispiele siehe 2.4.7).

Bemerkung: Zur Feststellung des Zusammenhanges sind folgende Sätze nützlich: 1. Der top. Raum X ist zusammenhängend, wenn je zwei Punkte von X in einer zusammenhängenden Teilmenge von X enthalten sind. – 2. Die Vereinigung $\bigcup_n Z_n$ einer (endlichen oder unendlichen) Folge von zusammenhängenden Teilmengen Z_n eines top. Raumes ist zusammenhängend, wenn sie „verkettet" ist, d.h. $Z_n \cap Z_{n+1} \neq \emptyset$ für alle n.

1.5.6 *Metrische Räume.*

Statt weitere Eigenschaften topologischer Räume (im Sinne von 1.5.3) und Abbildungen solcher zu behandeln, beschränken wir uns jetzt auf metrische Räume, die so erklärt werden: Es sei M eine Menge.

1. Definition: Es heißt $g: M \rightarrowtail P$ **reell über** M, wenn $P \subset \mathbb{R}$.

2. Definition: Eine reelle Abbildung (Funktion) d über $M \times M$ wird als eine **Metrik auf** M bezeichnet, wenn für alle $x, y, z \in M$ gilt:

(M_p) $d(x, y) \geqq 0$; und $d(x, y) = 0 \leftrightarrow x = y$ *(Positivität)*,

(M_s) $d(x, y) = d(y, x)$ *(Symmetrie)*,

(M_D) $d(x, y) \leqq d(x, z) + d(z, y)$ *(Dreiecksungleichung)*.

Statt $d(x, y)$ schreiben wir gelegentlich auch $|x, y|$ (und ohne Variablenzeichen auch $d(.,.)$ oder $|.,.|$).

Zusatz: Gilt statt (M_p) nur

$$(M_p') \qquad d(x,y) \geqq 0 \quad \text{und} \quad d(x,x)=0,$$

so spricht man von einer **Pseudometrik** auf M.
Demgemäß heißt (M,d), kurz M, ein **metrischer** bzw. **pseudometrischer Raum**, und $d(x,y)$ **Abstand** bzw. **Pseudoabstand** der Punkte x, y.

Beispiel: Der $\mathbb{R}^n$ der Punkte $x=(\chi_1,\dots,\chi_n)$ mit $d(x,y):=(\sum_\nu(\chi_\nu-\eta_\nu)^2)^{1/2}$ für $y=(\eta_1,\dots,\eta_n)$ ist metrisch, dagegen mit $d'(x,y):=|\chi_1-\eta_1|$ im Falle $n\geqq 2$ nur pseudometrisch.
Durch jede Pseudometrik (bzw. Metrik) d wird in M eine (pseudometrische bzw. metrische) Topologie induziert vermöge der

3. Definition: Als („offene") **ε-Kugel** mit dem *„Zentrum"* $x\in M$ und dem *„Radius"* $\varepsilon>0$ werde erklärt: $k(x,\varepsilon):=\{z:z\in M\wedge d(z,x)<\varepsilon\}$. Als x-Umgebungsraster diene der Raster $\mathfrak{r}(x):=\{k(x,\varepsilon):\varepsilon\in\mathbb{R}^+\}$, und dementsprechend werde $k(x,\varepsilon)$ auch als **ε-Umgebung** $U(x,\varepsilon)$ **von** x (in M) bezeichnet. Da (t_0), (t_1'), (t_2') erfüllt sind (Beweis!), so ist $(M,\mathfrak{r})$ ein *top. Raum, der von d induzierte.* (Die hier verwendete Umgebungsbasis $\mathfrak{r}$ besteht aus lauter offenen Mengen $U(x,\varepsilon)$!).

Anmerkungen:

1. $\mathfrak{r}$ ist z.B. äquivalent mit $\mathfrak{r}'$, wobei

$$\mathfrak{r}'(x):=\{k(x,n^{-1}):n\in\mathbb{N}^+\}, \qquad x\in M,$$

d.h. der Raum (M,d) besitzt „punktweise abzählbare" äquivalente Umgebungsbasen.

4. Definition: Von einem top. Raum $(X,\mathfrak{u})$ sagt man, er genüge dem **1. Abzählbarkeitsaxiom**, oder er sei **„punktweise rational"**, wenn er äquivalent ist zu $(X,\mathfrak{u}')$, wobei $\mathfrak{u}'(x)$ für jedes $x\in X$ abzählbar ist.
Jeder pseudometrische Raum ist punktweise rational.
2. Ist $\delta>0$ vorgegeben, so ist mit (M,d) auch (M,d') metrisch bzw. pseudometrisch und zu (M,d) topologisch äquivalent, wobei

$$d':=\min\{d,\delta\};$$

Für die Topologie von (M,d) sind also nur die „beliebig kleinen" Abstände maßgebend.
3. Aus dem pseudometrischen Raum (M,d) wird der metrische Raum $(\tilde{M},\tilde{d})$, indem man in M die Gleichheit vergröbert zur Äquivalenz

$$x\sim y:\leftrightarrow d(x,y)=0.$$

Dabei ist $\tilde{M}$ das System der Äquivalenzklassen $\tilde{x}$, $x\in M$, und $d(x,y):=\tilde{d}(\tilde{x},\tilde{y})$ (Beweis!).

5. Definition: Ein top. Raum heißt **separiert** (oder **Hausdorffsch**), wenn je zwei verschiedene Punkte fremde Umgebungen besitzten:

$$\bigwedge_{x,y\in X} x \neq y \rightarrow \bigvee_{U\in\mathfrak{u}(x),\, V\in\mathfrak{u}(y)} U\cap V=\emptyset.$$

Ein separierter top. Raum heißt auch **Hausdorff-Raum.**
Jeder metrische Raum ist ein Hausdorff-Raum. (Beweis!)
Dagegen ist ein pseudometrischer Raum im allgemeinen nicht Hausdorffsch, wie das Beispiel $(\mathbb{R}^n, d')$ von oben zeigt.

Aufgabe: Man beweise: Ein top. Raum $(X, \mathfrak{u})$ ist genau dann separiert, wenn

$$\bigwedge_{x\in X} \bigcap \{\mathfrak{h}(U) : U\in\mathfrak{u}(x)\} = \{x\}.$$

6. Definition: Als **Durchmesser** $d(X)$ eines metrischen Raumes (X, d) wird erklärt: $d(X) := \sup\{d(x, y) : x, y\in X\}$. Falls $d(X) < +\infty$ ist, heißt X **beschränkt (bezüglich** d).

1.5.7 *Konvergenzdefinitionen.*

(A) *Rasterkonvergenz.*
Es seien $\mathfrak{r}$ bzw. $\mathfrak{r}'$ Raster in den Mengen M bzw. M' und $f: M \rightarrowtail M'$. Es ist dann $f(\mathfrak{r}) := \{f(U) : U\in\mathfrak{r}\}$ ein Raster, bezeichnet als der **Bildraster** von $\mathfrak{r}$ bei f. Es heißt nun f $(\mathfrak{r}, \mathfrak{r}')$-**konvergent**, wenn $f(\mathfrak{r}) \leqq \mathfrak{r}'$, (d.h. $\bigwedge_{U'\in\mathfrak{r}'} \bigvee_{U\in\mathfrak{r}} f(U)\subset U'$).
Bei Verkettung von Abbildungen bleibt Konvergenz erhalten, genauer: Ist $\mathfrak{r}''$ Raster in M'', ist ferner $g: M' \rightarrowtail M''$ $(\mathfrak{r}', \mathfrak{r}'')$-konvergent, so folgt aus der $(\mathfrak{r}, \mathfrak{r}')$-Konvergenz von f die $(\mathfrak{r}, \mathfrak{r}'')$-Konvergenz von $g\circ f$.

(B) *Konvergenz in topologischen Räumen.*
Sind $(P, \mathfrak{u})$ und $(P', \mathfrak{u}')$ topologische Räume, ist $f: P \rightarrowtail P'$ und $x_0\in P$ Häufungspunkt in P, d.h. es ist $\mathfrak{u}^+(x_0) := \{U\setminus\{x_0\} : U\in\mathfrak{u}(x_0)\}$ ein Raster, so heißt f **konvergent in** x_0 **gegen** $y_0\in P'$, wenn f $(\mathfrak{u}^+(x_0), \mathfrak{u}'(y_0))$-konvergent ist; y_0 heißt dabei (ein) **Limes von** f **für** $x \rightsquigarrow x_0$.
Eine für die Einzigkeit des Limes hinreichende Bedingung gibt der

Satz: *Ist* $(P, \mathfrak{u})$ *ein topologischer und* $(P', \mathfrak{u}')$ *ein Hausdorff-Raum, ist ferner* $f: P \rightarrowtail P'$ *und* $y_0\in P'$ *Limes von* f *für* $x \rightsquigarrow x_0\in P$, *so ist* y_0 *eindeutig bestimmt.*

Beweis: Zu jedem $y\in P'\setminus\{y_0\}$ gibt es $V\in\mathfrak{u}'(y)$ und $V_0\in\mathfrak{u}'(y_0)$ mit $V\cap V_0=\emptyset$. Weiter gibt es $U_0^+\in\mathfrak{u}^+(x_0)$ mit $\vec{f}(U_0^+)\subset V_0$, also mit $V\cap\vec{f}(U_0^+)=\emptyset$. Daraus folgt $\vec{f}(U^+)\not\subset V$ für alle $U^+\in\mathfrak{u}^+(x_0)$, d.h. y ist kein Limes von f für $x \rightsquigarrow x_0$.

Anmerkung: Gilt für $(X, \mathfrak{u})$ das 1. Abzählbarkeitsaxiom, so läßt sich die Konvergenzdefinition zurückführen auf die für Folgen (falls das Auswahlprinzip zugelassen wird (vgl. I., 6.2.1.2, Anmerkung 2.)).

(C) *Konvergenz in metrischen Räumen.*

Sind (M,d) und (M',d') metrische Räume, so ist $f: M \longrightarrow M'$ konvergent gegen $y_0 \in M'$ für $x \rightsquigarrow x_0 \in M$ genau dann, wenn

$$\bigwedge_{\varepsilon>0} \bigvee_{\delta>0} \bigwedge_{x\in M} 0 < d(x, x_0) < \delta \rightarrow d'(f(x), y_0) < \varepsilon;$$

mit Hilfe der Kugeln k ausgedrückt:

$$\bigwedge_{\varepsilon>0} \bigvee_{\delta>0} \bigwedge_{x\in k(x_0,\delta)\setminus\{x_0\}} f(x) \in k(y_0, \varepsilon).$$

Es gilt das *allgemeine Konvergenzprinzip* (vgl. I., 6.2.1.2): Wenn f konvergent ist für $x \rightsquigarrow x_0$ (gegen y_0), so gilt

(KP) $$\bigwedge_{\varepsilon>0} \bigvee_{\delta>0} \bigwedge_{x,x'\in k(x_0,\delta)\setminus\{x_0\}} d'(f(x), f(x')) < \varepsilon.$$

Bemerkung: Es ist (KP) nicht nur notwendig, sondern auch hinreichend für die Konvergenz von f für $x \rightsquigarrow x_0$, wenn der metrische Bildraum (M', d') vollständig ist (vgl. 1.5.10).

1.5.7.1 Ein Beweis für das Hinreichen von (KP) im Falle, daß $M' = \mathbb{R}^n$ *). Angenommen, (KP) sei erfüllt, also insbesondere $(\varepsilon = 1)$ die Werte von f in $\mathfrak{k}(x_0, d(1))\setminus\{x_0\}$ in einer kompakten abgeschlossenen Teilmenge $A \subset \mathbb{R}^n$ enthalten, aber andererseits $\lim_{x\rightsquigarrow x_0} f(x)$ nicht vorhanden, also

(+) $$\bigwedge_{a\in\mathbb{R}^n} \bigvee_{\varepsilon(a)>0} \bigwedge_{r\in(0;\delta(1))} \bigvee_{z\in k(x_0,r)\setminus\{x_0\}} d'(f(z), a) \geqq \varepsilon(a).$$

Wir zeigen, daß man hier für $\varepsilon(a)$ eine von a unabhängige positive Konstante ε_0 setzen kann. Es ist $\sigma(a) := \sup\{d'(f(z), a) : z \in k(x_0, r)\setminus\{x_0\} \wedge r \in (0; d(1)\} \geqq \varepsilon(a)$, und es gilt

(+ +) $$\sigma(a+y) \geqq \sigma(a) - |y| \qquad \text{für alle } y \in \mathbb{R}^n,\ a \in A.$$

Denn zu $\tau < \sigma(a)$ gibt es ein $z \in k(x_0, r)\setminus\{x_0\}$ mit $d'(f(z), a > \tau$. Nun ist aber $\sigma(a+y) \geqq d'(f(z), a+y) \geqq d'(f(z), a) - |y| \geqq \tau - |y|$, woraus für $\tau \rightsquigarrow \sigma(a)$ (+ +) folgt. Somit ist σ oberhalb stetig und besitzt auf A ein positives Minimum (I., 7.5.2.1 Aufg. (10)): $\bigwedge_{a\in A} \sigma(a) \geqq 2\varepsilon_0 > 0$. Man kann daher in (+) $\varepsilon(a)$ ersetzen durch die Konstante ε_0, woraus sich dann für $a := f(z')$ mit $z' \in k\,(x_0, r)\setminus\{x_0\}$ ein Widerspruch zu (KP) ergibt.

1.5.8 *Kompaktheit.*

1. Definition: Ein topologischer Raum $(X, \mathfrak{u})$ heißt **quasikompakt**, wenn in $(X, \mathfrak{u})$ der Heine-Borel-Lebesguesche Überdeckungssatz (HBL-Satz) (I., 5.5.5.1) gilt. Jeder quasikompakte

*) Und zwar im Anschluß an I., 6.2.1.2, wo der entsprechende Beweis der Ergänzung bedarf in dem Sinne, daß das in Zeile 2, Seite 134, auftretende $\varepsilon(a)$ als eine von a unabhängige positive Konstante gewählt werden kann.

Hausdorff-Raum heißt **kompakt** und jeder kompakte metrische Raum ein **Kompaktum**.

1. Folgerung: Jedes Kompaktum K ist beschränkt.

Beweis: Zufolge des HBL-Satzes gilt $K \subset \bigcup_{\nu=1}^{n} k_\nu$, wobei $k_\nu := k(x_\nu, 1)$ die offene Vollkugel um x_ν vom Radius 1 bezeichnet. Für beliebige $x, y \in K$ gilt $x \in k_\nu$, $y \in k_\mu$ für passende ν, μ, also $d(x, y) < 2 + d(x_\nu, x_\mu) < 2 + \max\{d(x_\varrho, x_\tau) : \varrho, \tau = 1, \ldots, n\} < +\infty$.

2. Definition: Es sei T Unterraum des topologischen $(X, \mathfrak{u})$. Es heißt T **folgenkompakt**, wenn jede Folge $(x_r)_r$, $r = 1, 2, \ldots$, aus unendlich vielen verschiedenen $x_r \in T$ einen zu T gehörigen Häufungspunkt besitzt,

2. Folgerung: Bei Zulassung des Auswahlprinzips und folgenkompaktem T besitzt jede unendliche Teilmenge S von T einen zu T gehörigen Häufungspunkt und enthält S eine gegen einen Punkt von T konvergente Folge.

1. Satz: Voraussetzung. *Es sei T Teilraum des Hausdorffraumes* $(X, \mathfrak{u})$.

Behauptung: (A) *Aus der Kompaktheit von T folgt die Abgeschlossenheit von T.* – (B) *Ist* $(X, \mathfrak{u})$ *sogar kompakt, so folgt aus der Abgeschlossenheit von T die Kompaktheit von T (Umkehrung von* (A)). – (C) *Ist* $(X, \mathfrak{u})$ *überdies ein Kompaktum* (X, d), *so sind gleichwertig:* (1) *Es ist T folgenkompakt.* – (2) *Es ist T abgeschlossen.* – (3) *Es ist T kompakt.*

Zusatz: Die Umkehrung der Beh. (A) gilt nicht in beliebigen Hausdorffräumen $(X, \mathfrak{u})$.

Beweis: *Betr.* (A). Es sei T kompakt und $x \in X \setminus T$. Weil X separiert ist, gibt es zu jedem $t \in T$ ein $U(t) \in \mathbf{G}(\mathfrak{u})(t)$ und $X(t) \in \mathfrak{v}\mathbf{G}(\mathfrak{u}))(t)$ mit $U(t) \cap X(t) = \emptyset$. Da T kompakt sein soll, gilt $T \subset U(t_1) \cup \ldots \cup U(t_m) =: S$, während $X(t_1) \cap \ldots \cap X(t_m) =: V \in \mathbf{G}(\mathfrak{u})(x)$ mit $S \cap V = \emptyset$. Wegen $T \subset V$ ist daher x nicht Häufungspunkt von T, d.h. T abgeschlossen.

Betr. (B). Zufolge (A) ist nur zu zeigen: Wenn T abgeschlossen, dann T kompakt. Es sei also T abgeschlossen, mithin $X \setminus T$ offen. Ist daher $\mathfrak{s}$ eine offene Überdeckung von T, so $\mathfrak{s}' := \mathfrak{s} \cup \{X \setminus T\}$ eine solche von X. Wegen der Kompaktheit von X enthält daher $\mathfrak{s}'$ eine endliche Überdeckung von X, etwa $\mathfrak{s}''$, sodaß $\mathfrak{s}'' \setminus \{X \setminus T\}$ eine, in $\mathfrak{s}$ enthaltene endliche Überdeckung von T ist.

Betr. (C). Zufolge (B) ist nur (1) $\to$ (2) und (3) $\to$ (1) zu beweisen. (1) $\to$ (2). Ist h Häufungspunkt von T (in X), so gibt es weil X metrisch, $x_r \in T \setminus \{h\}$ mit $h = \lim_{r \to \infty} x_r = \lim_{x_r \to h} x_r$. Gemäß (1) ist $h \in T$, also $T = \overline{T}$. – (3) $\to$ (1). Gilt (3) aber nicht (1), so gibt es eine Folge $(x_r)_r$ von lauter verschiedenen Punkten aus T ohne Häufungspunkt in T. Daher sind die Mengen $0_n := T \setminus \{x_n, x_{n+1}, \ldots\}$ mit $0_n \subset 0_{n+1}$ offen in T mit $T = \bigcup_n 0_n$. Wegen (3) wird T schon von endlich vielen der 0_n überdeckt, sodaß ein n existiert mit $0_n = T$. Widerspruch.

Betr. Zusatz. Im Hausdorffraum $\mathbb{R}^1$ ist $(-\infty; 1)^+$ abgeschlossen aber nicht kompakt.

2. Satz: *Je zwei fremde abgeschlossene Teilmengen F, F' eines kompakten $(X, \mathfrak{u})$ besitzen fremde Umgebungen U, U' d. h. es gibt $U, U' \in \mathbf{G}(\mathfrak{u})$ mit $F \subset U$ und $F' \subset U'$ sowie $U \cap U' = \emptyset$.*

Beweis: Es sei $x \in F$ beliebig. Zu jedem $y \in F'$ gibt es (weil $(X, \mathfrak{u})$ Hausdorff) ein $U'(y|x) \in \mathbf{G}(\mathfrak{u})(y)$ und ein $U(x|y) \in \mathfrak{v}(\mathbf{G}(\mathfrak{u}))(x)$ mit $U'(y|x) \cap U(x|y) = \emptyset$. Gemäß Satz 1., Beh. (B), sind F und F' kompakt (weil abgeschlossen). Daher wird F' überdeckt mit endlich vielen der $U'(y|x)$, etwa $F' \subset U'(y_1|x) \cup \ldots \cup U'(y_m|x) =: U'(F'|x) \in \mathbf{G}(\mathfrak{u})$. Für $U(x) :=$ $U(x|y_1) \cap \ldots \cap U(x|y_m) \in \mathbf{G}(\mathfrak{u})$ gilt $x \in U(x)$ und $U'(F'|x) \cap U(x) = \emptyset$. Entsprechend gilt jetzt $F \subset U(x_1) \cup \ldots \cup U(x_m) =: U(F) \in \mathbf{G}(\mathfrak{u})$ und $F' \subset U'(F'|x_1) \cap \ldots \cap U'(F'|x_m) =$ $U'(F') \in \mathbf{G}(\mathfrak{u})$. Weil überdies $U'(F') \cap U(F) = \emptyset$, genügen $U' := U'(F')$ und $U := U(F)$ der Beh.

3. Definition: Besteht eine Umgebungsbasis $\mathfrak{u}$ des topologischen Raumes $(X, \mathfrak{u})$ nur aus offenen Mengen $U \in \mathfrak{u}(x)$, $x \in X$, so heiße $\mathfrak{u}$ **offene Basis**. Besitzt ein topologischer Raum $(X, \mathfrak{u})$ eine *abzählbare* offene Basis (die zu $\mathfrak{u}$ äquivalent ist), so sagt man: X erfülle das

2. Abzählbarkeitsaxiom oder X sei **rational**. Beispiel: Der $\mathbb{R}^n$ der Punkte $x = (\chi_1, \ldots, \chi_n)$ erfüllt das 2. Abzählbarkeitsaxiom. Denn die offenen Würfel $\{x : \bigwedge_\nu \alpha_\nu < \chi_\nu < \beta_\nu\}$ mit rationalen α_ν, β_ν bilden eine abzählbare Basis des $\mathbb{R}^n$ (äquivalent mit z. B. der Basis aus allen offenen Kugeln).

3. Satz: *Jedes Kompaktum (X, d) besitzt eine abzählbare Basis.*

Bemerkung: Jedes d-System $\mathfrak{d} \subset \mathfrak{p}(X)$ mit $\bigcup \mathfrak{d} = X$ ist offene Umgebungsbasis eines top. Raumes $(X, \mathfrak{u})$, nämlich mit $\mathfrak{u}(x) := \{U : U \in \mathfrak{d} \wedge x \in U\}$, $x \in X$, und $\mathbf{G}(\mathfrak{u}) := \mathfrak{S}(\mathfrak{d})$ (s. 1.5.2.2 und 1.7.9).

Beweis: Für jedes $n \in \mathbb{N}^+$ wird durch die Menge aller offenen Kugeln $K_n(x) := k(x; n^{-1})$ in X vom Radius n^{-1} eine offene Überdeckung von X geliefert, in der eine endliche Überdeckung $\mathfrak{s}_n$ enthalten ist. Es ist $\bigcup_n \mathfrak{s}_n$ abzählbar und eine Umgebungsbasis von (X, d); denn

$$\bigwedge_{\varepsilon > 0} \bigwedge_{x \in X} \bigvee_n \bigvee_{K \in \mathfrak{s}_n} x \in K \subset k(x, \varepsilon).$$

Wie in I., 5.5.5.2, Satz 4., beweist man den zum HBL-Satz „dualen“

4. Satz Kennzeichnung der kompakten Räume.

Ein Hausdorff-Raum $(X, \mathfrak{u})$ ist kompakt genau dann, wenn für jedes System von in $(X, \mathfrak{u})$ ab-

geschlossenen Mengen A_i, $i \in I$, gilt: Ist der Durchschnitt von je endlich vielen der A_i nicht leer, so auch $\bigcap_{i \in I} A_i \neq \emptyset$.
Hinsichtlich der stetigen Bilder von Kompakten gilt der

5. Satz: Voraussetzung: *Es sei (X, d) ein Kompaktum und (X', d') metrisch, ferner sei $f: X \twoheadrightarrow X'$ surjektiv und stetig.*

Behauptung: (1) *Es ist f abgeschlossen.* – (2) *Es ist $\bar{f}(X)$ ein Kompaktum.* – (3) *Ist f überdies injektiv, also bijektiv, so ist f sogar topologisch.*

Beweis: *Betr.* (1) Es sei $A = \bar{A} \subset X$ und $(x'_r)_r$ eine unendliche Folge mit $x'_r \in A' := \bar{f}(A)$. Wegen der Folgenkompaktheit von X (gemäß Satz 1.) existiert eine Teilfolge von $(x_r)_r$, wobei $x'_r = f(x_r)$ mit $x_r \in A$, sodaß diese Teilfolge gegen ein $\bar{x} \in A$ konvergiert. Wegen der Stetigkeit von f ist $f(\bar{x}) \in \bar{f}(A)$ Häufungspunkt der Folge $(x'_r)_r$. Somit ist A' folgenkompakt und daher abgeschlossen (Satz 1.) – *Betr.* (2) Ist $\mathfrak{s}'$ eine offene Überdeckung von X', so ist $\{f^{[-1]}(G): G \in \mathfrak{s}'\}$ eine offene Überdeckung von X (weil f stetig, vgl. 1.5.5, Satz 2.), enthält also eine offene, endliche Überdeckung von X, deren f-Bild eine endliche offene Überdeckung von X' liefert, die in $\mathfrak{s}'$ enthalten ist. – *Betr.* (3). Ist f bijektiv und stetig, so ist wegen Beh. (1) (und 1.5.5.1) f topologisch.

1.5.9 *Quotientenräume.*

Es sei $(X, \mathfrak{u})$ ein topologischer Raum. Ferner sei $\sim$ eine Äquivalenz in X und $\tilde{X} := \{[x]: x \in X\}$ das System der Äquivalenzklassen $[x]$ bezüglich $\sim$. Die von der zugehörigen kanonischen Abbildung $\varphi: X \twoheadrightarrow \tilde{X}$ gelieferte Finaltopologie $(\tilde{X}, \tilde{\mathfrak{u}})$, wobei also $\tilde{\mathfrak{u}} := \{G: G \subset \tilde{X} \wedge \varphi^{[-1]}(G) \in \mathfrak{u}\}$, wird als die **von $\sim$ erzeugte Quotiententopologie** in $\tilde{X}$ bezeichnet; sie ist die feinste Topologie in $\tilde{X}$, bei der φ stetig ist (1.5.5, Satz 1.). Der **Quotientenraum** $(\tilde{X}, \tilde{\mathfrak{u}})$ wird auch mit $X/\sim$ bezeichnet.

1. Beispiel: Der Übergang von einem pseudometrischen Raum (M, d) zum metrischen $(\tilde{M}, \tilde{d})$ gemäß 1.5.6, Anm. 3., bedeutet für die zugehörigen Topologien den Übergang zum Quotientenraum $M/\sim$.

1. Anmerkung: Im 1. Beispiel wird aus dem i. a. nicht separierten (M, d) ein separierter $M/\sim$. Sonst liegen die Dinge meist umgekehrt: Sogar bei separiertem $(X, \mathfrak{u})$ ist i. a. $X/\sim$ nicht-separiert.

2. Beispiel: Es sei $X := [-1; 1] \subset \mathbb{R}^1$. Die Äquivalenzklassen seien $[-1] := \{-1\}$, $[0] := \{0\}$, $[1] := \{1\}$ und $[x] := \{x, -x\}$ für $0 < |x| < 1$. Es ist $X/\sim$ nicht separiert. Damit nämlich die kanonische Abbildung in 1 bzw. -1 stetig sei, ist notwendig, daß jede Umgebung von $[1]$ bzw. $[-1]$ in $X/\sim$ jeweils alle $[x]$ mit $\chi < |x| < 1$ für passendes $\chi < 1$ enthält, sodaß also keine fremden Umgebungen von $[-1]$ und $[1]$ existieren.

1. Satz: *Es sei* $(\tilde{X}, \tilde{\mathfrak{u}})$ *Quotientenraum von* $(X, \mathfrak{u})$. *Dann gilt für das System* $\mathbf{G}(\tilde{\mathfrak{u}})$ *der* $\tilde{\mathfrak{u}}$-*offenen Mengen:* $\mathbf{G}(\tilde{\mathfrak{u}}) = \{\tilde{G} : \tilde{G} \subset \tilde{X} \wedge \varphi^{[-1]}(\tilde{G}) \in \mathbf{G}(\tilde{\mathfrak{u}})\}$.

Beweis: Weil $\varphi^{[-1]}$ ein mengenalgebraischer Isomorphismus ist (vgl. I., 1.6.6, Aufg. 1, (a)), kann das System der $\tilde{G}$ als System der offenen Mengen einer Topologie $\mathfrak{v}$ in $\tilde{X}$ aufgefaßt werden, wobei φ $(\mathfrak{u}, \mathfrak{v})$-stetig ist. Bei einer beliebigen Topologie $\mathfrak{v}'$ in X, bei welcher φ stetig ist, ist jede $\mathfrak{v}'$-offene Menge ein $\tilde{G}$.

2. Satz: *Ist* $(X, \mathfrak{u})$ *quasikompakt, so auch jeder Quotientenraum* $(\tilde{X}, \tilde{\mathfrak{u}})$.

Beweis: Ist $\mathfrak{s}$ eine $\tilde{\mathfrak{u}}$-offene Überdeckung von $\tilde{X}$, so $\{\varphi^{[-1]}(U) : U \in \mathfrak{s}\}$ eine $\mathfrak{u}$-offene Überdeckung von X. Es gibt also endlich viele $U_1, \ldots, U_r \in \mathfrak{s}$ so, daß $\{\varphi^{[-1]}(U_\varrho) : \varrho = 1, \ldots, r\}$ eine endliche Überdeckung von X und daher $\{U_\varrho : \varrho = 1, \ldots, r\}$ eine endliche ($\tilde{\mathfrak{u}}$-offene) in $\mathfrak{s}$ enthaltene Überdeckung von $\tilde{X}$ liefert.

3. Beispiel: Der reelle, projektive n-dimensionale Raum P^n ist bekanntlich darstellbar als Quotientenraum $S^n/\sim$, wobei $S^n := \{x : x \in \mathbb{R}^{n+1} \wedge |x| = 1\}$ die n-dimensionale Einheitssphäre und $x \sim y :\leftrightarrow x = \pm y$, $x, y \in S^n$; es sind also die „Punkte" des P^n dargestellt durch die 2-elementigen Mengen $\{x, -x\}$. Die Topologisierung des P^n geschieht dann mit Hilfe der Quotiententopologie: Man erhält eine offene Umgebungsbasis für P^n aus einer offenen Umgebungsbasis $\mathfrak{b}$ des S^n, indem man zu jedem $U \in \mathfrak{b}$ die Menge $\tilde{U} := \{\{x, -x\} : x \in U\} \subset P^n$ bildet. Es ist $S^n/\sim$ ein Hausdorffraum.

4. Beispiel: Die Äquivalenz in $(X, \mathfrak{u})$ kann durch eine Gruppe $\mathfrak{S}$ von bijektiven Selbstabbildungen σ von X erzeugt sein vermöge

$$x \sim y :\leftrightarrow \bigvee_{\sigma \in \mathfrak{S}} x = \sigma(y); \qquad x, y \in X.$$

Spezialfall: Der P^n. Man betrachte im „punktierten" $\mathbb{R}^n$, d.h. in $X := \mathbb{R}^n \setminus \{\mathfrak{0}\}$, die Gruppe $\mathfrak{S}$ der Abbildungen $\sigma_\lambda : X \longrightarrow X$ mit $(x \longmapsto \sigma_\lambda(x) := \lambda x)$, $x \in X$, $\lambda \in \mathbb{R} \setminus \{0\}$.
In der Geometrie ersetzt man die zugehörigen Äquivalenzklassen durch die Geraden im $\mathbb{R}^n$ durch $\mathfrak{0}$, sodaß der P^n repräsentiert wird durch das „Strahlenbündel" mit dem Zentrum $\mathfrak{0}$.

2. Anmerkung: Ist $(X, \mathfrak{u})$ topologisch und $f : X \longrightarrow Y$ bei beliebigem Y und f, so erhebt sich die Frage nach der feinsten Topologie in Y, bei der f stetig wird. Führt man in X die Äquivalenz $X' \sim X'' :\leftrightarrow \tilde{f}(X') = \tilde{f}(X'')$ mit $X', X'' \subset X$, ein, so kommt die Frage hinaus auf das Problem des Quotientenraumes.

1.5.10 *Erweiterung metrischer Räume zu metrisch vollständigen.*

1. Definition: Zwei metrische Räume (X, d) und (X', d') heißen **isometrisch**, wenn eine **Isometrie** für X und X' existiert, d.h. eine Surjektion $f : X \longrightarrow X'$ derart, daß $d(x, y) = d'(f(x), f(y))$ für alle $x, y \in X$.

Jede Isometrie ist bijektiv und umkehrbar stetig, also topologisch (Denn wegen 1.5.6, (M_p), gilt $x=y \leftrightarrow f(x)=f(y)$ und $d(x,y)<\varepsilon \leftrightarrow d'(f(x),f(y))<\varepsilon$. Die Relation „isometrisch“ ist eine Äquivalenz.

2. Definition: Eine Folge $(x_r)_r$, $x_r \in X$ heißt **C-Folge** (in (X,d), kürzer) *in* X, wenn $d(x_s,x_t)<\varepsilon$ für $s,t>S(\varepsilon)$ (vgl. I., 4.5.1). Und (X,d) heißt (metrisch oder d-)**vollständig**, wenn jede C-Folge in X konvergiert (d.h. wenn $x \in X$ existiert mit $d(x,x_s) \leqq \varepsilon$ für $s>S(\varepsilon)$).

Erweiterungssatz: *Jeder metrische Raum* (X,d) *läßt sich erweitern zu einem* (metrisch) *vollständigen Raum* (X',d').

Zusatz: Die Konstruktion einer vollständigen Erweiterung (X',d') kann so eingerichtet werden, daß sie eine *kleinste* vollständige Erweiterung liefert, d.h. ein (X_0,d_0) derart, daß in jeder vollständigen Erweiterung von (X,d) ein zu (X_0,d_0) isometrisches (X'',d'') enthalten ist. (X_0,d_0) ist also *bis auf Isometrien eindeutig* bestimmt.

Beweis des Satzes: Entsprechend wie für $\mathbb{R}$ als Vervollständigung von $\mathbb{Q}$ (vgl. I., 4.5 und 5.2.1). Genauer: Es sei $C(\mathbb{R})$ bzw. $C(X)$ das System der C-Folgen in $\mathbb{R}$ bzw. in X. Die „konstanten“ $(x_r)_r$, nämlich mit $x_r=x \in \mathbb{R}$ bzw. $x \in X$ für alle r, gehören zu $C(\mathbb{R})$ bzw. zu $C(X)$ und seien mit (x) bezeichnet.
(A) Definition von X' und d': Es seien $Y:=(y_r)_r$, $Z:=(z_t)_t \in C(X)$. Dann ist $(d(y_r,z_r))_r \in C(\mathbb{R})$, weil $|d(y_r,z_r)-d(y_t,z_t)| \leqq d(y_r,y_t)+d(z_r,z_t)<2\varepsilon$ für schl. a. r, t. Weil $\mathbb{R}$ vollständig ist, existiert $d'(Y,Z):=\lim_r d(y_r,z_r)$; dabei ist $d': C(X)\times C(X) \longrightarrow \mathbb{R}_0^+$ eine Pseudometrik. Vermöge der Äquivalenz $Y=_d Z :\leftrightarrow d'(Y,Z)=0, Y, Z \in C(X)$, ergibt sich für die Äquivalenzklassen $[Y]$, $[Z]$, ..., eine Metrik auf $C((X)):=\{[Y]: Y \in C(X)\}$; und wegen $d'((y),(z))=d(y,z)$ ist $(C((X)),d')$ Erweiterung von (X,d).
(B) Die Vollständigkeit von $(C((X)),d')$ ergibt sich entsprechend wie die von $\mathbb{R}$ in I., wobei wir mit Repräsentanten Y von $[Y]$ arbeiten. Es sei $Y_n \in C(X)$ mit $d'(Y_n,Y_k)<\varepsilon$ für $n,k>S(\varepsilon)$, ferner $Y_n:=(y_{nr})_r$, $y_{nr} \in X$. Wegen $Y_n \in C(X)$ gilt $\bigwedge_n \bigvee_{t=t(n)} \bigwedge_{r>r} d(y_{nt},y_{nr})<n^{-1}$. Somit ${}^s\bigwedge_{k,r} |d(y_{nk},y_{nt})-d(y_{nr},y_{nt})| \leqq d(y_{nk},y_{nr})<\varepsilon$, letzteres, weil $(y_{nk})_k \in C(X)$. Mithin ist $(d(y_{nk},y_{nt}))_k \in C(\mathbb{R})$. Setzt man daher $y_n:=y_{nt(n)} \in X$, so existiert $d'(Y_n,(y_n))=\lim_k d(y_{nk}, y_n)<n^{-1}$. Weiter ist ${}^s\bigwedge_{k,n} d(y_k,y_n) \leqq d'((y_k),Y_k)+d'(Y_k,Y_n)+d'(Y_n,(y_n)) \leqq k^{-1}+\varepsilon+n^{-1}<2\varepsilon$. Mithin $Y:=(y_n)_n \in C(X)$, also ${}^s\bigwedge_n d'(Y,(y_n))=\lim_k d(y_k,y_n)<\varepsilon$ und $d'(Y,Y_n) \leqq d'(Y,(y_n))+ + d'((y_n),Y_n)<2\varepsilon$ für schl. a. n. Es ist also $Y=\lim_n Y_n$ in $C(X)$.

Betr. Zusatz. In jeder vollständigen Erweiterung von (X,d) führt eine Konstruktion im Sinne von (A) nicht aus der Erweiterung heraus und ist in ihr ausführbar.

1.5.11 *Produkttopologie.*

Es sei $(X,\mathfrak{u})$ bzw. $(X',\mathfrak{u}')$ ein topologischer Raum mit der offenen Umgebungsbasis $\mathfrak{b}$ bzw. $\mathfrak{b}'$ (vgl. 1.5.8, Def. 3., auch 1.5.2.2, Bem.). Dann ist $\mathfrak{b}'':=\{B\times B': B \in \mathfrak{b} \wedge B' \in \mathfrak{b}'\}$ ein

bzw. $\mathfrak{b}'$ (vgl. 1.5.8, Def. 3., auch 1.5.2.2, Bem. 2.). Dann ist $\mathfrak{b}'' := \{B \times B' : B \in \mathfrak{b} \wedge B' \in \mathfrak{b}'\}$ ein d,S-System (vgl. 1.5.8) und daher offene Umgebungsbasis einer **(Produkt-)Topologie** $\mathfrak{u}'' := \mathfrak{u} \times \mathfrak{u}'$ in $X \times X'$. Es ist $\mathfrak{u}''$ unabhängig von der Wahl der $\mathfrak{b}$, $\mathfrak{b}'$ in dem Sinne, daß zu $\mathfrak{b}$ bzw. $\mathfrak{b}'$ äquivalente Basen ein äquivalentes $\mathfrak{b}''$ liefern.
Sind $(X, \mathfrak{u})$ und $(X', \mathfrak{u}')$ beide Hausdorff-Räume, so auch $(X \times X', \mathfrak{u}'')$. In der Tat: Es seien $x, y \in X$ und $x', y' \in X'$, ferner $(x, x') \neq (y, y')$, also etwa $x \neq y$. Dann gibt es $A, B \in \mathfrak{b}$ mit $x \in A, y \in B$ und $A \cap B = \emptyset$.
Außerdem gibt es $A', B' \in \mathfrak{b}'$ mit $x' \in A', y' \in B'$. Daher $(A \times A') \cap (B \times B') = \emptyset$ mit $(x, x') \in (A \times A')$, $(y, y') \in B \times B'$.
Sind allgemeiner (X_ν, μ_ν), $\nu = 1, \ldots, n$, topologische bzw. Hausdorff-Räume, so erhäßt man durch Induktion (mit Hilfe der soeben für $n = 2$ angegebenen Konstruktion) eine **Topologie** bzw. **Hausdorff-Topologie für den Produktraum** $X_1 \times \ldots \times X_n$. – Beispiel: $\mathbb{R}^n = \mathbb{R} \times \ldots \times \mathbb{R}$.

Bemerkung: (1) Die oben betrachtete „übliche" Topologisierung des Produktraumes $X \times X'$ ist insofern eindeutig, als sie die „gröbste" Topologie von $X \times X'$ liefert, bei der die „Projektionen" $((x, x') \mapsto x')$ stetig sind (Aufgabe). – (2) Für spezielle Untersuchungen, z. B. bei sogen. „partiellen Grenzübergängen", kommen auch „feinere" Produkttopologien zur Verwendung, indem man im Faktor X' von $X \times X'$ die feinste Topologie wirken läßt. *Beispiel:* Man ordnet dem Punkt $(x, x') \in X \times X'$ als Umgebungsraster $\mathfrak{r}((x, x'))$ in $X \times X'$ zu das System der Mengen $U \times \{x'\}$, wobei U den Umgebungsraster $\mathfrak{u}(x)$ von x in X durchläuft; auf diese Weise ist für ein f: $X \times X' \to Y$ und für $(x_0, x_0') \in X \times X'$

$$\lim_{x \rightsquigarrow x_0} f(x, x_0') = \lim_{(x,x') \rightsquigarrow (x_0, x_0')} f(x, x'),$$

wobei der erste Limes im Sinne der Topologie in X und der zweite im Sinne der erklärten Produkttopologie in $X \times X'$ zu verstehen ist (vgl. 2.3.1.1).

1.5.12 *Produkt metrischer Räume als metrischer Raum.*

Für die Metrisierung des Produktes $X \times X'$ bei metrischen (X, d), (X', d') gelten entsprechende Richtlinien wie in 1.5.11. für die übliche Produkttopologie; die Produktmetrik soll eine Topologie liefern, welche mit der üblichen Produkttopologie übereinstimmt. Diese Forderung kann auf verschiedene Weise erfüllt werden, da ja die gleiche Topologie durch verschiedene Metriken induziert werden kann. Man geht hier noch einen Schritt weiter, indem man überdies *fordert, daß die Metrik d'' des Produktes auf den „Fasern" $X \times \{x'\}$ bzw. $\{x\} \times X'$ als Teilräumen von $X \times X'$ übereinstimmt mit der Metrik auf X bzw. auf X'* d. h. man fordert die Isometrie

$$d''((x, x'), (y, x')) = d(x, y), \; x, y \in X, x' \in X', \text{ usw.}$$

Metriken für $X_1 \times \ldots \times X_n$, die diesen Bedingungen entsprechen, ergeben sich mittels einer Funktion

$$g: (\mathbb{R}_0^+)^n \longrightarrow \mathbb{R}_0^+$$

mit den Eigenschaften (wobei $\chi, \chi_\nu, a_\nu \in \mathbb{R}_0^+$)

(1) $g(\chi, 0, \ldots, 0) = g(0, \chi, 0, \ldots, 0) = \ldots = g(0, \ldots, 0, \chi) = \chi,$

(2) $g(\chi_1 + a_1, \ldots, \chi_n + a_n) \leqq g(\chi_1, \ldots, \chi_n) + g(a_1, \ldots, a_n),$

wenn definiert wird: Bei gegebenen (X_ν, d_ν) und $x_\nu, y_\nu \in X_\nu$ sei $(X_1 \times \ldots \times X_n, d)$ mit

(3) $d((x_1, \ldots, x_n), (y_1, \ldots, y_n)) = g(d_1(x_1, y_1), \ldots, d_n(x_n, y_n)).$

Es sorgt (1) für die gewünschte Isometrie, ferner sorgt (2) dafür, daß (3) eine Metrik liefert.

Beispiele:

(1) $g(\chi_1, \ldots, \chi_n) := (\chi_n^p + \ldots + \chi_n^p)^{1/p}, \quad p \geqq 1$

(2) $g(\chi_1, \ldots, \chi_n) := \max\{\chi_1, \ldots, \chi_n\}$ (vgl. 2.2.1).

1.5.13 *Produkt kompakter Räume.*

Satz: *Das Produkt endlich vieler kompakter (Hausdorff-)Räume ist kompakt.*

Beweis: Es genügt, die Beh. für Produkte aus (nur) zwei Faktoren $(X', \mathfrak{u}')$ und $(X'', \mathfrak{u}'')$ zu beweisen, da Induktion auf $n \geqq 3$ Faktoren möglich ist. Gemäß 1.5.11 ist das Produkt $(X' \times X'', \mathfrak{u})$ wieder separiert, wobei $\mathfrak{u} := \mathfrak{u}' \times \mathfrak{u}''$. Wir setzen $X := X' \times X''$.
(1) Es sei $\mathfrak{b}'$ bzw. $\mathfrak{b}''$ eine offene Basis von $(X', \mathfrak{u}')$ bzw. $(X'', \mathfrak{u}'')$, also $\mathfrak{b} := \{B : B := B' \times B'' \wedge B' \in \mathfrak{b}' \wedge B'' \in \mathfrak{b}''\}$ eine offene Basis von $(X, \mathfrak{u})$. Jedes $S \in \mathbf{G}(\mathfrak{u})$ ist Vereinigung von Mengen $B_i \in \mathfrak{b}$. Ist daher $\mathfrak{s} := \{S_i : i \in I \wedge S_i \in \mathbf{G}(\mathfrak{u})\}$ eine Überdeckung von X, so kann für den Beweis der Kompaktheit von X o.B.d.A. $S_i = B_i' \times B_i''$ angenommen werden. Es besagt nun $X \subset \bigcup_i S_i$, daß

$$\bigwedge_{(x', x'') \in X} \bigvee_{i(x', x'') \in I} (x', x'') \in S_{i(x', x'')} =: B_i'(x', x'') \times B_i''(x', x'').$$

(2) Die „Faser“ $\{x'\} \times X''$ von X wird, weil X'' kompakt, überdeckt von endlich vielen der $S_{i(x', x'')}$, etwa von $S_{i(x', x_\nu'')}$, $\nu = 1, \ldots, n(x')$. Der Durchschnitt $0'(x') := \bigcap_{\nu=1}^{n(x')} B_i'(x', x_\nu')$ der Projektionen der $S_{i(x', x_\nu'')}$ nach X' ist offen in X' mit $x' \in 0'(x')$. Ferner ist $\mathfrak{s}' := \{0'(x') : x' \in X'\}$ eine offene Überdeckung von X', enthält also (weil X' kompakt) eine endliche Überdeckung von X', etwa $\{0'(x_\varrho') : \varrho = 1, \ldots, r\}$. Nach Definition der $0'(x_\varrho')$ und $S_{i(x_\varrho', x_\nu'')}$ ist aber $\{S_{i(x_\varrho', x_\nu'')} : \varrho = 1, \ldots, r \wedge \nu \in \{1, \ldots, n(x_\varrho')\}\}$ eine in $\mathfrak{s}$ enthaltene endliche (offene) Überdeckung von X.

Folgerung: *Im euklidischen $\mathbb{R}^n$ ist ein $T \subset \mathbb{R}^n$ kompakt genau dann, wenn T abge-*

schlossen und beschränkt ist. – In der Tat, wenn T kompakt ist, so ist es ein Kompaktum, also nach 1.5.8.1 Folgerung beschränkt. Ist umgekehrt T abgeschlossen und beschränkt, so ist T enthalten in einem abgeschlossenen Würfel W, der als Produkt von kompakten Strecken kompakt ist, sodaß T nach 1.5.8, 1. Satz, (B), kompakt ist.

1.6. Topologische Gruppen. Topologische Vektorräume. Normierte Vektorräume

1.6.0 Definition: Eine **Gruppe** $(G, .)$ heißt **topologisch**, wenn in G eine Topologie $\mathfrak{u}$ erklärt ist derart, daß die Gruppenverknüpfung $((x, y) \mapsto x \cdot y)$ $(\mathfrak{u} \times \mathfrak{u}, \mathfrak{u})$-stetig und die Bildung des inversen Elementes $(x \mapsto x^{-1})$ $(\mathfrak{u}, \mathfrak{u})$-stetig ist. Ein **Körper** $(K, +, .)$, versehen mit einer Topologie $\mathfrak{u}$, heißt **topologisch**, wenn sowohl die Addition als auch die Multiplikation $(\mathfrak{u} \times \mathfrak{u}, \mathfrak{u})$-stetig und auch die Bildung des reziproken Elements $(x \mapsto x^{-1})$ $(\mathfrak{u}^*, \mathfrak{u})$-stetig ist, wobei $\mathfrak{u}^*$ die Spurtopologie von $\mathfrak{u}$ in $K \setminus \{0\}$ bezeichnet. Schließlich heißt ein **K-Vektorraum V topologisch**, wenn K topologisch ist mit einer Topologie $\mathfrak{k}$ und wenn V topologisch ist mit einer Topologie $\mathfrak{v}$ derart, daß in V die Summenbildung $(\mathfrak{v} \times \mathfrak{v}, \mathfrak{v})$-stetig und die (Links-)Multiplikation mit Skalaren $(\mathfrak{k} \times \mathfrak{v}, \mathfrak{v})$-stetig ist. Insbesondere heißt ein **reeller Vektorraum V topologisch**, wenn $\mathfrak{k}$ in $K := \mathbb{R}$ die gewöhnliche Topologie (im Sinne von I., 5.5.4.1) bezeichnet.

Folgerungen: Mit der Verwendung der Bezeichnungen für das algebraische Rechnen mit Mengen (1.7.2) z.B. in reellen VR gilt:

1. Ist $(V, \mathfrak{v})$ top. VR, so ist $(V, \mathfrak{v}_0)$ mit

$$\mathfrak{v}_0(x) := \{x + U : U \in \mathfrak{v}(\mathfrak{0})\}, \qquad x \in V,$$

ein zu $(V, \mathfrak{v})$ äquivalenter top. VR; es ist also die Topologie in $(V, \mathfrak{v})$ bereits durch $\mathfrak{v}(\mathfrak{0})$ bestimmt. Denn damit $(x \mapsto x_0 + x)$ in $x = \mathfrak{0}$ stetig ist, muß $\mathfrak{v}_0(x_0) \leqq \mathfrak{v}(x_0)$ sein; und damit $(x \mapsto -x_0 + x)$ stetig ist in $x = x_0$ muß $\mathfrak{v}(x_0) \leqq \mathfrak{v}_0(x_0)$ gelten (für alle $x_0 \in V$).
2. Jedes $U \in \mathfrak{v}(\mathfrak{0})$ ist *sternig in* $\mathfrak{0}$ (auch „radial in $\mathfrak{0}$"), d.h. zu jedem $x' \in V \setminus \{\mathfrak{0}\}$ gibt es ein $r' > 0$, sodaß $rx' \in U$ für $0 < r < r'$. Denn andernfalls wäre die Abbildung $(\lambda \mapsto \lambda x')$, $\lambda \in \mathbb{R}$, nicht stetig für $\lambda = 0$.
3. Für jedes $U' \in \mathfrak{v}(\mathfrak{0})$ ist der Raster $\mathfrak{b}(\mathfrak{U}') := \{\lambda U' : \lambda \in \mathbb{R} \setminus \{0\}\}$ gröber als $\mathfrak{v}(\mathfrak{0})$. Denn bei festem $\lambda \neq 0$ verlangt die Stetigkeit der Abbildung $(x \mapsto \lambda^{-1} x)$ in $x = \mathfrak{0}$, daß es zu U' ein $U \in \mathfrak{v}(\mathfrak{0})$ gibt mit $\lambda^{-1} U \subset U'$, oder $U \subset \lambda U'$.
4. Andererseits ist $\mathfrak{b}(U')$ nicht immer feiner als $\mathfrak{v}(\mathfrak{0})$. Wenn aber $\mathfrak{b}(U')$ für jedes $U' \in \mathfrak{v}(\mathfrak{0})$ feiner ist als $\mathfrak{v}(\mathfrak{0})$, dann ergibt bei jeder Wahl von $U_0 \in \mathfrak{v}(\mathfrak{0})$ das System $\mathfrak{v}_{00}$ mit

$$\mathfrak{v}_{00}(x) := \{x + \lambda U_0 : \lambda \in \mathbb{R}^+\}, \qquad x \in V,$$

eine zu $\mathfrak{v}$ äquivalente Vektorraumtopologie; denn dann ist $\mathfrak{b}(U_0)$ wegen 3. ein zu $\mathfrak{v}(\bar{0})$ äquivalenter Umgebungsraster für $\bar{0}$.
Wir verzichten hier darauf, notwendige und hinreichende Bedingungen anzugeben dafür, daß $\mathfrak{v}(\bar{0})$ (gemäß Folgerung 1.) einen topologischen VR liefert, sondern betrachten statt dessen einen wichtigen Spezialfall, nämlich den des *lokal konvexen, symmetrischen topologischen* VR.

Satz: Voraussetzung. *Es sei V ein reeller* VR *und K eine Teilmenge von V mit folgenden Eigenschaften:* (1) *Es ist K konvex*; (2) *Es ist K symmetrisch bzgl.* $\bar{0}$, d.h. $K = -K$; (3) K *sternig in* $\bar{0}$.

Behauptung: $(V, \mathfrak{v})$ mit

$$\mathfrak{v}(x) := \mathfrak{v}_K(x) := \{x + \lambda K : \lambda \in \mathbb{R}^+\}, \qquad x \in V,$$

ist ein top. VR.

Zusatz: Besitzt K die weitere Eigenschaft, daß $\bigcap \{\lambda K : \lambda > 0\} = \{\bar{0}\}$, so ist $(V, \mathfrak{v}_K)$ separiert.

Beweis: (I). $\mathfrak{v}$ erfüllt (mit $\mathfrak{u} = \mathfrak{v}$) die Axiome (t_0), (t_1'), (t_2'). Denn $\mathfrak{v}(x) \neq \emptyset$ und $\mu K \subset \mu' K$ für $0 < \mu < \mu'$, also gilt (t_0). (t_1') gilt wegen $\bar{0} \in K$. Zum Beweis von (t_2') sei $U_\mu(x) := x + \mu K$. Wir zeigen, daß $y \in U_{\mu/2}(x) \to U_{\mu/2}(y) \subset U_\mu(x)$. Ist $z \in U_{\mu/2}(y)$, so haben wir $y = x + 2^{-1}\mu k'$, $z = x + 2^{-1}\mu k''$ mit $k', k'' \in K$, also $z = x + 2^{-1}\mu(k' + k'') = x + \mu k'''$ mit $k''' \in K$ wegen der Konvexität von K, d.h. $z \in U_\mu(x)$. (Betr. Konvexität vgl. 1.2.4).
(II). Die Vektoroperationen sind stetig.

Betr. Addition. Es sei $x + x' = x''$ und $U_\mu(x'')$ vorgegeben. Für $z \in U_{\mu/2}(x)$ und $z' \in U_{\mu/2}(x')$ folgt $z + z' \in U_\mu(x'')$. – *Betr. Multiplikation.* Es sei $\alpha x = x'$ und $U_\mu(x')$ vorgegeben. Für $\beta = \alpha + \delta$ und $z \in x + \lambda K$ folgt $\beta z \in x' + \delta x + (\alpha + \delta)\lambda K$. Wir wählen $\lambda > 0$ so, daß $\lambda(|\alpha| + 1) < \mu/2$, ferner δ so, daß $|\delta| < \min\{1, 2^{-1} r' \mu\}$ (r' gemäß Folgerung 2.) Dann ist nach Folgerung 2. $\delta x \in 2^{-1}\mu K$ und $|(\alpha - \delta)\lambda| < \mu/2$, so daß $\beta z \in x' + \mu K$.

Beweis des Zusatzes: Ist $x \neq y$, so gibt es nach Voraussetzung ein $\mu > 0$, so daß $2^{-1}(y - x) \notin \mu K$. Wären $U_\mu(x)$ und $U_\mu(y)$ nicht fremd, so gäbe es $k, k' \in K$ mit $x + \mu k = y + \mu k' = y - \mu k''$ ($k'' = -k' \in K$ wegen der Symmetrie), also $2^{-1}(y - x) = \mu 2^{-1}(k + k'') \in \mu K$ wegen der Konvexität. Widerspruch!

1.6.01 Unter den Voraussetzungen des Satzes in 1.6.0 bzgl. K kann man in $(V, \mathfrak{v}_K)$ definieren: Für $x \neq \bar{0}$ und $x \in V$

$$\sigma(x) := \sup\{\lambda : \lambda > 0 \wedge \lambda x \in K\};$$

es ist $\sigma(x) > 0$. Weiter sei

$$N(x) := \sigma^{-1}(x) \text{ falls } \sigma(x) < +\infty,$$
$$N(x) := 0 \text{ falls } \sigma(x) = +\infty, \text{ und}$$
$$N(0) := \bar{0}.$$

Für N gilt der

Satz: *Unter den Voraussetzungen des Satzes in* 1.6.0 *hat N folgende Eigenschaften:*

1. $\bigwedge_{x \in V} N(x) \geqq 0$ *und* $N(\bar{0}) = 0$;
2. $\bigwedge_{x \in V} \bigwedge_{\lambda \in \mathbb{R}} N(\lambda x) = |\lambda| N(x)$;
3. $\bigwedge_{x,y \in V} N(x+y) \leqq N(x) + N(y)$.

Beweis: *Betr.* 1. Klar. – *Betr.* 2. Es sei $\lambda > 0$. Dann ist $\sigma(\lambda x) = \sup\{r : r\lambda x \in K\} = \sup\{\lambda^{-1} r' : r' x \in K\} = \lambda^{-1}\sigma(x)$, woraus die Beh. für N folgt. Für $\lambda < 0$ folgt die Beh. mittels der Symmetrie von K. – *Betr.* 3. Wegen 2. genügt es $N(2^{-1}(x+y)) \leqq 2^{-1}(N(x) + N(y))$ zu beweisen. Für linear abhängige x, y ist die Beh. wegen 2. trivial. Es seien also x, y unabhängig, ferner $r, r' > 0$ mit $rx, r'y \in K$. Mit geeigneten $\lambda \in [0; 1]$ und $r'' > 0$ gilt $r'' 2^{-1}(x+y) = (1-\lambda) rx + \lambda r' y \in K$, woraus folgt

$$N(2^{-1}(x+y)) \leqq r''^{-1} = 2^{-1}(r^{-1} + r'^{-1}).$$

Da man mit r^{-1} bzw. r'^{-1} beliebig nahe (von oben her) gegen $N(x)$ bzw. $N(x')$ gehen kann, folgt die Beh.

1. Bemerkung: Ist die Separiertheitsbedingung $\bigcap\{\lambda K : \lambda > 0\} = \{\bar{0}\}$ erfüllt, so gilt $N(x) > 0$ für $x \neq \bar{0}$. Denn für $x \neq \bar{0}$ gibt es $\lambda > 0$ mit $x \notin \lambda K$, also $\lambda^{-1} x \notin K$, also $\sigma(x) < +\infty$.

2. Bemerkung: Die Topologie in einem topologischen Vektorraum überträgt sich sinngemäß auf den zugehörigen *affinen* (Punkt-)Raum: Im topologischen affinen Raum sind die affinen Operationen stetig.

1.6.1 *Normierte Vektorräume.*

Definition: Ein reeller Vektorraum V heißt **normiert**, wenn auf V eine, als **Norm** $|.|$ bezeichnete, reelle Funktion existiert mit folgenden Eigenschaften:

(N 1) $\bigwedge_{x \in V} |x| \geqq 0$
(N 1a) $|x| = 0 \leftrightarrow x = \bar{0}$ (Positivität).
(N 2) $\bigwedge_{x \in V} \bigwedge_{\alpha \in \mathbb{R}} |\alpha x| = |\alpha| \cdot |x|$ (Homogenität).
(N 3) $\bigwedge_{x,y \in V} |x+y| \leqq |x| + |y|$ (Dreiecksungleichung).

Werden nur (N 1), (N 2) und (N 3) gefordert, so spricht man von einer **Halbnorm** oder **Pseudonorm**.

Folgerungen: Es gelten

(N 2′) $|-x|=|x|$ (wegen (N 2)),

(N 2″) $|x-y|=|y-x|$ (wegen (N 2)),

(N 3′) $|x-y|\leqq|x-z|+|z-y|$ (wegen (N 3)).

Es ist $d: V\times X \rightarrow\!\!-\, \mathbb{R}_0^+$ mit $((x,y)\mapsto d(x,y):=|x-y|)$ eine Metrik in V (falls auch (N 1a) gilt). Und bezüglich dieser Metrik ist V ein topologischer Vektorraum (Bew.!). Also:

Jeder normierte Vektorraum ist ein topologischer Vektorraum.

Definition der Norm und Folgerungen gelten auch, falls der Körper der komplexen Zahlen Skalarenkörper ist. *Vollständige* normierte (reelle oder komplexe) Vektorräume heißen **Banachräume**.

Beispiele: (1) Jeder VR mit Skalarprodukt (euklidischer VR, vgl. 1.3.2).

(2) Der *pseudo-euklidische Raum* E_r^k der Dimension k, $r\geqq 1$, $k\in\mathbb{N}^+$, wobei als Vektoren $x\in E_r^k$ die geordneten k-tupel $x:=(\chi_1,\ldots,\chi_k)\in\mathbb{R}^k$ figurieren und $|x|:=(\sum_{\kappa=1}^k|\chi_\kappa|^r)^{1/r}$ (betr. (N 3) vgl. 2.2.1, (M)).

(3) Der *Pseudo-Hilbertsche Raum* H_r mit $r\geqq 1$, dessen Vektoren x die Folgen $x:=(\chi_n)_n$ mit $\sum_{n=1}^\infty|\chi_n|^r<+\infty$ sind und $|x|:=(\sum_n|\chi_n|^r)^{1/r}$. – Die Gültigkeit von (N 3) ergibt sich aus 2.2.1, (M), durch Grenzübergang. – Im Falle $r=2$ spricht man vom *Hilbertschen Raum.*

(4) Für den Vektorraum L der linearen Abbildungen $l: V \rightarrow\!\!-\, W$ können, falls $V:=\mathrm{VR}\,\mathbb{R}^n$ und $W:=\mathrm{VR}\,\mathbb{R}^k$, beispielsweise folgende Normen erklärt werden:

(a) Bezüglich je einer Basis von V bzw. von W sei die Matrix $(\lambda_{\kappa\nu})$, $\kappa=1,\ldots,k$; $\nu=1,\ldots,n$, der S-Repräsentant von l. Dann wird für jedes $r\geqq 1$ durch $|l|:=(\sum_{\kappa=1,\nu=1}^{k\;\;\;n}|\lambda_{\kappa\nu}|^r)^{1/r}$ eine Norm in L geliefert. Für $r=2$ hat man die übliche euklidische Norm.

(b) Eine andere Norm (Bew.!) ist $\sup\{|l(u)|_W : u\in V\wedge |u|_V=1\}$, die ebenfalls mit $|l|$, aber auch mit $\|l\|$ bezeichnet wird; dabei wird mit $|\,.\,|_W$ bzw. mit $|\,.\,|_V$ die euklidische Norm in W bzw. V bezeichnet. – Diese Norm wird üblicherweise für den Dualraum V* der linearen Funktionale, d.h. für $k=1$, also $W=\mathbb{R}$ verwendet (vgl. 1.1.4, (4)).

1. Anmerkung: Bei (a) sowohl als bei (b) gilt $|l(x)|_W\leqq|l|\cdot|x|_V$, eine Ungleichung, die man auch bei anderer Wahl der Norm $|l|$ fordert.

2. Anmerkung: Es ist E_r^k als (normierter, mithin) metrischer Raum vollständig. Denn $|\chi_\kappa-\chi'_\kappa|\leqq|x-x'|\leqq k^{1/r}\max\{|\chi_\kappa-\chi'_\kappa|;\ \kappa=1,\ldots,k\}$, sodaß $\lim_t x_t=x' \leftrightarrow \lim_t\chi_{t\kappa}=\chi'_\kappa$, $\kappa=1,\ldots,k$.

1.6.1.1 *Äquivalente Normen.*

1. Definition: Zwei Normen N' und N'' des gleichen VR V werden als **äquivalent** bezeichnet, wenn durch N' und N'' der gleiche topologische Raum bestimmt wird, d.h. äquivalente Topologien in V erzeugt werden.

1. Satz: *Zwei Normen N', N'' im Vektorraum V sind äquivalent genau dann, wenn*

$$(+) \qquad \bigvee_{\alpha,\beta\in\mathbb{R}^+}\bigwedge_{x\in V}\beta N'(x)\leqq N''(x)\leqq\alpha N'(x).$$

Beweis: Es sei $K'(\varrho):=\{y:y\in V\wedge N'(y)<\varrho\}$ die offene N'-Kugel mit dem Zentrum $x_0:=\bar{0}$ und dem Radius ϱ. Entsprechende Bedeutung bezüglich N'' habe $K''(\varrho)$. Wegen (N 2) ist $\beta N'(x)=N'(\beta x)$ usw.

Dann: Zu zeigen ist: $\bigwedge_{\varrho>0}K''(\beta\varrho)\subset K'(\varrho)$ und $K'(\alpha^{-1}\varrho)\subset K''(\varrho)$; denn alsdann sind (unter der Vor., daß (+) gilt) die Umgebungsraster $(K'(\varrho))_{\varrho\in\mathbb{R}^+}$ und $(K''(\varrho))_{\varrho\in\mathbb{R}^+}$ für $\bar{0}$ äquivalent und damit auch für jedes x_0 (Translationsinvarianz in V). Nun gilt aber wegen der linken Seite in (+): $\bigwedge_{x\in V}x\in K''(\beta\varrho)\to N''(x)<\beta\varrho\to\beta N'(x)\leqq\beta\varrho\to K''(\beta\varrho)\subset K'(\varrho)$. Entsprechend ergibt sich aus der rechten Seite von (+), daß $K'(\alpha^{-1}\varrho)\subset K''(\varrho)$.

Nur dann: Bei Äquivalenz der N'- und der N''-Topologie gilt

$$\bigvee_{\beta>0}\overline{K''(\beta)}\subset\overline{K'(1)}, \qquad \text{also} \qquad \bigwedge_{x'\in V}N''(x')=\beta\to N'(x')\leqq 1.$$

Wegen (N 2) folgt $\bigwedge_{x\in V}\beta N'(x)\leqq N''(x)$. Entsprechend ergibt sich die rechte Seite von (+).

Die von uns hauptsächlich betrachteten VR werden durch folgenden, auf Tychonov zurückgehenden Satz gekennzeichnet:

2. Definition: Ein topologischer Vektorraum V heißt **lokal kompakt**, wenn $\bar{0}$ eine Umgebung besitzt, deren abgeschlossene Hülle kompakt ist.

Falls V normiert ist mit der Norm $|.|$, dann besagt lokale Kompaktheit also, daß $K:=\{x:x\in V\wedge|x|\leqq 1\}$ kompakt ist.

2. Satz: *Jeder reelle, lokal kompakte, normierte Vektorraum V ist von endlicher Dimension und umgekehrt.*

Beweis: Mit K ist auch $S:=K\setminus\underline{K}=\{x:x\in V\wedge|x|=1\}$ kompakt (1.5.8, Satz 1.). Man schließt nun weiter so:

(I) Es sei V lokal kompakt. – (I 1) Es sei X eine Teilmenge von S derart, daß $|x'-x''|\geqq 1$ für alle $x', x''\in X$ mit $x'\neq x''$. Dann ist die Menge X endlich. – *Bew.* Es ist S, weil kompakt, enthalten in einer Vereinigung von endlich vielen, etwa k, Kugeln $K_i:=\{x:x\in V\wedge|x-x_i|<2^{-1}\}$ mit $x_i\in S$, $i=1,\dots,k$. In jedem K_i ist aber höchstens ein Element von X enthalten, sodaß die Anzahl der Elemente von X höchstens k sein kann.

(I 2) *Hilfssatz.* Es sei $x_1,\dots,x_n\in S=K\setminus\underline{K}$ mit $|x_i-x_j|\geqq 1$ für alle $i\neq j$; ferner sei

$A := [\![x_1, \ldots, x_n]\!] \neq V$. Dann ist $S \setminus (A + \underset{\sim}{K})$ nicht leer. – Bew. Es gibt $y \notin A$. Da A abgeschlossen ist, gibt es $m \in \mathbb{N}^+$ derart, daß $(y + m^{-1}\underset{\sim}{K}) \cap A = \emptyset$ oder $(my + \underset{\sim}{K}) \cap A = \emptyset$, also $my \notin A + \underset{\sim}{K} =: B \neq V$. Es ist B offen und $\neq V$, aber nicht zugleich abgeschlossen, weil V (als konvex) zusammenhängend ist. Daher existiert ein $b' \in \bar{B} \setminus B$ und gibt es eine Folge $(a_r + c_r)_r$ mit $a_r \in A$ und $c_r \in \underset{\sim}{K}$, welche gegen b' konvergiert. Wegen der Kompaktheit von K kann o.B.d.A. angenommen werden, daß $(c_r)_r$ gegen ein $z \in K$ konvergiert, daher $(a_r)_r$ gegen $b' - z =: x \in A$; dabei $b' = x + z \notin B$, also $z \notin \underset{\sim}{K}$ und daher $z \in S$. Andererseits ist $z \notin A + \underset{\sim}{K}$; denn aus $z = a + c$ mit $a \in A$ und $c \in \underset{\sim}{K}$ folgt $b' = (x + a) + c \in B$ im Widerspruch zu $b' \in \bar{B} \setminus B$.

(I 3) Es ist $\dim V < \infty$. – In der Tat: Im Hilfssatz (I 2) seien jetzt die $x_1, \ldots, x_n \in S$ als l.unabh. angenommen; dies ist erlaubt, weil für z.B. $2 \leqq \dim V$ jedenfalls l.unabh. $x_1, x_2 \in S$ mit $|x_1 - x_2| \geqq 1$ existieren. Ist nun $A = V$, also $\dim V = n$, so ist nichts zu beweisen. Andernfalls existiert gemäß (I 2) ein $x_{n+1} \in S \setminus (A + \underset{\sim}{K}) \subset S$, also mit $x_{n+1} \notin A$, sodaß die $x_1, \ldots, x_n, x_{n+1}$ l.unabh. sind. Für $A' := [\![x_1, \ldots, x_n, x_{n+1}]\!]$ ist $n + 1 = \text{Rang } A' \leqq \dim V$. Im Falle das Gleichheitszeichen steht, sind wir wieder fertig. Andernfalls ist $A' \neq V$ und wegen $x_{n+1} \in S \setminus (A + \underset{\sim}{K})$ gilt $|x_\nu - x_{n+1}| \geqq 1$, $\nu = 1, \ldots, n$. Somit ist A' ein A im Sinne von (I 2) mit l.unabh. $x_1, \ldots, x_{n+1}$, weshalb sich für A' die auf A angewandten Schlüsse wiederholen lassen. Gemäß (I 1) bricht dieses Verfahren nach endlich vielen Schritten ab. (II) Umgekehrt sei jetzt $\dim V$ endlich. Dann ist V isomorph mit einem VR $\mathbb{R}^n$. Im $\mathbb{R}^n$ aber ist K kompakt (weil abgeschlossen und beschränkt), d.h. der normierte $\mathbb{R}^n$ ist lokal kompakt. Wir ergänzen den 2. Satz durch den folgenden

3. Satz: Eindeutigkeitssatz. *Ein endlich dimensionaler reeller Vektorraum V besitzt genau eine Normtopologie, d.h. alle für V möglichen Normen sind äquivalent.*

Anmerkung: Es gibt bis auf Isomorphien und Normäquivalenzen nur einen reellen, n-dimensionalen normierten Vektorraum. Dies kommt einer Auszeichnung des normierten VR $\mathbb{R}^n$ und damit der „Analysis endlicher Dimension“ gleich.

Beweis: (1) Es seien N, N'-Normen in V, wobei gemäß 1.1.5.2 o.B.d.A. $V = \mathbb{R}^n$ angenommen werden kann. Gemäß Satz 1. genügt es, $(+)$ zu verifizieren. Dabei kann N' speziell gewählt werden; denn irgend zwei Normen, die äquivalent sind zur gleichen Norm N', sind äquivalent. – (2) Ist $(x_1, \ldots, x_n)$ eine Basis des $\mathbb{R}^n$ und $x = \sum_{\nu=1}^{n} \chi_\nu x_\nu$ für $x \in \mathbb{R}^n$, so sei N' gewählt gemäß $N'(x) := \max\{|\chi_\nu| : \nu = 1, \ldots, n\}$, was eine Norm liefert (vgl.1.6.1).Für irgend ein N gilt dann $N(x) \leqq \sum_\nu |\chi_\nu| N(x_\nu) \leqq \alpha N'(x)$ mit $\alpha := \sum_\nu N(x_\nu)$. – (3) Gemäß (2) hat man $|N(x) - N(y)| \leqq N(x - y) \leqq \alpha N'(x - y)$, sodaß $N := (x \longmapsto N(x))$ stetig ist bezüglich N'. Nun ist $S' := \{x : x \in \mathbb{R}^n \wedge N'(x) = 1\}$ kompakt bezüglich der N'-Topologie, sodaß das auf S' positive N, weil stetig auf S', eine globale Minimumstelle $x' \in S'$ besitzt; wegen $N'(x') = 1$ ist $x' \neq \bar{0}$ (gemäß (N1 a)), also auch $\beta := N(x') > 0$. Man hat daher $\bigwedge_{y \in S'} N(x') \leqq N(y)$. Wegen $N'(y) = 1$ folgt $\bigwedge_{y \in S'} \beta N'(y) \leqq N(y)$ und damit (gemäß (N2)) $\bigwedge_{x \in \mathbb{R}^n} \beta N'(x) \leqq N(x)$. Da auch $N(x) \leqq \alpha N'(x)$ (vgl. (2)) ist $(+)$ bewiesen.

1.7. Ergänzungen. Aufgaben

1.7.1 *Blockmultiplikation*

Bei speziellen Matrizen ist gelegentlich die sogen. Blockmultiplikation von Nutzen. Sie möge an einem einfachen Beispiel erklärt werden.

Es sei A bzw. B eine m,n- bzw. n,p-Matrix, also $C := AB$ eine m,p-Matrix. Es werde A in 4 Teilmatrizen $A^{(i)}$, $i = 1, \ldots, 4$, zerlegt. Dabei soll enthalten $A^{(1)}$ die Elemente aus den α ersten Zeilen und aus den β ersten Spalten von A (in ihrer ursprünglichen Anordnung in A), ferner $A^{(2)}$ die Elemente aus den α ersten Zeilen und aus den $(n-\beta)$ letzten Spalten von A, weiter $A^{(3)}$ die Elemente aus den letzten $(m-\alpha)$ Zeilen und aus den ersten β Spalten, usw. Entsprechend enthalte $B^{(1)}$ die Elemente aus den ersten β Zeilen und den ersten γ Spalten von B usw. $(1 \leqq \alpha < m, 1 \leqq \beta < n, 1 \leqq \gamma < p)$.

Man schreibt dann

$$A = \begin{pmatrix} A^{(1)} & A^{(2)} \\ A^{(3)} & A^{(4)} \end{pmatrix}, \qquad B = \begin{pmatrix} B^{(1)} & B^{(2)} \\ B^{(3)} & B^{(4)} \end{pmatrix}.$$

Diesen Zerlegungen entspricht dann die Zerlegung

$$C := AB = \begin{pmatrix} C^{(1)} & C^{(2)} \\ C^{(3)} & C^{(4)} \end{pmatrix}.$$

wobei z.B. $C^{(1)} := A^{(1)}B^{(1)} + A^{(2)}B^{(3)}$ usw., wie leicht zu sehen.

1.7.2 *Algebraisches Rechnen mit Mengen in Vektorräumen.*

Im Interesse einer übersichtlichen Schreibweise empfiehlt sich gelegentlich die folgende Vereinbarung:

Definition: Es seien M_κ, $\kappa = 1, \ldots, k$, Teilmengen des K-VR V und $A \subset K$. Man erklärt

$$M_1 + \ldots + M_k := \{x_1 + \ldots + x_k : \bigwedge_\kappa x_\kappa \in M_\kappa\} \quad \text{und}$$
$$A \cdot M_1 := \{\alpha x : x \in M \wedge \alpha \in A\}.$$

Folgerungen: (1) $M' + M'' = M'' + M'$. – (2) Es ist $M \subset V$ ein Unterraum von V genau dann, wenn $M + M = M$ und $K \cdot M = M$. – (3) Ist M_κ Unterraum von V, $\kappa = 1, \ldots, k$, so ist $M_1 + \ldots + M_k = [\![M_1, \ldots, M_k]\!]$, d.h. $M_1 + \ldots + M_k$ ist der kleinste, $T := \bigcup_\kappa M_\kappa$ enthaltende Unterraum von V. – (4) Ist $f: V \longrightarrow W$ linear, wobei W ein VR, und ist $M', M'' \subset V$, so gilt $f(M' + M'') = f(M') + f(M'')$ und $f(K \cdot M') = K \cdot f(M')$.

Anmerkung: Sind $M', M'' \subset V$ nicht Unterräume von V, so gilt nur $K \cdot (M' + M'') \subset K \cdot M' + K \cdot M''$.

Beweis: *Betr.* (3). Für $S := M_1 + \ldots + M_k$ gilt $S + S = S$ und $K \cdot S = S$. Gemäß (2) ist also S Unterraum von V mit $T \subset S$. Außerdem gilt $S \subset U$ für jeden Unterraum U von V mit $T \subset U$ (man beachte, daß $\mathfrak{0} \in M_\kappa$).

1.7.3 *Bemerkungen und Aufgaben zum affinen Raum.*

1.7.3.1 Es sei V ein K-VR; unter einem *Parallelismus* h von V versteht man jede Bijektion von V auf sich, die sich durch

$$x \longmapsto x_0 + \lambda_0 x, \qquad x \in V$$

darstellt mit je einem festen $x_0 \in V$ und festem $\lambda_0 \in K \setminus \{0\} =: K_0$. h heißt eine *Translation* (um x_0), wenn $\lambda_0 = 1$, und eine *Dilatation* wenn $\lambda_0 \neq 1$; als Dilatation besitzt h den Fixvektor $x^* := (1-\lambda_0)^{-1} x_0$ und kann somit auch in der Gestalt $x \longmapsto x^* + \lambda_0(x - x^*)$ geschrieben werden. Die Gesamtheit H aller Parallelismen von V ist eine, im allgemeinen nicht kommutative Gruppe (mit der Abbildungsverknüpfung als Gruppenverknüpfung), die *Parallelismengruppe*.

1.7.3.2 *Bemerkenswerte Untergruppen von H.*
(I) Die T-Gruppen $T(y)$, wobei $y \in V \setminus \{\bar{0}\}$. Es ist $T(y)$ eine einparametrige Gruppe bestehend aus allen Translationen mit fester Verschiebungsrichtung y, also aus allen $(x \longmapsto ty + x)$, $x \in V$, wobei der Parameter t die additive Gruppe $(K, +)$ durchläuft.
(II) Die *D-Gruppen* $D(x^*)$ mit $x^* \in V$: $D(x^*)$ ist eine einparametrige Gruppe und besteht aus allen Dilatationen mit festem Fixvektor x^*, d.h. von der Gestalt $(x \longmapsto x^* + s(x - x^*))$, wobei der Parameter s die multiplikative Gruppe $(K_0, .)$ durchläuft.
(III) Die *geometrischen* Gruppen U: *Geometrisch* heißt jede Untergruppe U von H, wenn sie „T,D-vollständig" ist, d.h. wenn U jede Gruppe S der Art (I) oder (II) ganz enthält, sofern sie mit S ein von 1 (= Identität) verschiedenes Element gemein hat. Jede T- oder D-Gruppe ist geometrisch, cbcnso $\{1\}$ und H.

Aufgaben: Man beweise:
1. Sind in der geometrischen Gruppe U enthalten
$D(x_1)$ und $D(x_2)$ mit $x_1 \neq x_2$, bzw. $D(x_1)$ und $T(y)$, bzw. $T(y_1)$ und $T(y_2)$ mit $y_1 \neq y_2$, so auch $T(x_1 - x_2)$, bzw. $D(x_1 + y)$, bzw. $T(y_1 - y_2)$.
2. (a) Enthält die geometrische Gruppe U keine D-Gruppe, so gibt es einen durch U eindeutig bestimmten Vektorunterraum $V_1 \subset V$, so daß

$$U = \bigcup_{y \in V_1 \setminus \{\bar{0}\}} T(y);$$

(b) Enthält die geometrische Untergruppe U_1 die Gruppe $D(x_1)$, so gibt es einen durch U_1 eindeutig bestimmten Vektorunterraum $V_1 \subset V$, so daß

$$U = \bigcup_{x^+ \in x' + V_1} D(x^+) \cup \bigcup_{y \in V_1 \setminus \{\bar{0}\}} T(y),$$

wobei $x' \in x_1 + V_1$ beliebig wählbar ist.

1.7.3.3 Die Abbildung $\varphi := (D(x) \longmapsto x)$, $x \in V$, stellt eine bijektive Abbildung von

$P := \{D(x) : x \in V\}$ dar, so daß wir in

$$(P, V, \varphi)$$

mit der Grundrelation $\overrightarrow{D(x_1)D(x_2)} = x_2 - x_1$ eine der möglichen Darstellungen des zu V gehörigen Affinraumes haben (1.1.6.1). Diese Darstellung erscheint als die „natürliche“ angesichts des folgenden

Isomorphiesatzes. *Das System $\mathfrak{U}^*$ aller geometrischen Untergruppen U von H, die (ausgenommen $U = \{1\}$) wenigstens je eine D-Gruppe enthalten, ist ein vollständiger Verband* (d.h. sup- und inf-*vollständig mit der Ordnung* $\subset$) *und isomorph zum vollständigen Verband $\mathfrak{A}$ aller affinen Unterräume A des zu V gehörigen Affinraumes.* Inf.-Bildung ist in beiden Systemen identisch mit Durchschnittsbildung; dagegen sup.-Bildung, d.h. das „Verbinden“ bedeutet die Bildung der „kleinsten geometrischen Gruppe über“ bzw. des „kleinsten affinen Unterraums über“. Die „Atome“ in $\mathfrak{U}^*$, d.h. die kleinsten Elemente $\neq \{1\}$, d.h. die $D(x)$ spielen dabei die Rolle der „*Punkte*“; die Darstellung von U gemäß 1.7.3.2, Aufg. (2), (b), liefert unmittelbar den zum affinen Unterraum gehörigen Vektorraum V_1. (Vgl. 1.1.6.3, wegen Einzelheiten und Beweise siehe Lit.).

1.7.4 Der 1. Satz in 1.5.8 zeigt, daß in einem Kompaktum K gilt: Folgenkompaktheit zieht u.a. Kompaktheit nach sich. Daß hierbei nur die Rationalität von K (vgl. 1.5.8) eine Rolle spielt, ergibt sich aus dem

Satz: *Es sei X topologisch mit abzählbarer offener Basis* $\mathfrak{b} := \{B_r : r = 1, 2, \ldots\}$.

Behauptung: (1) *Jede offene Überdeckung von X enthält eine abzählbare Überdeckung von X.* – (2) *Ist X überdies folgenkompakt, so ist X kompakt.*

Beweis: *Betr.* (1) Es sei $\mathfrak{s} := \{O_i : i \in I\}$ mit offenen O_i eine Überdeckung von X, also $X \subset \bigcup \mathfrak{s}$. Da $\mathfrak{b}$ Basis von X ist gilt $O_i = \bigcup_{k>1} B_{i(k)}$ mit $i(k) \in \mathbb{N}^+$, sodaß $B'_t := B_{i(k)} \in \mathfrak{b}$, $t \in \mathbb{N}^+$, gesetzt werden kann und $X \subset \bigcup_i O_i = \bigcup_t B'_t$. Nun ist jedes B'_t enthalten in mindestens einem der O_i, von denen eines ausgewählt und mit O'_t bezeichnet sei. Dann ist $X \subset \bigcup_t B'_t \subset \bigcup_t O'_t$ mit in $\mathfrak{s}$ enthaltenem $\{O'_t\}_t$. – *Betr.* (2) Gemäß (1) kann ausgegangen werden von $X \subset \bigcup_r O_r$ mit offenen O_r, $r = 1, 2, \ldots$. Ist $S_n = O_1 \cup \ldots \cup O_n$, so kann, falls die Beh. nicht richtig ist, o.B.d.A. $D_r := S_{r+1} \setminus S_r \neq \emptyset$ für alle r angenommen werden. Daher existiert eine unendliche Folge von Pünckten $x_r \in D_r$ und (Vor.) somit ein Häufungspunkt $x \in X$ der x_r. Es ist aber $x \in D_k \subset S_{k+1}$ für passendes k, sodaß schl. a. $x_r \in O_{k+1}$, während definitionsgemäß $x_t \in X \setminus O_{k+1}$ für $t > k$. Widerspruch.

1.7.5 *Limiten von Mengenfolgen.*

1. Definition: Es sei $(X, \mathfrak{b})$ topologisch. Für eine Folge von Mengen $P_r \subset X$ erklärt man als **topologischen oberen bzw. unteren Limes**, bezeichnet mit top lim sup P_r, auch top $\overline{\lim}\, P_r$, bzw. mit top lim inf P_r, auch top $\underline{\lim}\, P_r$, die Menge aller $x \in X$ derart, daß jede Umgebung von x nicht fremd ist zu unendlich vielen bzw. zu schließlich allen P_r. Es ist top lim inf $P_r \subset$ top lim sup P_r und beide Mengen sind abgeschlossen (Bew.!). Im Falle top lim inf $P_r =$ top lim sup P_r heißt $(P_r)_r$ **topologisch konvergent** mit dem topologischen Limes top lim $P_r :=$ top lim sup $P_r =$ top lim inf P_r.

2. **Definition:** Ist (M, d) ein metrischer Raum und $A \subset M$, so wird unter der **ε-Umgebung** $U(\varepsilon, A)$ **von** A (in M) verstanden die Vereinigung aller offenen Kugeln $k(x, \varepsilon)$ mit Zentrum $x \in A$ und dem Radius ε.

Satz: Voraussetzung: *Es sei M ein Kompaktum und* $Q_n \subset M$ *für alle* $n \in \mathbb{N}^+$.

Behauptung: *Es ist* top lim sup $Q_n =: L$ *die kleinste abgeschlossene Menge F* mit der *Eigenschaft, daß jede ε-Umgebung* $U(\varepsilon, F)$ *von F schließlich alle* Q_n *enthält.*

Beweis: (1) Es ist L abgeschlossen. Andernfalls gibt es ein $U(\varepsilon, L) =: U_0$ und eine Teilfolge $m_1 < m_2 < \dots$ aus $\mathbb{N}^+$, sodaß existiert: $x_{m_r} \in (\mathrm{C}\, U_0) \cap Q_{m_r}$ für $r \in \mathbb{N}^+$. Da $\mathrm{C}\, U_0$ folgenkompakt ist (vgl. 1.5.8), kann $(x_{m_r})_r$ als konvergent angenommen werden; es sei $x := \lim_r x_{m_r}$, wobei $x \in \mathrm{C}\, U_0$, weil $\mathrm{C}\, U_0$ abgeschlossen. Zufolge $x_{m_r} \in Q_{m_r}$ ist jede Umgebung von x nicht fremd zu unendlich vielen Q_n, also $x \in L$ und $x \in (\mathrm{C} U_0) \cap L$, während $L \subset U_0$, also $(\mathrm{C}\, U_0) \cap L = \emptyset$. – (2) Es sei F abgeschlossen und echter Teil von L. Dann gibt es ein $\varepsilon > 0$, ein $x \in L$ und eine zu $U(\varepsilon, F)$ fremde Umgebung $U(\varepsilon, x)$ von x. In $U(\varepsilon, F)$ können aber nicht schließlich alle Q_n enthalten sein, weil, wegen $x \in L$, ja unendlich viele Q_n nicht fremd sind zu $U(\varepsilon, x)$. Damit ist die Kleinsteigenschaft von L bewiesen.

1.7.6 *Metrischer Limes von Mengenfolgen.*

Ein anderer, auf eine jetzt zu definierende Pseudometrik in der Potenzmenge eines metrischen Raumes gegründeter Limesbegriff ist der folgende:

1. **Definition:** Es sei (X, d) ein Kompaktum und $T, Q, S \subset X$. Wir setzen:

$$|T, Q| := \inf\{\varepsilon : \varepsilon \in \mathbb{R}^+ \wedge T \subset U(\varepsilon, Q) \wedge Q \subset U(\varepsilon, T)\}.$$

Folgerungen: (1) $|T, Q| \geqq 0$ und $|T, T| = 0$ sowie $|T, Q| = |Q, T|$. – (2) $|T, Q| \leqq |T, S| + |S, Q|$. – (3) $|T, Q| = |\bar{T}, \bar{Q}|$. – (4) $|T, Q| = 0 \leftrightarrow \bar{T} = \bar{Q}$. In $\mathfrak{p}(X)$ ist also $|\,.\,|$ eine Pseudometrik, hingegen eine Metrik für das System $\mathfrak{k} = \mathfrak{k}(X)$ der abgeschlossenen, also der kompakten Mengen aus $\mathfrak{p}(X)$.

Beweis: *Betr.* (2) Weil X beschränkt ist (1.5.8, Folg. (1)), gilt

$$\bigvee_{\varepsilon', \varepsilon'' \in \mathbb{R}^+} T \subset U(\varepsilon', S) \wedge Q \subset U(\varepsilon'', S) \wedge S \subset U(\varepsilon', T) \wedge S \subset U(\varepsilon'', Q).$$

Daher $T \subset U(\varepsilon' + \varepsilon'', Q) \wedge Q \subset U(\varepsilon' + \varepsilon'', T)$, definitionsgemäß also $|T, Q| \leqq \varepsilon' + \varepsilon''$, woraus, wegen $|T, S| = \inf \varepsilon'$ usw., die Beh. (2) folgt. – *Betr.* (3) Aus $Q \subset U(\varepsilon, \bar{T})$ und $T \subset U(\varepsilon, Q)$

folgt $\bar{Q} \subset U(\eta, \bar{T})$ und $\bar{T} \subset U(\eta, \bar{Q})$ für jedes $\eta > \varepsilon$, sodaß $\inf \eta = \inf \varepsilon$. – *Betr.* (4). Gemäß (3) folgt $|Q, T| = 0$ aus $\bar{T} = \bar{Q}$. – Umgekehrt: Ist $\bar{T} \neq \bar{Q}$, so existiert z. B. ein zu $\bar{Q}$ fremdes $x \in \bar{T}$, also ein $\alpha > 0$ mit $U(\alpha, \bar{Q}) \cap U(\alpha, x) = \emptyset$, also mit $\bar{T} \subset U(\alpha, \bar{Q})$, woraus $|\bar{T}, \bar{Q}| > 0$.

2. Definition: Falls $\lim_r |\bar{T}, \bar{T}_r| = 0$ sagt man, es **konvergiert** $(\bar{T}_r)_r$ **metrisch** gegen den **Limes** $\bar{T}$, in Zeichen $\bar{T} = (\text{metr}) \lim_r \bar{T}_r$.
Für Folgen von Kompakten stimmen topologischer und metrischer Limes überein. Es gilt nämlich der

1. Satz: Voraussetzung. *Es sei (X, d) ein Kompaktum und $\mathfrak{k} := \mathfrak{k}(X)$ der (gemäß der Folgerungen) metrische Raum der kompakten Teilmengen von X. Ferner sei $Q_n \in \mathfrak{k}$, $n = 1, 2, \ldots$, und $Q_n \neq \emptyset$ für alle n.*

Behauptung: *Es konvergiert $(\bar{Q}_n)_n$ metrisch (im Sinne der 2. Definition) genau dann, wenn $(Q_n)_n$ topologisch konvergiert (im Sinne von 1.7.5). Im Falle der Konvergenz stimmen metrischer und topologischer Limes überein.*

Beweis: (I) Aus der metrischen Konvergenz folgt die topologische. In der Tat: Ist $Q = \text{metr} \lim_n Q_n$, also $|Q, Q_n| \rightsquigarrow 0$ für $n \rightsquigarrow \infty$, so gilt

$$(1) \qquad \bigwedge_{\varepsilon > 0} {}^{s}\bigwedge_n Q \subset U(\varepsilon, Q_n) \qquad \text{und} \qquad (2) \ \bigwedge_{\varepsilon > 0} {}^{s}\bigwedge_n Q_n \subset U(\varepsilon, Q).$$

Aus (1) folgt $\bigwedge_{x \in Q} {}^{s}\bigwedge_n U(\varepsilon, x) \cap Q_n \neq \emptyset$, mithin $Q \subset L_u :=$ top lim inf Q_n. Aus (2) folgt (gemäß 1.7.5, Satz), daß $L_0 :=$ top lim sup $Q_n \subset Q$. Wegen $L_u \subset L_0$ gilt daher $L_0 \subset Q \subset L_u \subset L_0$ und mithin $Q = L_0 = L_u =$ top lim Q_n = metr lim Q_n.
(II) Aus der topologischen Konvergenz folgt die metrische. Es sei also $L = L_0 = L_u$ = top lim Q_n. Wegen $\bigwedge_n Q_n \neq \emptyset$ gilt $\bigwedge_n \bigvee_{x_n} x_n \in Q_n$. Wegen der Folgenkompaktheit des Kompaktums X existiert eine konvergente Teilfolge von $(x_n)_n$, deren Limes zu L gehört; es ist also $L \neq \emptyset$. Gemäß 1.7.5, Satz, ist $\bigwedge_{\varepsilon > 0} {}^{s}\bigwedge_n Q_n \subset U(\varepsilon, L)$ (vgl. (I), (2)). Es gilt aber auch (I), (1) mit L statt Q. Andernfalls nämlich gibt es ein $\eta > 0$ und unendlich viele m mit $S_m := L \setminus U(\eta, Q_m) \neq \emptyset$. Wegen $S_m \neq \emptyset$ gibt es $x_m \in S_m \subset L$ und daher eine konvergente Teilfolge $(x_{m_r})_r$ mit einem $x := \lim_r x_{m_r} \in L = \bar{L}$. Dabei gilt

$${}^{s}\bigwedge_r U(2^{-2}\eta, x) \cap U(2^{-2}\eta, Q_{m_r}) = \emptyset,$$

im Widerspruch zu $x \in L$ und zur Definition von L. – Aus der Giltigkeit von (I) (1) und (2) folgt $L = \text{metr} \lim Q_n$.

2. Satz: *Der metrische Raum $\mathfrak{k} = \mathfrak{k}(X)$ der Kompakta aus einem Kompaktum X ist folgenkompakt.*

Beweis: Wegen der Kompaktheit von X besitzt X eine abzählbare Umgebungsbasis (1.5.8, Satz 3.). Daher ergibt sich der 2. Satz aus Satz 1. zusammen mit dem folgenden, etwas allgemeineren

3. Satz: Voraussetzung. *Es sei X ein topologischer Raum mit abzählbarer Umgebungsbasis.*

Behauptung: *Die Potenzmenge von X ist folgenkompakt, d.h. jede Folge von (nicht leeren) Teilmengen Q_n von X enthält eine topologisch konvergente Teilfolge.*

Beweis: (I) Es sei $(W_r)_r$ eine abzählbare (offene) Umgebungsbasis und $\mathfrak{f}' := (Q'_n)_n$ eine (zunächst beliebige) Teilfolge von $\mathfrak{f}_0 := (Q_n)_n$. Aus der Definition von $L'_0 :=$ top lim sup Q'_n und $L'_u :=$ top lim inf Q'_n folgt: Für $L'_0 = L'_u$ ist notwendig und hinreichend, daß (Bew.!)

$$(+) \qquad \bigwedge_{x\in X}\left(\left(\bigwedge_{W_r\ni x} {}^{u}\!\bigwedge_n W_r \cap Q'_n \neq \emptyset\right) \rightarrow \left(\bigwedge_{W_r\ni x} {}^{s}\!\bigwedge_n W_r \cap Q'_n \neq \emptyset\right)\right).$$

Es ist $(+)$ jedenfalls dann erfüllt, wenn

$$(++) \qquad \bigwedge_r \left({}^{s}\!\bigwedge_n W_r \cap Q'_n \neq \emptyset\right) \vee \left({}^{s}\!\bigwedge_n W_r \cap Q'_n = \emptyset\right).$$

(II) Die Beh. des Satzes ist also bewiesen, wenn die Auswahl einer Teilfolge $\mathfrak{f}'$ aus $\mathfrak{f}_0$ gelingt derart, daß $\mathfrak{f}'$ die Bedingung $(++)$ erfüllt. – Die Auswahl eines solchen $\mathfrak{f}'$ aus $\mathfrak{f}_0$ gelingt mit Hilfe des Diagonalverfahrens (vgl. I., 3.3.4).

(II 1) Aus $\mathfrak{f}_0$ wird eine (unendliche) Folge $\mathfrak{f}_1 := (Q_{1n})_n$ derart ausgewählt, daß

$$\text{(a 1)} \qquad \bigwedge_n W_1 \cap Q_{1n} \neq \emptyset \quad \text{oder} \quad \text{(b 1)} \quad \bigwedge_n W_1 \cap Q_{1n} = \emptyset;$$

jede Teilfolge von $\mathfrak{f}_1$ genügt dann ebenfalls (a 1) oder (b 1).

(II 2) Induktiv schließend erhalten wir für jedes $k \geqq 1$ eine (unendliche) Teilfolge $\mathfrak{f}_k := (Q_{kn})_n$ von $\mathfrak{f}_{k-1}$ derart, daß

$$(\text{a } k) \qquad \bigwedge_n W_k \cap Q_{kn} \neq \emptyset \quad \text{oder} \quad (\text{b } k) \quad \bigwedge_n W_k \cap Q_{kn} = \emptyset.$$

Die Diagonalfolge $\mathfrak{f}' := (Q_{nn})_n$ genügt $(++)$.

4. Satz: *Ist X ein Kompaktum, so ist der metrische (kompakte) Raum $\mathfrak{k} = \mathfrak{k}(X)$ der kompakten Unterräume von X (metrisch)vollständig.*

Beweis: Gemäß Satz 1. und 2. enthält jede C-Folge $(K_n)_n$ mit $\bigwedge_n K_n \in \mathfrak{k}$ eine konvergente Teilfolge. Eine C-Folge, welche eine konvergente Teilfolge enthält, ist aber selbst konvergent.

1.7.7 *Parametrisierung. Repräsentantenraum.*

Im $\mathbb{R}^2$ sei gegeben eine abgeschlossene Kreisscheibe S; es ist S ein Kompaktum. Ferner sei $\mathfrak{k}'$ das System der in S enthaltenen Kreislinien K, die Nullkreise eingeschlossen; diese K sind, weil in S enthalten und abgeschlossen, selbst kompakt (vgl. 1.5.8). Daß auch $\mathfrak{k}'$ kompakt ist, kann hier vermittels der folgenden „Parametrisierung" von $\mathfrak{k}'$ erkannt werden. Wir sprechen dabei von einer *Parametrisierung* eines topologischen Raumes B, wenn B *topologisch* abbildbar ist auf eine Teilmenge B' des $\mathbb{R}^n$ für geeignete $n \geqq 1$; ein solches B' sei dann als ein *Repräsentantenraum* von B bezeichnet. Für $B := \mathfrak{k}'$ ergibt sich ein $B' \subset \mathbb{R}^3$ mittels der Gleichungen der Kreise bezüglich orthonormierter Koordinaten x, y im $\mathbb{R}^2$, nämlich $S := \{(x, y) : x^2 + y^2 \leqq a\}$, $a \in \mathbb{R}^+$. Jedem $K \in \mathfrak{k}'$ entspricht dann eineindeutig eine Gleichung $(x - x_0)^2 + (y - y_0)^2 - r_0^2 = 0$ mit $0 \leqq d_0 := r_0 + (x_0^2 + y_0^2)^{1/2} \leqq a$ und $r_0 \geqq 0$.

Wir wählen $n = 3$ und $B' := \{(x_0, y_0, r_0) : r_0 \geqq 0 \wedge 0 \leqq d_0 \leqq a\}$.

Es ist $f : \mathfrak{k}' \longrightarrow B'$ mit $(K \longmapsto f(K) := (x_0, y_0, r_0))$ bijektiv (wegen der umkehrbar eindeutigen Zuordnung der K zu ihren Gleichungen). Ferner ist B' kompakt im $\mathbb{R}^3$, weil beschränkt und abgeschlossen. Durch $f^{[-1]}$ wird die Spurtopologie des $\mathbb{R}^3$ in B' abgebildet auf eine Topologie in $\mathfrak{k}'$ (durch f in $\mathfrak{k}'$ erzeugte Initialtopologie (1.5.4.3)); diese ist äquivalent mit der durch die Metrik in $\mathfrak{p}$ ($\mathbb{R}^2$) in $\mathfrak{k}'$ induzierten.

Anmerkung: Beim vorstehenden Beispiel liegt die Wahl einer „homöomorphen" Repräsentation (im oben erklärten Sinn) nahe. Findet sich – allgemein zu reden – eine wenigstens stetige Abbildung eines B' auf B, welche aber nicht bijektiv ist, so erweist es sich als zweckmäßig, zu einer geeigneten Quotiententopologie in B' überzugehen (vgl. 1.5.9, Beisp. 1.).

1.7.8 Hinsichtlich der Definition einer Topologie mittels eines Kern- bzw. Hüllenoperators k bzw. h verweisen wir auf den

Satz: (1) *Besitzt die Abbildung* $k : \mathfrak{p}(X) \longrightarrow \mathfrak{p}(X)$ *die Eigenschaften* (k 1), (k 2), (k 4) *und* (k 5), *so sind ihre Fixelemente* G, *d. h. die Mengen* G *mit* $k(G) = G$, *die offenen Mengen einer Topologie in* X. – (2) *Erfüllt* k *zusätzlich* (k 3), *so ist* k *identisch mit dem „offenen" Kernoperator* $\mathbf{k}$ *dieser Topologie, d. h. es gilt:*

$$(*) \qquad \mathbf{k}(X') = \bigcup\{G : G \in \mathfrak{p}(X) \wedge G = k(G) \wedge G \subset X'\}, \qquad X' \in \mathfrak{p}(X).$$

Anmerkung: Die (k 2), (k 4) und (k 5) lassen sich zusammenfassen in folgende Bedingung: Für jedes (ev. leere) endliche System $\mathfrak{E} \subset \mathfrak{p}(X)$ gilt

$$k(\bigcap\{M : M \in \mathfrak{E}\}) = \bigcap\{k(M) : M \in \mathfrak{E}\}.$$

Beweis: *Zu* (1) Es sei $\bigwedge_i k(G_i) = G_i$. Aus (k 2) und $S := \bigcup_i G_i \supset G_j$ folgt $k(S) \supset k(G_j) = G_j$, also $k(S) \supset S$; wegen (k 1) ist andererseits $k(S) \subset S$, und somit $k(S) = S$. Ferner liefert (k 4) direkt $k(G_1 \cap G_2) = k(G_1) \cap k(G_2) = G_1 \cap G_2$, und schließlich folgt $k(\bigcap\emptyset) = \bigcap\emptyset$ aus (k 5). Die Fixelemente bilden also ein $(S,d$-System. – *Zu* (2) Da die Mengen G mit $G = k(G)$ ein (S,d)-System bilden, so ist k', wobei $k'(X')$ durch die rechte Seite von (*) definiert ist, $X' \subset X$, der offene Kernoperator einer Topologie in X (1.5.2.2); dabei gilt wegen (k 1) und (k 2): $k(G) = G \wedge G \subset X' \leftrightarrow k(G) = G \wedge G \subset k(X')$, so daß allgemein $k'(X') \subset k(X')$. Wegen (k 3) ist $k(X')$ selbst Fixelement von k, also $k(X') = k' \circ k(X') \subset k'(X')$, und somit $k = k'$.

Die Definition einer Topologie mittels $\mathfrak{h}$ ergibt sich wegen $\mathfrak{h} = \mathrm{C}\circ\mathbf{k}\circ\mathrm{C}$ durch Dualisierung des obigen Satzes.

1.7.9 Gemäß 1.5.2.2, 4. Satz, ist die *Konstruktion aller möglichen Topologisierungen einer* (und derselben) *Menge X* gleichbedeutend mit der Konstruktion aller möglichen S,d-Systeme $\mathfrak{b}$ von Teilmengen von X. Nun ist der Durchschnitt eines jeden Systems von solchen S,d-Systemen wieder ein solches S,d-System; daher ist bei beliebig vorgegebenem System $\mathfrak{a}$ von Teilmengen von X das System

$$\mathfrak{o}(\mathfrak{a}) := \bigcap\{\mathfrak{g} : \mathfrak{g}\ S,d\text{-System in } X \wedge \mathfrak{g} \supset \mathfrak{a}\}$$

das kleinste S,d-System in X über $\mathfrak{a}$. Offenbar ergibt sich auf diese Weise bei beliebiger Wahl von $\mathfrak{a}$ jedes mögliche S,d-System in X (denn wenn $\mathfrak{a}$ bereits ein S,d-System ist, so gilt $\mathfrak{o}(\mathfrak{a}) = \mathfrak{a}$). Für $\mathfrak{o}(\mathfrak{a})$ gibt es noch eine „direkte" Konstruktion „von unten her". Bezeichnet $\mathfrak{E}(\mathfrak{a})$ das System aller endlichen Teilsysteme $\mathfrak{e}$ von $\mathfrak{a}$, so gilt der

Satz: Bei vorgegebenem $\mathfrak{a} \subset \mathfrak{p}(X)$ ergibt sich $\mathfrak{o}(\mathfrak{a})$ wie folgt: Man bildet

(1) $\mathfrak{d}(\mathfrak{a}) := \{\bigcap\{A : A \in \mathfrak{e}\} : \mathfrak{e} \in \mathfrak{E}(\mathfrak{a})\}$,

(2) $\mathfrak{S}(\mathfrak{d}(\mathfrak{a})) := \{\bigcup\{Q : Q \in \mathfrak{q}\} : \mathfrak{q} \in \mathfrak{p}(\mathfrak{d}(\mathfrak{a}))\}$, dann ist $\mathfrak{S}(\mathfrak{d}(\mathfrak{a})) = \mathfrak{o}(\mathfrak{a})$.

Beweis: Es ist $\mathfrak{d}(\mathfrak{a})$ das kleinste d-System über $\mathfrak{a}$ und $\mathfrak{S}(\mathfrak{d}(\mathfrak{a}))$ das kleinste S-System über $\mathfrak{d}(\mathfrak{a})$. Daher hat man $\mathfrak{a} \subset \mathfrak{d}(\mathfrak{a}) \subset \mathfrak{o}(\mathfrak{a})$ und $\mathfrak{S}(\mathfrak{d}(\mathfrak{a})) \subset \mathfrak{S}(\mathfrak{o}(\mathfrak{a})) = \mathfrak{o}(\mathfrak{a})$. Wegen des Distributivgesetzes $(\bigcup_{i\in I} D_i) \cap (\bigcup_{j\in J} D'_j) = \bigcup_{i,j} D_i \cap D'_j$ ist $\mathfrak{S}(\mathfrak{d}(\mathfrak{a}))$ zugleich d-System, so daß $\mathfrak{S}(\mathfrak{d}(\mathfrak{a})) = \mathfrak{o}(\mathfrak{a})$.

1.7.10 Satz: *Keine, nicht leere offene Menge $G \subset \mathbb{R}^n$ ist darstellbar als Vereinigung abzählbar vieler, kompakter, disjunkter (achsenparalleler) Intervalle.*

Beweis: (I) *Fall* $n = 1$. Es ist G entweder gleich $\mathbb{R}$ oder Vereinigung von abzählbar vielen disjunkten offenen Intervallen, darunter ev. offenen Halbgeraden; daher kann $G = (a'; b')$ angenommen werden mit $-\infty \leqq a' < b' \leqq +\infty$ (vgl. I., 5.5.3, Satz 1.). Es sei also $G = \bigcup_r [a_r; b_r]$ mit abzählbar vielen fremden $[a_r; b_r] =: J_r$. Für J_i, J_k mit $i \neq k$ gilt $b_i < a_k$ bzw. $b_k < a_i$; demgemäß setzen wir $F(i,k) := [b_i; a_k]$ bzw. $[b_k; a_i]$ und bezeichnen mit $J_{z(i,k)}$ dasjenige J_r, welches den Mittelpunkt von $F(i,k)$ enthält. Nun bilden wir die Teilfolge $(J_{n'})_n$ von $(J_r)_r$ wie folgt: $J_{1'} := J_1$, $J_{2'} := J_2$ und $J_{(n+1)'} := J_{z(n',(n-1)')}$ für $n \geqq 2$. Mit $F_n := F(n', (n+1)')$ gilt $F_1 \supset F_2 \supset \ldots, d(F_{n+1}) \leqq 2^{-1} d(F_n)$ und somit $\bigcap_n F_n = \{x\}$ mit $x \in G$. Da an beide Enden von F_n je ein $J_{q'}$, angrenzt, so müßte das x enthaltende J_r beliebig kleinen Durchmesser $d(J_r)$ haben. Widerspruch! – (II) Fall $m \geqq 2$. Die Annahme, das offene $G \subset \mathbb{R}^m$ wäre Vereinigung von abzählbar vielen kompakten disjunkten (achsenparallelen) Intervallen, führt sofort auf einen Widerspruch zu (I), wenn man den nichtleeren Durchschnitt $G \cap L$ mit einer achsenparallelen Geraden L betrachtet.

Zweiter Teil

Funktionen und Abbildungen

2.0. Einleitung

Bei einer gegebenen Abbildung $f: D \rightarrowtail E$ mit $D \subset \mathbb{R}^n$ und $E \subset \mathbb{R}^m$ kann das Interesse direkt auf die S-Repräsentanten (von f) bzgl. bestimmter Basen im $\mathbb{R}^n$ und $\mathbb{R}^m$ gerichtet sein; dann ist an eine Transformation der Veränderlichen, der „unabhängigen“ $x := (\chi_1, \ldots, \chi_n) \in \mathbb{R}^n$ und der „abhängigen“ $y = (\eta_1, \ldots, \eta_m) \in \mathbb{R}^m$ nicht zu denken. Die Sachlage gibt sich jedoch wesentlich anders, wenn x oder (und) y nur zur Parametrisierung von D bzw. E (vgl. 1.7.7) dienen; dann sind gegebenenf. verschiedene Parametrisierungen, d.h. entsprechende Transformationen zu betrachten, da sich dabei nicht nur ev. einfacher zu handhabende S-Repräsentanten für die Abbildung ergeben, sondern auch vermöge der einen oder anderen Transformation bessere Einsichten in die Eigenschaften der Abbildung als solche.

Es sei $\varphi: D^* \rightarrowtail D$ und $\psi: E^* \rightarrowtail E$ bijektiv, dann gilt

$$\psi^{[-1]} \circ f \circ \varphi =: f^* \quad \text{mit} \quad f^*: D^* \rightarrowtail E^* \quad \text{und}$$
$$f = \psi \circ f \circ f\varphi^{[-1]}.$$

Und f^* heißt eine *„Transformierte“ der Abbildung f.* Die Zusammenhänge werden verdeutlicht durch das Diagramm

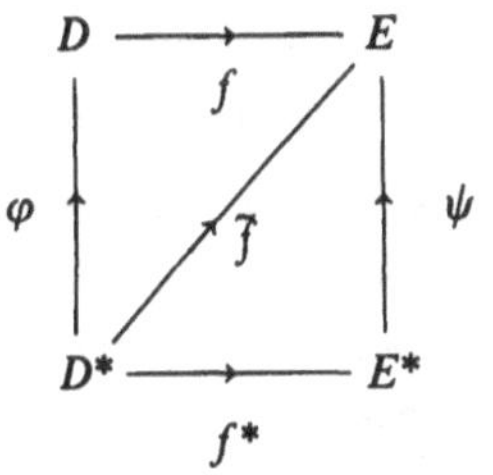

Führt man $\bar{f} := \psi \circ f^*$ ein, so hat man

$$\varphi: D^* \rightarrowtail D$$
$$\bar{f}: D^* \rightarrowtail E,$$

so daß $\bar{f} \circ \varphi^{[-1]} = f$; das Paar φ, $\bar{f}$ nennt man eine *Parametrisierung der Abbildung f.* (Es

liegt der Spezialfall einer Transformation vor mit $D^* = E^*$ und $f^* = j$). (Andere Fälle in 1.7.7).
Eine wichtige Aufgabe der Analysis ist, zu untersuchen, wie sich bei solchen Transformationen Eigenschaften von Abbildungen ändern, z.B. wie *Funktionale F*, d.h. Abbildungen von Abbildungen sich dabei „mittransformieren“, im Pfeildiagramm ausgedrückt:

$$\begin{array}{ccc} f & \overset{F}{\longmapsto} & g \\ \downarrow & & \downarrow \\ f^* & \underset{F^*}{\longmapsto} & g^* \end{array} \quad : F \longmapsto F^*.$$

Wir wollen hier nicht in Einzelheiten gehen, aber bemerken, daß von solchen Vorstellungen, ohne daß dies jedesmal hervorgehoben ist, alle unseren Betrachtungen – die früheren schon als auch die folgenden – geleitet sind.

2.1. Lipschitzabbildungen

Bei Untersuchungen, vor allem auch des lokalen Verhaltens von Abbildungen spielt folgender Begriff eine große Rolle.

2.1.1 Es seien P und Q metrische Räume mit den Abstandsfunktionen $|.,.|_P$ und $|.,.|_Q$.

Definition: Es heißt $f: P \longrightarrow Q$ **dehnungsbeschränkt**, kurz d-beschränkt, **nach oben** bzw. **nach unten** bzw. **beiderseits**, wenn *positive* Konstanten $\bar{k}$ bzw. $\underline{k}$ existieren derart, daß

$$\bigwedge\nolimits_{x,x' \in P} |f(x), f(x')|_Q \leqq \bar{k}|x, x'|_P \quad \text{bzw.} \quad \underline{k}|x, x'|_P \leqq |f(x), f(x')|_Q$$
$$\text{bzw.} \quad \underline{k}|x, x'|_P \leqq |f(x), f(x')|_Q \leqq \bar{k}|x, x'|_P.$$

Soweit nicht Mißverständnisse zu befürchten sind, lassen wir im Folgenden in $|.,.|_P$ bzw. $|.,.|_Q$ den Hinweis P bzw. Q auch fort.
Es wird $\bar{k}$ als eine **obere** bzw. **untere Dehnungsschranke** von f bezeichnet; das Infimum der $\bar{k}$ bzw. das Supremum der $\underline{k}$ heißt obere bzw. untere *Dehnungsgrenze* $\bar{d} = \bar{d}(f)$ bzw. $\underline{d} = \underline{d}(f)$ von f. Speziell bezeichnen wir die *nach oben d-beschränkten* Abbildungen als **Lipschitzabbildungen** und die Konstante k in

$$(L_1) \qquad |f(x), f(x')| \leqq k|x, x'|$$

als (eine) **Lipschitzkonstante**. Ist $\bar{d}(f) \leqq 1$, so spricht man von *kontraktiven* Abbildungen (metrischer Räume). Das *System aller Lipschitzabbildungen* $f: P \longrightarrow Q$ bezeichnen wir mit $\mathfrak{D}(P, Q)$ und das Teilsystem aller $f \in \mathfrak{D}(P, Q)$ mit einer oberen Dehnungsschranke $\leqq k$ mit $\mathfrak{D}(P, Q; k)$.

Folgerungen: (1) Jedes $f \in \mathfrak{D}(P, Q)$ ist gleichmäßig stetig in P. – (2) Jedes nach unten d-beschränkte $f: P \rightarrowtail Q$ ist injektiv mit nach oben d-beschränktem $f^{[-1]}: f(P) \rightarrowtail P$. – (3) Jede *quasi-isometrische*, d.h. jede beiderseits d-beschränkte und surjektive Abbildung ist topologisch. – (4) Verknüpfungs- und Invarianzeigenschaft: Es seien $f: P \rightarrowtail Q$ und $h: Q \rightarrowtail T$. – (a) Sind f und h nach oben d-beschränkt, so auch $h \circ f: P \rightarrowtail T$. Analog für d-Beschränktheit nach unten. – (b) Sind $\varphi: P \rightarrowtail P'$ und $\psi: Q \rightarrowtail Q'$ quasi-isometrisch, so ist mit f auch $\psi \circ f \circ \varphi^{[-1]}: P' \rightarrowtail Q'$ Lipschitzabbildung. (Bew. als Aufg.).

2.1.2 *Beispiele* (Bew. als Aufg.).

(1) *Lineare Abbildungen.* Es bezeichne $S^{n-1} := \{e : e \in \mathbb{R}^n \wedge |e| = 1\}$ die $(n-1)$-dimensionale Einheitssphäre im $\mathbb{R}^n$. Es sei $l: \mathbb{R}^n \rightarrowtail \mathbb{R}^k$ linear. – I. Jedes l ist Lipschitzsch mit der oberen Dehnungsschranke $\bar{d}(l) = \max\{|l(e)| : e \in S^{n-1}\} = \|l\| < +\infty$ (vgl. 1.6.1) und der unteren Dehnungsschranke $\underline{d}(l) = \min\{|l(e)| : e \in S^{n-1}\} \geqq 0$. – II. Es ist l injektiv genau dann, wenn $\underline{d}(l) > 0$.

(2) *Reelle Lipschitzfunktionen.* Es gilt $f \in \mathfrak{D}(P, \mathbb{R}, k)$ genau dann, wenn

$$(L_2) \qquad \bigwedge\nolimits_{x,y \in P} f(y) - k|x,y| \leqq f(x) \leqq f(y) + k|x,y|.$$

Insbesondere sind für $p \in P$ und $a \in \mathbb{R}$ die speziellen Funktionen

$$\varphi^{\pm}(p; a)(x) := a \pm k|x, p| \qquad x \in P,$$

Funktionen aus $\mathfrak{D}(P, \mathbb{R}, k)$.

(3) Voraussetzung: Für $k_\nu \in \mathbb{R}^+$ mit $\sum_\nu k_\nu < +\infty$, $\nu = 1, 2, \ldots$, und $f_\nu: P \rightarrowtail \mathbb{R} \in \mathfrak{D}(P, \mathbb{R}, k_\nu)$, $p \in P$, sei $\sum_\nu f_\nu(p)$ konvergent. – Behauptung: Es konvergiert $\sum_\nu f_\nu(x)$ für jedes $x \in P$. Dabei ist $f := (x \mid\rightarrowtail \sum_\nu f_\nu(x)) \in \mathfrak{D}(P, \mathbb{R}, \sum_\nu k_\nu)$.

(4) *Abbildungen in einen Produktraum.* – Voraussetzung: (a) Es seien Q_t, $t = 1, 2, \ldots, s$, metrisch; ferner sei $Q := Q_1 \times \ldots \times Q_s = \{q : q = (q_1, \ldots, q_s) \wedge \bigwedge_t q_t \in Q_t\}$. Dabei sei Q metrisiert etwa gemäß $|q, q'| := \sum_t |q_t, q_t'|$. – Behauptung: Es gilt $f \in \mathfrak{D}(P, Q)$ für $f := (f_1, \ldots, f_s)$ mit $f_t: P \rightarrowtail Q$ genau dann, wenn $\bigwedge_t f_t \in \mathfrak{D}(P, Q_t)$.

(5) *Kennzeichnungen von Lipschitzabbildungen.*

(I) Beim Studium der $f \in \mathfrak{D}(P, \mathbb{R}^m)$ genügt die Beschränkung auf reelle Lipschitzsche Funktion. Dies folgt aus dem

Satz: *Ist* $\mathfrak{b}$ *irgend eine Basis des* $\mathbb{R}^m$, *so ist* $f: P \rightarrowtail \mathbb{R}^m$ *genau dann Lipschitzsch, wenn die reellen Komponenten* $f_1, \ldots, f_m$ *eines S-Repräsentanten von* f *bezüglich* $\mathfrak{b}$ *Lipschitzsch sind.* – (II) *Für reelle Funktionen gilt dabei die Kennzeichnung* (L_2) (vgl. (2)).

(6) *Abbildung eines Produktraumes.* Voraussetzung: (a) Es seien P', P'', Q metrisch, ferner $P := P' \times P'' = \{p : p = (p', p'') \wedge p' \in P' \wedge p'' \in P''\}$. Ist auch $t := (t', t'') \in P$, so werde er-

klärt: $|p,t|_P := |p',t'|_{P'} + |p'',t''|_{P''}$. – (b) Es sei $f: P \longrightarrow Q$. Für beliebige $a' \in P'$, $a'' \in P''$ sei $f(a',.) := (x'' \longmapsto f(a',x''))$, $x'' \in P''$; und entsprechend sei $f(.,a'')$ zu verstehen. (Es ist $f(a',.)$ nicht Einengung von f auf $\{a'\} \times P''$). – Behauptung: Gleichwertig sind: (I) Es gilt $f \in \mathfrak{D}(P,Q)$. – (II) Es gilt

$$\bigvee_{k \in \mathbb{R}^+} \bigwedge_{a' \in P', a'' \in P''} f(a',.) \in \mathfrak{D}(P'',Q,k) \wedge f(.,a'') \in \mathfrak{D}(P',Q,k).$$

2.1.3 *Geometrische Kennzeichnung der reellen Lipschitzfunktionen.*

Die arithmetische Kennzeichnung (L_2) (vgl. 2.1.2, (2)) der $f \in \mathfrak{D}(P,\mathbb{R},k)$ erlaubt eine einfache geometrische Kennzeichnung am Graph $F(f)$ von f, d.h. $F(f) := \{z : z = (p,y) \wedge p \in P \wedge y = f(p)\} \subset P \times \mathbb{R}$ bei Bezugnahme auf die Graphen der speziellen Funktionen $\varphi^{\pm}(p;a)$, $p \in P$, $a \in \mathbb{R}$ (vgl. 2.1.2 (2)).

Definition: Es werde $(p,y) \in P \times \mathbb{R}$ als **ober-** bzw. **unterhalb** von $(p,y') \in P \times \mathbb{R}$ *gelegen* bezeichnet, je nachdem $y > y'$ bzw. $y < y'$. Ist $M \subset P \times \mathbb{R}$, so heißt M ober- bzw. unterhalb $F(f)$ gelegen, wenn (p,y) ober- bzw. unterhalb $(p,f(p))$ liegt für alle $(p,y) \in M$. Als **oberhalb offener Kegel** $K_0 := K_0(p',y',k)$ mit dem *Scheitel* $(p',y') \in P \times \mathbb{R}$ und mit der *Steigung* $k > 0$ wird bezeichnet die Menge

$$K_0 := \{(p,y) : (p,y) \in P \times \mathbb{R} \wedge y > \varphi^+(p',y')(p)\};$$

analog spricht man von einem unterhalb offenen Kegel $K_u(p',y',k)$, wenn $y < \varphi^-(p',y')(p)$ gefordert wird. Der Graph $F(\varphi^+)$ bzw. $F(\varphi^-)$ heißt *Mantel* von K_0 bzw. K_u.

Satz: *Folgende Aussagen sind gleichwertig:* (1) *Es ist* $f \in \mathfrak{D}(P,\mathbb{R},k)$. – (2) *Für jedes* $p \in P$ *liegt der Kegel* $K_0(p,f(p),k)$ *oberhalb und der Kegel* $K_u(p,f(p),k)$ *unterhalb* $F(f)$.

Beweis: Unmittelbar aus (L_2).

2.1.4 *Konstruktion von Lipschitzfunktion.*

Die bereits bei der Kennzeichnung von Lipschitzfunktionen in 2.1.2, (2), auftretenden speziellen Funktionen $\varphi^{\pm}(p;a) \in \mathfrak{D}(P,\mathbb{R},k)$ können zur Konstruktion beliebiger Lipschitzfunktionen herangezogen werden.

Definition: Es sei S' ein im Sinne von I., 1.5.5, geordnetes System. Dann heißt (vgl. I., 1.5.5.2) ein Teilsystem S von S' **beschränkt nach oben** bzw. **nach unten** in S', wenn $\bigvee_{s \in S'} \bigwedge_{x \in S} x \prec s$ bzw. $s \prec x$. Weiter heißt S' **vollständig** (bzgl. $\prec$) **nach oben** bzw. **unten**, wenn für jedes nach oben bzw. nach unten beschränkte Teilsystem S von S' $\sup S$ bzw. $\inf S$ *in* S' existiert (vgl. I., 2.0.4, U_8, und I., 5.1.1, Satz betr. die Vollständigkeit von M). Es gilt nun der

1. Satz: (1) *Das System* $\mathfrak{D} = \mathfrak{D}(P,\mathbb{R})$ *(der Lipschitzfunktionen* $f: P \longrightarrow \mathbb{R}$*) ist ein reeller Vektorraum.* – (2) *Für jedes* $k \in \mathbb{R}^+$ *ist das (im Sinne von* I., 6.2.3.1 *geordnete) Teilsystem*

$\mathfrak{D}(k) := \mathfrak{D}(P, \mathbb{R}, k)$ von $\mathfrak{D}$ *vollständig nach oben und nach unten. Dabei gilt* $\mathfrak{D}(k)$-$\sup D' =$ $\mathfrak{D}$-$\sup D'$ *für jedes* $D' \subset \mathfrak{D}(k)$. – (3) *Es ist* $D' \subset \mathfrak{D}(k)$ *beschränkt nach oben (in* $\mathfrak{D}(k)$*) genau dann, wenn* $\{f(x_0) : f \in D'\}$ *beschränkt nach oben ist für (mindestens) ein* $x_0 \in P$. – (4) *Für jedes nach oben bzw. nach unten beschränkte System* $\mathfrak{S}_0$ *bzw.* $\mathfrak{S}_u$ *von speziellen Lipschitzfunktionen* $\varphi^+ \in \mathfrak{D}(k)$ *bzw.* $\varphi^- \in \mathfrak{D}(k)$ *gilt* $\sup \mathfrak{S}_0 \in \mathfrak{D}(k)$ *bzw.* $\inf \mathfrak{S}_u \in \mathfrak{D}(k)$. *Umgekehrt existiert zu jedem* $f \in \mathfrak{D}(k)$ *ein* $\mathfrak{S}_0$ *bzw.* $\mathfrak{S}_u$ *(in* $\mathfrak{D}(k)$*) mit* $f = \sup \mathfrak{S}_0$ bzw. $f = \inf \mathfrak{S}_u$.

Zusatz: Die Beh. (1) bleibt richtig, wenn $\mathfrak{D}(P, Q)$ an Stelle von $\mathfrak{D}(P, \mathbb{R})$ tritt, wobei Q ein normierter Vektorraum ist.

Beweis: *Betr.* (1) Ist $f_i \in \mathfrak{D}(k_i)$ (vgl. (2)) $i = 1, 2$, so $a_1 f_1 + a_2 f_2 \in \mathfrak{D}(|a_1| k_1 + |a_2| k_2)$. – *Betr.* (2) Ersetzt man f in 2.1.2, (2), (L_2), durch f_i und bildet bei festen x, y in jedem Glied der Ungleichung (L_2) $\sup_i$, so folgt (L_2) für $\sup_i f_i$. Analog für $\inf_i f_i$. – *Betr.* (3) In (L_2) setze man f_i statt f, ferner x_0 statt y und benutze $\bigwedge_i - m \leqq f_i(x_0) \leqq m$ sowie $\pm \varphi^+(x_0, m) \in$ $\mathfrak{D}(k)$. – *Betr.* (4) Der erste Teil der Beh. folgt aus (2). Ist $f \in \mathfrak{D}(k)$, so liefert (L_2)

$$\sup \{\varphi^-(y, f(y)) : y \in P\} \leqq f \leqq \inf \{\varphi^+(y, f(y)) : y \in P\},$$

worin aber wegen $\varphi^-(y, f(y))(y) = f(y) = \varphi^+(y, f(y))(y)$ für $y \in P$ das Gleichheitszeichen steht.

Auch für die *Konstruktion von Erweiterungen* von Lipschitzabbildungen erweisen sich die $\varphi^\pm$ als geeignete Hilfsmittel.

2. Satz: *Jede über einem Teilraum P eines metrischen Raumes P' definierte Lipschitzabbildung* $f : P \to \mathbb{R}^m$ *mit einer Dehnungsschranke* k_f *läßt sich erweitern zu Lipschitzabbildungen* $f' : P' \to \mathbb{R}^m$ *mit einer Dehnungsschranke* $k \leqq \sqrt{m}\, k_f$.

Beweis: Nach 2.1.2, (5), genügt es, für den Fall $m = 1$ solche Erweiterungen zu konstruieren. Dazu beweisen wir den

3. Satz: Erweiterungssatz für Lipschitzfunktionen.

Voraussetzung: *Es sei P' metrisch und P Unterraum von P'. Ferner sei* $f \in \mathfrak{D}(P, \mathbb{R}, k)$. – Behauptung: (1) *Es existieren* $g \in \mathfrak{D}(P', \mathbb{R}, k)$ *mit* $g|P = f$. – (2) *Unter den g der Beh.* (1) *gibt es ein größtes* $\bar{f}$ *und ein kleinstes* $\underline{f}$ *derart, daß* $\underline{f} \leqq g \leqq \bar{f}$ *für alle g der Beh.* (1). *Dabei gilt für* $\bar{f}$ *einerseits die „inf-Darstellung“*

$$\bar{f} = \inf \{\varphi^+(p, f(p)) : p \in P\}$$

und andererseits die „sup-Darstellung“

$$\bar{f} = \sup \{\varphi^-(q; a) : q \in P' \wedge a \in \mathbb{R} \wedge \varphi^-(q; a)|P \leqq f\},$$

wobei die $\varphi^\pm \in \mathfrak{D}(P', \mathbb{R}, k)$. – *Analog für* $\underline{f}$.

Beweis: *Betr.* inf-*Darst. für* $\bar{f}$. Gibt es ein g der Beh. (1), so gilt insbesondere für $p \in P$ und $x \in P': g(x) \leqq g(p) + k|x, p|$, also

$$g(x) \leqq f(p) + k|x, p| = \varphi^{+}(p; f(p))(x)$$

und mithin

$$g \leqq \inf\{\varphi^{+}(p; f(p)) : p \in P\} =: f^{+}.$$

Aber $f^{+} \in \mathfrak{D}(P, \mathbb{R}, k)$ wegen Satz 1, (4), und $f^{+}|P = f$, sodaß f^{+} selbst ein g ist und damit ersichtlich das größte.

Betr. sup-*Darst. für* $\bar{f}$. Jede Erweiterung $g \in \mathfrak{D}(P', \mathbb{R}, k)$ hat insbesondere die Eigenschaft $g|P \leqq f$. Wir betrachten daher

$$f^{-} := \sup\{\varphi^{-}(q; a) : q \in P' \wedge a \in \mathbb{R} \wedge \varphi^{-}(q; a)|P \leqq f\}.$$

Da $\varphi^{-}(p; f(p))$ für $p \in P$ ein $\varphi^{-}(q; a)$ der betrachteten Art ist und da $\varphi^{-}(p; f(p)) = f(p)$ gilt, ist $f^{-}|P = f$. Ferner ist wegen $\varphi^{-}(q; g(q))|P \leqq g|P \leqq f$, also auch $\varphi^{-}(q; g(q))$ ein $\varphi^{-}(q; a)$ der betrachteten Art, so daß $f^{-}(q) \geqq \varphi^{-}(q; g(q))(q) = g(q)$ für $q \in P'$, und mithin $f^{-} = \bar{f}$.

In Verallgemeinerung des Vorausgehenden fügen wir hinzu den

4. Satz: Einschiebungs- und Erweiterungssatz.

Voraussetzung: *Es seien* $f \in \mathfrak{D}(P, \mathbb{R}, k)$ *und* $\underline{h}, \bar{h} \in \mathfrak{D}(P', \mathbb{R}, k)$ *mit* $P \subset P'$, $\underline{h} \leqq \bar{h}$ *und* $\underline{h}|P \leqq f \leqq \bar{h}|P$. *Ferner sei* $\bar{f}$ *bzw.* $\underline{f}$ *die größte bzw. kleinste Erweiterung von* f *auf* P' *mit* $\bar{f}, \underline{f} \in \mathfrak{D}(P', \mathbb{R}, k)$.

Behauptung: (1) *Es existieren Erweiterungen* $f' \in \mathfrak{D}(P', \mathbb{R}, k)$ *von* f *auf* P' *mit der Einschließung* $\underline{h} \leqq f' \leqq \bar{h}$. – (2) *Unter diesen* f' *gibt es ein größtes* $\bar{f}'$ *und ein kleinstes* $\underline{f}'$; *für diese gilt*

$$\bar{f}' = \min\{\bar{f}, \bar{h}\} \qquad \text{und} \qquad \underline{f}' = \max\{\underline{f}, \underline{h}\}.$$

Beweis: Gemäß Satz 1., (2) gilt $\bar{f}' \in \mathfrak{D}(P', \mathbb{R}, k)$.

2.1.5 *Pseudolineare Abbildungen.*

Definition: Es sei $h: G \longrightarrow \mathbb{R}^{k}$, wobei $G \subset \mathbb{R}^{n}$. Es heiße h **pseudolinear** in G, auch **Hornich-Abbildung**, wenn eine Konstante $\beta \in {}^{+}(0; 1)$ und ein *injektives lineares* $L: \mathbb{R}^{n} \longrightarrow \mathbb{R}^{k}$ existiert, derart, daß für alle $x, x' \in G$ gilt

(Ps) $$|h(x') - h(x) - L(x' - x)| \leqq \beta |L(x' - x)|$$

Folgerung: Zu jedem pseudolinearen $h: G \longrightarrow \mathbb{R}^{k}$ gibt es Konstanten $\bar{\gamma}, \underline{\gamma} \in \mathbb{R}^{+}$ derart, daß für alle $x, x' \in G$ mit den β und L aus (Ps)

(Ps⁺) $$\underline{\gamma}|x' - x| \leqq (1 - \beta)|L(x' - x)| \leqq |h(x') - h(x)| \leqq (1 + \beta)|L(x' - x)| \leqq \bar{\gamma}|x' - x|.$$

Insbesondere ist also jedes pseudolineare h dehnungsbeschränkt nach oben und nach unten. Daher ist h injektiv.

Beweis: Setze $\bar{L}:=|L(x'-x)|$, $H:=|h(x')-h(x)|$ und $\chi:=|x'-x|$. Wegen der in der Definition von h vorausgesetzten Injektivität von $L:\mathbb{R}^n \rightarrow \mathbb{R}^k$ existieren $\underline{\gamma}$, $\bar{\gamma}\in\mathbb{R}^+$ mit $(1-\beta)^{-1}\underline{\gamma}\chi \leqq \bar{L} \leqq (1+\beta)^{-1}\bar{\gamma}\chi$. Andererseits folgt aus (Ps) und der Dreiecksungleichung, daß $\bar{L}-H \leqq \beta\bar{L}$ und $H-\bar{L}\leqq\beta\bar{L}$, also $(1-\beta)\bar{L}\leqq H \leqq (1+\beta)\bar{L}$.

Anmerkung: Es kann $\underline{\gamma}=(1-\beta)\underline{d}(L)$ und $\underline{\gamma}=(1+\beta)\bar{d}(L)$ gewählt werden (vgl. 2.1.1.).

Beispiele pseudolinearer Abbildungen liefern die frei differenzierbaren $f:G\rightarrow\mathbb{R}^k$ mit $G\subset\mathbb{R}^n$ (vgl. 3.3.2).

2.1.5.1 *Auflösung von Gleichungen.*
Ist $f:G\rightarrow\mathbb{R}^k$ pseudolinear, so läßt sich, im Falle $G\subset\mathbb{R}^n$ und $n=k$ ist, die Gleichung $y=f(x)$ nach x „auflösen". Genauer:

Satz (von Hornich): Voraussetzung. *Es sei $f:G\rightarrow\mathbb{R}^n$ pseudolinear in $G:=\{x:|x-x_0| \leqq r\}=\bar{G}\subset\mathbb{R}^n$, d.h. es gelte*

$$\text{(Ps)} \qquad |f(x')-f(x)-L(x'-x)| \leqq q|L(x'-x)|) \cdot \quad \textit{für alle } x, x'\in G$$

mit injektivem linearen $L:\mathbb{R}^n\rightarrow\mathbb{R}^n$ und konstantem (d.h. von x, x' unabhängigem) $q\in{}^+(0;1)$. Schließlich sei $d:=\underline{d}(L)$ gesetzt.

Behauptung: (1) *Zu jedem $\bar{y}\in\mathbb{R}^n$, für welches gilt*

$$[1^+] \qquad |\bar{y}-f(x_0)|\leqq r(1-q)d,$$

existiert genau ein $\bar{x}\in G$ mit $f(\bar{x})=\bar{y}$.
(2) *Es ist $\bar{x}=\lim_k x_k$, wobei*

$$[2^+] \qquad x_{k+1}:=x_k+L^{[-1]}(\bar{y}-f(x_k)), \qquad k=0,1,\ldots, \textit{ und } \bigwedge_k x_k\in G.$$

Zusatz: Der Satz gilt auch, wenn an Stelle des $\mathbb{R}^n$ ein vollständiger normierter Vektorraum tritt.

Beweis: (I) Gemäß 2.1.5, ist f, weil pseudolinear (dehnungsbeschränkt nach oben und unten, daher (stetig und)) injektiv; es existiert also $f^{[-1]}:f(G)\rightarrow G$ und höchstens ein $\bar{x}=f^{[-1]}(\bar{y})$. Dementsprechend genügt es, zu zeigen: (A) Alle x_k der Beh. (2) gehören zu G, sodaß $f(x_k)$ für alle k existiert; (B) Es existiert $\bar{x}=\lim x_k\in\mathbb{R}^n$, sodaß $\bar{x}\in G$, weil $G=\bar{G}$. Gemäß $[2^+]$ und der Stetigkeit von f gilt dann $\bar{0}=\lim_k(x_{k+1}-x_k)=\lim_k(\bar{y}-f(x_k))=\bar{y}-f(\bar{x})$; w.z.z.w.
(II). Zum Beweis von (A), (B) sei gesetzt: $L_k:=L(x_k)$, sodaß $L_p-L_t=L(x_p-x_t)$, ferner $f_k:=f(x_k)$.

Betr. (A). Definitionsgemäß ist $x_0 \in G$. Ferner ist $d|x_1 - x_0| \leqq |L_1 - L_0|$ (wegen $d = \underline{d}(L)$). Aus $[1^+]$ und $[2^+]$ folgt $|L_1 - L_0| \leqq |L(L^{[-1]}(\bar{y} - f(x_0))| = |\bar{y} - f(x_0)| \leqq r(1-q)d$. Mithin $|x_1 - x_0| \leqq r(1-q) < r$. Gemäß $[2^+]$ bzw. (Ps) gilt dann

$$|L_{k+1} - L_k| = |\bar{y} - f_k| = |(\bar{y} - f_{k-1}) - (f_k - f_{k-1})| = |f_k - f_{k-1} - (L_k - L_{k-1})| \leqq q|L_k - L_{k-1}|$$

und somit

$$\text{(C)} \qquad |L_{k+1} - L_k| \leqq q|L_k - L_{k-1}|.$$

Aus (C) entnimmt man (wegen $[1^+]$ und $[2^+]$)

$$|L_m - L_0| \leqq |L_m - L_{m-1}| + \ldots + |L_1 - L_0| \leqq (q^{m-1} + \ldots + q + 1)|L_1 - L_0| \leqq$$
$$\leqq ((1-q^m)(1-q)^{-1})r(1-q)d < rd.$$

Andererseits gilt (zufolge $d = \underline{d}(L)$) $d|x_m - x_0| \leqq |L_m - L_0|$ und daher $|x_m - x_0| \leqq r$ für alle $m \geqq 1$, d.h. (A) (gemäß Definition von G).
Betr. (B). Aus (C) entnimmt man

$$|L_{k+t} - L_k| \leqq q^k(q^{t-1} + \ldots + 1)|L_1 - L_0| = q^k(1-q^t)(1-q)^{-1}|L_1 - L_0|.$$

Zusammen mit $d|x_{k+1} - x_k| \leqq |L_{k+1} - L_k|$ liefert dies

$$\bigwedge_{k \geqq 1} \bigwedge_{t \geqq 1} |x_{k+t} - x_k| \leqq q^k r.$$

Wegen $q \in {}^+(0;1)$ ist daher $(x_k)_k$ eine C-Folge, die wegen der Vollständigkeit des $\mathbb{R}^n$ konvergiert. Damit ist auch (B) bewiesen.

2.1.5.2 *Reelle beiderseits d-beschränkte Funktionen einer reellen Variablen als Beispiele pseudolinearer.*

Satz: Voraussetzung. *Es sei* $J := [a; b] \subset \mathbb{R}$ *und* $f: J \rightarrow \mathbb{R}^1$ *beiderseits dehnungsbeschränkt.*

Behauptung: *Es ist f pseudolinear.*

Beweis: Es ist f injektiv (gemäß 2.1.1, Folg. (2)) sowie stetig, also o. B. d. A. streng isoton. Es seien $\underline{a}$ bzw. $\bar{a}$ untere bzw. obere Dehnungsschranken von f (mit $\underline{a}, \bar{a} \in \mathbb{R}^+$). Ist $\Delta x := x' - x \geqq 0$, so $\Delta f := f(x') - f(x) \geqq 0$. Daher $\underline{a}\Delta x \leqq \Delta f \leqq \bar{a}\Delta x$ und daraus $0 \leqq \bar{a}\Delta x - \Delta f \leqq$ $\leqq (\bar{a} - \underline{a})\Delta x$. Setzt man $L: \mathbb{R} \rightarrow \mathbb{R}$ mit $(x \mapsto \bar{a}x)$ und beachtet, daß mit $\Delta x < 0$ auch $\Delta f < 0$ ist, so folgt $|f(x') - f(x) - L(x'-x)| \leqq \bar{b}|L(x'-x)|$ mit $0 \leqq \bar{b} := (\bar{a} - \underline{a}) : \bar{a} < 1$ (wegen $0 < \underline{a} \leqq \bar{a}$).

Anmerkung: Der vorstehende Satz gilt im allgemeinen nicht für (beiderseits dehnungsbeschränkte) $f: G \rightarrow \mathbb{R}^m$ mit $G \subset \mathbb{R}^n$ und $m + n \geqq 3$. – Beispiel: $f: [0;1] \rightarrow \mathbb{R}^2$ mit $(t \mapsto (x(t) := t\cos(\ln t),\ y(t) := t\sin(\ln t)))$ für $t \in (0;1)^+$ und $x(0) = y(0) = 0$. Dieses f ist beiderseits dehnungsbeschränkt, aber nicht pseudolinear (Bew. als Aufg.).

2.2. Ungleichungen und konvexe Funktionen

2.2.0 Eine wichtige Aufgabe der reellen Analysis ist das Studium von Ungleichungen, konkreter gesprochen, der Größenvergleich von reellen Funktionen oder Funktionalen. Sind $f_i: A \longrightarrow \mathbb{R}$, $i=1, 2$, reelle Funktionen mit demselben Definitionsbereich A, so unterscheidet man die Bereiche

$$A_{ik} := \{x : x \in A \wedge f_i(x) \leqq f_k(x)\}, \qquad ik = 12 \text{ bzw. } 21.$$

Ist A_{12} bzw. $A_{21} = A$, so spricht man von der *Vergleichbarkeit* $f_1 \leqq f_2$ bzw. $f_2 \leqq f_1$. Vergleichbarkeit stellt sich häufig dann ein, wenn sich f_1 und f_2 als mehrfache Verkettungen verwandter Funktionen darstellen; ein bekanntes Beispiel hierfür ist die Dreiecksungleichung im $\mathbb{R}^n$

(1) $$|x+y| \leqq |x| + |y|;$$

Um hier die erwähnte Sachlage deutlich zu machen, setze man $\varphi_1(x, y) := x+y$ und $\psi_2(x, y) := (|x|, |y|)$ für $x, y \in \mathbb{R}^n \times \mathbb{R}^n$ und $\psi_1(x) := |x|$ für $x \in \mathbb{R}^n$. Alsdann wird aus (1)

(1′) $$f_1 := \psi_1 \circ \varphi_1 \leqq \varphi_1 \circ \psi_2 =: f_2.$$

Bemerkung: In den Problemkreis der „Vergleichbarkeit bei Vertauschung zweier Operationen" ordnet sich (1′) ein durch Übergang zu Abbildungen des $\mathbb{R}^n \times \mathbb{R}^n =: \mathbb{R}^*$ in sich: Für $(x, y) \in \mathbb{R}^*$ sei

$$\varphi^*(x, y) := (x+y, x+y) \quad \text{und} \quad \psi^*(x, y) := ((|x|, \ldots), (|y|, \ldots)).$$

wobei $(|x|, \ldots) := (\xi_1, \ldots, \xi_n)$ $(\in \mathbb{R}^n)$ mit $\bigwedge_v \xi_v = |x|$. Und als Ordnung in $\mathbb{R}^*$ sei erklärt

$$(x, y) \leqq^* (x', y') \leftrightarrow \bigwedge_v \xi_v \leqq \xi'_v \wedge \eta_v \leqq \eta'_v,$$

wobei $x = (\xi_1, \ldots, \xi_n)$ usw. Dann lautet (1′)

$$\psi^* \circ \varphi^* \leqq^* \varphi^* \circ \psi^*.$$

Wir haben also das Problem der Vergleichbarkeit der zwei Verkettungen von zwei Selbstabbildungen einer geordneten Menge.

Berücksichtigt man die Homogenität der Norm, so kann man für (1) auch schreiben:

(1^k) $$\bigwedge_{x, y \in \mathbb{R}^n} \psi_1(\tfrac{1}{2}(x+y)) \leqq \tfrac{1}{2}(\psi_1(x) + \psi_1(y)),$$

was ψ_1 (zusammen mit Stetigkeit) als „konvexe" Funktion im $\mathbb{R}^n$ kennzeichnet (s. 2.2.4). Nun lassen sich in der Tat die wichtigsten Ungleichungen der Analysis und Geometrie durch Monotoniebetrachtungen und durch Bezugnahme auf den Begriff der konvexen Funktion deuten und beweisen, eine Möglichkeit, die wir hier systematisch verfolgen werden. Es sei aber darauf hingewiesen, daß auch weniger systematische und manchmal dabei auch kürzere Zugänge zu diesen Ungleichungen bekannt sind.

2.2.1 Ehe wir den angezeigten Weg beschreiten, seien im voraus einige der fraglichen Ungleichungen zusammengestellt. Es bezeichnen x_ν, y_ν, $x_{k\nu}$ beliebige reelle Zahlen. Es gilt:

(J) *Jensensche Ungleichung*;

$$\sum_{\nu=1}^{n}\left(\prod_{\kappa=1}^{k}|x_{\kappa\nu}|^{p_\kappa}\right)\leqq\prod_{\kappa=1}^{k}\left(\sum_{\nu=1}^{n}|x_{\kappa\nu}|^{p_\kappa}\right),$$

wobei $\bigwedge_\kappa p_\kappa>0$ und $\sum_\kappa p_\kappa=1$; das Gleichheitszeichen steht genau dann, wenn für mindestens ein ν gilt $x_{1\nu}=\ldots=x_{\kappa\nu}=0$ oder $x_{k\nu}=c_{kt}x_{t\nu}$ für alle ν und k mit von ν unabhängigen c_{kt}.

(H) *Höldersche Ungleichung*;

$$\sum_{\nu=1}|x_\nu y_\nu|\leqq\left(\sum_{\nu=1}^{n}|x_\nu|^p\right)^{\frac{1}{p}}\left(\sum_{\nu=1}^{n}|y_\nu|^q\right)^{\frac{1}{q}}$$

wobei $p,q>1$ und $p^{-1}+q^{-1}=1$; Gleichheit gilt genau dann, wenn

$$\bigwedge_\nu y_\nu=0 \quad\text{oder}\quad \bigvee_c\bigwedge_\nu|x_\nu|^p=c|y_\nu|^q.$$

Für $p=q=2$ speziell ergibt sich die

(C) *Cauchy-Schwarzsche Ungleichung*;

$$\left|\sum_\nu x_\nu y_\nu\right|\leqq\sqrt{\sum_\nu x_\nu^2}\sqrt{\sum_\nu y_\nu^2}.$$

(M) *Minkowskische Dreiecksungleichung*;

$$\left(\sum_{\nu=1}^{n}|x_\nu+y_\nu|^p\right)^{\frac{1}{p}}\leqq\left(\sum_{\nu=1}^{n}|x_\nu|^p\right)^{\frac{1}{p}}+\left(\sum_{\nu=1}^{n}|y_\nu|^p\right)^{\frac{1}{p}},\qquad p>1,$$

mit den Gleichheitszeichen genau dann, wenn $\bigwedge_\nu x_\nu=0$ oder $\bigvee_c\bigwedge_\nu y_\nu=cx_\nu$.

(HG)(A) *Ungleichung zwischen dem gewichteten harmonischen, geometrischen und arithmetischen Mittel*;

$$\left(\sum_{\kappa=1}^{k}p_\kappa x_\kappa^{-1}\right)^{-1}\leqq\prod_{\kappa=1}^{k}x_\kappa^{p_\kappa}\leqq\sum_{\kappa=1}^{k}p_\kappa x_\kappa,\qquad k\geqq1,\ p_\kappa,x_\kappa>0,\ \sum_\kappa p_\kappa=1.$$

Das Gleichheitszeichen steht sowohl links als rechts genau dann, wenn $x_1=\ldots=x_k$.

Beispielsweise wird aus (HGA) für $k=2$ und $p_1=p_2=2^{-1}$, sowie $x_1,x_2\in\mathbb{R}^+$

$$(+)\qquad 2(x_1+x_2)^{-1}x_1x_2\leqq\sqrt{x_1x_2}\leqq2^{-1}(x_1+x_2),$$

was die bekannte Aussage beschreibt, daß das geometrische Mittel zwischen dem harmonischen und arithmetischen Mittel liegt.

Geometrisch läßt sich diese Ungleichung so deuten: Es seien x, y kartesische Koordinaten in $\mathbb{R}^2$, ferner sei X bzw. Y die positive x- bzw. y-Halbachse und B der Graph des Astes $\{(x,y):x>0\wedge y=x^{-1}\}$ der gleichseitigen Hyperbel mit den Asymptoten X bzw. Y. Für $H:=2x_1x_2:(x_1+x_2)$, $G:=(x_1x_2)^{1/2}$ und $A:=2^{-1}(x_1+x_2)$ gilt nun: Es ist $(G,G^{-1})\in B$

bzw. (A, A^{-1}) bzw. (H, H^{-1}) der Berührpunkt (auf B) derjenigen Tangente (an B), welche parallel ist zur Verbindungsgeraden S von (x_1, x_1^{-1}) und (x_2, x_2^{-1}) bzw. welche durch $S \cap X$ bzw. durch $S \cap Y$ geht. (Der Beweis kann dem Leser überlassen werden).

Bemerkung: Die rechte Hälfte von (+) ist gleichbedeutend mit der Konvexität der Exponentialfunktion und der Konkavität des Logarithmus.

2.2.1.1 Schon hier sei auf die Implikationen

$$(\mathrm{J}) \to (\mathrm{H}) \to (\mathrm{M})$$

hingewiesen, die sich unmittelbar durch Spezialisierungen, Umformungen und Monotonie ergeben.

Beweis: (J) → (H). In (J) setze man $k=2$, $p^{-1} := p_1$, $q^{-1} := p_2$, so daß $p^{-1}+q^{-1}=1$; ferner ersetze man in (J) linkerhand $|x_{1\nu}|^{p_1}$ durch $|x_\nu|$, $|x_{2\nu}|^p$ durch $|y_\nu|$ und entsprechend rechts $|x_{1\nu}|^{p_1}$ durch $|x_\nu|^p$ usw. Hinsichtlich des Gleichheitszeichens ergibt sich die bei (H) genannte Bedingung mit $c = c_{12}$.

(H) → (M). (a) Wir betrachten zunächst nur *nicht negative* x_ν, y_ν und setzen $z_\nu := x_\nu + y_\nu$, $Z := (\sum_\nu z_\nu^p)^{1/p}$, $X := (\sum_\nu x_\nu^p)^{1/p}$ und $Y := (\sum_\nu y_\nu^p)^{1/p}$; außerdem sei $q := p/(p-1)$, also $p^{-1}+q^{-1} = 1$. Somit ist $Z^p = \sum (x_\nu + y_\nu) z_\nu^{p-1} = (\sum x_\nu z_\nu^{p-1}) + (\sum y_\nu z_\nu^{p-1})$ und gemäß (H) folgt $\sum x_\nu z_\nu^{p-1} \leqq (\sum x_\nu^p)^{1/p} \cdot (\sum (z_\nu^{p-1})^q)^{1/q} = X \cdot Z^{p/q}$ und analog $\sum y_\nu z_\nu^{p-1} \leqq Y \cdot Z^{p/q}$, was addiert auf $Z^p \leqq (X+Y) Z^{p-1}$, also $Z \leqq X + Y$ führt. Hier steht das Gleichheitszeichen genau dann, wenn es bei den getätigten zwei Anwendungen von (H) steht, d.h. wenn $(\bigwedge_\nu z_\nu = 0$ oder $\bigwedge_\nu x_\nu^p = c z_\nu^{(p-1)q}) \wedge (\bigwedge_\nu z_\nu = 0$ oder $\bigwedge_\nu y_\nu^p = c' z_\nu^{(p-1)q})$, also wegen $(p-1)q = p$ zusammen, wenn $\bigwedge_\nu y_\nu = 0$ oder $\bigvee_{a \geqq 0} \bigwedge_\nu x_\nu = a y_\nu$. – (b) Im allgemeinen Fall hat man $|x_\nu + y_\nu| \leqq$ $\leqq |x_\nu| + |y_\nu|$ zu berücksichtigen mit dem Gleichheitszeichen nur für $\operatorname{sgn} x_\nu = \operatorname{sgn} y_\nu$.

2.2.1.2 Unser allgemeiner Weg zu den aufgeführten Ungleichungen ist nun der folgende:

I. Zunächst beweisen wir den Hauptsatz über konvexe Funktionen (2.2.4) und einen Satz über „strenge Konvexität" (2.2.5).

II. Fordert man neben Konvexität noch Monotonie, so lassen sich einige der Ungleichungen deuten als Vergleichbarkeit gewisser Mittelwerte, der sogenannten quasiarithmetischen Mittel (2.2.6).

III. Die konvexen quasiarithmetischen Mittel ergeben einen weiteren wichtigen und allgemeinen Typus von Ungleichungen, der von den sogenannten bikonvexen und bikonkaven Funktionen (2.2.7). beherrscht wird.

IV. Bei Hinzunahme von Differenzierbarkeitseigenschaften (2.2.8) kann man die in den fraglichen Ungleichungen auftretenden Funktionen „punktal", d.h. durch „Differentialungleichungen" kennzeichnen; insbesondere ergibt sich daraus die Klassifikation der elementaren Funktionen ln und j^r hinsichtlich ihres Konvexitätsverhaltens. Es zeigt sich, daß (J) und (GA) und damit alle in 2.2.1 aufgeführten Ungleichungen ihren Ursprung in der Bikonkavität bzw. strengen Konkavität der Logarithmusfunktion haben.

2.2.2 *Konvexe Bereiche, konvexe Funktionen.*
Würden wir unsere Definition an der Ungleichung 2.2.0, (1^k) orientieren, so müßten wir auch mit unstetigen Funktionen rechnen. Da diese Art von Funktionen in der Praxis ohne Bedeutung ist, legen wir der Erklärung der „konvexen Funktion (schlechthin)“ die Ungleichung (U) (Bd. I., 8.3.4.2) zugrunde und vervollständigen dies zur

1. Definition: Ist D eine *Teilmenge* eines reell-affinen Raumes, so heißt D **konvex** (bzw. **rational konvex**, abgekürzt **„rat. konv.“**), wenn

$$\bigwedge_{x,x' \in D} \bigwedge_{\lambda \in [0;\,1]\ (\text{bzw. } \lambda \in [0;\,1] \cap \mathbb{Q})} (1-\lambda)x + \lambda x' \in D.$$

2. Definition: Die reelle *Funktion* $f|D$ heißt **konvex** (bzw. **rat. konv.**), wenn 1. D konvex (bzw. rat. konv.) und 2. gilt

(K) (bzw. ($K_{\mathbb{Q}}$))
$$\bigwedge_{x,x' \in D} \bigwedge_{\lambda \in [0;\,1]\ (\text{bzw. } \lambda \in [0;\,1] \cap \mathbb{Q})} f((1-\lambda)x + \lambda x') \leqq (1-\lambda)f(x) + \lambda f(x') \quad *).$$

Bemerkungen: 1. Steht $\geqq$ statt $\leqq$ in (K), so heißt die Funktion f (*rat.*) *konkav* oder auch (*rat.*) *konvex nach oben*. Statt von „konvex“ (schlechthin) wie in Def. 2. zu sprechen, wäre daher „konvex nach unten“ deutlicher. – 2. Es genügt im Folgenden *nur* die (rat.) *konvexen* Funktionen zu betrachten; denn bei konkavem f ist $-f$ konvex. – 3. Bei Stetigkeitsbetrachtungen über konvexe Funktionen wird (selbstverständlich) der reell-affine Grundraum als zugleich topologisch vorausgesetzt. Um Komplikationen zu vermeiden *beschränken wir uns auf Betrachtungen* in endlich-dimensionalen euklidischen Räumen, d. h. *im* $\mathbb{R}^n$.

Folgerungen:
(1) Jeder konvexe Bereich ist rat. konvex. Ist überdies der rat. konvexe Bereich D abgeschlossen oder offen im $\mathbb{R}^n$, so ist D konvex. (Bew. als Aufg.).
(2) Jede konvexe Funktion ist auch rat. konv.
(3) Ist der Bereich D konvex, $f|D$ rat. konv. und stetig auf jeder Geraden, so ist $f|D$ konvex (wegen Erhaltung von $\leqq$ beim Grenzübergang).
(4) Aus der 2. Definition folgt unmittelbar: $f|D$ ist genau dann konvex (rat. konv.), wenn es die Einengung $f|D \cap G$ auf jede Gerade G (eindimensionaler affiner Unterraum) ist; denn die Punkte $(1-\lambda)x + \lambda x'$ liegen auf der Verbindungsgeraden durch x und x'. Die

*) Man beachte den Unterschied gegen Bd. I: Funktionen, die dort „konvex“ bzw. „stetig und konvex“ genannt wurden, sind hier (im wesentlichen) die „rational konvexen“ bzw. die „konvexen“ (schlechthin). Die jetzigen Definitionen scheinen uns bequemer und sind auch sonst in Gebrauch.

Prüfung auf Konvexität einer Funktion ist damit auf den Fall der Dimension 1 zurückgeführt, so daß die Ergebnisse von I., 8.3.4 anwendbar sind.
Aus der Gültigkeit von (K) bzw. ($K_{\mathbb{Q}}$) folgt eine allgemeinere Ungleichung:

Satz: *Ist $f|D$ konvex (bzw. rat. konv.), so gilt*

$$f(\alpha_1 x_1 + \ldots + \alpha_m x_m) \leqq \alpha_1 f(x_1) + \ldots + \alpha_m f(x_m)$$

($K_{(\alpha)}$)

für jede beliebige konvexe (bzw. rat. konv.) Linearkombination von Punkten $x_1, \ldots, x_m$ aus D (d.h. für alle $m \in \mathbb{N}^+$, alle $x_1, \ldots, x_m \in D$, alle $\alpha_1, \ldots, \alpha_m$ mit $\sum_\mu \alpha_\mu = 1$ und $\alpha_\mu \in \mathbb{R}^+$ (bzw. $\in \mathbb{Q}^+$).

Beweis durch Induktion in m als Aufgabe!

Geometrische Deutung von ($K_{(\alpha)}$) am Graph von $f|D$ in $D \times \mathbb{R} \subset \mathbb{R}^n \times \mathbb{R} = \mathbb{R}^{n+1}$.

Die positive Richtung der $(n+1)$-ten Koordinatenachse in $\mathbb{R}^{n=1}$ werde als „nach oben“ weisend gedeutet.
Bei affin-unabhängigen $z_1, \ldots, z_r$ bezeichne $\langle z_1, \ldots, z_r \rangle$ das Simplex mit den Ecken $z_1, \ldots, z_r$. Für affin-unabhängige $x_1, \ldots, x_m$ sei gesetzt: $x^+ := \alpha_1 x_1 + \ldots. + \alpha_m x_m$ und $f^+ := \alpha_1 f(x_1) + + \ldots + \alpha_m f(x_m)$. Für $x_\mu \in D \subset \mathbb{R}^n$, $\mu = 1, \ldots, m \leqq n$, gilt nun:
Es besagt ($K_{(\alpha)}$), daß der Punkt (x^+, f^+) nicht unterhalb des Punktes $(x^+, f(x^+))$ liegt (oder $(x^+, f(x^+))$ nicht oberhalb (x^+, f^+)), m.a.W. daß der Teil des Graphen von f, der sich in $\langle x_1, \ldots, x_m \rangle \cap D$ projiziert, nirgends „oberhalb“ des Simplex $\langle (x_1, f(x_1)), \ldots, (x_m, f(x_m)) \rangle$ (mit den Graphenpunkten $(x_\mu, f(x_\mu))$ als Ecken) verläuft. (Dies gilt, wie gesagt, für beliebige affin-unabhängige $x_1, \ldots, x_m \in D$).

3. **Definition:** Die konvexe Linearkombination $\alpha_1 x_1 + \ldots, + \alpha_m x_m$ nennt man ein **gewichtetes arithmetisches Mittel** der Punkte $x_1, \ldots, x_m$ mit den **Gewichten** $\alpha_1, \ldots, \alpha_m$. Bei gleichen Gewichten $\alpha_\mu = m^{-1}$, $\mu = 1, \ldots, m$, erhält man das (gewöhnliche) arithmetische Mittel $A(x_1, \ldots, x_m) = m^{-1}(x_1 + \ldots + x_m)$, den sogen. **Schwerpunkt** der Punkte x_μ.
Speziell für konvexe Funktionen f hat man

(K_m) $$\bigwedge_{z_1, \ldots, z_m \in D} f(A(z_1, \ldots, z_m)) \leqq A(f(z_1), \ldots, f(z_m)).$$

2.2.3 *Kennzeichnung der rational konvexen Funktionen.*
Die Bedeutung von (K_m) für die rat. konv. Funktionen ergibt sich aus dem

Satz: Voraussetzung. *Es sei $D \subset \mathbb{R}^n$ rational konvex und f: $D \rightarrowtail \mathbb{R}^n$.*

Behauptung: (1) *Gilt (K_m) für (mindestens) ein $m \geqq 2$ für f, so für* jedes *$m \geqq 2$ (für f).* – (2) *Es ist f rat. konv. genau dann, wenn (K_2) für f gilt.*

Beweis: *Betr. Beh.* (1) Durch „*Vor-* und *Rückinduktion*“, d.h. durch den Beweis der Aussagen: (a) Aus (K_m) folgt (K_{m-1}) für jedes $m>2$; (b) Aus (K_m) folgt (K_{2m}) für jedes $m\geqq 2$. *Betr.* (a) Ist $z_1,\dots,z_{m-1}\in D$, so bilden wir $z_m := A(z_1,\dots,z_{m-1})\in D$, sodaß $A(z_1,\dots,z_m)=A(z_1,\dots,z_{m-1})=z_m$ und wegen (K_m) sodann $f(A(z_1,\dots,z_m))\leqq A(f(z_1),\dots,f(z_m))$, was sich in $f(z_m)\leqq A(f(z_1),\dots,f(z_{m-1}))$ umformen läßt. – *Betr.* (b) Zu $z_1,\dots,z_m\in D$ und $z_1',\dots,z_m'\in D$ bilden wir $z:=A(z_1,\dots,z_m)$ und $z':=(z_1',\dots,z_m')$. Wegen (K_m) erhalten wir

$$f(z)\leqq A(f(z_1),\dots,f(z_m)) \quad \text{und} \quad f(z')\leqq A(f(z_1'),\dots,f(z_m')).$$

Da wegen (a) aus (K_m) sich (K_2) ergibt, liefert Addition:

$$f(2^{-1}(z+z'))\leqq 2^{-1}(f(z)+f(z'))\leqq A(f(z_1),\dots,f(z_m'))$$

und damit (K_{2m}).

Betr. Beh. (2) *Nur dann.* Folgt aus der Definition von rat. konv. – *Dann.* Da für $\lambda=0,1$ nichts zu beweisen ist, sei $\lambda:=p/q$ mit $2\leqq q\in\mathbb{N}$ und $p=1,\dots,q-1$. Für $x_\varrho:=x$, $\varrho=1,\dots,q-p$, und $x_\tau:=x'$, $\tau=q-p+1,\dots,q$, gilt dann $A(x_1,\dots,x_q)=(1-\lambda)x+\lambda x'$. Aus (K_q) folgt also, daß f rat. konv. ist, und aus (K_2) folgt (K_q) (Beh. (1)).

2.2.4 *Kennzeichnung der konvexen Funktionen.*

Hauptsatz: Voraussetzung. *Es sei B offen und konvex ($B\subset\mathbb{R}^n$).*

Behauptung: (1) *Ist $f|B$ rational konvex und in einer Umgebung $U(x_0)$ (mindestens) eines Punktes $x_0\in B$ nach oben beschränkt, so ist $f|B$ stetig und konvex.* – (2) *Es ist $f|B$ konvex genau dann, wenn $f|B$ rational konvex und stetig ist.* – (3) *Bei beschränktem B ist jedes konvexe $f|B$ beschränkt nach unten.*

Beweis: *Betr. Beh.* (1). – (a) Jedes $y\in B$ besitzt eine Umgebung in B, in welcher f nach oben beschränkt ist. Andernfalls gibt es $y_\nu\in B$ mit $y_\nu\rightsquigarrow y$ und $f(y_\nu)\rightsquigarrow+\infty$ für $\nu\rightsquigarrow\infty$. Zu x_0 und y gibt es $\lambda\in(0;1)\cap\mathbb{Q}$ und $x'\in B$ mit $y=(1-\lambda)x'+\lambda x_0$. Weiter existiert zu jedem y_ν (mit hinreichend großem ν) ein x_ν' mit $y_\nu=(1-\lambda)x'+\lambda x_\nu'$; daher $f(y_\nu)\leqq(1-\lambda)f(x')+\lambda f(x_\nu')$ und $x_\nu'\rightsquigarrow x_0$, mithin $f(x_\nu')\rightsquigarrow+\infty$ im Widerspruch zu $x_\nu'\in B$ für schl. alle ν. – (b) Jedes $z\in B$ besitzt eine Umgebung in B, in welcher f nach unten beschränkt ist. Andernfalls gibt es $z_\nu\in B$ mit $z_\nu\rightsquigarrow z$ und $f(z_\nu)\rightsquigarrow-\infty$. Es gibt $x'\in U(x_0)$ und $\lambda\in(0;1)\cap\mathbb{Q}$ mit $x_0=(1-\lambda)z+\lambda z'$, ferner x_ν mit $x_0=(1-\lambda)z_\nu+\lambda x_\nu$, also $f(x_0)\leqq(1-\lambda)f(z_\nu)+\lambda f(x_\nu)$ und $x_\nu\rightsquigarrow x'$, mithin $f(x_\nu)\rightsquigarrow+\infty$ im Widerspruch zu $x'\in U(x_0)$. – (c) Ist f in y_0 nicht stetig, so ist f in keiner Umgebung nach oben beschränkt. In der Tat: Angenommen, in einer Umgebung $U(y_0)$ von y_0 gilt $f(x)<M$; wegen (b) können wir dort o.B.d.A. auch $-M<f(x)$ voraussetzen. Da f nicht stetig ist in y_0, so gibt es ein $d>0$ und Folgen $x_\nu\rightsquigarrow y_0$, $x_\nu'\rightsquigarrow y_0$ mit $\bigwedge_\nu f(x_\nu)>f(x_\nu')+d$. Nun wählen wir $m\in\mathbb{N}^+$ mit $md>2M$ und x_ν'' gemäß $x_\nu=m^{-1}$

$((m-1)x'_\nu + x''_\nu)$; dann ist $f(x_\nu) \leqq m^{-1}((m-1)f(x'_\nu) + f(x''_\nu))$, oder $f(x'_\nu) + m(f(x_\nu) - f(x'_\nu)) \leqq \leqq f(x''_\nu)$, also, sobald $x'_\nu \in U_{y_0}$, $M < -M + md \leqq f(x''_\nu)$. Dies ergibt wegen $x''_\nu \rightsquigarrow y_0$ für hinreichend großes ν einen Widerspruch. – (d) Wegen I., 8.3.4.2 ist f konvex gemäß Folgerung (3) in 2.2.2. – *Zu Beh.* (2) Es bleibt nur noch zu zeigen, daß aus der Konvexität die Stetigkeit folgt. Da B offen $\subset \mathbb{R}^n$, so enthält B ein n-dimensionales Simplex $\sigma := \langle x_0, \ldots, x_n \rangle \subset B$. Im Innern von σ ist f als konvexe Funktion nach oben beschränkt (z. B. $f(x) \leqq \max\{f(x_0), \ldots, f(x_n)\}$, also nach Beh. (1) stetig. – *Zu Beh.* (3). Sei $S \in B$ eine abgeschlossene Kugel vom Radius $r > 0$ und mit Mittelpunkt x_0, ferner sei $\bigwedge_{x \subset S} |f(x)| \leqq M$. Für einen beliebigen Punkt $x \in B \setminus S$ gilt $|x - x_0| \leqq s$ wegen der Beschränktheit von B mit festem $s > 0$. Ist x' der Schnittpunkt der Verbindungsstrecke von x und x_0 mit der $(n-1)$-Sphäre $S \setminus \underline{S}$, also $|x' - x_0| = r$, so gilt für passendes $\lambda \in (0; 1)$: $x' = (1-\lambda)x + \lambda x_0$. Daher $f(x') \leqq (1-\lambda)f(x) + \lambda f(x_0)$, woraus $f(x) \geqq (1-\lambda)^{-1}(f(x') - \lambda f(x_0)) \geqq -(1-\lambda)^{-1}M(1+\lambda)$. Dabei ist $(1-\lambda)^{-1}(1+\lambda) < < r^{-1}(r+2s)$; in der Tat: Es gilt $x' - x_0 = (1-\lambda)(x - x_0)$, also $r = |1-\lambda| \cdot |x - x_0| \leqq (1-\lambda)s$, mithin $(1-\lambda)^{-1} \leqq sr^{-1}$ und $1 + \lambda \leqq (2s+r)s^{-1}$. Daher $f(x) \geqq -M(2s+r)r^{-1}$ für alle $x \in B \setminus S$ und damit für alle $x \in B$ (weil $(2s+r)r^{-1} > 1$ und $\bigwedge_{x \in S} f(x) > -M$).

2.2.5 *Das Gleichheitszeichen in* $(K_{(\alpha)})$.

Definition: Es sei $f|D$ rational konvex. (I) Das Paar $x_1, x_2 \in D$ heißt ein **(f)-Paar**, wenn in der Ungleichung von (K_2) für x_1, x_2 das Kleinerzeichen steht. – (II) Es heißt f **streng rational konvex**, wenn jedes Paar x_1, x_2 mit $x_1 \neq x_2$ ein (f)-Paar ist.

Satz: Voraussetzung. *Es sei $f|D$ rational konvex.*

Behauptung: (1) *In der Ungleichung $(K_{(\alpha)})$ steht das Kleinerzeichen, wenn $x_1, \ldots, x_m$ ein (f)-Paar x_i, x_j enthalten und die zugehörigen Gewichte α_i, α_j positiv sind.* – (2) *Ist f streng rational konvex, so steht in $(K_{(\alpha)})$ bei positiven Gewichten das Gleichheitszeichen genau dann. wenn alle $x_1, \ldots, x_m$ einander gleich sind.*

Beweis: (1). Es sei x_1, x_2 ein (f)-Paar und etwa $\alpha_1 \geqq \alpha_2 > 0$. Man wendet gemäß der Darstellung

$$\alpha_1 x_1 + \alpha_2 x_2 + \ldots. = (\alpha_1 - \alpha_2)x_1 + 2\alpha_2 \cdot (2^{-1}(x_1 + x_2)) + \ldots.$$

einmal $(K_{(\alpha_1 - \alpha_2, 2\alpha_2, \ldots)})$ (mit $\leqq$) an und anschließend auf $f(2^{-1}(x_1 + x_2))$ das nach 2.2.3 ebenfalls gültige $(K_{(2^{-1}, 2^{-1})})(= (K_2))$ (mit $<$). – (2) Sind $x_1, \ldots, x_m$ nicht alle gleich, so enthalten sie, weil f streng rational konvex ist, ein (f)-Paar (mit positiven Gewichten), sodaß nach Beh. (1) in $(K_{(\alpha)})$ das Kleinerzeichen steht.

Bemerkung: Die Bedingung in der Behauptung (1) des Satzes ist nicht notwendig. – *Beispiel:* Es sei $D \subset \mathbb{R}^2$ mit $D := \{(x, y) : x > 0 \wedge y \geqq 0 \wedge x + y \leqq 1\}$ und $f(x, y) := \max\{-x, -y, x + y - 1\}$. Es ist f konvex und das Punktetripel (0,0), (0,1), (1,0) enthält kein (f)-Paar, aber in (K_3) steht dafür $<$.

2.2.6 *Vergleichbare Mittelwerte.*

Falls in (K_m) von 2.2.2 die Funktion f streng isoton und stetig ist mit dem Intervall $D := (a; b)$ als Definitionsbereich, so kann man (K_m) in

$$(K_m) \qquad \bigwedge_{z_1,\ldots,z_m\in D} A(z_1,\ldots,z_m) \leqq f^{[-1]}(A(f(z_1),\ldots,f(z_m))$$

umschreiben. Die rechte Seite von (K_m') hat gewisse Mittelwerteigenschaften:

Definition: Ist f: $(a; b) \rightarrowtail \mathbb{R}$ streng monoton und stetig, so heißt

$$M_f(z_1,\ldots,z_m) := f^{[-1]}(A(f(z_1),\ldots,f(z_m)), \bigwedge_\mu z_\mu \in (a; b)$$

quasiarithmetisches Mittel in $(a; b)$ mit der „Bildfunktion" f.

(K_m') besagt nun, daß die Mittelwerte A und M_f in $(a; b)$ vergleichbar sind im Sinne von $A \leqq M_f$. Ergebnis:

$A \leqq M_f$ genau dann, wenn f konvex und streng isoton ist.

Es ist naheliegend, diese Angelegenheit allgemeiner zu betrachten. Es seien f, g streng monotone und stetige Funktionen in $(a; b)$; unter welchen Umständen sind M_f und M_g vergleichbar, etwa mit

$$(*) \qquad M_g \leqq M_f \qquad ?$$

In Beantwortung dieser Frage bilden wir auf beiden Seiten von (*) den f-Wert, setzen $g(z_\mu) =: w_\mu$, $z_\mu = g^{[-1]}(w_\mu)$ und $f \circ g^{[-1]} =: h$. Dann erweist sich (*) gleichwertig mit

$$(K_m'') \qquad h(A(w_1,\ldots,w_m)) \leqq A(h(w_1),\ldots,h(w_m))$$

für alle $w_\mu \in (a^*; b^*)$ mit a^* bzw. $b^* = \min$ bzw. $\max\{g(a+); g(b-)\}$, falls f isoton (bzw. mit $\geqq$ anstelle von $\leqq$, falls f antiton), d. h. mit der Konvexität bzw. Konkavität von h.

Satz: *Sind f und g streng monotone Funktionen in $(a; b)$, so besteht die Vergleichbarkeit $M_g \leqq M_f$ genau dann, wenn $f \circ g^{[-1]}$ konvex bzw. konkav ist, je nachdem f iso- bzw. antiton ist.*

Anmerkung: Vorstehender Satz kann auch auf gewichtete arithmetische Mittel ausgedehnt werden (mit entsprechend gleichen Gewichten) (Aufgabe!). Beispielsweise ist (GA) von Typus (*) mit Gewichten.

2.2.7 *Konvexe Mittelwerte, bikonvexe Funktionen.*

2.2.7.1 Um zu einem allgemeinen Ungleichungstyp zu gelangen, der (J) umfaßt, betrachten wir (J) für $n = k = 2$ und $p_1 = p_2 = 1/2$. Wir setzen (für positive x_1, x_2) $G\begin{pmatrix} x_1 \\ x_2 \end{pmatrix} := (x_1 x_2)^{1/2}$, dividieren (J) durch 2 und erhalten

$$(J^*) \qquad A\left(G\begin{pmatrix}x_1\\x_2\end{pmatrix}, G\begin{pmatrix}y_1\\y_2\end{pmatrix}\right) \leqq G\begin{pmatrix}A(x_1, y_1)\\A(x_2, y_2)\end{pmatrix}.$$

gültig für alle positiven $x_1, \ldots, y_2$. Wir verallgemeinern diesen Ungleichungstyp, indem wir für A und G quasiarithmetische Mittel setzen: Es seien φ_1, φ_2 streng monotone und stetige reelle Funktionen in $(a; b)$; wir verlangen, daß für jede Matrix $\begin{pmatrix}x_{11} & x_{12}\\x_{21} & x_{22}\end{pmatrix}$ von Zahlen aus $(a; b)$

$$(B^{2\ 2}_{\varphi_1\, \varphi_2}) \qquad \begin{aligned} &M_{\varphi_1}(M_{\varphi_2}(x_{11}, x_{12}),\ M_{\varphi_2}(x_{21}, x_{22}))\\ &\leqq M_{\varphi_2}(M_{\varphi_1}(x_{11}, x_{21}),\ M_{\varphi_1}(x_{12}, x_{22}))\end{aligned}$$

gelte.

2.2.7.2 Geben wir dem Begriff „konvex“ etwa in Hinblick auf (K_m) die deutlichere Bezeichnung „konvex bzgl. des arithmetischen Mittels“, so kommen wir auf folgende allgemeinere

1. Definition: Ist M ein Mittel von n Argumenten in $D := (a; b)$, $M: D^n \rightarrowtail D$, und $f: D^k \rightarrowtail D$, so heißt f **bzgl. des Mittels M konvex**, wenn

$$(K^{k\,n}_{f\,M}) \qquad f\left(M\begin{pmatrix}x_{11}\\ \vdots\\ x_{n1}\end{pmatrix}, \ldots, M\begin{pmatrix}x_{1k}\\ \vdots\\ x_{nk}\end{pmatrix}\right) \leqq M\begin{pmatrix}f(x_{11}, \ldots, x_{1k})\\ \vdots\\ f(x_{n1}, \ldots, x_{nk})\end{pmatrix}$$

für jede n,k-Matrix $(x_{\nu\kappa})$ von Zahlen aus D.
(Analog für konkav mit $\geqq$). (Die Argumente von M sind hier als Spalte geschrieben).
Mit dieser Definition besagt $(B^{2\ 2}_{\varphi_1\, \varphi_2})$ zweierlei: Erstens, daß M_{φ_1} konvex ist bezüglich M_{φ_2}; Zweitens, daß M_{φ_2} konkav ist bezüglich M_{φ_1}. Diese Symmetrie wird uns erlauben, frühere Induktionssätze (vgl. 2.2.3) hinsichtlich der Zeilen und Spaltenanzahl der Matrix $(x_{\nu\mu})$ anzuwenden. Man kann nämlich $(B^{2\ 2}_{\varphi_1\, \varphi_2})$ auf gewöhnliche Konvexität zurückführen. In der Tat: Setzt man $f := \varphi_1 \circ \varphi_2^{[-1]}$ und $y_{\nu\kappa} := \varphi_2(x_{\nu\kappa})$ und nimmt von beiden Seiten von $(B^{2\ 2}_{\varphi_1\, \varphi_2})$ den φ_2-Wert, so erhält man eine Ungleichung $(B^{2\ 2}_{f\ j})$, welche besagt, daß M_f konvex (konkav) ist, wenn φ_2 isoton (antiton) ist (Bew.!)

2. Definition: Die in $(a; b)$ streng isotone stetige Funktion f heißt **bikonvex (bikonkav)**, wenn M_f konvex (konkav) ist, d.h. wenn $(B^{2\ 2}_{f\ j})$ bzw. $(B^{2\ 2}_{j\ f})$ gilt. Ist f antiton, so gelte die ungekehrte Bezeichnung.

2.2.7.3 Die Bikonvexität ist eine besondere Art der Konvexität:
Jede bikonvexe (bikonkave) Funktion ist konvex (konkav).

Beweis: Im Falle eines isotonen f setze man in der Definitionsungleichung $(B^{2\ 2}_{f\ j})\, x_{21} = x_{12}$ und $x_{22} = x_{11}$ und bilde beiderseits den f-Wert; man erhält (K_2).

2.2.7.4 Von $(B^{2}_{\varphi_1}{}^{2}_{\varphi_2})$ kann man mittels Satz 2.2.3 Beh. 2., auf die Gültigkeit von

$$M_{\varphi_1}(M_{\varphi_2}(x_{11},\dots,x_{1n}),\dots,M_{\varphi_2}(x_{m1},\dots,x_{mn}))$$

$$(B^{m}_{\varphi_1}{}^{n}_{\varphi_2}) \qquad \leqq M_{\varphi_2}(M_{\varphi_1}(x_{11},\dots,x_{m1}),\dots,M_{\varphi_1}(x_{1n},\dots,x_{mn}))$$

für beliebige $x_{11},\dots,x_{mn}$ aus $(a;b)$ schließen. Bei den dabei zu vollziehenden Schlüssen $(B^{2}_{\varphi_1}{}^{2}_{\varphi_2})\rightarrow(B^{2}_{\varphi_1}{}^{n}_{\varphi_2})\rightarrow(B^{m}_{\varphi_1}{}^{n}_{\varphi_2})$ wird im ersten Schluß die Konvexität von M_{φ_1} bzgl. M_{φ_2} und im zweiten die Konkavität von M_{φ_2} bzgl. M_{φ_1} benutzt (Beweise durch Rückrechnung auf eine konvexe bzw. konkave Funktion als Aufgabe).
In der Frage der Gültigkeit des Kleinerzeichens in $(B^{m}_{\varphi_1}{}^{n}_{\varphi_2})$ läßt sich wie im Beweis von Satz in 2.2.5 verfahren. Zusammenfassend erhalten wir (Bew.!) den

Satz: *Es gilt die Ungleichung* $(B^{m}_{\varphi_1}{}^{n}_{\varphi_2})$ *für die in* $(a;b)$ *definierten stetigen streng monotonen Funktionen* φ_1, φ_2 *für jede m,n-Matrix* $(x_{\nu\mu})$ *von Zahlen aus* $(a;b)$ *und beliebige ganze* $m\geqq 2$, $n\geqq 2$ *genau dann, wenn* $\varphi_1\circ\varphi_2^{[-1]}$ *bikonvex oder bikonkav ist, je nachdem* φ_2 *isoton oder antiton ist. Bleibt von der Matrix*

$$(*) \qquad \begin{pmatrix} x_{11}\dots x_{1n}\\ \dots\dots\dots\\ x_{m1}\dots x_{mn}\end{pmatrix}$$

durch Wegstreichen von geeigneten $(m-2)$ *Zeilen und* $(n-2)$ *Spalten eine Matrix übrig, für welche in* $(B^{2}_{\varphi_1}{}^{2}_{\varphi_2})$ *das Kleinerzeichen steht, dann ist dies auch für* (*) *in* $(B^{m}_{\varphi_1}{}^{n}_{\varphi_2})$ der *Fall.*

2.2.8 *Differenzierbare konvexe und bikonvexe Funktionen.*
Da die Konvexität von Funktionen ihrer Natur nach eine punktale Eigenschaft ist (vgl. I., 7.5.10), so kann man nach entsprechenden Kennzeichnungen suchen; solche ergeben sich insbesondere unter der Voraussetzung geeignet hoher Differenzierbarkeit. Da die streng monotonen elementaren Funktionen samt ihren Umkehrungen beliebig oft differenzierbar sind, so wird gerade diese Funktionenklasse mit den folgenden Untersuchungen angesprochen.

1. Satz: *Die zweimal differenzierbare Funktion* $f|(a;b)$ *ist genau dann konvex (bzw. konkav), wenn* $f''\geqq 0$ *(bzw.* $\leqq 0$*).*

Beweise: Folgt aus I., 8.6.1.1 und 8.6.1.3, Satz.
In der Frage der Vergleichbarkeit von quasiarithmetischen Mitteln gilt folgender

2. Satz: *Für die im Intervall* $(a;b)$ *zweimal differenzierbaren Funktionen* f, g *mit* $f'g'\neq 0$ *gilt* $M_g\leqq M_f$ *genau dann, wenn*

$$g'f''-f'g''\geqq 0 \qquad (\text{bzw. } \leqq 0),$$

soferne $f'g'>0$ *(bzw.* <0*) ist.*

Beweis: Nach Satz 2.2.6 ist im Falle $f'>0$ für $M_g \leqq M_f$ notwendig und hinreichend, daß $f\circ g^{[-1]}$ konvex ist, also

$$(f\circ g^{[-1]})'' = (g')^{-3}(g'f''-f'g'') \geqq 0.$$

Wegen der Stetigkeit der f', g' sowie wegen $f'\cdot g' \neq 0$ und $f'>0$ folgt die Beh. des Satzes. Der Fall $f'<0$ erledigt sich analog.
Als eine punktale Kennzeichnung der bikonvexen Funktionen ergibt sich folgender

3. Satz: *Die im Intervall* $(a; b)$ *dreimal differenzierbare Funktion* f *mit* $f'>0$ *und* $f''>0$ *(bzw.* $f''<$*) ist bikonvex (bzw. bikonkav) genau dann, wenn* $(f'')^{-2}f'f'''$ *isoton ist.*

Beweis: Wir haben zu zeigen, das die angegebene Bedingung für f mit der Konvexität von $M_f(x_1, x_2) := f^{[-1]}(2^{-1}(f(x_1)+f(x_2)))$ gleichwertig ist. Gemäß 2.2.2, Folgerung (4), genügt es, auf die Konvexität der Funktion $\phi := (t \longmapsto M_f(x_1+u_1t, x_2+u_2t))$ bei festen, aber beliebigen $x_1, \ldots, u_2$ zu achten, also die Gleichwertigkeit der Bedingung des Satzes mit $\bigwedge_{x_1,\ldots,u_2}\phi''(0) \geqq 0$ nachzuweisen. Letzteres besagt nach den Regeln der Diff.-Rechn. (einer Variablen)

$$(1) \qquad f_1''u_1^2 + f_2''u_2^2 - (f_1'u_1 + f_2'u_2)^2 f''/(2f'^2) \geqq 0,$$

wobei in f_i', f_i'' das Argument x_i steht und in f', f'' das Argument $M_f(x_1, x_2)$. Da (1) für alle u_1, u_2 gelten muß, folgt, falls $f''>0$:

$$(2) \qquad \frac{f'^2}{f''} \geqq \left(\max_{u_1^2+u_2^2>0}\left\{\frac{(f_1'u_1+f_2'u_2)^2}{2(f_1''u_1^2+f_2''u_2^2)}\right\}\right) =: m$$

Für positive Konstanten a, b, A, B und (variable) u_1, u_2 gilt, falls $u_1^2+u_2^2>0$ die Identität, wobei $N := Au_1^2 + Bu_2^2$:

$$(au_1+bu_2)^2N^{-1} = (A^{-1}a^2 + B^{-1}b^2) - (A^{-1}au_2 - B^{-1}bu_1)^2ABN^{-1}$$

Darin ist der Minuend rechterhand gleich dem Maximum der linken Seite (nämlich für $A^{-1}au_2 - B^{-1}bu_1 = 0$).
Für $a := f_1'$, $b := f_2'$, $A := f_1''$ und $B := f_2''$ daher $m = 2^{-1}(f_1'^2(f_1'')^{-1} + f_2'^2(f_2'')^{-1})$ $\quad (f''>0)$. Setzen wir nun $f'^2(x)/f''(x) =: G(x)$, $y_i := f(x_i)$, d.h. $x_i = f^{[-1]}(y_i)$ und $G\circ f^{[-1]} =: h$, so lautet (2):

$$h(2^{-1}(y_1+y_2)) \geqq 2^{-1}(h(y_1)+h(y_2)),$$

d.h. h ist eine konkave Funktion oder h' ist antiton. Da $h'(y) = G'(x)/f'(x) = 2 - f'(x)f'''(x)/f''^2(x)$, so ist also (2) gleichwertig mit der Isotonie von $f'f'''/(f'')^2$. Im Falle $f''<0$ schließt man analog.

2.2.8.1 Anwendung der vorausgehenden Sätze auf die Funktionen ln und j^r mit dem Definitionsbereich $\{x : x > 0\}$ ergibt:

I. ln *ist streng konkav; j^r ist für $r > 1$ und $r < 0$ streng konvex, für $0 < r < 1$ streng konkav.* Beweis als Aufgabe.

II. (a) *Wenn $rs \neq 0$, so gilt $M_{j^r} \leqq M_{j^s}$ genau dann, wenn $r \leqq s$.*

(b) $$M_{j^r} \leqq M_{\ln} \leqq M_{j^s} \qquad \text{für } r < 0 < s.$$

Beweis: (a) Die Bedingungen von Satz 2 oben führen auf die zwei Möglichkeiten

$$rs > 0 \wedge rs(s-1) - sr(r-1) \geqq 0, \qquad \text{oder}$$
$$rs < 0 \wedge rs(s-1) - sr(r-1) \leqq 0.$$

Beide sind mit $s - r \geqq 0$ gleichwertig.

(b) Beweis dazu als Aufgabe!

Bemerkung: Für $r = -1$ und $s = +1$ führt (b) zu 2.2.0, (HG).

III. ln *ist bikonkav; j^r ist bikonvex für $r > 1$ und $r < 0$, und bikonkav für $0 < r < 1$.*

Beweis: Für die genannten Funktionen f ist $f'f'''/(f'')^2$ eine Konstante.

Beispiel einer *konvexen* Funktion, die *nicht bikonvex* ist: $(x \mapsto x + x^3/3)$ für $x > 0$. Hier ist $f'f'''/(f'')^2 = 2^{-1}(1 + j^{-2})$ antiton.

2.2.8.2 Im folgenden soll nun noch der Zusammenhang der gewonnenen allgemeinen Ergebnisse mit den in 2.2.1 aufgezählten Ungleichungen hergestellt werden; wegen 2.2.1.1 können wir uns dabei auf (GA) und (J) beschränken.

Zu (GA). Im einfachsten Fall, nämlich für $k = 2$, $p_1 = p_2 = 2^{-1}$, lautet (GA):

$$(x_1 x_2)^{1/2} \leqq \tfrac{1}{2}(x_1 + x_2).$$

Diese Ungleichung ist aber oben (2.2.8.1, Ziff. II., Bemerkung) bewiesen. Aus ihr erhalten wir vermöge der Sätze in 2.2.2 und 2.2.5 die in 2.2.1 angegebene allgemeine Ungleichung (GA).

Zu (J). (J^*) von 2.2.7 oder was dasselbe, $(B^{2\ 2}_{j\ \ln})$ ist Ausdruck dafür, daß ln bikonkav ist; die Gültigkeit dieser Ungleichung ist somit nach 2.2.8.1, III. bewiesen. In der Frage des Gleichheitszeichens gehen wir direkt vor: Mit den Umbenennungen $x_i = u_i^2$, $y_i = v_i^2$ wird aus (J^*) $(u_1 v_1 + u_2 v_2)^2 \leqq (u_1^2 + u_2^2)(v_1^2 + v_2^2)$. Da die rechte Seite dieser Ungleichung gleich $(u_1 v_1 + u_2 v_2)^2 + (u_1 v_2 - u_2 v_1)^2$ ist, so steht in (J^*) das Gleichheitszeichen genau dann, wenn $u_1 v_2 = u_2 v_1$ oder $\det\begin{pmatrix} x_1 & y_1 \\ x_2 & y_2 \end{pmatrix} = 0$. (Damit haben wir übrigens auch einen elementaren Beweis für die Bikonkavität von ln!) Gehen wir nun gemäß Satz 2.2.7.4 von $(B_j^2\,{}^2_{\ln})$ über zu $(B_j^n\,{}^k_{\ln})$ mit der Argumentematrix

$$\begin{pmatrix} x_{11} \ldots x_{1n} \\ \ldots\ldots\ldots \\ x_{k1} \ldots x_{kn} \end{pmatrix} =: X$$

und dabei bei den Spalten zu Gewichten $p_1, \ldots, p_k$ gemäß Satz 2.2.2 (während wir hinsichtlich der Zeilen es beim arithmetischen Mittel mit gleichen Gewichten belassen), so ergibt sich (J), und zwar mit dem Gleichheitszeichen genau dann, wenn alle 2-reihigen Determinanten von X verschwinden, d. h. X den Rang $\leqq 1$ hat; dies ist aber gerade die in 2.2.1 bezüglich des Gleichheitszeichens in (J) angegebene Bedingung.

2.3. Mehrfache Grenzübergänge und ihre Vertauschbarkeit

2.3.0 Die Frage nach der Vertauschbarkeit von Abbildungen F_1, F_2, d. h. nach der Gültigkeit von $F_1 \circ F_2 = F_2 \circ F_1$ (Kommutativität der Verkettung $\circ$) gehört zu den fundamentalen Problemen der Mathematik. Dieses Problem ist uns schon in I., Nr. 6.5.4.1, begegnet bei der Frage, wann der Limes einer konvergenten Folge stetiger Funktionen selbst stetig ist, wobei also die F_i Grenzprozesse bezeichnen; sind nämlich die Funktionen $f_n := (x \mapsto f_n(x)) =: g(x, n)$ in einer Umgebung von x_0 erklärt, so fragt es sich, ob

$$\lim_{n\to\infty}(\lim_{x\to x_0} g(x, n)) = \lim_{x\to x_0}(\lim_{n\to\infty} g(x, n)).$$

Da g also Funktion der beiden Variablen x und n ist, so haben wir hier ein Beispiel zu der im folgenden allgemein behandelten Frage nach hinreichenden oder (und) notwendigen Bedingungen für die Vertauschbarkeit von Grenzübergängen bei Funktionen mehrerer Veränderlichen. Die eigentümlichen Schwierigkeiten solcher Probleme erkennt man schon an der oben gestellten Stetigkeitsfrage: Einerseits ist für die Stetigkeit der Grenzfunktion $\varphi := \lim_n g(., n)$ die Stetigkeit der Funktionen $g(., n)$ garnicht notwendig; hierzu das *Beispiel:* $g(x, n) = n^{-1} d(x)$, worin d mit $d(x) := 0$ bzw. 1, je nachdem x rational bzw. irrational ist, eine nirgend stetige Funktion darstellt. Andererseits ist für die Beurteilung der Stetigkeit von φ in x_0 nur die Kenntnis von $g(x, n)$ in Bereichen der Gestalt $B_{0,m} := \{(x, n): x \in U \wedge n > m(x)\}$, wobei U eine Umgebung von x_0 und $m: U \to \mathbb{N}^+$ bezeichnen, von nöten. Um klar zu machen, wie man diesen Umständen gerecht wird, schicken wir – beispielhaft für die folgenden allgemeinen Betrachtungen – hier eine Behandlung der obigen Stetigkeitsfrage voraus.

2.3.0.1 Mit unwesentlichen Änderungen des Sachverhalts und der Bezeichnungen sei $X := {}^+(0; 1)$ und $T := (0; 1)$ und $g: X \times T \to \mathbb{R}$; man betrachtet das Verhalten von g in der Nähe von $x=0$ und für $t \rightsquigarrow 0+$. Entsprechend den Darlegungen von 2.3.0 verzichten wir auf die Stetigkeit der Funktionen $g(.,t)$ und auf die Konvergenz von $g(x,t)$ bei festem $x \neq 0$ für $t \rightsquigarrow 0+$ und operieren statt dessen mit den extremen Limiten, d.h. mit $\bar{\varphi}(x) := \limsup_{t \rightsquigarrow 0+} g(x,t)$ und $\underline{\varphi}(x) := \liminf_{t \rightsquigarrow 0+} g(x,t)$ (für $x>0$). Dann lautet unsere

Definition: Es heiße g **für** $t \rightsquigarrow 0+$ **in** $x=0$ **stetig konvergent**, wenn ein $\varphi_0 \in \mathbb{R}$ existiert, so daß folgende drei Aussagen gelten:

1. $\lim_{t \rightsquigarrow 0+} g(0,t) = \varphi_0$;

$2_{a,b}$. $\lim_{x \rightsquigarrow 0+} \bar{\varphi}(x) = \varphi_0 = \lim_{x \rightsquigarrow 0+} \underline{\varphi}(x)$.

Es gilt der

Satz: *g ist genau dann für* $t \rightsquigarrow 0+$ *in* $x=0$ *stetig konvergent, wenn*

(s) $$\bigwedge_{\varepsilon>0} \bigvee_{\delta=\delta(\varepsilon)} \bigwedge_{x'<\delta} \bigvee_{\delta'=\delta'(\varepsilon,x')} \bigwedge_{t<\delta,\, t'<\delta'} |g(0,t)-g(x',t')|<\varepsilon.$$

Beweis: **1.** Es gelte (s). Hieraus folgt direkt $|g(0,t_1)-g(0,t_2)|<2\varepsilon$ für $t_1, t_2<\delta$, also 1., und insbesondere $|g(0,t_1)-\varphi_0|<2\varepsilon$ für $t_1<\delta$. Weiter ergibt sich für $t<\delta$ und $x'<\delta$

$$\varphi_0-3\varepsilon<g(0,t)-\varepsilon<\underline{\varphi}(x) \leqq \bar{\varphi}(x)<g(0,t)+\varepsilon<\varphi_0+3\varepsilon,$$

also $2_{a,b}$. – **2.** Es gelte 1. und $2_{a,b}$., und $\varepsilon>0$ sei vorgegeben. Aus 1. folgt $|g(0,t)-\varphi_0|<\varepsilon/3$ für $t<\delta_1(\varepsilon)$, aus $2_{a,b}$. $|\bar{\varphi}(x')-\varphi_0|<\varepsilon/3$ für $x'<\delta_2(\varepsilon)$, also
(1) $|g(0,t)-\bar{\varphi}(x')|<2\varepsilon/3$ für $t, x'<\delta(\varepsilon) := \min\{\delta_1(\varepsilon), \delta_2(\varepsilon)\}$. Schließlich gilt
(2) $g(x',t')-\varepsilon/3<\underline{\varphi}(x') \leqq \bar{\varphi}(x')<g(x',t')+3^{-1}\varepsilon$ für $t'<\delta'(x',\varepsilon)$. Aus (1) und (2) folgt (s).

Folgerung: *Voraussetzung.* In der obigen Definition sei speziell angenommen, daß $\bar{\varphi}(x)=\underline{\varphi}(x)=:\varphi(x)$ für $x>0$. Ferner sei $g(x,0)=\varphi(x)$ für $x>0$, und $g(0,0):=\varphi_0$. – *Behauptung.* Gleichwertig sind (a) Es konvergiert $g(x,t)$ stetig in $x=0$ für $t \rightsquigarrow 0+$. – (b) Es ist $\varphi(x)=\lim_{t \rightsquigarrow 0+} g(x,t)$, $x \geqq 0$, stetig in $x=0$.
Der Beweis sei dem Leser überlassen.

Anmerkung: Bei der Suche nach möglichst einfachen Kennzeichnungen (d.h. notwendigen und zugleich hinreichenden Bedingungen) für die Stetigkeit von $\varphi=g(.,0)$ in $x=0$ gerät man leicht in unmittelbare Nähe der Trivialität, d.h. der Stetigkeitsdefinition für $g(.,0)$ selbst.

Beispiel: Die sogen. „einfachst gleichmäßige Konvergenz“ (vgl. Fréchet-Rosenthal, Nr. 52 (S. 1165)). Dabei wird nämlich unter der Voraussetzung, daß alle $g(.,t)$ in $x=0$ stetig seien, gefordert:

(+) $$\bigwedge_{\varepsilon>0} \bigvee_{t'} \bigvee_{\delta>0} \bigwedge_{x<\delta} |\varphi(x)-g(x,t')|<\varepsilon.$$

Unter der genannten Voraussetzung ist $(+)$ notw. und hinr. für die Stetigkeit von φ in $x=0$. Bemerkenswert an $(+)$ ist, daß darin $g(.,t')$ *lediglich* die Rolle irgend einer in $x=0$ stetigen Funktion übernimmt; man könnte genau so gut fordern:

$$(++) \qquad \bigwedge_{\varepsilon>0} \bigvee_{h \text{ stetig in } x=0} \bigvee_{\delta>0} \bigwedge_{x<\delta} |\varphi(x)-h(x)|<\varepsilon.$$

Ein solches h aus der Menge der Funktionen $g(.,t)$ zu nehmen, wie es in $(+)$ geschieht, erweckt die falsche Vorstellung, daß die Stetigkeit von φ etwas mit der Stetigkeit der $g(.,t)$ zu tun hätte; in $(++)$ könnte man ja für h auch eine Konstante wählen (vgl. I., 6.2.1), was die Billigkeit von $(+)$ und seine Gleichwertigkeit mit der Stetigkeit besonders deutlich macht.

2.3.1 Wir gehen aus von folgendem einfachen Fall, der in 2.3.3 einem allgemeineren eingeordnet wird.

Es sei $Z:=X\times Y$ mit $X:=(0;1)$, $Y:=(0;1)$, sodaß für $z\in Z$ gilt $z=(x,y)$ mit $x\in X$, $y\in Y$. Wir betrachten Funktionen $f: Z \longrightarrow J$, wobei $J:=[-1;+1]\subset\mathbb{R}$; hier ist o.B.d.A. J als Wertbereich für f gewählt, weil stets Schränkungstransformation möglich ist.

Wir interessieren uns im Folgenden für das Verhalten von f in der Umgebung von $z_0:=(0,0)$.

2.3.1.1 Für jedes $f: Z\longrightarrow J$ existieren folgende Limiten, die wir *für ganz Z erklären*: *Erstens* die **extremen partiellen** Limiten $\underline{L}_X f$, $\underline{L}_Y f$, $\overline{L}_X f$ und $\overline{L}_Y f$, wobei für $z\in Z$ z.B.

$$\underline{L}_X f(z) = \liminf_{\xi\rightsquigarrow 0} f(\xi, y).$$

Es heiße $\underline{L}_X f: Z\longrightarrow J$ der **untere (partielle)** X-**Limes** von f (für $x\rightsquigarrow 0$). Entsprechende Bedeutung besitzen die Bezeichnungen **oberer** X-Limes $\overline{L}_X f$ sowie unterer bzw. oberer *Y-Limes* $\underline{L}_Y f$ bzw. $\overline{L}_Y f$ (für $y\rightsquigarrow 0$).

Zweitens der **totale untere** bzw. **obere** Limes $\underline{L}_M f$ bzw. $\overline{L}_M f$ von f auf einer Teilmenge M von Z mit dem Häufungspunkt z_0, wobei z.B.

$$\underline{L}_M f: Z\longrightarrow J \quad \text{mit} \quad z\longmapsto \underline{L}_M f(z):=\liminf_{z'\rightsquigarrow z_0,\, z'\in M} f(z').$$

Anmerkungen:

(1) Man beachte, daß wir das *Ergebnis* $\underline{L}_X f$ usw. der *Operationen* $\underline{L}_X$ usw. als Funktion *auf dem ganzen Definitionsbereich* Z von f erklären. Dies ist zwar nicht zwingend, aber zweckmäßig, weil die $\underline{L}_X$ usw. dadurch uneingeschränkt verknüpfbar sind.

(2) Es ist jeder partielle *X-Limes* „*unabhängig von x* (auf Z)“, d.h. z.B.

$$\bigwedge_{x',x''\in X} \bigwedge_{y\in Y} \underline{L}_X f(x',y) = \underline{L}_X f(x'',y).$$

Dementsprechend sind $\underline{L}_X \circ \underline{L}_Y$ usw. sowohl von x als von y unabhängig, also Konstante auf Z, weil jeder partielle Y-Limes unabhängig von y ist. Jeder totale Limes ist definitionsgemäß ebenfalls konstant auf Z.

(3) Die totalen Limiten $\underline{L}_M f$ sind antiton bezüglich M (bei festem M), d.h. $\underline{L}_M f \leqq \underline{L}_{M'} f$ und $\overline{L}_M f \leqq \overline{L}_{M'} f$ für $M' \subset M$.

(4) Für die Verkettung $\circ$ der partiellen Limiten gilt: Die partiellen (extremen) Limiten sind idempotent bei Verkettung, d.h. z.B. $\underline{L}_X \circ \underline{L}_X = \underline{L}_X$. Hingegen *sind* $\underline{L}_X$ und $\underline{L}_Y$ usw. bei Verkettung im allgemeinen *nicht vertauschbar* (nicht kommutativ). *Beispiel*: $f\colon (x,y) \mapsto x^2:(x^2+y^2)$ für $(x,y) \in Z$. Hier ist $\underline{L}_X f = \overline{L}_X f = 0$, also $\underline{L}_Y \circ \underline{L}_X f = \underline{L}_Z f = 0$, ferner $\underline{L}_Y f = \overline{L}_Y f = 1$, also $\underline{L}_X \circ \underline{L}_Y f = \overline{L}_Z f = 1$.

2.3.1.2 Die in 2.3.1.1 betrachteten Grenzübergänge $x \rightsquigarrow 0$, $y \rightsquigarrow 0$, $z \rightsquigarrow 0$ beziehen wir (im Hinblick auf spätere Verallgemeinerungen des Definitionsbereiches Z) auf *Umgebungsbasen* (Filterbasen) $\mathfrak{x}$, $\mathfrak{y}$, $\mathfrak{z}$, wobei

$$\mathfrak{x} := \{U_0, U_1, \ldots, U_n, \ldots\} \quad \text{mit} \quad U_n := (0; n^{-1}) \quad \text{für } n \in \mathbb{N}^+;\ U_0 = X;$$

$$\mathfrak{y} := \{V_0, V_1, \ldots, V_n, \ldots\} \quad \text{mit} \quad V_n := (0; n^{-1}) \quad \text{für } n \in \mathbb{N}^+;\ V_0 = Y;$$

$$\mathfrak{z} := \{W_0, W_1, \ldots, W_n, \ldots\} \quad \text{mit} \quad W := U \times V \quad \text{für } n \in \mathbb{N}^+;\ W_0 = Z.$$

Als Bezugsmengen M für totale Limiten kommen im Folgenden vor allem sogenannte **X-Sektoren** und **Y-Sektoren** in Betracht. Dabei ist z.B. ein X-Sektor S_X definiert durch Vorgabe einer (beliebigen) Abbildung $v\colon X \rightarrow \mathbb{N}^+$ als Vereinigung

$$S_X := \left(\bigcup_{x \in X} \{x\} \times V_{v(x)}\right) \cap O_X,$$

wobei O_X der „der X-Achse anliegende Oktant" $\{z : 0 < y < x \wedge z = (x,y) \in Z\}$ ist. Anschaulich gesprochen handelt es sich also bei einem S_X um eine, der x-Achse „anliegende" Menge. Es ist also O_X der größte X-Sektor. Entsprechend wird erklärt bezüglich eines beliebigen $u\colon Y \rightarrow \mathbb{N}^+$

$$S_Y := \left(\bigcup_{y \in Y} U_{u(y)} \times \{y\}\right) \cap O_Y \quad \text{mit} \quad O_Y := \{z : 0 < x < y \wedge z = (x,y) \in Z\}$$

Anmerkung: Mit der Definition von S_X und S_Y sind gleichwertig

$$S_X := \{(x,y) : x \in X \wedge y \in V_{v(x)}\} \cap O_X, \quad S_Y := \{(x,y) : x \in U_{u(y)} \wedge y \in Y\} \cap O_Y.$$

Das System $\mathfrak{S}_X$ bzw. $\mathfrak{S}_Y$ der X-Sektoren S_X bzw. der Y-Sektoren S_Y ist eine Filterbasis in Z (zur Definition der partiellen X- bzw. Y-Limiten), d.h. es ist z.B. jedes S_X nicht leer und im Durchschnitt je zweier S_X ist wieder ein S_X enthalten (Bew. aus der Darstellung in der Anmerkung).

Die Einengung der S_X bzw. S_Y auf die Oktanden O_X bzw. O_Y bedeutet nur den Übergang zu äquivalenten Rastern und erweist sich später als sehr nützlich (vgl. 2.3.2.1, Satz, Bew. (a) → (b)); sie bewirkt, daß $S_X \cap S_Y = \emptyset$ für alle $S_X \in \mathfrak{S}_X$ und alle $S_Y \in \mathfrak{S}_Y$.

2.3.1.3 Wir werden Bedingungen für die Gleichheit der *iterierten Limiten* $\underline{L}_X \circ \underline{L}_Y f$ usw. dadurch erhalten, daß wir für sie Darstellungen als totale Limiten von Restriktionen $f|M$ von f angeben. Welche Mengen $M \subset Z$, die übrigens von der betrachteten Funktion f abhängen, was wir aber in der Bezeichnung nicht zum Ausdruck bringen, hierbei in Frage kommen, entnehmen wir der Definition von z. B. $\underline{L}_X$, nämlich

$$(\underline{L}_X) \quad \underline{L}_X f(z) = \alpha :\leftrightarrow \bigwedge_{\varepsilon > 0} \bigvee_{N^* \in \mathbb{N}^+} \bigwedge_{n > N^*} ((\bigwedge_{\xi \in U_n} f(\xi, y) > \alpha - \varepsilon) \wedge (\bigvee_{\xi' \in U_n} f(\xi', y) < \alpha + \varepsilon)).$$

Dabei kann N^* als nur von ε und von y abhängig gewählt werden:

$$N^* := N(\varepsilon, y).$$

Demgemäß betrachten wir die Y-Sektoren

$$\underline{T}_Y(\varepsilon) := \{(x, y) : x \in U_{N^*} \wedge 0 < x < y\} \subset O_Y.$$

Die in Aussicht genommenen Mengen M ergeben sich nun als von ε unabhängige Y-Sektoren, nämlich als stückweise aus den $\underline{T}_Y(k^{-1})$, $k = 1, 2, \ldots$, zusammengesetzte Y-Sektoren

$$\underline{S}_Y := \bigcup_{k \in \mathbb{N}^+} \underline{T}_Y(k^{-1}) \cap (X \times (V_k \setminus V_{k+1})) \subset O_Y.$$

Einen solchen **Y-Sektor** bezeichnen wir als **zu $\underline{L}_X f$ gehörig**.
Entsprechend erklärt man einen *zu $\underline{L}_Y f$ gehörigen X-Sektor*

$$\underline{S}_X := \bigcup_{k \in \mathbb{N}^+} \underline{T}_X(k^{-1}) \cap ((U_k \setminus U_{k+1}) \times Y \quad \text{mit}$$

$$\underline{T}_X(\varepsilon) := \{(x, y) : y \in V_{N^{**}(x, \varepsilon)} \wedge 0 < y < x\}.$$

Ebenso erhält man aus der Definition von $\overline{L}_X f := \limsup_{x \rightsquigarrow 0} f$ bzw. $\overline{L}_Y f := \limsup_{y \rightsquigarrow 0} f$ Y-Sektoren $\overline{S}_Y$, welche zu $\overline{L}_X f$ gehören, und X-Sektoren $\overline{S}_X$, welche zu $\overline{L}_Y f$ gehören; dabei sind jetzt die $N^*(\varepsilon, y)$ bzw. $N^{**}(x, \varepsilon)$ aus der Definition von $\limsup_{x \rightsquigarrow 0} f$ usw. zu entnehmen.

Anmerkungen: (α) Aus der Definition von $\underline{S}_Y$ folgt unmittelbar z. B.

$$\langle 2.3.1.3 \rangle \qquad \bigwedge_{z \in \underline{S}_Y} y \in V_k \rightarrow f(x, y) + k^{-1} > \underline{L}_X f(x, y).$$

(β) Weder $\underline{S}_Y$ noch $\underline{S}_X$ sind durch f eindeutig bestimmt; denn sie hängen ab von der Wahl der $N^*(\varepsilon, y)$ bzw. $N^{**}(x, \varepsilon)$. Entsprechend für $\overline{S}_X, \overline{S}_Y$. – ($\gamma$) Gehört $\underline{S}_Y$ zu $\underline{L}_X f$ und ist $S_Y \in \mathfrak{S}_Y$ beliebig, so gibt es zu $\underline{L}_X f$ gehörige $\underline{S}'_Y$ mit $\underline{S}'_Y \subset \underline{S}_Y \cap S_Y$.

2.3.2 Aus 2.3.1 folgen:

1. Satz: Darstellung der iterierten unteren Limiten als totale Limiten.
Zu jedem $f: Z \to\!\!\!- J$ gibt es Y-Sektoren S_Y und X-Sektoren S_X derart, daß

$$(\underset{=}{S}_Y) \qquad \underline{L}_Y \circ \underline{L}_X f = \underline{L}_{S_Y} f, \qquad (\underset{=}{S}_X) \quad \underline{L}_X \circ \underline{L}_Y f = \underline{L}_{S_X} f.$$

Solche Sektoren sind z.B. die in 2.3.1.3 erklärten, zu $\underline{L}_X f$ bzw. zu $\underline{L}_Y f$ gehörigen $\underset{=}{S}_Y$ bzw. S_X.

Beweis: Es genügt, $(\underset{=}{S}_Y)$ zu beweisen.
(a) Gemäß der Definition von $\underline{L}_Y$ angewandt auf (das von x unabhängige) $\underline{L}_X f$ gilt

$$\bigwedge_{k \in \mathbb{N}^+} \bigvee_{N_k' \in \mathbb{N}^+} \bigwedge_{x \in X} \bigwedge_{y \in V_{N_k'}} \underline{L}_X f(x, y) > \underline{L}_Y \circ \underline{L}_X f(x, y) - k^{-1}.$$

Daraus, zusammen mit ⟨2.3.1.3⟩ ergibt sich

$$\bigwedge_{z \in \underset{=}{S}_Y} y \in V_k \cap V_{N_k'} \to f(x, y) > \underline{L}_Y \circ \underline{L}_X f(x, y) - 2k^{-1}.$$

Weil $\underline{L}_Y \circ \underline{L}_X f(x, y)$ konstant in Z, folgt aus der Definition von $\underline{L}_{\underset{=}{S}_Y}$ und für $k \rightsquigarrow \infty$, daß $\underline{L}_{\underset{=}{S}_Y} f \geqq \underline{L}_Y \circ \underline{L}_X f$.
(b) Andererseits gilt, gemäß der Definition von $\underline{L}_{S_Y} f$;

$$\bigwedge_{z \in \underset{=}{S}_Y} y \in V_k \to f(z) > \underline{L}_{S_Y} f(z) - k^{-1},$$

woraus wie in (a) folgt: $\underline{L}_X f(z) \geqq \underline{L}_{\underset{=}{S}_Y} f(z) - k^{-1}$.
Für $k \rightsquigarrow \infty$ ergibt sich

$$\underline{L}_Y \circ \underline{L}_X f \geqq \underline{L}_{\underset{=}{S}_Y} f.$$

(a) und (b) zusammen ergeben die Beh.
Eine unmittelbare Folge aus Satz 1 ist der
Vertauschungssatz für die unteren partiellen Limiten.
Für ein $f: Z \to\!\!\!- J$ sind $\underline{L}_X$ und $\underline{L}_Y$ vertauschbar, d.h. es gilt $\underline{L}_X \circ \underline{L}_Y f = \underline{L}_Y \circ \underline{L}_X f$, genau dann, wenn $\underline{L}_{\underset{=}{S}_X} f = \underline{L}_{\underset{=}{S}_Y} f$ für ein Paar zu f gehöriger Sektoren $\underset{=}{S}_X$ und $\underset{=}{S}_Y$.

Anmerkung: Für *nicht* zu $\underline{L}_X f$ bzw. zu $\underline{L}_Y f$ gehörige S_Y bzw. S_X folgt aus $\underline{L}_{S_X} f = \underline{L}_{S_Y} f$ im allgemeinen nicht die Vertauschbarkeit von $\underline{L}_X$ mit $\underline{L}_Y$.

Beispiel: $f(z) := (y - 2x) : y$ für $z \in S_Y := \{z : 0 < 2x < y\} \cap O_Y$; $f(z) := (x - 2y) : 2x$ für $z \in S_X := \{z : 0 < 2y < x\} \cap O_X$; $f(z) := 0$ für $z \in Z \setminus S_X \setminus S_Y$. Es ist $f(Z) \subset (0; 1)$ und f stetig. Ferner ist $\underline{L}_{S_Y} f = \underline{L}_{S_X} f = 0$, aber $\underline{L}_X f = 1$, $\underline{L}_Y f = 2^{-1}$, also $\underline{L}_Y \circ \underline{L}_X f = 1$, $\underline{L}_X \circ \underline{L}_Y f = 2^{-1}$.
Entsprechend wie den Satz 1 (für lim inf) beweist man (für lim sup)

2. Satz: Darstellung der oberen iterierten Limiten als totale Limiten.
Zu jedem $f: Z \rightarrowtail J$ gibt es Y-Sektoren S_Y und X-Sektoren S_X so, daß

$(\bar{S}_Y)$ $\qquad L_Y \circ \overline{L}_X f = \overline{L}_{S_Y} f \quad , \quad (\bar{S}_X) \quad \overline{L}_X \circ \overline{L}_Y f = \overline{L}_{S_X} f.$

Solche Sektoren S_Y, S_X sind z.B. die in 2.3.1.3 erklärten, zu $\overline{L}_X$ bzw. zu $\overline{L}_Y$ gehörigen $\bar{S}_Y$ bzw. $\bar{S}_X$.
Aus den Darstellungssätzen 1. und 2. ergibt sich speziell

$$L_X f = \underline{L}_X f = \overline{L}_X f \quad \text{und} \quad L_Y \circ L_X f = \underline{L}_Y \circ L_X f = \overline{L}_Y \circ L_X f.$$

3. Satz: Voraussetzung. *Es existieren die partiellen bzw. iterierten Limites*

Behauptung: (1) *Es gibt Y-Sektoren S_Y, auf welchen der totale Limes von f existiert, d.h. auf welchen $L_{S_Y} f = \underline{L}_{S_Y} f = \overline{L}_{S_Y} f$ gilt.*
(2) *Es gilt $L_{S_Y} f = L_Y \circ L_X f$.*

Beweis: $L_Y \circ L_X f = \underline{L}_Y \circ \underline{L}_X f = \underline{L}_{S_Y} f \leqq \overline{L}_{S_Y} f = \overline{L}_Y \circ \overline{L}_X f = L_Y \circ L_X f$.

2.3.2.1 *Weitere Vertauschungssätze.*
Während in den Sätzen von 2.3.2 zumeist keine Konvergenzvoraussetzungen betr. $f: Z \rightarrowtail J$ gemacht wurden, fordern wir in den nachstehenden Sätzen speziell die Existenz gewisser totaler oder partieller Limiten.

1. Satz: *Für jedes $f: Z \rightarrowtail J$ sind gleichwertig die beiden Aussagen:*
(a) *Es gibt X- und Y-Sektoren S_X bzw. S_Y, für welche der Limes existiert*

$$L_{S_X \cup S_Y} f = \alpha.$$

(b) *Es sind gleich α alle $\underline{L}_X \circ \underline{L}_Y f$ und $\underline{L}_Y \circ \underline{L}_X f$ für die möglichen 4 Kombinationen der „_“ und „¯“. Insbesondere existieren also die Limiten $L_X \circ \underline{L}_Y f = L_Y \circ \underline{L}_X f$.*

Zusatz: Existieren sogar die Limiten $L_X f$ und $L_Y f$, so lautet (b):

$$L_X \circ L_Y f = L_Y \circ L_X f.$$

Beweis: *Betr.* (a)→(b). Wir verengen zunächst, gemäß 2.3.1.3, Anmerkung (γ), die S_X, S_Y aus (a) zu *X*- bzw. *Y*-Sektoren S'_X bzw. S'_Y, die zu $\underline{L}_Y f$ und zu $\overline{L}_Y f$ bzw. zu $\underline{L}_X f$ und zu $\overline{L}_X f$ gehören. Dabei gilt dann

$$L_{S'_X \cup S'_Y} f = L_{S'_X} f = L_{S'_Y} f = \alpha.$$

Gemäß 2.3.2, Satz 1. und 2., folgt (b).
Betr. (b)→(a). Aus (b) folgt $\underline{L}_X \circ \underline{L}_Y f = \underline{L}_Y \circ \underline{L}_X f = \alpha$. Gemäß Satz 1 in 2.3.2 existieren Sektoren S^*_Y, S^*_X mit $\underline{L}_{S^*_Y} f = \alpha = \underline{L}_{S^*_X} f$. Analog gibt es Sektoren S^{**}_Y und S^{**}_X mit $\overline{L}_{S^{**}_Y} f = \alpha = \overline{L}_{S^{**}_X} f$. Für $S_Y \subset S^*_Y \cap S^{**}_Y$ und $S_X \subset S^*_X \cap S^{**}_X$ gilt (a).

Anmerkung: Beim Beweis für (b)⟶(a) werden nur 4 der in (b) betrachteten Gleichungen herangezogen.

2. Satz: Voraussetzung: *Es sei* $f: Z \rightarrowtail J$. *Ferner existiere* $L_X f$, $L_Y f$ *und* $L_Y \circ L_X f$.

Behauptung: *Gleichwertig sind die beiden Aussagen*
(a) *Es konvergiert f sektoriell gleichmäßig in x (für* $y \rightsquigarrow 0$*) gegen* $L_Y f$, *d.h. es existiert ein Y-Sektor* S_Y *mit* $L_Y(f - L_Y f) = 0$.
(b) *Es existiert* $L_X \circ L_Y f$ *und es ist* $L_Y \circ L_X f = L_X \circ L_Y f$.

Beweis: *Betr.* (a)⟶(b). Aus der Existenz von $L_Y \circ L_X f$ folgt die eines $\underset{\sim}{S}'_Y$ mit $L_{\underset{\sim}{S}'_Y} f = L_Y \circ L_X f$. Weil in $S_Y \cap S'_Y$ ein S''_Y enthalten ist (2.3.1.3, Anmerkung (γ)) folgt:
(1) $L_{\underset{\sim}{S}''_Y} f = L_{\underset{\sim}{S}'_Y} f = L_Y \circ L_X f$ und (wegen (*a*))
(2) $L_{\underset{\sim}{S}'_Y} f = L_{\underset{\sim}{S}''_Y}(L_Y f) = L_Y \circ L_X(L_Y f)$,
also, weil $L_X(L_Y f) = L_X \circ L_Y f$ konstant ist, $L'_{\underset{\sim}{S}_Y} = L_X \circ L_Y f$. Aus (1) und (2) folgt (b).
Betr. (b)⟶(a). Aus der Existenz von $L_Y \circ L_X f$ folgt (gemäß 2.3.2, Satz 3.) die Existenz eines S_Y mit $L_{S_Y} f = L_Y \circ L_X f$, zufolge (b) also $L_{S'_Y} f = L_X \circ L_Y f$. Weil $L_X \circ L_Y f$ konstant ist, gilt: $L_Y \circ L_X(L_Y f) = L_Y(L_X \circ L_Y f) = L_X \circ L_Y f = L_X(L_Y f)$. Gemäß 2.3.2, Satz 3, angewandt auf $L_Y f$, existiert ein $\underset{\sim}{S}_Y \subset S'_Y$ mit $L_{\underset{\sim}{S}_Y}(L_Y f) = L_Y \circ L_X(L_Y f) = L_X \circ L_Y f = L_{\underset{\sim}{S}'_Y} f = L_{S_Y} f$. Es ist also $L_{\underset{\sim}{S}_Y}(f - L_Y f) = 0$.

Anmerkung: Die Gleichung in Beh. (a) besagt:

$$\bigwedge_{\varepsilon > 0} \bigvee_{k(\varepsilon) \in \mathbb{N}^+} \bigwedge_{(x,y) \in S_Y} \bigwedge_{y \in V_{k(\varepsilon)}} |f(x,y) - L_Y f(x,y)| < \varepsilon.$$

Somit konvergiert f gegen $L_Y f$ bei $y \rightsquigarrow 0$ gleichmäßig für alle x bei $(x, y) \in S_Y$. Dieser Sachverhalt soll durch die Bezeichnung „sektoriell gleichmäßig in x" angedeutet werden.

Aufgabe: Man beweise: Die Bedingung (*s*) im Satz von 2.3.0.1 ist gleichwertig damit, daß (α) $\varphi_0 = \lim_{t \rightsquigarrow 0+} g(0, t)$ existiert, und daß es (β) einen X-Sektor S_X gibt, auf dem g total gegen φ_0 konvergiert.
Hinweis: Die Existenz der iterierten Limiten und ihre Gleichheit garantiert nicht die Existenz des totalen Limes. – Beispiel. Es sei D der 1. Quadrant der z-Ebene, wobei $z := (x, y)$, also $D := \{z : x \geqq 0 \wedge y \geqq 0\}$; ferner sei S_X bzw. S_Y der der x- bzw. y-Achse anliegende, abgeschlossene Sektor je der Öffnung $\pi/6$. Und $f|D$ sei erklärt durch $f(z) := 1$ für $z \in S := S_X \cup S_Y$, ferner $f(z) := 0$ für $z \in D \backslash S$.

2.3.3 *Verallgemeinerung.*
Der Definitionsbereich $D = Z = X \times Y$ mit $X = Y = (0; 1)$ war in 2.3.1 nur der Anschaulichkeit und einer bequemen geometrischen Sprechweise wegen so speziell gewählt. Indes behalten die Untersuchungen, geeignet verallgemeinert, ihre Gültigkeit auch bei weniger speziellen Bereichen D (bei Doppelfolgen z. B. ist $X = Y = \mathbb{N}$, bei Funktionenfolgen hin-

gegen etwa $X=[0;1]$ und $Y=\mathbb{N}$ usw.). Eine solche Verallgemeinerung wird geliefert durch die im Folgenden definierten sogen. Elementarraster und die X- bzw. Y- bzw. X, Y-Definitionsbereiche.

2.3.3.1 *Elementarraster.*

Die fraglichen Raster sind im wesentlichen die abzählbaren Raster $\mathfrak{r}$ mit $\bigcap \mathfrak{r}=\emptyset$. Hierzu der

Satz: Jeder (nicht leere) abzählbare Raster $\mathfrak{r}$ auf $M(\neq\emptyset)$ mit $\bigcap \mathfrak{r}=\emptyset$ enthält einen gleichwertigen Raster $\mathfrak{r}'$ in der Gestalt einer unendlichen streng monotonen Folge $(M_n')_n$, d.h. mit $\bigwedge_{n\in\mathbb{N}} M_n' \in \mathfrak{r} \wedge \emptyset \neq M_{n+1}' \subset M_n' \subset M \wedge M_{n+1}' \neq M_n'$.

Beweis: Es sei $\mathfrak{r}=(M_n)_n$. Man setzt $M_0' := M_{0'}$, mit $o' := 0$ und für $n>0$ weiter $M_n' := M_{n'}$, wobei n' so gewählt ist, daß $M_{n'} \subset D \cap M_{n''}$; dabei ist $D := M_n \cap \bigcap \{M_\nu : \nu \leqq \max\{o', \ldots, (n-1)'\}\}$ und $M_{n''}$ enthält einen Punkt von D nicht; diese Wahl ist möglich wegen $\bigcap \mathfrak{r}=\emptyset$, und sie bewirkt, daß $n'>(n-1)'$. Weiter ist $\mathfrak{r}' := (M_n')_n \geqq \mathfrak{r}$, weil $\mathfrak{r}'$ eine echte Teilfolge von $\mathfrak{r}$ ist. Andererseits ist $M_n' \subset M_n$ also auch $\mathfrak{r}' \leqq \mathfrak{r}$, somit $\mathfrak{r}' \approx \mathfrak{r}$.

Da wir in dieser Limestheorie (wie in jeder) nur Begriffe verwenden, die ungeändert bleiben, wenn wir die Raster durch gleichwertige ersetzen, so wollen wir uns auf „E-Raster“ beschränken, die wie folgt erklärt sind:

Definition: Eine Folge $(M_n)_n$, $n\in\mathbb{N}$, von Teilmengen M_n von M heißt ein **E-Raster (Elementarraster)** auf M, wenn 1. $\bigwedge_n \emptyset \neq M_{n+1} \subset M_n$, 2. $\bigcap_n M_n=\emptyset$, und 3. $M_0=M$.

Beispiel: Die Umgebungsbasen $\mathfrak{x}$, $\mathfrak{y}$, $\mathfrak{z}$ von 2.3.1.1 sind E-Raster.

Anmerkung: Das Fehlen oder Hinzunehmen der Bedingung 3. in obiger Definition ändert nichts an der Gleichwertigkeitsklasse des Rasters; wir haben sie hinzugenommen, weil sie für das Folgende bequem ist.

2.3.3.2 *X- und Y-Definitionsbereiche.*

I. Es seien X und Y Mengen, die je einen E-Raster $\mathfrak{x}$ bzw. $\mathfrak{y}$ tragen: $\mathfrak{x} := (U_n)_n$ mit $U_0 := X$, $\mathfrak{y} := (V_k)_k$ mit $V_0 := Y$; dann ist auch $\mathfrak{z} := (W_r)_r$ mit $W_r := U_r \times V_r$ ein E-Raster auf $Z := X\times Y$, der auch streng monoton ist, wenn dies für $\mathfrak{x}$ und $\mathfrak{y}$ gilt.

II. Für $f: D \to J$ mit $D\subset Z$ und $J := [-1;1]$ (vgl. 2.3.1) werden die in Betracht kommenden Limesbildungen (vgl. 2.3.2) bezogen auf $\mathfrak{x}$ und $\mathfrak{y}$ („partielle“ Limiten) sowie auf $\mathfrak{z}$ („totaler“ Limes). In Übereinstimmung mit I., 6.2.1.1, tritt jetzt „für $\mathfrak{x}$“ usw. anstelle von „für $x \rightsquigarrow 0$“ usw. (vgl. z.B. 2.3.2.1). Die sich ergebenden Limiten werden dabei wieder stets auf ganz D erklärt (2.3.1.1, Anmerkung (1)).

Damit auch im Falle $D\neq Z$ die Limesbildungen vollziehbar sind, sind an den Definitionsbereich D von f noch gewisse Forderungen zu stellen. Diese erhalten wir bei Betrachtung z.B. der Definition von $\underline{L}_X f(x) := \liminf f(z)$ für $\mathfrak{x}$; es ist nämlich für $z=(x,y)\in D$

$$(\underline{L}_X f) \qquad \underline{L}_X f(z) = \alpha :\leftrightarrow \bigwedge_{\varepsilon>0} \bigvee_{n' \in \mathbb{N}} \bigwedge_{n \geq n'} ((\bigwedge_{(\xi, y) \in (U_n \times \{y\}) \cap D} f(\xi, y) > \alpha - \varepsilon) \wedge (\bigvee_{(\xi', y) \in (U_n \times \{y\}) \cap D} f(\xi', y) < \alpha + \varepsilon))).$$

Diese Definition ist jedenfalls sinnvoll, wenn $\bigwedge_{y \in Y} \bigwedge_{n \in \mathbb{N}} (U_n \times \{y\}) \cap D \neq \emptyset$; denn dann liefert $((U_n \times \{y\}) \cap D)_n$ einen E-Raster auf $(X \times \{y\}) \cap D$ (Beweis als Aufgabe!). Eine entsprechende Betrachtung gilt für $\underline{L}_X$ usw. Demgemäß werden wir von D fordern, daß *die Folgen*

(D_X) $\mathfrak{x}(y) := ((U_n \times \{y\}) \cap D)_n$ *mit* $U_n \in \mathfrak{x}$ *für jedes* $y \in Y$, *und*

(D_Y) $\mathfrak{y}(x) := ((\{x\} \times V_n) \cap D)_n$ *mit* $V_n \in \mathfrak{y}$ *für jedes* $x \in X$

E-Raster sind.

Definition: Als X- bzw. Y-**Definitionsbereich** (bzgl. der E-Raster $\mathfrak{x}$ und $\mathfrak{y}$ auf X bzw. Y (2.3.3.1)) bezeichnen wir jedes $D \subset Z$, welches die Rasterbedingung (D_X) bzw. (D_Y) erfüllt. Gelten (D_X) und (D_Y) gleichzeitig, so heiße D ein X, Y-**Definitionsbereich.**

2.3.3.3 *X- und Y-Sektoren.*

Zur Übertragung der Limessätze sind jetzt noch die Begriffe der X- bzw. Y-Sektoren zu erklären, sowie des zu $\underline{L}_X f$ gehörigen X-Sektors, usw. *Diese Definitionen sind, bis auf die von* O_X, O_Y, *wörtlich die gleichen wie im Spezialfall* $D = (0; 1) \times (0; 1)$ (2.3.1).

(A) Zunächst bilden wir die speziellen „Sektoren"

$$O'_X := \bigcup_{k \in \mathbb{N}} (U_k \setminus U_{k+1}) \times V_{k+1},$$
$$O'_Y := \bigcup_{k \in \mathbb{N}} U_{k+1} \times (V_k \setminus V_{k+1}).$$

Es gilt:

$$O'_X \cap O'_Y = \emptyset$$

(Beweis als Aufgabe!).

(B) Sodann definieren wir für beliebiges $\mu : Y \rightarrowtail \mathbb{N}$ bzw. $\nu : X \rightarrowtail \mathbb{N}$ die Y-Sektoren S'_Y bzw. die X-Sektoren S'_X gemäß

$$S'_Y := (\bigcup_{y \in Y} U_{\mu(y)} \times \{y\}) \cap O'_Y, \quad S'_X := (\bigcup_{x \in X} \{x\} \times V_{\nu(x)}) \cap O'_X.$$

Speziell ist also $S'_Y \cap S'_X = \emptyset$. Die Menge der durch alle ν bzw. alle μ gelieferten S'_X bzw. S'_Y bildet je einen Raster in Z (weil z. B.

$$V_{\varrho(x)} \subset V_{\nu(x)} \cap V_{\nu'(x)} \quad \text{für} \quad \varrho(x) := \max\{\nu(x), \nu'(x)\}).$$

Anmerkungen: (1) Die S'_Y, S'_X sind unabhängig von D erklärt.

(2) Ist D ein X- bzw. Y-Definitionsbereich, so auch jedes $D \cap S'_X$ bzw. $D \cap S'_Y$ (Bew. als Aufgabe).

(3) Im Spezialfall der Nr. 2.3.1 sind O'_X bzw. O'_Y und damit die von den S'_X bzw. S'_Y gebildeten Raster verschieden von O_X bzw. O_Y bzw. von den durch die S_X bzw. S_Y gelieferten Raster. Indes sind diese Raster bzw. gleichwertig, d.h. das den S'_X entsprechende gleichwertig dem den S_X entsprechenden usw. (Denn z.B. ist $O'_X \subset O_X$, also in jedem S_X ein S'_X enthalten; und andererseits ist jedes S'_X ein S_X). Infolgedessen ändert sich bei Ersetzung der S_X durch die S'_X nichts an den Ergebnissen in 2.3.2, zumal wir die zu $\underline{L}_X$ usw. gehörigen Y-Sektoren usw. genau entsprechend zu 2.3.1.3 erklären (2.3.3.4).

2.3.3.4 *Zu Limesoperationen gehörige Sektoren.*
Ganz entsprechend wie in 2.3.1.3 definieren wir:

$\underset{\sim}{T}'_Y(\varepsilon) := \{(x,y) : (x,y) \in O'_Y \wedge x \in U_{n'(\varepsilon,y)}\}$, wobei n' die in 2.3.3.2, ($\underline{L}_X f$), angegebene Bedeutung hat, und sodann als **zu $\underline{L}_X f$ gehörigen Y-Sektor**

$$\underset{\sim}{S}'_Y := \bigcup_{k \in \mathbb{N}^+} \underset{\sim}{T}_Y(k^{-1}) \cap (X \times (V_k \setminus V_{k+1})).$$

Analog *gehört zu $\underline{L}_Y f$ der X-Sektor*

$$\underset{\sim}{S}'_X := \bigcup_{k \in \mathbb{N}^+} \underset{\sim}{T}'_X(k^{-1}) \cap ((U_k \setminus U_{k+1}) \times Y),$$

wobei $\underset{\sim}{T}'_X(\varepsilon) := \{(x,y) : (x,y) \in O'_X \wedge y \in V_{n''(\varepsilon,x)}\}$ und n'' analog wie n' in der Definition von $\underline{L}_Y f$ zu erklären ist.
Entsprechend definiert man **zu $\overline{L}_X f$ bzw. $\overline{L}_Y f$ gehörige Y- bzw. X-Sektoren $\tilde{S}'_Y$ bzw. $\tilde{S}'_X$.**

2.3.3.5 Auf Grund der Definitionen in 2.3.3.1. – 2.3.3.4 gelten für $f: D \rightarrowtail \mathbb{R}$ die Darstellungs- und Vertauschungssätze in 2.3.2 – 2.3.2.1 auch bei Zugrundelegung allgemeiner X- bzw. Y-Definitionsbereiche; dabei ist nur $S'_X \cap D$ usw. an Stelle von S_X usw. zu nehmen.
Als Beispiel sei eine Folgerung aus früheren Sätzen bzw. deren Verallgemeinerung für X-Definitionsbereiche angeführt:

Satz: Voraussetzung. *Es sei D ein X-Definitionsbereich und $f: D \rightarrowtail \mathbb{R}$. Es existiere der partielle Limes $L_X f$ und es sei $S'_Y := \underset{\sim}{S}'_Y = \tilde{S}'_Y$ ein zu $L_X f$ gehöriger Y-Sektor.*

Behauptung: (I) *Die beiden folgenden Aussagen sind gleichwertig:* (1) *Es existiert der totale Limes $L_{S'_Y \cap D} f =: \alpha$.* – (2) *Es existiert der iterierte Limes $L_Y \circ L_X f =: \beta$.*

(II) *Aus Beh.* (I) (1) *oder* (I) (2) *folgt $\alpha = \beta$.*

Beweis: Nach Vor. und 2.3.2, Satz 1., gilt $\underline{L}_Y \circ L_X f = \underline{L}_{S'_Y \cap D} f$ und $\overline{L}_Y \circ L_X f = \overline{L}_{S'_Y \cap D} f$. Gemäß (I) (1) ist $\underline{L}_{S'_Y \cap D} f = \overline{L}_{S'_Y \cap D} f = L_{S'_Y \cap D} f$, woraus $\underline{L}_Y \circ L_X f = \overline{L}_Y \circ L_X f = L_Y \circ L_X f = L_{S'_Y \cap D} f$, also (I) (2) folgt. Und es gilt auch die Umkehrung. – Daraus folgt auch (II).

2.3.3.6 *Abbildungen f in metrische Räume.*
Eine Verallgemeinerung der Sätze gemäß 2.3.3.5 erhält man hinsichtlich des Wertbereiches

der betrachteten Funktionen, wenn an Stelle reeller Funktionen $f: D \to \mathbb{R}$ Abbildungen $g: D \to E$ treten, wobei E ein metrischer Raum ist. Da man in E aber nicht – wie in R – über eine Ordnungstopologie verfügt, lassen sich für $g: D \to E$ weder lim inf$g$ noch lim sup$g$ erklären, sodaß nur Aussagen über Limiten in Frage kommen. Die Limesdefinition ist dabei auf die Abstandstopologie in E bezogen (vgl. 1.5.7, (C)). Wir bezeichnen den Abstand von $x', x'' \in E$ mit $|x', x''|$ und setzen (wie in 2.3.3.5) D als X- bzw. Y-Definitionsbereich voraus. Demgemäß ist zu erklären z. B.

$$L_D g = a :\leftrightarrow \bigwedge_{\varepsilon > 0} \bigvee_{W_n} \bigwedge_{z \in W_n \cap D} |g(z), a| < \varepsilon.$$

Entsprechend für $L_X g$ usw.
Als Definitionsbereich für die Limesoperationen $L_D g$ und $L_X g$ verwenden wir wieder D (vgl. 2.3.1.1, Anmerkung (1)).
Für solche $g: D \to E$ bleiben die Sätze in 2.3.2 – 2.3.2.1 bzw. 2.3.3.5 in Geltung erfordern aber aus den oben dargelegten Gründen modifizierte Beweise, die wir dem Leser als Aufgabe stellen.
(A) Die Sätze selbst lauten:

I. Darstellung iterierter Limiten als totale (Vgl. 2.3.3.5).

Voraussetzung: *Es sei D ein Y-Definitionsbereich. Für $g: D \to E$ existiere $L_X g$, und es sei S'_Y ein zu $L_X g$ gehöriger Y-Sektor.*

Behauptung: *Es existiert $L_{S'_Y \cap D} g$ genau dann, wenn $L_Y \circ L_X g$ existiert. In diesem Falle ist $L_{S'_Y \cap D} g = L_Y \circ L_X g$.*

II. Vertauschungssatz (Vgl. 2.3.2.1, Satz 1).

Voraussetzung: *Es sei D ein X, Y-Definitionsbereich. Für $g: D \to E$ sollen $L_X g$ und $L_Y g$ existieren.*

Behauptung: *Gleichwertig sind die Aussagen:* (a) *Es gibt X- bzw. Y-Sektoren S'_X bzw. S'_Y derart, daß der totale Limes $L_{(S'_X \cup S'_Y) \cap D} g = a$ existiert.* – (b) *Es existieren die beiden iterierten $L_Y \circ L_X g$ und $L_X \circ L_Y g$ mit $L_Y \circ L_X g = L_X \circ L_Y g = a$.*

III. Konvergenzsatz: Voraussetzung: *Es sei D ein X, Y-Definitionsbereich. Für $g: D \to E$ existieren $L_X g$, $L_Y g$ und $L_Y \circ L_X g$.*

Behauptung: *Gleichwertig sind die beiden Aussagen:* (1) *Es konvergiert g sektoriell gleichmäßig in x gegen $L_Y g$, d.h. es existiert ein Y-Sektor S'_Y mit $L_{S'_Y \cap D} |g, L_Y g| = 0$.* – (2) *Es existiert $L_X \circ L_Y g$ und es ist $L_X \circ L_Y g = L_Y \circ L_X g$.* (Vgl. 2.3.2.1, Satz 2.).
(B) In Ergänzung von (A) sei noch angefügt:

Definition: Es sei D ein X-Definitionsbereich, $g: D \to E$ und es existiere $L_Y g$. Wir sagen dann, es sei $L_Y g$ **lokal gleichmäßiger Limes von** g oder es konvergiere g (für $y \rightsquigarrow y_0$) lokal gleichmäßig gegen $L_Y g$ *auf* D bezüglich (x_0, y_0), wenn $L_D|g, L_Y g| = 0$; ausführlich:

$$\bigwedge_{\varepsilon>0} \bigvee_{k(\varepsilon)\in\mathbb{N}} \bigwedge_{(x,y)\in W_{k(\varepsilon)}\cap D} |g(x,y), L_Y g(x,y)| < \varepsilon.$$

Anmerkung: Im Unterschied gegenüber der lokal gleichmäßigen Konvergenz auf D besagt sektoriell gleichmäßig Konvergenz soviel wie lokal gleichmäßige Konvergenz auf einem Sektor (nicht auf D) (vgl. 2.3.2.1, Anmerkung zum 2. Satz).
Mit Hilfe vorstehender Definition gelangt man zu zwei Kennzeichnungen der Existenz des totalen Limes, nämlich:
Erste Kennzeichnung der Existenz des totalen Limes $L_D g$ von g auf D.

Voraussetzung: *Es sei D ein X-Definitionsbereich. Für $g: D \rightarrowtail E$ existiere $L_Y g$.*

Behauptung: *Gleichwertig sind:* (1) *Es existiert $L_D g$.* – (2) *Es konvergiert g lokal gleichmäßig auf D gegen $L_Y g$ und es existiert der iterierte Limes $L_X \circ L_Y g$.*

Zusatz: Im Falle der Beh. (1) (oder (2)) ist $L_D g = L_X \circ L_Y g$.
Zweite Kennzeichnung des totalen Limes $L_D g$ von g auf D.

Voraussetzung: *Es sei D ein X-Definitionsbereich. Für $g: D \rightarrowtail E$ sollen $L_X g$ und $L_Y g$ existieren.*

Behauptung: *Gleichwertig sind:* (1) *Es existiert der totale Limes $L_D g$.* – (2) *Es ist $L_Y g$ lokal gleichmäßiger Limes von g auf D.*

Zusatz: Aus Beh. (1) folgt noch die lokal gleichmäßige Konvergenz von g auf D gegen $L_X g$, ferner die Existenz der iterierten Limiten und ihre Gleichheit (gemäß der 1. Kennzeichnung).
Wir geben hierfür direkte Beweise, die sich nur unwesentlich auf frühere Ergebnisse stützen.

Beweis der 1. Kennzeichnung. (1) $\to$ (2). Weil $S'_X \cap D \subset D$, folgt aus (1), daß $L_D g = L_{S'_X \cap D} g$. Daher kann (A), I. angewandt werden; es existiert also $L_X \circ L_Y g$. – Der erste Teil der Beh. (2) ergibt sich etwa so: Nach dem allgemeinen Konvergenzprinzip besagt (1), daß

$$\bigwedge_{\varepsilon>0} \bigvee_{k(\varepsilon)} \bigwedge_{(x,y),(x,y')\in W_{k(\varepsilon)}\cap D} |g(x,y), g(x,y')| < \varepsilon.$$

Ferner existiert $L_Y g$ definitionsgemäß genau dann, wenn

$$\bigwedge_{\varepsilon>0} \bigwedge_{x\in X} \bigvee_{r=r(\varepsilon,x)} \bigwedge_{y,y'} (x,y),(x,y')\in(\{x\}\times V_r)\cap D \to |g(x,y), L_Y g(x,y)| < \varepsilon;$$

hierbei ist die Unabhängigkeit des $L_Y g(x,y)$ von y berücksichtigt. Aus beiden Ungleichungen folgt, wenn $(x,y')\in W_{k(\varepsilon)} \cap (\{x\} \times {}_{r(\varepsilon,x)}) \cap D$,

$$\langle + \rangle \qquad |g(x,y), L_Y g(x,y)| \leqq |g(x,y), g(x,y')| + |g(x,y'), L_Y g(x,y)| < 2\varepsilon$$

für alle $(x,y)\in W_{k(\varepsilon)}\cap D$. Weil die linke Seite von y' unabhängig ist, folgt der erste Teil der Beh. (2).

Aus (2) *folgt* (1). Die Existenz von $L_Y g$ besagt:

$$\langle ++\rangle \qquad \bigvee_{h\in E}\bigwedge_{\varepsilon>0}\bigvee_{n(\varepsilon)}\bigwedge_{(x,y)\in(U_{n(\varepsilon)}\times Y)\cap D}|h, L_Y g(x,y)|<\varepsilon.$$

Aus $\langle +\rangle$ und $\langle ++\rangle$ folgt für $m(\varepsilon):=\max\{k(\varepsilon), n(\varepsilon)\}$

$$\bigwedge_{\varepsilon>0}\bigvee_{m(\varepsilon)}\bigwedge_{(x,y)\in(U_{m(\varepsilon)}\times Y)\cap W_{m(\varepsilon)}\cap D} \qquad |h, g(x,y)|<3\varepsilon.$$

Beweis der 2. Kennzeichnung: *Aus* (1) *folgt* (2) gemäß der 1. Kennzeichnung. – *Aus* (2) *folgt* (1). Dazu genügt gemäß der 1. Kennzeichnung der Nachweis der Existenz von $L_X\circ L_Y$, welcher etwa so geführt werden kann: Wegen der vorausgesetzten Existenz von $L_X g$ gilt (allgemeines Konvergenzprinzip):

$$\langle \text{i}\rangle \qquad \bigwedge_{\varepsilon>0}\bigwedge_{y\in Y}\bigvee_{k=k(\varepsilon,y)}\bigwedge_{(x,y),(x',y)\in(U_k\times\{y\})\cap D}|g(x,y), g(x',y)|<\varepsilon.$$

Weil ferner g lokal gleichmäßig auf D gegen $L_Y g$ konvergiert, gilt

$$\langle \text{ii}\rangle \qquad \bigwedge_{\varepsilon>0}\bigvee_{n(\varepsilon)}\bigwedge_{(x,y)\in W_{n(\varepsilon)}\cap D} \qquad |g(x,y), L_Y g(x,y)|\varepsilon.$$

Aus $\langle\text{i}\rangle$ und $\langle\text{ii}\rangle$ folgt

$$\langle \text{iii}\rangle \qquad \begin{aligned}&|L_Y g(x,y), L_Y g(x',y)|\leqq|L_Y g(x,y), g(x,y)|+|g(x,y), g(x',y)|+\\ &|g(x',y), L_Y g(x',y)|<3\varepsilon \quad \text{für} \quad (x,y),(x',y)\in W_{n(\varepsilon)}\cap(U_k\times\{y\})\cap D.\end{aligned}$$

Die linke Seite in $\langle\text{iii}\rangle$ ist aber unabhängig von y, d.h. man kann in $k(\varepsilon,y)$ das y fest wählen. Damit folgt aus $\langle\text{iii}\rangle$ die Existenz von $L_X\circ L_Y g$.

Bemerkung: Man beachte, daß in den vorstehenden Beweisen z.B. $W_{k(\varepsilon)}\cap(\{x\}\times V_{r(\varepsilon,x)})\cap D\neq\emptyset$ ist (vgl. 2.3.3.2, (D_Y); $(\mathfrak{y}(x)$ ist ein Raster)).

2.3.4 *Beispiele.*

Die in 2.3.3.6 gewonnenen Sätze sollen nun auf spezielle X, Y-Definitionsbereiche und spezielle f angewandt werden.

2.3.4.1 *Doppelfolgen:* (Vgl. I., Doppelreihen 5.3.3.1.) Hier kann $D=X\times Y$ mit $X:=\{x: x=m^{-1}\wedge m\in\mathbb{N}^+\}$ und $Y:=\{y: y=n^{-1}\wedge n\in\mathbb{N}^+\}$ gewählt werden bezüglich $z_0:=(x_0:=0, y_0:=0)$. Die Definition der Doppelfolge ist $f: D\longrightarrow B$ mit $(m,n)\longmapsto a_{mn}$ und $a_{mn}\in B$, wobei B metrisch. Man kann $f|D$ veranschaulichen als (unendliche) Matrix, nämlich als Matrix mit unendlich vielen Zeilen und Spalten, die nach rechts bzw. nach unten unbeschränkt sind. Dabei sei die Stellung von a_{mn} in der Matrix dadurch bestimmt, daß m der Zeilen- und n der Spaltenindex ist. Dementsprechend wird $\lim_{n\to\infty}a_{mn}$ (falls der Limes existiert) als *Zeilenlimes* und $\lim_{m\to\infty}a_{mn}$ (falls der Limes existiert) als *Spaltenlimes* bezeichnet. Und statt z.B. von lokal-gleichmäßiger X- bzw. Y-Konvergenz spricht man von infinitär gleichmäßiger Spalten- bzw. Zeilenkonvergenz. Die E-Raster $\mathfrak{x}=(U_n)_n$ und $\mathfrak{y}=(V_n)_n$ werden dabei erklärt vermöge $U_n:=\{x:x\in\mathbb{N}^+\wedge x\geqq n\}$ und $V_n:=\{y:y\in\mathbb{N}^+\wedge\wedge y\geqq n\}$. – Dem Leser sei empfohlen sich z. B. den Begriff des X-Sektors usw. an der Matrizendarstellung zu veranschaulichen.

2.3.4.2 *Partielle Stetigkeit.*

Wir interessieren uns jetzt für die Stetigkeit von Funktionen f zweier Variablen x, y und zwar insbesondere für die Stetigkeit von f als Funktion z. B. von x bei festem y. Definitionsgemäß besagt „Stetigkeit", daß jeweils der Limes der Funktion in einem Punkt gleich ist dem Funktionswert in diesem Punkt, der also zum Definitionsbereich gehören muß. Dementsprechend werde, sofern von Stetigkeit die Rede ist, die Definition des Begriffes X- bzw. Y-Definitionsbereich oder vielmehr der Raster $\mathfrak{x}=(U_n)_n$ bzw. $\mathfrak{y}=(V_n)_n$ modifiziert gemäß der folgenden

Annahme: Bei metrischen $X, Y, Z=X\times Y$ sei $D\subset Z$ und $z_0=(x_0, y_0)\in D$. Außerdem sei $U_n:=\{x:0\leqq|x,x_0|<n^{-1}\}$ bzw. $V_n:=\{y:0\leqq|y,y_0|<n^{-1}\}$, also $\bigwedge x_0\in U_n$ bzw. $y_0\in V_n$. Es ist $\mathfrak{x}':=(U_n\backslash\{x_0\})_n$ bzw. $\mathfrak{y}':=(V_n\backslash\{y_0\})_n$ ein E-Raster, für welchen (D_X) bzw. (D_Y) gilt, ferner $\{x_0\}\times Y\subset D$ bzw. $X\times\{y_0\}\subset D$.

Anmerkung: Ist die Annahme erfüllt, aber f nur in $(X\backslash\{x_0\})\times(Y\backslash\{y_0\})$ erklärt, so wird f z. B. „X-stetig", wenn $L_Xf=:f_X(y)$ existiert und f mit diesem Wert auf $\{x_0\}\times Y$ erweitert wird.

Dieser Annahme entsprechend erklärt man $f|D$ als (partiell) *X-stetig* (in (x_0, y)) bzw. als (partiell) *Y-stetig* (in (x, y_0)), wenn $L_Xf(z)=f(x_0, y)$ bzw. $L_Yf(z)=f(x, y_0)$; gilt dies für jedes $(x_0, y)\in D$ bzw. jedes $(x, y_0)\in D$, so sprechen wir von (partieller) X- bzw. Y-Stetigkeit (schlechthin). Ist $L_Df(z)=f(z_0)$, so heißt f (total) *Z-stetig* (in z_0).

Als z. B. *lokal-gleichmäßig X-stetig* in (x_0, y_0) wird $f|D$ erklärt, wenn

$$(+)\qquad \bigwedge\nolimits_{\varepsilon>0}\bigvee\nolimits_{\delta>0}\bigwedge\nolimits_{(x,y)\in D}(|x,x_0|<\delta\wedge|y,y_0|<\delta)\rightarrow|f(x,y),f(x_0,y)|<\varepsilon.$$

Die Sätze in 2.3.3.6 ergeben nun Beziehungen zwischen totaler und „iteriert-partieller" Stetigkeit. Wir erwähnen nur den

Satz: Voraussetzung. *Es seien X, T, B metrische Räume mit den Häufungspunkten $x_0\in D$ und $t_0\in T$; es sei $z_0:=(x_0, y_0)$. Mit $D:=X\times T$ sei $f: D\longrightarrow B$.*

Behauptung: (I) *Gleichwertig sind die Aussagen:* (1) *Es ist f Z-stetig in z_0.* – (2) *Es ist f lokal-gleichmäßig X-stetig in z_0.* – (3) *Es ist f lokal-gleichmäßig T-stetig in z_0.*

(II) *Ist f T-stetig in (x, t_0) für alle $x\in X$ und X-stetig in (x_0, t) für alle $t\in T$, so sind gleichwertig:* (1) *Es ist f Z-stetig in z_0.* – (2) *Es ist f lokal-gleichmäßig T-stetig in (x, t_0) für alle $x\in X$.*

(III) *Im Falle* (II) *ist $f_T:=L_Tf$ X-stetig in x_0.*

Zusatz: Ist $f_n : X \rightarrowtail B$ stetig in X und $(f_n)_n$ lokal-gleichmäßig konvergent für $n \rightsquigarrow \infty$ in jedem $x \in X$, so ist $f := \lim_n f_n$ stetig in X.

Beweis: *Betr.* (I). Folgt aus der Definition (+) (oben).
Betr. (III). Hier gilt $f(z_0) = L_D f = L_X \circ L_T f$, d.h. $f_T = L_T f$ ist X-stetig in x_0 (vgl. 2.3.3.6, Zweite Kennzeichnung des totalen Limes). *Betr. Zusatz*: Vgl. auch die Anmerkung oben.

2.3.4.2.1 Etwas schärfere Aussagen erhält man, wenn etwa $D = X \times Y$ kompakt ist. In diesem Falle folgt nämlich aus der lokal-gleichmäßigen X-Stetigkeit von f in D (also für jedes $(x, y) \in D$) die *gleichmäßige X-Stetigkeit* von f in D, worunter verstanden wird

$$(++) \qquad \bigwedge_{\varepsilon > 0} \bigvee_{\vartheta(\varepsilon) > 0} \bigwedge_{(x', y), (x'', y) \in D} |x', x''| < \vartheta(\varepsilon) \rightarrow |f(x', y), f(x'', y)| < \varepsilon.$$

In der Tat: In (+) (2.4.3.2) ist $\delta = \delta(\varepsilon; z_0)$. Wegen der Kompaktheit von D gibt es daher zu $\varepsilon > 0$ endlich viele $z_\varrho = (x_\varrho, y_\varrho) \in D$, $\varrho = 1, \ldots, r$, mit Umgebungen $W_\varrho := \{z : z \in D \wedge |z, z_\varrho| < 2^{-1}\delta(\varepsilon, z_\varrho)\}$, für die je (+) gilt (wenn dort z_0 durch z_ϱ ersetzt wird) und für die $D = \bigcup_\varrho W_\varrho$ ist. Für $\vartheta(\varepsilon) := \min\{2^{-2}\delta(\varepsilon, z_\varrho);\ \varrho = 1, \ldots, r\}$ gilt daher (++). Da umgekehrt (+) Folge von (++) ist, ergibt 2.3.4.2 den

Satz: Voraussetzung. *Es genüge D der Annahme in* 2.3.4.2 *und sei kompakt. Ferner sei f sowohl X- als Y-stetig in D, d.h. in jedem* $(x, y) \in D$.

Behauptung: *Es sind gleichwertig:* (1) *Es ist f Z-stetig in D.* – (2) *Es ist f überall in D lokal gleichmäßig X-stetig.* – (3) *Es ist f gleichmäßig X-stetig in D.*

2.3.4.3 *Monoton konvergente Funktionenscharen.*
Funktionen*folgen* $(f_n)_n$ mit $f_n : X \rightarrowtail B$, $n \in \mathbb{N}^+$, sind Spezialfälle sogenannter Funktionen*scharen* $(f_t)_t$, mit dem „Scharparameter" t, wobei $f_t : X \rightarrowtail B$ mit $x \mapsto f_t(x)$ und $t \in T$. Es handelt sich also um Funktionen $f : X \times T \rightarrowtail B$ der beiden Variablen x, t.
Hier handelt es sich speziell um Scharen monotoner reeller Funktionen. Wir bezeichnen dabei f als *X-monoton* (isoton bzw. antiton) für $\bar{t}$, wenn $f(x, \bar{t})$ monotone usw. Funktion von x ist (bei festem $\bar{t}$). Herrscht X-Monotonie usw. für jedes $\bar{t}$, so spricht man von X-Monotonie usw. schlechthin. Entsprechend für T-Monotonie. Zunächst sei erwähnt der

1. Satz: Monotonieprinzip (Vgl. I., 6.7.1).

Voraussetzung: *Es sei* $X = (a; x_0)$ *bzw.* $T = (b; t_0)$ *ein Intervall in* $\mathbb{R}$ *und* $D = X \times T$ *bezüglich* $z_0 = (x_0, t_0)$ *ein X, T-Definitionsbereich mit etwa den E-Rastern* $(U_n)_n := ((x_0 - (x_0 - a)n^{-1}; x_0))_n$, $(V_n)_n := ((t_0 - (t_0 - b)n^{-1}; t_0))_n$. *Ferner sei* $f : D \rightarrowtail \mathbb{R}$ *sowohl X- als T-monoton und zwar beidemal isoton oder beidemal antiton.*

Behauptung: (1) *Es existiert* $L_D f$ *in* z_0 *und zwar ist* $L_D f = \sup\{f(x, y) : (x, y) \in D\}$ *bzw.* $L_D f = \inf\{f(x, y) : (x, y) \in D\}$ *je nachdem f X- und T-isoton bzw. X- und T-antiton ist.*
(2) *Es existieren* $L_X f$ *und* $L_T f$ *und es gilt* $L_T \circ L_X f = L_X \circ L_T f = L_D f$.

Zusatz: Es herrscht lokal gleichmäßige X- und T-Konvergenz.

Anmerkung: (1) Die Beh. (1) gilt i.a. nicht mehr, wenn f etwa X-isoton, aber T-antiton ist. – (2) Indes gilt unter der Annahme in (1) immer noch $L_X \circ L_T f \leqq L_T \circ L_X f$. (Bew. als Aufgabe).

Beweis: O.B.d.A. sei f beschränkt auf D (Schränkungstransformation des Bildbereiches), ferner sowohl X- als T-*isoton*. – *Betr. Beh.* (1). Es existiert $s := \sup\{f(x,t); (x,t) \in D\} = \lim_{(x,t) \rightsquigarrow (x_0,t_0)} f(x,t)$; denn

$$\bigwedge_{\varepsilon>0} \bigvee_{(\bar{x},\bar{t})\in D} \bigwedge_{(x,t)\in D} (\bar{x} \leqq x < x_0 \wedge \bar{t} \leqq t < t_0) \to$$
$$s - \varepsilon \leqq f(\bar{x},\bar{t}) \leqq f(x,t) \leqq f(x_0-, t_0-) \leqq s.$$

Und da $f(x_0-, t_0-)$ und s von ε nicht abhängen, folgt $L_D f = s = f(x_0-, t_0-)$. *Betr. Beh.* (2). Zufolge der X- und T-Isotonie von f existieren $L_X f$ und $L_T f$. Daraus folgt Beh. (2) gemäß 2.3.3.6, II., Kennzeichnung von $L_D f$. Beh. (2) läßt sich hier auch direkt verifizieren. Bei Verzicht auf die X-Monotonie gilt dagegen der

2. Satz: Lokal gleichmäßige monotone Konvergenz von Funktionenscharen.

Voraussetzung: *Es sei $D := X \times T$ ein X, T-Definitionsbereich bzgl. $z_0 := (x_0, t_0)$, wobei X metrisch und $T \subset \mathbb{R}$ mit $t_0 = \inf T$. Weiter sei $f: D \rightarrowtail \mathbb{R}$ T-monoton und lokal gleichmäßig T-konvergent (in z_0) auf einem T-Sektor $S_T(f)$ gegen $\phi := \lim_{t \rightsquigarrow t_0} f(.,t)$.*

Behauptung: *Es ist f (monoton und) lokal gleichmäßig T-konvergent sogar auf D.*

Beweis: Es sei etwa $S_T(f) := \{(x,t') : |x, x_0| < \theta(t')\} \subset D$, wobei $\theta(t') > 0$. Die lokal gleichmäßige T-Konvergenz auf $S_T(f)$ besagt

$$\bigwedge_{\varepsilon>0} \bigvee_{\eta(\varepsilon)>0} \bigwedge_{(x,t')\in S_T(f)} |x, x_0| < \eta(\varepsilon) \wedge 0 < t' - t_0 < \eta(\varepsilon) \to |\phi(x) - f(x,t')| < \varepsilon.$$

Es ist $\bar{\theta}(\varepsilon) := \sup\{\theta(t) : 0 < t - t_0 < \eta(\varepsilon) \wedge t \in T\}$ positiv und es existiert ein $t^+(\varepsilon) \in T$ mit $0 < t^+(\varepsilon) - t_0 < \eta(\varepsilon)$ und mit $\bar{\theta}(t^+) > \theta(\varepsilon)/2$. Für $|x, x_0| < \zeta(\varepsilon) := \min\{\eta(\varepsilon), \bar{\theta}(\varepsilon)/2\}$ liegt daher $(x, t^+(\varepsilon))$ in $S_T(f)$. Wegen der monotonen Konvergenz gilt mithin für alle t mit $t_0 < t < t^+(\varepsilon)$ und alle x mit $|x, x_0| < \zeta(\varepsilon)$ und $(x,t) \in D$ die Ungleichung $|\phi(x) - f(x,t)| < \varepsilon$. Mit Hilfe des 2. Satzes ergibt sich der

3. Satz: Monotone Konvergenz von Scharen stetiger Funktionen.

Voraussetzung: *Es sei $D \subset X \times T$ ein X, T-Definitionsbereich bezüglich $z_0 := (x_0, t_0) \in D$ (Die Annahme in 2.3.4.2 sei erfüllt). Es sei X metrisch und $T := (t_0; t_1) \subset \mathbb{R}$ (mit $t_0 < t_1$). Weiter sei $f: D \rightarrowtail \mathbb{R}$ X-stetig sowie T-monoton. Es existiere $L_T f$ und sei X-stetig (in x_0).*

Behauptung: *Die monotone T-Konvergenz von f ist (sogar) lokal gleichmäßig.*

Beweis: Wegen der X-Stetigkeit von f und $L_T f$ gilt $L_T f = L_T f(x_0, t) = L_X \circ L_T f$. Gemäß 2.3.3.6, II. Vertauschungssatz, herrscht lokalgleichmäßige T-Konvergenz auf einem T-Sektor, gemäß des 2. Satzes also (sogar) auf D.

Anmerkung: Für die Gültigkeit der Beh. kann keine der drei Voraussetzungen über f entbehrt werden (Konstruktion von Beispielen als Aufgabe).
Mit Hilfe des vorstehenden Satzes erhält man noch den

4. Satz: Gleichmäßigkeit der monotonen Konvergenz von Scharen stetiger Funktionen bei Kompaktheit des Definitionsbereiches und Stetigkeit der Grenzfunktion.

Voraussetzung: *Es sei X metrisch und kompakt, $T := (t_0; t_1) \subset \mathbb{R}$ und $D := X \times T$ ein X, T-Definitionsbereich (vgl. auch 2.3.4.2). Ferner sei $f: D \rightarrowtail \mathbb{R}$ X-stetig und T-monoton; außerdem sei $L_T f$ X-stetig.*

Behauptung: *Es ist f gleichmäßig T-konvergent.*

Beweis: Zufolge der T-Monotonie existiert $L_T f$. Wegen der X-Stetigkeit von f bzw. von $L_T f$ gilt der 3. Satz, also lokal gleichmäßige T-Konvergenz. Wegen der Kompaktheit von X folgt dann die Gleichmäßigkeit der T-Konvergenz (vgl. den Bew. des Satzes in 2.3.4.2.1).

2.3.4.4 *Konvergente Scharen monotoner Funktionen*
Während die Gleichmäßigkeit der (T-)Konvergenz einer Schar von (X-)stetigen Funktionen für die (X-)Stetigkeit der Grenzfunktion nur hinreichend aber nicht notwendig ist, wird diese Gleichmäßigkeit zu einer auch notwendigen Bedingung, wenn die Funktionen als (X-)monoton vorausgesetzt werden. Dieser Satz soll allgemeiner für (X-)monotone aber nicht notwendig stetige Funktionen bewiesen werden. Dazu werde ein Lemma benutzt über eine gewisse Approximierbarkeit der monotonen Funktionen durch stetige monotone.

Lemma: *(Approximation monotoner Funktionen durch stetige monotone).*

Voraussetzung: *Es sei $J := [a; b] \subset \mathbb{R}$ und $f: J \rightarrowtail \mathbb{R}$ isoton und beschränkt, sodaß $s(f) := \max\{f(x+) - f(x-) : x \in J\} < +\infty$ existiert.*

Behauptung: *Zu jedem $s' > s(f)$ gibt es stetige, isotone $g: J \rightarrowtail \mathbb{R}$ mit*

$$(s) \qquad \bigwedge\nolimits_{x \in J} |g(x) - f(x)| < s'.$$

Beweis als Aufgabe.
Der angekündigte allgemeinere Satz lautet nun

Satz: Voraussetzung. *Es sei $X := [a; b] \subset \mathbb{R}$ und T metrisch mit dem Häufungspunkt $t_0 \in T$. Es sei f: $X \times (T \setminus \{t_0\}) \rightarrowtail \mathbb{R}$ X-isoton (für jedes feste $t \in T \setminus \{t_0\}$). Außerdem sei f T-konvergent, es existiere also $F(x) := \lim_{t \to t_0} f(x, t)$ für jedes $x \in X$.*

Behauptung: *Folgende beiden Aussagen sind gleichwertig:* (1) *Es ist F stetig in X.* – (2) *Die T-Konvergenz von f gegen F ist gleichmäßig in X; und zugleich gilt gleichmäßig in X*

$$(L) \qquad \lim_{t \rightsquigarrow t_0}(f(x+,t)-f(x-,t))=0.$$

Beweis: *Aus* (1) *folgt* (2). Wegen der gleichmäßigen Stetigkeit von F in X gibt es zu jedem $\varepsilon>0$ endlich viele $x_\nu \in X$ mit $a := x_0 < x_1 < \ldots < x_n := b$ mit $\bigwedge_\nu 0 \leqq F(x_{\nu+1}) - F(x_\nu) < \varepsilon$. Ferner gibt es ein $\delta = \delta(\varepsilon) > 0$ derart, daß für $|t, t_0| < \delta$ und alle ν gilt $|F(x_\nu) - f(x_\nu, t)| < \varepsilon$. Wegen der X-Monotonie von F und f folgt daraus

$$(+) \qquad |F(x)-f(x,t)| \leqq 3\varepsilon \qquad \text{für alle } x \in X \text{ und alle } t \text{ mit } |t, t_0| < \delta.$$

Aus (+) folgt weiter durch die Grenzübergänge $x \rightsquigarrow x'+$ wegen der Stetigkeit von F, daß $|F(x') - f(x'+,t)| \leqq 3\varepsilon$ und somit

$$|f(x'+,t) - f(x'-,t)| \leqq 6\varepsilon \qquad \text{für alle } x' \in X \text{ und alle } t \text{ mit } |t, t_0| < \delta,$$

also die Gleichmäßigkeit der T-Konvergenz sowie (L).

Aus (2) *folgt* (1). Nach Vor. (L) gilt für alle $x \in X$ und alle $t \in T$ mit $|t, t_0| < \delta$ die Ungleichung $|f(x+,t) - f(x-,t| < \varepsilon$, d.h. $s(f(.,t)) \leqq \varepsilon$. Zufolge des Lemmas kann $f(.,t)$ ersetzt werden durch ein X-stetiges und X-isotones $g: X \times T \longrightarrow \mathbb{R}$ mit etwa $|g(x,t) - f(x,t)| \leqq 2\varepsilon$ für alle $x \in X$ und alle t mit $|t, t_0| < \delta$. Da f gleichmäßig T-konvergent ist mit $L_T f = F$, so auch g. Aus der gleichmäßigen T-Konvergenz folgt aber, weil g X-stetig ist, die X-Stetigkeit von F.

2.3.4.4.1 Unter gewissen Annahmen ist ein System von Folgen monotoner Funktionen folgenkompakt. Beispielsweise gilt der

Satz: Voraussetzung. *Es sei $f_k : X \longrightarrow \mathbb{R}$, $k \in \mathbb{N}^+$, wobei $X \subset \mathbb{R}$. Ferner sei $\bigwedge_{x \in X} sup\, \{|f_k(x)| : k \in \mathbb{N}^+\} < +\infty$ und jedes f_k monoton.*

Behauptung: *In $(f_k)_k$ ist eine in X konvergente Teilfolge mit monotoner, endlicher Grenzfunktion enthalten.*

Beweis: (I) Zunächst wird eine in X-dichte, abzählbare Menge A konstruiert, welche u.a. alle isolierten, sowie alle einseitigen Häufungspunkte von X, soweit sie zu X gehören, enthält. Dazu bemerke man: Die Menge A' der isolierten und einseitigen Häufungspunkte von X ist abzählbar. (Denn A' ist die Menge der Endpunkte der abzählbar vielen fremden offenen Intervalle, deren Vereinigung das Komplement von $\bar{X}$ liefert). Zu A' nehmen wir eine in X dichte abzählbare Teilmenge A'' von X hinzu (man erhält ein A'', indem man in jedem der abzählbar vielen, zu X nicht fremden offenen Intervalle mit rationalen Endpunkten ein $x \in X$ auswählt). Es ist dann $A = A' \cup A'' \subset X$ abzählbar, dicht in X und fremd höchstens zur Menge Z der, zu X gehörigen zweiseitigen Häufungspunkte von X.

(II) Durch ein „Diagonalverfahren" erhält man nun eine in A konvergente (unendliche) Teilfolge $(h_n)_n$ von $(f_k)_k$, wobei alle h_n gleichartig monoton, d. h. alle isoton oder alle antiton sind. Zunächst wählt man aus $(f_k)_k$ eine Teilfolge aus, die aus lauter gleichartig monotonen, etwa aus lauter isotonen Funktionen f_{0n} besteht. Ist $A = \{a_1, a_2, \ldots, \}$, so erhält man eine Folge von Funktionenfolgen (deren jede unendlich ist)

$$\begin{array}{l} f_{01}, f_{02}, \ldots, f_{0n}, \ldots \\ f_{11}, f_{12}, \ldots, f_{1n}, \ldots \\ \cdots\cdots\cdots\cdots\cdots\cdots \\ f_{r1}, f_{r2}, \ldots, f_{rn}, \ldots \\ \cdots\cdots\cdots\cdots\cdots\cdots \end{array}$$

wobei $(f_{rn})_n$ Teilfolge von $(f_{r-1,n})_n$ ist, auf induktive Weise so: $(f_{0n})_n$ enthält eine (unendliche) Teilfolge $(f_{1n})_n$ mit konvergentem $(f_{1n}(a_1))_n((f_{1n})_n$ konvergiert in $a_1)$. Ist $(f_{rn})_n$ schon bestimmt, so existiert eine Teilfolge $(f_{r+1,n})_n$ von ihr, welche in a_{r+1} konvergiert, und zwar eigentlich (weil nach Vor. $\sup_n f_n(a_{r+1}) < +\infty$). Nach Konstruktion sei dabei jedes $f_{r+1,m}$ gleich einem $f_{rm'(m)}$ mit $m \leqq m'(m)$ und mit $m_1 < m_2 \rightarrow m'(m_1) < m'(m_2)$. Daher ist die „Diagonalfolge" $(h_n)_n$ mit $h_n := f_{n-1,n-1}$ Teilfolge eines jeden $(f_{kn})_n$, $k \geqq 0$, bis auf je endlich viele Glieder von $(h_n)_n$. Daher konvergiert $(h_n)_n$ in A gegen eine (endliche) monotone Funktion $h|A$.

(III) Es ist noch zu zeigen, daß sich h erweitern läßt zu einer in X konvergenten, monotonen Funktion. Nun sind diejenigen Punkte von X, die zweiseitige Häufungspunkte von A sind, ohne zu A zugehören, und in die sich h stetig erweitern läßt, Punkte, in denen $(h_n)_n$ konvergiert (Bew. als Aufgabe). Die übrigen Punkte von X, in denen $(h_n)_n$ etwa nicht konvergiert, sind also Sprungstellen von h, also abzählbar. Indem man auf die abzählbare Menge dieser Sprungstellen das Auswahlverfahren in (II) anwendet, erhält man eine auch in dieser Menge konvergente Teilfolge von $(h_n)_n$ und damit eine in X konvergente Teilfolge von $(f_n)_n$.

2.4. Ergänzungen. Aufgaben

2.4.1 Satz: Voraussetzung: Es sei $V = V\mathbb{R}^n$ der euklidische n-dimens. Raum und $\mathfrak{b}$ eine orthonormierte Basis von V. Es sei $a_v \in V$, $v = 1, \ldots, n$.

Behauptung: (1) Es gilt $|\det(a_1, \ldots, a_n)| \leqq |a_1| \ldots |a_n|$.
(2) Für lin. unabh. $a_1, \ldots, a_n$ und jedes lineare L: $V \longrightarrow \mathbb{R}$ gilt

$$\|L\| \leqq n \frac{(\max\{|a_v| : v = 1, \ldots, n\})^n \cdot \max\{|L(a_v)| : v = 1, \ldots, n\}}{|\det(a_1, \ldots, a_n)| \cdot \min\{|a_v| : v = 1, \ldots, n\}}.$$

Beweis: *Betr.* (1) O.B.d.A. können die a_v als lin. unabh. angenommen werden, weil andernfalls $\det(a_1, \ldots, a_n) = 0$ und nichts zu beweisen ist. Es sei $(\alpha_{v1}, \ldots, \alpha_{vn})$ der S-Repräsentant von a_v bezüglich b. Die Beh. (1) entspricht der Tatsache, daß das von den a_v aufgespannte Parallelotop maximales absolutes Volumen genau dann besitzt, wenn die a_v paarweise orthogonal sind (und dann das absolute Volumen gleich $|a_1| \ldots |a_n|$ ist). Für $\delta := \det(a_1, \ldots, a_n) = \det(\alpha_{v\mu})$ gilt nämlich (1′) $\delta = \sum_v \alpha_{1v} \delta_{1v}$, wobei δ_{1v} die dem α_{1v} entsprechende Unterdeterminante von δ bezeichnet. Setzt man $d_1 := (\delta_{11}, \ldots, \delta_{1n})$, so gilt gemäß 1.4.7: Es ist $|d_1|$ das absolute Volumen des von Vektoren $\bar{a}_2, \ldots, \bar{a}_n$ aufgespannten ($(n-1)$-dimen.) Parallelotops; dabei ist $|d_1| = (\sum_v \delta_{1v}^2)^{1/2}$ und $\bar{a}_z$, $z = 2, \ldots, n$, derjenige Vektor in der von $a_2, \ldots, a_n$ aufgespannten Hyperebene, welcher den a_z repräsentiert, sodaß $|a_z| = |\bar{a}_z|$. Gemäß (1′) ist daher $|\delta| \leqq |a_1||d_1|$ (2.2.1, Schwarzsche Ungleichung) mit $|d_1| = |\det(\bar{a}_2, \ldots, \bar{a}_n)|$. Somit ist Induktion nach n möglich, da die Beh. (1) für $n = 1$ (trivialerweise) richtig ist.

Betr. Beh. (2). (A) Für $y = \sum_v \eta_v a_v$ gilt $|L(y)| = |\sum_v \eta_v L(a_v)| \leqq n^{1/2} \eta \lambda$ mit $\eta := (\sum_v \eta_v^2)^{1/2}$ und $\lambda := \max\{|L(a_v)| : v = 1, \ldots, n\}$. – (B) Wird $\delta := \det(a_1, \ldots, a_n) \neq 0$ gesetzt, so ergibt sich aus $y = \sum \eta_v a_v$, daß $\delta \eta_v = \det(a_1, \ldots, a_{v-1}, y, a_{v+1}, \ldots, a_n)$. Setzt man weiter $\alpha := \max\{|a_v| : v = 1, \ldots, n\}$ und $\beta := \min\{|a_v| : v = 1, \ldots, n\} > 0$, so folgt mit Beh. (1), daß $\eta^2 \leqq \alpha^{2n} |y|^2 n \beta^{-2} \delta^{-2}$. Aus (A) ergibt sich daher $|L(y)| \leqq n \lambda \alpha^n \beta^{-1} |\delta|^{-1} |y|$, und daraus Beh. (2).

2.4.2 Zwecks späterer Anwendung sei angemerkt

Satz: *Es sei L eine lineare Abbildung des* $\mathbb{R}^n$ *in den* $\mathbb{R}^k$; *beide Räume seien mit der euklidischen Norm versehen. Dann gibt es eine Konstante* $\alpha > 0$, *so daß gilt:*

$$\bigwedge_{\varepsilon>0} \bigwedge_{x \in \mathbb{R}^n} (|L(x)| < \varepsilon \wedge |x| = 1) \rightarrow \bigvee_{y \in \mathbb{R}^n} (L(y) = 0 \wedge |y| = 1 \wedge |y - x| < \alpha\varepsilon).$$

Beweis: 1. Vom trivialen Fall, daß der Rang der Abbildung gleich 0 ist, können wir absehen. Wenn aber $1 \leqq k \leqq n$, so können wir, weil nur von L-Werten die Rede ist, o. B. d. A. voraussetzen, daß $L(\mathbb{R}^n) = \mathbb{R}^k$, d. h. L eine surjektive lineare Abbildung des $\mathbb{R}^n$ auf den $\mathbb{R}^k$ ist. – 2. Die Aussage des Satzes ist orthogonal invariant; wir können daher im $\mathbb{R}^n$ das orthonormale Koordinatensystem so wählen, daß mit $x = \sum_{v=1}^n \chi_v x_v \in \mathbb{R}^n$ und $z = \sum_{\kappa=1}^k \zeta_\kappa z_\kappa \in \mathbb{R}^k$ sich L durch die Gleichungen

(1) $$(x \longmapsto z), \ \zeta_\kappa = \sum_{\lambda=1}^k \alpha_{\kappa\lambda} \chi_\lambda, \qquad \kappa = 1, \ldots, k,$$

mit einer nicht-singulären k,k-Matrix $A = (\alpha_{\kappa\lambda})$ darstellt. Es sei N die Norm der inversen Matrix A^{-1}, so daß bei Bestehen der Gleichungen (1)

(2) $$d(x)^2 = \sum_\kappa \chi_\kappa^2 \leqq N^2 (\sum_\kappa \zeta_\kappa^2) = N^2 |L(x)|^2;$$

dabei ist $d(x)$ ($\geqq 0$) der senkrechte Abstand von x vom Teilraum $L_0 := \{x : x \in \mathbb{R}^n \wedge L(x) = 0\}$. – 3. Es sei nun $|x| = 1$ und $|L(x)| < \varepsilon$. Wir betrachten die senkrechte Projektion x' von x auf L_0. Wenn $x' = 0$, so nehmen wir für y einen beliebigen Punkt $y \in L_0$ mit $|y| = 1$: es ist dann $|y - x| = \sqrt{2}$, weil in diesem Falle $x \perp y$. Hier ist $|x| = d(x)$, so daß wegen (2) $1 = |x| < N\varepsilon$, also mit $\alpha := N\sqrt{2}$ gilt $|y - x| < \alpha\varepsilon$. Wenn jedoch $x' \neq 0$, so setze man $y := |x'|^{-1} x'$. Aus einer elementaren Betrachtung der Situation in der von x und y aufgespannten Ebene (vom Sonderfall $L(x) = 0$, also $x' = x$ können wir absehen) ersieht man, daß für den Abstand $d(x)$ von der „y-Achse“ gilt:

$$|y-x| \leqq \sqrt{2}\, d(x),$$

somit wegen (2) $|y-x| \leqq \sqrt{2} N |L(x)| < \sqrt{2} N \varepsilon = \alpha\varepsilon$.

2.4.3 *Nicht-stetige lineare Abbildungen.*

Während in normierten reellen VR V endlicher Dimension jede lineare Abbildung $f: V \longrightarrow \mathbb{R}$ stetig ist (wegen $|f| < +\infty$), gilt dies i.a. nicht mehr für nicht endlich-dimensionale V. – Beispiel: Es sei P der VR der reellen Polynome p beliebig hohen Grades auf $J := [0; 1]$. Mit $|p| := \max\{|p(x)| : x \in J\}$ ist P normiert (Bew.!). Aber die lineare Abbildung $f: P \longrightarrow \mathbb{R}$ mit $(p \longmapsto p'(0))$ ist in $p_0 = 0$ nicht stetig. In der Tat: Die Folge der Polynome $p_n := (x \longmapsto n^{-1}(1-x)^n)$, $n = 1, 2, \ldots$, konvergiert gegen p_0. Es ist aber $f(p_0) = 0$, während $f(p_n) \rightsquigarrow 1$ für $n \rightsquigarrow +\infty$. Mithin ist f an der Stelle p_0 unstetig. Man beweise, daß $\|f\| = +\infty$.

2.4.4 *Partiell affine Abbildungen und Approximationen.*

Die folgenden, nur für den $\mathbb{R}^2$ durchgeführten Betrachtungen lassen sich ohne weiteres auf den $\mathbb{R}^n$ übertragen (Aufgabe! vgl. dazu Bemerkung unten); im übrigen werden wir die Resultate später nur für den $\mathbb{R}^2$ benötigen.

1. **Definition:** Es sei $B := (x_1, x_2)$ eine Basis des $\mathbb{R}^2$ und Q ein abgeschlossenes (bzgl. B) achsenparalleles Rechteck, $Q = [\alpha_1; \alpha_2] \times [\beta_1; \beta_2] \subset \mathbb{R}^2$. Die Abbildung $g: Q \longrightarrow \mathbb{R}^m$ heißt partiell **affin** (**bzgl.** B), wenn es konstante $c_0, c_1, c_2, c_{12} \in \mathbb{R}^m$ gibt, so daß für $x = \chi_1 x_1 + \chi_2 x_2 \in Q$

$$g(x) := g(\chi_1, \chi_2) = c_0 + \chi_1 c_1 + \chi_2 c_2 + \chi_1 \chi_2 c_{12}.$$

Folgerungen: 1. g ist durch die „Eckwerte" $g(\alpha_1, \beta_1)$, $g(\alpha_1, \beta_2)$, $g(\alpha_2, \beta_1)$ und $g(\alpha_2, \beta_2)$ eindeutig bestimmt. – 2. Die Eckwerte sind beliebig wählbar. – 3. Die Werte von g sind in der konvexen Hülle der Eckwerte enthalten.

2. **Definition:** Die Abbildung $h: Q \longrightarrow \mathbb{R}^m$ heißt **stückweise partiell affin** (**bzgl.** B), wenn es eine Unterteilung von $[\alpha_1; \alpha_2]$ bzw. $[\beta_1; \beta_2]$ in s bzw. t abgeschlossene, bis auf Endpunkte fremde Teilintervalle I_σ bzw. I'_τ gibt, wobei also $\bigcup_{\sigma=1,\ldots,s;\tau=1,\ldots,t} I_\sigma \times I'_\tau = Q$, so daß jedes $h | I_\sigma \times I'_\tau$ partiell affin (bzgl. B) ist.

Folgerung: Da für je zwei der fraglichen Einengungen auf Teilrechtecke $I_\sigma \times I'_\tau$ die Werte auf einer (eventuell vorhandenen) gemeinsamen Seite übereinstimmen, so ist jede stückweise partiell affine Abbildung stetig.

Satz: *Jede auf Q stetige Abbildung $f: Q \longrightarrow \mathbb{R}^m$ läßt sich gleichmäßig und beliebig genau durch stückweise partiell affine Abbildungen $h|Q$ approximieren.*

Beweis: Man wähle bei vorgegebenem $\varepsilon > 0$ eine Unterteilung $\mathfrak{U}$ von Q im Sinne der Definition 2. in Teilrechteckte $I_\sigma \times I'_\tau$ so fein, daß die Werte von f auf jedem solchen Teilrechteck sich untereinander der Norm nach um weniger als ε unterscheiden; das ist möglich wegen der gleichmäßigen Stetigkeit von f. Nun bildet man die zur Unterteilung $\mathfrak{U}$ gehörige stückweise partiell affine Abbildung h, deren Werte auf den Ecken der Teilrechtecke mit den Werten von f übereinstimmen. Dann ist

$$|f(x)-h(x)|<2\varepsilon \qquad \text{für } x\in Q;$$

denn bezeichnet x' eine Ecke eines Teilrechtecks Q' von $\mathfrak{U}$, so gilt

$$f(x)\in K':=\{y: y\in\mathbb{R}^m \wedge |y-f(x')|<\varepsilon\} \qquad \text{für } x\in Q'.$$

Andererseits ist die konvexe Hülle der Eckwerte von Q' in K' enthalten.

Bemerkung: Unter einer (*bzgl. einer Basis* $(x_1,\ldots,x_n)$ des $V\mathbb{R}^n$) *partiell affinen* Abbildung aus dem $\mathbb{R}^n$ in den R^m verstehen wir eine Abbildung

$$\chi_1 x_1+\ldots+\chi_n x_n = x \longmapsto g(\chi_1,\ldots,\chi_n)\in\mathbb{R}^m,\ x\in\mathbb{R}^n,$$

bei welcher für jedes ν die Abbildung $(\chi_\nu \longmapsto g(\chi_1,\ldots,\chi_n))$ bei Festhaltung der χ_ϱ mit $\varrho\neq\nu$ eine affine Abbildung aus dem $\mathbb{R}^1$ in den $\mathbb{R}^m$ ergibt.

Beispiel: $n=3$. $\qquad g(\chi_1,\chi_2,\chi_3)=$

$$c_0+\chi_1c_1+\chi_2c_2+\chi_3c_3+\chi_1\chi_2c_{12}+\chi_1\chi_3c_{13}+\chi_2\chi_3c_{23}+\chi_1\chi_2\chi_3c_{123}$$

mit 2^3 willkürlichen konstanten Koeffizienten $c\in\mathbb{R}^m$.

2.4.5.1 Der Brouwersche Fixpunktsatz im $\mathbb{R}^n$.

Jede stetige Abbildung f einer kompakten konvexen Punktmenge $B\subset\mathbb{R}^n$ in sich besitzt einen Fixpunkt (d.h. $\bigvee_{x\in B} f(x)=x$).

Beweis: 1. Es gibt eine kleinste Dimension n' ($\leqq n$), so daß B in einer n-Ebene des $\mathbb{R}^n$ enthalten ist. O.B.d.A. sei daher $n'=n$, so daß B (in $\mathbb{R}^n$) innere Punkte besitzt und zu einem n-dimensionalen Simplex homöomorph ist. Es genügt daher den Beweis für den Fall zu führen daß B ein solches Simplex ist.

2. Wir betrachten der Anschaulichkeit halber nur den Fall $n=2$, wo bereits der wesentliche Beweisgedanke, nämlich die Anwendung eines Lemmas der kombinatorischen Topologie, in Erscheinung tritt. Der Beweis für beliebiges n verläuft in analogen Schritten (s. Lit.).

2.1. Es sei also f eine stetige Selbstabbildung der (etwa gleichseitigen) abgeschlossenen Dreiecksfläche Δ, deren Ecken wir kurz mit 0, 1, 2 bezeichnen. Wir halbieren die Kanten (= Dreiecksseiten) von Δ und ordnen in folgender Weise jedem Punkt y des Randes von Δ eine Eckennummer $v(y)$ zu: Es erhält jede Ecke ihre eigene Nummer, der Halbierungspunkt der Kante ik eine der beiden Nummern i, k, jeder andere Punkt dieser Kante die Nummer derjenigen Ecke, an welche die ihn enthaltende Kantenhälfte angrenzt.

2.2. Wir nehmen nun an, die Abbildung f besitze keinen Fixpunkt. Dann ist wegen der gleichmäßigen Stetigkeit $|f(x)-x| \geqq r > 0$ für alle $x \in \Delta$. Wir können dann jedem $x \in \Delta$ in eindeutiger und stetiger Weise einen Randpunkt $p(x)$ gemäß folgender Vorschrift zuordnen (Figur):

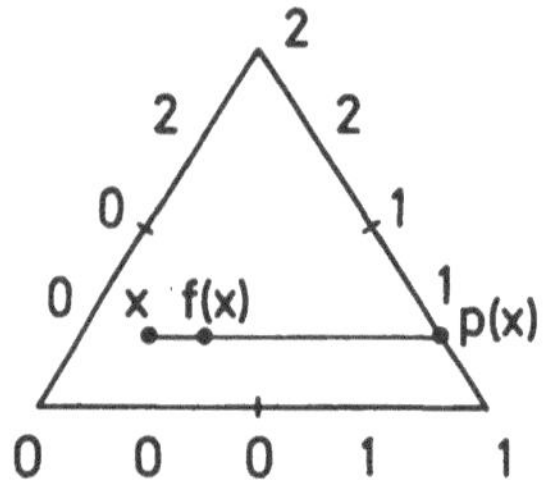

Liegen x und $f(x)$ nicht auf derselben Kante von Δ, so sei $p(x)$ derjenige Schnittpunkt z der Verbindungsgeraden von x und $f(x)$ mit dem Rand von Δ, so daß x nicht zwischen z und $f(x)$ liegt. Wenn dagegen x und $f(x)$ auf einer Kante von Δ liegen, so sei $p(x)$ diejenige Ecke z dieser Kante, so daß x wiederum nicht zwischen z und $f(x)$ liegt. Die Abbildung $(x \mapsto v(p(x)) =: u(x))$ von Δ in $\{0, 1, 2\}$ hat nun, wie unmittelbar ersichtlich, die Eigenschaft, daß es ein $\delta > 0$ gibt, so daß u in der δ-Umgebung eines jeden Punktes $x \in \Delta$ nur 2 Werte annimmt.

Ein Widerspruch ergibt sich nun mit Hilfe von folgendem kombinatorischem, von E. Sperner herrührendem

Lemma: Voraussetzung. *Es sei Z eine simpliziale Zerlegung von* Δ *in Teildreiecke* Δ_m *und jeder dabei auftretenden Ecke x sei eindeutig eine Zahl* $u(x) \in \{0, 1, 2\}$ *zugeordnet, wobei insbesondere für jede Ecke y auf dem Rand von* Δ, *y etwa auf der Kante ik*, $u(y) \in \{i, k\}$ *gilt.* – Behauptung: *Die Anzahl* α *der „ausgezeichneten" Teildreiecke* Δ_m, *d. h. derjenigen* Δ_m, *auf deren drei Ecken u alle* 3 *Werte* 0, 1, 2 *annimmt, ist ungerade* (also $\geqq 1$).

Offensichtlich erfüllt die oben konstruierte Funktion u, eingeengt auf die Ecken der Zerlegung Z von Δ die Voraussetzungen des Lemmas. Dieses u aber widerspricht der Behauptung des Lemmas, wenn die Zerlegung genügend fein ist, nämlich wenn alle Teildreiecke einen Durchmesser δ haben, in welchem Falle es kein ausgezeichnetes Teildreieck gibt. Somit muß f einen Fixpunkt haben.

2.3. Beweis des Lemmas: Wir sprechen von einer „ausgezeichneten Kante" (eines Dreiecks Δ_m), wenn u auf ihren zwei Ecken die Werte 0 und 1 annimmt. Bezeichnet nun β die Anzahl der ausgezeichneten Kanten auf dem Rand von Δ und $\gamma(\Delta_m)$ die Anzahl der ausgezeichneten Kanten von Δ_m, so ist, wenn Δ_m ausgezeichnet ist, $\gamma(\Delta_m) = 1$, und sonst $= 0$ oder 2. Daher ist

$$\alpha \equiv \sum_m \gamma(\Delta_m) \qquad (\text{mod } 2).$$

In der letzten Summe wird jede ausgezeichnete Kante genau einmal gezählt, wenn sie auf dem Rand von Δ liegt, sonst aber genau zweimal, also haben wir auch

$$\beta \equiv \sum_m \gamma(\Delta_m).$$

β aber ist die Anzahl der ausgezeichneten Kanten auf der Kante 01 von Δ, und ist als solche ungerade. (Denn bei 0 Teilungspunkten auf 01 vermöge Z ist $\beta = 1$; ist die Behauptung für k Teilungspunkte schon erwiesen, so ändert sich bei Hinzunahme eines weiteren Teilungspunktes β höchstens dann, wenn dabei eine ausgezeichnete Kante geteilt wird, und zwar um 0 oder 2).

2.4.5.2 *Anwendungen des Brouwerschen Fixpunktsatzes.*

1. Satz: (Prinzip vom spitzen Winkel). Voraussetzung: *Es sei B eine kompakte konvexe Teilmenge des $\mathbb{R}^n$ mit inneren Punkten, $x_0 \in \underline{B}$ und $\partial B := \bar{B} \setminus \underline{B}$ der Rand von B; ferner sei $f: B \longrightarrow \mathbb{R}^n$ stetig mit der Eigenschaft, daß*

(1) $$\bigwedge\nolimits_{y \in \partial B} (f(y) - x_0)^T (y - x_0) > 0.$$

Behauptung: *$f(B) \ni x_0$, d.h. die Gleichung $f(x) = x_0$ besitzt eine Lösung x in B.*

Beweis: 1. Transformation auf den Fall der Vollkugel $S := \{x : |x| \leqq 1\}$. Eine Translation um x_0 in x und f führt auf den Fall mit $x_0 = \bar{0}$. Mit dieser Voraussetzung erklären wir eine topologische Abbildung $h: B \longrightarrow S$ wie folgt: $h(\bar{0}) := \bar{0}$ und für $\bar{0} \neq x \in B$ bestimmen wir den Punkt x_B, der auf ∂B und auf dem von $\bar{0}$ ausgehenden Halbstrahl durch x liegt, setzen

$$x \longmapsto z := h(x) := |x_B|^{-1} x,$$

und schließlich definieren wir die Abbildung $\bar{f}: S \longrightarrow \mathbb{R}^n$ mit

$$\bar{f}(z) := f(h^{[-1]}(z)), \qquad z \in S.$$

$\bar{f}$ ist stetig und

$$\bigwedge\nolimits_{z \in \partial S} \bar{f}(z)^T z > 0$$

(wegen $\bar{f}(z)^T z = (f(z_B)^T z_B)|z_B|^{-1}$); ferner führt $\bar{f}(z') = \bar{0}$ für ein $z' \in S$ auf $f(x') = \bar{0}$ mit einem $x' \in B$.

2. Nach 1. genügt es somit den Satz für den *Fall* $x_0 = \bar{0}$ und $B = S$ zu beweisen. Aus Stetigkeits- und Kompaktheitsgründen gibt es ein $r > 0$ und ein positives $\delta < 1$, so daß $f(z)^T z \geqq r$ für alle z in der Kugelschicht $\delta < |z| \leqq 1$. Wegen $|f| \leqq M$ und $|z| \leqq 1$ besagt dies, daß $\cos \sphericalangle (f(z), z) \geqq M^{-1} r$ in dieser Kugelschicht. Somit gibt es ein positives α', so daß für jedes α mit $0 < \alpha < \alpha'$

$$|z - \alpha f(z)| < |z| \leqq 1 \qquad \text{für } \delta < |z| \leqq 1.$$

Andererseits ist für $0 \leqq |z| \leqq \delta$ ebenfalls $|z-\alpha f(z)| \leqq \delta + \alpha M < 1$ für hinreichend kleines α. Es gibt also positive α, so daß

$$z \longmapsto z - \alpha f(z)$$

eine stetige Abbildung von S in sich darstellt, also nach dem Brouwerschen Satz einen Fixpunkt $z_1 \in S$ besitzt, d.h. $f(z_1) = \mathfrak{0}$ ist.

Zwei Spezialfälle:
(I) Die Behauptung des 1. Satzes gilt auch bei Ersetzung der dortigen Bedingung (1) durch

(1′) $$\bigwedge_{y \in \partial B} |f(y) - y| < |y - x_0|.$$

Beweis, daß (1′)→(1) als Aufgabe.
(II) Es sei B der Würfel W im $\mathbb{R}^n$ der $x := (\chi_1, \ldots, \chi_n)$ mit $|\chi_\nu| \leqq 1$, $\nu = 1, \ldots, n$ und f sei stetig mit der Eigenschaft, daß jede $(n-1)$-dimensionale Seite des Würfels durch f in sich abgebildet wird; dann ist (1) für jeden inneren Punkt x_0 von W erfüllt (Aufgabe!), so daß hier sogar $f(W) \supset W$ gilt.

2. Satz (Zwischenwertsatz im $\mathbb{R}^n$):

Voraussetzung: *Es sei W der Würfel $\{x : \bigwedge_{\nu=1}^{n} |\chi_\nu| \leqq 1\}$ und $f = (f_1, \ldots, f_n)$ eine stetige Abbildung von W in den $\mathbb{R}^n$ mit der Eigenschaft, daß*

(2) $$\bigwedge_\nu \quad f_\nu > 0 \quad \text{für } \chi_\nu = 1 \;\wedge\; f_\nu < 0 \quad \text{für } \chi_\nu = -1.$$

Behauptung:
$$\bigvee_{x' \in W} f(x') = \mathfrak{0}.$$

Beweis: Es bezeichne m: $\mathbb{R} \longrightarrow [-1; 1]$ die stetige Abbildung

$$\chi \longmapsto m(\chi) := \operatorname{med}(-1, \chi, 1)$$

(I., 3.4.3). Dann ist offensichtlich für hinreichend großes $\lambda > 0$

$$\tilde{f} := (x \longmapsto (m(\lambda f_1(x)), \ldots, m(\lambda f_n(x))), \qquad x \in W,$$

eine Abbildung von W in sich, bei der jede $(n-1)$-dimensionale Seite von W in sich abgebildet wird. Nach dem Spezialfall (II) von Satz 1 wird daher $\mathfrak{0}$ von $\tilde{f}$ und damit auch von f als Bild angenommen.

2.4.6 *Abbildungen mit k-deutiger Umkehrung.*
Nachstehend handelt es sich um zwei Sätze über Abbildungen die eine überall genau k-deutige Umkehrung besitzen.

1. Satz: Voraussetzung. (1) *Es seien X und W topologische, punktweise rationale Räume, wobei X Hausdorffsch und W zusammenhängend ist.* – (2) *Die Abbildung $f: X \longrightarrow W$ sei* *surjektiv und lokal topologisch.* – (3) *Für jede Folge* $(x_n)_n$ *von (verschiedenen) Punkten aus* X *gelte: Wenn* $(f(x_n))_n$ *konstant ist oder wenn* $\{f(x_n): n \in \mathbb{N}\}$ *einen Häufungspunkt besitzt, dann enthält* $(x_n)_n$ *eine (in* X*) konvergente Teilfolge.*

Behauptung: *Die Umkehrungsabbildung* $f^{[-1]}$ *von* f *ist genau k-deutig, d.h. es existiert eine natürliche Zahl* $k \geqq 1$ *derart, daß die Anzahl* $m(w)$ *der Lösungen* $x \in X$ *der Gleichung* $w = f(x)$ *für jedes* w *gleich* k *ist.*

Beweis: (I) Für jedes $w \in W$ ist die Anzahl $m(w)$ endlich. Gäbe es nämlich unendlich viele, paarweise verschiedene $x_n \in X$, $n \in \mathbb{N}$, mit $w = f(x_n)$, so ist $(f(x_n))_n$ konstant. Nach Vor. (3) enthält daher $(x_n)_n$ eine konvergente Teilfolge, etwa mit dem Limes $x' \in X$; wegen der Stetigkeit von f in x' ist $w = f(x')$. Daher existieren von x' verschiedene x_n mit gleichem f-Bild in jeder noch so kleinen Umgebung von x', entgegen der Vor. (2), daß f lokal topologisch ist.

(II) Wir betrachten die disjunkten Mengen $T_r := \{w : w \in W \wedge m(w) \geqq r\}$ und $T'_r := \{w : w \in W \wedge \wedge\, m(w) < r\}$, $r = 1, 2, \ldots$, sodaß $T_r \cup T'_r = W$. – (a) Es ist T_r offen. In der Tat: Es sei $w \in T_r$. Sind die $x_1, \ldots, x_r \in X$ verschieden mit $w = f(x_\varrho)$, $\varrho = 1, \ldots, r$, so gibt es, weil f lokal topologisch ist und zufolge des Hausdorffschen Trennbarkeitsaxioms eine (offene) Umgebung $V \subset W$ von w und dazu paarweise fremde (offene) Umgebungen U_ϱ von x_ϱ in X, deren jede durch f topologisch auf V abgebildet wird. Zu jedem $w' \in V$ gibt es daher ein $x'_\varrho \in U_\varrho$ mit $f(x'_\varrho) = w'$, $\varrho = 1, \ldots, r$, sodaß $m(w') \geqq r$, also $V \subset T_r$. – (b) Auch T'_r ist offen. In der Tat: Es sei $w' \in T'_r$ mit $m(w') = m' < r$ und es seien $x_1, \ldots, x_{m'} \in X$ die m' verschiedenen Punkte mit $f(x_\mu) = w'$, $\mu = 1, \ldots, m'$.

Wiederum gibt es paarweise fremde (offene) Umgebungen $U'_\mu \subset X$ von x'_μ und eine (offene) Umgebung V von w' derart, daß U_μ durch f topologisch auf V abgebildet wird. Angenommen, es gibt in V eine gegen w' konvergente Folge $(w_n)_n$ mit $m(w_n) \geqq r$, $n = 1, 2, \ldots$ Dann hat die Gleichung $w_n = f(x)$ je eine Lösung $x \in U_\mu$, aber außerdem noch eine Lösung $x = x'_n$, $n \in \mathbb{N}$, in $A := W \setminus (\bigcup_{\mu=1}^{m'} U_\mu)$. Wegen $w_n \neq w'$ ist w' Häufungspunkt von $\{f(x'_n): n \in \mathbb{N}\}$, sodaß $(x'_n)_n$ zufolge Vor. (3) eine gegen ein $x' \in X$ konvergente Teilfolge enthält mit $w' = f(x')$. Wegen der Abgeschlossenheit von A ist $x' \notin \{x_1, \ldots, x_{m'}\}$ und somit $m(w') > m'$ (Widerspruch!).

(III) Weil W zusammenhängend ist (Vor. (1)), folgt aus Ziff. (II), daß für jedes r entweder $T_r = \emptyset$ oder $T'_r = \emptyset$. Da $T'_1 = \emptyset$, $(T_r)_r$ absteigend, $(T'_r)_r$ aufsteigend ist und nicht alle T'_r leer sind, gibt es ein erstes $r = k + 1$ mit $T'_r \neq \emptyset$, also $T'_r = W$ und $T_r = \emptyset$, also $m(w) = k$ für alle $w \in W$.

Bemerkung: Die Vor. (3) des Satzes ist insbesondere dann erfüllt, wenn X kompakt ist. *Beispiel:* Es sei $x = \cos t$, $y = \sin t$, $0 \leqq t \leqq 2\pi$, eine Darstellung des Einheitskreises E der (x, y)-Ebene (wobei $t = 0$ und $t = 2\pi$ den gleichen Punkt $(1, 0)$ repräsentieren!); ferner sei T eine stetige, streng isotone Abbildung von $[0; 2\pi]$ auf $[0; 2k\pi]$. Nun ist $(\cos t,$

$\sin t) \mapsto (\cos T(t), \sin T(t))$ eine lokal-topologische, genau k-deutige Abbildung von E (Begründung als Aufgabe).

Die Behauptung des vorausgehenden Satzes ist auch dann noch haltbar, wenn nur eine „kompakte Einbettung" von X vorliegt; in diesem Falle lassen sich *aus dem Verhalten der Abbildung auf dem Rande von X auch Aussagen über den Wert* von k gewinnen. Hierzu der

2. Satz: Voraussetzung. (1) *Es seien V und W punktweise rationale Hausdorff-Räume, X kompakte abgeschlossene Hülle einer offenen zusammenhängenden Teilmenge X_0 vom V.* – (2) *Es sei $f: X \to W$ stetig und bilde X_0 bzw. die Begrenzung R von X_0 in V auf die offene Menge $X'_0 := f(X_0)$ bzw. auf die Begrenzung $R' := f(R)$ von X'_0 in W ab.* – (3) *Die Einengung $f|X_0$ von $f|X$ sei lokal topologisch.*

Behauptung: (1) *Es existiert eine natürliche Zahl $k \geqq 1$ derart, daß die Umkehrungsabbildung $f^{[-1]}$ von f, eingeengt auf X'_0, genau k-deutig ist.* – (2) *Es gebe einen Begrenzungspunkt $r' \in R'$ mit genau $m(\geqq 1)$ Urbildpunkten $r_1, \ldots, r_m (\in R)$.* – (a) *Gibt es zu jedem $\mu = 1, \ldots, m$, eine offene Umgebung U_μ von r_μ in V, so daß $f|(U_\mu \cap X)$ injektiv ist, wobei die U_μ disjunkt sind, so ist $k \leqq m$, also im Falle $m = 1$ auch $k = 1$.* – (b) *Gibt es überdies eine Umgebung U' von r' in W, so daß $U' \cap f(X) \subset f(U_\mu \cap X)$* für *$\mu = 1, \ldots, m$, so ist $k = m$.*

Beweis: *Betr. Beh.* (1). Wir zeigen, daß die Voraussetzungen des 1. Satzes erfüllt sind, wobei es nur für Vor. (3) der Verifikation bedarf. Es sei also $(x_n)_n$ eine Folge in X_0. Da X_0 kompakt ist, enthält $(x_n)_n$ eine konvergente Teilfolge mit dem Limes $x^+ \in X$. Ist dabei $x^+ \in X_0$, so sind wir fertig. Andernfalls dürfen wir o. B. d. A. annehmen, daß $(x_n)_n$ selbst schon konvergiert mit $x^+ = \lim_n x_n \in R$. Wäre dabei nun einerseits $f(x_n) = \text{konst.}$, so hätten wir $X'_0 \ni f(x_n) = f(x^+)$ wegen der Stetigkeit von f, aber im Widerspruch zu $f(x^+) \in R'$ und $X'_0 \cap R' = \emptyset$. Hätte andererseits $\{f(x_n): n \in \mathbb{N}\}$ einen Häufungspunkt $y^+ \in X'_0$, so erhielten wir den Widerspruch $y^+ = f(x^+) \in R'$ (wegen $X'_0 \cap R' = \emptyset$).

Betr. Beh. (2) (a). Angenommen, es sei $k > m$. Dann gibt es eine gegen r' konvergente Folge $(y_n)_n$ mit $y_n \in X'_0$ und dazu mindestens ein $x_n \in X_0 \setminus (\bigcup_{\mu=1}^m U_\mu) =: F$ mit $f(x_n) = y_n$. O. B. d. A. dürfen wir annehmen, daß $\lim_n x_n =: x^+$ existiert. Es ist $x^+ \in F$ (wegen der Abgeschlossenheit von F) also $x^+ \notin \{x_1, \ldots, x_m\}$ und $f(x^+) = r'$ entgegen der Definition von m.

Betr. Beh. (2b). Unter diesen Voraussetzungen gibt es $y \in U' \cap X'_0$ und zu jedem solchen y in jedem U_μ ein Urbild, sodaß jetzt auch $k \geqq m$.

Bemerkung: Die Bestimmung von k aus der Kenntnis des Verhaltens der Abbildung f in Randpunkten ist (wenn z. B. Vor. (2b) nicht erfüllt) nicht immer möglich. – Hierzu ein *Beispiel:* In der kartesischen (χ, η)-Ebene $(\varrho := \sqrt{\chi^2 + \eta^2})$ betrachten wir die Kreisscheiben $V := W := \{(\chi, \eta): \varrho \leqq 2\}$. Es sei dann X_0 die in V offene, zusammenhängende Punktmenge $\{(\chi, \eta): 1 < \varrho \leqq 2\}$, sodaß X bzw. R durch $1 \leqq \varrho \leqq 2$ bzw. durch $\varrho = 1$ beschrieben wird. Durch f sollen diejenigen Sehnen von V, welche von den Geraden $\chi = \chi_0$ mit $1 \leqq |\chi_0| \leqq 2$ aus V ausgeschnitten werden, punktweise identisch abgebildet werden. Hingegen sollen die von den Geraden $\chi = \chi_0$ mit $|\chi_0| < 1$ aus X ausgeschnittenen Streckenpaare AB bzw. $A'B'$ durch f ähnlich abgebildet werden auf die (B bzw. B' enthaltenden) Strecken AC bzw. $A'C$, wobei $C := (\chi_0, 0)$. Es ist $X'_0 = W \setminus S$, wobei S die Strecke $\{(\chi, 0): |\chi| \leqq 1\}$ bezeichnet; daher $R' = S$ und $k = 1$. Demgegenüber ist für Punkte $r' \in R'$ mit $m = 1$ die Restriktion $f|(U_1 \cap X)$ nicht injektiv und für r' mit $m = 2$ ist die Überdeckungsforderung $U' \cap f(X) \subset f(U_\mu \cap X)$ (gemäß (2b)) nicht erfüllt. Aus (2a) kann daher in unserem Beispiel lediglich $k \leqq 2$ gefolgert werden.

2.4.7 *Zusammenhangseigenschaften offener Teilmengen des* $\mathbb{R}^n$.

I. Zur Beschreibung der fraglichen Eigenschaften bedient man sich des Verhaltens der „Wege", spezieller der „Streckenzüge" in solchen Mengen. Hierzu die

1. Definition: Unter einem **Weg** w im top. Raum X verstehen wir eine stetige Abbildung $w: [a; b] \longrightarrow X$ eines reellen Intervalles $[a; b]$ in X; $w(a)$ bzw. $w(b)$ heißt **Anfangs-** bzw. **Endpunkt des Weges**, und man sagt, w **„verbinde"** $w(a)$ mit $w(b)$ in X. – Ist speziell $X = \mathbb{R}^n$, so heißt der Weg $w_{x_0 x_1}: (t \longmapsto x_0 + t(x_1 - x_0))$, $t \in [0; 1]$, die **Verbindungsstrecke** $x_0 x_1$ von $x_0, x_1 \in \mathbb{R}^n$.

Folgerungen: (1) Zwei Wege $w_1|[a_1; b_1]$ und $w_2|[a_2; b_2]$ lassen sich *„zusammensetzen"* zu einem Weg $w_3 =: w_1 + w_2$, wenn Endpunkt von w_1 und Anfangspunkt von w_2 übereinstimmen; es ist $w_3(t) := w_1(t)$ für $t \in [a_1; b_1]$ und $w_3(t) := w_2(a_2 - b_1 + t)$ für $t \in [b_1; b_1 + b_2 - a_2]$. – (2) Mit $\overline{w}$ bezeichnen wir den „umorientierten Weg" zu w: $\overline{w}(t) := w(a + b - t)$ für $t \in [a; b]$. – (3) Ist $w(t) = \text{const.} = p$ für $t \in [a; b]$, so sprechen wir vom *„Nullweg"* (p). – (4) Zwei Wege w_1, w_2 betrachten wir als *„äquivalent"*, wenn es eine stetige streng isotone Abbildung s von $[a_1; b_1]$ auf $[a_2; b_2]$ gibt, sodaß $w_1(t) = w_2(s(t))$ für $t \in [a_1; b_1]$.

2. Definition: Unter einem **Streckenzug** in einer offenen Teilmenge $X \subset \mathbb{R}^n$ versteht man einen Weg w in X von der Gestalt $x_0 x_1 + \ldots + x_{m-1} x_m$; er verbindet x_0 mit x_m.

Folgerung: Ist $w|[a; b] = x_0 x_1 + \ldots + x_{m-1} x_m$ ein Streckenzug, so ist die Abbildung w stückweise (partiell) affin in $[a; b]$ (2.4.4); abgesehen von den Stellen $t_\mu \in [a; b]$, welche den „Ecken" x_μ, $\mu = 1, \ldots, m-1$, entsprechen, ist w stetig differenzierbar.

3. Definition: Die offene Teilmenge $X \subset \mathbb{R}^n$ heißt **weg-verknüpft**, wenn je zwei Punkte $x_0, x_1 \in X$ durch einen Weg in X verbindbar sind.

Folgerung: Ist die offene Teilmenge $X \in \mathbb{R}^n$ weg-verknüpft, so auch „streckenzug-verknüpft" (vgl. 2.4.4, Satz).

Satz: *Die offene Teilmenge $X \in \mathbb{R}^n$ ist zusammenhängend dann und nur dann, wenn sie streckenzug-verknüpft ist.*
(Beweis als Aufgabe).

II. Zwecks Erklärung des sogenannten „einfachen Zusammenhangs" einer offenen Teilmenge $X \subset \mathbb{R}^n$ benötigen wir die

4. Definition: Zwei Wege w, $\bar{w}$ mit gleichem Parameterintervall $J := [0; 1]$ und gleichen Anfangs- und Endpunkt, x_0 bzw. x_1, heißen **homotop in** X, wenn sich „w innerhalb X stetig in $\bar{w}$ überführen" läßt in folgendem Sinne: Es existiert eine stetige Abbildung h: $Q \rightarrowtail X$ mit $Q := J' \times J$, wobei $J' := [a; b]$ und $((s, t) \mapsto h(s, t))$, $s \in J'$, $t \in J$, mit nachstehenden Eigenschaften: $h(., 0) = x_0$, $h(., 1) = x_1$, $h(a, .) = w$ und $h(b, .) = \bar{w}$. Dabei bezeichnen wir s bzw. t als **Deformations**- bzw. als **Wegparameter**, den Weg $h(s, .)$ als die zu s gehörige **Wegdeformation** und den Weg $h(., t)$ als die zu t gehörige **Deformationsbahn**. O.B.d.A. kann im Bedarfsfall J' durch ein anderes Intervall $[\bar{a}; \bar{b}]$ ersetzt werden, wie z.B. affine Transformation von s lehrt. Die Relation „homotop" bezeichnet man, ebenso wie die Abbildung h als **Homotopie**. Homotopie ist eine Äquivalenz (bei festen x_0, x_1).

Beispiel: Bezeichnet σ eine stetige, isotone surjektive Abbildung von $[0; 1]$ auf sich, so ist $\bar{w}|[0; 1]$ homotop zu $w|[0; 1]$ mit $\bar{w}(t) := w(\sigma(t))$ für $t \in [0; t]$ (vgl. Folgerungen (4) in I.). (Beweis als Aufgabe).

5. Definition: Die offene zusammenhängende Teilmenge $X \subset \mathbb{R}^n$ heißt **einfach zusammenhängend**, wenn für beliebige $x_0, x_1 \in X$ alle Wege, die x_0 mit x_1 in X verbinden, in X homotop sind.

Beispiel: Jede offene Teilmenge X des $\mathbb{R}^n$, welche bzgl. eines ihrer Punkte p *„sternförmig"* ist, d.h. die Eigenschaft hat, daß für jedes $x \in X$ die Verbindungsstrecke $px \subset X$, ist einfach zusammenhängend; insbesondere ist jede konvexe offene Teilmenge des $\mathbb{R}^n$ einfach zusammenhängend.

Anleitung zum Beweis: Ist X bzgl. p sternförmig und w ein x_0, x_1 verbindender Weg in X, so zeige man: 1. w ist homotop zu $\overrightarrow{x_0p} + w' + \overrightarrow{px_1}$; wobei $w' := \overrightarrow{px_0} + w + \overrightarrow{x_1p}$; 2. w' homotop (p) (Nullweg); 3. w ist homotop zu $x_0p + px_1$ (siehe Figur für die Aufteilung von Q).

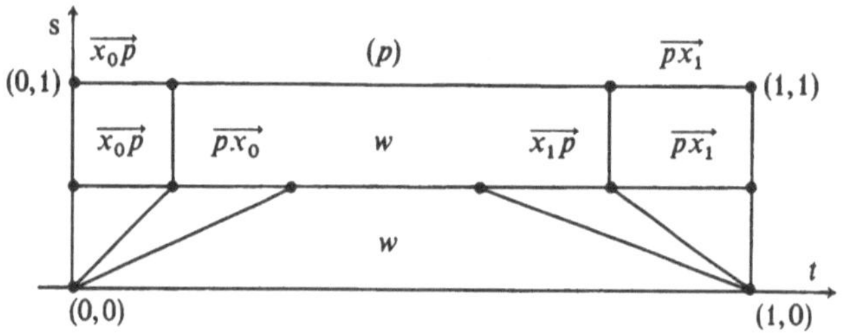

Aufgabe: Im Falle eines konvexen X beweise man die stetige Überführbarkeit eines Streckenzuges w in die Anfangs- und Endpunkt verbindende Strecke auf elementargeometrischem Wege.

III. Bei *offenen Teilmengen* X *des* $\mathbb{R}^n$ genügt es zur Beschreibung des einfachen und des Zusammenhangs schlechthin, partiell affine Abbildungen zu betrachten; dies lehren die beiden folgenden Sätze.

1. Satz: *Jeder* x_0, x_1 *in* X *verbindende Weg* w *ist in* X *homotop einem* x_0, x_1 *verbindenden Streckenzug.*

2. Satz: *Jede Homotopie* h *der Streckenzüge* w_1^+, w_2^+ *in* X *mit gleichen Anfangs- und Endpunkt ist ersetzbar durch eine stückweise partiell affine Homotopie* h^+.

Beweis: *Zum* 1. Satz. (Als Aufgabe). – *Zum* 2. Satz. Die Homotopie h, erklärt auf $J' \times J$, führe w_1^+ in w_2^+ über. Die kompakte Menge $h(J' \times J) \subset X$ hat einen positiven Abstand r vom Rand von X in $\mathbb{R}^n$. Gemäß 2.4.4, Satz ersetze man h durch eine (bzgl. des s, t-Koordinatensystems) stückweise partiell affine Abbildung $h^+ | J' \times J$, welche von h um weniger als $2^{-1} r$ (der Norm nach) abweicht. Dann ist auch $h^+(J' \times J) \subset X$ und auf dem Rand von $J' \times J$ stimmen h^+ und h überein (indem man die notwendige Unterteilung von J von vorneherein so fein wählt, daß w_1^+ und w_2^+ bzgl. dieser Unterteilung stückweise affin sind). Damit ist auch h^+ eine Homotopie in X, die w_1^+ in w_2^+ überführt.

2.4.8 *Beispiele folgenkompakter Funktionensysteme.*

Voraussetzung: 1. Es sei $X := [a; b] \subset \mathbb{R}$ und $f : X \longrightarrow \mathbb{R}$. Weiter sei $\mathfrak{S}(Q)$ das System aller $f|X$ mit einer Totalvariation $V(f; X) \leqq Q$. – 2. Es sei $J := (a; b) \subset \mathbb{R}$, ferner sei $k : J \longrightarrow \mathbb{R}$ konvex und $\mathfrak{K}(Q)$ das System aller $k|J$ mit $\sup\{|k(x)| : x \in J\} \leqq Q$.

Behauptung: Die Systeme $\mathfrak{S}(Q)$ und $\mathfrak{K}(Q)$ sind folgenkompakt.

Beweis: *Betr.* 1. Für jedes $f \in \mathfrak{S}(Q)$ gilt (I., 7.3.2) $f = p - n$ mit $p \geqq 0$, $n \geqq 0$, wobei p und n beide isoton sind und $V(f; X) = V(p; X) + V(n; X)$. Es sei nun $(f_t)_t$ eine (beliebige, unendliche) Folge mit $f_t = p_t - n_t \in \mathfrak{S}(Q)$. Gemäß 2.3.4.4.1 enthält $(p_t)_t$ eine in X konvergente Teilfolge $(p_{t_r})_r$ mit in X isotonem, nicht-negativem Limes p_0. Entsprechend enthält $(n_{t_r})_r$ eine in X konvergente Teilfolge $(n_{t_{r_s}})_s$ mit dem isotonen Limes $n_0 \geqq 0$. Es ist dann $f_0 := p_0 - n_0$ Limes einer konvergenten Teilfolge aus $(f_t)_t$ mit $V(f_0; X) = V(p_0; X) + V(n_0; X) \leqq Q$, daher $f_0 \in \mathfrak{S}(Q)$.

Betr. 2. Gemäß I., 8.9.1.4, ist jedes k stetig in J. Und gemäß I., 8.9.1.2, ist $k = k_1 - k_2$ mit in J konvexen, stetigen und isotonen k_1 und k_2. Außerdem gilt $\bigwedge_{x \in J} |k_i(x)| \leqq Q$, $i = 1, 2$. Nun hat man eine Sachlage wie in 1.

2.4.9.1 Man beweise:

Satz: Voraussetzung: (1) Es seien X, Y, T metrische Räume, X kompakt, $t_0 \in T$ Häufungspunkt von T und $T' := T \setminus \{t_0\}$. – (2) Es sei $f: X \times T' \to Y$. Ist $p(q, t) := \sup\{|f(x, t), f(x', t)| : x, x' \in X \wedge |x, x'| < q\}$ für $q > 0$, $t \in T'$, so sei $\lim_{q \to 0} p(q, t) = 0$ lokal gleichmäßig in q bezüglich $(0, t_0)$. – (3) Es existiere $\lim_{t \to t_0} f(x, t) =: F(x)$ für alle $x \in X$.

Behauptung: Folgende Aussagen sind gleichwertig: (1) F ist stetig in X. – (2) Die Konvergenz $f \to F$ ist gleichmäßig in X.

2.4.9.2 Vertauschbarkeit von Limiten bei Verknüpfung von Abbildungen.

Voraussetzung: Für $n \in \mathbb{N}$ seien P_n, Q_n stetige Abbildungen des metrischen Raumes X in sich, wobei $P_m \circ Q_n = Q_n \circ P_m$ für alle m, n. Ferner existiere $P := \lim_m P_m$ und $Q := \lim_n Q_n$ (als Abbildungen von X in sich).

Behauptung: (1) Für ein $x_0 \in X$ gilt $P \circ Q(x_0) = Q \circ P(x_0)$, wenn die Konvergenz $P_m \to P$ lokal gleichmäßig ist bezüglich $(+\infty, y_0)$, wobei $y_0 := Q(x_0)$.

2.4.10 *Quasi-gleichmäßige Konvergenz.*
Es seien X und T' metrisch, $t_0 \in T'$ Häufungspunkt von T' und $T := T' \setminus \{t_0\}$. Mit $D := X \times T$ sei $f: D \to B$, wobei B metrisch. Es sei f T-konvergent, etwa $f_T(x) := \lim_{t \to t_0} f(x, t)$, also f_T: $X \to B$. Bezeichnet $U(t_0)$ eine Umgebung von t_0 auf T, so heiße f **quasi-gleichmäßig T-konvergent** gegen f_T (auf X), wenn gilt:

$$\bigwedge_{\varepsilon > 0} \bigvee_{U(t_0)} \bigvee_{t_1, \ldots, t_n \in U(t_0)} \bigwedge_{x \in X} \bigvee_{v \in \{1, \ldots, n\}} |f(x, t_v), f_T(x)| < \varepsilon.$$

Satz: Voraussetzung. *Es seien X, T', B metrisch, $t_0 \in T'$ Häufungspunkt von T' und $T := T' \setminus \{t_0\}$. Es sei $f: X \times T \to B$ T-konvergent mit $f_T(x) := \lim_{t \to t_0} f(x, t)$ für alle $x \in X$.*

Behauptung: (1) *Aus der X-Stetigkeit und der quasi-gleichmäßigen T-Konvergenz von f auf X folgt die X-Stetigkeit von f_T.* – (2) *Ist X kompakt, so folgt aus der X-Stetigkeit von f_T (auf X) die quasi-gleichmäßige T-Konvergenz von f auf X.*

Beweis: *Betr.* (1). Die T-Konvergenz von f besagt

(I) $$\bigwedge_{\varepsilon > 0} \bigwedge_{x \in X} \bigvee_{\delta(\varepsilon, x) > 0} \bigwedge_{t \in T} |t, t_0| < \delta(\varepsilon, x) \to |f(x, t), f_T(x)| < \varepsilon.$$

Wegen der quasi-gleichmäßigen Konvergenz in X gilt

(II) $$\bigwedge_{\varepsilon > 0} \bigvee_{\delta(\varepsilon) > 0} \bigvee_{t_1, \ldots, t_n \in T} \bigwedge_{|t_v, t_0| < \delta(\varepsilon)} \bigwedge_{x \in X} \bigvee_{t_{v(x)} \in \{t_1, \ldots, t_n\}} |f(x, t_{v(x)}), f(x) < \varepsilon.$$

Für beliebiges $x' \in X$ sind die $f(\cdot, t_1), \ldots, f(\cdot, t_n)$ stetig in x', es gibt daher eine Umgebung $U(x', \varepsilon)$ von x' in X derart, daß

(III) $\bigwedge_{x\in U(x',\varepsilon)}\bigwedge_{\mu\in\{1,\ldots,n\}}|f(x,t_\mu),f(x',t_\mu)|<\varepsilon.$

Setzt man das μ in (III) gleich $\nu(x)$ in (II) und t in (I) gleich $t_{\nu(x)}$ (in (II)), so folgt aus (I) – (III) wegen

$$|f_T(x),f_T(x')|\leqq|f_T(x),f(x,t_{\nu(x)})|+|f(x,t_{\nu(x)}),f(x',t_{\nu(x)})|+|f(x',t_{\nu(x)}),f_T(x')|,$$

daß $\bigwedge_{x\in U(x',\varepsilon)}|f_T(x),f_T(x')|<3\varepsilon$.

Betr. (2). Zufolge der X-Stetigkeit von f_T und **(A) I.** in 2.3.3.6 ist f in jedem $x'\in X$ sektoriell gleichmäßig T-konvergent. Es gibt also zu jeder Umgebung U_T von t_0 auf T, zu gegebenem $\varepsilon>0$ und beliebigem $x'\in X$ eine Umgebung $U_T(\varepsilon,x')\subset U_T$ von t_0 auf T mit folgender Eigenschaft: Zu beliebigem $t'=t'(x')\in U_T(\varepsilon,x')$ gehört eine Umgebung $U_X(x',t')$ von x' auf X derart, daß $|f_T(x),f(x,t')|<\varepsilon$ für alle $x\in U_X(x',t')$. Es ist X, weil kompakt, überdeckbar mit endlich vielen der $U_X(x',t')$, etwa mit $U_g:=U_X(x'_g,t'(x'_g))$, $g=1,\ldots,r$. Zu jedem $x\in X$ existiert dann (mindestens) ein g bzw. x'_g derart, daß $|f_T(x),f(x,t'(x'_g))|<\varepsilon$, wobei $t'(x'_g)\in U_T$. Es herrscht also quasi gleichmäßige Konvergenz.

2.4.11 *Partielle Konvexität und Stetigkeit.*

Eine hinreichende Bedingung für Z-Stetigkeit bei Y-Stetigkeit von f ist die sogenannte partielle Konvexität. Dabei heißt $f: X\times Y \longrightarrow \mathbb{R}$ **X-konvex** (nach oben bzw. nach unten), wenn f bei konstantem $y\in Y$ konvexe Funktion von x ist. Es gilt nämlich der

Satz: Voraussetzung. *Es sei $X:=[a;b]\subset\mathbb{R}$ und Y metrisch; ferner sei $x_0\in X$ bzw. $y_0\in Y$ Häufungspunkt von X bzw. von Y und $D:=X\times Y$ mit $z_0:=(x_0,y_0)\in D$. Ferner sei $f: D\longrightarrow\mathbb{R}$ Y-stetig in jedem Punkt von $\{x_0\}\times Y$ und X-konvex.*

Behauptung: *Aus der X-Konvexität (nach oben oder nach unten) von f folgt die Z-Stetigkeit von f (in z_0), also insbesondere die X-Stetigkeit von*

$$(x\longmapsto f_Y(x):=\lim_{y\to y_0}f(x,y))\qquad(\text{in } x_0).$$

Zusatz: Statt der Vor. betr. Y-Stetigkeit von f genügt die Vor. der lokalen Beschränktheit von f in z_0.

Beweis: (A) *Lemma.* Es seien $h,M\in\mathbb{R}^+$ und $J:=[-h;h]$. Ferner sei $g: J\longrightarrow\mathbb{R}$ mit $\max\{|g(h)|,|g(-h)|,|g(0)|\}\leqq M$. Ist g konvex (nach oben oder nach unten), so gilt $|g(x)-g(0)|\leqq 2Mh^{-1}|x|$ für $x\in J$.

Beweis des Lemmas: Ist g konvex nach unten, so gilt für $[x'x''](g):=(g(x')-g(x'')):(x'-x'')$ die Ungleichung

$$-2Mh^{-1}\leqq[-h\;\;0](g)\leqq[x\,0](g)\leqq[h\,0](g)\leqq 2Mh^{-1}\qquad\text{für } x\in J\setminus\{0\}.$$

Entsprechend für nach oben konvexes g.

(B) Zufolge der Y-Stetigkeit von f oder (entsprechend dem Zusatz) der lokalen Beschränktheit von f in z_0 existieren $h, M, \eta \in \mathbb{R}^+$ derart, daß

$$\sup\{|f(x_0-h,y)|, |f(x_0,y)|, |f(x_0+h,y)| : |y,y_0|<\eta\} < M.$$

Auf $g(x) := f(x,y)$ läßt sich nun das Lemma in (A) anwenden und ergibt

$$|f(x,y)-f(x_0,y)| \leqq 2Mh^{-1}|x-x_0| \quad \text{für} \quad |y,y_0|<\eta.$$

Setzt man $\delta(\varepsilon) := \min\{\eta, \varepsilon h(2M)^{-1}\}$, so folgt $|f(x,y)-f(x_0,y)|<\varepsilon$ für $|x-x_0|<\delta(\varepsilon)$ und $|y,y_0|<\delta(\varepsilon)$, also die lokal gleichmäßige X-Stetigkeit von f. Gemäß 2.3.4.2, Satz, folgt die Beh.

Aufgabe: Man verallgemeinere den vorstehenden Satz nebst dem Lemma auf den Fall, daß X abgeschlossene Vollkugel eines linearen normierten Raumes ist.

2.4.12 Die Definition der Konvexität von $f: D \to \mathbb{R}$, bei offenem konvexem $D \subset \mathbb{R}^n$, ist *globaler* Natur, d.h. die Ungleichung (K) (2.2.2) soll für alle $x, x' \in D$ gelten. Demgegenüber ist unter *lokaler* Konvexität zu verstehen die Eigenschaft, daß zu jedem $x \in D$ eine konvexe Umgebung $U(x)$ von x in D existiert, für die $f|D(x)$ konvex ist.
Daß aus der lokalen die globale Konvexität folgt (und umgekehrt) zeigt der nachstehende

1. Satz: *Bei offenem, konvexem $D \subset \mathbb{R}^n$ ist $f: D \to \mathbb{R}$ global konvex genau dann, wenn f lokal konvex ist (in D).*

Beweis: (I) Gemäß 2.2.2, Folgerung (4), genügt es, den Satz für $n=1$ zu beweisen, d.h. für jede in D enthaltene Strecke $J := [c; d]$ mit $c, d \in J$ als Endpunkten. Das kompakte J ist überdeckbar mit endlich vielen $U(x) \cap J$, etwa mit $U_\mu := U(x_\mu) \cap J$, $\mu = 1, \dots, m$; dabei seien o.B.d.A. die $U(x_\mu)$ konvex, also die U_μ mit $x_\mu \in J$ Teilstrecken von J und (o.Bd.A.) $x_\mu < x_{\mu+1}$ auf J, ferner $x_1 := c$, $x_m := d$ und $U_\mu \cap U_{\mu+1} \neq \emptyset$. – (II) Es genügt nun, aus der Konvexität von f in U_μ und in $U_{\mu+1}$ zu schließen auf die Konvexität von f in $U_\mu \cup U_{\mu+1}$; denn dann ergibt sich die Beh. des Satzes durch Induktion. Es sei also $A := \bar{U}_\mu =: [a; a']$, $B := \bar{U}_{\mu+1} =: [b; b']$ mit $a < b < a' < b'$. In der Ebene des Graphen $f(C)$ von $f|C$ mit $C := A \cup B$, sei $G(A)$ die Verbindungsgerade von $(a, f(a))$ und $(a', f(a'))$; entsprechende Bedeutung hat $f(B)$ und später $f(T)$. Gemäß 2.2.2, geometrische Deutung, ist die Konvexität von $f(C)$ gleichwertig damit, daß für jede Teilstrecke T von C der Graph $f(T)$ enthalten ist in der unterhalb $G(T)$ gelegenen, abgeschlossenen, von $G(T)$ begrenzten Halbebene $H(T)$. Zum Beweis der Konvexität von $f(C)$ genügt demgemäß die Betrachtung solcher T, für die weder $T \subset A$ noch $T \subset B$, also $T := [a''; b'']$ mit $a \leqq a'' < b < a' < b'' \leqq b'$. Für $A' := [a''; a']$ und $B' := [b; b'']$ ist dann $f(A')$ und $f(B')$ konvex und $T = A' \cup B' =: C'$. Mithin $f(A') \subset H(A')$ und $f(B') \subset H(B')$ und $f(C') = f(A') \cup f(B') \subset (H(A') \cup H(B')) \cap H(C')$. (Bew.!). – (III) Gemäß (II) folgt der Satz durch Induktion.

Angefügt sei noch der

2. Satz: Voraussetzung. *Es sei $G \subset \mathbb{R}^n$ offen und konvex, ferner $f: G \longrightarrow \mathbb{R}$ stetig und konvex.* – Behauptung: *Es ist f Lipschitzsch in jedem kompakten Teil $T \subset G$. Insbesondere ist f also lokal Lipschitzsch in G.*

Beweis: O.B.d.A. dürfen wir T als konvex voraussetzen mit $T \subset G' \subset \bar{G}' \subset G$, wobei G' beschränkt, offen und konvex. Wir setzen $\partial G' := \bar{G}' \setminus G'$, ferner $m := \min\{f(x): x \in \bar{G}'\}$ und $M := \max\{f(x): x \in \bar{G}'\}$ ($\bar{G}'$ ist kompakt). Es sei $r > 0$ der Minimalabstand der Punkte des $\partial G'$ von T. Die Beh. des Satzes ist richtig, wenn für alle $x, y \in T$ mit $x \neq y$ gilt:

$$(+) \qquad |f(x) - f(y)| : |x - y| \leqq (M - m) r^{-1}.$$

Zum Beweis von (+) betrachten wir die Einengung von f auf die Verbindungsgerade L von x und y. Für einen der beiden Punkte aus $L \cap \partial G'$, etwa für y', gilt dann, wie wir behaupten:

$$(++) \qquad M \geqq f(y') \geqq m + r|f(y) - f(x)|\,|x - y|^{-1},$$

woraus unmittelbar (+) folgt. – Es ergibt sich (++) so: O.B.d.A. sei $f(x) \leqq f(y)$ und $y' \in L \cap \partial G'$, also $y' \neq y$, so gewählt, daß y auf $L \cap \bar{G}'$ zwischen y' und x liegt. Wegen der Konvexität von f ist dann

$$(f(y) - f(x)) : |y - x| \leqq (f(y') - f(y)) : |y' - y|,$$

sodaß

$$M \geqq f(y') = f(y) + (f(y') - f(y))|y' - y|^{-1}|y' - y| \geqq m + r(f(y) - f(x)|y - x|^{-1}.$$

2.4.13 *Logarithmisch konvexe und konkave Funktionen.*

Konvexe und konkave Funktionen spielen beispielsweise in der Theorie der Eulerschen Gammafunktion (I., 9.7.11.4) und in der Wahrscheinlichkeitstheorie eine Rolle. Auf beide Anwendungen sei kurz eingegangen.

Definition: Es sei $D \subset \mathbb{R}^n$, $n \geqq 1$, und $f: D \longrightarrow \mathbb{R}^+$. Es heißt f **logarithmisch konvex**, kurz *L*-**konvex**, in D, wenn $\log f$ konvex in D ist, wenn also

$$\text{(LKV)} \qquad \log f(2^{-1}(x + y)) \leqq 2^{-1}(\log f(x) + \log f(y)) \qquad \text{für } x, y \in D.$$

(Aus typographischen Gründen schreiben wir log statt ln).

Wegen der Isotonie von log: $\mathbb{R}^+ \longrightarrow \mathbb{R}$ ist (LKV) gleichwertig mit

$$\text{(EKV)} \qquad f(2^{-1}(x + y)) \leqq (f(x) \cdot f(y))^{1/2}, \qquad x, y \in D.$$

Steht in (LKV), also auch in (EKV), für alle x, y mit $x \neq y$, stets $<$ (statt $\leqq$), so spricht man von strenger L-Konvexität in D.

Falls in (LKV) und (EKV) statt $\leqq$ bzw. $<$ das $\geqq$ bzw. $>$ steht, spricht man von (strenger) logarithmischer (kurz L-)Konkavität. Es ist f L-konkav genau dann, wenn $1/f$ L-konvex ist. Es wird dem Leser überlassen, die nachfolgenden Sätze für L-konvexe Funktionen daraufhin zu überprüfen, inwieweit diese Sätze auch für L-konkave Funktionen richtig sind.

Einfachste Beispiele: exp und Konstante sind L-konvex und L-konkav.

1. Satz: Voraussetzung. *Im konvexen $D \subset \mathbb{R}^n$ seien f und g L-konvex.*

Behauptung: (1) *Bezeichnen* $\mathfrak{a}$: $\mathbb{R} \longrightarrow \mathbb{R}$ *und* $\mathfrak{b}$: $\mathbb{R}^m \longrightarrow \mathbb{R}^n$ *affine Abbildungen, wobei* $m, n \geqq 1$ *und* $\mathfrak{b}(D') \subset D$ *mit konvexem* D', *so ist* $\exp \circ \mathfrak{a} \circ \log f \circ \mathfrak{b}^{[-1]}$ *L-konvex in D.*

(2) *Sowohl* $f \cdot g$ als $f+g$ *sind L-konvex.*

Zusatz: (I) Die in Beh. (1) und (2) genannten Funktionen sind streng L-konvex, wenn mindestens eines der f, g streng L-konvex ist, ferner $\mathfrak{a}$ und $\mathfrak{b}$ bijektiv sind. – (II) Gemäß Beh. (1) folgt aus der L-Konvexität von f auch die von f^r für jedes $r \in \mathbb{R}^+$.

Anmerkung: Für L-konkave f, g ist $f \cdot g$ ebenfalls L-konkav, nicht aber i.a. $f+g$ (Beispiel: $f := \exp$, $g := \text{konst.} = c > 0$).

Beweis: *Betr. Beh.* (1). Resultiert aus der Invarianz der Konvexität gegenüber affinen Abbildungen. – Betr. Beh. (2) Multiplikation der rechten und der linken Seiten von (EKV) für f und g liefert die Beh. Betr. $f \cdot g$. Die Addition der (EVK) für f und g ergibt

$$(f+g)(2^{-1}(x+y)) = f(2^{-1}(x+y)) + g(2^{-1}(x+y)) \leqq (f(x)f(y))^{1/2} + (g(x)g(y))^{1/2}.$$

Wendet man auf die rechte Seite dieser Ungleichung die Hölderungsgleichung (2.2.1) für $n=p=q=2$ an, so folgt die Beh. betr. $f+g$. – Betr. Zusatz (I): Folgt aus der strengen Monotonie von log sowie von $(r \longmapsto r+a)$ für $r \in \mathbb{R}$ und $a \in \mathbb{R}^+$.

2. Satz: *Es seien $f_r: D \longrightarrow \mathbb{R}^+$ L-konvex, $r = 1, 2, \ldots$, und es existiere $f = \lim_r f_r$ in D mit $0 < f < +\infty$. Dann ist auch f L-konvex in $D \subset \mathbb{R}^n$.*

Beweis: Es gilt $-\varepsilon + f(x) < f_r(x) < f(x) + \varepsilon$ für $r \geqq Q(\varepsilon; x)$ und $x \in D$, also $-\varepsilon + f(2^{-1}(x+y)) < f_r(2^{-1}(x+y)) \leqq (f_r(x) \cdot f_r(y))^{1/2} < (f(x)f(y))^{1/2} + \varepsilon$ für hinreichend große r. Da $\varepsilon > 0$ beliebig ist, folgt (EKV) für f.

3. Satz: Voraussetzung. *Es sei $D \subset \mathbb{R}^n$ konvex, $T := {}^+(0; b)$ mit $0 < b \leqq +\infty$. Ferner sei $f: D \times T \longrightarrow \mathbb{R}^+$ L-konvex in D für jedes feste $t \in T$ und es existiere das Integral $I_b(x) := \int_0^b f(x, t)\, dt$ für jedes $x \in D$; falls $b = +\infty$ ist I_b uneigentliches Integral* (vgl. I., 9.6).

Behauptung: *Es ist I_b L-konvex in D.*

Beweis: Betr. $b<+\infty$. Hier ist $I_b(x)=\lim_m s_m(x)$ mit $s_m(x):=\sum_{\mu=1}^{m} d f(x;\mu d)$ mit $d:=m^{-1}b$. Aber s_m ist L-konvex (vgl. Satz 1.) und damit auch I_b (vgl. Satz 2.). – Betr. $b=+\infty$. Es ist $I_\infty=\lim_{b\rightsquigarrow+\infty} I_b$.

Beispiel: Die **Gammafunktion** $\Gamma(x)=\int_0^{+\infty} t^{x-1}\exp(-t)dt$ ist L-konvex in $\mathbb{R}$ ($t\in T:=(0;+\infty)$). In der Tat: $\log(t^{x-1}\exp(-t))=(x-1)\log t-t$ ist konvex (sogar linear) bezüglich x für jedes t, woraus gemäß Satz 3. die L-Konvexität von Γ folgt. Umgekehrt gilt:

4. Satz: Kennzeichnung der Gammafunktion als der einzigen stetigen L-konvexen Lösung einer Funktionalgleichung.

Voraussetzung: *Es sei* $f:\mathbb{R}^+\longrightarrow\mathbb{R}^+$ *stetig; ferner sei* f (I) *L-konvex und genüge* (II) *der Funktionalgleichung* $f(x+1)=xf(x)$, *wobei* (III) $f(1)=1$.

Behauptung: (1) *Es ist* $f(x)=\lim_{k\rightsquigarrow+\infty}k^x k!\,(x(x+1)\dots(x+k))^{-1}$. – (2) *Es gilt* $f(x)=\Gamma(x)=\int_0^{+\infty}t^{x-1}\exp(-t)dt$ *für* $x\in\mathbb{R}^+$, *sodaß also* $\Gamma(x)$ *durch die Eigenschaften* (I)–(III) *der Vor. eindeutig bestimmt ist.*

Beweis: *Betr. Beh.* (1)–(**A**). Aus Vor. (II) folgt (**A 1**) $f(x+m)=p(x,m)f(x)$, wobei $m\in\mathbb{N}^+$ und $p(x,m):=(x+m-1)(x+m-2)\dots(x+1)x$. – Wegen Vor. (III) ist also (**A 2**) $f(m+1)=m!$

(**B 1**) Die Beh. (1) soll zunächst für $x\in(0;1)^+$ bewiesen werden. Wegen der Stetigkeit von f, also auch von $g:=\log f$, und zufolge der L-Konvexität von g ist der Differenzenquotient $[xy](g)$ von g isoton bezüglich x bei festem y bzw. y bei festem x (I., 8.3.4.3). Für $k\in\mathbb{N}^+$ und $x\in(0;1)^+$ folgt $[k-1\;k](g)\leqq[k\;x+k](g)\leqq[k\;k+1](g)$ und, wegen Vor. (I) bzw. (**A 2**), $x\log(k-1)\leqq(g(x+k)-\log(k-1)!)\leqq x\log k$ oder also $(k-1)^x(k-1)!\leqq f(x+k)\leqq\leqq k^x(k-1)!$ Ersetzt man k durch $k+1$ und wendet (**A 1**) auf $f(x+k+1)$ an, so ergibt sich mit der Abkürzung: $r:=r(x,k):=k^x k!\,(p(x,k+1))^{-1}$, daß $r(x,k)\leqq f(x)\leqq r(x,k)k^{-1}(x+k)$, woraus folgt

$$f(x)k(x+k)^{-1}\leqq r\leqq f(x),\qquad\text{also}\qquad f(x)=\lim_k r(x,k),\qquad x\in(0;1)^+.$$

(**B 2**) Für beliebige $x\in\mathbb{R}^+\backslash(0;1)^+$ ergibt sich die Beh. (1) nun so: Es ist $x=y+m$ mit $m\geqq1$ und $y\in(0;1)^+$, ferner (gemäß (**A 1**) und (**B 1**)):
$f(x)=f(y+m)=p(y,m)f(y)=((y+m-1)\dots(y+1)y)((y+k)\dots(y+1)y)^{-1}k^y k!\,\vartheta$ mit $\vartheta\rightsquigarrow1$ für $k\rightsquigarrow+\infty$. Mithin $f(x)=k^x k!\,(p(x,k+1))^{-1}\theta$ mit $\theta\rightsquigarrow1$ für $k\rightsquigarrow+\infty$ und beliebiges $x\in\mathbb{R}^+$.

Betr. Beh. (2). Daß Γ L-konvex ist, wurde oben gezeigt (Vor. (I)). Und daß Γ stetig ist sowie den Vor. (II) und (III) genügt, folgt aus I., 9.7.11.4, Beispiel (3). Daraus folgt aber $\Gamma=f$.

2.4.14 *Logarithmisch konkave Wahrscheinlichkeitsverteilungen*

2.4.14.1 Vorausgeschickt seien zwei Sätze, die ihrem Kern nach auf H. Steinhaus zurückgehen und die auch an und für sich von Interesse sind. Wird unter $m|\mathfrak{L}^n$ das Lebesguesche Maß*) im $\mathbb{R}^n$ verstanden, so hat man:

1. Satz: Voraussetzung: *Es seien $A, B \in \mathfrak{L}^n$ mit $m(A) > 0$, $m(B) > 0$.*

Behauptung: *In $A + B := \{a + b : a \in A \wedge b \in B\}$ ist eine n-dimensionale Vollkugel enthalten.*

Beweis: Da A und B zufolge Vor. abgeschlossene (und mithin kompakte) Teilmengen positiven Maßes enthalten, können A und B o.B.d.A. selbst als kompakt angenommen werden. Wir setzen $B_t := t - B$ mit $t \in \mathbb{R}^n$ und $m(A \cap B_t) = \int_{\mathbb{R}^n} 1_A 1_{B_t} dx =: q(t) \geqq 0$, wobei $1_A(x) = 1$ bzw. $= 0$ für $x \in A$ bzw. $x \in \mathbb{R}^n \setminus A$.
Wir zeigen zunächst: Es ist q stetig. Es sei also $\varepsilon > 0$ vorgegeben und $B_t \subset U$; dabei kann angenommen werden, daß U offen und beschränkt sowie daß $m(U \setminus B_t) < \varepsilon$ ist. Wegen der Kompaktheit (auch) von B_t ist dabei $\delta := \inf\{|x - y| : x \in \bar{U} \setminus U \wedge y \in B_t\} > 0$. Es gilt nun: $(|h| < \delta) \rightarrow U \supset B_{t+h} = B_t + h$ (mit $h \in \mathbb{R}^n$) und $m(U \setminus B_{t+h}) = m(U \setminus B_t) < \varepsilon$. Somit $m((B_{t+h} \setminus B_t) \cup (B_t \setminus B_{t+h})) \leqq m(U \setminus B_t) + m(U \setminus B_{t+h}) < 2\varepsilon$, woraus $|q(t+h) - q(t)| = |m(A \cap B_{t+h}) - m(A \cap B_t)| \leqq m(B_{t+h} \setminus B_t) + m(B_t \setminus B_{t+h}) < 2\varepsilon$ für $|h| < \delta$ weil $m(C) - m(D) = m(C \setminus D) + m(C \cap D) - m(D \setminus C) - m(D \cap C)$). Nun ist $\int_{\mathbb{R}^n} q(t) dt = \int_{\mathbb{R}^n} \int_{\mathbb{R}^n} 1_A(x) 1_B(x) dx dt = \int_{\mathbb{R}^n} \int_{\mathbb{R}^n} 1_A(x) 1_B(t - x) dx dt = \int_{\mathbb{R}^n} 1_A(x) m(B) dx = m(A) m(B) > 0$. Daher existiert t' mit $q(t') > 0$ und folglich, wegen der Stetigkeit von q, eine Vollkugel K mit t' als Zentrum, in der $q > 0$ ist. Somit ist $A \cap B_t \neq \emptyset$ für alle $t \in K$. Weil es aber zu jedem $t \in K$ solche $\alpha \in A$ und $b \in B$ gibt, daß $a = t - b$, gilt $K \subset A + B$.

2. Satz: Voraussetzung. *Es sei $M \in \mathfrak{L}^n$ mit $m(M) > 0$. Ferner sei M „dualkonvex", d.h. es sei $2^{-1}(M + M) = M$.*

Behauptung: *Der offene Kern O von M ist nicht leer. Überdies ist O konvex im üblichen Sinne, wobei $M \subset \bar{O}$.*

Beweis: Gemäß dem 1. Satz ist etwa die offene Kugel $K := K(x_0, r)$ in M enthalten, also $K \subset O$. Wegen der dualen Konvexität $M = 2^{-1}(M + M)$ gilt sogar $M = 2^{-n}(M + \ldots + M)$ (mit 2^n Summanden), $n \geqq 1$. Für jedes $x \in M$ liegt daher auch $F(x) = \bigcup_{m \geqq 1, n \geqq 1} 2^{-n}(mx + (2^n - m)K)$ in M, insbesondere ist somit jedes $x \in M$ Häufungspunkt von O, also $M \subset \bar{O}$. Wegen der dualen Konvexität von M ist O überdies konvex.

*) Bezüglich der Lebesgueschen Theorie sei hier und auch für das Folgende verwiesen auf Haupt-Aumann-Pauc, Diff.- u. Integralrechn., III. Bd. Berlin 1955, oder auf Aumann-Haupt, Einf. i. d. reelle Analysis, III. Bd.

2.4.14.2 *Anwendung von 2.4.14.1 auf „logarithmisch-konkave" W-Verteilungen.*

1. Definition: Es sei wieder $m|\mathfrak{L}^n$ das Lebesguesche Maß im $\mathbb{R}^n$, $n \geqq 1$. Wie in der Wahrscheinlichkeitstheorie üblich, bezeichnen wir als **W-Dichte** im $\mathbb{R}^n$, jedes nicht-negative, m-summierbare $w: \mathbb{R}^n \longrightarrow \bar{\mathbb{R}}_0^+$ mit $\int_{\mathbb{R}^n} w\,dm = 1$, ferner das Maß $(X \longmapsto \int_X w\,dm)$, $X \in \mathfrak{L}^n$, als (zur W-Dichte gehörige) **W-Verteilung**. Außerdem wird die W-Dichte w und dann auch die zugehörige W-Verteilung als logarithmisch-konkav, kurz **L-konkav**, bezeichnet, wenn

(EKK) $\quad w(2^{-1}(x+y)) \geqq (w(x)w(y))^{1/2} \quad$ für alle $x, y \in \mathbb{R}^n$,

oder also

(LKK) $\quad \log w(2^{-1}(x+y)) \geqq 2^{-1}(\log w(x) + \log w(y))$.

Dabei läßt sich (EKK) dahin interpretieren, daß die L-konkaven W-Verteilungen „Tendenz zu Mitte" im folgenden Sinne besitzen: Die Wahrscheinlichkeit, kurz W, dafür, daß von zwei unabhängigen Ereignissen das eine in eine ε-Umgebung $K(x, \varepsilon)$ von x und das andere nach $K(y, \varepsilon)$ fällt, ist nicht größer als die W, daß beide Ereignisse gleichzeitig (im Sinne einer Approximation für $\varepsilon \sim 0+1$) in $K(2^{-1}(x+y), \varepsilon)$ fallen, sofern $w(x) \neq 0$ oder $w(y) \neq 0$.

2. Definition: Zwei W-Dichten w_1, w_2 heißen **äquivalent**, wenn zu beiden die gleiche W-Verteilung gehört (wenn also $\int_X w_1\,dm = \int_X w_2\,dm$ für alle $X \in \mathfrak{L}^n$).

Klassische Beispiele von L-konkaven W-Verteilungen sind:

(a) Die *Gauss-Verteilung* im $\mathbb{R}^n$ mit der zugehörigen W-Dichte $w := (x \longmapsto w(x) := \alpha \exp(-\beta |x|^2))$, $x \in \mathbb{R}^n$, $\alpha > 0$, $\beta > 0$.

(b) Die *Poisson-Verteilung* im $\mathbb{R}^+$ mit der zugehörigen W-Dichte $w := (\chi \longmapsto w(\chi) := \chi^\alpha \exp(-\beta\chi)$ für $\chi \in \mathbb{R}^+$, sonst $w(\chi) = 0)$.

(c) Die W-Verteilung mit *konstanter W-Dichte* w, wobei $w(x) = \alpha = \text{konst.}$ für $x \in T \subset \mathbb{R}^n$ und $w(x) = 0$ für $x \in \mathbb{R}^n \backslash T$ sowie $\alpha > 0$, ferner $T \neq \emptyset$ offen, konvex und von endlichem $\mathfrak{L}^n$-Maß.

Bezeichnet man allgemein mit $T(w)$ den *„Träger"* von w, d.h. $T(w) := [w > 0] := \{x : w(x) > 0\}$, so läßt sich behaupten:

Satz: *Es sei $w: \mathbb{R}^n \longrightarrow \mathbb{R}^+$ eine logarithmisch-konkave W-Dichte. Dann gilt:* (1) *Es ist w überall im $\mathbb{R}^n$ endlich.* – (2) *Der offene Kern $\underline{T}$ des Trägers $T = T_w$ von w ist nicht leer und konvex; auf $\underline{T}$ ist w stetig.* – (3) *Vermöge der Definition $w^+ := w$ auf $\underline{T}$ und $w^+ := 0$ sonst, erhält man eine zu w äquivalente W-Dichte. Man kann w^+ als die Normaldarstellung der Dichte w einer L-konkaven W-Verteilung bezeichnen.*

Beweis: Es sei $L := \ln w$.

Betr. Beh. (1). Wäre z.B. $w(x_0) = +\infty$, so $L(2^{-1}(x_0 + y)) \geqq 2^{-1}(L(x_0) + L(y)) = +\infty$ für alle $y \in \mathbb{R}^n$ mit $L(y) > -\infty$, also $L(z) = +\infty$ für alle $z \in \mathbb{R}^n$ einer Teilmenge positiven Maßes, im Widerspruch zur m-Summierbarkeit von w.

Betr. Beh. (2). Es sei $T(\eta) := [w > \eta]$ für $\eta \geqq 0$, also insbesondere $T = T(0) = \bigcup_{\eta > 0} T(\eta)$; wegen $1 = \int_{\mathbb{R}^n} w dm = \int_T w dm$ gibt es daher $\alpha > 0$ derart, daß $m(T(\eta)) > 0$ für $\eta \in J := [0; \alpha]$. Weiter ist $T(\eta)$ für $\eta \in J$ dualkonvex; denn gemäß (LKK) ist $L(2^{-1}(x+y)) \geqq \min\{L(x), L(y)\}$, also $2^{-1}(x+y) \in T(\eta)$ für $x, y \in T(\eta)$. Gemäß 2.4.14.1, Satz 1/2, folgt, daß $T(\eta)$ nicht leer und (im üblichen Sinne – strecken) konvex ist. Da L auf $T(\eta)$ für $\eta > 0$ nach unten beschränkt und konkav ist, so erweist sich L und damit auch w als stetig im (offenen) $T(\eta)$ für $\eta \in J \setminus \{0\}$. Es ist aber w auch stetig in $T(0)$; denn zu jedem $x' \in T(0)$ gibt es ein offenes, x' enthaltendes n-Simplex, etwa S, dessen $n+1$ Ecken in $\underline{T(0)} \subset T(0)$ liegen, sodaß $S \subset T(\eta')$ für passendes $\eta' > 0$ und daher w stetig in x' ist. (Die Stetigkeit folgt aus der Beschränktheit nach unten bei Konkavität ganz analog wie in I., 8.9.1.4 (für $n = 1$).

Betr. Beh. (3). Die Begrenzung von T ist eine m-Nullmenge und daher w^+ äquivalent zu w (vgl. einen Beweis in Bd. III.).

2.4.15 *Einige Ungleichungen.*

(I) Für alle $a, b, p, q \in \mathbb{R}^+$ mit $p^{-1} + q^{-1} = 1$ gilt $ab \leqq p^{-1}a^p + q^{-1}b^q$.

(II) Mit $J := {}^+(0; +\infty)$ sei $f : J \rightarrowtail \mathbb{R}$ isoton; mit $f(0) = 0$ und $f(x) \rightsquigarrow +\infty$ für $x \rightsquigarrow +\infty$. Ferner sei $g(y) := f^{[-1]}(y)$, wenn letzteres vorhanden, im übrigen sei $g|\mathbb{R}^+$ isoton. Für alle $a, b \in \mathbb{R}^+$ gilt

$$ab \leqq \int_0^a f dx + \int_0^b g dy.$$

(III) Mit $J := [a; b]$ seien $\chi : J \rightarrowtail \mathbb{R}$ und $\varphi_\kappa : J \rightarrowtail \mathbb{R}$, $\kappa = 1, \ldots, k$ stetig und streng isoton. Ferner sei $\psi : J \rightarrowtail \mathbb{R}$ isoton. Mit den in 2.2.6 eingeführten Bezeichnungen führe man die Ungleichung $\psi(M_{\varphi_1}(x_{11}, \ldots, x_{1n}), \ldots, M_{\varphi_k}(x_{k1}, \ldots, x_{kn})) \leqq M_\chi(\psi(x_{11}, \ldots, x_{k1}), \ldots, \psi(x_{1n}, \ldots, x_{kn}))$ zurück auf 2.2.2, (K_n).

Zusatz: Wann gilt in (I) und (II) das Gleichheitszeichen?

Beweis: *Betr.* (I). In (II) setze man: $f := j^{p-1}$ und $g := j^{q-1}$. – *Betr.* (II). Man deute die Integrale als Flächeninhalte der Graphen von $(x \mapsto f(x))$ bzw. $(y \mapsto g(y))$ bezüglich orthonormierter kartesischer Koordinaten x, y im $\mathbb{R}^2$. – Rechnerischer Beweis: Ist z. B. $f(a) \leqq b$, so gilt gemäß I., 9.2.2, (E): $ab = af(a) + (b - f(a))a \leqq (\int_0^a f dx + \int_0^{f(a)} g dy) + \int_{f(a)}^b g dy$. – *Betr.* (III). Man setze $\sigma := \chi \circ \psi$ und $\tau(y_1, \ldots, y_k) := \sigma(\varphi_1^{[-1]}(y_1), \ldots, \varphi_k^{[-1]}(y_k))$. Dann geht die Ungleichung (wenn mit A das arithmetische Mittel bezeichnet wird) über in

$$\tau(A(\varphi_1(x_{11}), \ldots, \varphi_1(x_{1n})), \ldots, A(\varphi_k(x_{k1}), \ldots, \varphi_k(x_{kn}))) \leqq$$
$$A(\tau(\varphi_1(x_{11}), \ldots, \varphi_k(x_{k1})), \ldots, \tau(\varphi_1(x_{1n}), \ldots, \varphi_k(x_{kn}))),$$

d. h. es ist τ konvex. – *Betr. Zusatz.* Das Gleichheitszeichen steht in (II) genau für $f(a) = b$.

2.4.16 *Potenzmittel. Kontinuitätsmethode.*

Definition: Als **Potenzmittel der Zahlen** $a_\nu \in \mathbb{R}^+$, $\nu = 1, \dots, n$, mit den *Gewichten* $p_\nu \in \mathbb{R}^+$, wobei $\sum_\nu p_\nu = 1$, und dem *Exponenten* $x \in \bar{\mathbb{R}}$ bezeichnet man die Zahl

$P(x) := (\sum_{\nu=1}^{n} p_\nu a_\nu^x)^{1/x}$ falls $x \in \mathbb{R} \setminus \{0\}$ sowie
$P(0) := \prod_{\nu=1}^{n} a_\nu^{p_\nu}$ und $P(-\infty) := \min\{a_1, \dots, a_n\}$ und $P(+\infty) := \max\{a_1, \dots, a_n\}$.

Satz: *Die Funktion* $P: \bar{\mathbb{R}} \longrightarrow \mathbb{R}^+$ *mit* $(x \longmapsto P(x))$ *ist konstant gleich a bzw. streng isoton und stetig je nachdem alle* a_ν *gleich a bzw. nicht alle* a_ν *gleich sind.*

Beweis: (I) *Betr.* $x \in \mathbb{R} \setminus \{0\}$. Mit $y_\nu := a_\nu^x$ gilt

$$dP/dx = x^{-2} P(x)(-\log(\textstyle\sum_\nu p_\nu y_\nu) + (\sum_\nu p_\nu y_\nu)^{-1}(\sum_\nu p_\nu y_\nu \log y_\nu)).$$

Setzt man $f := (y \longmapsto y \log y)$, $y > 0$, so ergibt sich $dP/dx \geqq 0$ als gleichwertig mit (+) $f(\sum_\nu p_\nu y_\nu) \leqq \sum_\nu p_\nu f(y_\nu)$. Wegen $f''(y) > 0$ für $y > 0$ ist aber f streng konvex, also die Ungleichung (+) stets erfüllt, wobei das Gleichheitszeichen genau für $\bigwedge_{\nu,\mu} a_\nu = a_\mu$ gilt. Im letzteren Falle und nur in diesem ist $P(x) = P(0) = P(+\infty) = a_\nu = a$, also konstant.
(II) *Betr.* $P(0)$. Nicht alle a_ν seien gleich. Um die Stetigkeit von P in $x = 0$ zu beweisen, zeigen wir, daß $P(0) = \lim_{x \rightsquigarrow 0} P(x)$ oder, was damit gleichwertig, das $\log P(x) \rightsquigarrow \log P(0)$ für $x \rightsquigarrow 0$. Aber $\lim \log P(x) = \lim(\log(\sum_\nu p_\nu a_\nu^x)) : x$ (falls der Limes existiert. Zufolge der Grenzwertregel in I., 8.8.3, existiert aber dieser Limes und ist gleich $\lim(\sum_\nu p_\nu a_\nu^x \log a_\nu)$: $(\sum_\nu p_x a_\nu^x) = \sum_\nu p_\nu \log a_\nu = \log(\prod_\nu a_\nu^{p_\nu})$.

Betr. $P(x) \rightsquigarrow P(+\infty)$ für $x \rightsquigarrow +\infty$. O.B.d.A. sei $a_1 = \max\{a_1, \dots, a_n\} > 0$. Dann gilt $P(x) = a_1 q(x)$ mit $0 < p_1^{1/x} < (p_1 + p_2(a_2/a_1)^x + \dots)^{1/x} = q(x) \leqq 1$ für $x > 0$, also $q(x) \rightsquigarrow 1$ für $x \rightsquigarrow +\infty$. Entsprechend ergibt sich $P(x) \rightsquigarrow \min\{a_1, \dots, a_n\}$ für $x \rightsquigarrow -\infty$.

Bemerkung über eine Kontiuitätsmethode: Das Vorstehende enthält insbesondere einen Beweis der in 2.2.0, (HGA), enthaltenen Ungleichung (GA) $\prod_\nu a_\nu^{p_\nu} \leqq \sum_\nu p_\nu a_\nu$, d.h. $P(0) \leqq P(1)$, zwischen gewichtetem geometrischem und arithmetischem Mittel. Man kann dabei im folgenden Sinne von einem *Beweis* von (GA) *mittelst einer Kontinuitätsmethode* sprechen. Denn dabei wird ein („durch die Variable x vermittelter") „stetiger Zusammenhang" zwischen geometrischem und arithmetischem Mittel ausgenützt, vermöge dessen mit Hilfe Induktion im Kontinuum (analytischer Induktion) aus der punktalen Isotonie, gemäß $dP/dx \geqq 0$, von P auf die globale und damit $P(0) \leqq P(1)$, also auf (GA) geschlossen wird (vgl. I., 5.5.6, 8.6.1 und 8.6.1.1).

2.4.17 *Lokales Verhalten beliebiger Teilmengen des* $\mathbb{R}^n$, $n \geqq 1$.
Es handelt sich um Sätze über die Verteilung von Punkten einer Menge M mit gewissen Eigenschaften lokaler Natur.

2.4.17.1 *Linear zugängliche Punkte und Ecken.*

Definitionen: (I) Unter der *offenen Halbgeraden* $h(x; y)$ im $\mathbb{R}^n$, $n \geqq 1$, durch die Punkte x, y mit $x \neq y$ und mit x als Anfangspunkt verstehen wir die Punktmenge $\{z : z \in \mathbb{R}^n \wedge \bigvee_{t>0} z = x + t(y-x)\}$.

(II) Es sei $n \geqq 2$ und $H \subset \mathbb{R}^n$ eine Hyperebene (also ein $(n-1)$-dimensionaler linearer Unterraum des $\mathbb{R}^n$). Für ein $x \in H$ sei ferner $K^{(n-1)}(x; \varrho) := \{y : y \in H \wedge |y-x| < \varrho\}$ die $(n-1)$-*dimensionale (in H) offene Vollkugel* in H mit x als Zentrum und mit $\varrho > 0$ als Radius. Durch ein $z \in \mathbb{R}^n \setminus H$, wobei z auf der zu H orthogonalen Geraden durch $x \in H$ liegt, ist dann eindeutig bestimmt der **n-dimensionale offene** (Rotations-)**Halbkegel** $HR_n := HR_n\,(z; \vartheta)$ mit z als **Spitze**, der x enthaltenden, von z begrenzten (offenen) Halbgeraden als **Halbachse** und von der **Öffnung** 2ϑ, wobei ϑ festgelegt ist durch $tg\,\vartheta := \varrho : |z-x|$ und $0 < \vartheta < 2^{-1}\pi$; HR_n enthält die und nur die Punkte aller $h(z; y)$ mit $y \in K^{(n-1)}(x; \varrho)$. Der zu HR_n bezüglich z spiegelbildliche (offene Rotations-)Halbkegel besitzt gleiche Spitze und gleiche Öffnung wie HR_n, während seine Halbachse Spiegelbild der Halbachse des HR_n bezüglich z (als Spiegelzentrum) ist. Jeder (Rotations-)Halbkegel ist konvex und ebenso seine abgeschlossene Hülle.

(III) Schneidet man den $HR_n(z; \vartheta)$ mit der Kugel $K^{(n)}(z; r)$, $r > 0$, so erhält man einen konvexen offenen sogenannten **Konvexsektor** $S_0(z, \vartheta, r)$ mit der Spitze z, der Öffnung $\vartheta \in (0; 2^{-1}\pi)$ und dem Radius r seiner Leitsphäre, nämlich der $(n-2)$-Sphäre, welche Durchschnitt der Begrenzungen von HR_n und $K^{(n)}(z; r)$ ist. Als **Konkavsektor** $S_a(z, \theta, r)$ mit $\theta := \pi - \vartheta \in (2^{-1}\pi; \pi)$ vom Radius r und der Öffnung θ wird der offene Kern des Komplements $K^{(n)}(z; r) \setminus S_0(z, \vartheta, r)$ von $S_0(z, \vartheta, r)$ bezeichnet; $S_a(z, \theta, r)$ besitzt als Halbachse die des zu $S_0(z, \vartheta, r)$ bezüglich z spiegelbildlichen Konvexsektors.

Es sei jetzt im $\mathbb{R}^n$ ein im Folgenden festgehaltenes orthonormiertes Koordinatensystem ausgezeichnet bezüglich dessen jedes $v \in \mathbb{R}^n$ darstellbar ist als $v := (v_1, \ldots, v_n)$. Jede Gerade $G \subset \mathbb{R}^n$ läßt sich dann schreiben als $G := \{v : v = (v_1, \ldots, v_n) \wedge v_\mu = \alpha_\mu + t\beta_\mu,\ \mu = 1, \ldots, n;\ t \in \mathbb{R} \wedge \sum_\mu |\beta_\mu| > 0\}$. Man bezeichnet G sowie jede in G enthaltene Halbgerade als rational, wenn ein $q \in \mathbb{R}^+$ existiert so, daß alle $q\beta_\mu$ rationale Zahlen sind, $\mu = 1, \ldots, n$. Ferner wird jedes $S_0 := S_0(z, \theta, r)$ und jedes $S_a := S_a(z, \theta, r)$ als **rational** bezeichnet, wenn Halbachse, Öffnung und Radius rational sind. Statt „rational" sagt man auch *„rational gestellt"*.
Zu jedem S_0 bzw. S_a gibt es rationale S_0' bzw. S_a' mit $S_0 \subset S_0'$ oder $S_0' \subset S_0$ bzw. mit $S_a \subset S_a'$ oder $S_a' \subset S_a$, wobei S_0 und S_0' bzw. S_a und S_a' gleiche Spitze besitzen; dabei können die Öffnungen und Radien der S_0', S_a' sowie ihre Halbachsen beliebig nahe bei denen der S_0 bzw. S_a gewählt werden.

Zwei rationale S_0', S_0'' bzw. S_a', S_a'' heißen **translationskongruent**, wenn eine Translation $f : \mathbb{R}^n \to \mathbb{R}^n$ existiert mit $S_0'' = f(S_0')$ bzw. mit $S_a'' = f(S_a')$. Das System der rationalen S_0 bzw. S_a zerfällt in abzählbar viele, disjunkte Klassen von je translationskongruenten S_0 bzw. S_a (denn Translationskongruenz ist eine Äquivalenz).

(IV) Ist $M \subset \mathbb{R}^n$, $n \geqq 1$, beliebig, so heiße $x \in \bar{M}$ **linear zugänglich**, wenn ein (offenes) rationales (*konvexes*) $S_0 := S_0(x, \vartheta, r)$ existiert mit $\bar{M} \cap S_0 = \emptyset$; demzufolge ist jeder linear zugängliche $x \in \bar{M}$ zugleich Begrenzungspunkt von M, d.h. $x \in \bar{M} \setminus \underline{M}$. Existiert sogar ein (offenes) rationales (*konkaves*) $S_a := S_a(x, \vartheta, r)$ mit $\bar{M} \cap S_a = \emptyset$, so heißt x eine **Ecke** von $\bar{M}$. Solche $S_0(x, \vartheta, r)$ bzw. $S_a(x, \vartheta, r)$ werden als zu x **zugehörig** bezeichnet.

(V) Als ein $(n-1)$**-dimensionales dehnungsbeschränktes oder Lipschitz-Flächenstück** $F_{n-1} \subset \mathbb{R}^n$, $n \geqq 2$, bezüglich $v \neq \bar{0}$ bezeichnen wir jede Menge, welche sich 1,1-deutig orthogonal projiziert auf eine zu v orthogonale Hyperebene H des $\mathbb{R}^n$ derart, daß der orientierte Abstand eines Punktes $x \in F_{n-1}$ von H eine Lipschitzfunktion des zugehörigen Projektionspunktes $x' \in H$ von x ist.

Unter Benützung der vorstehend eingeführten Bezeichnungen läßt sich jetzt behaupten:

2.4.17.2 Verteilung der linear zugänglichen Punkte eines $\bar{M} \subset \mathbb{R}^n$ im Falle $n \geqq 2$.

Behauptung: (1) *Die Menge E aller Ecken von* $\bar{M}$ *ist abzählbar.* (2) *Die Menge L aller linear zugänglichen Punkte von* $\bar{M}$ *ist enthalten in einer Vereinigung von abzählbar vielen* $(n-1)$*-dimensionalen dehnungsbeschränkten Flächenstücken.*

Zusatz: Jede der abzählbar vielen Klassen von linear zugänglichen Punkten $x \in \bar{M}$ mit (zu $\bar{M}$ fremden) zugehörigen rationalen translationskongruenten konvexen Sektoren S_0 ist enthalten in einer Vereinigung von abzählbar vielen dehnungsbeschränkten $(n-1)$-dimensionalen Flächenstücken F^μ, $\mu = 1, 2, \ldots$, derart, daß alle diese F^μ Lipschitz sind bezüglich einer und der nämlichen Richtung $v \neq \bar{0}$.

Beweis: *Vorbemerkung.* Im Hinblick auf 2.4.17.1, Definition (IV) und (V), genügt der Beweis der Beh. für die Mengen E bzw. L derjenigen Ecken bzw. linear zugänglichen Punkte $x \in \bar{M}$, die einer der (abzählbar vielen) Klassen der Punkte mit lauter translationskongruenten zugehörigen S_a bzw. S_0; das so zu x gehörige S_a bzw. S_0 werde mit $S_a(x)$ bzw. $S_0(x)$ bezeichnet, sodaß also z.B. $S_a(x')$ und $S_a(x'')$ für beliebige $x', x'' \in E$ translationskongruent sind.

Betr. Beh. (1). Es ist E jedenfalls dann abzählbar, wenn jedes $x \in E$ isoliert (im $\mathbb{R}^n$) ist. Letzteres ergibt sich aber so: Für $x, x' \in E$ mit $x \neq x'$ gilt $x \notin S_a(x')$ und $x' \notin S_a(x)$, woraus wegen der Konkavität der S_a folgt, daß $|x - x'| \geqq r$, wenn r der Radius der S_a ist.

Betr. Beh. (2) *und Zusatz.* Wir bezeichnen den zu $S_0(x)$ bezüglich x spiegelbildlichen Sektor mit $\tilde{S}_0(x)$; zugleich mit $S_0(x)$ ist auch $\tilde{S}_0(x)$ offen, konvex und rational. Wir zeigen: (I) Für jedes $x \in L$ gilt $L \cap S_0(x) = \emptyset = \tilde{S}_0(x) \cap L =: D$. In der Tat: $L \cap S_0(x) = \emptyset$ folgt aus der Definition von L bzw. $S_0(x)$. Und $D = \emptyset$ ergibt sich so: Andernfalls existiert $y \in D$ mit $y \neq x$, woraus $x \in L \cap S_0(y) = \emptyset$ folgen würde.

(II) Es seien kartesische orthonormierte Koordinaten $z_1, \ldots, z_n$ im $\mathbb{R}^n$ so gewählt, daß die positive z_n-Halbachse translationskongruent ist zu den Halbachsen der (sämtlichen) $S_0(x)$ für $x \in L$. Als (offene, rationale) (z_n-)Schicht $T := T(a', a'')$ werde bezeichnet $T := \{z : z := (z_1, \ldots, z_n) \in \mathbb{R}^n \wedge a' < z_n < a''\}$, a', a'' rationale Zahlen. Wir betrachten nur Schichten mit $0 < a'' - a' < a := r\cos\vartheta$, wobei 2ϑ die Öffnung und r der Radius der zu L gehörigen (translationskongruenten) $S_0(x)$ ist; es gibt nur abzählbar viele derartige T, etwa $T_\mu := T(a'_\mu, a''_\mu)$, $\mu = 1, 2, \ldots$,; durch die T_μ werden alle $x \in L$ erfaßt. Es genügt daher, die Beh. (2) (nebst Zusatz) für nur ein T_μ, etwa für $T := T_1$ oder vielmehr für $L' := L \cap T$ zu beweisen. Wir schreiben dabei L, a', a'' statt L', a'_1, a''_1. Setzt man $S(x) := S_0(x) \cup \tilde{S}_0(x)$, so ist $L \cap T \cap S(x) = \emptyset$ (wegen $0 < a'' - a' < a$ und $x \notin S(x)$). Daraus folgt: Jede Parallele zur z_n-Achse hat mit L höchstens einen Punkt gemeinsam. Ist also $x := (z_1, \ldots, z_{n-1}, z_n) \in L$ und setzt man $\bar{z} := (z_1, \ldots, z_{n-1})$, so existiert eine reelle Funktion $f := (\bar{z} \mapsto z_n)$. Dieses f ist aber dehnungsbeschränkt mit ar^{-1} als Dehnungsschranke; denn für $x' := (\bar{z}', z'_n) \in L$ und $x'' := (\bar{z}'', z''_n) \in L$ gilt $|z'_n - z''_n| < \operatorname{ctg}\vartheta |\bar{z}' - \bar{z}''|$, wie aus der Bedeutung von 2ϑ als Öffnung der $S_0(x)$ folgt. Der Definitionsbereich von f ist dabei die Projektion von L parallel zur z_n-Achse auf die (Koordinaten-) $(n-1)$-Ebene der $z_1, \ldots, z_{n-1}$.

2.4.17.3 *Verteilungssatz im Fall* $n = 1$.

Hier, im $\mathbb{R}^1$, entfällt die Unterscheidung zwischen Ecken und linear zugänglichen Punkten. Ist nämlich $M \subset \mathbb{R}^1$ beliebig und $x \in \bar{M}$, so ist x linear zugänglich genau dann, wenn x Endpunkt eines zu $\bar{M}$ fremden offenen Intervalles J ist, m. a. W. wenn x höchstens einseitiger Häufungspunkt von M ist; in diesem Falle kann J als eines der abzählbar vielen Intervalle gewählt werden, deren Vereinigung gleich $\complement\, M$ ist. Ein solches x ist also zugleich Ecke von M. Daher der

Satz: *Im Fall* $n = 1$ *ist das System der linear zugänglichen Punkte, also der Ecken, einer jeden Teilmenge* M *des* $\mathbb{R}^1$ *abzählbar.*

2.4.17.4 *Limeswertsätze.*

Mit Hilfe der Verteilungssätze in 2.4.17.2/3 lassen sich sogen. Limeswertsätze gewinnen. Diese beziehen sich auf Abbildungen $F : D \mapsto \mathfrak{p}(\mathbb{R})$ (Punkt-Mengenabbildungen), wobei $D \subset \mathbb{R}^n$ *).

Definitionen: Als **Graph** $G = G(F)$ eines solchen F wird erklärt (abweichend von der üblichen Definition) die Menge $G \subset \mathbb{R}^n \times \mathfrak{p}(\mathbb{R})$ gemäß

$$G := G(F) := \{(x, z) : x \in D \wedge z \in F(x)\} = \bigcup_{x \in D} \{x\} \times F(x).$$

Als **Limeswertmenge** $L(x, D, F)$ von $F|D$ in $x \in \bar{D}$ bezeichnen wir die Menge $L(x, D) :=$

*) Neuerdings spricht man statt von „Punkt-Mengenabbildung" auch von „Korrespondenz".

$:= L(x, D, F) := \{x\} \times L'$ mit

$$L' := \bigcap_{U \in \mathfrak{u}(x)} \overline{F[D \cap U]}, \quad \text{wobei} \quad F[D \cap U] := \bigcup_{y \in D \cap U} F(y).$$

Hierbei ist $\mathfrak{u}(x)$ der Filter der punktierten Umgebungen von x im $\mathbb{R}^n$ und die abgeschlossene Hülle $\overline{F[D \cap U]}$ wird gebildet bzgl. der Topologie im $\overline{\mathbb{R}}$, sodaß $\pm \infty \in F[D \cap U]$ zugelassen ist.
Es gilt $L(x, D) = L(x, D \cap U) =: L(x, U)$ für jedes $U \in \mathfrak{u}(x)$ mit $x \in \bar{D}$.

Fall $n = 1$. Wir bezeichnen $L(x, D)$ als **symmetrisch**, wenn in $x \in \bar{D}$ die „vordere" Limeswertmenge übereinstimmt mit der „hinteren".

$$L(x, D) = L(x, (U^+ \setminus \underline{U}_v)) = L(x, (U^+ \setminus \underline{U}_h)) = L(x, U_h) = L(x, U_v)$$

für beliebige vordere bzw. hintere Umgebungen U_v bzw. U_h von x (im $\mathbb{R}^1$) und beliebiges $U^+ \in \mathfrak{u}(x)$. – Demgemäß besagt Asymmetrie von $L(x, d)$ für den Graphen $G := G(F)$:
Es gibt $z' \in L'$ und dazu ein auf $\overline{\mathbb{R}}$ offenes Intervall J' mit $z' \in J'$ sowie ein $U^+ \in \mathfrak{u}(x)$ und z. B. ein $\underline{U}'_v \subset U^+$ derart, daß das offene „Rechteck" $V \times J'$ mit $V := U^+ \setminus \bar{U}'_v =: \underline{U}'_h$ fremd ist zu $G \cap (U^+ \times \mathbb{R})$ (es ist also der Fall $z' = +\infty$, $J' = {}^+(-\infty; a')$ usw. einbegriffen). – Entsprechend bei Vertauschung von U'_v und U'_h.

Fall $n \geqq 2$. Die Definition der Symmetrie ergibt sich für $n \geqq 2$ aus der für $n = 1$, wenn an Stelle des Systems der $\underline{U}_v$ und $\underline{U}_h$ ersetzt wird durch das System der (offenen) konvexen oder das der konkaven Sektoren. Demgemäß werde von **konvexer bzw. von konkaver Symmetrie von** $L(x; D)$ gesprochen, falls für beliebiges $U^+ \in \mathfrak{u}(x)$ gilt

$$L(x, D) = L(x, U^+ \setminus S_0(x)) \quad \text{für alle} \quad S_0(x) \qquad \text{bzw.}$$
$$L(x, D) = L(x, U^+ \setminus S_a(x)) \quad \text{für alle} \quad S_a(x).$$

Gemäß der Symmetriedefinition (für $n \geqq 2$) besagt *konvexe* **Asymmetrie** von $L(x, D)$ folgendes: Es gibt ein $z' \in L'$ und dazu ein $J' = J' < \mathbb{R}$ mit $z' \in J'$ sowie ein $U^+ \in \mathfrak{u}(x)$ und ein $S_0(x)$ derart, daß $(U^+ \setminus S_0(x)) \times J'$ fremd ist zu $G \cap (U^+ \times \mathbb{R})$. – Entsprechend wird die *konkave Asymmetrie* erklärt.
Bei Zugrundelegung der vorstehend eingeführten Symmetriebegriffe erhält man den

Symmetriesatz für die Limeswertmengen $L(x, D, F)$ **von Korrespondenzen** $F: D \multimap \mathfrak{g}(\mathbb{R})$ mit $D \subset \mathbb{R}^n$ und $n \geqq 1$.
I. Im Fall $n = 1$ *ist* $L(x, \bar{D}, F)$ *symmetrisch für jedes* $x \in \bar{D} \setminus A$ *bei geeignetem abzählbarem* A.
II. Im Fall $n \geqq 2$ *ist* $L(x, D, F)$
(a) *konvexsymmetrisch für jedes* $x \in \bar{D} \setminus A$ *bei geeignetem abzählbarem* A,
(b) *konkavsymmetrisch für jedes* $x \in \bar{D} \setminus C$, *wobei* C *Vereinigung von abzählbar vielen dehnungsbeschränkten* $(n-1)$*-dimensionalen Flächenstücken ist.*

Beweis: Für rationale in $\mathbb{R}$ offene Intervalle J sei mit $T(J)$ bezeichnet die rationale (offene) z-Schicht $T:=T(J):=\{(x,z):x\in D\wedge z\in J\}$. Das System t dieser T ist abzählbar. Es bezeichne $p:\mathbb{R}^n\times\mathbb{R}\to\mathbb{R}^n$ die Projektion von $\mathbb{R}^n\times\mathbb{R}$ in Richtung der z-Achse auf $\mathbb{R}^n$.

Betr. Beh. I. ($n=1$). Ist $L(x,D)$ asymmetrisch, so ist x eine Ecke in der Projektion $p(\bar{G})\cap T$), falls ein $z'\in L'$ existiert, dessen zugehöriges J' der Bedingung $\{x\}\times J'\subset T$ genügt. Die Menge der in diesem Sinne zu T gehörigen x ist aber abzählbar (vgl. 2.4.17.3). Wegen der Abzählbarkeit von t ist also die Menge aller $x\in D$ mit asymmetrischem $L(x,D)$ abzählbar.

Betr. Beh. II. ($n\geqq 2$). Man schließt ganz entsprechend wie für Beh. I., indem man an Stelle der einseitigen Umgebungen beim Bew. von I. die $S_0(x)$ bzw. $S_a(x)$ treten läßt und den Verteilungssatz aus 2.4.17.2 anwendet.

1. Aufgabe: Es sei D ein topologischer Raum mit abzählbarer (Umgebungs-)Basis. Ferner sei $f:D\to\mathbb{R}$. Wie üblich werde $x'\in D$ als (lokale) **Extremstelle** (Maximum- oder Minimumstelle) bezeichnet, wenn eine Umgebung $U(x')$ von x' in D existiert mit $f(x')=\max\{f(x):x\in U(x')\}$ bzw. $f(x')=\min\{f(x):x\in U(x')\}$. Gilt sogar $f(x)<f(x')$ bzw. $f(x)>f(x')$ für alle $x\in U(x')\setminus\{x'\}$, so spricht man von einer (lokalen) starken Extremstelle. Die zugehörigen $f(x')$ heißen **Extremwerte** bzw. **starke** Extremwerte (Maxima bzw. Minima). – Beh. (A) Es sind abzählbar: (1) die Menge der Extremwerte von f und (2) die Menge der starken Extremstellen von f. – (B) Dagegen ist i.a. nicht abzählbar, sogar bei stetigem f, die Menge der nicht-starken Extremstellen von f.

2. Aufgabe: Der z.B. beim Beweis der Verteilungssätze benutzten Reduktion der Untersuchung auf abzählbar viele Sektoren S_0 liegt folgende *allgemeine Bemerkung* zu Grunde: Vor. (1) Es sei B ein topologischer Raum mit abzählbarer in B dichten Menge $R:=\{y_n: y_n\in B,\ n=1,2,\ldots\}$. – (2) Es sei M eine Menge und $F:M\to\mathfrak{p}(B)$ derart, daß $\underline{F(x)}\neq\emptyset$ für alle $x\in M$. – Beh. Wird $M(y):=\{x:x\in M\wedge y\in F(x)\}$ gesetzt, so gilt $M=\bigcup_n M(y_n)$. Man verifiziere, daß diese Bemerkung tatsächlich beim Beweis der Verteilungssätze verwendet wurde.

2.4.18 *System der Halbtangenten beliebiger Teilmengen des* $\mathbb{R}^n$, $n\geqq 2$.

Der in 2.4.17.2 aufgeführte Verteilungssatz für die linear zugänglichen Punkte eines beliebigen $M\neq\emptyset$ bedurfte für seinen Beweis keiner Hilfsmittel aus der Lebesgueschen Maßtheorie. Demgegenüber wird bei den Beweisen der nachfolgenden Verteilungssätze betr. die Menge der Halbtangenten in den Punkten eines $M\subset\mathbb{R}^n$ vor allem benützt: Erstens der Satz, daß die linear zugänglichen Punkte von M eine Lebesguesche Nullmenge des $\mathbb{R}^n$ bilden; Zweitens, daß jede reelle, dehnungsbeschränkte Funktion

$f:\mathbb{R}^{n-1} \longrightarrow \mathbb{R}$ $(n-1)$ fast überall differenzierbar ist, wobei „$(n-1)$-fast überall" soviel bedeutet wie: „ausgenommen die Punkte einer Lebesgueschen Nullmenge im $\mathbb{R}^{n-1}$".

Bezeichnungen: Sind $x, e \in \mathbb{R}^n$, wobei $|e|=1$, so bezeichne man x als Ausgangspunkt und e als Richtung der (offenen) Halbgeraden $H(x,e):=\{x+\mu e : \mu>0\}$. Weiter sei $H(x;x')$ Abkürzung für die, den Punkt $x' \in \mathbb{R}^n$ enthaltende, (offene) Halbgerade mit dem Punkt x als Ausgangspunkt, also $H(x;x'):=H(x,|x'-x|^{-1}(x-x'))$. Bezeichnet weiter $S^{n-1}:=\{e: e\in\mathbb{R}^n \wedge |e|=1\}$ die Einheitssphäre im $\mathbb{R}^n$, so ist $\mathbb{R}^n \times S^{n-1}$ Repräsentantenraum der Halbgeraden, auf dessen Produkttopologie sich Konvergenzbetrachtungen betr. Mengen von Halbgeraden beziehen. Schließlich bezeichne P^{n-1} den $(n-1)$-dimensionalen projektiven Raum, d.h. den topologischen Raum, der durch Identifikation diametraler Punkte von S^{n-1} erhalten wird. Es ist dann $\{x\} \times P^{n-1}$ Repräsentantenraum der Geraden des $\mathbb{R}^n$ durch $x \in \mathbb{R}^n$.

2.4.18.1 *Halbtangentenmenge und Kontingent von Punktmengen im* $\mathbb{R}^n$.

1. Definition: Ist $x' \in \bar{M} \subset \mathbb{R}^n$, $n \geqq 2$, und $\mathfrak{x}:=(x_r)_r$ eine gegen $x' \in \mathbb{R}^n$ konvergierende Folge von Punkten $x_r \in M\setminus\{x'\}$ derart, daß die Halbgeraden $H(x';x_r)$, $r=1,2,\ldots$, gegen eine Halbgerade $H(x',e)=:T_h(x',\mathfrak{x},M)=:T_h$ konvergieren, so heißt T_h eine **Halbtangente an** M **in** x'. Die Menge aller Halbtangenten an M in $x' \in \bar{M}$ sei mit $\mathfrak{T}_h(x';M)$ bezeichnet. Dabei ist (Beweis!) $\mathfrak{T}_h(x';M)$ abgeschlossen (im $\mathbb{R}^n \times S^{n-1}$) und es gilt $\emptyset \neq \mathfrak{T}_h(x';M)=\mathfrak{T}_h(x';\bar{M})$). Demgemäß wird (o.B.d.A.) im Folgenden M stets als abgeschlossen (im $\mathbb{R}^n$, also $M=\bar{M}$) angenommen. Als **Kontingent** $C(x';M)$ **an** $M(=\bar{M})$ **in** $x' \in M$ wird erklärt die Menge aller Punkte auf allen Halbtangenten $T_h(x',\mathfrak{x},M)$, also $C(x';M):=\{z: z\in T_h(x',\mathfrak{x},M)\in\mathfrak{T}_h(x';M)\}$. Zwei verschiedene Halbtangenten an M in x' heißen **komplementär**, wenn sie gleichen Träger $T(x',M)$ besitzen, d.h. beide auf der gleichen Geraden $T(x',M)$ liegen; es wird dann $T(x',M)$ als eine **Tangente an** M **in** x' bezeichnet.

1. Satz: *Für* $M=\bar{M}\subset\mathbb{R}^n$ *und* $x'\in M$ *gilt:* (1) *Die Halbtangentenmenge* $\mathfrak{T}_h(x',M)$ *bzw. das Kontingent* $C(x',M)$ *an* M *in* x' *ist abgeschlossen in* $\mathbb{R}^n\times S^{n-1}$ *bzw. im* $\mathbb{R}^n$. – (2) *Eine* x' *enthaltende Gerade* g *ist Tangente an* M *in* x' *genau dann, wenn* $g\subset C(x',M)$. – (3) *Die Menge* $\mathfrak{T}(x',M)$ *aller Tangenten* $T(x',M)$ *an* M *in* x' *ist abgeschlossen in* $\{x'\}\times P^{n-1}$. *Die Menge aller Punkte aller* $T(x',M)$ *ist abgeschlossen in* $C(x',M)$ (Bew. als Aufg.).

2. Definition: Ist $C(x',M)=\mathbb{R}^n$, so heißt das *Kontingent* in x' an M **vollständig**, andernfalls **unvollständig**.
Aus der Abgeschlossenheit von $\mathfrak{T}_h(x',M)$ folgt der

2. Satz: *Es ist* $C(x',M)$ *unvollständig genau dann, wenn* x' *ein linear zugänglicher Punkt von* M *ist.*

Bezeichnung: Zwecks einer Kennzeichnung von $C(x', M)$ sei Folgendes vereinbart: Ist $Q \subset \mathbb{R}^n$ und $x' \in Q$, so heiße Q *stark sternig* bezüglich x', wenn mit jedem $x \in Q \setminus \{x'\}$ auch die Halbgerade $H(x'; x)$ in Q enthalten ist. Ferner werde als *ε-Kegelumgebung* $K(x'; \varepsilon; Q) \subset \mathbb{R}^n$, wobei $0 < 2\varepsilon < \pi$, des bezüglich x' stark sternigen Q bezeichnet die Vereinigung von $\{x'\}$ mit allen offenen Rotations(halb-)Kegeln der Öffnung 2ε, mit x' als Scheitel und einer x' als Ausgangspunkt besitzenden, in Q enthaltenen Halbgeraden als Halbachse. Es ist $K(x'; \varepsilon; Q)$ Obermenge von Q. Es gilt nun der

3. Satz: Voraussetzung. *Es sei $M = \bar{M} \subset \mathbb{R}^n$, $n \geqq 2$, beliebig, ferner $x' \in M$ und $\mathfrak{s}(x')$ das System der bezüglich x' stark sternigen abgeschlossenen Mengen.*

Behauptung: *Es ist $C(x', M)$ das kleinste $Q \in \mathfrak{s}(x')$ derart, daß zu jedem $\varepsilon > 0$ eine Umgebung $U = U(x', \varepsilon)$ von x' (im R^n) existiert mit $M \cap U \subset K(x'; \varepsilon; Q)$.*

Beweis: Jedenfalls ist $C(x', M) \subset \mathfrak{s}(x')$. Ebenso gehört zu $\mathfrak{s}(x')$ die abgeschlossene Hülle der Menge

$$I_h(x'; \eta; M) := \{x : x \in \bar{H}(x'; x'') \wedge x'' \in (M \setminus \{x'\}) \cap V(\eta)\},$$

wobei $V(\eta)$ die η-Umgebung von x' im $\mathbb{R}^n$ bezeichnet. Dabei ist $C(x', M) \subset \bar{I}_h(x'; \eta; M)$ für jedes $\eta > 0$ und $C(x', M) = \bigcap_{\eta > 0} \bar{I}_h(x'; \eta; M)$, ferner $M \cap V(\eta) \subset K(x'; \varepsilon; Q)$ für $Q := \bar{I}_h(x'; \eta; M)$ bei gegebenem $\varepsilon > 0$ und hinreichend kleinem $\eta > 0$.

4. Satz: Verteilung der Punkte $x' \in M$ ohne komplementäre Halbtangenten. *Es ist abzählbar die Menge A derjenigen $x' \in M = \bar{M} \subset \mathbb{R}^n$, in welchen keine Tangente an M existiert (also die Menge A der $x' \in M$, für welche das Kontingent $C(x', M)$ keine Gerade durch x' enthält).*

Beweis: (1) Enthält $C(x', M)$ keine x' enthaltende Gerade, so gibt es zu jeder Geraden $G \subset \mathbb{R}^n$ mit $x' \in G$ rationale, offene Sektoren $S_0 := S_0(x')$ (im Sinne von 2.4.17.1) mit $G \cap S_0 \neq \emptyset$ und $M \cap S_0 = \emptyset$. Man nennt ein solches S_0 einen *Decksektor* von G und sagt, es werde G von $S_0 =: S_0(x'; G)$ *gedeckt*.

(2) Es sei $\mathfrak{G}(S_0)$ die Menge aller von $S_0 = S_0(x')$ gedeckten Geraden des $\mathbb{R}^n$ durch x'. Das System der $\mathfrak{G}(S_0)$ für alle $S_0 = S_0(x')$ liefert eine offene Überdeckung des Systems $\mathfrak{K}$ der Geraden des $\mathbb{R}^n$, die durch x' gehen. Da $\mathfrak{K}$ kompakt ist, wird $\mathfrak{K}$ überdeckt schon von endlich vielen der $\mathfrak{G}(S_0)$, etwa von den $\mathfrak{G}(S_{0\mu}) = \mathfrak{G}(S_0(x'; \mu))$, $\mu = 1, \dots, m := m(x')$. Ist wieder $\tilde{S}_{0\mu}$ der zu $S_{0\mu}$ bezüglich x' symmetrische Sektor, so wird durch $\{S_{0\mu} \cup \tilde{S}_{0\mu} : \mu = 1, \dots, m\}$ eine offene Überdeckung einer Umgebung $U(x')$ von x' im $\mathbb{R}^n$ geliefert.

(3) Es sei nun W die Menge der $x' \in M$, für welche $C(x', M)$ keine Gerade enthält. Wegen der Abzählbarkeit der Menge $\{m(x') : x' \in W\}$ ist $W = \bigcup_{r \in \mathbb{N}^+} W_r$ derart, daß $W_r := \{x : x \in W \wedge m(x) = \text{konst.} = m_r\}$. Weil ferner (nur) abzählbar viele Klassen translationskongruenter S_0 bzw. $\tilde{S}_0$ existieren, ist $W_r = \bigcup_{t \in \mathbb{N}^+} W_{rt}$ derart, daß $S_0(x'; \mu)$ bzw. $\tilde{S}_0(x'; \mu)$ translationskongruent ist zu $S_0(x''; \mu)$ bzw. zu $\tilde{S}_0(x''; \mu)$ für alle $x', x'' \in W_{rt}$ und gleichzeitig für alle $\mu = 1, \dots, m_r$; $t = 1, 2, \dots$ Nun ist für $x' \in W_{rt}$ aber $W_{rt} \cap S_0(x'; \mu) = \emptyset = W_{rt} \cap$

$\tilde{S}_0(x'; \mu)$; denn anderenfalls existiert $x'' \in W_{rt}$ mit $x'' \in W_{rt} \cap S_0(x'; \mu) \subset M \cap S_0(x'; \mu)$ oder mit $x' \in M \cap S_0(x''; \mu)$ (wegen der Symmetrie von S_0 und $\tilde{S}_0$), im Widerspruch dazu, daß (definitionsgemäß) sowohl $S_0(x''; \mu)$ als $S_0(x'; \mu)$ fremd zu M ist. Setzt man $Q(x') := \bigcup_{\mu=1}^{m_r} (S_0(x'; \mu) \cup \tilde{S}_0(x'; \mu))$ und beachtet, das $U(x') \subset \{x'\} \cup Q(x')$, so folgt $W_{rt} \cap U(x') = \{x'\}$; es ist also x' isoliert in W_{rt}, mithin W_{rt} abzählbar und daher auch $\bigcup_{r,t} W_{rt} = W$.

2,4,18.2 *Gestalten des Kontingents.*

Unter Zuhilfenahme von maßtheoretischen Überlegungen zeigen wir jetzt, daß das Kontingent $C(x; M)$ „im wesentlichen" nur drei Gestalten besitzen kann, nämlich: Vollraum, Halbraum, Hyperebene. Vorab definieren wir: Eine in $C(x; M)$ enthaltene Hyperebene E werde als **Tangentialhyperebene** in x an M bezeichnet und speziell als **extrem**, wenn überdies $C(x; M)$ in einem der beiden abgeschlossenen, von E begrenzten Halbräume des $\mathbb{R}^n$ enthalten ist. Falls $C(x; M)$ eine Hyperebene bzw. eine Gerade bzw. eine Halbgerade ist, sei $C(x; M)$ als (die) **echte** Tangentialhyperebene bzw. als **echte** Tangente bzw. als **echte** Halbtangente an M in x bezeichnet. – Ist $W \subset \mathbb{R}^{n-1}$ ein ($(n-1)$-dimensionaler) Würfel und ist $h: W \rightarrowtail \mathbb{R}^n$ injektiv sowie dehnungsbeschränkt, so wird die Übertragung des $(n-1)$-dimensionalen Lebesgueschen Maßes in W auf $h(W)$ als $(n-1)$-dimensionales Oberflächenmaßes 0_{n-1} bezeichnet. Damit ist dann auch der Begriff der 0_{n-1}-Nullmenge auf $h(W)$ erklärt. Folgende Verallgemeinerung erweist sich als zweckmäßig: Unter einer (allgemeinen) 0_{n-1}-**Nullmenge** N im $\mathbb{R}^n$ werde verstanden jede Vereinigung von abzählbar vielen 0_{n-1}-Nullmengen N_μ auf je einem $h_\mu(W)$, $\mu = 1, 2, \ldots$, Das **System** $\mathfrak{N}_{n-1}$ aller (allgemeinen) 0_{n-1}-Nullmengen N im $\mathbb{R}^n$ ist ein σ-Ideal in $\mathfrak{p}(\mathbb{R}^n)$; es besitzt also $\mathfrak{N}_{n-1}$ die folgenden „Vernachlässigungseigenschaften": Zu $\mathfrak{N}_{n-1}$ gehören (1) Jede abzählbare Teilmenge des $\mathbb{R}^n$. – (2) Jede Teilmenge eines $N \in \mathfrak{N}_{n-1}$. – (3) Jede Vereinigung von abzählbar vielen $N_r \in \mathfrak{N}_{n-1}$, $r = 1, 2, \ldots$.

Der oben angekündigte Satz lautet nun

Verteilungssatz für das Kontingent $C(x, M)$ **bezüglich der Punkte** $x \in M = \bar{M} \subset \mathbb{R}^n$ **für** $n \geqq 2$. *Zu beliebigem $M = \bar{M} \subset \mathbb{R}^n$ existiert eine 0_{n-1}-Nullmenge $N := N(M)$ derart, das für jedes $x \in M/N$ das Kontingent $C(x, M)$ entweder „vollständig" (d.h. $C(x, M) = \mathbb{R}^n$) ist oder „unvollständig" in folgender Art: Es ist $C(x, M)$ ein von einer extremen Tangentialhyperebene (in x an M) begrenzter abgeschlossener n-dimensionaler Halbraum oder eine echte Tangentialhyperebene (in x an M).*

Beweis: **(A)** Vorbemerkungen. – Es sei P die Menge der $x \in M$ mit unvollständigem $C(x, M)$. Es genügt der Beweis der folgenden

Behauptung: Es existiert eine 0_{n-1}-Nullmenge $N \subset P$ derart, daß $C(x, M)$ für $x \in P \setminus N$ entweder Halbraum oder echte Tangentialhyperebene ist. Der *Beweis* dieser Behauptung ergibt sich so:

(A) (1) Gemäß 2.4.18.1, Satz 2., ist P die Menge der linear zugänglichen Punkte von M und somit (gemäß dem Verteilungssatz in 2.4.17.2) enthalten in einer Vereinigung von abzählbar vielen dehnungsbeschränkten $(n-1)$-dimensionalen Flächenstücken $F \subset \mathbb{R}^n$; hierbei existiert für geeignete Wahl von ν und für $y := (x_1, \ldots, x_{\nu-1}, x_{\nu+1}, \ldots, x_n)$ ein dehnungsbeschränktes injektives $f: D \rightarrowtail \mathbb{R}$ mit $D \subset \mathbb{R}^{n-1}$ und $(y \mapsto f(y))$ so, daß $F = \text{Graph}\,(f) := \{(y, \chi) : y \in D \wedge \chi := f(y) \in \mathbb{R}\}$.

(A) (2) Indem man nötigenfalls $P \cap F$ in abzählbar viele „hinreichend kleine" Teile Q mit einem jeweils zugehörigen F zerlegt, darf man o. B. d. A. annehmen: Es ist F enthalten in einer rationalen offenen „Schicht" $T := T(\alpha', \alpha'') := \{(y, \zeta) : y \in \mathbb{R}^{n-1} \wedge \zeta \in (\alpha'; \alpha'')\}$, wobei α', α'' rationale Zahlen sind. Dann existiert (zu T) ein rationaler Rotationshalbkegel K der Öffnung 2ϑ, dessen (positive) Halbachse translationskongruent ist zur positiven ζ-Halbachse, ferner ein, mit K öffnungs- und halbachsengleicher Sektor S vom Radius r derart, daß $0 < \alpha'' - \alpha' =: \alpha < 2r\cos\vartheta$ und daß $\operatorname{ctg}\vartheta$ eine Dehnungsschranke des f ist, durch das F definiert wird. Für den zu F gehörigen Teil $Q := P(F)$ von P (also $Q \subset T$) und für die zum Halbkegel K bzw. zum rationalen Sektor S translationskongruenten $K(x)$ bzw. $S(x)$ mit dem Scheitel x sowie für die zu den $K(x)$ bzw. $S(x)$ bezüglich x symmetrischen $\tilde{K}(x)$ bzw. $\tilde{S}(x)$ gilt dabei (zufolge der Wahl von F):

(α) $M \cap S(x) = \emptyset$ für jedes $x \in Q$;

(β) $Q \cap \tilde{S}(y) = \emptyset$ für jedes $y \in M \cap T$ (zufolge (α));

(γ) $T \cap S(z) = T \cap K(z)$ und $T \cap \tilde{S}(z) = T \cap \tilde{K}(z)$ für jedes $z \in T$ (weil $\alpha < 2r\cos\vartheta$).

(B) Auf Grund von (A) (2) läßt sich bei gleichem Q eine wesentliche Abänderung von F vornehmen.

(B) (1) Ist nämlich f das F definierende $f: D \rightarrowtail \mathbb{R}$, so sei $f^*: \mathbb{R}^{n-1} \rightarrowtail \mathbb{R}$ die maximale dehnungsbeschränkte Erweiterung von f mit $f^* \leqq \alpha''$, welche die gleiche Dehnungsschranke $\operatorname{ctg}\vartheta$ besitzt, wie f (vgl. 2.1.4, Satz 3). Und es sei dann $F^* := \text{Graph}\,(f^*)$. Mit $T^* := \{(y, \zeta) : y \in \mathbb{R}^{n-1} \wedge \zeta \in (\alpha'; \alpha'')^+\}$ gilt dann: $F^* \subset T^*$ und $P(F^*) = P(F)$; außerdem liegt kein $x' \in M \cap T$ oberhalb F^*, d. h. $(y, \zeta) \in M \cap T \rightarrow \zeta \leqq f^*(y)$. Läge nämlich $x' \in M \cap T$ oberhalb F^*, so würde (wegen $T \cap \tilde{S}(x') = T \cap \tilde{K}(x')$) vermöge Ersetzung von $F' := F^* \cap \tilde{S}(x')$ durch den oberhalb F' gelegenen Teil der Begrenzung von $\tilde{S}(x')$ ein dehnungsbeschränktes Flächenstück F^{**} geliefert mit der gleichen Dehnungsschranke $\operatorname{ctg}\vartheta$ (wie F und F^*) (Bew.!) und mit $P(F) \subset F^{**}$. Es wäre also F^* nicht maximal. Widerspruch.

Im Folgenden kann und soll wieder F statt F^* und f statt f^* geschrieben werden.

(B) (2) Die Projektion $p: F \rightarrowtail \mathbb{R}^{n-1}$ mit $p(y, \zeta) = y$ parallel zur ζ-Achse in den $\mathbb{R}^{n-1}$ ist topologisch. Daraus folgt unter anderem: Wenn das $(n-1)$-dimensionale $C(y, p(P(F)))$ für ein $y \in p(P(F))$ vollständig ist und wenn $C := C((y, f(y)), P(F)) \subset \mathbb{R}^n$ in einer Hyperebene H liegt, dann ist $H = C$.

Es sei nun L_{n-1} das $(n-1)$-dimensionale Lebesguesche Maß in $p(\mathbb{R}^n)$ $(=\mathbb{R}^{n-1})$. Das Bildmaß $p^{[-1]}(L_{n-1})$ auf F ist Oberflächenmaß 0_{n-1} auf F.

Es existiert eine L_{n-1}-Nullmenge N derart, daß für $R:=P(F)\setminus p^{[-1]}(N)$ und $y'\in p(R)$ gilt: Es ist $C(y', p(P(F)))$ vollständig und es besitzt F in $z':=(y', f(y'))$ eine echte Tangentialhyperebene, insbesondere ist also $C(y', p(P(F)))=p(C(z', F))$. In der Tat existiert eine L_{n-1}-Nullmenge N' bzw. N'' derart, daß $C(y, p(P(F)))$ vollständig ist für $y\in p(P(F))\setminus N'$ (zufolge des Maßdichtesatzes*) bzw. daß F in $z:=(y, f(y))$ mit $y\in p(P(F))\setminus N''$ eine echte Tangentialhyperebene besitzt (zufolge der Dehnungsbeschränktheit von F). Für die L_{n-1}-Nullmenge $\bar{N}:=N'\cup N''$ ergibt sich die Beh.

(B) (3) *Behauptung. Erstens.* In $x\in R=P(F)\setminus p^{[-1]}(N)$ ist das Kontingent $C(x, M)$ von M fremd zu demjenigen offenen Halbraum des $\mathbb{R}^n$, welcher von der Tangentialhyperebene $C(x, F)$ an F in x begrenzt wird und welcher $S(x)$ enthält (welcher also oberhalb F liegt). *Zweitens.* Es ist $C(x, F)\subset C(x, M)$.

Beweis: Betr. Erstens. Gemäß (B) (1) liegt kein Punkt von $M\cap T$ oberhalb F, also kein Punkt von $C(x, M)$ oberhalb $C(x, F)$ (Bew.!). – Betr. Zweitens. Wegen $x\in R$ ist $p(C(x, P(F)))=C(p(x), p(P(F)))$ vollständig, also $C(p(x), p(P(F)))=C(p(x), p(F))$. Somit gilt $C(x, F)=C(x, P(F))\subset C(x, M)$.

(C) Auf Grund von (A) und (B) ergibt sich nun die Beh. in (A) (1) so:

(C) (1) Gemäß (B) (3) ist nur noch zu zeigen, daß $C(x, M)=C(x, F)=E$ echte Tangentialhyperebene in x an M oder $C(x, M)$ ein (n-dimensionaler, abgeschlossener) Halbraum für jedes $x\in P(F)$ bis auf eine 0_{n-1}-Nullmenge $p^{[-1]}(N)$ ist. Dazu genügt die folgende Feststellung: Ist $C(x, M)$ echter Teil eines von $E=C(x, F)$ begrenzten Halbraumes, so ist $C(x, M)=E$.

(C)(2) Zum Beweis gemäß (1) greifen wir zurück auf (A) (1). Darnach ist $P\subset\bigcup_n F_m$, wobei jedes F_m als ein F^+ im Sinne von (B) (1) angenommen werden kann. Jedem F_m entspricht (vgl. (A) (2)) eine Schicht T_m, ein Sektor S_m sowie die in F_m enthaltene Menge $P(F_m)$. Und jedes $x\in P$ ist in mindestens einem der F_m enthalten; es ist jedem $x\in P$ also auch mindestens ein $S_m(x)$ zugeordnet. Schließlich existiert auf F_m eine 0_{n-1}-Nullmenge Ω_m, also eine (allgemeine) 0_{n-1}-Nullmenge $\Omega:=\bigcup_m\Omega_m$ (auf $\bigcup_m F_m$) derart, daß zu beliebigem $x\in P':=P\setminus P\cap\Omega$ ein F_m mit $x\in F_m$ existiert sowie ein offener Halbraum H_m mit $x\in\bar{H}_m\setminus H_m$ und mit $E_m:=C(x, F_m)\subset C(x, M)\subset\mathbb{R}^n\setminus H_m=:H'_m$. Ist nun $\underline{H}'_m\setminus C(x, M)\neq\emptyset$, so gibt es ein F_t und $S_t(x)$ mit $t\neq m$, mit $x\in F_t$ und $S_t(x)\subset\underline{H}'_m$ sowie mitt $M\cap S_t(x)=\emptyset$, also ein H_t mit $E_t:=C(x, F_t)\subset C(x, M)\subset H'_t=\mathbb{R}^n\setminus H_t$. Hierbei sind E_m und E_t Tangentialhyperebenen an M in x. Somit gilt $E_m\cup E_t\subset C(x, M)\subset H'_m\cap H'_t$. Wegen $S_t(x)\subset H'_m$ und

*) Dieser Satz formuliert sich hier so: Jedem Punkt $x\in\mathbb{R}^k$, $k\geqq 1$, sei eine Folge etwa konzentrischer (abgeschlossener) Kugeln $(K(x, t))_t$ zugeordnet mit Zentrum x und Radien r_t, $t=1, 2, \ldots$, wobei $\lim_t r_t=0$. Es bezeichne $m|\mathfrak{L}$ das k-dimensionale Lebesguesche Maß im $\mathbb{R}^k$, $Y\in\mathfrak{L}$ und falls vorhanden $d(x; Y):=\lim m(Y\cap K(x, t)) : m(K(x, t))$ die sogenannte „m-Dichte" von Y in x. Der *Maßdichtesatz* (bzgl. $m|\mathfrak{L}$) besagt: Es ist $d(x, Y)$ vorhanden und $=1$ für alle $x\in Y\setminus N$, wobei $N\in\mathfrak{L}$ und $m(N)=0$ (vgl. Lit.).

$S_t(x) \cap H_t' = \emptyset$ ist $H_m' \neq H_t'$, also $H_m' \cap H_t' = E_m = E_t$; denn anderenfalls enthält $H_m' \cap H_t'$ keine Hyperebene E_m (und E_t). Damit ist die Beh. in (C) (1) bewiesen.

2.4.19 *Normalform einer quadratischen Form.*

Definition: Im $V\mathbb{R}^n$ der Vektoren $x = (x_1, .., x_n)^T$ heißt die reelle Funktion $Q(A) :=$ $:= (x \mapsto x^T A x = \sum_{i,k=1}^n a_{ik} x_i x_k,\ x \in V\mathbb{R}^n)$, worin $A := (a_{ik})$ eine reelle symmetrische n,n-Matrix ($A^T = A$) bezeichnet, eine **quadratische Form**; sie heißt eine **Normalform**, wenn $a_{ik} = 0$ für $i \neq k$. Ist S die Matrix einer orthogonalen Transformation des $\mathbb{R}^n$ (also $S^{-1} = S^T$), $x \mapsto Sx^*$, so heißt $Q(A^*)$: $x^* \mapsto x^{*T} A^* x^*$, $x^* \in V\mathbb{R}^n$ mit $A^* := S^{-1} A S$ die (vermöge S) **transformierte Form** von $Q(A)$.

Satz: *Jede quadratische Form $Q(A)$ kann durch eine orthogonale Transformation S auf Normalform $Q(A^*)$ gebracht werden, d.h. mit*

$$A^* = \begin{pmatrix} \lambda_1 & 0 & \dots & 0 \\ 0 & \lambda_2 & 0 \dots & 0 \\ \dots & \dots & \dots & \dots \\ 0 & \dots & 0 & \lambda_n \end{pmatrix}, \quad x^{*T} A^* x^* = \sum_{\nu=1}^n \lambda_\nu x_\nu^{*2};$$

die Elemente $\lambda_1, \dots, \lambda_n$ in der Hauptdiagonale von A^* ergeben sich als die n reellen Wurzeln der algebraischen Gleichung für λ vom Grade n

(1) $$\det(A - \lambda E) = 0,$$

der sogenannten Eigenwertsgleichung (auch charakteristischen oder Säkulargleichung) *von A, und heißen die* Eigenwerte *der Matrix A.*

Beweis (Skizze): 1. Man betrachte die sogenannte *Eigenvektorgleichung*

(2) $$Ax - \lambda x = \mathfrak{0};$$

jede Lösung (x, λ) mit einem Vektor $x \neq \mathfrak{0}$ (mit ev. komplexwertigen Komponenten) und einem (ev. komplexwertigem) λ heiße ein E-Paar von A, und dabei x *Eigenvektor* zum Eigenwert λ (offensichtlich muß λ der Gleichung (1) genügen). – 2. Man zeigt, daß die E-Paare orthogonal-invariant mit A verbunden sind, d.h. ist (x, λ) E-Paar von A, so $(S^{-1}x, \lambda)$ E-Paar der transformierten Matrix $A^* = S^{-1} A S$. – 3. Alle Eigenwerte sind reell. – 4. Zu verschiedenen Eigenwerten λ_1, λ_2 gehörige Eigenvektoren x_1, x_2 sind orthogonal ($x_1{}^T x_2 = 0$). – 5. Ist λ_1' ein reeller Eigenwert von A, so ist die Gesamtheit aller zu λ_1' gehörigen reellen Eigenvektoren x' (einschließlich $\mathfrak{0}$) ein k_1-dimensionaler reeller VR V_1 von $\mathbb{R}^n$, $1 \leq k_1 \leq n$. Man wähle in V_1 eine orthonormale Basis $b_1, \dots, b_{k_1}$ und ergänze diese mit $b_{k_1+1}, \dots, b_n$ zu einer orthonormalen Basis von $V\mathbb{R}^n$. Die Umtransformation von $Q(A)$ auf diese neue Basis liefert eine quadratische Form $Q(A')$ mit der (in Blockform geschriebenen) Matrix

$$A' = \begin{pmatrix} \lambda_1' E_1 & 0 \\ 0 & A_1' \end{pmatrix}$$

worin E_1 die k_1, k_1-Einheitsmatrix und A_1' eine symetrische $(n-k_1)$, $(n-k_1)$-Matrix bezeichnen. Ist $k_1 = n$, so ist man fertig.
Ist $k_1 < n$, so sind die Eigenwerte von A_1' auch solche von A und von λ_1' verschieden; denn anderenfalls wäre der Rang von $A - \lambda_1' E$ kleiner als $n - k_1$, was der Maximalität von V_1 widerspräche. Innerhalb des von $b_{k_1+1}, \ldots, b_n$ aufgespannten VR setzt man die Transformation von $Q(A_1')$ in analoger Weise fort. – 6. Es ergibt sich schließlich eine Matrix (Blockform)

$$A' := \begin{pmatrix} \lambda_1' E_1 & 0 \ldots\ldots\ldots 0 \\ 0 & \lambda_2' E_2 \quad \ldots 0 \\ \ldots\ldots\ldots\ldots\ldots \\ 0 & 0 \quad \lambda_m' E_m \end{pmatrix},$$

worin E_μ die k_μ, k_μ-Einheitsmatrix bezeichnet und $\lambda_1', \ldots, \lambda_m'$ die paarweise verschiedenen Eigenwerte von A, womit die Eigenwertgleichung von A' (also auch von A)

$$(\lambda_1' - \lambda)^{k_1} \ldots (\lambda_m' - \lambda)^{k_m} = 0$$

lautet. Hieraus folgt auch, daß die durch das obige Verfahren gewonnenen Dimensionszahlen k_μ zugleich die Vielfachheiten der Wurzeln (Eigenwerte) der Gleichung (1) bedeuten $(\sum_\mu k_\mu = n)$.

Bemerkung: Das Normalform-Problem (Eigenwertproblem) läßt sich auch als Extremwertproblem behandeln (3.6.4.2, wo auch Einengungen von $Q(A)$ auf Unterräume des $V\mathbb{R}^n$ betrachtet werden).

2.4.19.1 Definition: 1. Eine reelle quadratische Form $Q(A)$ heißt *positiv* bzw. *negativ* **definit**, wenn $Q(A)(x) > 0$ bzw. < 0 für alle $x \neq \bar{0}$. – 2. $Q(A)$ heißt **indefinit**, wenn es Stellen x_1, x_2 gibt mit $Q(A)(x_1) > 0$ und $Q(A)(x_2) < 0$. – 3. Ist aber $Q(A)(x) \geqq 0$ bzw. $\leqq 0$ für alle x, wobei auch für $x \neq \bar{0}$ das Gleichheitszeichen auftritt, so spricht man von *positiv* bzw. *negativ* **semidefinit**.

Satz: *Ist λ_1 bzw. λ_n der kleinste bzw. größte Eigenwert der reellen quadratischen Form $Q(A)$, so ist $Q(A)$ positiv definit, positiv semidefinit, indefinit, negativ semi-definit bzw. negativ definit, wenn $\lambda_1 > 0$, $\lambda_1 = 0$, $\lambda_1 < 0 < \lambda_n$, $\lambda_n = 0$ bzw. $\lambda_n < 0$.*

Dritter Teil

Differentialrechnung

Die Auffassung der Differenzierbarkeit einer Funktion (oder Abbildung) als einer Möglichkeit der „lokalen beliebig genauen" Approximation durch lineare Funktionen (oder Abbildungen), wie sie bereits in Bd. I. bei einer Funktion einer reellen Veränderlichen entwickelt wurde, kommt erst bei Funktionen mehrerer reeller Veränderlicher, allgemein bei Abbildungen normierter Vektorräume voll zur Geltung. Wir beschränken uns hier im wesentlichen auf den Fall von Abbildungen aus dem $\mathbb{R}^n$ in den $\mathbb{R}^k$, welche Räume (als Punkt- oder Vektorräume) wir mit der euklidischen Norm (1.5.3.1) versehen annehmen (falls nicht anderes vermerkt ist); die Approximationsgüte wird dann mittels dieser Norm beurteilt.

3.1. Differential und Differenzierbarkeit

3.1.0 *Grundbegriffe.*

3.1.0.1 *Transformation auf Null.* Es seien P, Q topologische Vektorräume (VR), $p \in G \subset P$ und $f: G \to Q$. Zur bequemeren Untersuchung von f in der Umgebung der Stelle p dient der Übergang zur („auf Null transformierten") Abbildung

$$\Delta f(p): G_p \to Q \quad \text{mit} \quad G_p := G - p \quad \text{und} \quad \Delta f(p)(z) := f(p+z) - f(p),\ \Delta f(p)(\bar{0}) = \bar{0}.$$

Dabei bezeichnet z den auf p bezogenen „Zuwachs der unabhängigen Veränderlichen"; es durchläuft z die Menge $G - p := \{x - p : x \in G\}$, wobei $\bar{0} \in G - p$. Damit wird die Untersuchung von f in (der Nähe von) p zurückgeführt auf die von $\Delta f(p)$ in (der Nähe von) $\bar{0}$. – Beispiel: Für die Identität j hat man $\Delta j(p)(z) = z$ für alle z (und p).

Hinweis: Häufig wird für z auch Δx geschrieben, was wir im allgemeinen deshalb vermeiden, weil Δx der Auffassung von Δ als Operator nicht gerecht wird.

3.1.0.2 *Ordnung des Nullwerdens* (vgl. I., 8.8.6.1). Es seien jetzt P, Q, S normierte VR mit den Normen $|\cdot|_P$, $|\cdot|_Q$ und $|\cdot|_S$. Ferner sei $\bar{0} \in G \subset P$, sowie $h: G \to Q$ und $g: G \to S$. Man sagt, *es verschwindet* h bzgl. g *für* $z \to \bar{0}$ *von höherer als* r*-ter Ordnung* r ($r \in \mathbb{R}^+$), in Zeichen $h \in o((|g|_S)^r)$, wenn

$$\bigwedge_{\varepsilon>0} \bigvee_{\delta(\varepsilon)>0} \bigwedge_{z \in G} 0 \leqq |z|_P < \delta(\varepsilon) \to |h(z)|_Q < \varepsilon(|g(z)|_S)^r;$$

falls $g(z) \neq \bar{0}$ für alle $z \neq \bar{0}$ schreibt man dafür auch

$$\lim_{z \rightsquigarrow 0} h(z) : (|g(z)|_S)^r = \bar{0}.$$

Bemerkung: Das System aller Abbildungen $h: G \longrightarrow Q$, welche für $z \rightsquigarrow \bar{0}$ bzgl. g von höherer als r-ter Ordnung verschwinden, ist ein VR.

3.1.0.3 *Differenzierbarkeit in einem Punkt. Differential.*

Wie in 1.3.0.2 seien $|\cdot|_P$ bzw. $|\cdot|_Q$ Normen in P bzw. in Q. Ferner sei $p \in G \subset P$ und $f: G \longrightarrow Q$ sowie $j: G \longrightarrow G$ die Identität.

Definition: Es heißt f **differenzierbar in** p, wenn (mindestens) ein **Differential** $df(p)$ *von* f *in* p existiert, d. h. eine lineare Abbildung $df(p): P \longrightarrow Q$ derart, daß *Erstens*:

(D) $$\Delta f(p) - df(p) \in o(|\Delta j(p)|_P);$$

Zweitens: $df(p)$ als lineare Funktion stetig ist.

Es heißt f **differenzierbar in** G, wenn f in *jedem* $p \in G$ differenzierbar ist.

1. Anmerkung: Die von der linearen Abbildung $df(p) := (z \longmapsto df(p)(z))$ geforderte Stetigkeit ist gleichbedeutend damit, daß die Norm $|df(p)|$ endlich ist. Bei endlich-dimensionalem Definitionsbereich G folgt die Stetigkeit schon aus der Linearität.

2. Anmerkung: Die Definition (D) gilt auch für die zu P und Q gehörigen *affinen* Räume (P) und (Q). Indes werden wir im Folgenden zwischen P und (P) usw. nicht unterscheiden, also immer nur P usw. schreiben.

Beispiele differenzierbarer Abbildungen.

1. Jede *stetige lineare Abbildung* $f: P \longrightarrow Q$ ist überall differenzierbar mit $df(p) = f$ für $p \in P$. (Denn $f(p+j) - f(p) - f(j) = 0 \in o(|j|_P)$ für jedes $p \in P$).
2. Jede *Konstante* ist differenzierbar mit $df(p) = \bar{0}$.
3. Jede *endliche Linearkombination von in p differenzierbaren Abbildungen* $f_i: P \longrightarrow Q$ ist in p differenzierbar. (Denn jede endliche Linearkombination von stetigen linearen Abbildungen bzw. von Abbildungen aus $o(|j|_P)$ ist wieder stetig und linear bzw. gehört zu $o(|j|_P)$). Also:

Die in p differenzierbaren $f: G \longrightarrow Q$ mit $p \in G \subset P$ bilden einen VR $\mathfrak{D}$, genauer $\mathfrak{D}(p, G, P, Q)$, d. h. für beliebige $f, g \in \mathfrak{D}(p, G, P, Q)$ und beliebige Skalare a, b gilt

$$d(af + bg)(p) = adf(p) + bdg(p).$$

3.1.0.4 *Einige Erläuterungen zur Definition der Differenzierbarkeit.*

In „salopper Schreibweise", die wir uns im Folgenden mehrfach gestatten, (vgl. die Bemerkungen über Bezeichnungsfragen in der Einleitung zu diesem Band) lautet (D):

$f(p+z)-f(p)-ddf(p)(z)\in o(|z|_P)$; oder exakt: Zu jedem $\varepsilon>0$ existiert ein $\delta>0$, sodaß

(D 1) $$|f(p+z)-f(p)-df(p)(z)|_Q<\varepsilon|z|_P,$$

sofern $p+z\in G$ und $|z|_P<\delta$.

Die hierin enthaltene „Gleichmäßigkeit in allen Richtungen" $u := z:|z|_P$ für $z\neq\bar{0}$ – sie ist eine wesentliche Bedingung der Differenzierbarkeit – möge noch deutlicher gemacht werden: Man setze $z := \varrho u$ mit $|u|_P=1$ und $\varrho\in\mathbb{R}^+$; dann ist (D 1) gleichwertig mit

(D 2) $$\bigwedge\nolimits_{\varepsilon>0}\bigvee\nolimits_{\delta(\varepsilon)>0}\bigwedge\nolimits_{\varrho\in(0,\delta(\varepsilon))}\bigwedge\nolimits_{u\in P}(|u|_P=1\wedge p+\varrho u\in G)\to$$
$$|\varrho^{-1}(f(p+\varrho u)-f(p))-df(p)(u)|_Q<\varepsilon.$$

Spezialfall: Wenn p innerer Punkt von G, dann gibt es ein $\delta_1>0$, sodaß $p+\varrho u\in G$ für *alle* $\varrho<\delta_1$ und *alle* u mit $|u|_P=1$. Daher gilt:

Für $p\in G$ ist (D 2) *gleichwertig mit der Gültigkeit von*

(*) $$\lim_{\varrho\sim 0+}\varrho^{-1}(f(p+\varrho u)-f(p))=df(p)(u)$$

gleichmäßig bzgl. $|\cdot|_Q$ für alle $u\in G$ mit $|u|_P=1$ (Beweis!).

1. Folgerung: Ist f differenzierbar in einem *inneren* Punkt p von G, so ist $df(p)$ *eindeutig* bestimmt.

2. Folgerung: Der Begriff der Differenzierbarkeit ist invariant gegenüber dem Übergang zu äquivalenten Normen.

Bemerkung: Im allgemeinen Fall ist jedoch die Gleichmäßigkeit des Limes in (*) für alle u mit $|u|_P=1$, für welche er bei jeweils *festem* u bildbar ist, nicht hinreichend für die Gültigkeit von (D 2); denn es ist möglich, daß zwar p Häufungspunkt von G ist, daß aber überhaupt kein u existiert, für welches $\bar{0}$ Häufungspunkt von $G\cap\{\varrho u:\varrho\in\mathbb{R}^+\}$ ist. – Beispiel: $G := \{(\chi,\eta):\eta^2=\chi^3\}\subset\mathbb{R}^2$ und $p := (0,0)$; es gibt kein u der fraglichen Art. Für die reelle Funktion $f_1 := 0$ liegt Differenzierbarkeit vor; dagegen ist f_2 mit $f_2(\chi,\eta) := \chi\operatorname{sgn}\eta$ für $\eta\neq 0$ mit $(\chi,\eta)\in G$ und $f_2(0,) := 0$ nicht differenzierbar in p.

Vereinbarung: Soweit Mißverständnisse nicht zu befürchten sind, lassen wir im Folgenden die Angabe P bzw. Q in $|\cdot|_P$ bzw. $|\cdot|_Q$ weg.

3.1.1 *Weitere Eigenschaften und Beispiele differenzierbarer Abbildungen.*

3.1.1.1 *Differenzierbarkeit und Stetigkeit.*

Entsprechend zu I, 8.2.2, gilt der

Satz: *Aus der Differenzierbarkeit von f in p folgt die Stetigkeit von f in p.*

Beweis: Aus (D 1) (3.1.0.4) mit $\varepsilon=1$ folgt $|f(p+z)-f(p)|\leqq|df(p)(z)|+|z|$ für $|z|<\delta$

und $p+z\in G$. Wegen der stetigen Linearität von $df(p)$ gilt $|df(p)(z)|\leqq M|z|$ mit einem $M\in\mathbb{R}^+$, sodaß $|f(p+z)-f(p)|\leqq(M+1)|z|$ für $|z|<\delta$ und $p+z\in G$.

3.1.1.1.1 Man spricht von *gelockerter Differenzierbarkeit* für $f: P \rightarrowtail Q$ in p bzw. von einem gelockerten *Differential* $d_l f(p)$ von f in p, wenn in der Definition in 3.1.0.3 auf die Forderung Zweitens verzichtet wird. Dabei gilt der

Gleichwertigkeitssatz: *Ist* $f: G \rightarrowtail Q$ *gelockert differenzierbar in* $p\in G\subset P$ *mit dem gelockerten Differential* $d_l f(p)$, *so sind gleichwertig:* (1) *Es ist* f *stetig in* p. – (2) *Es ist* $d_l f(p) := (z \mapsto d_l f(p)(z))$, $z\in P$, *stetig, d.h. es ist* f *in* p *differenzierbar im Sinne von* 3.1.0.3.

Beweis: *Betr.* (2)$\rightarrow$(1). Wie in 3.1.1.1. – *Betr.* (1)$\rightarrow$(2). Für jedes $\varepsilon>0$ ist $|d_l f(p)(z)|\leqq$ $\leqq|f(p+z)-f(p)|+\varepsilon|z|\leqq\varepsilon+\varepsilon|z|<2\varepsilon$ für alle z mit $|z|<\min\{\delta(\varepsilon),1\}$ (und $p+z\in G$).

Beispiel: Es sei P der VR der im Intervall $J:=(-1;1)$ reellen differenzierbaren Funktionen φ je mit beschränkter Ableitung φ'; ferner sei $Q:=\mathrm{V}\mathbb{R}^1$ und $f: P \rightarrowtail Q$ mit $f(\varphi):=\varphi'(0)$, sodaß f linear ist. – Erstens normiere man P gemäß $|\varphi|_1:=\max\{|\varphi(0)|, \sup\{|\varphi'(\chi)|:\chi\in J\}\}$; dann ist f stetig, also differenzierbar mit $df=f$. – Zweitens normiere man P gemäß $|\varphi|_2:=\sup\{|\varphi(\chi)|:\chi\in J\}$; dann ist f nicht stetig, weil φ mit beliebig kleinem $|\varphi|_2$ existieren, für die z. B. $\varphi'(0)=1$ ist, so daß f nicht differenzierbar ist. Hingegen ist f gelockert differenzierbar, weil linear mit $df=f$ (3.1.1.1.1).

3.1.1.2 *Verkettung differenzierbarer Abbildungen liefert differenzierbare Abbildungen (Kettenregel).*

1. Satz: Voraussetzung. *Es seien* P, Q, T *normierte* VR *und* $p\in G\subset P$. *Ferner sei* $f\in\mathfrak{D}(p,G,P,Q)$ *und* $g\in\mathfrak{D}(q,G_1,Q,T)$ *mit* $q:=f(p)\subset f(P)\subset G_1$.

Behauptung: *Es gilt* $h:=g\circ f\in\mathfrak{D}(p,G,P,T)$ *mit*

$$dh(p)=dg(q)\circ df(p) \qquad \textbf{(Kettenregel)}.$$

Beweis: Es sei $z':=\Delta f(p)(z)=f(p+z)-f(p)=df(p)(z)+r$ mit $r\in o(|z|)$; weiter sei $z'':=\Delta g(q)(z')=g(q+z')-g(q)=dg(q)(z')+t$ mit $t\in o(|z'|)$. Wegen der Linearität von $dg(q)$ gilt $z''=dg(q)(df(p)(z))+dg(q)(r)+t$, außerdem $dg(q)(r)\in o(|z|)$ wegen der Stetigkeit von $dg(q)$. Entsprechend ergibt die Linearität und Stetigkeit von $df(p)$, daß $|z'|\leqq M'|z|+$ $+|r|\leqq M''|z|$, also $t\in o(|z|)$ und damit $z''=dg(q)(df(p)(z))+t''$ mit $t''\in o(|z|)$.
Mit Hilfe der Kettenregel ergibt sich z. B. der

2. Satz: Voraussetzung: *Es seien* P, Q_1 *und* Q_2 *normierte* VR *und* $Q:=Q_1\times Q_2$, *etwa mit* $|(q_1,q_2)|_Q:=|q_1|_{Q_1}+|q_2|_{Q_2}$.

Behauptung: (1) *Es ist* $f:=(f_1,f_2): G \rightarrowtail Q$ *differenzierbar in* $p\in G\subset P$ *genau dann, wenn* $f_i: P \rightarrowtail Q_i$ *in* p *differenzierbar ist,* $i=1,2$. – (2) *Ist* $f\in\mathfrak{D}(p,G,P,Q_1\times Q_2)$, *so gilt*

$$df(p) = (df_1(p), df_2(p)).$$

Beweis: *Betr.* (1). *Nur dann.* Es ist z.B. $f_1 = \pi_1 \circ f$, wobei π_1 die Projektion von Q auf Q_1 bezeichnet (vgl. I., 1.6.4); es ist also $\pi_1 := ((q_1, q_2) \longmapsto q_1)$ linear und, weil kontraktiv (vgl. 2.1.1), auch stetig. Zufolge der Kettenregel ist f_1 differenzierbar in p. – *Dann, sowie betr.* (2). Folgt aus

$$|\Delta f(p)(z) - (df_1(p)(z), df_2(p)(z))|_Q \leqq |\Delta f_1(p)(z) - df_1(p)(z)|_{Q_1} + \\ + |\Delta f_2(p)(z) - df_2(p)(z)|_{Q_2}.$$

Berücksichtigt man, daß die Eigenschaft von f, in $p \in G$ bzw. in G differenzierbar zu sein, von der Wahl der Basis (im Definitions- und Wertbereich) unabhängig ist, so folgt aus dem 2. Satz der

3. Satz: *Für $f := \sum_{\kappa=1}^{k} f_\kappa x_\kappa$ mit $f_\kappa : G \longrightarrow \mathbb{R}$ ist die Differenzierbarkeit von f in $p \in G$ bzw. in G gleichbedeutend mit der Differenzierbarkeit aller f_κ in p bzw. in G.*

3.1.1.3 *Einengungen differenzierbarer Abbildungen und partielle Differenzierbarkeit.*

1. Satz: (A) *Ist $f \in \mathfrak{D}(p, G, P, Q)$ und $p \in G_1 \subset G$, so ist $f|G_1 \in \mathfrak{D}(p, G_1, P, Q)$ mit $d(f|G_1)(p) = df(p)$.* – (B) *Es sei $G := G_1 \cup \ldots \cup G_m$ mit $p \in G_\mu \subset P$, $\mu = 1, \ldots, m$, und $f: G \longrightarrow Q$, wobei $f|G_\mu \in \mathfrak{D}(p, G_\mu, P, Q)$ mit $d(f|G_\mu)(p) = L$ für $\mu = 1, \ldots, m$. Dann gilt $f \in \mathfrak{D}(p, G, P, Q)$ mit $df(p) = L$.*

Beweis: Klar.

Definition: Ist P_1 ein (normierter) Teilvektorraum von P und $f: P \longrightarrow Q$ mit $p \in G \subset P$, so heißt f in p **partiell nach** (oder bezüglich) P_1 **differenzierbar**, wenn $f|G \cap (p + P_1)$ in p differenzierbar ist mit dem Differential $d(f|G \cap (p + P_1))(p)$; es heißt dann $d(f|G \cap (p + P_1))(p) =: d_{P_1} f(p)$ ein **partielles Differential** von f in p bzgl. des Teilvektorraumes P_1 von P.

2. Satz: *Im Falle $f \in \mathfrak{D}(p, G, P, Q)$ gilt für jeden Teilvektorraum P_1 von P: Es ist f in p partiell differenzierbar nach P_1 mit $d_{P_1} f(p) = df(p)|P_1$.*

Beweis: Klar.

3.1.1.3.1 Der zweite Satz in 3.1.1.3 ist nicht umkehrbar im folgenden Sinne:

Voraussetzung: Es sei $f: P \longrightarrow Q$ in p partiell differenzierbar nach allen echten Teilvektorräumen P_1 von P mit untereinander konsistenten Differentialen $d_{P_1} f(p)$, d.h. es gebe eine stetige, lineare Abbildung $L: P \longrightarrow Q$ derart, daß $d_{P_1} f(p) = L|P_1$ für alle P_1. – Behauptung: Unter dieser Voraussetzung ist im allgemeinen f nicht differenzierbar in p.

Beispiel: Es sei $P := \mathbb{R}^n$ und $Q := \mathbb{R}^1$. Bezüglich einer Basis $(x_1, \dots, x_n)$ des $\mathbb{R}^n$ sei $p := (0, \dots, 0)$ und C die Kurve, die aus allen Punkten $x(t) := \sum_\nu t^\nu x_\nu$ mit $t \in \mathbb{R}_0^+$ besteht; ferner sei $f: \mathbb{R}^n \rightarrowtail \mathbb{R}$ mit $f(x) := 0$ für $x \in \mathbb{R}^n \setminus C$ und $f(x(t)) := t$ für $t \in \mathbb{R}_0^+$. Dann ist $f|\mathbb{R}^n$ stetig in p und konstant gleich Null in je einer Umgebung von p auf jeder p enthaltenden Hyperebene $A := \{x : x = \sum_\nu \chi_\nu x_\nu \wedge \sum_\nu \beta_\nu \chi_\nu = 0\}$ mit $(\beta_1, \dots, \beta_n) \neq \bar{0}$; denn $C \cap A = \{x(t): \sum_\nu \beta_\nu t^\nu = 0\}$ ist endlich. Daher ist $f|A$ differenzierbar in p mit $d(f|A)(p) = 0$. Wäre daher $f \in \mathfrak{D}(p, \mathbb{R}^n, \mathbb{R})$, so müßte (nach Satz 2 in 3.1.1.3) $df(p) = 0$ sein. Es ist aber $(f(t, \dots, t^n) - 0) : |(t, \dots, t^n) - p| = 1 : (1 + t^2 + \dots + t^{2(n-1)})^{1/2} \sim 1$ für $t \sim 0$.

Aufgabe: Durch geringfügige Abänderung von f erhält man eine *überall im* $\mathbb{R}^r$ stetige Funktion $\bar{f}$ mit den gleichen Differenzierbarkeitseigenschaften bzgl. p im $\mathbb{R}^n$ und in den A wie f.

3.1.2 *Bedingungen für die Eindeutigkeit des Differentials.*

Eine hinreichende Bedingung für die Eindeutigkeit des Differentials in $p \in G$ wurde schon in 3.1.0.4, Folgerung 1., angegeben: Es genügt, daß p innerer Punkt von G ist. Demzufolge kann *Mehrdeutigkeit des Differentials höchstens in Randpunkten von G* auftreten.
Bei der Aufsuchung notwendiger und zugleich hinreichender Bedingungen für Ein- und (oder) Mehrdeutigkeit des Differentials können wir uns daher auf die Untersuchung in Randpunkten beschränken. Dabei werden wir *nur endlich-dimensionale Definitionsbereiche* G heranziehen, also $G \subset \mathbb{R}^n$ annehmen. Zuvor ein einfaches

Beispiel für Mehrdeutigket: Es sei $G := \{z : z = (\chi, \eta) \wedge \chi \in [0; 1] \wedge \eta \in [0; \chi^2]\} \subset \mathbb{R}^2$ mit $|z| := |\chi| + |\eta|$; ferner sei $p := (0, 0)$. – Behauptung: Jedes $f \in \mathfrak{D}(p, G, \mathbb{R}^2, \mathbb{R}^1)$ besitzt mehr als ein Differential (in p). Und zwar sind je zwei Differentiale gleich auf der χ-Achse, d.h. für alle $z = (\chi, 0)$. – Beweis. Für $z = (\chi, \eta) \in G$ gilt $|z| \leqq |\chi| + |\eta| \leqq 2|\chi|$. Es seien nun $d_1 f(p), d_2 f(p)$ irgend zwei (nach Vor. stetige) Differentiale von f, etwa $d_1 f(p)(z) = \alpha_1 \chi + \beta_1 \eta$ und $d_2 f(p)(z) = \alpha_2 \chi + \beta_2 \eta$. Dann gilt $d_1 f(p)(z) - d_2 f(p)(z) \in o(|z|)$, also $|(\alpha_1 - \alpha_2)\chi| \leqq \leqq |\beta_1 - \beta_2| |\eta| + r$ mit $r \in o(|\chi|)$. Für $|\chi| \neq 0$ folgt $|\alpha_1 - \alpha_2| \leqq |\beta_1 - \beta_2| |\chi| + \varrho(\chi)$ mit $|\varrho| < \delta(\varepsilon)$. Mithin $\alpha_1 = \alpha_2$, während β_1 und β_2 beliebig gewählt werden können.
Im vorstehenden Beispiel besitzt sogar *jedes* in p differenzierbare f mehrere Differentiale. Daß dies allgemein gilt, folgt aus der jetzt zu gewinnenden Kennzeichnung der Randpunkte von G mit mehrdeutigem Differential. Wir schicken einige vorbereitende Bemerkungen voraus, die zugleich erhellen, weshalb im vorstehenden Beispiel in p mehrere Differentiale existieren.

3.1.2.1 *Eine Eigenschaft des Differentials bei endlich-dimensionalem Definitionsbereich.*

Es sei $f \in \mathfrak{D}(p, G, \mathbb{R}^n, Q)$, $n \geqq 1$, ferner $S := \{v : v \in \mathbb{R}^n \wedge |v| = 1\}$; es ist S kompakt (weil abgeschlossen und beschränkt im $\mathbb{R}^n$).
(I) Zunächst ziehen wir eine Folgerung (D^+) aus (D 1), (3.1.0.4). Dazu dient die

Definition: Ist $p \in G$ und $z_r \in G \setminus \{p\}$ mit $z_r \neq \bar{0}$, $r = 1, 2, \ldots$; ist ferner $(z_r)_r$ Nullfolge, d.h. $\bar{0} = \lim_r z_r$, so heißt die Folge $(u_r)_r$ der Einheitsvektoren $u_r := z_r |z_r|^{-1}$ **richtungskonvergent**, wenn $u := \lim_r u_r$ existiert; dabei wird $u \in S$ als *in p an G* **tangentieller** (Einheits-)**Vektor** bezeichnet. Die Menge $TV(p, G)$ dieser tangentiellen u in p an G ist abgeschlossen.
Aus (D 1) folgt nun:
Wenn $f \in \mathfrak{D}(p, G, \mathbb{R}^n, Q)$, so gilt

(D⁺) $\quad df(p)(u) = \lim_r (\Delta f(p)(z_r)) |z_r|^{-1} \qquad$ für alle $(z_r)_r$ bzw. alle $u \in TV(p, G)$.

1. Anmerkung: Im Beispiel in 3.1.2 existiert nur ein einziger tangentieller Vektor in p an G, nämlich der Einheitsvektor in Richtung der positiven χ-Achse.
(II) Die Menge $TV(p, G)$ hat folgende Eigenschaft:

$$\bigwedge_{\varepsilon > 0} \bigvee_{\varrho' > 0} \bigwedge_{z \in U_{\varrho'} \cap (G - p)} \bigvee_{u' \in TV(p, G)} |z|z|^{-1} - u'| < \varepsilon,$$

wobei $U_{\varrho'} := \{z : z \in \mathbb{R}^n \wedge 0 < |z| < \varrho'\}$. Denn andernfalls gibt es wegen der Kompaktheit der Einheitssphäre S einen tangentiellen Einheitsvektor, der nicht zu $TV(p, G)$ gehört.

Satz: *Ist $f \in \mathfrak{D}(p, G, \mathbb{R}^n, Q)$ mit dem Differential $df(p)$, so ist die lineare Abbildung $L : \mathbb{R}^n \longrightarrow Q$ genau dann ein Differential von f in p, wenn L auf $TV(p, G)$ mit $df(p)$ übereinstimmt.*

Beweis: *Nur dann.* Folgt unmittelbar aus (I). – *Dann.* Wenn $L(u) = df(p)(u)$ für alle $u \in TV(p, G)$, so gilt wegen (II)

$$\bigwedge_{\varepsilon > 0} \bigvee_{r' > 0} \bigwedge_{z \in U_{r'} \cap (G - p)} |df(p)(z|z|^{1}) - L(z|z|^{-1})| = \\ |df(p)(z|z|^{-1} - u') - L(z|z|^{-1} - u')| \leqq M\varepsilon,$$

wobei M die Norm von $df(p) - L$ ist. In Verbindung mit (D 1) folgt daraus, daß auch L ein Differential ist.

2. Anmerkung. Vgl. das Beispiel in 3.1.2.

3.1.2.2 Eindeutigkeitssatz für Differentiale.

Voraussetzung: (a) *Es sei $p \in G \subset \mathbb{R}^n$ und $f \in \mathfrak{D}(p, G, \mathbb{R}^n, Q)$ mit $p \in G$.* – (b) *Ferner sei $d_0 f(p)$ ein Differential von f in p an G und $V_0 := [\![TV(p, G)]\!]$ mit $n' := \dim V_0 \leqq n$.*

Behauptung: (1) *Jedes Differential $df(p)$ von f in p und nur ein solches hat die Gestalt $df(p) = d_0 f(p) + l$, wobei $l : V\mathbb{R}^n \longrightarrow Q$ linear ist mit $l | V_0 = \bar{0}$ (sonst beliebig).*
(2) *Es ist $d_0 f(p)$ das einzige Differential des beliebigen $f \in \mathfrak{D}(p, G, \mathbb{R}^n, Q)$ genau dann, wenn $\dim V_0 = n$ (= $\dim \mathbb{R}^n$).*

Zusatz: Für $\dim V_0 = n$ ist hinreichend, daß $p \in \underline{G}$.

Beweis: *Betr. Beh.* (1). Da eine lineare Abbildung genau dann auf $[\![TV(p, G)]\!]$ verschwindet, wenn sie dies auf $TV(p, G)$ tut, folgt die Beh. unmittelbar aus dem Satz in 3.1.2.1. – *Betr. Beh.* (2). Es ist $n = n'$ genau für $V_0 = \mathbb{R}^n$, also mit $l|\mathbb{R}^n = \bar{0}$.

1. Anmerkung: Im Beispiel in 3.1.2 ist $\dim V_0 = 1 < n = 2$ (vgl. auch 3.1.2.1, 1. Anmerkung).

2. Anmerkung: Der Eindeutigkeitssatz nimmt Bezug ausschließlich auf die Beschaffenheit des Definitionsbereiches G von $f \in \mathfrak{D}(p, G, \mathbb{R}^n, Q)$ in einer Umgebung von p, völlig unabhängig von $f: G \longrightarrow Q$. Beispielsweise ist bei der *Kettenregel* (3.1.1.2) das $dh(p)$ eindeutig genau dann, wenn $df(p)$ eindeutig ist, unabhängig vom Verhalten des g in der Umgebung von $f(p)$ in $f(G)$, unabhängig also davon, ob g ein oder mehrere Differentiale besitzt; denn G ist gemeinsamer Definitionsbereich von f und h.

3.1.2.3 Mit Hilfe von (D 1) (3.1.0.4) und (D^+) (3.1.2.1) gewinnt man folgendes Verfahren zur Nachprüfung, ob ein gegebenes $f: G \longrightarrow Q$ mit $P = \mathbb{R}^n$ in $p \in G$ differenzierbar ist: (A) Man bestimmt eine Basis $(u_1, \ldots, u_k)$ aus $TV(p, G)$ für $V_0 = [\![TV(p, G)]\!]$ und damit $\dim V_0 = k (= n')$. Sodann sucht man für jedes u_κ eine Darstellung als Limes einer richtungskonvergenten Folge $(u_{\kappa r})_r$, wobei $u_{\kappa r} = z_{\kappa r}|z_{\kappa r}|^{-1} \rightsquigarrow u_\kappa$ und $z_{\kappa r} \rightsquigarrow \bar{0}$ für $r \rightsquigarrow \infty$, und prüft, ob $w_\kappa = \lim_r (\Delta f(p)(z_{\kappa r})) : |z_{\kappa r}|$ existiert. Ist letzteres nicht für alle $\kappa = 1, \ldots, k$, der Fall, so ist f nicht differenzierbar in p. – (B) Andernfalls bestimmt man eine lineare Abbildung $d: V\mathbb{R}^n \longrightarrow Q$ mit $d(u_\kappa) = w_\kappa$, $\kappa = 1, \ldots, k$. Genau dann, wenn d der Bedingung (D 1) genügt, ist f differenzierbar in p mit d als einem Differential.

3.1.2.4 *Differenzierbare reelle Funktionen.*
Hier ist $Q := \mathbb{R}^1$ und $\mathfrak{D}(p, G, P, \mathbb{R}^1)$ (vgl. 3.1.0.3) ist nicht nur ein Vektorraum, sondern zugleich ein *Ring* mit der 1 als Einheit. Dabei gilt also: $f, g \in \mathfrak{D}(p, G, P, \mathbb{R}^1) \rightarrow f \cdot g \in \mathfrak{D}(p, G, P, \mathbb{R}^1)$ mit

$$d(f \cdot g)(p) = g(p)df(p) + f(p)dg(p) \qquad \text{(Multiplikationsregel).}$$

Außerdem gilt: Ist $h \in \mathfrak{D}(p, G, P, \mathbb{R}^1)$ mit $h(p) \neq 0$, dann ist $h^{-1} \in \mathfrak{D}(p, G \cap U, P, \mathbb{R}^1)$ für eine Umgebung U von p mit

$$dh^{-1}(p) = -(h(p))^{-2} dh(p) \qquad \text{(Divisionsregel).}$$

Beweis: Wie in I., 8.3.1 mit Benutzung von 3.1.1.1.

3.1.3 *Richtungsableitung und partielle Ableitung. – Derivativ, Funktionalmatrix und Gradient.*
Im Folgenden *beschränken wir uns auf Abbildungen* $f: G \longrightarrow \mathbb{R}^k$, $k \geqq 1$, *mit* $G \subset \mathbb{R}^n$, $n \geqq 1$. Dabei sei $X := (x_1, \ldots, x_n)$ bzw. $Y := (y_1, \ldots, y_k)$ eine Basis des $\mathbb{R}^n$ bzw. des $\mathbb{R}^k$, wobei (o. B. d. A.) $|x_\nu| = |y_\kappa| = 1$. Es sei $p \in G$.

3.1.3.1 *Richtungs- und partielle Ableitung.*

Definition: Ein Vektor $s \in V\mathbb{R}^n$ heiße **zulässig** in p (bzgl. G), wenn $s \neq \bar{0}$ und wenn p Häufungspunkt von $G \cap T_s$ ist, wobei $T_s := p + V_s$ und $V_s := \{\varrho s : \varrho \in \mathbb{R}_0^+\}$. (Falls s zulässig, ist $s|s|^{-1}$ ein spezieller „tangentieller" Vektor an G in p (vgl. 3.1.2.1)).
Ist $q(\varrho) := \varrho^{-1}(f(p+\varrho s) - f(p))$ für $p + \varrho s \in G$ mit in p zulässigem s, so wird $\lim_{\varrho \searrow 0} q(\varrho)$, falls dieser Limes existiert, als **Ableitung** $f_{|s}(p)$ von f in p **nach dem (zulässigen) Vektor** s bezeichnet und f als **differenzierbar nach** s in p. Ist speziell $s = e$ mit $|e| = 1$ bzw. $s = x_\nu$, so spricht man von $f_{|e}(p)$ bzw. von $f_{|x_\nu}(p)$ als der **Ableitung in Richtung** e bzw. von der **partiellen Ableitung nach** x_ν von f in p; statt $f_{|x_\nu}(p)$ schreiben wir kürzer auch $f_{|\nu}(p)$, wobei also $f_{|\nu}(p)$ nur definiert ist, wenn x_ν zulässig ist.

Anmerkung: Es ist $f_{|s}(p) \in \mathbb{R}^k$, also kein Differential.

1. Satz: Ist $f \in \mathfrak{D}(p, G, \mathbb{R}^n, \mathbb{R}^k)$ und $df(p)$ ein Differential von f in p, so gilt $f_{|s}(p) = df(p)(s)$ für zulässiges s.

Beweis: Gemäß (D^+) (3.1.2.1) gilt $df(p)(u) = \lim_{\varrho \searrow 0}(f(p+\varrho s) - f(p))|\varrho s|^{-1}$, wobei $p + \varrho s \in G$, $\varrho > 0$ und $u = s|s|^{-1}$. Der Limes rechterhand ist aber definitionsgemäß gleich $f_{|s}(p)$.

Bemerkung: Das Beispiel der Aufgabe am Ende von 3.1.1.3.1 zeigt, daß eine überall stetige Funktion, für welche in p alle Richtungsableitungen existieren und mit den Richtungsableitungen einer in p differenzierbaren Funktion übereinstimmen, in p nicht selbst differenzierbar zu sein braucht.

2. Satz: *Ist $f \in \mathfrak{D}(p, G, \mathbb{R}^n, \mathbb{R})$ und $p \in \underline{G}$, so existieren alle part. Ableitungen $f_{|\nu}(p)$ und es gilt*

$$df(p)(z) = \sum_\nu f_{|\nu}(p) z_\nu$$

für $z = (z_1, \ldots, z_n) \in \mathbb{R}^n$.

Beweis: Es ist $df(p)(z) = \sum_\nu \alpha_\nu z_\nu$, also $\alpha_\nu = df(p)(x_\nu) = f_{|\nu}(p)$ (nach Satz 1.).

3.1.3.2 *Derivativ, Funktionalmatrix und Gradient.*
Mit den Vereinbarungen in 3.1.3 hat man $f = \sum_\kappa f_\kappa y_\kappa =: (f_1, \ldots, f_k)$, wobei $f_\kappa : G \longrightarrow \mathbb{R}^1$. Es gilt (vgl. 3.1.1.3, Satz 2.):

Existiert $f_{|\nu}(p)$, so auch $f_{\kappa|\nu}(p)$ für alle $\kappa = 1, \ldots, k$, und umgekehrt.

1. Definition: Falls alle $f_{|x_\nu}(p)$, $\nu = 1, \ldots, n$, existieren, bezeichnet man die k, n-Matrix $(f_{\kappa|\nu}(p))$ als die **Funktionalmatrix** $f'_{Y\,X}(p)$ von f in p; es ist also $f'_{Y\,X}(p) = (f_{\kappa|\nu}(p))$.
Im Fall $k = 1$, wenn also eine reelle Funktion $f : G \longrightarrow \mathbb{R}$ vorliegt, wird $f'_{Y\,X}(p) = (f_{|x_1}(p), \ldots, f_{|x_n}(p))$. Dabei ist die rechte Seite S-Repräsentant eines Vektors im $\mathbb{R}^n$, der als **Gradient** $\operatorname{grad} f(p)$ der reellen Funktion f in p bezeichnet wird; man hat $\operatorname{grad} f = \sum_\nu f_{|\nu}(p) x_\nu$.

2. Definition: Es sei jetzt $f \in \mathfrak{D}(p, G, \mathbb{R}^n, \mathbb{R}^k)$. Als lineare Abbildung besitzt $df(p)\colon \mathbb{R}^n \rightarrowtail \mathbb{R}^k$ eine k, n-Matrix $(\varphi_{\kappa\nu})$ als S-Repräsentant bezüglich Y, X. Wir bezeichnen $(\varphi_{\kappa\nu})$ als ein **Derivativ von** f **in** p bezüglich Y, X, kurz Y, X-Derivativ. Nur bei differenzierbaren f sprechen wir mithin von einem Derivativ.

Satz: Existieren für $f \in \mathfrak{D}(p, G, \mathbb{R}^n, \mathbb{R}^k)$ in p alle n partiellen Ableitungen $f_{|\nu}(p)$, $\nu = 1, \ldots, n$, so ist das Y, X-Derivativ von f in p eindeutig bestimmt und gleich der Funktionalmatrix $f'_{YX}(p)$.

Beweis: Es sei $z := \sum_\nu \alpha_\nu \chi_\nu$. Gemäß 3.1.1.2, Satz 2., gilt $df(p)(z) = \sum_\kappa df_\kappa(p)(z) y_\kappa = \sum_\kappa (\sum_\nu \alpha_\nu df_\kappa(p)(x_\nu)) y_\kappa$. Gemäß 3.1.3.1, Satz, ist $df_\kappa(p)(x_\nu) = f_{\kappa|x_\nu}(p)$. Außerdem ist $(df_\kappa(p)(x_\nu))$ das Y, X-Derivativ von f in p.

Ist insbesondere $k = 1$ und ist f differenzierbar in p, existiert ferner $\operatorname{grad} f$, so gilt $df(p)(z) = z \cdot \operatorname{grad} f(p)$.

3. Definition: Für $k = n$ ist die Matrix $f'_{YX}(p)$ quadratisch. Ihre Determinante $\det f'_{YX}(p)$ wird als die **Funktionaldeterminante** oder als die **Jacobische** (Determinante) der Abbildung f bezeichnet.

1. Anmerkung: Der Zusammenhang der im Vorstehenden verwendeten Bezeichnung für die partiellen Ableitungen bzw. für die Jacobische mit der klassischen Bezeichnung wird gegeben durch

$$\frac{\partial f_\kappa}{\partial x_\nu} = f_{\kappa|x_\nu} \quad \text{bzw.} \quad \frac{\partial(f_1, \ldots, f_n)}{\partial(x_1, \ldots, x_n)} = \det f'_{YX} \quad .$$

2. Anmerkung: Vornehmlich in dem Fall, daß der Differentiationsprozeß sich auf orthonormale Basen X, Y bezieht, werden wir – ebenfalls klassisch – auch schreiben

$$\frac{\partial f_\kappa}{\partial \alpha_\nu} \quad \text{oder noch farbloser} \quad \frac{\partial \eta_\kappa}{\partial \alpha_\nu},$$

worin α_ν bzw. η_ν die ν-te Komponente in der Darstellung $\alpha = \sum_{\nu=1}^n \alpha_\nu x_\nu (\in \mathbb{R}^n)$ bzw. $y = \sum_{\kappa=1}^k \eta_\kappa y_\kappa (\in \mathbb{R}^k)$ bezeichnet.

Entsprechend schreibt man dabei für die Jacobische

$$\frac{\partial(f_1, \ldots, f_n)}{\partial(\alpha_1, \ldots, \alpha_n)} \quad \text{oder} \quad \frac{\partial(\eta_1, \ldots, \eta_n)}{\partial(\alpha_1, \ldots, \alpha_n)}.$$

3.1.3.3 Bei Benutzung der Derivative – unter den in 3.1.3 gemachten Annahmen – erhält man beispielsweise für die Kettenregel (3.1.1.2). Folgendes, wobei wieder $h := g \circ f$ gesetzt ist:

(K) $$h'_{ZX}(p) = g'_{ZY}(f(p)) \cdot f'_{YX}(p).$$

Elementweise geschrieben lautet (K) so:

(K′) $$h_{\mu|x_\nu}(p)=\sum_{\kappa=1}^{k} g_{\mu|y_\kappa}(f(p))\cdot f_{\kappa|x_\nu}(p), \qquad \mu=1,\ldots,m;\ \nu=1,\ldots,n.$$

Klassisch geschrieben lautet (K′)

(K″) $$\frac{\partial\zeta_\mu}{\partial\alpha_\nu}=\sum_{\kappa=1}^{k}\frac{\partial\zeta_\mu}{\partial\eta_\kappa}\cdot\frac{\partial\eta_\kappa}{\partial\alpha_\nu}$$

eine Formel, welche bei den Doppeldeutungen von ζ_μ links als Funktion h_μ und rechts als Funktion g_μ, und von η_κ oben als Funktion f_κ und unten als Koordinate im $\mathbb{R}^k$ der Punkte $q=\sum_{\kappa=1}^{k}\eta_\kappa y_\kappa$ in (K′) übergeht. – Solchen vom erfahrenen Mathematiker stillschweigend beachteten *Doppeldeutigkeiten* verdanken die klassischen Formeln ihre Suggestivität und formalen Vorteile (was wir uns gelegentlich schon früher zu Nutze gemacht haben). In der Tensorrechnung werden derartige Doppeldeutigkeiten (ebenso wie oben in (K′)) durch eine geeignete Symbolik vermieden, worauf wir in diesem Buche nicht näher eingehen können.

Aus (K) erhält man im Falle $m=n=k$, bei Übergang zu den Funktionaldeterminanten, die klassische Formel der Multiplikation der Funktionaldeterminanten

$$\frac{\partial(z_1\ldots z_m)}{\partial(x_1\ldots x_m)}=\frac{\partial(z_1\ldots z_m)}{\partial(y_1\ldots y_m)}\cdot\frac{\partial(y_1\ldots y_m)}{\partial(x_1\ldots x_m)}.$$

Allgemeiner erhält man im Fall $k>n$ (und $m=n$) nach dem Distributivgesetz für Determinanten

(J′) $$\frac{\partial(z_1\ldots z_n)}{\partial(x_1\ldots x_n)}=\sum_{\kappa_1\leqq\kappa_2\leqq\ldots\leqq\kappa_n}\frac{\partial(z_1\ldots z_n)}{\partial(y_{\kappa_1}\ldots y_{\kappa_n})}\cdot\frac{\partial(y_{\kappa_1}\ldots y_{\kappa_n})}{\partial(x_1\ldots x_n)}.$$

Anmerkung: Betrachtet man einen Basiswechsel als lineare Abbildung $l:=(x^*\mapsto x:=l(x^*))$, so geht dabei f über in $f^*:=f\circ l$, weshalb sich das „neue" Derivativ von f, d.h. das Derivativ von f^* bezüglich der neuen Basis, nach der Kettenregel berechnet.

3.1.4 *Hinweis auf Anwendungen.*

I. *Das Differential als Approximation der Differenz.*

Dem Grundgedanken der Differentialrechnung entsprechend sagt man, insbesondere in den Anwendungen, abkürzend auch, daß bei einer differenzierbaren Abbildung f der „Fehler Δf" in Abhängigkeit vom „Fehler Δx" des Argumentes durch das (lineare) Differential df ersetzt werden kann bis auf einen Fehler von höherer als 1. Ordnung in $|\Delta x|$; in Zeichen: $\Delta f\approx df$.

II. *Gradient als Normalenvektor von Niveauflächen.*

Die Kettenregel (K) in 3.1.3.3, liefert im Falle $m=n=1$, wobei also $f:J\longrightarrow\mathbb{R}^k$ mit

$J \subset \mathbb{R}^1$, $x \longmapsto f(x) = (y_1, \ldots, y_k)$ und $g: f(J) \longrightarrow \mathbb{R}^1$, sowie $h = g \circ f$ reelle Funktion einer „reellen Veränderlichen x" ist, für in ihren (offenen) Definitionsbereichen differenzierbare g, f und für jedes $x_0 \in J$ die Formel

$$d(g \circ f)(x_0) = \sum_{\kappa=1}^{k} g_{|y_\kappa}(f(x_0)) \cdot f_{\kappa|x}(x_0)$$

oder (klassisch geschrieben mit Unterdrückung von x_0)

$$\frac{dg}{dx} = \sum_{\kappa=1}^{k} \frac{\partial g}{\partial y_\kappa} \cdot \frac{dy_\kappa}{dx} = (\operatorname{grad} g)\frac{df}{dx},$$

worin rechterhand das skalare Produkt des Vektors $\operatorname{grad} g$ und des *„Tangentenvektors"* $\frac{df}{dx}$ steht.

Eine geometrische Deutung ist nun diese: Wir verstehen unter einer Niveaufläche von g die Menge der Punkte $y := (y_1, \ldots, y_k)$ mit $g(y) = \text{konst.}$ und betrachten eine „Flächenkurve" $(x \longmapsto f(x) = (f_1(x), \ldots, f_k(x)))$ mit $g(f(x)) = \text{konst.}$ Dann gilt $\frac{dg}{dx} = 0$, also $(\operatorname{grad} g)\frac{df}{dx} = 0$, d.h.: Der Vektor $\operatorname{grad} g$ steht in jedem Punkt der Flächenkurve senkrecht auf dem Tangentenvektor df/dx der Flächenkurve. Da dies für jede Flächenkurve gilt, so bezeichnet man $\operatorname{grad} g$ auch als *Normalenvektor* der Fläche $g = \text{konst.}$ (Vektor orthogonal zur Fläche).

III. *Gradient eines Potentialfeldes.*
In der Physik heißt eine reelle, differenzierbare Funktion $g: G \to \mathbb{R}^1$ ein *Skalarfeld* und bei Deutung von $\operatorname{grad} g$ als Kraft, auch *„Potential"* des *Kraftfeldes* (Vektorfeldes) $(y \longmapsto -\operatorname{grad} g(y))$. Für das Skalarfeld $(y \longmapsto g(y))$ selbst liefert die Richtung von $\operatorname{grad} g$ die *Richtung des stärksten Anstiegs* von g, wobei $|\operatorname{grad} g|$ gleich ist der Richtungsableitung in dieser Richtung. Für eine beliebige Raumkurve $x \longmapsto y = f(x)$ gilt nämlich $\Delta g \approx dg = \operatorname{grad} g\, df$ und $|\operatorname{grad} g\, df| \leqq |\operatorname{grad} g|\,|df|$ (Cauchy-Schwarzsche Ungleichung, vgl. 2.2.0 (C)) mit dem Gleichheitszeichen nur für den Fall, daß die Vektoren $\operatorname{grad} g$ und df proportional sind, und zwar positiv bzw. negativ für den Fall des größten An- bzw. Abstieges.

IV. *Die Eulersche Relation für homogene Funktionen.*
Es sei $\bar{0} \notin G \subset \mathbb{R}^n$ und $f: G \longrightarrow \mathbb{R}^1$, ferner $p \in G$ und $\gamma \in \mathbb{R}$.

Definition: Es heiße f **homogen vom Grad** γ **an der Stelle** p, wenn $f(p) \neq 0$ und wenn reelle Folgen $(\alpha_n)_n$, $(\beta_n)_n$ existieren mit

$$(H_0) \quad \begin{gathered} \bigwedge_n 0 < \alpha_n \neq 1 \wedge \alpha_n p \in G \wedge \lim_n \alpha_n = 1 \wedge \lim_n \beta_n = 1 \wedge \lim_n (\alpha_n - 1)^{-1}(\beta_n - 1) = 0 \wedge \\ \bigwedge_n f(\alpha_n p) = \beta_n (\alpha_n)^\gamma f(p). \end{gathered}$$

1. Satz: Voraussetzung. *Es sei* $p \in G \subset \mathbb{R}^m$ *und* $f: G \longrightarrow \mathbb{R}^1$ *mit* $f(p) \neq 0$ *differenzierbar in* $p := (p_1, \ldots, p_m)$. *Ferner gebe es Folgen reeller Zahlen* α_n *mit* $\bigwedge_n 0 < \alpha_n \neq 1 \wedge \alpha_n p \in G \wedge \wedge \lim_n \alpha_n = 1$. Es sei $\gamma \in \mathbb{R}$.

Behauptung: *Gleichwertig sind die Aussagen:*

(1) *Es ist* f *homogen in* p *vom Grade* γ.

(2) *Es gilt* (E) $\gamma f(p) = \sum_{\mu=1}^m p_\mu f_{|x_\mu}(p)$.

Beweis: (1)→(2). Haben α_n, β_n die in (H_0) angenommene Bedeutung, so ist $g := (\alpha_n \longmapsto f(\alpha_n p))$ differenzierbar in 1 mit $g(\alpha_n) = \beta_n(\alpha_n)^\gamma g(1)$. Daher $g'(1) = \lim_n (g(\alpha_n) - g(1)) : (\alpha_n - 1) = (\lim_n (\alpha_n - 1)^{-1}(\beta_n - 1)\alpha_n^\gamma + \lim_n (\alpha_n - 1)^{-1}(\alpha_n^\gamma - 1)) f(p) = \gamma f(p)$. Andererseits ist zufolge der auf das in p differenzierbare f angewandten Kettenregel $g'(1) = \sum_{\mu=1}^m f_{|x_\mu}(p) p_\mu$.
(2)→(1) Mit einem, gemäß (2) vorhandenen $(\alpha_n)_n$ erkläre man $\beta_n := (\alpha_n^\gamma f(p))^{-1} f(\alpha_n p)$, sodaß ($H_0$) erfüllt und $\lim_n \beta_n = 1$ ist, also nur noch $q_n := (\alpha_n - 1)^{-1}(\beta_n - 1) \rightsquigarrow 0$ für $n \rightsquigarrow \infty$ zu beweisen ist oder, wegen $\alpha_n^\gamma \rightsquigarrow 1$ und $f(p) \neq 0$, nur noch $(f(\alpha_n p) - \alpha_n^\gamma f(p))(\alpha_n - 1)^{-1} \rightsquigarrow 0$. Dieser Ausdruck ist aber gleich $((f(\alpha_n p) - f(p))(\alpha_n - 1)^{-1} - (\alpha_n^\gamma - 1)(\alpha_n - 1)^{-1} f(p)$, worin der Subtrahend gegen $-\gamma f(p)$ geht, während für den Minuenden gilt

$$|(f(\alpha_n p) - f(p))(\alpha_n - 1)^{-1} - (\textstyle\sum_{\mu=1}^m p_\mu f_{|x_\mu}(p))| < \varepsilon \quad \text{für} \quad |\alpha_n - 1| < \delta(\varepsilon).$$

Dieser 1. Satz bezieht sich auf eine Eigenschaft von f in einem Punkt p. Demgegenüber bezieht sich auf den ganzen Definitionsbereich von f der

2. Satz: *(Euler). Es sei* $f: \mathbb{R}^m \backslash \{\bar{0}\} \longrightarrow \mathbb{R}^1$ *überall differenzierbar. Ferner sei* $\gamma \in \mathbb{R}$.

Behauptung: *Folgende beiden Aussagen sind gleichwertig:*

(I) *Es genügt* f *der „partiellen Differentialgleichung"* (E) *d.h.*

(E) $$\gamma f(p) = \sum_{\mu=1}^m p_\mu f_{|x_\mu}(p) \qquad \text{für alle } p \in \mathbb{R}^m \backslash \{\bar{0}\}.$$

(II) *Es genügt* f *der „Funktionalgleichung"*

(H) $$f(\alpha p) = \alpha^\gamma f(p) \qquad \textit{für alle } \alpha > 0 \textit{ und alle } p \in \mathbb{R}^m \backslash \{\bar{0}\}.$$

Beweis: (II)→(I). Differenziert man (H) nach α und setzt $\alpha = 1$, so ergibt sich (E). – (I)→(II). Nach Vor. ist $g := (\alpha \longmapsto f(\alpha p))$ differenzierbar nach α mit $g'(\alpha) = \sum_\mu f_{|x_\mu}(\alpha p) p_\mu = (\alpha^{-1})\gamma g(\alpha)$, letzteres wegen (E). Diese Differentialgleichung für g hat (vgl. I., 9.4.1.2) die Lösung $g = C \cdot \alpha^\gamma$, wobei $C = f(p) = g(1)$. Daher $f(\alpha p) = \alpha^\gamma f(p)$.

Beispiele („homogener Funktionen im Sinne von Satz 2.).
Zu beliebigen m, γ existieren homogene Funktionen. Es sei $x = (\xi_1, \ldots, \xi_m) \neq (0, \ldots, 0)$.

(1) $f = 0 =$ konst.

(2) $f(x) := \sum_{\mu=1}^m \alpha_\mu |\xi_\mu|^\gamma$ mit $\gamma \neq 0$.

(3) $f(x) := \sum b_{\varrho_1 \dots \varrho_m} \xi_1^{\varrho_1} \dots \xi_m^{\varrho_m}$ mit $\varrho_\mu \in \mathbb{N}^+ \cup \{0\}$ und $\sum_\mu \varrho_\mu = \gamma \in \mathbb{N}^+$ sowie $b_{\varrho_1 \dots \varrho_m} \in \mathbb{R}$.

(4) Jede Summe von (endlich vielen) homogenen Funktionen gleichen Grades γ ist wieder homogen vom Grade γ. Jedes Produkt von (endlich vielen) homogenen Funktionen ist wieder homogen; dessen Grad ist gleich der Summe der Grade der Faktoren.

(5) Ist f homogen vom Grad γ, so $|f|^\beta$ homogene n vom Grade $\gamma\beta$.

3.1.5 *Halbfrei partielle Ableitungen.*

Die Existenz der partiellen Ableitungen eines $f: G \rightarrowtail \mathbb{R}^k$ in einem Punkt $p \in \underline{G}$ ist nicht hinreichend für die Differenzierbarkeit von f in p. (Vgl. 3.1.3.1, Bemerkung).

Man gelangt aber zu einer für Differenzierbarkeit hinreichenden und zugleich notwendigen Bedingung vermittelst der folgenden Verschärfung des Begriffes der partiellen Ableitung:

Definition: Es sei $(e_1, \dots, e_n)$ eine Basis des $\mathbb{R}^n$ und $p := \sum_{\nu=1}^n \pi_\nu e_\nu \in \underline{G} \subset \mathbb{R}^n$ mit $\pi_\nu \in \mathbb{R}$. Ist $x := \sum_\nu \chi_\nu e_\nu$, so sei $x(\pi_\nu) := \chi_1 e_1 + \dots + \chi_{\nu-1} e_{\nu-1} + \pi_\nu e_\nu + \chi_{\nu+1} e_{\nu+1} + \dots + \chi_n e_n$, $\nu = 1, \dots, n$. Für $f: G \rightarrowtail \mathbb{R}^k$ bezeichnen wir nun als **halbfrei partielle Ableitung** $\mathbf{h}f_{|\nu}(p)$ von f in p nach e_ν den, wie folgt erklärten Limes (falls er existiert)

$$\bigwedge_{\varepsilon>0} \bigvee_{\delta(\varepsilon)>0} \bigwedge_{x \in G} \bigwedge_{\varrho \in \{1,\dots,n\}} (|\chi_\varrho - \pi_\varrho| \leqq |\chi_\nu - \pi_\nu| < \delta(\varepsilon) \wedge \chi_\nu - \pi_\nu \neq 0) \rightarrow$$
$$|(\chi_\nu - \pi_\nu)^{-1}(f(x) - f(x(\pi_\nu)) - \mathbf{h}f_{|\nu}(p)| < \varepsilon.$$

Im Falle der Existenz von $\mathbf{h}f_{|\nu}(p)$ heiße f **halbfrei partiell nach e_ν in p differenzierbar**.

Anmerkung. Die Forderung $\bigwedge_\varrho |\chi_\varrho - \pi_\varrho| \leqq |\chi_\nu - \pi_\nu|$ läßt sich geometrisch so interpretieren: Es liegt x im Doppelkegel

$$K_\nu := \{z : z = \sum_\nu \zeta_\nu e_\nu \wedge \bigwedge_\varrho |\zeta_\varrho - \pi_\varrho| \leqq |\zeta_\nu - \pi_\nu|\}$$

mit der Spitze p. Es ist $\mathbb{R}^n = \bigcup_{\nu=1}^n K_\nu$.

Es gilt nun die folgende

Kennzeichnung der Differenzierbarket durch halbfreie partielle Differenzierbarkeit.

Satz: Voraussetzung. *Es sei $p \in \underline{G} \subset \mathbb{R}^n$, ferner $(e_1, \dots, e_n)$ eine Basis des $\mathbb{R}^n$ und $f: G \rightarrowtail \mathbb{R}^k$.*

Behauptung: *Gleichwertig sind die Aussagen:* (1) *Es ist f differenzierbar in p.* – (2) *Es ist f halbfrei partiell differenzierbar nach jedem e_ν, $\nu = 1, \dots, n$.*

Zusatz: Mit $\mathbf{h}f_{|\kappa}(p)$ existiert auch $f_{|\kappa}(p)$ und beide sind gleich.

Beweis: O.B.d.A. sei $p = \sum_\nu \pi_\nu e_\nu$ mit $\bigwedge_\nu \pi_\nu = 0$. Ferner sei $k = 1$.

(1)⟶(2) Es gilt also $f(x)-f(\bar{0})=df(\bar{0})(x)+r$ mit $r\in o(|x|)$ und $f(x(\pi_\nu))-f(\bar{0})=df(\bar{0})(x(\pi_\nu))+s$ mit $s\in o(|x(\pi_\nu)|)$. Daraus folgt $(f(x)-f(x(\pi_\nu)):\chi_\nu=df(\bar{0})(e_\nu)+(r-s)(\chi_\nu)^{-1}$, wobei $\chi_\nu\neq 0$ (benutzt ist $x-x(\pi_\nu)=\chi_\nu e_\nu$). Im Fall $|\chi_\varrho|\leqq|\chi_\nu|$ gilt nun $|x|\leqq n|\chi_\nu|$ und $|x(\pi_\nu)|\leqq(n-1)|\chi_\nu|$, sodaß $(r-s):\chi_\nu\rightsquigarrow 0$ falls $\chi_\nu\rightsquigarrow 0$. Definitionsgemäß ist also f halbfrei partiell in p nach jedem e_ν mit $\mathbf{h}f_{|\nu}(p)=df(p)(e_\nu)$.

(2)⟶(1). Wegen (2) existieren $\mathbf{h}f_{|m}(\bar{0})$ für $m=1,\ldots,n$.

(a) Wir betrachten zunächst nur $x\in K_{12,,,n}:=\{x:x=\sum_\nu\chi_\nu e_\nu\wedge|\chi_1|\leqq|\chi_2|\leqq\ldots\leqq|\chi_n|\}$. Es sei dann $y_m:=\chi_1e_1+\ldots+\chi_me_m$, $1\leqq m\leqq n$, $y_0:=\bar{0}$, so daß $y_m\in K_m$, $y_m(p)=y_{m-1}$ und $y_n=x$. Somit gilt wegen (2) und $y_m-y_{m-1}=\chi_me_m$

$$f(y_m)=f(y_{m-1})+\mathbf{h}f_{|m}(\bar{0})\chi_m+r_m \quad \text{mit} \quad r_m\in o(|\chi_m|)\in o(|x|).$$

Durch Summation folgt für $x\in K_{12,,,n}$

$$(+) \qquad f(x)=f(\bar{0})+\sum_{m=1}^n\mathbf{h}f_{|m}(\bar{0})\chi_m+r'$$

mit $r':=\sum_m r_m\in o(|x|)$.

(b) Mit $x\in K_{i_1i_2\ldots i_n}:=\{x:x=\sum_\nu\chi_\nu e_\nu\wedge|\chi_{i_1}|\leqq|\chi_{i_2}|\leqq\ldots\leqq|\chi_{i_n}|\}$, worin $i_1,\ldots,i_n$ eine Permutation von $1,\ldots,n$ bezeichnet, ergibt sich ebenfalls (*) (ev. mit anderem r'). Wegen $\bigcup_{i_1\ldots i_n}K_{i_1\ldots i_n}=\mathbb{R}^n$ folgt die Beh. (1) (und damit auch die des Zusatzes).

3.1.6 *Gliedweise Differentiation von Abbildungsfolgen.*

Analog zum Fall $n=k=1$ (vgl. I., 8.7.3.2) gilt für $n\geqq 2$, $k\geqq 1$ der

Satz: Voraussetzung. (1) *Es sei $U\subset\mathbb{R}^n$ nicht leer, offen und konvex sowie beschränkt.* – (2) *Es sei $f_m: U\longrightarrow\mathbb{R}^k$ differenzierbar in U, $m=1,2,\ldots,$. Dabei konvergiere $(df_m)_m$ gleichmäßig in U.* – (3) *Es konvergiere $(f_m(p))_m$ an (mindestens) einer Stelle $p\in U$.*

Behauptung: (1) *Es konvergiert $(f_m)_m$ gleichmäßig in U gegen ein stetiges $f: U\longrightarrow\mathbb{R}^k$.* – (2) *Es ist f differenzierbar in U mit $df=\lim_{m\rightsquigarrow\infty}df_m$ (gleichmäßig) in U.*

Erläuterung: Es sei $(b_1,\ldots,b_k)$ eine Basis des $\mathbb{R}^k$ und $f(x)=\sum_{\kappa=1}^k f_\kappa b_\kappa$ sowie $f_m(x)=\sum_\kappa f_{\kappa m}(x)b_\kappa$.

(I) Gleichmäßige Konvergenz von $(df_m)_m$ in U besagt: Ist $df_{\kappa m}(x)$ ein Differential von $f_{\kappa m}$ an der Stelle $x\in U$, so gilt $\bigwedge_{\varepsilon>0}\bigvee_{M\geqq M(\varepsilon)\in\mathbb{N}^+}\bigwedge_{\kappa\in\{1,\ldots,k\}}\bigwedge_{x\in U}\bigwedge_{r,m\geqq M}|df_{\kappa m}(x)-df_{\kappa r}(x)|<\varepsilon$.

Für $S:=\{z:z\in\mathbb{R}^n\wedge|z|=1\}$ folgt daraus

$$\bigwedge_{\varepsilon>0}\bigvee_M\bigwedge_\kappa\bigwedge_{x\in U}\bigwedge_{e\in S}\bigwedge_{r,m>M}|df_{\kappa m}(x)(e)-df_{\kappa r}(x)(e)|\leqq|df_{\kappa m}(x)-df_{\kappa r}(x)||e|<\varepsilon.$$

Dabei ist $\lim_r df_{\kappa r}(x)(e)=l_\kappa(x)\cdot e$, mit linearem $l_\kappa:\mathbb{R}^n\longrightarrow\mathbb{R}$.

(II) Beschränktheit von U besagt $\bigvee_{\alpha\in\mathbb{R}^+}\bigwedge_{x,y\in U}|y-x|<\alpha$.

(III) Wegen der Konvexität von U gibt es zu beliebigen x, $y,\in U$ genau ein $e\in S$ und ein reelles $t\geqq 0$ derart, daß $y=x+te$; für $x\neq y$ ist $t>0$.

Beweis: Analog wie in I., 8.7.3, als Aufgabe.

3.2. Differentiation höherer Ordnung

3.2.0 *Rückblick.* Die nachstehend gegebene Definition der Differentiation höherer Ordnung folgt im wesentlichen der im Falle reeller Funktionen *einer* Variablen (vgl. I., 8.5.1): In Bd. I. hatten wir die Ableitung, in der jetzigen Bezeichnung das Derivativ $f^{(r)}$ von r-ter Ordnung eines $f: G \longrightarrow \mathbb{R}^1$, wobei $G \subset \mathbb{R}^1$, ausgehend von der Definition für die Ordnung $r = 1$ *induktiv* erklärt: Ist $f^{(\varrho)}$ schon für alle $\varrho = 1, \ldots, r-1$, $r \geqq 2$, in $p \in G$ definiert, so hat man zu verlangen, daß $f^{(r-1)}$ in einer Umgebung U des betrachteten Punktes p in G existiert und daß $f^{(r-1)}: U \longrightarrow \mathbb{R}^1$ ein Derivativ (erster Ordnung) $(f^{(r-1)})'(p)$ in p besitzt; dieses Derivativ wird dann als Ableitung oder Derivativ $f^{(r)}(p)$ der Ordnung r von f in p bezeichnet. Mit Hilfe der Werte $f^{(0)}(p) := f(p)$, $f^{(\varrho)}(p)$, $\varrho = 1, \ldots, r$, erklärt man sodann das Taylorpolynom

$$t_r(p) := \left(x \longmapsto \sum_{\varrho=0}^{r} (\varrho!)^{-1} f^{(\varrho)}(p)(x-p)^\varrho =: t_r(x, p, f)\right),$$

für welches gilt:

I. Existiert $f^{(r)}$ lediglich an der Stelle p, so wird in der Nähe von p der Funktionswert $f(x)$ durch $t_r(x, p, f)$ approximiert in höherer als r-ter Ordnung, d.h. $f - t_r(p) \in o(|j - p|^r)$ oder also

$$\bigwedge\nolimits_{\varepsilon>0} \bigvee\nolimits_{\delta(\varepsilon)>0} \bigwedge\nolimits_{x \in G} |x-p| < \delta(\varepsilon) \rightarrow |f(x) - t_r(x, p, f)| < \varepsilon |x-p|^r.$$

Außerdem ist $t_r(p)$ das einzige Polynom von höchstens dem Grade r, durch welches f bis auf Glieder von höherer Ordnung als r approximiert wird.

II. Existiert $f^{(r)}$ sogar in einer Umgebung U von p und ist beschränkt in U, so wird f in der Nähe von p durch $t_r(p)$ sogar von mindestens der Ordnung $r+1$ approximiert, d.h. $f - t_r \in o(|j - p|^{r+1})$, also

$$\bigvee\nolimits_{M>0} \bigvee\nolimits_{\delta>0} \bigwedge\nolimits_{x \in G} |x-p| < \delta \rightarrow |f(x) - t_r(x, p, f)| < M |x-p|^{r+1}.$$

1. Anmerkung. Durch I. wird die induktive Definition von $f^{(r)}$ für $r \geqq 1$ hinterher gerechtfertigt, insofern sie für $r > 1$ genau diejenige Approximationseigenschaft bezüglich des Taylorpolynoms liefert, die für $r = 1$ zur Definition des Derivativs diente.

2. Anmerkung: Im Falle $n = 1$ ließe sich die Eigenschaft I. sogar zur Definition von $f^{(r)}(p)$ ausgestalten: Es sei die $(r-1)$-malige Differenzierbarkeit schon erklärt. Dann heiße f in p r-mal differenzierbar, wenn es ein Polynom t höchstens vom Grade r gibt sowie eine in der punktierten Umgebung (vgl. I., 6.1.2) von p $(r-1)$-mal differenzierbare Funktion K mit $K(x) \rightsquigarrow 0$ für $x \rightsquigarrow p$, sodaß in dieser Umgebung $f(x) - t(x) = K(x)(x-p)^r$ gilt.

Für die jetzt zu betrachtenden Abbildungen f von $n \geqq 2$ reellen Variablen erhält man bei entsprechenden Definitionen und Bezeichnungen für die Differentiation von höherer als erster Ordnung einen Formalismus und Resultate, die den oben für $n = 1$ berichteten genau entsprechen, wie sich im Folgenden zeigen wird. Da hierbei die partiellen Ableitungen erster und höherer Ordnung eine Rolle spielen, schicken wir einige auf sie sich beziehende Bemerkungen voraus.

3.2.1 Es sei also $f: G \longrightarrow \mathbb{R}^k$ mit $G \subset \mathbb{R}^n$, $n \geq 2$, und V der Vektorraum aller dieser f. Dabei haben wir den schon im Fall $n = k = 1$ des 1. Bandes auftretenden Umstand zu berücksichtigen, daß die Differentiation aus dem Bereich der differenzierbaren Funktionen herausführt. Beispiel: Eine stetige, nirgends differenzierbare reelle Funktion g einer reellen Variablen besitzt eine Stammfunktion f, deren Ableitung $f' = g$ nicht differenzierbar ist (vgl. I., 8.9.2.2; 9.1.4).
Wir betrachten die Bildung der partiellen Ableitung $f_{|\nu}(p)$ als einen linearen Operator, bezeichnet mit D_ν. Hinsichtlich des Rechnens mit solchen Operatoren, die also über einem Unterraum V' von V operieren, definieren wir allgemein:

1. Definition: Unter einem **linearen Operator** D auf einem $\mathbb{R}$-Vektorraum V verstehen wir eine lineare Abbildung, also

$$D \in L := L(V', V), \text{ wobei } V' \text{ Unterraum von } V \text{ ist.}$$

Unter Verwendung der *Abkürzung* DB für „Definitionsbereich" erklären wir die Multiplikation von D mit einem $\alpha \in \mathbb{R}$ sowie die Addition zweier $D_i \in L$ mit V_i' als DB, $i = 1, 2$(3) so:

(1) $\alpha D := ((\alpha f) \longmapsto \alpha D(f))$ mit V' als DB (es ist $\alpha f \in V'$).

(2) $(D_1 + D_2) := (f \longmapsto D_1(f) + D_2(f))$ mit $V_1' \cap V_2'$ als DB (es ist $D_i(f) \in L$).

(3) $D_2 D_1 := (f \longmapsto D_2 \circ D_1(f))$, wobei $D_1^{[-1]}(V_2')$ DB von $D_2 D_1$ ist.

Folgerungen:

(a) Die Verkettung ist assoziativ, d. h. es gilt

$$D_3(D_2 D_1) = (D_3 D_2) D_1 \qquad \text{mit dem DB} \qquad D_1^{[-1]} D_2^{[-1]}(V_3')$$

(d 1) $(D_1 + D_2) D_3 = D_1 D_3 + D_2 D_3$ mit $D_3^{[-1]}(V_1' \cap V_2')$ als DB.

(d 2) $D_1(D_2 + D_3) = D_1 D_2 + D_1 D_3$ mit dem DB $(D_2^{[-1]}(V_1')) \cap (D_3^{[-1]}(V_1'))$.

Schon hier macht eine Einschränkung bezüglich des DB (vgl. (3), (d 1), (d 2)) klar, daß man in Hinsicht auf die Vertauschbarkeit der D_1, D_2 usw. besonders zu verfahren hat. Daher die

2. Definition. Die Menge $\mathfrak{D}$ linear Operatoren D heißt **kommutativ von der Ordnung** t auf dem (mindestens 1-dimensionalen) VR V^*, wenn *Erstens* der identische Operator 1 zu $\mathfrak{D}$ gehört und wenn *Zweitens* für jede Folge $D_1, \ldots, D_t$ aus $\mathfrak{D}$ und jede Permutation $\pi_1, \ldots, \pi_t$ von $1, \ldots, t$ die DB der Operatoren (Verkettungen) $D_{\pi_1} \ldots D_{\pi_t}$ den V^* enthalten sowie dort alle übereinstimmen, also

$$D_{\pi_1} \dots D_{\pi_t}|V^* = D_1 \dots D_t|V^*.$$

Setzen wir noch $D^n := D \dots D$ (Verkettung von n gleichen Operatoren D), so gilt der

Polynomische Satz: *Ist die Operatorenmenge $\mathfrak{D}$ kommutativ von der Ordnung t auf V^*, so gilt für $\varrho \in \{1, \dots, t\}$ und $D_1, \dots, D_n \in \mathfrak{D}$ sowie $n \in \mathbb{N}^+$.*

$$(P_0) \qquad (D_1 + \dots + D_n)^\varrho = \sum\nolimits^*_{\varrho_1 + \dots + \varrho_n = \varrho} \frac{\varrho!}{\varrho_1! \dots \varrho_n!} D_1^{\varrho_1} \dots D_n^{\varrho_n}.$$

wobei der Stern in $\sum^*$ anzeigt, daß die Summation zu erstrecken ist über alle n-Partitionen von ϱ.

Zusatz: Ist $\mathfrak{D}$ kommutativ auf V^* von der Ordnung t, so auch $[\![\mathfrak{D}]\!]$, d.h. der von $\mathfrak{D}$ erzeugte Vektorraum. Und in $[\![\mathfrak{D}]\!]$ gilt in Verallgemeinerung von (P_0)

$$(P_1) \qquad (\alpha_1 D_1 + \dots + \alpha_n D_n)^\varrho = \sum\nolimits^*_{\varrho_1 + \dots + \varrho_n = \varrho} \frac{\varrho!}{\varrho_1! \dots \varrho_n!} \alpha_1^{\varrho_1} \dots \alpha_n^{\varrho_n} D_1^{\varrho_1} \dots D_n^{\varrho_n}.$$

3.2.2 *Differenzierbarkeit höherer Ordnung.*

Es sei $(x_1, \dots, x_n)$ eine Basis des $\mathbb{R}^n$ und $N := \{1, \dots, n\}$, $n \geq 1$; ferner sei $p \in \underset{\circ}{G} \subset \mathbb{R}^n$ und $f: G \longrightarrow \mathbb{R}^k$.

1. Definition (Ordnung 2): Es heißt f in p **2-mal differenzierbar**, wenn *Erstens* f in einer Umgebung von p (1-mal) differenzierbar ist mit dem Derivativ (1. Ordnung) $(f_{|1}, \dots, f_{|n})$ und wenn *Zweitens* jedes der Elemente $f_{|\nu}$ dieses Derivativs differenzierbar in p ist. Als **Derivativ 2. Ordnung** von f in p wird dann die (2-dimensionale) Matrix $(f_{|\nu_1 \nu_2}(p);\ \nu_1, \nu_2 \in N)$ bezeichnet, wobei gesetzt ist $f_{|\nu_1 \nu_2} := (f_{|\nu_1})_{|\nu_2}$.

2. Definition (Ordnung $t \geq 3$): Allgemein: Es sei $t \geq 3$ und es sei die $(t-1)$-malige Differenzierbarkeit von f in p sowie das Derivativ $(t-1)$-ter Ordnung als eine „$(t-1)$-dimensionale Matrix" $(f_{|\nu_1 \dots \nu_{t-1}}(p);\ \nu_1, \dots, \nu_{t-1} \in N)$ erklärt. Dann heißt f *in p* **t-mal differenzierbar**, wenn *Erstens* f in einer Umgebung von p $(t-1)$-mal differenzierbar ist und *Zweitens* das Derivativ $(t-1)$-ter Ordnung (elementweise) differenzierbar ist in p, sodaß das **Derivativ t-ter Ordnung** gleich $(f_{|\nu_1 \dots \nu_t}(p);\ \nu_1, \dots, \nu_t \in N)$ ist mit $f_{|\nu_1 \dots \nu_t} := (f_{|\nu_1 \dots \nu_{t-1}})_{|\nu_t}$.

3.2.2.1 *Bezeichnungen.*

Die partiellen Ableitungen $f_{|x_\nu} := f_{|\nu}$ eines f erhält man durch Anwendung auf f von (in f) linearen Operatoren $(f \longmapsto f_{|\nu})$, welche wir im Anschluß an die in 3.2.1 eingeführte Terminologie mit D_ν bezeichnen und für welche dann die Definitionen 1. sowie die Folgerungen daraus gelten sollen, sodaß allgemein $D_{\nu_t} \dots D_{\nu_1} := (f \longmapsto f_{|\nu_1 \dots \nu_t})$. (Man beachte die Reihenfolge der Indizes $\nu_t \ldots \nu_1$ bzw. $\nu_1 \ldots \nu_t$). (Vertauschbarkeit ist noch nicht vorausgesetzt); dabei ist $\nu_\tau \in N := \{1, \ldots, n\}$, $\tau = 1, \ldots, t$.

Anmerkung: Der Zusammenhang unserer Bezeichnungen mit der klassischen Schreibweise wird (in durchaus korrekter Weise) hergestellt durch die Festsetzungen $D_\nu := \frac{\partial}{\partial x_\nu}$ und $D_{\nu_t} \ldots D_{\nu_1} := \frac{\partial^t}{\partial x_{\nu_t} \ldots \partial x_{\nu_1}}$ sowie $D_\nu^r := \frac{\partial^r}{\partial x_\nu^r}$.

Definitionsgemäß ist jetzt das *Derivativ t-ter Ordnung von f in p* eine Abbildung von N^t in $\mathbb{R}$, nämlich für $k = 1$, gemäß $((\nu_1, \ldots, \nu_t) \longmapsto D_{\nu_1} \ldots D_{\nu_t} f(p))$, wobei man n^t Elemente zu unterscheiden hat (falls nicht Vertauschbarkeit der Indizes gestattet ist).
Entsprechend der eben erwähnten Darstellung (S-Repräsentation) des Derivativs t-ter Ordnung (bezüglich der Basis $(x_1, \ldots, x_n)$ des $\mathbb{R}^n$) erhält man eine Darstellung des Differentials t-ter Ordnung (bezüglich dieser Basis) so: Es seien $a_\tau := \sum_\nu \alpha_{\tau\nu} x_\nu \in V\mathbb{R}^n$, $\tau \in \{1, \ldots, t\}$, $t \geq 1$, ferner sei $f: G \longrightarrow \mathbb{R}^k$ mit $G \subset \mathbb{R}^n$ t-mal differenzierbar in $p \in G$. Dann ist (vgl. 3.1.3.1) die Ableitung $d_{a_\tau} f(p)$ von f nach dem Vektor a_τ in p gleich dem Wert $df(p)(a_\tau)$ des Differentials von f in p für a_τ; dabei ist $df(p)(a_\tau) = \sum_\nu \alpha_{\tau\nu} f_{|\nu}(p)$ (vgl. 3.1.3.2). Bezeichnet man daher den (in f) linearen Operator d_{a_τ} mit D_{a_τ} (entsprechend zu D_ν falls $a_\tau = x_\nu$), so ergibt sich

$$D_{a_\tau} f(p) = \sum_\nu \alpha_{\tau\nu} D_\nu f(p)$$

oder in Operatorenschreibweise

$$(+) \qquad D_{a_\tau} = \alpha_{\tau 1} D_1 + \ldots + \alpha_{\tau n} D_n$$

(dabei soll, wie schon die D_ν, auch D_{a_τ} der 1. Definition in 3.2.1 genügen).

1. Definition: Die Verkettung $D_{a_t} D_{a_{t-1}} \ldots D_{a_1}$ angewandt auf f an der Stelle p bezeichnen wir nun als die **Ableitung t-ter Ordnung von f nach den Vektoren** $a_1, \ldots, a_t$ und mit $d^t f(p)(a_1, \ldots, a_t)$. Andererseits ergibt sich aus (+) unter Rücksicht auf die Distributivgesetze in 3.2.1 für die Verkettung $D_{a_t} \ldots D_{a_1}$ und damit für $d^t f(p)(a_1, \ldots, a_t)$ der Ausdruck

$$(++) \qquad d^t f(p)(a_1, \ldots, a_t) = \sum_{\nu_1, \ldots, \nu_t} \alpha_{1\nu_1} \ldots \alpha_{t\nu_t} D_{\nu_1} \ldots D_{\nu_t} f(p).$$

2. Definition: Als **Differential der Ordnung t von f in p** wird nun bezeichnet die multilineare (genauer t-lineare) Abbildung

$$d^t f(p) := ((a_1, \ldots, a_t) \longmapsto d^t f(p)(a_1, \ldots, a_t)).$$

Bemerkung: Betrachten wir die rechte Seite von (++) als ein Polynom in den $\alpha_{\tau\nu}$ (als Unbestimmten), so ist der Koeffizient von $\alpha_{1\nu_1} \ldots \alpha_{t\nu_t}$ gerade das $(\nu_1 \ldots \nu_t)$ entsprechende Element $D_{\nu_1} \ldots D_{\nu_t} f(p)$ des Derivativs t-ter Ordnung von f in p. Wir können daher die t-dimensionale Matrix des Derivativs t-ter Ordnung im Sinne eines umkehrbareindeutigen Entsprechens auch deuten als das Koeffizientenschema des Differentials $d^t f(p)$.

Für $a = a_1 = \ldots = a_t$ erhält man aus $(++)$ eine *Form t-ten Grades* (homogenes Polynom t-ten Grades) (in den Variablen $\alpha_1, \ldots, \alpha_n$); wir setzen dann $d^t f(p)(a) := d^t f(p)(\alpha_1, \ldots, \alpha_n)$. Eine wesentliche Vereinfachung von $(++)$ für den Fall $a = a_1 = \ldots = a_t$ ergibt sich aus der Vertauschbarkeit der D_ν bei Verkettung, d.h. daraus daß das System der von uns jetzt betrachteten D_ν der 2. Definition in 3.2.1 genügt. Es gilt nämlich der später (3.2.4) zu beweisende

Vertauschbarkeitssatz: Voraussetzung. *Es sei $f: G \rightarrowtail \mathbb{R}^k$ t-mal differenzierbar.*

Behauptung: *Für jedes τ-tupel $(\nu_1, \ldots, \nu_\tau) \in \mathbb{N}^t$, $2 \leq \tau \leq t$ und für jede Permutation $\pi(1), \ldots, \pi(\tau)$ von $1, \ldots, \tau$ gilt*

$$D_{\nu_1} \ldots D_{\nu_\tau} f(x) = D_{\nu_{\pi(1)}} \ldots D_{\nu_{\pi(\tau)}} f(x)$$

für alle x einer Umgebung von p falls $\tau < t$ und für $x = p$ falls $\tau = t$.
Gemäß 3.2.1, Polynomischer Satz, folgt nun

$$(+++) \qquad d^t f(p)(a) = \sum\nolimits^*_{\tau_1 + \ldots + \tau_n = t} \frac{t!}{\tau_1! \ldots \tau_n!} \alpha_1^{\tau_1} \ldots \alpha_n^{\tau_n} D_1^{\tau_1} \ldots D_n^{\tau_n} f(p).$$

Trotz dieser Verkürzung pflegt man das Derivativ t-ter Ordnung (bezüglich einer Basis) als t-dimensionale Matrix zu beschreiben mit denjenigen Symmetrieeigenschaften, wie sie durch den Vertauschungssatz bedingt sind; dabei entsprechen wieder diese symmetrische Matrix und diese (symmetrische) Form $(+++)$ einander umkehrbar eindeutig. Der Formel $(+++)$ entspricht die Operatorenbeziehung (vgl. 3.2.1, (P_0))

$$(++++) \qquad D_a^t = (\alpha_1 D_1 + \ldots + \alpha_n D_n)^t \quad \text{mit} \quad a = \sum\nolimits_\nu \alpha_\nu x_\nu.$$

3.2.3 *Taylorformel mit Restglied für reelle Funktionen von n reellen Veränderlichen.*
Mit Hilfe der Darlegungen in 3.2.2.1 gelangt man zu einer Formulierung der Taylorschen Formel für reelle Funktionen von $n \geqq 2$ Variablen, die sich kaum von der im Falle nur einer reellen Variablen ($n = 1$) unterscheidet.

1. Satz: Verallgemeinerter Mittelwertsatz.

Voraussetzung: *Es sei $p \in \underline{G} \subset \mathbb{R}^n$. Ferner sei $f: G \rightarrowtail \mathbb{R}$ $(r+1)$-mal differenzierbar in einer offenen Kugel $U \subset \underline{G}$ mit p als Zentrum.*

Behauptung: *Für $x \in U$ gilt*

$$f(x) = t_r(x, p; f) + R_r(x, p; f) \qquad \textbf{(Taylorformel r-ter Ordnung)},$$

wobei

$$t_r(x, p; f) := \sum\nolimits_{\varrho=0}^r (\varrho!)^{-1} D_{x-p}^\varrho f(p) \qquad \textbf{(Taylorpolynom r-ter Ordnung)}$$

$R_r(x,p;f) := ((r+1)!)^{-1} D_{x-p}^{r+1} f(\bar{p})$ **(Lagrangesches Restglied r-ter Ordnung)**

mit $\bar{p} = (1-\theta)p + \theta x$ *und* $0 < \theta < 1$. (*Es ist* $\bar{p} \in U \subset G$).

Zusatz: Unter den Vor. des Satzes sei überdies $D_{x-p}^{r+1} f$ beschränkt in U. Dann wird f durch t_r approximiert (in U) bis auf Glieder von mindestens der Ordnung $r+1$, d.h. es ist $f - t_r \in O(|j-p|^{r+1})$.

Anmerkung: Für die Gültigkeit des Satzes (und Zusatzes) genügt es, daß für alle $x \in U$ die von x und p begrenzte Strecke S in U liegt, was für die Kugel und allgemeiner für konvexes U jedenfalls gilt. (In der Tat ist dann stets $\bar{p} \in U$).

Beweis: Zurückführung auf den Fall einer reellen Variablen. Es sei $(x_1, \ldots, x_n)$ eine Basis des $\mathbb{R}^n$ und $x = \sum_\nu \xi_\nu x_\nu$ sowie $p = \sum_\nu \pi_\nu x_\nu$, ferner $g : [0;1] \rightarrowtail G$ mit $(\zeta \mapsto g(\zeta) := z := p + \zeta(x-p))$ und $h := f \circ g$ so daß $h : [0;1] \rightarrowtail \mathbb{R}$ mit $h(0) = f(p)$, $h(1) = f(x)$. Nun ist

$$(D_\zeta) \qquad D_\zeta h(\zeta) := (dh/d\zeta)_\zeta = (\textstyle\sum_\nu (x_\nu - p_\nu) D_\nu) f(z) =: D_{x-p} f(z),$$

wobei die $D_\nu f(z)$ wegen $z \in S \subset G$ existieren. Somit

$$(D_\zeta^\varrho) \qquad D_\zeta^\varrho h(\zeta) := (d^\varrho h/d\zeta^\varrho)_\zeta := h^{(\varrho)}(\zeta) = D_{x-p}^\varrho f(z), \qquad \varrho = 1, \ldots, r.$$

Gemäß I., 8.9.3.1, gilt daher

$$h(1) = \textstyle\sum_{\varrho=0}^r (\varrho!)^{-1} D_\zeta^\varrho h(0) + ((r+1)!)^{-1} D_\zeta^{r+1} h(\bar{\zeta}) \quad \text{mit} \quad 0 < \bar{\zeta} < 1.$$

Rückgang von h zu f ergibt

$$f(x) = \textstyle\sum_{\varrho=0}^r (\varrho!)^{-1} D_{x-p}^\varrho f(p) + ((r+1)!)^{-1} D_{x-p}^{r+1} f(\bar{\zeta}) \quad \text{mit} \quad \bar{\zeta} := p + \bar{\zeta}(x-p).$$

Betr. Zusatz. Die Beh. des Zusatzes besagt: $\bigvee_{M>0} \bigwedge_{x \in U} |f(x) - t_r(x,p;f)| < M|x-p|^{r+1}$. Dies folgt unmittelbar aus der Gestalt von $R_r(x,p;f)$.

2. Satz: Approximation von f durch das Taylorpolynom r-ter Ordnung bei (nur) r-mal in p differenzierbarem f.

Voraussetzung: *Es sei* $p \in G \subset \mathbb{R}^n$ *und* $f : G \rightarrowtail \mathbb{R}$ *r-mal in p differenzierbar.*

Behauptung: *Es gilt* $f(x) - t_r(x) \in o(|x-p|^r)$, *also gleichmäßig in* $u := |x-p|^{-1}(x-p)$.

Beweis: (I) Vorab wählen wir o. B. d. A. ein Koordinatensystem im $\mathbb{R}^n$ so, daß $p = (0, \ldots, 0)$. Wie beim Beweis für Satz 1. gehen wir von f über zum r-mal in $\zeta = 0$ differenzierbaren $h := f \circ g$, wobei jetzt $g : {}^+(0;\alpha) \rightarrowtail \mathbb{R}^n$ und $g(\zeta) := z := \zeta u$ mit $|u| = 1$ und $\alpha \in \mathbb{R}^+$ o. B. d. A. so gewählt ist, daß $h^{(\varrho)}$ in $J := \{\zeta : 0 \leqq \zeta < \alpha\}$ existiert, also $D_z^\varrho f(z)$ in $|z| < \alpha$, $\varrho = 0, \ldots, r-1$. Weiter gehen wir von $h(\zeta)$ über zu dem ebenfalls r-mal in $\zeta = 0$ differenzierbaren

$$(H) \qquad H := (\zeta \mapsto H(\zeta) := h(\zeta) - \textstyle\sum_{\varrho=0}^r (\varrho!)^{-1} h^{(\varrho)}(0) \zeta^\varrho), \qquad \text{sodaß}$$

$(H, 0)$ $$H^{(\varrho)}(0) = 0, \quad \varrho = 0, \ldots, r.$$

(II) Die Behauptung des Satzes ist gleichwertig mit

$(+)$ $$H(\zeta) \in o(\zeta^r).$$

In der Tat entsprechen einander ein-eindeutig ζ und $|x-p|$ bzw. ζu und $x-p$, ferner $H(\zeta)$ und $f(x) - t_r(x)$ gemäß (D_ζ^ϱ) im Beweis von Satz 1. und gemäß 3.2.2, $(+++)$.
Aber $(+)$ folgt aus der, in Ziff. (III) zu beweisenden, Ungleichung

(o) $$\bigwedge_{\varepsilon>0} \bigvee_{\delta>0} \bigwedge_{\zeta \in^+(0;\delta)} |H^{(r-1)}(\zeta)| \leqq \varepsilon\zeta$$

mit von u unabhängigem $\delta = \delta(\varepsilon)$.
Gilt nämlich (o), so ergibt sich $(+)$ durch $(r-1)$-malige Integration der Ungleichung in (o) von 0 bis ζ unter Rücksicht auf $(H, 0)$.
(III) Der Beweis von (II) (o) ergibt sich nun so: Gemäß (D_ζ^ϱ) (Satz 1., Bew.) gilt mit der Abkürzung $\varrho := (\varrho_1, \ldots, \varrho_n)$ unter der Nebenbedingung $\varrho_1 + \ldots + \varrho_n = r-1$

$$H^{(r-1)}(\zeta) = D_{\zeta u}^{r-1} f(\zeta u) = \textstyle\sum_\varrho^* A_\varrho F(\zeta u; \varrho) \quad \text{mit} \quad u := (u_1, \ldots, u_r) \qquad \text{und}$$

$$A_\varrho := \frac{(r-1)!}{\varrho_1! \cdots \varrho_n!} u_1^{\varrho_1} \ldots u_n^{\varrho_n} \quad \text{und} \quad F(x; \varrho) := D_1^{\varrho_1} \ldots D_n^{\varrho_n} f(x).$$

Aus der Existenz von $H^{(r)}(0) = 0$ sowie mit (D 1), (3.1.0.4) und $(H, 0)$ (Ziff. (I)) folgt

$$H^{(r-1)}(\zeta) = H^{(r-1)}(\zeta) - H^{(r-1)}(0) = \zeta\left(\textstyle\sum_\varrho^* A_\varrho \left(\sum_\nu u_\nu D_\nu F(x; \varrho)\right)_{x=p}\right) + \zeta\eta$$

mit $\eta := \sum_\varrho^* A_\varrho(\sum_\nu \eta_\nu(\varrho))$, wobei $|\eta_\nu(\varrho)| < \varepsilon$ für $\zeta \in^+(0; \delta_\nu(\varrho; \varepsilon)$, mit von u unabhängigen $\delta_\nu(\varrho; \varepsilon)$. Wegen $|A_\varrho| \leqq n^r$ folgt daraus (II) (o).

Bemerkung: Zum Mittelwertsatz der Differentialrechnung (I., 8.6.2) gibt es bei Funktionen von $n \geqq 2$ Veränderlichen kein geometrisches Analogon; denn es finden sich im $\mathbb{R}^3$ einfache Flächen, in welche sich (sogar beliebig, kleine) Dreiecke einbeschreiben lassen, deren Ebenen zu keiner Tangentialebene der Fläche parallel sind. – Beispiel: Die Zylinderfläche $z = y^2$ im $\mathbb{R}^3$ der Punkte $p = (x, y, z)$. Die durch die Zylinderpunkte $(0, 0, 0)$, $(0, e, e^2)$ und $(e, -e, e^2)$ gehende Ebene hat die Gleichung $z = ex$, wobei $e > 0$. Diese Ebene ist zu keiner Tangentialebene parallel; denn die Tangentialebene an den Zylinder im Punkt $(x_0, y_0, z_0 = y_0^2)$ hat die Gleichung $2^{-1}(z_0 + z) = y_0 y$.

Aufgabe: Auch bei Raumkurven gibt es kein Anlogon zum Mittelwertsatz. Man beweise: Bei der Schraubenlinie, gegeben durch $x := \cos t$, $y = \sin t$, $z = t$, $t \in \mathbb{R}$, im $\mathbb{R}^3$ der Punkte (x, y, z) ist keine Sehne zu einer Tangente der Kurve parallel.

3.2.4 *Vertauschbarkeit partieller Differentiationen.*

Es ist noch der Beweis des in 3.2.2.1 formulierten und benutzten Vertauschungssatzes nachzutragen. Dabei genügt es, den Fall $n=2$ zu erledigen. Für beliebiges $m \geqq 3$ ist dann nämlich Induktionsbeweis möglich: Der Satz sei schon für m-mal differenzierbares f bewiesen. Ist dann f $(m+1)$-mal differenzierbar, so existieren die partiellen Ableitungen $(m+1)$-ter Ordnung. Es genügt $I=II$ zu beweisen, wobei $I=f_{|1\ldots m+1}$ und $II:=f_{|\nu_1\ldots\nu_{m+1}}$ für eine beliebige Permutation $\nu_1\ldots\nu_{m+1}$ der $1,\ldots,m+1$. Im Falle $m+1=\nu_{m+1}$ ergibt sich $I=II$, indem man $\pi:=\nu_1\ldots\nu_m$ in $1\ldots m$ permutiert und die Induktionsvoraussetzung (für m) anwendet. Ist aber $\nu_{m+1}<m+1$, so erhält man durch geeignete Permutation von π bzw. Vertauschung von $m+1$ und ν_{m+1} der Reihe nach: $f_{|\nu_1\ldots\nu_{m+1}}=$ $=f_{|\mu_1\ldots\mu_{m-1}\,m+1\,\nu_{m+1}}$, letztere Gleichung durch Permutation der $\mu_1\ldots\mu_{m-1}\nu_{m+1}$; also $I=II$.

In dem jetzt noch übrigen Fall $n=2$ geben wir verschiedene für Vertauschbarkeit hinreichende Bedingungen an.

Vertauschungssatz: Voraussetzung: *Es sei* $\mathbb{R}^2:=\{(x_1,x_2):x_1,x_2\in\mathbb{R}^3\}$, $p=(p_1,p_2)\in$ $\in U=\underline{U}\subset\mathbb{R}^2$, *etwa mit konvexem* U (vgl. 3.2.3, Satz 1., Vor.). *Weiter sei* $f:U\longrightarrow\mathbb{R}$; *in* U *sollen* $f_{|1}$ *und* $f_{|2}$ *existieren (und endlich sein).*

Behauptung: *Hinreichend für die Existenz und Gleichheit von* $f_{|12}$ *und von* $f_{|21}$ *in* p *ist jede der beiden nachstehenden Bedingungen:*

I. *Es ist* f *zweimal differenzierbar in* p.

II. *Es existiert* $f_{|12}$ *in* U *und ist stetig in* p.

Zusatz: (1) Statt I. genügt die schwächere Bedingung

I'. Es ist in p halbfrei partiell differenzierbar $f_{|1}$ nach x_2 und $f_{|2}$ nach x_1.

(2) Die Bedingung II. ist erfüllt, wenn $f_{|12}$ und $f_{|21}$ in U existieren und in p stetig sind.

Bemerkung: Beim Beweis, daß die Bedingung II. hinreichend ist, wird die Existenz von $f_{|2}$ in U nur für die Definition von $f_{|21}(p)$, also die Existenz von $f_{|2}$ nur für Punkte (x_1,p_2) benötigt (geometrisch ausgedrückt: nur für Punkte der Parallelen zur x_1-Achse durch $p=(p_1,p_2)$).

Beweis: (A). Zur Vereinfachung setzen wir $x:=x_1$, $y:=x_2$ und $p_1=p_2=0$. Definitionsgemäß ist nun

$$(0)\qquad f_{|21}(0,0)=\lim_{x\to0}(f_{|2}(x,0)-f_{|2}(0,0)):x=\lim_{x\to0}\lim_{y\to0}D:(xy)$$

mit $D:=f(x,y)-f(x,0)-f(0,y)+f(0,0)$ (sogenannte „gemischte zweite Differenz“ von f in $(0,0)$), wobei wir, wie auch im folgenden stets voraussetzen, daß die fraglichen Stellen (x,y) der Umgebung U angehören. Es ist z. B. $D=g(x,y)-g(0,y)$ mit $g(x,y):=f(x,y)-$ $-f(x,0)$, also mit einem $\theta_1\in(0;1)$

$$(1)\qquad D=xg_{|1}(\theta_1x,y)=x(f_{|1}(\theta_1x,y)-f_{|1}(\theta_1x,0))$$

und analog

(2) $$D = y(f_{|2}(x, \theta_2 y) - f_{|2}(0, \theta_2 y)) \qquad \text{mit einem } \theta_2 \in (0; 1)$$

wegen der vorausgesetzten Existenz der ersten partiellen Ableitungen von f.

(B) *Betr. Bedingung* I'. (Vgl. Zusatz (1)). – Da I' gemäß 3.1.5, Satz, eine schwächere Aussage als I ist, genügt es, I' vorauszusetzen. Demnach existiert z. B. die halbfreie partielle Ableitung L_{21} von $f_{|2}$ nach x, d. h.

(*) $$L_{21} = \lim_{|y| \leq |x| \rightsquigarrow 0}(f_{|2}(x, y) - f_{|2}(0, y)) : x.$$

Ohne Änderung des Grenzwertes dürfen wir in (*) die Einengung $y = 0$ vornehmen, was $L_{21} = f_{|21}(0, 0)$ ergibt. Analog folgt $L_{12} = f_{|12}(0, 0)$. Eine andere zulässige Einengung der Limesbildung in (*) ergibt sich, wenn wir darin y durch $\theta_2 y$ ersetzen (wegen $|\theta_2| < 1$). Zufolge (2) ergibt sich $L_{21} = \lim_{|y| \leq |x| \rightsquigarrow 0} D : (xy)$. Daraus folgt, vermöge Einengung auf $|y| = |x|$, daß $L_{21} = \lim_{|y| = |x| \rightsquigarrow 0} D : (xy)$ und, aus Symmetriegründen, daß $L_{21} = L_{12}$.

(C) *Betr. Bedingung* II. Aus (1) folgt (wegen der Existenz von $f_{|12}$) $D = xyf_{|12}(\theta_1 x, \theta_3 y)$ mit einem $\theta_3 \in (0; 1)$ und hieraus mit der Stetigkeit von $f_{|12}$, daß $\lim_{x \rightsquigarrow 0} \lim_{y \rightsquigarrow 0} D : (xy)$ existiert und gleich $f_{|12}(0, 0)$ ist, was mit der Definition (0) ergibt: $f_{|21}(0, 0) = f_{|12}(0, 0)$.

3.3. Freie, stetige, gleichmäßige Differenzierbarkeit

3.3.1 *Freie Ableitung nach einem Vektor.*

Definition: Es sei $p \in \underline{G} \subset \mathbb{R}^n$ und $f : G \longrightarrow \mathbb{R}^k$. Es heiße dann f **frei differenzierbar nach dem Vektor** $a \in V\mathbb{R}^n$, wenn für $x', x'' \in \underline{G}$ mit $x'' - x' = ta$, $t \in \mathbb{R}^+$, wobei $a \neq \bar{0}$,

(L_a) $$f^+(a) := \lim_{(x', x'') \rightsquigarrow (p, p)} t^{-1}(f(x'') - f(x'))$$

existiert oder, was damit gleichbedeutend,

(L'_a) $$\bigvee_{f^+(a)} \bigwedge_{\varepsilon > 0} \bigvee_{\delta = \delta(\varepsilon)} \bigwedge_{t \in \mathbb{R}^+} \bigwedge_{x', x'' \in G} (|x' - p| < \delta \wedge |x'' - p| < \delta \wedge x'' - x' = ta) \longrightarrow |t^{-1}(f(x'') - f(x')) - f^+(a)| < \varepsilon.$$

Anmerkung: Anschaulich gesprochen besagt also freie Differenzierbarkeit nach a, etwa für den Fall $k = 1$: Jede Folge von Geraden im $\mathbb{R}^n \times \mathbb{R}^1$, deren Projektionen in den $\mathbb{R}^n$ gleich gerichtet mit a sind und die durch Punkte $(x'_n, f(x'_n))$, $(x''_n, f(x''_n))$ mit $p = \lim_n x'_n = \lim_n x''_n$ gehen, konvergiert gegen eine durch a eindeutig bestimmte orientierte Gerade, welche durch $(p, f(p))$ geht, deren Projektion in $\mathbb{R}^n$ gleichgerichtet mit a und deren Steigung gegen $\mathbb{R}^n$ relativ zur Länge von a gleich $f^+(a)$ ist.

Gleichwertig mit (L_a) ist

(L''_a) $$f^+(a) = \lim_{x' \rightsquigarrow p, x'' - x' = ta \rightsquigarrow 0} t^{-1}(f(x' + at) - f(x'));$$

denn $(|x'-p|<2^{-1}\delta \wedge |x''-p|<2^{-1}\delta) \rightarrow |x''-x'|<\delta$. Umgekehrt: $(|x'-p|<2^{-1}\theta \wedge \wedge |x''-x'|<2^{-1}\theta) \rightarrow |x''-p|<\theta$.

Satz: Voraussetzung. *Es sei* $p \in \underline{G} \subset \mathbb{R}^n$ *und* $a \in V\mathbb{R}^n$. *Ferner sei* $f: G \longrightarrow \mathbb{R}^k$.

Behauptung: (1) *Ist* f *in* p *frei differenzierbar nach* a, *so ist* $f^+(a)$ *die Ableitung* $d_a f(p)$ *von* f *nach* a *in* p (vgl. 3.1.3.1).
(2) *Die Menge* A *aller* $a \in V\mathbb{R}^n$, *nach denen* f *in* p *frei differenzierbar ist, liefert einen Vektorunterraum von* $\mathbb{R}^n$. *Überdies ist* $f^+: A \longrightarrow \mathbb{R}^n$ *linear.*

Beweis: O.B.d.A. sei $p=\bar{0}$.
Betr. Beh. (1). Wählt man speziell für den Grenzübergang $x' \rightsquigarrow p(=\bar{0})$, so bleibt bei festem a der Limes $f^+(a)$ unverändert.
Betr. Beh. (2). Es ist $\bar{0} \in A$. Für $\alpha \in \mathbb{R}^+$ gilt nach Vor. $f^+(\alpha a) = \lim t^{-1}(f(x'+t(\alpha a)) - f(x')) = \lim \alpha[(\alpha t)^{-1}(f(x'+(\alpha t)a) - f(x'))] = \alpha f^+(a)$; für $\alpha \in \mathbb{R}^+$ ist also $\alpha a \in A$, wenn $a \in A$. Entsprechend folgt $-a \in A$ und $f^+(-a) = -f^+(a)$; denn $f(x'+t(-a)) - f(x') = -f((x'-ta)+ + ta) + f(x'-ta)) = -(f(y'-ta) - f(y'))$, wenn $y' := x'-ta$, und $x' \rightsquigarrow p$, $t \rightsquigarrow 0$ gleichwertig mit $y' \rightsquigarrow p$, $t \rightsquigarrow 0$. Schließlich ist $f(x'+t(a+b)) - f(x') = f((x'+ta)+tb) - f(x'+ta)) + (f(x'+ + ta) - f(x'))$, woraus $f^+(a+b) = f^+(a) + f^+(b)$.

3.3.2 *Freie Differenzierbarkeit.*

Definition: Es sei $p \in \underline{G} \subset \mathbb{R}^n$ und $f: G \longrightarrow \mathbb{R}^k$. Es heiße f **frei differenzierbar in** p, wenn ein (durch f und p) eindeutig bestimmtes lineares $L(p): V\mathbb{R}^n \longrightarrow V\mathbb{R}^k$ existiert derart, daß $f(x'') - f(x') = L(p)(x'-x'') + R(x', x'')$ mit

$$\bigwedge_{\varepsilon>0} \bigvee_{\delta(\varepsilon)>0} \bigwedge_{x',x'' \in \underline{G}} (|x'-p| < \delta(\varepsilon) \wedge |x'-x''| < \delta(\varepsilon)) \rightarrow |R(x',x'')| < \varepsilon |x'-x''|.$$

Satz: Voraussetzung. *Es sei* $p \in \underline{G} \subset \mathbb{R}^n$ *und* $f: G \longrightarrow \mathbb{R}^k$.

Behauptung: *Folgende Aussagen sind gleichwertig:*
(1) *Es ist* f *in* p *frei differenzierbar nach den einzelnen Gliedern* b_ν *(mindestens) einer Basis* $(b_1, \ldots, b_n)$ *des* $\mathbb{R}^n$.
(2) *Es ist* f *frei differenzierbar in* p *nach allen* $z \in V\mathbb{R}^n$.
(3) *Es ist* f *in* p *frei differenzierbar.*

Zusatz: Jedes in $p \in \underline{G}$ frei differenzierbare $f: G \longrightarrow \mathbb{R}^k$ ist insbesondere differenzierbar in p.

Beweis: O.B.d.A. sei $p=\bar{0}$.
(1) $\leftrightarrow$ (2). Gemäß 3.3.1, Satz, Beh. (2), folgt $A = V\mathbb{R}^n$, wenn (1) gilt. Die Umkehrung ist klar.
(2) $\rightarrow$ (3). Nach Voraussetzung existiert die lineare Abbildung $(z \longmapsto f^+(z))$ für alle $z \in V\mathbb{R}^n$

(3.3.1); wir zeigen, daß sie das Differential von f in p im Sinne der freien Differenzierbarkeit ist. Mit Bezug auf eine Basis $b_1, \dots, b_n$ ist $x'' - x' = \sum_\nu t_\nu b_\nu$, so daß wir mit Hilfe der Summen $z_\nu := \sum_{\nu'=1}^{\nu} t_{\nu'}$, $\nu = 1, \dots, n$, $z_0 = \bar{0}$, erhalten:

$$f(x'') - f(x') = \sum_\nu (f(x' + z_\nu) - f(x' + z_{\nu-1})).$$

Da $(x' + z_\nu) - (x' + z_{\nu-1}) = t_\nu b_\nu$, so folgt aus der freien Differenzierbarkeit von f nach b_ν und nach $-b_\nu$ in p

$$|f(x' + z_\nu) - f(x' + z_{\nu-1}) - f^+(t_\nu b_\nu)| < \varepsilon |t_\nu|$$

für $\max\{|x'|, |z_\nu|, |z_{\nu-1}|\} < \delta_\nu(\varepsilon)$. Summation dieser Ungleichungen und Anwendung der Dreiecksungleichung liefert

$$|f(x'') - f(x') - f^+(x'' - x')| < \varepsilon \sum_\nu |t_\nu|,$$

soferne

$$\max\{|x'|, |x'' - x'|\} \leqq \max\{|x'|, |z_1|, \dots, |z_n|\} < \min_\nu \delta_\nu(\varepsilon) =: \delta(\varepsilon).$$

Da aber $\sum_\nu |t_\nu| \leqq \beta |x'' - x'|$ mit einer nur von Basis und Norm abhängigen Konstanten β gilt, so folgt, da ε beliebig, die Behauptung.
(3) → (1). Aus (3) folgt, daß f nach jedem Glied einer Basis des $V\mathbb{R}^n$ frei differenzierbar ist.
Betr. Zusatz. Man wähle etwa $x' = p$.

3.3.3 *Stetige Differenzierbarkeit.*

Definition: Es sei $p \in \underline{G} \subset \mathbb{R}^n$ und $f: G \to \mathbb{R}^k$ differenzierbar in einer Umgebung U von p in $\underline{G}$. Es heiße f **stetig differenzierbar in** p, wenn $(x \mapsto df(x))$ stetig in $x = p$ ist.
Aus dieser, von der Wahl der Basen unabhängigen Definition folgt:

0. Satz: *Es ist* $f := \sum_{\kappa=1}^{k} f_\kappa y_\kappa$ *stetig differenzierbar in* $p \in \underline{G}$ *genau dann, wenn alle partiellen Ableitungen* $f_{\kappa|\nu}$, $\nu = 1, \dots, n$; $\kappa = 1, \dots, n$; *stetig in* p *sind.*
Die stetige Differenzierbarkeit ist gleichwertig mit der freien im folgenden Sinne:

1. Satz: Voraussetzung. *Es sei* $p \in \underline{G} \subset \mathbb{R}^n$ *und* $f: G \to \mathbb{R}^k$ *differenzierbar in einer Umgebung* $U \subset \underline{G}$ *von* p.

Behauptung: *Gleichwertig sind die beiden Aussagen:* (1) *Es ist* f *stetig differenzierbar in* p. – (2) *Es ist* f *frei differenzierbar in* p.

Beweis: *Vorbemerkung* (I). Wie aus den Definitionen folgt, ist freie bzw. stetige bzw. Differenzierbarkeit von $f: G \to \mathbb{R}^k$ gleichwertig mit freier bzw. stetiger bzw. Differenzierbarkeit jeder Komponente $f_\kappa: G \to \mathbb{R}$ von $f = \sum_\kappa f_\kappa b_\kappa$ bezüglich (irgend) einer Basis $(b_1, \dots, b_k)$ von $\mathbb{R}^k$. – O.B.d.A sei daher $k = 1$ angenommen. – (II) Es sei also $f: G \to \mathbb{R}$ differenzierbar in U; o.B.d.A. wird U als konvex angenommen sowie $p = \bar{0}$.

Differenzierbarkeit von f in $x' \in U$ besagt, daß

$$(D) \qquad |f(x'')-f(x')-df(x')(x''-x')|<\varepsilon|x''-x'| \quad \text{für} \quad |x''-x'|<\delta_1(x';\varepsilon),$$

stetige Differenzierbarkeit von f in p

$$(S) \qquad |df(\tilde{x})-df(0)|<\varepsilon \quad \text{für} \quad |\tilde{x}|<\delta_2(\varepsilon),$$

und freie Differenzierbarkeit von f in p

$$(F) \quad |f(x'')-f(x')-df(0)(x''-x')|<\varepsilon|x''-x'| \quad \text{für} \quad \max\{|x'|,|x''-x'|\}<\delta_3(\varepsilon).$$

Bew. Betr. (1)⟶(2). Da die Verbindungsstrecke S von x' und x'' ganz im konvexen U liegt, so existiert (vgl. 3.2.3, Satz 1.) ein $\tilde{x}\in S$ mit

$$(M) \qquad f(x'')-f(x')=df(\tilde{x})(x''-x').$$

Beschränken wir uns auf x', x'' mit $\max\{|x'|,|x''-x'|\}<2^{-1}\delta_2(\varepsilon)$, so gilt $|x''|<\delta_2(\varepsilon)$, und auch $|\tilde{x}|<\delta_2(\varepsilon)$, so daß (M) und (S) zusammen ergeben: $|f(x'')-f(x')-df(\bar{0})(x''-x')| =|(df(x)-df(\bar{0}))(x''-x')|\leqq|df(\tilde{x})-df(\bar{0})|\cdot|x''-x'|<\varepsilon|x''-x'|$, also (F).
Betr. (2)⟶(1). (F) und (D) zusammen liefern für $L(x'):=df(x')-df(\bar{0})\in L(V\mathbb{R}^n, V\mathbb{R})$

$$(*) \qquad \begin{aligned} &|L(x')(x''-x')|<2\varepsilon|x''-x'| \quad \text{für alle} \quad x',x'' \quad \text{mit} \\ &\max\{|x'|,|x''-x'|\}<\delta_3(\varepsilon)\wedge|x''-x'|<\delta_1(x';\varepsilon). \end{aligned}$$

Zu jedem $\varepsilon>0$ und x' mit $|x'|<\delta_3(\varepsilon)$ kann man ein $x''\neq x'$ so wählen, daß (*) erfüllt ist und $|x''-x'|^{-1}(x''-x')=:u$ einen beliebigen Vektor mit $|u|=1$ darstellt, so daß wir $|L(x')(u)|2\varepsilon$ erhalten für alle u mit $|u|=1$. Daher gilt $|L(x')|\leqq 2\varepsilon$ für alle x' mit $|x'|<\delta_3(\varepsilon)$, also (S).

2. Satz: *Im offenen $D\subset\mathbb{R}^n$ seien (bezüglich eines kartesischen Koordinatensystems) die partiellen Ableitungen von $f: D \longrightarrow \mathbb{R}$ stetig. Dann ist f stetig differenzierbar in D.*

Anmerkung: Bei Stetigkeit der partiellen Ableitungen von f im Punkt x_0 gibt es eine Umgebung von x_0 (in D), in welcher $|f(x')-f(x'')|\leqq M|x'-x''|$ bei konstantem $M>0$ (Lokale Dehnungsbeschränktheit von f).

Beweis: Es sei $x:=(\xi_1,\dots,\xi_n)\in D$; die ($n$-dimensionale, offene) Vollkugel $K:=K(x,r):= :=\{z: z\in\mathbb{R}^n\wedge|z-y|<r\}$ sei in D enthalten. Für $y:=(\eta_1,\dots,\eta_n)\in K$ sind dann, wegen der Konvexität von K, auch alle $x_\nu:=(\eta_1,\dots,\eta_\nu,\xi_{\nu+1},\dots,\xi_n)$, $1\leqq\nu\leqq n-1$; $x_0:=x$, $x_n:=y$, in K enthalten sowie alle Strecken S_ν mit den Endpunkten $x_{\nu-1}$, x_ν; $1\leqq\nu\leqq n$. Nach dem Mittelwertsatz (I., 8.6.2) gilt daher

$$f(y)-f(x)=\textstyle\sum_{\nu=1}^n(f(x_\nu)-f(x_{\nu-1}))=\sum_\nu f_{|\nu}(x'_\nu)(\eta_\nu-\xi_\nu),$$

wobei $x'_\nu\in S_\nu\subset K$ und $f_{|\nu}:=f_{|x\nu}$. Somit

$$f(y) - f(x) = \sum_\nu f_{|\nu}(x)(\eta_\nu - \xi_\nu) + q \qquad \text{mit}$$

$q := \sum_\nu (f_{|\nu}(x'_\nu) - f_{|\nu}(x))(\eta_\nu - \xi_\nu)$, also $q \in o(r)$, weil die $f_{|\nu}$ stetig in K und $|\eta_\nu - \xi_\nu| < r$. Somit ist $(f_{|\nu}(x))_n^{\nu=1}$ S-Repräsentant eines Differentials von f in x, womit der Satz sowie die Anmerkung bewiesen ist.

3.3.4 *Gleichmäßige Differenzierbarkeit.*

Definition: Es heißt $f: G \rightarrowtail \mathbb{R}^k$ mit $G \subset \mathbb{R}^n$ **gleichmäßig differenzierbar in** G, wenn es zu jedem $y \in G$ ein $df(y) \in L(V\mathbb{R}^n, V\mathbb{R}^k)$ gibt mit

$$(G) \qquad \bigwedge_{\varepsilon>0} \bigvee_{\delta(\varepsilon)>0} \bigwedge_{x,\, y \in G} (|x-y| < \delta(\varepsilon)) \rightarrow |f(x) - f(y) - df(y)(x-y)| < \varepsilon |x-y|.$$

Mit Hilfe der gleichmäßigen Differenzierbarkeit läßt sich die stetige folgendermaßen charakterisieren

Satz: Voraussetzung. *Es sei* $G \subset \mathbb{R}^n$ *offen und* $f: G \rightarrowtail \mathbb{R}^k$.

Behauptung: *Gleichwertig sind:* (1) *Es ist* f *stetig differenzierbar in* G. – (2) *Es ist* f *gleichmäßig differenzierbar in jedem kompakten Teil von* G.

Beweis: Da f stetig differenzierbar bzw. gleichmäßig differenzierbar genau, wenn dies für jede Komponente von f bezüglich (irgend) einer Basis des $\mathbb{R}^k$ zutrifft, kann $k=1$ angenommen werden (vgl. 3.1.3.2).
(1) $\rightarrow$ (2). Es sei $T \subset G$ kompakt, wegen $G \subset \mathbb{R}^n$ also $T = \bar{T}$ (und T beschränkt (vgl. 1.5.13). Es gibt dann endlich viele, in $\underline{G}$ enthaltene abgeschlossene Kugeln $K_1, \ldots, K_r$ derart, daß $T \subset M = \underline{K}_1 \cup \ldots \cup \underline{K}_r =: H \subset \bar{H} := K_1 \cup \ldots \cup K_r \subset G$, wobei auch $\bar{H}$ kompakt. Gemäß (1) ist f stetig differenzierbar in H, also $df: G \rightarrowtail L(V\mathbb{R}^n, \mathbb{R})$ gleichmäßig stetig in $\bar{H}$. – Wegen $T = \bar{T}$ und $(\bar{H} \backslash H) \cap T = \emptyset$ besitzt $\bar{H} \backslash H$ einen Abstand $2q > 0$ von T; aus $y \in T$ und $|x-y| \leqq q$ folgt daher $x \in \bar{H} \subset G$ und überdies $S \subset \bar{H}$, wenn S die offene, von x und y begrenzte Strecke bezeichnet. Mithin existiert $z \in S$, also mit $|z-y| < q$ derart, daß $f(x) - f(y) = df(z)(x-y)$. (Vgl. 3.2.3, Satz 1., Bew.). Wegen der gleichmäßigen Stetigkeit von df in $\bar{H}$ gilt andererseits $df(z) = df(y) + \eta(z, y)$ mit $\bigwedge_{\varepsilon>0} \bigvee_{\delta(\varepsilon)>0} \bigwedge_{z,\, y \in \bar{H}} |z-y| < \delta(\varepsilon) \rightarrow |\eta(z, y)| < \varepsilon$. Folglich ist $|f(x) - f(y) - df(y)(x-y)| < \varepsilon |x-y|$ für alle $x, y \in T$ mit $|x-y| < \theta(\varepsilon) = \min\{\delta(\varepsilon), q\}$, wie behauptet. Statt $\bar{0}$ schreiben wir 0.
(2) $\rightarrow$ (1). Zu zeigen ist

$$\bigwedge_{x_0 \in G} \bigwedge_{\varepsilon>0} \bigvee_{\delta(\varepsilon) = \delta(\varepsilon, x_0) > 0} \bigwedge_{x \in G} |x - x_0| < \delta(\varepsilon) \rightarrow |df(x) - df(x_0)| < \varepsilon.$$

O.B.d.A. sei $x_0 = 0$. Ferner sei M eine offene Kugel mit x_0 als Zentrum, welche in G liegt. Für $x \in M \backslash \{0\}$ liegt die Verbindungsstrecke $\langle 0, x \rangle$ von x und 0 in M. Wir führen Hilfspunkte z ein, die so erklärt sind: Es sei H die Hyperebene, welche auf $\langle 0, x \rangle$ in deren Mittelpunkt $w = 2^{-1}x$ senkrecht steht; für $z \in H$ gilt $|z-x| = |z-0| = |z|$. Und für die

Sphäre $S := \{z : z \in \mathbb{R}^n : = |z-w| = 2^{-1}|x|\}$ hat man $\bigwedge_{z \in H \cap S} |z| = |z-x| < |x|$. Nach Voraussetzung existiert nun zu beliebigem $\varepsilon > 0$ ein $\delta(\varepsilon) > 0$ derart, daß für $z \in H \cap S$ und $|x| < \delta(\varepsilon)$ gilt

$$|f(x) - f(0) - df(0)(x-0)| < \varepsilon|x|$$
$$|f(0) - f(z) - df(0)(0-z)| < \varepsilon|z| = \varepsilon|z-x|$$
$$|f(z) - f(x) - df(x)(z-x)| < \varepsilon|z-x|.$$

Wegen der Linearität von $df(x)$ und wegen $|x-z| = |z|$, also $|x| \leqq 2|z|$, ergibt die Addition dieser drei Ungleichungen

$$|(df(x) - df(0))(z-x)| < 4\varepsilon|z-x|, \qquad \text{wobei also} \qquad |z| = |z-x| < |x| < 2|z-x|$$

und $|x| < \delta(\varepsilon)$. Setzt man jetzt $u := |z-x|^{-1}(z-x)$ mit $z - x \in H \cap S$ und $L := df(x) - df(0)$, wobei L ein lineares Funktional ist, so folgt

$$(+) \qquad |L(u)| < 4\varepsilon \quad \text{für} \quad |x| < \delta(\varepsilon).$$

Man konstruiert nun eine Basis $u_1, \ldots, u_n$ für $u \in \mathbb{R}^n$ auf folgende Weise: Es sei $e_1, \ldots, e_n$ eine orthonormale Basis des $\mathbb{R}^n$ mit $e_1 \neq |x|^{-1}x$. Man setze: $z_1 := 2^{-1}x - \varrho e_2$ und $z_\mu := 2^{-1}x + \varrho e_\mu, \mu = 2, \ldots, n$, wobei $\varrho := 2^{-1}|x|$. Dann gilt $z_\nu - 2^{-1}x \in H \cap S$, also $|z_\nu| \leqq \varrho\sqrt{2}$, $\nu = 1, \ldots, n$. Ferner sind die $z_1, \ldots, z_n$ linear unabhängig und damit auch die Einheitsvektoren $u_\nu := |z_\nu|^{-1} z_\nu$, $\nu = 1, \ldots, n$. Nach der Vor. über x gilt daher $|L(u_\nu)| < 4\varepsilon$, woraus gemäß Nr. 0.0.0.0, folgt: $\|L\| < \varepsilon\beta_n$ mit nur von n abhängigem $\beta_n \in \mathbb{R}^+$. Daraus folgt die eingangs formulierte Behauptung.

3.3.5 *Laterale Ableitungen und Differenzierbarkeit.*

Das Beispiel in 3.1.1.3.2 zeigt: Aus der Existenz der Richtungsableitungen in *jeder Richtung* in einem Punkt p folgt nicht die Differenzierbarkeit der Funktion in p. Verschärft man aber die Definition der Richtungsableitung durch Hinzunahme einer gewissen „n-dimensionalen" Konvergenzforderung, so erhält man Gleichwertigkeit von Differenzierbarkeit und Existenz aller derart verschärften „Richtungsableitungen". – Es mag hier genügen, Definition und Gleichwertigkeitssatz für den Fall $n = 2$, $k = 1$, also für ein $f : G \longrightarrow \mathbb{R}$ und für $p \in G \subset \mathbb{R}^2$ vorzuführen; wir betrachten dabei $\mathbb{R}^2$ als euklidisch und überlassen dem Leser entsprechende Formulierungen bei reell-affinem Standpunkt.

3.3.5.1 *Definition der lateralen Komvergenz.*

Der früheren Definition der Richtungsableitung lagen Filterbasen zu Grunde, deren Elemente Strecken, d.h. 1-*dimensionale* Simplizes waren. Der jetzt zusätzlich benötigte Konvergenzbegriff arbeitet mit Filterbasen aus 2-*dimensionalen Simplizes.* Im einzelnen wird erklärt: Es seien $p \in G \subset \mathbb{R}^2$ und e_1, e_2 orthonormale Vektoren in $\mathbb{R}^2$. Die zu benützenden Filterbasen sind nun folgendermaßen definiert:

1-dimensionale Filterbasis in p bezüglich der Richtung e_1 ist die Menge $S_1(p, e_1)$ aller offenen Strecken (1-Simplizes) s mit den Endpunkten p und $p+\lambda e_1$, also $s := s(p, e_1, \lambda) := \{p+\lambda' e_1 : 0<\lambda'<\lambda\}$.
2-dimensionale Filterbasis in p bezüglich der Richtung e_1 und der „Seitenrichtung" e_2 ist die Menge $S_2(p, e_1, e_2)$ aller offenen Dreiecke (2-Simplizes) s mit den Eckpunkten $p, p+\lambda_1 e_1, \ p+\lambda_1 e_1+\lambda_2 e_2$, also

$$s := s(p, e_1, e_2, \lambda_1, \lambda_2) := \{p+\lambda' e_1+\lambda'' e_2 : \ 0<\lambda'<\lambda_1 \wedge 0<\lambda''<\lambda_2\lambda_1^{-1}\lambda'\}, \ \lambda_1, \lambda_2 \in \mathbb{R}^+.$$

Diesen Filterbasen entsprechen für ein $g: G \rightarrowtail \mathbb{R}$ die Limesdefinitionen:
1-dimensionaler lateraler Limes von g in p in Richtung e_1

$$(p, e_1)\text{-Lim}\, g := \alpha :\leftrightarrow \bigwedge_{\varepsilon>0} \bigvee_{s\in S_1(p,e_1)} \bigwedge_{x\in s} |g(x)-\alpha|<\varepsilon.$$

2-dimensionaler Limes von g in p in Richtung e_1 und Seitenrichtung e_2

$$(p; e_1, e_2)\text{-Lim}\, g = \beta :\leftrightarrow \bigwedge_{\varepsilon>0} \bigvee_{s\in S_2(p,e_1,e_2)} \bigwedge_{x\in s} |g(x)-\beta|<\varepsilon.$$

3.3.5.2 *Definition der lateralen Richtungsableitungen von f in p.*
Wir setzen $\Delta f := f(p+\Delta x)-f(p)$ mit $p, p+\Delta x \in \underset{\sim}{G}$ und bezeichnen (falls er existiert) $LD_{e_1} f(p) := (p; e_1)-\lim \Delta f : |\Delta x|$ als **1-dimensionale laterale** (Richtungs-)**Ableitung** von f in p und $LD_{e_1,e_2} f(p) := (p; e_1, e_2)-\lim \Delta f : |\Delta x|$ als **2-dimensionale laterale** (Richtungs-) **Ableitung** von f in p. Es kann $LD_{e_1,e_2} \neq LD_{e_1,(-e_2)}$ sein.

3.3.5.3 Gleichwertigkeitssatz.

Voraussetzung: *Es sei $p \in \underset{\sim}{G} \subset \mathbb{R}^2$ und $f: G \rightarrowtail \mathbb{R}$.*

Behauptung: *Folgende beiden Aussagen sind gleichwertig:*

(A) *Es gibt $y \in \mathbb{R}^2$ derart, daß für alle orthonormierten $e_1, e_2 \in \mathbb{R}^2$.*
(A_1) *$LD_{e_1} f(p) = ye_1$ und (A_2) $LD_{e_1,e_2} f(p) = ye_1$ existiert.*
(B) *Es ist f in p differenzierbar mit dem Differential $df(p) := (x \mapsto yx)$.*

Beweis: *Vorbemerkung.* Für jedes $\Delta x := \lambda_1 e_1 + \lambda_2 e_2$ mit $p+\Delta x \in G$ und $\lambda_1, \lambda_2 \in \mathbb{R}^+$ gilt (Bew. als Aufgabe)

$$\text{(V)} \qquad ||\Delta x|^{-1}\Delta x - e_1| < q \quad \text{mit} \quad q := \lambda_2 \lambda_1^{-1}.$$

Aus (A) *folgt* (B). Es sei s_1 bzw. $s_{2(\pm)}$ ein 1- bzw. 2-Simplex mit den Ecken p, $x_1 := p+\lambda_1 e_1$ bzw. mit den Ecken p, x_1 und $x_{2(\pm)} := x_1 + \lambda_2(\pm e_2)$, wobei $\lambda_1, \lambda_2 \in \mathbb{R}^+$. Dann ist im offenen 2-Simplex $\tilde{s} = \tilde{s}(e_1, \lambda_1, \lambda_2)$ mit den Ecken $p, x_{2(+)}, x_{2(-)}$ das offene 1-Simplex s_1 enthalten (als Transversale durch p); es ist also $\tilde{s}$ Umgebung (in $\mathbb{R}^2$) der offenen Strecke s_1 mit den Endpunkten p, x_1 und der Richtung e_1.

Gemäß (A_2) gibt es zu beliebigem $\varepsilon > 0$ und zu e_1, e_2 solche $\lambda_1 := \lambda_1(e_1, \varepsilon) > 0$ und $\lambda_2 := \lambda_2(e_1, \varepsilon) > 0$, für die

(A′) $\quad ||\Delta x|^{-1}\Delta f - ye_1| < \varepsilon \quad$ für alle $\quad x := p + \Delta x \in \tilde{s}(e_1, \lambda_1, \lambda_2)$,

dabei kann und soll gefordert werden, daß für $q := \lambda_2 \lambda_1^{-1}$

(A″) $\quad q|y| < \varepsilon.$

Aus der Vorbemerkung (V) folgt

(V′) $\quad |y|\Delta x|^{-1}\Delta x - ye_1| \leqq q|y| < \varepsilon \quad$ für $\quad \Delta x := x - p \quad$ und $\quad x \in \tilde{s}(e_1, \lambda_1, \lambda_2)$.

Es ergeben (A′) und (V′) zusammen

(B_{e_1}) $\quad |\Delta f - y\Delta x| < 2\varepsilon|\Delta x| \quad$ für alle $x \in \tilde{s}(e_1, \lambda_1, \lambda_2)$.

Die $\tilde{s}(e_1, \lambda_1, \lambda_2)$ für alle e_1 liefern bei Projektion aus p auf den Einheitskreis $E := \{z : |z - p| = 1\}$ (im $\mathbb{R}^2$) eine offene Überdeckung des kompakten E, welche eine endliche Überdeckung von E, etwa für e_{1i}, $i = 1, \ldots, k$, enthält. Daher ist in $\{p\} \cup \bigcup_{i=1}^{k} \tilde{s}(e_{1i}, \lambda_1(e_{1i}, \varepsilon), \lambda_2(e_{1i}, \varepsilon))$ eine Umgebung U von p im $\mathbb{R}^2$ enthalten. Aus (B_{e_1}) folgt mithin

(B′) $\quad |\Delta f - y\Delta x| < 2\varepsilon|\Delta x \quad$ für alle $x \in U \setminus \{p\}$.

Aus (B) *folgt* (A). Gemäß (B) ist $\Delta f = y\Delta x + r$ mit $r \in o(|\Delta x|)$, also

(B″) $\quad ||\Delta x|^{-1}\Delta f - y(|\Delta x|^{-1}\Delta x)| < \varepsilon$

für bei gegebenem $\varepsilon > 0$ hinreichend kleine $|\Delta x|$. Setzt man $\Delta x := \lambda e_1$, so ergibt sich (A_1) aus (B″) für $\lambda \rightsquigarrow 0$ ($\lambda > 0$). – Schließlich wähle man $\lambda_1, \lambda_2 \in \mathbb{R}^+$ so klein, daß (A″) gilt und daß (B″) gilt für alle x aus dem zu λ_1, λ_2 gehörigen 2-Simplex aus $S_2(p; e_1, e_2)$. Vermöge (V′) folgt dann $||\Delta x|^{-1}\Delta f - ye_1| < 2\varepsilon$, womit ($A_2$) bestätigt wird.

3.4. Differenzierbarkeit und Kontingent

(I) Das Kontingent $C(p, G)$, d. h. die Halbtangentenmenge, an die Menge $G \subset \mathbb{R}^m$ im Punkt $p \in G$ kann folgendermaßen erklärt werden: Es bezeichne $H(p, x) \subset \mathbb{R}^m$ die Halbgerade mit p als Anfangspunkt durch den Punkt $x \in G \setminus \{p\}$, also $H(p, x) := \{p + \lambda(x - p) : \lambda \geq 0\}$; ferner bezeichne $\mathfrak{u}(p)$ das System der Umgebungen von p im $\mathbb{R}^m$ und $\mathbf{h}(M) := \bar{M}$ die abgeschlossene Hülle von $M \subset \mathbb{R}^m$. Dann gilt

(C) $\quad C(p, G) = \bigcap_{U \in \mathfrak{u}(p)} h(\bigcup \{H(p, x) : x \in (U \setminus \{p\}) \cap G\})$,

dabei ist sinngemäß p als *Häufungspunkt von G* vorausgesetzt.

(II) Weiter sei L eine, $p\in G\subset\mathbb{R}^m$ enthaltende n-Ebene im $\mathbb{R}^m$, $1\leqq n\leqq m-1$, und L in Abhängigkeit von dem Parameter $z\in V\mathbb{R}^n$ dargestellt durch

$$y=p+l(z) \quad \text{mit linearem} \quad l: V\mathbb{R}^n \longrightarrow V\mathbb{R}^m.$$

Zu L bilden wir die „kegelförmigen‘ (ε-)Umgebungen von L:

$$V(p;\, l;\, \varepsilon):=\{p+l(z)+|z|\cdot e : z\in V\mathbb{R}^n \wedge e\in V\mathbb{R}^m \wedge |e|<\varepsilon\}.$$

Aus dieser Definition folgt (Bew. als Aufgabe):

$$C(p,G)\subset L :\leftrightarrow \bigwedge\nolimits_{\varepsilon>0} \bigvee\nolimits_{U\in\mathfrak{u}(p)} (U\setminus\{p\})\cap G\subset V(p;\, l;\, \varepsilon)$$

(III) Mit Hilfe des Kontingents ergibt sich nun folgende *geometrische Kennzeichnung* der Differenzierbarkeit.

Satz: Voraussetzung. *Es seien $k,n\in\mathbb{N}^+$ und $G\subset\mathbb{R}^n$, ferner $p\in G$ Häufungspunkt von G und $f: G\longrightarrow\mathbb{R}^k$.*

Behauptung: *Es sind gleichwertig:* (1) *Es ist f differenzierbar in p.* – (2) *Das Kontingent $C(p):=C(q,F)$ an den Graphen $F\subset\mathbb{R}^n\times\mathbb{R}^k$ von f im Punkt $q:=(p,f(p))$ ist enthalten in einer, q enthaltenden n-Ebene $T\subset\mathbb{R}^n\times\mathbb{R}^k$, welche mit der k-Ebene* $\{0\}\times\mathbb{R}^k$ (in $\mathbb{R}^n\times\mathbb{R}^k$) *keine Richtung gemeinsam hat.*

Zusatz: Ist $p\in\underline{G}$ und ist f in p differenzierbar, so gilt $C(p)=T$, wobei T als **Tangentialraum** von F in q bezeichnet wird. Im Fall $k=1$ heißt T *Tangentialhyperebene an den Graph* der Funktion f im $\mathbb{R}^n\times\mathbb{R}$.

Beweis: Betr. (1)$\to$(2). Differenzierbarkeit von f in p besagt

$$\bigwedge\nolimits_{\varepsilon>0} \bigvee\nolimits_{U\in\mathfrak{u}(p)} \bigwedge\nolimits_{z\in(U\setminus\{p\})\cap G} \qquad f(z)=f(p)+df(p)(z-p)+|z-p|\cdot e,$$

wobei $|e|<\varepsilon$. – Hieraus folgt für $z\in(U\setminus\{p\})\cap G$, daß

$$(z,f(z))=(p+(z-p),\, f(p)+df(p)(z-p)+|z-p|\cdot e)\in V(q;\, df(p);\, \varepsilon)\subset\mathbb{R}^n\times\mathbb{R}^k.$$

Gemäß Ziff. II. (mit $m=n+k$) gilt also $C(p)\subset T$, wobei der lineare Teilraum T von $\mathbb{R}^n\times\mathbb{R}^k$ die Darstellung besitzt

$$(T) \qquad y=f(p)+df(p)(x-p), \qquad x\in V\mathbb{R}^n.$$

Betr. (2)$\to$(1). Es besitze $T\subset\mathbb{R}^n\times\mathbb{R}^k$ die Darstellung

$$y=f(p)+d(x-p) \quad \text{mit linearem} \quad d: V\mathbb{R}^n\longrightarrow V\mathbb{R}^k \quad \text{und} \quad x\in V\mathbb{R}^n.$$

Außerdem sei $C(p)\subset T$. Bezeichnet l_1 die lineare Abbildung $(x\longmapsto(x,d(x))$ von $V\mathbb{R}^n$ in $V(\mathbb{R}^n\times\mathbb{R}^k)$, so gilt gemäß Ziff. II.

$$\bigwedge_{\varepsilon>0} \bigvee_{U\in\mathfrak{u}(p)} \bigwedge_{x\in(U\setminus\{p\})\cap G} (x, f(x)) \in V(q; l_1; \varepsilon).$$

Dieses aber besagt, daß $(x, f(x)) = ((p, f(p)) + (z, d(z)) + |z|(e_1, e_2))$ mit $z \in \mathbb{R}^n$, $e_1 \in \mathbb{R}^n$, $e_2 \in \mathbb{R}^k$ und

$$(+) \qquad |(e_1, e_2)| < \varepsilon.$$

Hieraus folgt $f(x) - f(p) = d(z) + |z| \cdot e_2$ und

$$(++) \qquad x - p = z + |z| \cdot e_1, \qquad \text{also}$$

$$(+++) \qquad f(x) - f(p) = d(x-p) - |z| d(e_1) + |z| \cdot e_2.$$

Es gibt aber $\alpha, \beta \in \mathbb{R}^+$ mit $|e_1| < \alpha |(e_1, e_2)|$ und $|e_2| < \beta |(e_1, e_2)|$. Gemäß $(+)$ ist daher $|e_1| < \alpha\varepsilon$, $|e_2| < \beta\varepsilon$. Weiter folgt aus $(++)$, daß $|z| \cdot |1 - |e_1|| \leqq |x-p|$; für $\varepsilon < (2\alpha)^{-1}$ gilt daher $|z| < 2|x-p|$. Außerdem existiert $\gamma \in \mathbb{R}^+$ mit $|d(e_1)| < \gamma |e_1|$. Für $\varepsilon < (2\alpha)^{-1}$ und $\varepsilon' < 2(\alpha\gamma + \beta)\varepsilon$ ergibt sich aus $(+++)$ daher

$$|f(x) - f(p) - d(x-p)| < |x-p|\varepsilon', \qquad \text{wenn } x \in (U\setminus\{p\}) \cap G,$$

d.h. f ist differenzierbar in p mit dem Differential d.

Betr. den Zusatz. Es sei H_0 in T irgend eine Halbgerade mit $q := (p, f(p))$ als Anfangspunkt. Wegen der Differenzierbarkeit von f in $p \in \underset{\cdot}{G}$ ist (vgl. Bew. (1)$\to$(2), (T)) $x = p + ta$, $y = f(p) + t\,df(p)(a)$ mit $t \in \mathbb{R}^+ \cup \{0\}$ und $a \in V\mathbb{R}^n$, $|a| = 1$, eine Darstellung von H_0 mit dem Parameter t.
Wegen $p \in \underset{\cdot}{G}$ existiert für jedes $e \in V\mathbb{R}^n$ mit $|e| = 1$ die Halbgerade $H(e, t) \in \mathbb{R}^n \times \mathbb{R}^k$ mit $(p, f(p))$ als Anfangspunkt und durch den Punkt $(p + et, f(p + et)) \neq (p, f(p))$, wenn $t > 0$ hinreichend klein ist. Wegen der Differenzierbarkeit von f in p ist $f(p + et) = f(p) + t\,df(p)(e) + \eta$ mit $|\eta| \in o(t)$ (unabhängig von e). Daher $H_0 = \lim_{e \to a, t \to 0} H(e, t)$ (bei festem a) und mithin $T \subset C(p)$. Wegen $C(p) \subset T$ (Beh. (2)) folgt $C(p) = T$.

3.5. Lösungen reeller Gleichungen

An früherer Stelle (2.1.5.1 sowie beim Zwischenwertsatz in 2.4.5.2) handelte es sich um den Nachweis der Existenz einer *„Punktlösung“*, d.h. eines Punktes, welcher ein vorgegebenes Gleichungssystem erfüllt. Jetzt wird eine „Punktlösung“ als bekannt vorausgesetzt und es wird nach Bedingungen gefragt dafür, daß sich diese „Punktlösung“ *fortsetzen* läßt zu einer *„Funktionslösung“*, d.h. zu einer Funktion oder Abbildung, welche in einer gewissen Umgebung der „Punktlösung“ dem Gleichungssystem genügt.

3.5.0 *Bezeichnungen.*

(1) Es sei $(x_1, \ldots, x_k)$ bzw. $(y_1, \ldots, y_n)$ eine Basis des $\mathbb{R}^k$ bzw. des $\mathbb{R}^n$; bezüglich dieser Basen

sei $x=(\xi_1,\dots,\xi_k)$ für jedes $x\in\mathbb{R}^k$ bzw. $y=(\eta_1,\dots,\eta_n)$ für jedes $y\in\mathbb{R}^n$. Weiter sei X bzw. Y eine offene Umgebung von $x_0=(\xi_1^0,\dots,\xi_k^0)\in X$ im $\mathbb{R}^k$ bzw. von $y_0=(\eta_1^0,\dots,\eta_n^0)\in Y$ im $\mathbb{R}^n$. Wir setzen $z:=(x, y)\in Z:=X\times Y\subset\mathbb{R}^{k+n}$; es ist dann Z Umgebung von $z_0:=(x_0, y_0)$ in $\mathbb{R}^{k+n}$.

(2) Es sei $D\subset\mathbb{R}^{k+n}$ mit $Z\subset\underline{D}$ und $F:D\longrightarrow\mathbb{R}^k$, also $F(z)=(F_1(z),\dots,F_k(z))$ bezüglich $(x_1,\dots,x_k)$ und $F_\kappa:D\longrightarrow\mathbb{R}$, $\kappa=1,\dots,k$. Statt $F((x, y))$ usw. schreiben wir kürzer $F(x, y)$ usw.

Ist $F(x, y)=\bar{0}$, so heißt x ein *X-Lösung zu y der Gleichung $F=\bar{0}$.*

3.5.1 *Eine reelle Gleichung für eine reelle Funktion.*

Satz: Voraussetzung. *Mit den Bezeichnungen in* 3.5.0, (1) *und* (2), *sei* (I) $1\leqq n$ *und* $k=1$, *also* $x=(\xi)$ *und* $F=(F_1)$. – (II) *Es sei F stetig in Z.* – (III) *Es sei x_0 Nullstelle von* $(x\longmapsto F(x, y_0))$ „mit Durchdringung“, *d.h. es existiere eine gegen x_0 konvergierende, streng isotone bzw. streng antitone Folge $(x_\nu')_\nu$ bzw. $(x_\nu'')_\nu$ mit $\bigwedge_\nu F(x_\nu', y_0)F(x_\nu'', y_0)<0$. (Wegen der Stetigkeit von F folgt daraus $F(x_0, y_0)=0$).*

Behauptung: *Es existiert eine Umgebung $X'\subset X$ von x_0 und eine Umgebung $Y'\subset Y$ von y_0 sowie eine in y_0 stetige X-Lösung (zu y) $G:Y'\longrightarrow X'$ von $F(x, y)=0$, also mit $F(G(y), y)=0$ für $y\in Y'$.*

Zusatz: Die Vor. (III) ist insbesondere dann erfüllt, wenn die partielle Ableitung $F_{|x}(z_0)$ existiert und $\neq 0$ ist (es liegt dann eine isolierte Nullstelle mit Durchdringung vor).

Beweis: O.B.d.A. sei $\{(x_\nu', y_0), (x_\nu'', y_0)\}\subset Z$ für alle ν. Wegen (II) gibt es zu jedem ν eine Umgebung $Y_\nu(\subset Y)$ von y_0, so daß

$$(+)\qquad \bigwedge_\nu\bigwedge_{y\in Y_\nu} F(x_\nu', y)F(x_\nu'', y)<0.$$

Speziell für $y\in Y_1$ folgt aus (+) und (II), daß die Menge Ξ_1 aller $\xi\in(x_1'; x_1'')$ mit $F(\xi, y)=0$ nicht leer und kompakt ist; es gibt daher ein $\xi\in\Xi_1$ mit kleinstem $|\xi-x_0|$; wir bezeichnen ein solches ξ mit $G(y)$. Damit haben wir eine Abbildung $G:Y'\longrightarrow X'$ mit $Y':=Y_1$ und $X':=(x_1'; x_1'')$ sowie mit $G(y_0)=x_0$ (wegen $F(x_0, y_0)=0$), welche in y_0 stetig ist. In der Tat: $\bigwedge_{\varepsilon>0}\bigvee_\nu x_0-\varepsilon<x_\nu'<x_0<x_\nu''<x_0+\varepsilon$; und für $y\in Y_\nu\cap Y_1$ gibt es (wegen (+)) $\xi\in(x_\nu'; x_\nu'')\subset(x_1'; x_1'')$ mit $F(\xi; y)=0$. Nach Wahl von $G(y)$ ist also $|G(y)-x_0|<\varepsilon$.

Anmerkung: Ersetzt man im vorstehenden Satz die Vor. (III) durch die stärkere

$$(\mathrm{III})'\qquad \bigvee_{\delta>0}\bigwedge_{\alpha\in(0;\delta)} F(x_0+\alpha, y_0)\cdot F(x_0-\alpha, y_0)<0,$$

so ist jedes $G:Y_1\longrightarrow(x_0-\delta; x_0+\delta)$, wobei Y_1 eine Umgebung von y_0 ist und $F(G(y), y)=0$ für $y\in Y_1$, stetig in y_0 (Bew. als Aufgabe).

3.5.2 *k reelle Gleichungen für k reelle Funktionen.*
Zwecks Verallgemeinerung des für $k=1$ oben bewiesenen Existenzsatzes auf den Fall $k \geqq 2$ führen wir folgende Bezeichnung ein:

Definition: Eine k,k-Matrix $B=(\beta_{\kappa\mu})$ heißt **diagonal regulär**, wenn für $\kappa=1,\dots,k$, die „Diagonalminoren", d. h. die Determinanten der Diagonaluntermatrizen

$$\begin{pmatrix} \beta_{11}\dots\beta_{1\kappa} \\ \dots\dots\dots\dots \\ \dots\dots\dots\dots \\ \beta_{\kappa 1}\dots\beta_{\kappa\kappa} \end{pmatrix}$$

nicht Null sind. Jede reguläre Matrix A, d. h. mit $\det A \neq 0$, kann durch Umordnung ihrer Zeilen und Spalten in eine diagonal reguläre umgeformt werden (Bew. !).
Es gilt nun, allerdings unter schärferen Voraussetzungen als im Fall $k=1$, der

Satz: Voraussetzung: *Mit den in* 3.5.0 *vereinbarten Bezeichnungen* (1), (2) *gelte:*
(I) *Es sei* $1 \leqq k$ *und* $1 \leqq n$. – (II) *Es sei F differenzierbar, insbesondere also stetig, in Z.* – (III) *Für* alle $z \in Z$ *besitze die k,k-Funktionalmatrix* $J := (F_{\kappa|x_\mu})$ *von* $F=(F_1,\dots,F_k)$ *bezüglich* $(x_1,\dots,x_k)$ *den Rang k und sei diagonal regulär. Außerdem sei* $F(x_0, y_0)=0$ (d. h. hier $=\overset{\infty}{0}$).

Behauptung: *Es existiert eine Umgebung X' von x_0 mit* $X' \subset X$ und *eine Umgebung Y' von y_0 mit $Y' \subset Y$ sowie* genau *eine X-Lösung* $G: Y' \to X'$ *von* $F(x,y)=0$, *also* $F(G(y),y)=0$, *mit* $x_0=G(y_0)$. *Diese Lösung ist* differenzierbar *(in Y'), insbesondere also stetig.*

Zusatz: Sind die partiellen Ableitungen $F_{\kappa|x_\mu}$ stetig in einer Umgebung von $z_0=(x_0, y_0)$, so gilt der Satz, wenn statt (III) vorausgesetzt wird, daß

(III′) $$\det(F_{\kappa|x_\mu}) \neq 0 \qquad \text{für } z=z_0.$$

Beweis: Vorbemerkung: Der Nachweis der Existenz einer Lösung wird durch Induktion in der Anzahl k der „Unbekannten" geführt und stützt sich bei den einzelnen Induktionsschritten auf die Kenntnis der Differenzierbarkeits- und Eindeutigkeitseigenschaften der jeweiligen „Teillösungen"; diese Kenntnis vermitteln u. a. die nachfolgenden Sätze in 3.5.3.1 und 3.5.3.2.
1. *Betr. die Eindeutigkeit der Lösung.* Falls (mindestens) eine Lösung existiert, folgt die Eindeutigkeit aus dem Eindeutigkeitssatz in 3.5.3.2.
2. *Betr. Existenz und Eigenschaften der Lösung.*
(A) *Betr. den Fall* $(k,n)=(1,n)$.
(A 1) Aus den Voraussetzungen (II) und (III) ergibt sich gemäß 3.5.1, Satz: Bei geeigneten X', Y' existieren zu jedem $(x', y') \in X' \times Y'$ mit $F(x', y')=0$ Umgebungen $X(x') \subset X'$ von

x' und $Y(y')\subset Y'$ von y' sowie eine im Punkt y' stetige Lösung $G: Y(y') \rightarrowtail X(x')$ von $F(x, y)=0$ mit $x'=G(y')$. Diese Lösung ist eindeutig bestimmt.

(A 2) Wegen der Stetigkeit von G in Y' ist nun der Differenzierbarkeitssatz aus 3.5.3.1 anwendbar, woraus die behauptete Differenzierbarkeit von G in Y' folgt.

(B) *Betr.* (k, n) mit $k \geqq 2$. Vollständige Induktion! O.B.d.A. sei $x_0=0$, $y_0=0$, also $Z_0=(0,0)=0$. Die Behauptung des Satzes sei schon für alle $k' \in \{1, \ldots, k-1\}$, $k \geqq 2$ bewiesen.

(B 1) Wir setzen $\tilde{x} := (\xi_1, \ldots, \xi_{k-1}) \in \mathbb{R}^{k-1}$ und $\tilde{x}_0 := (\xi_1^0, \ldots, \xi_{k-1}^0)$ sowie $\tilde{y} := (\xi_k, y) \in \mathbb{R}^{n+1}$ und $\tilde{y}_0 := (\xi_k^0, y_0)$, ferner $\tilde{X} := \{\xi_1, \ldots, \xi_{k-1} : \xi_\kappa \in \mathbb{R}\} = \{\tilde{x} : \tilde{x} \in \mathbb{R}^{k-1}\}$ und $\tilde{Y}^+ := \{\xi_\kappa, \eta_1, \ldots, \eta_n) : \xi_k \in \mathbb{R} \wedge \eta_\nu \in \mathbb{R}\} = \{\tilde{y} : \tilde{x} \in \mathbb{R}^{k-1}\}$. Schließlich sei $\tilde{F}(\tilde{x}, \tilde{y}) := (F_1(\tilde{x}, \tilde{y}), \ldots, F_{k-1}(\tilde{x}, \tilde{y}))$. Es gibt Umgebungen $\tilde{X}$ von $\tilde{x}_0$ in $\mathbb{R}^{k-1}$ mit $\tilde{X} \subset X \cap \tilde{X}^+$ und Umgebungen $\tilde{Y}$ von $\tilde{y}_0$ in $\mathbb{R}^{n+1}$ mit $\tilde{Y} \subset Y \cap \tilde{Y}^+$ derart, daß $\tilde{Z} := \tilde{X} \times \tilde{Y} \subset Z$ Umgebung von z_0 ist. Für $\tilde{F}: \tilde{Z} \rightarrowtail \mathbb{R}^{k-1}$ sind, wenn für F, die Voraussetzungen (II) und (III) erfüllt. Gemäß der Induktionsannahme existiert also, weil der Fall $(k-1, n+1)$ vorliegt, (genau) eine Lösung $\tilde{G}: \tilde{Y}' \rightarrowtail \tilde{X}'$, wobei

$$(+) \qquad \tilde{F}(\tilde{G}(\tilde{y}), \tilde{y}) = 0$$

und $\tilde{Y}' \subset Y$ bzw. $\tilde{X}' \subset \tilde{X}$ Umgebung von $\tilde{y}_0(=0)$ bzw. von $\tilde{x}_0(=0)$ ist. Und zwar ist $\tilde{G}$ differenzierbar (bezüglich $\tilde{y}$), also stetig, in $\tilde{Y}'$. Wegen $\tilde{X}' \subset \mathbb{R}^{k-1}$ ist $\tilde{G} = (\tilde{G}_1, \ldots, \tilde{G}_{k-1})$ bezüglich $(x_1, \ldots, x_{k-1})$.

(B 2) Unter Benutzung von $\tilde{G}$ (vgl. (B 1)) ist noch die Gleichung $F_k(x, y)=0$ einzubeziehen. Dazu setzen wir

$$(H) \qquad H(\xi_k, y) := F_k(\tilde{G}_1(\xi_k, y), \ldots, \tilde{G}_{k-1}(\xi_k, y), \xi_k, y) \qquad \text{für } (\xi_k, y) \in \tilde{Y}'.$$

Es sei Ξ bzw. Y^+ eine Umgebung von ξ_k^0 bzw. von y_0 mit $\Xi \times Y^+ \subset \tilde{Y}'$. Zu konstruieren ist eine differenzierbare Lösung $G_k: Y' \rightarrowtail \Xi'$ mit $(y \mapsto G_k(y) =: \xi_k)$ der Gleichung $H(\xi_k, y)=0$, wobei Y' bzw. Ξ' eine Umgebung von y_0 in Y^+ bzw. von ξ_k^0 in Ξ bezeichnet. Existiert nämlich eine, in Y' differenzierbare Lösung G_k von $H(\xi_k, y)=0$, so liefert diese (gemäß der Kettenregel) eine in Y' differenzierbare Lösung $G: Y' \rightarrowtail X'$ von $F(x, y)=0$ mit $G(y_0)=x_0$, wobei $G=(G_1, \ldots, G_k)$.

(B 3) Bei der Gleichung $H(\xi_k, y)=0$ handelt es sich um den in (A) erledigten Fall $k=1$, sofern: *Erstens* H in einer Umgebung von (ξ_k^0, y_0) stetig ist und *Zweitens* die partielle Ableitung $H_{|x_k}$ in (ξ_k^0, y_0) existiert und dort nicht Null ist. – Dazu sei bemerkt: Wegen der Differenzierbarkeit von F in Z, andererseits von $\tilde{G}$ in $\tilde{Y}'$ folgt (gemäß der Kettenregel) die Differenzierbarkeit von H in $\tilde{Y}'$ und damit insbesondere die Existenz der partiellen Ableitung nach x_k.

Betr. Erstens. Wegen der Differenzierbarkeit nach x_k von H ist speziell H stetig in $\tilde{Y}'$.

Betr. Zweitens. Die Bildung der partiellen Ableitung nach x_k von $(+)$ in (B 1) liefert, für $\tilde{z} := (\tilde{G}_1(\xi_k, y), \ldots, \tilde{G}_{k-1}(\xi_k, y), \xi_k, y)$ und $\tilde{y} := (\xi, y) \in \tilde{Y}'$:

$$(+)\qquad \left(\sum_{\mu=1}^{k-1} F_{\kappa|x_\mu}(\tilde z)\cdot \tilde G_{\mu|x_k}(\tilde y)\right)+\left(F_{\kappa|x_k}(\tilde z)\right)=0,\qquad \kappa=1,\dots,k.$$

Weiter ergibt die Bildung der partiellen Ableitung nach x_k von (H) in (B 2):

$$(++)\qquad \left(\sum_{\mu=1}^{k-1} F_{k|x_\mu}(\tilde z)\cdot \tilde G_{\mu|x_k}(\tilde y)\right)+\left(F_{k|x_k}(\tilde z)-H_{|x_k}(\tilde z)\right)=0.$$

Es lassen sich (+) und (+ +) zusammen deuten als ein System von k linearen homogenen Gleichungen mit der nicht trivialen Lösung $(\tilde G_{1|x_k}(\tilde y),\dots,\tilde G_{k-1|x_{k-1}}(\tilde y),1)$. Daher verschwindet die Determinante der k,k-Matrix

$$B:=\begin{pmatrix} F_{1|x_1}(\tilde z) & \dots\, F_{1|x_{k-1}}(\tilde z) & F_{1|x_k}(\tilde z)\\ \dots & \dots & \dots\\ F_{k-1|x_1}(\tilde z) & \dots\, F_{k-1|x_{k-1}}(\tilde z) & F_{k-1|x_k}(\tilde z)\\ F_{k|x_1}(\tilde z) & \dots\, F_{k|x_{k-1}}(\tilde z) & (F_{k|x_k}(\tilde z)-H_{|x_k}(\tilde z)) \end{pmatrix}$$

Setzt man $B_k:=((F_{\varrho|x_\mu}(\tilde z)))$, $\varrho,\ \mu=1,\dots,k$, und

$$B_{k-1}:=((F_{\varrho|\mu}(\tilde z))),\ \varrho,\ \mu=1,\dots,k-1,$$

so gilt also $\det B=0=\det B_k+H_{|x_k}(\tilde z)\det B_{k-1}$. Da $\det B_k\neq 0$, folgt $H_{|x_k}(\tilde z)\neq 0$, sodaß insbesondere „Zweitens" erfüllt ist.

Beweis des Zusatzes. Nach geeigneter Umordnung der Gleichungen und der Unbekannten ist $((F_{\kappa|x_\mu}(z_0)))$, κ, $\mu=1,\dots,k$, diagonal regulär und, wegen der Stetigkeit der $F_{\kappa|x_\mu}$ dann auch $((F_{\kappa|x_\mu}(z)))$ für alle z aus einer Umgebung Z' von z_0.

3.5.3 *Differenzierbarkeit und Eindeutigkeit der Lösungen von Systemen differenzierbarer Gleichungen.*

In 3.5.2 war die Existenz nachgewiesen worden von Lösungen von Gleichungssystemen, welche gewissen Monotonie- bzw. Differenzierbarkeitsforderungen genügen. Jetzt soll unter schärferen Bedingungen die Differenzierbarkeit und die Eindeutigkeit der Lösungen bewiesen werden. Wir schreiben wieder 0 statt $\bar 0$.

3.5.3.1 *Differenzierbarkeit der Lösungen.*

Satz: Voraussetzung. (I) *Es sei* $x:=(\xi_1,\dots,\xi_k)\in\mathbb{R}^k$ *und* $y:=(\eta_1,\dots,\eta_k)\in\mathbb{R}^n$ *sowie* $z:=(x,y)=(\xi_1,\dots,\xi_k;\ \eta_1,\dots,\eta_n)\in\mathbb{R}^{k+n}$; $z_0:=(x_0,y_0)$; $n+k\geqq 2$.

(II) *Es sei* $z_0\in\underline{D}\subset D\subset\mathbb{R}^{k+n}$ *und* $F:D\rightarrowtail\mathbb{R}^k$, *also* $F:=(F_1,\dots,F_k)$ *mit* $F_\kappa:D\to\mathbb{R}$, $\kappa\in\{1,\dots,k\}$. – *Außerdem sei* $F(z_0)=0$.

(III) *Es existieren Umgebungen X von* x_0 *in* $\mathbb{R}^k$ *und Y von* y_0 *in* $\mathbb{R}^n$ *mit* $X\times Y\subset\underline{D}$ *sowie eine X-Lösung von* $F=0$, *d.h. ein* $G:Y\rightarrowtail X$, *also* $G(y)\in\mathbb{R}^k$ *derart, daß* $F(G(y),y)=0$ *für* $y\in Y$ *sowie daß* $x_0=G(y_0)$.

Behauptung: (1) *Zusätzlich zu Vor.* (I) – (III) *sei angenommen: Es ist* F differenzierbar nach z in z_0, *wobei die Funktionaldeterminante* $\det(F'_x(z_0))$ *von* F *nach* x *in* z_0 *nicht Null ist; überdies sei* G stetig *in* y_0. – *Dann ist* $G := (G_1, \ldots, G_k)$ *differenzierbar nach* y *in* y_0, *wobei – unter* F'_x, F'_y *die Funktionalmatrix von* f *bezüglich* x *bzw.* y *verstanden* –

$$G(y) - G(y_0) = (F'_x)^{-1}(z_0) F'_y(z_0)(y - y_0) + H(y - y_0) \quad \text{mit} \quad H \in o(|y - y_0|),\ y \in Y.$$

Für $F_{\tau|\kappa} := \partial F_\tau / \partial \xi_\kappa$ *und* $G'_{\kappa|\nu} := \partial G_\kappa / \partial \eta_\nu$, *sowie* $F'_{\tau|\nu} := \partial F_\tau / \partial \eta_\nu$ *gilt in* z_0

(1) $$\textstyle\sum_{\kappa=1}^{k} F_{\tau|\kappa} \cdot G_{\kappa|\nu} = -F_{\tau|\nu}; \quad \tau = 1, \ldots, k; \quad \nu = 1, \ldots, n.$$

(2) *Zusätzlich zu Vor.* (I) – (III) *werde angenommen: Es ist* F *differenzierbar nach* z *in einer Umgebung von* z_0 *(in* $\mathring{D}$*) und stetig differenzierbar in* z_0; *ferner sei wieder* $\det(F'_x(z_0)) \neq 0$ *und* G *stetig in einer Umgebung von* y_0 *in* Y. – *Dann ist* G *differenzierbar (bezüglich* y*) in einer Umgebung von* y_0 *und stetig differenzierbar in* y_0.

Zusatz: Aus der in Beh. (2) geforderten stetigen Differenzierbarkeit von F, zusammen mit Vor. (I) und (II), folgt die Pseudolinearität von F und dann die Existenz eines G.

Beweis: O.B.d.A. kann und soll $z_0 = x_0 = y_0 = 0$ angenommen werden, sodaß $x = x - x_0$, $y = y - y_0$ und $z = z - z_0$. Es ist $F'_x = (F_{\tau|\kappa})$ und $F'_y = (F_{\tau|\nu})$ mit $\tau, \kappa = 1, \ldots, k$; $\nu = 1, \ldots, n$.
Betr. Beh. (1). Wegen $F(G(y), y) = 0$, $y \in Y$, und der Differenzierbarkeit von F nach z in z_0 gilt mit $F'_x := F'_x(z_0)$, $F'_y := F'_y(z_0)$, $G := G(y)$, $z := (G, y)$

(1′) $$0 = F'_x G + F'_y y + KG + Ny \quad \text{mit} \quad K \rightsquigarrow 0 \quad \text{und} \quad N \rightsquigarrow 0 \quad \text{für} \quad y \rightsquigarrow 0,$$

wobei die Stetigkeit von G in $y_0 = 0$, d.h. $G \rightsquigarrow 0$ für $y \rightsquigarrow 0$, benutzt wird (es besagt $K \rightsquigarrow 0$ dabei, daß $K_{\tau\kappa} \rightsquigarrow 0$, wenn $K := (K_{\tau\kappa})$, für alle $\kappa, \tau \in \{1, \ldots, k\}$. Entsprechend für $N := (N_{\tau\nu})$, $\tau = 1, \ldots, k$; $\nu = 1, \ldots, n$.
Wir schreiben (1′) in der Gestalt

(1″) $$(F'_x + K)G = -F'_y y - Ny$$

und beachten, daß $\det(F'_x + K) \neq 0$ für hinreichend kleines K, d.h. für hinreichend kleine $K_{\tau\kappa}$. Daher kann (1″) eindeutig nach G aufgelöst werden. Es gilt also, mit $(F'_x + K)^{-1} =: F'^{-1}_x + K^*$, $N^* := K^*(-F'_y - N)$;

(1⁺) $$G = -(F'_x)^{-1} F'_y y + N^* y \quad \text{mit} \quad N^* \rightsquigarrow 0 \quad \text{für} \quad y \rightsquigarrow 0,$$

was besagt, daß G in $y_0 = 0$ differenzierbar ist, also auch $(y| \longrightarrow F(G(y), y))$ in y_0. Daraus folgt $(\overline{1})$.
Betr. Beh. (2). Gemäß der Voraussetzung in Beh. (2) existieren F'_x und F'_y in einer Umgebung von z_0 und sind stetig in z_0. Daher ist auch $\det F'_x \neq 0$ in der Nähe von z_0. Wegen der vorausgesetzten Stetigkeit von G in einer Umgebung von y_0 gilt (1⁺) (vgl. die Überlegungen im Bew. betr. Beh. (1)) auch in einer Umgebung von z_0 in dem Sinne, daß z_0

bzw. y in (1^+) ersetzt werden durch $(G(y_1), y_1)$ bzw. $y-y_1$ mit zu y_0 hinreichend benachbarten y_1, y. Wegen der vorausgesetzten Stetigkeit der $F'_{\tau\kappa}$ und $F'_{\tau\nu}$ in z_0 folgt aus (1^+) die stetige Differenzierbarkeit von G in y_0.
Betr. Zusatz. Folgt wegen der mit der stetigen gleichwertigen freien Differenzierbarkeit (3.3.3) und wegen $\det(F'_x(z_0)) \neq 0$ aus 2.1.5.1, Satz (Bew. als Aufg.).

3.5.3.1.1 *Existenz höherer Ableitungen*

Satz: Voraussetzung. *Es sei* $t \geqq 2$ *und – über die Voraussetzungen* (I), (II), (III) *von* 3.5.3.1, *Satz, hinaus – sei F in einer Umgebung von* z_0 *t-mal stetig differenzierbar nach z.* – Behauptung: *G ist t-mal stetig differenzierbar (nach y) in einer Umgebung von* y_0.
Beweis: Analog wie im vorausgehenden Satz. Durch $(t-1)$-malige partielle Differentiationen der Identitäten $(\bar{1})$ ergeben sich (induktiv) für alle fraglichen partiellen Ableitungen höherer Ordnung von G lineare Gleichungssysteme mit der von Null verschiedenen Determinante $\det(F'_x(z_0))$ (Aufgabe!).

3.5.3.2 *Eindeutigkeit der Lösung.*

Eindeutigkeitssatz.

Voraussetzung: (I) *und* (II) *wie im Differenzierbarkeitssatz* (3.5.3.1). (III) *Es sei F differenzierbar nach z in einer Umgebung Z von* z_0 *in* $\underline{D} \subset \mathbb{R}^{k+n}$; *ferner sei* $\det(F'_x(z)) \neq 0$ *für* $z \in Z$.

Behauptung: *Es existiert höchstens eine X-Lösung* $G: Y \longrightarrow X$ *von* $F=0$ *mit* $x_0 = G(y_0)$ *in einer Umgebung* $U \subset Z$ *von* z_0, *also mit* $(G(y), y) \in U$ *für y nahe bei* y_0.

Beweis: Es seien G_i, $i=1,2$, Lösungen der behaupteten Art und $z_i := (G_i(y), y) \in U$ für eine Umgebung U von z_0; dabei kann o.B.d.A. U als konvex angenommen werden. Aus $F(G_i(y), y) = 0$ folgt die Existenz eines Punktes z^* auf der offenen, von z_1, z_2 begrenzten Strecke derart, daß $F'_x(z^*)(G_1(y) - G_2(y)) = 0$, wobei $z^* \in U$ wegen der Konvexität von U. Aus $\det(F'_x(z^*)) \neq 0$ folgt $G_1(y) = G_2(y)$.

3.5.4 *Beliebig viele Gleichungen für beliebig viele Funktionen.*

Bei einem System von mehr oder weniger Gleichungen als Unbekannten ist vor allem zu beachten, daß – wie bei linearen Gleichungen – die Anzahl der Gleichungen nur eine sekundäre Rolle spielt; vielmehr gibt den Ausschlag in erster Linie der Rang des Gleichungssystems, genauer der Rang der Funktionalmatrix im Punkt der gegebenen Punktlösung. Über die zur Behandlung des Auflösungsproblems dienende **Eliminationsmethode** ist folgendes zu sagen:

(I) Hat man ein Gleichungssystem

(1) $$F_\mu(x, y) = 0, \quad \mu = 1, \ldots, m,$$

für $x := (x_1, \ldots, x_k) \in \mathbb{R}^k$ (als „Unbekannte“) und $y := (y_1, \ldots, y_n) \in \mathbb{R}^n$ (als „Parameter“) mit der Punktlösung (x_0, y_0) und mit Rang $(F_{\mu|\kappa}(x_0, y_0)) = r$, so ist $r \leqq \min\{m, k\}$. Demgemäß wird man r Gleichungen auswählen, so daß – nach Umnumerierung der Unbekannten – gilt

(2) $$\text{Rang}\,(F_{\varrho'|\varrho}(x_0, y_0)) = r, \quad \varrho', \varrho = 1, \ldots, r.$$

Gemäß 3.5.2 gibt es – unter den entsprechenden Voraussetzungen – eine lokale Funktionslösung $x_\varrho = G_\varrho(x_{r+1}, \ldots, x_k; y)$, $\varrho = 1, \ldots, r$.
Diese Lösung setzt man in die restlichen $m - r$ Gleichungen ein und erhält das verkürzte Gleichungssystem, mit $\mu' = r + 1, \ldots, m$,

(3) $$F^+_{\mu'}(x_{r+1}, \ldots, x_k; y) := F_{\mu'}(G_1, \ldots, G_r, x_{r+1}, \ldots, x_k, y) = 0.$$

Dabei gilt, mit $(x_0) := (x_{0r+1}, \ldots, x_{0k})$,

(4) $$F^+_{\mu'|x_\tau}((x_0), y_0) = 0, \quad \mu' = r + 1, \ldots, m; \quad \tau = r + 1, \ldots, k.$$

In der Tat: Es sei $F^0_{\mu'|x_\tau} := F_{\mu'|x_\tau}(x_0, y_0)$, $G^0_{\mu'|x_\tau} := G_{\mu'|x_\tau}(x_0, y_0)$.
Wegen (2) gilt

(5) $$F^0_{\mu'|x_\kappa} = \sum_\varrho \lambda_{\mu'\varrho} F^0_{\varrho|x_\kappa}.$$

Ferner ist wegen der Gültigkeit von $F_\varrho(\ldots, G_\varrho, \ldots, x_{r+1}, \ldots, x_k, y) = 0$ für alle $(x_{r+1}, \ldots, x_k, y)$ aus einer Umgebung von $(x_{0r+1}, \ldots, x_{0k}, y_0)$

$$0 = F^0_{\varrho'|x_\tau} + \sum_\varrho F^0_{\varrho'|x_\varrho} G^0_{\varrho|x_\tau},$$

woraus durch Multiplikation mit $\lambda_{\mu'\varrho'}$ und Summation über ϱ' mit (5) folgt

$$0 = F^0_{\mu'|x_\tau} + \sum_\varrho F^0_{\mu'|x_\varrho} G^0_{\varrho|x_\tau} = F^+_{\mu'|x_\tau}.$$

Nun besagt (4), daß eine Behandlung von (3) gemäß 3.5.3 nicht möglich ist, nämlich in dem Sinne, daß man die restlichen $x_{r+1}, \ldots, x_k$ als Unbekannte betrachtet.
(II) Es ist daher sinnvoll, bei einer Weiterbehandlung von (3) die Rollen zu tauschen, indem man die y_ν jetzt als Unbekannte betrachtet. Ist Rang $F^+_{\mu'|y_\nu} =: s \leqq \min\{k - r, n\}$, so hat man bei geeigneter Numerierung der y_ν und der Gleichungen (3)

(6) $$y_\sigma = H_\sigma(x_{r+1}, \ldots, x_k, y_{s+1}, \ldots, y_n), \qquad \sigma = 1, \ldots, s.$$

Es verbleiben Gleichungen der Gestalt

(7) $$0 = F^{++}_{\mu''}(x_{r+1}, \ldots, x_k, y_{s+1}, \ldots, y_n), \qquad \mu'' = r + s + 1, \ldots, n,$$

mit

$$(8)\qquad \begin{aligned} F^{++}_{\mu''|x_\tau} &= 0 \qquad \text{für } \tau = r+1, \ldots, k, \\ F^{++}_{\mu''|y_w} &= 0 \qquad \text{für } w = s+1, \ldots, n, \end{aligned}$$

sodaß auf (7) das Eliminationsverfahren für keine Gruppe der Variablen x_τ, y_w anwendbar ist; d.h. (7) muß mit, der Sachlage besonders angepaßten Hilfsmitteln untersucht werden.

Im Fall (7) mit (8) können alle Möglichkeiten auftreten.

Beispiele: Es sei $k=m=n=1$. Die Punktlösung (0, 0) ist

(a) für $x^2+y^2=0$ nicht fortsetzbar (im Reellen);

(b) für $x^3-y^3=0$ eindeutig fortsetzbar mit $y=x$;

(c) für $x^2-y^2=0$ mehrdeutig fortsetzbar mit $y=\pm x$;

(d) für $0\cdot x+0\cdot y=0$ besteht zwischen x und y keine Beziehung.

Bemerkung: Den Schritt (I) kann man deuten als *Aussonderung eindeutig erfaßbarer Unbekannter*, den Schritt (II) als Aussonderung *„überflüssiger" Parameter*.

3.5.5 Aus dem Auflösungssatz in 3.5.2 ergibt sich folgender

Spezieller Abhängigkeitssatz: Voraussetzung: *Es sei $D \in \mathbb{R}^n$ offen, $p \in D$, $f_1, \ldots, f_n$: $D \to \mathbb{R}$ stetig differenzierbar in D, die Funktionaldeterminante der $f_1, \ldots, f_n$ für alle $x := (x_1, \ldots, x_n) \in D$ gleich Null und*

$$\Delta_1 := \frac{\partial(f_1, \ldots, f_{n-1})}{\partial(x_1, \ldots, x_{n-1})}(p) \neq 0.$$

Behauptung: *Es gibt eine Umgebung U von $u^0 := (f_1(p), \ldots, f_{n-1}(p))$ im $\mathbb{R}^{n-1}$ der Punkte $u := (u_1, \ldots, u_{n-1})$ und eine stetig differenzierbare Funktion $F: U \to \mathbb{R}$, so daß*

$$f_n(x) = F(f_1(x), \ldots, f_{n-1}(x))$$

für alle x einer Umgebung von p.

Beweis: Aus der Vor. folgt für alle x einer Umgebung $V(\subset D)$ von p

$$(1)\qquad f_{n|\nu} = \sum_{r=1}^{n-1} \lambda_r f_{r|\nu}, \qquad \nu = 1, \ldots, n,$$

mit geeigneten $\lambda_r \in \mathbb{R}$. Wegen $\Delta_1 \neq 0$ in einer Umgebung von p kann man die Gleichungen

$$f_r(x_1, \ldots, x_{n-1}, x_n) = u_r, \qquad r = 1, \ldots, n-1,$$

für alle u einer Umgebung U von u^0 und alle x_n einer Umgebung W von p_n im $\mathbb{R}$ eindeutig nach $x_1, \ldots, x_{n-1}$ auflösen:

$$x_r = g_r(u, x_n), \qquad r = 1, \dots, n-1,$$

wobei die g_r in $U \times W$ stetig differenzierbar sind und für $(u, x_n) \in U \times W$ allemal $(g_1, \dots, g_{n-1}, x_n) \in V$ (3.5.2). Weiter folgen aus den Identitäten $u_r = f_r(g_1, \dots, g_{n-1}, x_n)$ die Gleichungen

(2) $$0 = \sum_{s=1}^{n-1} f_{r|s} g_{s|x_n} + f_{r|x_n}, \qquad r = 1, \dots, n-1,$$

Für die Funktion $G: U \times W \longrightarrow \mathbb{R}$ mit

$$G(u, x_n) := f_n(g_1(u, x_n), \dots, g_{n-1}(u, x_n), x_n)$$

erhält man

(3) $$\frac{\partial G}{\partial x_n} = \sum_{r=1}^{n-1} f_{n|r} g_{r|x_n} + f_{n|n}.$$

Aus (1), (2), (3) folgt unmittelbar $\partial G / \partial x_n = 0$ für $(u, x_n) \in U \times W$, d.h. G ist unabhängig von x_n, also nur eine Funktion der $u_1, \dots, u_{n-1}$:

$$G(u, x_n) := F(u), \qquad \text{und somit}$$

$$f_n(x) = F(f_1(x), \dots, f_{n-1}(x)) \qquad \text{für alle } x \in U \times W.$$

3.5.5.1 In ganz ähnlicher Weise beweist man den folgenden

Allgemeinen Abhängigkeitssatz: Voraussetzung. *Es sei $D \in \mathbb{R}^n$ offen. $p \in D$, ferner seien die Funktionen $f_1, \dots, f_m : D \longrightarrow \mathbb{R}$ stetig differenzierbar in D, ihre Funktionalmatrix habe überall den Rang $r < \min\{n, m\}$ und* $\dfrac{\partial(f_1, \dots, f_r)}{\partial(x_1, \dots, x_r)}(p) \neq 0$, *(wobei $x := (x_1, \dots, x_n) \in D$).*

Behauptung: *Es gibt stetig differenzierbare Funktionen F_s, $s = r+1, \dots, n$, erklärt in einer Umgebung U von $u^0 := (f_1(p), \dots, f_r(p))$ im $\mathbb{R}^r$, so daß*

$$f_s(x) = F_s(f_1(x), \dots, f_r(x)), \qquad s = r+1, \dots, n,$$

für alle x einer (konvexen) Umgebung von p ($\subset D$).

Bemerkung: Der vorausgehende Satz gibt Auskunft über die Auflösung des Gleichungssystems

(+) $$f_1(x) = u_1 \wedge \dots \wedge f_m(x) = u_m;$$

es gilt nämlich der

Satz: *Unter den Voraussetzungen des vorausgehenden Satzes und der Annahme, daß $u_\mu = u_{0\mu}$, $\mu = 1, \dots, m$, und $x = p$ eine Punktlösung von (+) darstellen, ist diese Punktlösung in einer n-dimensionalen Umgebung der Punkte $(u_1, \dots, u_r, x_{r+1}, \dots, x_n)$ von $(u_{01}, \dots, u_{0r}, p_{r+1}, \dots, p_r)$ als Funktionslösung von (+) fortsetzbar, soferne $u_s = F_s(u_1, \dots, u_r)$, $s = r+1, \dots, n$.*
(Beweis als Aufgabe).

3.5.6 *Schlichtheit differenzierbarer Abbildungen.*

Es sei $f: G \to \mathbb{R}^m$ differenzierbar im offenen $G \subset \mathbb{R}^n$, $n \leqq m$. Ferner sei $f'_{X,Y}(p)$ die Funktionalmatrix von f in $p \in G$. Im Falle $n=m$ sei mit $J(p)$ die Funktionaldeterminante $\det f'_{X,Y}$ bezeichnet.

(A) *Im Fall* $m=n=1$ ist $J(p)=f'(p)$. – (1) Dabei stellt die alleinige Kenntnis des Wertes $f'(p)$ eine nur sehr schwache Information über das Verhalten von f in der Umgebung von p dar. Beispiele: Es gibt in G überall differenzierbare f mit $f'(p) \neq 0$ derart, daß f in keiner Umgebung von p injektiv ist ($f(x) := x(1+x^2 \sin x^{-1})$ für $x \neq 0$ und $f(0) := 0$). Falls $f'(p)=0$, gibt es sogar stetig differenzierbare f, die in keiner Umgebung von p injektiv sind ($f(x) := x^3 \sin x^{-1}$ für $x \neq 0$, $f(0) := 0$). Vgl. auch I., 8.6.3.2, Beispiel 3. – (2) Hingegen ist ein in p stetig differenzierbares f mit $f'(p) \neq 0$ topologisch in einer Umgebung von p (vgl. I., 8.6.1.1).

(B) *Im Fall* $m=n \geqq 2$ gilt entsprechendes: Es sei $z := (x_1, \dots, x_n)$. – (1) Man setze z.B. $g := (f(x_1), \dots, f(x_n))$, wobei f eine der in (A) (1) erwähnten $f: G \to \mathbb{R}$, $G \subset \mathbb{R}$, ist. In der Nähe von $z_0 := (p, \dots, p)$ braucht dann Injektivität von g nicht zu bestehen. – (2) Hingegen ist $f: G \to \mathbb{R}^n$, wenn *stetig* differenzierbar in G und $J(p) \neq 0$, topologisch in einer Umgebung von p. Dies folgt aus dem Existenz- und Eindeutigkeitssatz in 3.5.2, wenn man beachtet, daß bei stetiger Differenzierbarkeit aus der diagonalen Regularität von $J(p)$ die von $J(x)$ für alle zu p hinreichend benachbarten x folgt, sodaß Vor. (III) im Satz von 3.5.2 erfüllt ist, wenn $J(p)$ diagonal regulär ist, was keine Beschränkung der Allgemeinheit bedeutet (vgl. 3.5.2, Definition).

(C) Eine hinreichende Bedingung für Injektivität wird geliefert durch den

Satz: Voraussetzung. *Es sei $G \subset \mathbb{R}^n$ konvex (und offen), ferner sei $f: G \to \mathbb{R}^m$ differenzierbar in G, $n \leqq m$. Mit $M(p_1, \dots, p_m; f)$ sei bezeichnet die Matrix $(f_{\mu|1}(p_\mu), \dots, f_{\mu|n}(p_\mu))_m^{\mu=1}$ wobei $(p_1, \dots, p_m) \in G \times \dots \times G =: G^m$.*

Behauptung: *Es ist f injektiv, wenn* Rang $M(p_1, \dots, p_m; f) = n$ *für alle* $(p_1, \dots, p_m) \in G^m$.

Beweis: Es sei $p', p'' \in G$, also $p' + \lambda(p''-p') \in G$ für alle $\lambda \in [0; 1]$. Es genügt, zu zeigen: Mit $f(p') = f(p'')$ ist $p' \neq p''$ unverträglich. Es sei also $p' = (p'_1, \dots, p'_n)$, $p'' = (p''_1, \dots, p''_n)$ mit $p' \neq p''$ und $f(p') = f(p'')$. Dann ist

$$(+) \qquad f_\mu(p') - f_\mu(p'') = 0 = \textstyle\sum_{\nu=1}^n (p'_\nu - p''_\nu) f_{\mu|x_\nu}(p_\mu), \qquad \mu = 1, \dots, m,$$

für passende $p_\mu := p' + \lambda_\mu(p''-p')$ (Anwendung des Mittelwertsatzes auf $f_\mu(p') - f_\mu(p'')$). Wegen Rang $M(p_1, \dots, p_m; f) = n$ hat das System (+) der in den $p'_\nu - p''_\nu$ linearen Gleichungen nur die Lösung $p'_\nu - p''_\nu = 0$, $\nu = 1, \dots, n$, d.h. $p' = p''$. Widerspruch.

Frage. Wie lautet die Rangbedingung in (C) für den Fall $n = 1$?

3.5.7 *Konvexitätseigenschaft differenzierbarer Abbildungen.*

Satz: Voraussetzung. Es sei $G \subset \mathbb{R}^n$ offen, $f: G \rightarrowtail \mathbb{R}^n$ zweimal stetig differenzierbar mit nicht-verschwindender Funktionaldeterminante.

Behauptung: Zu jedem $x_0 \in G$ gibt es ein $r_0 > 0$, so daß jede Kugel $K_r(x_0) := \{x: x \in \mathbb{R}^n \wedge |x - x_0| < r\}$ mit $r < r_0$ in G enthalten ist und vermöge f konvex abgebildet wird (d.h. $f(K_r(x_0))$ ist konvex).

Beweis: 1. Gemäß 3.5.2 gibt es zu $x_0 \in G$ mit $y_0 := f(x_0)$ Radien r', r'', $r^* > 0$, so daß $K_{r'}(x_0) \subset G$ vermöge f topologisch abgebildet wird, wobei $f(K_{r^*}(x_0)) \subset K_{r''}(y_0) \subset f(K_{r'}(x_0))$. Für $x_1, x_2 \in K_{r^*}(x_0)$ liegt daher $2^{-1}(f(x_1) + f(x_2))$ in $K_{r''}(y_0)$, so daß die Abbildung M: $K_{r^*}(x_0) \rightarrowtail K_{r'}(x_0)$ mit

$$(1) \qquad M(x_1, x_2) := f^{[-1]}(2^{-1}(f(x_1) + f(x_2))$$

eindeutig erklärt und beschränkte partielle Ableitungen 2. Ordnung besitzt (3.5.3, 1.1). Es gilt offensichtlich

$$(2) \qquad M(x, x) = x \quad \text{und} \quad M(x_1, x_2) = M(x_2, x_1).$$

Entwickelt man M nach Taylor (3.2.3) an der Stelle (a, a), wobei $a := 2^{-1}(x_1 + x_2)$, so erhält man $M(x_1, x_2) = a + A_1(x_1 - a) + A_2(x_2 - a) + R$ mit einem Lagrangeschen Restglied zweiter Ordnung, welches eine quadratische Form ist, deren Variablen die Komponenten der Vektoren $x_1 - a$ und $x_2 - a$ sind und deren Koeffizienten (ev. vom Faktor 2^{-1} abgesehen) gleich sind den zweiten partiellen Ableitungen von M an einer mittleren Stelle zwischen (a, a) und (x_1, x_2) (in $K_{r^*}(x_0)$), so daß wir wegen $x_1 - a = -(x_2 - a) = 2^{-1}(x_1 - x_2)$ die Abschätzung

$$(3) \qquad |R| < q|x_1 - x_2|^2 \qquad \text{für } x_1, x_2 \in K_{r^*}(x_0)$$

mit einer nur von x_0 abhängigen Konstanten q erhalten. Hinsichtlich der nur von a abhängigen Matrizen A_1, A_2 gilt $A_1 = A_2$ wegen der Symmetrie von M in x_1, x_2.
Damit erhalten wir

$$(4) \qquad M(x_1, x_2) = a + R \qquad \text{für } x_1, x_2 \in K_{r^*}(x_0).$$

2. Nun benötigen wir noch eine *Eigenschaft der Kugel im* $\mathbb{R}^n$: Bezeichnet K_r eine abgeschlossene Vollkugel vom Radius r im $\mathbb{R}^n$, und ist $x_1, x_2 \in K_r$ und $a := 2^{-1}(x_1 + x_2)$, so gilt

$$(5) \qquad \{x: x \in \mathbb{R}^n \wedge |x - a| < (8r)^{-1}|x_1 - x_2|^2\} \subset K_r.$$

(Dies folgt sehr leicht aus dem Höhensatz im rechtwinkeligen Dreieck (Beweis als Aufgabe!)).

3. Betrachten wir nun eine Kugel $K_r \subset K_{r^*}(x_0)$ mit einem Radius $r < (8q)^{-1}$, so folgt aus

(3), (4) und (5) $M(x_1, x_2) \subset K_r$, also

$$2^{-1}(f(x_1)+f(x_2)) \in f(K_r) \qquad \text{für alle } x_1, x_2 \in K_r.$$

Hieraus folgt aus Stetigkeitsgründen die Konvexität von $f(K_r)$.

3.6. Extremumprobleme bei reellen Funktionen mehrerer reeller Variablen

Bei der Frage nach Extremstellen und Extremwerten reeller Funktionen ergeben sich bei mehreren reellen Variablen neuartige Fragestellungen gegenüber dem Fall einer reellen Veränderlichen (I., 8.6.3); wie dort, so läßt sich auch hier für die Auffindung von Extremstellen kein alle möglichen Vorkommnisse erfassendes Verfahren angeben, so daß wir hier ebenfalls nur notwendige bzw. nur hinreichende Bedingungen behandeln können. Für die Beschreibung notwendiger Bedingungen spielt wiederum der Begriff des „Stationär-Seins" eine wesentliche Rolle; wir schicken daher zunächst eine allgemeine Betrachtung dieses Begriffes voraus.

3.6.1 *Stationäres Verhalten.*

3.6.1.0 Analog wie in I., 8.6.3.2 erklären wir:

1. Definition: Es bezeichnen P und Q normierte VR und $D \subset P$. Die Abbildung $f: D \longrightarrow Q$ heißt **stationär im Punkt** $p \in D$, wenn f in p differenzierbar ist mit einem $df(p)=0$, d.h. wenn $|f(j)-f(p)| \in o(|j-p|)$ oder ausführlicher, wenn

$$\bigwedge_{\varepsilon>0} \bigvee_{\delta>0} \bigwedge_{x\in D} |x-p| < \delta \rightarrow |f(x)-f(p)| \leqq \varepsilon |x-p|.$$

Unmittelbare Folge hiervon ist der

Satz: *Ist $P := \mathbb{R}^n$ und p innerer Punkt von D und ist f in p differenzierbar, so ist f stationär in p genau dann, wenn $\bigwedge_{\nu=1}^{n} f_{|x_\nu}(p)=0$ (bzgl. einer Basis $x_1, \ldots, x_n$ des $\mathbb{R}^n$).*

3.6.1.1 Vor der erwähnten „neuen Sachlage" steht man, wenn neben $f|D$ noch eine Abbildung $g: D \longrightarrow \mathbb{R}^m$ gegeben ist und nur nach dem Verhalten der Einengung $f|G$ gefragt ist, wobei

$$G := \{x : x \in D \wedge g(x) = \bar{0}\}.$$

Man nennt $g = \bar{0}$ die **„Nebenbedingungen"**; sie bestehen (mit $g := (g_1, \ldots, g_m)$ in Bezug auf eine Basis im $\mathbb{R}^m$) aus m reellen Gleichungen

$$(g) \qquad g_1(x) = 0 \wedge \ldots \wedge g_m(x) = 0.$$

Hierzu haben wir die

2. Definition: Es heißt $f|D$ **stationär in** $p \in D$ (mit $g(p)=\bar{0}$) **unter den Nebenbedingungen** (g), wenn

$$\bigwedge_{\varepsilon>0} \bigvee_{\delta>0} \bigwedge_{x\in D} (|x-p|<\delta \wedge g(x)=\bar{0}) \rightarrow |f(x)-f(p)| \leqq \varepsilon |x-p|.$$

3.6.1.2 Für den Fall endlich-dimensionaler Räume, etwa mit $P := \mathbb{R}^n$ und $Q := \mathbb{R}^k$, und der Differenzierbarkeit der Abbildungen f und g werden wir notwendige und (oder) hinreichende Bedingungen für die Stationarität von f bei (g) angeben. Hierzu die

3. Definition: Die *Nebenbedingungen* (g) (mit $g(p)=\bar{0}$) heißen **in** p **regulär**, wenn g: $D \longrightarrow \mathbb{R}^m$ in p stetig differenzierbar ist und die Funktionalmatrix $g'_{ZX}(p)$ (bzgl. einer Basis X in $\mathbb{R}^n$, Z im $\mathbb{R}^m$) den Rang m ($\geqq 1$) hat.

Satz: (Multiplikatorenregel von Lagrange).

Voraussetzung: *Es sei* $p \in D \subset \mathbb{R}^n$, $f: D \longrightarrow \mathbb{R}^k$, $g: D \longrightarrow \mathbb{R}^m$, $g(p)=\bar{0}$, *und* f *und* g *seien in* p *differenzierbar, so daß bzgl. einer Basis* X *in* $\mathbb{R}^n$, Y *in* $\mathbb{R}^k$, Z *in* $\mathbb{R}^m$ *die Matrizen* $f'_{YX}(p)$ *bzw.* $g'_{ZX}(p)$ *als* k, n- bzw. m, n-*Matrizen erklärt sind.*

Behauptung: *Damit* f *unter den Nebenbedingungen* (g) *in* p *stationär sei, ist*
(1) hinreichend, *daß eine reelle* k, m-*Matrix* Λ („*Lagrangesche Multiplikatorenmatrix*") *existiert, so daß*

(1′) $$f'_{YX}(p) = \Lambda \cdot g'_{ZX}(p);$$

(2) *bei* stetig *differenzierbaren* f *und* g *und* $p \in \underline{D}$ notwendig, *daß existieren: eine reelle* k, k-*Diagonalmatrix* $\Delta := (\varrho_i \delta_{i\kappa})$ (wobei $(\delta_{i\kappa})$ *die* k, k-*Einheitsmatrix und* $\varrho_i \in \mathbb{R}$) *und eine reelle* k, m-*Matrix* $\Lambda := (\lambda_{\kappa\mu})$, *so daß*

(2′) $$\Delta \cdot f'_{YX}(p) = \Lambda \cdot g'_{ZX}(p)$$

und die „erweiterte" Lagrangesche Multiplikatorenmatrix

$$\begin{pmatrix} \varrho_1 & \lambda_{11} \dots \lambda_{1m} \\ \dots & \dots \\ \varrho_k & \lambda_{k1} \dots \lambda_{km} \end{pmatrix}$$

keine Nullzeile enthält.

(3) *bei* regulären *Nebenbedingungen und* $p \in \underline{D}$ notwendig und hinreichend, *daß* (1′) *gilt.*

Beweis: Differenzierbarkeit von f und g in p besagen

$$f(x)-f(p) = f'_{YX}(p)(x-p) + r_1,$$
$$g(x)-g(p) = g'_{ZX}(p)(x-p) + r_2$$

mit $r_1, r_2 \in o(|x-p|)$.

Zu (1). Für $g(x)=\bar{0}(=g(p))$ ist $g'_{ZX}(p)(x-p)=-r_2$, also mit (1′) $f'_{YX}(p)(x-p)=-\Lambda_1 r_2$ und somit $f(x)-f(p)=-\Lambda_1 r_2+r_1 \in o(|x-p|)$.

Zu (2). Ist f stationär bei (g), so auch jede Komponente f_κ, wobei $f=(f_1,\ldots,f_k)$ die Skalarrepräsentation bzgl. Y; es genügt daher den *Fall* $k=1$, d.h. $f=(f_1)=(f)$ zu betrachten, und in diesem Fall zu beweisen, daß bei Stationarität von f bei (g) mit $g=(g_1,\ldots,g_m)$ die Vektoren

$$G_0 := \operatorname{grad} f(p), \quad G_\mu := \operatorname{grad} g_\mu(p), \quad \mu=1,\ldots,m,$$

linear unabhängig sind. Wir gehen indirekt vor und nehmen an, die $G_0, G_1,\ldots, G_m$ seien lin. unabh. O.B.d.A. sei $p=\bar{0}$. Bei geeigneter Numerierung der Basis $X=(x_1,\ldots,x_n)$ des $\mathbb{R}^n$ ist also $\det F(p) \neq 0$ für

$$F := \begin{pmatrix} f_{|x_1} & \cdots f_{|x_{m+1}} \\ g_{1|x_1} & \cdots g_{1|x_{m+1}} \\ \cdots & \cdots \\ g_{m|x_1} & \cdots g_{m|x_{m+1}} \end{pmatrix}$$

Gemäß 3.5.2 besitzt daher das System der Gleichungen $f(\xi_1,\ldots,\xi_{m+1},0,\ldots,0)=f(p)+\alpha$; $g_\mu(\xi_1,\ldots,\xi_{m+1},0,\ldots,0)=0$, $1\leqq\mu\leqq m$, in den Unbekannten $\xi_1,\ldots,\xi_{m+1}$ für hinreichend kleines $|\alpha|$ eine stetig differenzierbare Lösung $(\xi_\mu(\alpha),\ \mu=1,\ldots,m+1)$ mit $\xi_\mu(0)=0$. Für $x(\alpha):=(\xi_1(\alpha),\ldots,\xi_{m+1}(\alpha),0,\ldots,0)$ folgt aus der Differenzierbarkeit der ξ_μ nach α, daß $|x(\alpha)-p|\leqq A|\alpha|$ mit einer Konstanten $A\in\mathbb{R}^+$, so daß $|f(x(\alpha))-f(p)|=|\alpha|\geqq A^{-1}|x(\alpha)-p|$, wobei $x(\alpha)\neq p$ für $\alpha\neq 0$ den Bedingungen (g) genügt. Da $x(\alpha)\rightsquigarrow p$ für $\alpha\rightsquigarrow 0$, ist f somit bei (g) nicht stationär in p. – Es ist (2′) die matrizielle Zusammenfassung des eben für die einzelne Komponente von f gewonnenen Resultats.

Zu (3). Wegen (1) genügt es die Notwendigkeit von (1′) nachzuweisen. Bei Regularität sind die Vektoren $G_1,\ldots,G_m$ linear unabhängig, so daß die Überlegungen von *Zu* (2) dazu führen, daß G_0 eine Linearkombination der $G_1,\ldots,G_m$ ist. Dies bedeutet aber, daß man in (2′) für Δ die Einheitsmatrix setzen kann.

3.6.1.3 *Geometrische Deutung der Lagrangeschen Multiplikatorenregel im euklidischen* $\mathbb{R}^n$ im Falle einer reellen Funktion und bei regulären Nebenbedingungen.

Es sei $f: D \longrightarrow \mathbb{R}$ mit $D\subset\mathbb{R}^n$, $p\in D$ und $f(p)=:c$; dann heißt die Punktmenge $[f=c]:=\{x: x\in D \wedge f(x)=c\}$ die *Niveaufläche von f durch p*. Ist weiter $p\in \underline{D}$ und ist f in p stetig differenzierbar und nicht stationär, d.h. $df(p)\neq 0$, so stellt $T_p(f):=\{y: y\in\mathbb{R}^n \wedge df(p)(y-p)=0\}$ eine durch p gehende Hyperebene dar; sie ist eindeutig bestimmt und wird als die *Tangentialhyperebene an die Niveaufläche* $[f=c]$ *in* p bezeichnet. Jeder Vektor in $T_p(f)$ steht senkrecht auf $\operatorname{grad} f(p)$. Nun haben die Tangentialhyperebenen in p an die Niveauflächen $[g_\mu=0]$ (mit $g_\mu(p)=0$), $\mu=1,\ldots,m$, einen $(n-m)$-dimensionalen Teilraum $T(g)$ des $\mathbb{R}^n$ als (gemeinsamen) Durchschnitt. Die Vektoren in $T(g)$ stehen senkrecht auf allen $\operatorname{grad} g_\mu(p)$.

Aus der Gültigkeit von (1′) folgt, daß alle Vektoren in $T(g)$ auf $\operatorname{grad} f(g)$ senkrecht stehen, also

$$(Tgf) \qquad T(g) \subset T_p(f).$$

Umgekehrt folgt (1′) aus (Tgf).

Anmerkung. Eine symmetrische Situation stellt sich ein, wenn als Nebenbedingung nur eine Gleichung $g_1 = 0$ vorliegt und dabei $\operatorname{grad} f$ und $\operatorname{grad} g$ von Null verschieden sind. Dann gilt: Ist f in p stationär unter $g_1 = 0$, so g_1 unter $f = f(p)$, und umgekehrt (und in (Tgf) steht das Gleichheitszeichen).

3.6.2 *Globale und lokale Extremstellen.*
Wir erinnern zunächst an einige schon in I., 8.6.3, gegebene Erklärungen.

1. Definition: Es sei $D \subset \mathbb{R}^n$ und $f: D \longrightarrow \mathbb{R}$. Es heiße $p \in D$ **(globale) Maximum-** bzw. **Minimumstelle** von $f|D$, wenn $\bigwedge_{x \in D} f(x) \leqq$ bzw. $\geqq f(p)$ gilt; gemeinsame Bezeichnung: **Extremstelle** p, **Extremwert** $f(p)$ (*Maximum* bzw. *Minimum*).

2. Definition: Ist p globale Extremstelle einer Einengung $f|U$ von $f|D$ auf eine passende Umgebung U von p in D, so heißt p **lokale Extremstelle**; sie heißt insbesondere z. B. **streng lokale Minimumstelle**, wenn $f(x) > f(p)$ für alle $x \in U \backslash \{p\}$ (entsprechend für „streng lokale Maximumstelle").
Die Suche nach globalen Extremstellen von $f|D$ wird man zweckmäßig beginnen mit der Suche nach lokalen; denn jede globale Extremstelle ist zugleich eine lokale. Im übrigen genügt es, unter den Extremproblemen *allein das Minimumproblem* zu betrachten, da die Maximumstellen von f die Minimumstellen von $-f$ sind.

3.6.2.1 Hinsichtlich der Einengungen von $f|D$ gilt

Satz: Voraussetzung. *Es sei* $f: D \longrightarrow \mathbb{R}$. – Behauptung. (1) *Ist* $p \in D$ *lokale oder globale Minimumstelle von* $f|D$, *so auch von jeder Einengung* $f|H$ *mit* $p \in H \subset D$. – (2) *Ist für ein beliebiges bzw. endliches System* $(H_i)_{i \in J}$ *von Teilmengen* H_i *von* D *mit* $\bigwedge_i p \in H_i$ *und* $D = \bigcup_i H_i$ *der Punkt* p *globale bzw. lokale Minimumstelle einer jeden Einengung* $f|H_i$ *von* $f|D$, *so ist* p *auch globale bzw. lokale Minimumstelle von* $f|D$.

Beweis: Klar.

Folgerung: Gibt es bei beliebigem J eine Umgebung U von p, sodaß p für jede Einengung $f|H_i \cap U$ globale Minimumstelle ist, so ist p lokale Minimumstelle von $f|D$.

Hinweis: Ein Beispiel und Gegenbeispiel zum vorstehenden Satz findet sich in 3.20.5.

3.6.3 *Über die Notwendigkeit eines Existenzbeweises bei Extremproblemen.*

1. Es werde nach dem Maximum von $f: D \longrightarrow \mathbb{R}$ gefragt. Bekannt sei, daß $\sup\{f(x): x \in D\} =: m \in \mathbb{R}$ und daß es einen Punkt $x_1 \in D$ und eine Abbildung $s: D \longrightarrow D$ gibt, so daß

$$f(s(x_1)) = f(x_1), \quad \text{aber} \quad f(s(x)) > f(x) \qquad \text{für } x \in D \setminus \{x_1\}.$$

Hieraus kann man (lediglich) schließen, daß jede von x_1 verschiedene Stelle keine Maximumstelle ist, oder, etwas verfänglicher ausgedrückt: Nur x_1 kann Maximumstelle sein, (wenn es überhaupt eine solche Stelle gibt). Dies lehrt, daß die Abbildung s zwar das *Eindeutigkeitsproblem* löst, nicht aber das *Existenzproblem.*

1. Beispiel *(Perron)*: $D := \mathbb{N}^+$, $f(x) := (1+x)^{-1}x$, $x_1 := 1$, $s(x) := x^2$; es ist $m = 1$, aber x_1 ist keine Maximumstelle.

2. Ein geläufiges Verfahren zum Nachweis des Existenz einer Maximumstelle (bei topologischem D und nach oben halbstetigem f) bedient sich sogenannter *Extremalfolgen* $(x_n)_n$, $x_n \in D$ mit $\lim_n f(x_n) = \sup\{f(x): x \in D\} \in \mathbb{R}$. Kann man nämlich eine solche Folge konstruieren (etwa mit Hilfe einer Abbildung s der oben genannten Art), welche zudem *gegen ein* $x^+ \in M$ *konvergiert*, so ist x^+ Maximumstelle von f in D.

2. Beispiel: Das *isoperimetrische Problem* in der Ebene sucht unter den ebenen geschlossenen Kurven C gleicher fester Länge diejenigen von größtem Inhalt des von C umschlossenen ebenen Gebietes. Hier kennt man seit *J. Steiner* ein s, welches zu jedem von einem Kreis verschiedenen C ein längengleiches C' mit größerem Inhalt liefert, während $s(C) = C$, wenn C ein Kreis ist. Auch hier läßt sich der Kreis als Maximumstelle vermittels konvergenter Extremalfolgen nachweisen.

3.6.4 *Minimumprobleme mit Nebenbedingungen.*

Häufig hat man es bei gegebenem reellen $f|D$ zu tun mit einem Minimumproblem, wo der Sachverhalt fordert, daß die zur Konkurrenz zugelassenen $x \in D$ nur eine *echte* Teilmenge G von D ausmachen, so daß eigentlich nach dem Minimum der Einengung $g|G$ gefragt ist. Die Beschreibung von G als Teilmenge von D geschieht mittels reeller Funktionen. Wir behandeln diese Frage unter folgender

1. Voraussetzung: Gegeben sind die reellen Funktionen $f, g_1, \ldots, g_m, u_1, \ldots, u_k, v_1, \ldots, v_r$ mit dem gemeinsamen Definitionsbereich $D \in \mathbb{R}^n$. Es bezeichne G die Menge aller $x \in D$ mit

$$(g, u, v) \qquad \bigwedge_{\mu=1}^{m} g_\mu(x) = 0 \wedge \bigwedge_{\kappa=1}^{k} u_\kappa(x) \geqq 0 \wedge \bigwedge_{\varrho=1}^{r} v_\varrho(x) > 0.$$

Definition: Als **Minimumproblem für** $f|D$ **mit den Nebenbedingungen** (g, u, v) werde die Aufgabe bezeichnet, die Minima der Einengung $f|G$ zu bestimmen.

Die „Teilung" der Beschreibung des Definitionsbereiches G in „$x \in D$" und „x erfüllt (g, u, v)" ist nur dann zweckmäßig, wenn die Funktionen g_μ, u_κ, v_ϱ einfache Eigenschaften haben. Wir nehmen daher (unbeschadet späterer zusätzlicher Annahmen) noch hinzu die

2. Voraussetzung: Die g_μ, u_κ, v_ϱ sind stetig in D.
Unter den Vors. 1. und 2. läßt sich jedes „(g, u, v)-Problem" auf ein „(g^*)-Problem", d.h. ein Minimum-Problem ohne Ungleichungen als Nebenbedingungen, zurückführen mit Hilfe des nachstehenden
Reduktionsverfahrens: (a) *Ausschaltung der Ungleichungen* $v_r > 0$. Wegen der Stetigkeit der v_r sind die lokalen Minimumstellen von $f|D$ bei einem (g, u, v)-Problem ein Teil der lokalen Minimumstellen von $f|D$ beim (g, u)-Problem. – (b) *Überführung der Ungleichungen* $u_\kappa \geqq 0$ in Gleichungen $g^+_{m+\kappa} = 0$. Man erreicht dies durch Einführung sogenannter „Schlupfvariablen" $\sigma_\kappa (\in \mathbb{R})$; hierzu die

Festsetzungen: Es sei $s := (\sigma_1, \ldots, \sigma_k)$ mit $|s| := \sum_\kappa |\sigma_\kappa|$ und $D^+ := D \times \mathbb{R}^k = \{(x, s): x \in D \wedge \wedge s \in \mathbb{R}^k\}$, weiter $f^+(x, s) := f(x)$, sowie $g^+_\mu(x, s) := g_\mu(x)$ für $\mu = 1, \ldots, m$, und $g^+_{m+\kappa}(x, s) := := u_\kappa(x) - \sigma_\kappa^2$ für $\kappa = 1, \ldots, k$.
Wir erhalten nun den

Reduktionssatz: *Mit den Voraussetzungen* 1. *und* 2. *und den „Festsetzungen" gilt:* (1) *Ist* (x_0, s_0) *mit* $s_0 := (\sigma_{01}, \ldots, \sigma_{0k})$ *eine lokale bzw. globale Minimumstelle für* $f^+|D^+$ *unter der (einheitlichen) Nebenbedingung*

$$(g^+) \qquad \bigwedge\nolimits_{\varrho=1}^{m+k} g^+_\varrho(x, s) = 0,$$

so ist auch x_0 *eine derartige Stelle für das* (g, u)*-Problem betr.* $f|D$. – (2) *Umgekehrt: Falls* x_0 *eine lokale bzw. globale Minimumstelle des* (g, u)*-Problems betr.* $f|D$ *ist, dann ist* (x_0, s_0) *eine solche Stelle für das* (g^+)*-Problem betr.* $f^+|D^+$ *für jedes* $s_0 := (\pm u_1(x_0)^{1/2}, \ldots, \pm u_k(x_0)^{1/2})$.

Beweis: (A) Für den Fall *lokaler* Minima. – *Betr. Beh.* (1). Ist (x_0, s_0) lokale Minimumstelle von $f^+|D^+$ bei (g^+), so auch (x_0, s_0^+) mit $s_0^+ := (|\sigma_{01}|, \ldots, |\sigma_{0k}|)$; denn die Abbildung $x \longmapsto x$, $s \longmapsto s^+ := (\sigma_1 \operatorname{sgn} \sigma_{01}, \ldots, \sigma_k \operatorname{sgn} \sigma_{0k})$ (mit $\operatorname{sgn} t = 1$ bzw. -1 für $t \geqq 0$ bzw. < 0) ist normtreu und läßt f^+ und g^+ ungeändert. Mit $\sigma_{0\kappa} \geqq 0$ für alle κ und mit einem $\delta > 0$ gelte also

$$(M^+) \quad f^+(x, s) - f^+(x_0, s_0) \geqq 0 \text{ für alle } (x, s) \in D^+ \text{ mit } |x - x_0| < \delta,\ |s - s_0| < \delta \text{ bei } (g^+).$$

Zufolge der Stetigkeit der u_κ gibt es ein $\delta' \in (0; \delta)$ derart, daß $|u_\kappa(x) - u_\kappa(x_0)| < k^{-2}\delta^2$ für $x \in D$ und $|x - x_0| < \delta'$, $\kappa = 1, \ldots, k$. Wegen $u_\kappa(x) \geqq 0$ sind dann mit $\sigma_\kappa := u_\kappa(x)^{1/2} \geqq 0$ die Nebenbedingungen (g^+) erfüllt. Aus (g^+) folgt $|\sigma_\kappa^2 - \sigma_{0\kappa}^2| = |u_\kappa(x) - u_\kappa(x_0)| \leqq k^{-2}\delta^2$ falls $|x - x_0| < \delta'$. Wegen σ_κ und $\sigma_{0k} \geqq 0$ ergibt sich daraus $|\sigma_\kappa - \sigma_{0k}| < k^{-1}\delta$, sodaß $|s - s_0| < \delta$. Wegen (M^+) hat man somit

$$(M) \qquad f(x) - f(x_0) \geqq 0 \quad \text{bei} \quad (g, u) \qquad \text{für } |x - x_0| < \delta',\ x \in D.$$

Betr. Beh. (2). Es gelte (M) mit $u_\kappa(x_0) =: \sigma_{0\kappa}$, $\kappa = 1, \ldots, k$. Setzen wir z.B. $s_0 := (\sigma_{01}, \ldots, \sigma_{0k})$, so folgt (M^+), weil (g^+) unmittelbar (g, u) nach sich zieht.

(B) Für den Fall *globaler* Minima: Die Werte von $f|D$ bei (g, u) sind dieselben wie die von $f^+|D^+$ bei (g^+).

Beispiel: Der Definitionsbereich von f sei der $\mathbb{R}^2$ der Punkte (x, y) mit $f(x, y) := x + y$. Es ist f zu untersuchen auf dem eingeschränkten Definitionsbereich G, beschrieben durch

$$(u) \qquad x \geqq 0 \wedge y \geqq 0.$$

Mit reellen Schlupfvariablen u, v setzen wir $D^+ := \mathbb{R}^2 \times \mathbb{R}^2$, $f^+(x, y, u, v) := x + y$ und erhalten als Nebenbedingungen die Gleichungen

$$(g^+) \qquad x - u^2 = 0 \wedge y - v^2 = 0.$$

Da $f^+(x, y, u, v) = u^2 + v^2$, so ist $(0, 0, 0, 0)$ globale Minimumstelle von f^+ bei (g^+) und damit $(0, 0)$ dasselbe von $f|\mathbb{R}^2$ bei (u).

3.6.4.1 *Notwendige Bedingungen für ein lokales Extremum einer reellen Funktion.*
Der Reduktionssatz (3.6.4) erlaubt es, uns im folgenden auf die Behandlung von Extremumproblemen mit *Gleichungen als Nebenbedingungen* zu beschränken. Demgemäß die

Definitionen: 1. Unter einem $(f, (g))$-**Problem** verstehen wir die Aufgabe für $f: D \rightarrowtail \mathbb{R}$ (mit $D \in \mathbb{R}^n$) bei den Nebenbedingungen (g) (3.6.1, 1.) die lokalen Extremstellen zu ermitteln. – 2. Ist dabei p eine lokale Extremstelle, so heißt $f(p)$ ein **Innen-** bzw. **Randextremum**, je nachdem p bzgl. $\mathbb{R}^n$ innerer oder Rand-Punkt von $G := \{x : x \in D \wedge x \text{ erfüllt } (g)\}$ ist. – 3. Das $(f, (g))$-Problem heißt **in p regulär**, wenn f stetig differenzierbar ist und (g) in p regulär ist.
Die Untersuchung von Randextremen erfordert im allgemeinen besondere, der jeweiligen Sachlage angepaßte Verfahren; wie diese beschaffen sein können zeigen die Beispiele in 3.6.2.1; 3.6.3. Die nachfolgenden Sätze beziehen sich nur auf den *Fall innerer Extrema.*

1. Satz: (Fall ohne Nebenbedingungen). Voraussetzung. *Es sei* $D \subset \mathbb{R}^n$ und $f: D \rightarrowtail \mathbb{R}$ *differenzierbar in* $p \in \underline{D}$.

Behauptung: *Damit p lokale Extremstelle von f sei, ist notwendig, daß f in p stationär ist, d.h. daß* $\operatorname{grad} f(p) = \bar{0}$.

Beweis: Bezeichnet $(x_1, \ldots, x_n)$ eine Basis des $\mathbb{R}^n$, so ist p lokale Extremstelle, wenn von $f|D$, dann auch von der Einengung $f|A_\nu$ auf die Gerade A_ν in Richtung x_ν durch p. Gemäß I., 8.6.3.1, Anmerkung, folgt $f_{|x_\nu}(p) = 0$, $\nu = 1, \ldots, n$.

1. Anmerkung: Daß $\operatorname{grad} f(p) = 0$ im allgemeinen für ein Extremum von f in p nicht hinreicht, entnimmt man (für $n = 1$) schon aus I., 8.6.3.2.

2. Satz: (Multiplikationsregel von Lagrange für ein lokales Extremum mit Gleichungen als Nebenbedingungen).

Voraussetzung: *Es sei* $p \in \underline{D}$ *mit* $D \subset \mathbb{R}^n$ *und* $f: D \longrightarrow \mathbb{R}$ *sowie* $g_\mu: D \longrightarrow \mathbb{R}$, $\mu = 1, \ldots, m$; *ferner sei* $(f, (g))$ *ein in p reguläres Problem, es seien also die* $G_\mu := \operatorname{grad} g_\mu(p)$, $\mu = 1, \ldots, m$, *insbesondere linear unabhängige Vektoren.*

Behauptung: *Ist p lokale Lösung des* $(f, (g))$*-Problems, so ist f in p stationär unter den Nebenbedingungen* (g), *d.h. es gibt* $\lambda_\mu \in \mathbb{R}$, $\mu = 1, \ldots, m$, *sodaß*

$$\operatorname{grad} f(p) = \lambda_1 G_1 + \ldots + \lambda_m G_m.$$

Beweis: Analog wie „Zu (2)" im Satz von 3.6.1.2; man beachte, daß dort α positiver und negativer Werte fähig ist.

2. Anmerkung: Die Lagrangesche Regel ergibt mit den Nebenbedingungen (g) zusammen $n+m$-Gleichungen für die $n+m$-Unbekannten x_ν, λ_μ.

3. Anmerkung: Regularität ist nicht notwendig für ein Extremum bei $(f, (g))$-Problemen; bei Nicht-Regularität sind daher besondere Untersuchungen nötig. – Beispiel: $f: \mathbb{R}^2 \longrightarrow \mathbb{R}$ mit $((x, y) \longmapsto f(x, y) := y)$ und $g(x, y) := x^2 - y^3$. Es ist $p := (0, 0)$ Minimumstelle von f bei (g), aber $\operatorname{grad} g(p) = \bar{0}$, also keine Regularität.

4. Anmerkung: Die Lagrangesche Multiplikatorenregel läßt sich auch so deuten: Im Falle stetig differenzierbarer f, g_μ sind die „regulären" Extremstellen von $(f, (g))$ zu suchen unter den stationären Stellen (p, λ) der Funktion $L: D \times \mathbb{R}^m \longrightarrow \mathbb{R}$, wobei

$$L(x, \lambda) := f(x) + \sum_{\mu=1}^{m} \lambda_\mu g_\mu(x), \qquad \lambda := (\lambda_1, \ldots, \lambda_m).$$

3.6.4.2 *Anwendung auf quadratische Formen.*

1. Die für die Bestimmung der *Normalform einer quadratischen Form* $Q(A) := (x \longmapsto x^T A x$, $x \in V\mathbb{R}^n)$ wesentliche „Eigenvektorgleichung" (2) von 2.4.19 tritt auch auf bei der Aufgabe, die stationären Stellen von $Q(A)$ bei der Nebenbedingung $x^T x = 1$ zu ermitteln. Die Lagrangeschen Gleichungen lauten nämlich für dieses Problem

$$2Ax - \lambda 2x = \bar{0}.$$

Aus dieser Gleichung folgt unmittelbar $x^T A x - \lambda = 0$, so daß der Eigenwert λ zugleich den Wert von $Q(A)$ an der stationären Stelle x liefert. Der kleinste bzw. größte Eigenwert, λ_1 bzw. λ_n, von A ist also gleich dem globalen Minimum bzw. Maximum von $Q(A)$ auf der $(n-1)$-Sphäre $S^{n-1} := \{x : x \in \mathbb{R}^n \wedge x^T x = 1\}$, mit anderen Worten, es gilt der

Satz: *Für jede quadratische Form* $Q(A)$ *im* $\mathbb{R}^n$ *gelten die Abschätzungen*

$$\lambda_1 |x|^2 \leqq Q(A)(x) \leqq \lambda_n |x|^2 \qquad \text{für alle } x \in \mathbb{R}^n;$$

sowohl links als auch rechts tritt das Gleichheitszeichen wirklich auf.

2. In analoger Weise ermittelt man die *Normalform der Einengung der quadratischen Form $Q(A)$ auf einen Untervektorraum V von $V\mathbb{R}^n$, der durch die homogenen linearen Gleichungen*

$$(N) \qquad b_1^T x = 0 \wedge \ldots \wedge b_k^T x = 0$$

festgelegt ist; dabei seien $b_1, \ldots, b_k (k < n)$ linear unabhängige Vektoren. Für die stationären Stellen x von $Q(A)$ unter den Nebenbedingungen

$$(N') \qquad (N) \wedge x^T x = 1$$

lauten die Lagrangeschen Gleichungen (mit λ, μ_κ als Multiplikatoren)

$$(L) \qquad Ax - \lambda x + \textstyle\sum_{\kappa=1}^{k} \mu_\kappa b_\kappa = \bar{0};$$

fügen wir diesen n skalaren Gleichungen noch (N) in der Anordnung

$$(L') \qquad \begin{matrix} b_1^T x = 0, \\ \cdots\cdots\cdots \\ b_k^T x = 0 \end{matrix}$$

hinzu, so stellen (L) und (L') zusammen ein homogen lineares Gleichungssystem für $x = (\xi_1, \ldots, \xi_n)$ und $\mu_1, \ldots, \mu_k$ dar, welches nur dann eine Lösung mit $x \neq \bar{0}$ besitzt, wenn seine Determinante (Blockform) verschwindet:

$$(D) \qquad \det \begin{pmatrix} A & -\lambda E, & B \\ & B^T & , & 0 \end{pmatrix} = 0;$$

hierin bezeichnet E die n,n-Einheitsmatrix, B die n,k-Matrix $(b_1, \ldots, b_k)$ (die b_κ als Spaltenvektoren) und 0 die k,k-Nullmatrix. Die Gleichung

$$\begin{pmatrix} S^T, & 0 \\ 0 \ , & K^T \end{pmatrix} \begin{pmatrix} A - \lambda E, & B \\ B^T & , \ 0 \end{pmatrix} \begin{pmatrix} S, & 0 \\ 0, & K \end{pmatrix} = \begin{pmatrix} S^T A S - \lambda E, & S^T B K \\ K^T B^T S & , \ 0 \end{pmatrix}$$

mit einer orthonormalen n,n-Matrix S und einer nicht-singulären k,k-Matrix K lehrt, daß die „Eigenvektorgleichungen" $(L) \wedge (L')$ und die Eigenwertgleichung (D) invariant sind gegenüber jeder orthogonalen Transformation S der x und jedem Übergang von den Bedingungen $B^T x = 0$ zu den äquivalenten Bedingungen $K^T B^T S x^* = 0$. Wir können daher von vorneherein das Koordinatensystem so wählen, daß

$$(\mathrm{B}) \qquad B = \begin{pmatrix} 1 & 0 & & 0 \\ 0 & 1 & & 0 \\ \cdots & \cdots & \cdots & \cdots \\ 0 & & 0 & 1 \\ & & & \\ & 0 & & \end{pmatrix}$$

Dies bedeutet aber, daß wir für die quadratische Form $\sum_{\nu,\kappa=1}^{n}\alpha_{\nu\mu}\xi_\nu\xi_\mu$ die Aufgabe mit den Nebenbedingungen $\xi_1=0\wedge\ldots\wedge\xi_k=0$ zu lösen haben, d.h. aber einfach die Extremumaufgabe für

$$\sum_{\nu,\mu=n-k}^{n}\alpha_{\nu\mu}\xi_\nu\xi_\mu \quad \text{mit} \quad \sum_{\nu=n-k}^{n}\xi_\nu^2=1.$$

Entwickelt man (D) nach Laplace bei dem speziellen Wert (B) von B, so folgt

$$\begin{vmatrix} \alpha_{n-k+1\,n-k+1}-\lambda, & \ldots \\ \ldots\ldots\ldots\ldots & \\ \ldots\ldots\ldots\ldots & \alpha_{nn}-\lambda \end{vmatrix}=0$$

d.h. wir haben es mit einem $(n-k)$-dimensionalen Problem ohne lineare Nebenbedingungen zu tun. Daraus folgt: Die fragliche Normalform hat die Gestalt $\lambda_{k+1}\xi_{k+1}^{*\,2}+ +\ldots+\lambda_n\xi_n^{*\,2}$, worin die Koeffizienten $\lambda_{k+1},\ldots,\lambda_n$ die $n-k$ reellen Wurzeln der algebraischen Gleichung (D) vom Grad $n-k$ bezeichnen.
Das Maximum bzw. Minimum von $Q(A)$ unter den Nebenbedingungen (N') ist also gleich der größten bzw. kleinsten Wurzel der Gleichung (D).

3.6.4.3 Im Falle, daß die Nebenbedingung nur aus *einer* reellen Gleichung besteht, gilt der

Satz (Reziprozitätsgesetz): Voraussetzung. *Es seien $f,g:D\rightarrowtail\mathbb{R}$ in einer Umgebung von $p\in\underline{D}\subset\mathbb{R}^n$ stetig differenzierbar und* $\mathfrak{0}\neq\operatorname{grad}f(p)=\lambda\operatorname{grad}g(p)$ mit $\lambda>0$.

Behauptung: *Es sind gleichwertig:* (1) *Es ist p lokale Minimumstelle von f bei $g-g(p)=0$.* – (2) *Es ist p lokale Maximumstelle von g bei $f-f(p)=0$.*

Beweis: *Zu* (1)→(2). O.B.d.A. sei $f(p)=g(p)=0$ und etwa $\operatorname{grad}f(p)=\operatorname{grad}g(p)=(1,0,\ldots,0)=:e$ (also $\lambda=1$). Wegen der Stetigkeit der Gradienten gibt es eine konvexe Umgebung U von p, so daß $\bigwedge_{x\in U}e\cdot\operatorname{grad}f(x)>0$ und das Entsprechende auch für g gilt. Überdies sei U gemäß (1) so gewählt, daß $\bigwedge_{x\in U}g(x)=0\rightarrow f(x)\geqq0$. Nach 3.5.1, Satz, können wir eine Umgebung $V\subset U$ so wählen, daß $\bigwedge_{x\in V}\bigvee_{\varrho\in\mathbb{R}}x':=x+\varrho e\in U\wedge g(x')=0$. Wählen wir nun x beliebig aber mit $x\in V$ und $f(x)=0$, so folgt

$$0\leqq f(x')=f(x')-f(x)=\operatorname{grad}f(x^+)\cdot\varrho e,$$
$$g(x)=g(x)-g(x')=-\operatorname{grad}g(x^{++})\cdot\varrho e,$$

wobei $x^+,x^{++}\in\langle x;x'\rangle\subset U$, also ($\varrho\geqq0$ und daher) $g(x)\leqq0$, d.h. p ist lokale Maximumstelle für g bei $f(x)=0$. – *Zu* (2)→(1). Folgt aus Symmetriegründen.

Bemerkung: Der Satz bleibt richtig, wenn man in der Voraussetzung „$\lambda>0$“ durch „$\lambda<0$“ und in (2) „Maximumstelle“ durch „Minimumstelle“ ersetzt.

Beispiel: *Hauptachsenproblem der Hyperflächen 2. Ordnung.*

Ist $Q(A)$ eine quadratische Form im $\mathbb{R}^n$ mit wenigstens einem positiven Eigenwert – $\lambda_n > 0$ sei der größte – und mit a_n als einen zugehörigen Eigenvektor; also $a_n^T a_n = 1$, $Aa_n = \lambda_n a_n$, d.h. $\operatorname{grad} Q(A)(a_n) = \lambda_n \operatorname{grad} j^T j(a_n)$, so ist a_n globale Maximumstelle von $Q(A)$ bei $x^T x = 1$. Nach dem Reziprozitätsgesetz ist daher a_n globale Minimumstelle von $j^T j$ bei $Q(A)(x) = \lambda_n$, oder geometrisch gedeutet, a_n ist ein Punkt der Hyperfläche 2. Ordnung mit der Gleichung $x^T A x = \lambda_n$ mit kleinstem Abstand vom Ursprung $\bar{0}$, oder $x' := a_n \lambda_n^{-1/2}$ ist Punkt der Hyperfläche mit der Gleichung $x^T A x = 1$, der $\bar{0}$ am nächsten liegt: *x' liefert nach Länge und Richtung eine kleinste „Halbachse" der Hyperfläche $x^T A x = 1$.* Ähnliche geometrische Deutungen ergeben sich für die übrigen Eigenwerte $\neq 0$; dabei hat man Einengungen von $Q(A)$ bzw. $-Q(A)$ auf geeigneten Vektorunterräumen zu betrachten.

3.6.5 *Hinreichende Bedingungen für ein streng lokales Extremum (ohne Nebenbedingungen).*

Bei quadratischen Formen ist durch Bezugnahme auf die Normalform eine vollständige Übersicht über das globale und lokale Verhalten der fraglichen Funktion möglich. Die Zuhilfenahme dieser Ergebnisse führt bei allgemeineren Funktionen nur auf hinreichende Kriterien.

1. Satz: Voraussetzung. *Es sei $(x_1, \ldots, x_n)$ eine Basis des $V\mathbb{R}^n$, $z = \sum_{\nu=1}^n \zeta_\nu x_\nu$ und $p \in \underline{D} \subset \mathbb{R}^n$. Ferner sei $f: D \rightarrowtail \mathbb{R}$ zweimal differenzierbar in einer Umgebung U von p in $\underline{D}$.*

Behauptung: *Es ist p streng lokale Minimum- bzw. Maximumstelle von f jedenfalls dann, wenn $df(p) = 0$ und wenn die quadratische Form*

$$z \longmapsto q[u](z) := \sum_{\nu,\varrho=1}^n f_{|x_\nu x_\varrho}(u) \zeta_\nu \zeta_\varrho$$

positiv bzw. negativ definit ist für alle u aus einer Umgebung von p in $\underline{D}$.

Zusatz: Ist f zweimal stetig differenzierbar in U, so genügt es, daß $q[p]$ positiv bzw. negativ definit ist.

Beweis: Nach der Taylorformel mit Restglied (3.2.3, Satz 1.) gilt mit $x = p + z$

$$f(x) = f(p) + z \operatorname{grad} f(p) + (2!)^{-1} D_z^2 f(\bar{p}) \qquad \text{mit}$$

$$D_z^2 f(\bar{p}) = \sum_{\nu,\varrho=1}^n f_{|\nu\varrho}(\bar{p}) \zeta_\nu \zeta_\varrho \quad \text{und} \quad \bar{p} := (1-\theta)p + \theta x, \qquad \theta \in (0; 1).$$

Falls $\operatorname{grad} f(p) = \bar{0}$ folgt die Beh.

Betr. Zusatz. Wegen der Stetigkeit der $f_{|\nu\varrho}$ ist die quadratische Form $D_z^2 f(u)$, wenn für $u = p$ definit, dies auch für alle u einer Umgebung von p.

Eine hinreichende Bedingung dafür, daß p *nicht Extremstelle* von f ist, gibt der

2. Satz: *Ist $f|D$ zweimal stetig differenzierbar in einer Umgebung von $p \in \underline{D} \subset \mathbb{R}^n$ und ist die zu f, u gehörige quadratische Form $q[u]$ mit $q[u](z) = D_z^2 f(u)$ indefinit in $u = p$, so ist die stationäre Stelle p von f keine Extremstelle von f.*

Beweis: Nach Vor. gibt es $z', z'' \in \mathbb{R}^n$, sowie $\tau, \alpha, \beta \in \mathbb{R}^+$ derart, daß $q[p](\tau z') = \tau\alpha$ und $q[p](\tau z'') = -\tau\beta$. Wegen der Stetigkeit der $f_{|\nu\varrho}$ und $\operatorname{grad} f(p) = \bar{0}$ gilt $f(p + \tau z) = f(p) + 2^{-1} q[p](\tau z) + 2^{-1} R$ mit $R := q[\bar{p}](\tau z) - q[p](\tau z)$ derart, daß $|R| < \varepsilon |\tau z|^2$ falls $|\tau z| < \delta(\varepsilon)$. Für $\varepsilon < \min\{\alpha |z'|^2, \ \beta |z''|^2\}$ und $\tau < (|z'| + |z''|)^{-1} \delta(\varepsilon)$ gilt also $f(p + \tau z') > f(p)$ und $f(p + \tau z'') < f(p)$, so daß f in beliebiger Nachbarschaft von p Werte sowohl größer als auch kleiner als $f(p)$ annimmt.

Anmerkung: Bei semidefinitem $q[p]$ bedarf es in jedem Falle weitergehender Untersuchung.

3.6.6 *Hinreichende Bedingungen für ein streng lokales Extremum mit Nebenbedingungen.* Wir behandeln das $(f, (g))$-Problem zunächst für den Fall linearer Nebenbedingungen und zeigen dann, daß der Fall mit allgemeinen Nebenbedingungen mit Hilfe der Lagrangeschen Methode auf einen mit linearen zurückgeführt werden kann. (Wieder mit 0 statt $\bar{0}$.)

1. Satz: Voraussetzung. *Es sei $p \in \underline{D} \subset \mathbb{R}^n$, $f: \underline{D} \rightarrowtail \mathbb{R}$ in $\underline{D}$ 2-mal stetig partiell differenzierbar und (g) sei durch*

$$B^T x = c (\in \mathbb{R}^k)$$

dargestellt, wobei $B := (b_1, \ldots, b_k)$ eine Matrix von k linear unabh. Spaltenvektoren $b_\kappa \in V\mathbb{R}^n$, $k < n$, bezeichnet. Es sei $B^T p = c$.

Behauptung: *Dafür, daß f bei (g) in p ein streng lokales Minimum besitzt, ist hinreichend, daß f bei (g) stationär in p ist und daß die Gleichung für λ*

$$(D_1) \qquad \det \begin{pmatrix} H(p) - \lambda E & B \\ B^T & 0 \end{pmatrix} = 0,$$

worin $H(p) := (f_{|\nu\mu}(p)); \nu, \mu = 1, \ldots, n$, und E die n,n-Einheitsmatrix bezeichnen, nur positive Wurzeln besitzt.

Beweis: O.B.d.A. sei $p = \bar{0}$ und $c = \bar{0}$. Wie beim Extremumproblem für quadratische Formen mit linearen Nebenbedingungen (3.6.4.2) zeigt man auch hier, daß die Gleichung (D_1) invariant ist gegenüber jeder orthogonalen Transformation $S := (x^+ \mapsto Sx^+ = x, x^+ \in \mathbb{R}^n)$ und jedem Übergang der Bedingung $B^T x = 0$ zur äquivalenten $K^T B^T S x^+ = 0$ mit einer nicht-singulären k,k-Matrix K, ferner daß auch das Stationärsein und die Minimumseigenschaft gegenüber S und K invariant sind. Es genügt daher den Satz für den speziellen Fall zu verifizieren, daß B die Matrix

$$(B) \qquad B := \begin{pmatrix} 1 & & 0 \\ & \ddots & \\ 0 & & 1 \\ 0 & \cdots & 0 \\ \vdots & & \vdots \\ 0 & \cdots & 0 \end{pmatrix}$$

ist. Dann reduziert sich das Problem auf die Aufgabe, die Funktion $(x_{k+1}, \ldots, x_n) \mapsto f(0, \ldots, 0, x_{k+1}, \ldots, x_n)$ auf ein Minimum an der Stelle $(x_{k+1}, \ldots, x_n) = (0, \ldots, 0)$ zu prüfen, wofür uns der 1. Satz, 3.6.5 (Zusatz) eine hinreichende Bedingung liefert, nämlich neben der Stationarität das Positiv-Definit-Sein der zur $(n-k, n-k)$-Matrix

$$(f_{|\nu\mu}(0))_{\nu,\mu=k+1,\ldots,n}$$

gehörigen quadratischen Form; dies ist aber wegen (B) gleichbedeutend mit der Beh.

2. Satz: Voraussetzung. Es sei $p \in \underline{D} \subset \mathbb{R}^n$ und die Funktionen $f, g_1, \ldots, g_k : \underline{D} \to \mathbb{R}$ seien in $\underline{D}$ 2-mal stetig partiell differenzierbar. Ferner sei $g_\kappa(p) = 0$ und die Vektoren $G_\kappa := \operatorname{grad} g_\kappa(p)$, $\kappa = 1, \ldots, k$, seien linear unabhängig.

Behauptung: *Dafür, daß f in p bei den Nebenbedingungen*

$$(g) \qquad g_1(x) = 0 \wedge \ldots \wedge g_k(x) = 0$$

ein streng lokales Minimum besitzt, ist folgende Bedingung (+) hinreichend:
(+) *Es gibt Konstanten $\lambda_1, \ldots, \lambda_k (\in \mathbb{R})$, so daß die Funktion $F : \underline{D} \to \mathbb{R}$ mit*

$$F(x) := f(x) + \lambda_1 g_1(x) + \ldots + \lambda_k g_k(x), \qquad x \in \underline{D},$$

in p ein streng lokales Minimum besitzt bei den linearen (!) Nebenbedingungen

$$(L) \qquad G_1 \cdot (x-p) = 0 \wedge \ldots \wedge G_k \cdot (x-p) = 0.$$

Beweis: O.B.d.A. sei $p = 0$, $f(p) = 0$, womit auch $F(p) = 0$. Im folgenden sei $x = (x_1, \ldots, x_n) \in \mathbb{R}^n$; ferner mögen die Indizes ν, μ von $1, \ldots, n$, und κ von $1, \ldots, k$ laufen, und die partielle Ableitung nach x_ν werden mit dem Index ν bezeichnet. Gemäß (+) ist $F_{|\nu}(0) = 0$, also

$$(1_\nu) \qquad f_{|\nu}(0) + \textstyle\sum_\kappa \lambda_\kappa g_{\kappa|\nu}(0) = 0, \qquad \nu = 1, \ldots, n,$$

und nach dem verallgemeinerten Mittelwertsatz (3.2.3)

$$(1') \qquad \begin{aligned} F(x) &= 2^{-1} \textstyle\sum_{\nu,\mu} F_{|\nu\mu}(\theta x) x_\nu x_\mu \qquad \text{und} \\ f(x) &= \textstyle\sum_\nu f_{|\nu}(0) x_\nu + 2^{-1} \sum_{\nu,\mu} f_{|\nu\mu}(\theta' x) x_\nu x_\mu \end{aligned}$$

mit $0 < \theta, \theta' < 1$ und $x \neq 0$. Nach (+) gibt es ein $\delta > 0$, so daß $F(x) > 0$, wenn $0 < |x| < \delta$ und $\bigwedge_\kappa G_\kappa^T x = 0$, also

(2) $$2^{-1}\sum_{\nu,\mu}(f_{|\nu\mu}(\theta x)+\sum_\kappa \lambda_\kappa g_{\kappa|\nu\mu}(\theta x))x_\nu^* x_\mu^* \geqq \sigma > 0$$

für alle x^* mit $\bigwedge_\kappa G_\kappa^T x^* = 0$ und $|x^*| = 1$. Aus

(3) $$g_\kappa(x') = 0 \quad \text{und} \quad x' \neq 0$$

folgt mit $0 < \theta_\kappa'' < 1$

($3_\kappa'$) $$G_\kappa^T x' + 2^{-1}\sum_{\nu,\mu} g_{\kappa|\nu\mu}(\theta_\kappa'' x') x_\nu' x_\mu' = 0,$$

so daß, vermöge des symbolisch geschriebenen Rechenprogramms

$$(1')_{x=x'} - \sum_\nu (1_\nu) x_\nu' + \sum_\kappa \lambda_\kappa (3_\kappa')$$

schließlich

(4) $$f(x') = 2^{-1}\sum_{\nu,\mu}(f_{|\nu\mu}(\theta' x') + \sum_\kappa \lambda_\kappa g_{\kappa|\nu\mu}(\theta_\kappa'' x')) x_\nu' x_\mu'.$$

Für hinreichend kleine $|x|$ bzw. $|x'|$ unterscheiden sich wegen der 2-mal stetigen Differenzierbarkeit der f und g_κ die Koeffizienten der quadratischen Formen in (2) und (4) beliebig wenig voneinander. Nun folgt aus ($3_\kappa'$) weiter: Für $0 < |x'| < \delta'(\varepsilon)$ ist $\bigwedge_\kappa |G_\kappa^T x'| < \varepsilon |x'|$, oder $\bigwedge_\kappa |G_\kappa^T z'| < \varepsilon$ mit $z' := |x'|^{-1} x'$ (also $|z'| = 1$). Anwendung von 2.4.2, Satz, auf die lineare Abbildung

$$(z \longmapsto (G_1^T z, \ldots, G_k^T z)), \qquad z \in \mathbb{R}^n,$$

die wegen der linearen Unabhängigkeit der G_κ surjektiv ist, liefert: Es gibt ein $\alpha > 0$, so daß zu x' mit (3) und $|x'| < \delta'(\varepsilon)$ ein $x^* \in \mathbb{R}^n$ existiert mit $|x^*| = 1$ und $\bigwedge_\kappa G_\kappa^T x^* = 0$ und $|z' - x^*| < \alpha\varepsilon$. Vergleich von (2) und (4) liefert aus Stetigkeitsgründen schließlich, daß für alle $x' \neq 0$ mit $\bigwedge_\kappa g_\kappa(x') = 0$ und hinreichend kleinem $|x'|$

$$f(x') \geqq 2^{-1}\sigma |x'|^2.$$

3.7. Gewöhnliche Differentialgleichungen im Vektorraum $\mathbb{R}^k$

3.7.0 Im Folgenden sollen die in I., 9.3 gewonnenen Sätze betr. eine reelle gewöhnliche Differentialgleichung (einer *reellen Variablen* x) ausgedehnt werden auf den Fall eines Systems von $k \geqq 1$ solcher Differentialgleichungen

(D_κ) $$y_\kappa' := \frac{dy_\kappa}{dx} = p_\kappa(x, y_1, \ldots, y_k), \qquad \kappa = 1, \ldots, k,$$

für k reelle Funktionen y_κ von x; außerdem werden die früheren Sätze, auch für den Fall $k = 1$, ergänzt durch Aussagen über die *Abhängigkeit* der Lösungen y_κ der (D_κ) *von den*

Anfangswerten sowie von, in den p_κ ev. auftretenden (reellen, von x und den y_κ unabhängigen) *Parametern* $w_1, \ldots, w_m$. Fassen wir die k-tupel $(y_1, \ldots, y_k)$ bzw. $(p_1, \ldots, p_k)$ als S-Repräsentanten von Vektoren y bzw. p im $\mathbb{R}^k$ auf, so können wir das System der (D_κ) als *eine* (gewöhnliche, „vektorwertige") *Differentialgleichung* 1. *Ordnung* schreiben, nämlich als

$$(D) \qquad y' := \frac{dy}{dx} = p(x, y).$$

Die in I., 9.3, benutzte Methode der stückweise „geradlinigen" Approximation des durch p gegebenen Richtungsfeldes würde auch hier unter den (bis auf die dimensionellen Unterschiede) gleichen Voraussetzungen zum Ziele führen. Statt dessen soll hier die *Methode der Iteration* angewandt werden, wie sie in I., 8.9.6, zur Berechnung der Lösung ξ einer Gleichung $\xi = f(\xi)$ vom „Fixpunkttypus" entwickelt wurde. Diese Methode wird anwendbar, indem man die *Differentialgleichung zusammen mit der Anfangsbedingung* ersetzt durch eine mit beiden gleichwertige *Integralgleichung* (J) (vgl. 3.7.2) vom „Fixpunkttypus", für die man vermöge Iteration einen gegen eine Lösung von (J) konvergente Folge von „Näherungslösungen" konstruieren kann. Wesentliches Beweismittel bei den Konvergenz-, Eindeutigkeits- und Abhängigkeitsfragen ist jetzt eine *Integralungleichung* (vgl. 3.7.2, (IV)) – an Stelle der Differentialungleichung in I., 9.3.1.

3.7.1 *Bezeichnungen. Definitionen.*

3.7.1.1 Es seien $X := [a; b]$ bzw. $Y := [a_1; b_1] \times \ldots \times [a_k; b_k]$ abgeschlossene Intervalle im $\mathbb{R}^1$ bzw. $\mathbb{R}^k$, $k \geqq 1$; für $y := (y_1, \ldots, y_k) \in \mathbb{R}^k$ verwenden wir als *Norm* $|y| := \sum_{\kappa=1}^{k} |y_\mu|$. Ferner sei $G := X \times Y$ gesetzt. Nun betrachten wir Abbildungen $p: G \longrightarrow \mathbb{R}^k$ mit $p = (p_1, \ldots, p_k)$ und mit den folgenden Eigenschaften:

(A) Es ist p *partiell lateral konvergent in* x, kurz **x-l. k.**, d.h. für jedes feste $y \in Y$ ist jedes $(x \longmapsto p_\kappa(x, y))$ l.k. in X (vgl. I., 7.1).

(B) Es genügt p bzgl. y (gleichmäßig für alle $x \in X$) einer *Lipschitzbedingung* mit der L-Konstanten L:

$$\bigvee_{L \in \mathbb{R}^+} \bigwedge_{(x,y),(x,\bar{y}) \in G} |p(x, y) - p(x, \bar{y})| \leqq L |y - \bar{y}|.$$

3.7.1.2 Definition: Die Abbildung $z: X' \longrightarrow \mathbb{R}^k$ heißt eine **Lösung** von (D), wenn (1) X' ein Teilintervall von X, ferner (2) z *stetig* ist, (3) $\bigwedge_{x \in X'} z(x) \in Y$ und (4) z A-fastüberall in X' eine Ableitung z' besitzt so, daß

$$z'(x) = p(x, z(x)) \qquad \text{für } A\text{-fast alle } x \in X'.$$

Man sagt, die Lösung z von (D) löst das **Anfangswertproblem** (x_0, y_0) mit vorgegebenen $x_0 \in X$, $y_0 \in Y$, wenn die **Anfangsbedingung** $z(x_0) = y_0$ erfüllt ist; üblicherweise wird dabei gefordert, daß der Definitionsbereich X' von z maximal ist, welche Forderung im wesentlichen durch die obige Bedingung (3) beeinflußt wird.

3.7.1.3 Die soeben erwähnte Problematik der Maximalität des Definitionsbereiches X' einer Lösung z wird beseitigt vermittelst einer *Erweiterung* des Definitionsbereiches der Abbildung p, nämlich mittels Übergang von p zur Abbildung $p^{++}: G^{++} \rightarrowtail \mathbb{R}^k$ mit $G^{++} := X \times \mathbb{R}^k$ und $p^{++}(x, y) := p(x, y^{++})$ mit $y^{++} := (y_1^{++}, \ldots, y_k^{++})$, wobei $y_\kappa^{++} := y_\kappa$, falls $y_\kappa \in [a_\kappa; b_\kappa]$; bzw. $y_\kappa^{++} := a_\kappa$, falls $y_\kappa < a_\kappa$; bzw. $y_\kappa^{++} := b_\kappa$ falls $y_\kappa > b_\kappa$, $\kappa = 1, \ldots, k$.
Die so erweiterte Abbildung $p^{++}: X \times \mathbb{R}^k \rightarrowtail \mathbb{R}^k$ besitzt wieder die Eigenschaften (A) und (B) mit der gleichen Lipschitzkonstanten. (Beweis betr. $(A)\, x \mapsto p^{++}(x, y) = p(x, y^{++})$; betr. $(B)\, |y_1 - y_2| \geqq |y_1^{++} - y_2^{++}|$).
Es wird sich zeigen: Unter den Voraussetzungen (A) und (B) ist für jede Lösung des erweiterten Problems $z' = p^{++}(x, z)$ das maximale X' gleich X, sodaß die Restriktion von (x, z) auf $X \times Y$ gerade die „maximalen" Lösungen des ursprünglich auf $X \times Y$ bezogenen Problems ergeben. Wir können und werden daher im Folgenden uns auf die Behandlung des Falles $Y = \mathbb{R}^k$ beschränken.

3.7.2 Wie in I., 9.3, gilt auch hier der

Existenz- und Eindeutigkeitssatz: Voraussetzung. *Es sei* $X := [a; b]$ *und* $Y := \mathbb{R}^k$, *ferner befriedige* $p: X \times Y \rightarrowtail \mathbb{R}^k$ *die Postulate* (A) und (B).

Behauptung: (α) *Das Anfangswertproblem* (x_0, y_0) *von* (D) *mit* $x_0 \in X$, $y_0 \in Y$ *besitzt genau eine Lösung* $(x \mapsto y(x))$, $x \in X$.
(β) *Gleichmäßig in* X *gilt* $y(x) = \lim_n y_n(x)$ *für* $x \in X$, wobei $y_0(x) = y_0 = \text{konst.}$ *und* $y_{n+1}(x) := y_0 + \int_{x_0}^{x} p(\chi, y_n(\chi))\, d\chi$, $n = 0, 1, 2, \ldots$.
Die Abbildungen $(\chi \mapsto p(\chi, y_n(\chi)))$, $\chi \in X$, *sind* l. k. *für jedes* n.

Beweis: (I) Zunächst wird gezeigt: *Für jede stetige Funktion* $(x \mapsto u(x))$ *ist* $(x \mapsto p(x, u(x))$ l. k. (wobei $(x, u(x)) \in X \times Y$). In der Tat: Zu vorgegebenen t_0 und $\varepsilon > 0$ kann $t' > t_0$ so nahe bei t_0 gewählt werden, daß (wegen der Stetigkeit von u) $|u(t_i) - u(t_0)| < \varepsilon(3L)^{-1}$, $i = 1, 2$, für $t_0 < t_1 \leqq t_2 < t'$ und (wegen (A)) zugleich $|p(t_1, u(t_0)) - p(t_2, u(t_0))| < \varepsilon 3^{-1}$. Dann gilt aber $|p(t_1, u(t_1)) - p(t_2, u(t_2))| < 3(3^{-1})\varepsilon = \varepsilon$.
(I 1) Aus (I) folgt: Für jedes n ist y_n stetig und $(y \mapsto p(x, y_n(x))$ l. k. Für $n = 0$ ist dies richtig. Ist aber diese Beh. richtig für ein $n \geqq 0$, so folgt aus (I), daß $(x \mapsto p(x, y_n(x)))$ l. k. und daher $y_{n+1}(x) = y_0 + \int_{x_0}^{x} p(\chi, y_n(\chi))\, d\chi$ stetig ist (gemäß I., 9.1), also $(x \mapsto p(x, y_{n+1}(x))$ l. k.
(II) Ist y eine Lösung des Anfangswertproblems (x_0, y_0), also $y'(x) = p(x, y(x))$ für A-fast alle x, so folgt durch Integration

$$(J) \qquad y(x) = y_0 + \int_{x_0}^{x} p(\chi, y(\chi))\, d\chi$$

d. h. y ist eine stetige Lösung der Integralgleichung (J).

Umgekehrt ist jede stetige Lösung y von (J) auch eine Lösung des Anfangswertproblems; denn das Integral einer l. k. Funktion ist (gemäß I., 9.1.5.6) A-fast überall nach der oberen Integrationsgrenze differenzierbar mit einer Ableitung, die gleich dem Integranden an der betr. Stelle ist. Es genügt daher nach den stetigen Lösungen y von (J) zu suchen.

Anmerkung: (J) ist vom „Fixpunkttypus" $y=F(y)$ für den „Operator" F, der die Funktion y in die Funktion $F(y)$ überführt gemäß

$$F(y)(x):=y_0+\int_{x_0}^{x} p(\chi, y(\chi))d\chi.$$

(III) Die durch das angegebene Iterationsverfahren erklärte Folge $(y_n)_n$ konvergiert in X gleichmäßig gegen eine Lösung von (J). Um dies nachzuweisen, setzen wir $d_n(x):=y_n(x)-$ $-y_{n-1}(x)$, sodaß $y_n(x)=y_0+d_1(x)+\ldots+d_n(x)$, und zeigen, daß $|d_n(x)|\leqq AL^n|x-x_0|^n(n!)^{-1}$, daß also Majorisierung von $\sum_\nu d_\nu(x)$ durch eine gleichmäßig konvergente Reihe vorliegt. In der Tat: Gemäß I., 7.1.0.1, ist $(\chi\longmapsto p(\chi, y_0))$ beschränkt, etwa $|p(\chi, y_0)|\leqq B$, wegen $d_1(x)=\int_{x_0}^{x} p(\chi, y_0)d\chi$ also $|d_1(x)|\leqq B|x-x_0|$; die Beh. ist also für $n=1$ mit $A:=B/L$ richtig. Gilt die Beh. für n, so folgt

$$|d_{n+1}(x)|=|\int_{x_0}^{x}|p(\chi, y_n(\chi))-p(\chi, y_{n-1}(\chi))|d\chi|\leqq|\int_{x_0}^{x}L|d_n(\chi)|d\chi\leqq$$
$$\leqq|\int_{x_0}^{x}(LAL^n|\chi-x_0|^n(n!)^{-1}d\chi|=AL^{n+1}|x-x_0|^{n+1}((n+1)!)^{-1};$$

es ist also Induktion möglich. – Wir können daher in der Gleichung

$$y_{n+1}(x)=y_0+\int_{x_0}^{x} p(\chi, y_n(\chi))d\chi$$

links und rechts (gemäß I., 9.1.5.4) den Grenzübergang vollziehen und erhalten in $y:=\lim_n y_n$ eine Lösung von (J).

(IV). Daß (J) nur eine einzige Lösung besitzt, folgt aus dem

Hilfssatz: Es sei $\varepsilon>0$, $L\geqq 0$, ferner $h:[a;b]\longrightarrow\mathbb{R}^+$ stetig und

$$\bigwedge_{x\in[a,b]} h(x)\leqq\varepsilon+L|\int_{x_0}^{x} h(\chi)d\chi|, \qquad x_0\in[a;b].$$

Dann gilt

$$\bigwedge_{x\in[a,b]} h(x)\leqq\varepsilon\exp(L|x-x_0|)\leqq\varepsilon\exp L(b-a).$$

Beweis: 1. Es sei $x>x_0$. Aus $Lh(x):(\varepsilon+L\int_{x_0}^{x} h(\chi)d\chi)\leqq L$ folgt durch Integration von x_0 bis x, daß

$$\ln(\varepsilon+L\int_{x_0}^{x} h(\chi)d\chi)-\ln\varepsilon\leqq L(x-x_0) \qquad \text{oder}$$
$$h(x)\leqq\varepsilon+L\int_{x_0}^{x} h(\chi)d\chi\leqq\varepsilon\exp L(x-x_0).$$

2. Für $x<x_0$ analog (Aufgabe).

Folgerung: Aus $\bigwedge_{x\in[a,b]} h(x)\leqq L|\int_{x_0}^{x} h(\chi)d\chi|$ (und $h\geqq 0$) folgt $h=0$ (Bew. durch $\varepsilon\sim 0$ aus obigem Hilfssatz).

Beweis *für die Eindeutigkeit der Lösung des Anfangswertproblems.*
Sind y_1 und y_2 zwei Lösungen von (J), so folgt

$$|y_1(x)-y_2(x)| \leqq |\int_{x_0}^{x}|p(\chi, y_1(\chi))-p(\chi, y_2(\chi))|d\chi \leqq L|\int_{x_0}^{x}|y_1(\chi)-y_2(\chi)|d\chi|,$$

nach der „Folgerung" aus dem Hilfssatz also $y_1 = y_2$.

3.7.3 *Abhängigkeit der Lösungen von (D) von den Anfangswerten und von der rechten Seite p von (D).*

3.7.3.1 Die Frage nach der Abhängigkeit der Lösung y von dem als Veränderliche gedachten Anfangswert y_0 (bei festem x_0) führen wir zurück auf den Fall eines festen Anfangswerts y_0^*, jedoch bei veränderlichem p durch folgende Transformation: Es sei y die Lösung von (D) mit $y(x_0)=y_0$ und y^* die Lösung mit $y^*(x_0)=y_0^*$. Wir setzen

$$z(x) := y^*(x) - y_0^* + y_0.$$

Dann genügt z mit $z(x_0)=y_0$ der Differentialgleichung

$$(D^+) \qquad z' = y^{*\prime} = p(x, z + y_0^* - y_0) := p^*(x, z).$$

Ferner ist

$$(U^+) \qquad |y^* - y| = |z - y + (y_0^* - y_0)| \leqq |z - y| + |y_0^* - y_0|,$$

sodaß die Abschätzung von $|y^* - y|$ zurückgeführt ist auf die von $|z - y|$. Dabei gilt

$$(P^+) \qquad |p - p^*| \leqq L|y_0^* - y_0|.$$

3.7.3.2 Gemäß 3.7.3.1 betrachten wir nun die neue *Frage*: Wie sehr unterscheiden sich die Lösung y bzw. y^* der Differentialgleichung

$$(1) \qquad y' = p(x, y) \qquad \text{bzw. } (1^*) \qquad y^{*\prime} = p^*(x, y^*)$$

mit dem gleichen Anfangswert

$$(2) \qquad y(x_0) = y^*(x_0) = y_0,$$

wenn für p, p^* gilt

$$(3) \qquad \bigvee_{\varepsilon > 0} \bigwedge_{(x,y) \in X \times \mathbb{R}^k} |p(x, y) - p^*(x, y)| < \varepsilon ?$$

Die Antwort wird geliefert durch den Hilfssatz in 3.7.2, (IV), dem gemäß aus $y^*(x) - y(x) = \int_{x_0}^{x}(p^*(\chi, y^*(\chi)) - p(\chi, y(\chi))d\chi$ folgt
$|y^* - y| \leqq |\int_{x_0}^{x}|p^*(\chi, y^*(\chi)) - p(\chi, y^*(\chi)| d\chi + |\int_{x_0}^{x}|p(\chi, y^*(\chi)) - p(\chi, y(\chi))|d\chi|$
$\leqq \varepsilon(b-a) + L|\int_{x_0}^{x}|y^*(\chi) - y(\chi)|d\chi|$, also

$$(4) \qquad |y^*(x) - y(x)| \leqq \varepsilon(b-a)\exp(L|x - x_0|) \qquad \text{für } x \in X.$$

Damit haben wir bewiesen den

1. Satz: *Erfüllen p und p* die Bedingungen* (*A*) *und* (*B*) *in* 3.7.1.1 *und außerdem* (3), *so gilt für die Differenz der Lösungen y bzw. y* der Differentialgleichungen* (1) *bzw.* (1*) *mit gleichem Anfangswert* (2) *die Abschätzung* (4).

Anmerkung: In (4) kann man statt L auch L^* setzen, wobei L^* die Lipschitzkonstante in der Bedingung (B) für p^* bezeichnet, also statt L auch $\min\{L, L^*\}$ (Bew. als Aufgabe). Mit Hilfe von (U^*) und (P^*) in 3.7.3.1 ergibt sich weiter der

2. Satz: *Werden* (A) *und* (B) (3.7.1.1) von *p erfüllt, so genügt die Differenz* $y^* - y$ *der Lösungen* y^* *bzw.* y *von* (D) *mit den Anfangswerten* $y^*(x_0) = y_0^*$ bzw. $y(x_0) = y_0$ *der Ungleichung* $|y^*(x) - y(x)| \leqq M|y_0^* - y_0|$ für $x \in X$ mit

$$M := L(b-a)\exp(L(b-a)) + 1.$$

3.7.3.3 Die Betrachtungen in 3.7.3.2 legen es nahe, die Veränderlichkeit von p parametermäßig zu beschreiben, etwa in der Form, daß $p: X \times \mathbb{R}^k \times W \longrightarrow \mathbb{R}^k$, wobei W eine offene Punktmenge in einem $\mathbb{R}^m$ (mit einer entsprechenden Norm wie in $\mathbb{R}^k$) bezeichnet. Wir setzen dann voraus, daß

(A') $(x \longmapsto p(x, y, w))$ l. k. für jedes $(y, w) \in \mathbb{R}^k \times W$;
(B') $((y, w) \longmapsto p(x, y, w))$ einer in x gleichmäßigen Lipschitzbedingung genügt, d. h, daß

$$\bigvee_{L \in \mathbb{R}^+} \bigwedge_{(x, y, w), (x, y_1, w_1) \in X \times \mathbb{R}^k \times W} |p(x, y, w) - p(x, y_1, w_1)| \leqq L(|y - y_1| + |w - w_1|)$$

gilt. Es handelt sich dann darum, die Lösung $y = y\ (x; x_0, y_0; w)$ der Differentialgleichung

$$y' = p(x, y, w)$$

mit der Anfangsbedingung $y(x_0; x_0, y_0; w) = y_0$ zu untersuchen hinsichtlich ihrer Abhängigkeit vom Parameter $w(\in W)$. Es gilt der

Satz: *Werden* (A') *und* (B') *von* $p: X \times \mathbb{R}^k \times W \longrightarrow \mathbb{R}^k$ *erfüllt, so gilt für alle* $x \in X$, $w_1, w_2 \in W$

$$|y(x; x_0, y_0; w_1) - y(x; x_0, y_0; w_2)| \leqq (b-a)|w_1 - w_2| L \exp(L(b-a)).$$

((Beweis mittelst des Hilfssatzes in 3.7.2, (IV)) als Aufgabe).

3.7.3.4 Nimmt man über (B') (in 3.7.3.3) hinaus noch Differenzierbarkeitseigenschaften von $((y, w) \longmapsto p(x, y, w))$ hinzu, so ergibt sich auch für die Lösungen von $y' = p(x, y, w)$ Differenzierbarkeit nach w. Man hat nämlich den

Satz: Voraussetzung. (1) *Es seien* (A') *und* (B') (3.7.3.3) *von* $p: X \times \mathbb{R}^k \times W \longrightarrow \mathbb{R}^k$ *erfüllt.* – (2) *Es sei die Abbildung* $((y, w) \longmapsto p(x, y, w))$ *differenzierbar für jedes* $x \in X$. – (3) *Die partiellen Ableitungen* $p_{|y_\kappa}$ *und* $p_{|w_\mu}$ *seien*

(A'') *bei festem* (y, w) *l.k. bezüglich* x *und*

(B'') *sie sollen hinsichtlich* (y, w) *in* x *gleichmäßig eine Lipschitzbedingung mit einer Lipschitzkonstanten* L' *erfüllen.*

Behauptung: *Die (einzige) Lösung* $(x \mapsto y(x, w))$ *der Differentialgleichung (mit dem Parameter* w*)*

$$dy/dx = p(x, y, w)$$

mit dem Anfangswert $y(x_0) = y_0$ *ist nach der Variablen* w *partiell differenzierbar, wobei sich* $y_{|w_\mu} := q(x, w)$ *als die stetige Lösung der Integralgleichung*

$$(J') \qquad q(x, w) = \int_{x_0}^{x} (p_y(\chi, y(\chi, w), w) \cdot q + p_{|w_\mu}(\chi, y(\chi, w), w)) d\chi$$

ergibt; $\mu = 1, \ldots, m$. *Dabei steht in* (J') *rechterhand* p_y *für die Funktionalmatrix* $(p_{|y_1}, \ldots, p_{|y_k})$ *und* $\cdot$ *bezeichnet eine Matrizenmultiplikation im* $\mathbb{R}^k$.

Beweis: (I) Zufolge Vor. (1) ist $|y(x, w)|$ bei festem w stetige Funktion von x (3.7.2, Bew., (II)) und beschränkt in X. Wegen Vor. (3) sind $p_y(\chi, y(\chi, w), w)$ und $p_{|w_\mu}(\chi, y(\chi, w), w)$ bei festem w als Funktionen von χ l.k. (vgl. 3.7.2, Bew. (I)) und beschränkt, sodaß (J') genau eine ebenfalls (bei festem w) beschränkte Lösung $(x \mapsto q(x, w))$ besitzt (für (J') bzw. die zugehörige Differentialgleichung ist die Lipschitzbedingung erfüllt wegen der Linearität in q).

(II) Bei den weiteren Betrachtungen nehmen wir $m = 1$, d.h. w als reelle Veränderliche an, was (nach dem Satz über stetige partielle Ableitungen (3.3.3)) keine Beschränkung der Allgemeinheit bedeutet. Aus der Gleichung

$$y(x, w) = y_0 + \int_{x_0}^{x} p(\chi, y(x, w), w) d\chi$$

ergibt sich für $\Delta w \neq 0$ und mit der Abkürzung

$$Q(x, w, \Delta w) := (\Delta w)^{-1}(y(x, w + \Delta w) - y(x, w))$$

die Gleichung

$$Q(x, w, \Delta w) = \int_{x_0}^{x} (\tilde{p}_y \cdot Q(\chi, w, \Delta w) + \tilde{p}_{|w}) d\chi,$$

wobei $\tilde{p}_y$ bzw. $\tilde{p}_{|w}$ bedeutet, daß in p_y bzw. $p_{|w}$ die Argumente $(\chi, y(\chi, \tilde{w}), \tilde{w})$ stehen mit einem $\tilde{w}$ zwischen w und $w + \Delta w$. Daran anknüpfend können wir zeigen, daß $Q(x, w, \Delta w) \rightsquigarrow q(x, w)$ für $\Delta w \rightsquigarrow 0$, wobei q der Gleichung (J') genügt. In der Tat ist

$$|Q - q| = \left|\int_{x_0}^{x} (\tilde{p}_y \cdot Q - p_y \cdot q + \tilde{p}_{|w} - p_{|w}) d\chi\right| \leqq \left|\int_{x_0}^{x} |\tilde{p}_y - p_y| \cdot |q| d\chi\right| + \left|\int_{x_0}^{x} |\tilde{p}_y| |Q - q| d\chi\right| + \\ + \left|\int_{x_0}^{x} |\tilde{p}_{|w} - p_{|w}| d\chi\right|.$$

Der Integrand des ersten bzw. dritten Integrals ist (wegen 3.7.3.3, Satz) kleiner als $L'(|y(\chi, \tilde{w}) - y(\chi, w)| + |\Delta w|) A \leqq B|\Delta w|$ mit $|q| \leqq A$ bzw. kleiner als $D|\Delta w|$ und der des zweiten Integrals ist kleiner als $(|p_y| + |\tilde{p}_y - p_y|)|Q - q| \leqq C|Q - q|$ (sofern etwa $|\Delta w| < 1$);

dabei bezeichnen B, C, D geeignete Konstanten. Somit ergibt sich

$$|Q-q| \leqq E|\Delta w| + C|\int_{x_0}^{x} |Q-q| d\chi|,$$

nach dem Hilfssatz in 3.7.2, (IV), also

$$|Q-q| \leqq E|\Delta w| \exp(C(b-a)).$$

1. Anmerkung: Daß aus (B') nicht (B'') gefolgert werden kann, zeigt die Funktion $((x, y) \mapsto (yx^2 \sin(x^{-1})) : (x^2 + y^2))$ für $x > 0$, welche für $x \rightsquigarrow 0+$ den Limes 0 besitzt, während die partielle Ableitung nach y für $y = 0$ und $x \rightsquigarrow 0+$ keinen Limes besitzt.

2. Anmerkung: Die Integralgleichung (J') tritt auch in der sogenannten *Störungsrechnung* auf, in der man ausgehend von der Kenntnis von $y(x, w_0)$ (der „ungestörten" Lösung) durch Potenzreihenentwicklung $y(x, w_0 + \Delta w) = y(x, w_0) + \Delta w \cdot q + (\Delta w)^2 \cdot q_2 + \ldots$ die „gestörte" Lösung $y(x, w_0 + \Delta w)$ zu approximieren sucht.

Aufgabe: Man formuliere einen Satz über die Differenzierbarkeit der Lösung $y = y(x; x_0, y_0)$ (von (D)) nach der Variablen y_0 mit Hilfe von 3.7.3.4 und 3.7.3.1.

3.7.4 *Ungleichungen bei impliziten Funktionen.*
Es sei die Funktion $g := (x \mapsto g(x) =: y)$ implizit definiert durch eine Gleichung $H(x, y) = 0$. Bei gegebenem f soll entschieden werden, ob z. B. die Ungleichung $f \geqq g$ besteht. Diese Aufgabe läßt sich in eine allgemeinere einordnen, bei welcher y einer Differentialgleichung $y' = G(x, y)$ genügt; z. B. ist im Falle $H(x, y) = 0$ bei differenzierbaren H und y oben $G = -(H_{|y})^{-1} h_{|x}$.

Satz: Voraussetzung. (1) *Es seien f, g bzw. G hinreichend oft differenzierbare Funktionen in $D := {}^{+}(a; b)$ bzw. in $D \times \mathbb{R}$. Ferner genüge $y := g$ der Differentialgleichung $y' = G(x, y)$.* (2) *Es gibt ein $k > 0$ derart, daß $f^{(k)}(a) > g^{(k)}(a)$ und $f^{(k')}(a) = g^{(k')}(a)$ für $k' < k$.* – (3) $\bigwedge_{x \in (a, b)} f'(x) > G(x, f(x))$. – Behauptung. *Es ist $f(x) > g(x)$ für $a < x < b$.*

Beweis: Nach Vor. (1) und (2) sowie gemäß der Taylorschen Formel existiert ein $x_0 > a$, derart daß $f(x) > g(x)$ für $a < x < x_0$. Angenommen, es gibt ein kleinstes x_1 mit $a < x_1 < b$ und $f(x_1) = g(x_1)$. Dann gilt $f'(x_1) > G(x_1, f(x_1)) = G(x_1, g(x_1)) = g'(x_1)$. Daraus folgt die Existenz eines x_2 mit $x_0 < x_2 < x_1$ und $f(x_2) < g(x_2)$. Aus Stetigkeitsgründen gibt es also x_3 mit $x_0 < x_3 < x_1$ und $f(x_3) = g(x_3)$ im Widerspruch zur Kleinsteigenschaft von x_1.

Aufgabe: Für $x > 0$ sei $y := (x \mapsto y(x))$ definiert durch $y \geqq 0$ und die Gleichung $H(x, y) = 0 = \exp(y(x)) - 1 - y(x) - 2^{-1} x^2$ (Beweis der Eindeutigkeit von y als Aufgabe!). Man beweise, daß für $x \geqq 0$ und für $\alpha := (\ln 2)^{-1/2}$ gilt: $\ln(2 + x^2) - \ln 2 \leqq y < \alpha \ln(2 + x^2)$.

Bemerkung: Die Ungleichung rechter- bzw. linkerhand in der Aufgabe entspricht im Sinne der Vorbemerkung einem Problem $f \geqq g$ bzw. $f \leqq g$.

3.8. Vollständige Systeme partieller Differentialgleichungen erster Ordnung

3.8.1 Das Differential einer reellen Funktion φ ist darstellbar als eine Differentialform 1. Grades. Umgekehrt ist dafür, daß eine Differentialform $g := \sum_{\nu=1}^{n} \gamma_\nu dx_\nu$ mit $\gamma_\nu : G \rightarrowtail \mathbb{R}$ die Darstellung eines Differentials sei, die Existenz eines $\varphi : G \rightarrowtail \mathbb{R}$ notwendig mit $\bigwedge_\nu \varphi_{|\nu} = \gamma_\nu$. Nimmt man φ als 2-mal differenzierbar an, so folgt $(\varphi_{|\nu\mu} =) \gamma_{\nu|\mu} = (\varphi_{|\mu\nu} =) \gamma_{\mu|\nu}$ als notwendige Bedingung dafür, daß g ein Differential einer Funktion darstelle. – Daß diese Bedingung nicht immer erfüllt ist, zeigt das einfache Beispiel: $n = 2$; $\gamma_1 := \chi_2$, $\gamma_2 := 1$ mit $\gamma_{1|2} = 1 \neq \gamma_{2|1} = 0$.
Andererseits aber reicht die notwendige Bedingung $\bigwedge_{\mu,\nu} \gamma_{\mu|\nu} = \gamma_{\nu|\mu}$ unter entsprechenden Differenzierbarkeitsbedingungen für die γ_ν auch hin dafür, daß g ein Differential einer Funktion sei. Dies ergibt sich als spezieller Fall aus dem folgenden Satz, in welchem die oben beschriebene Situation auf ein System von partiellen Differentialgleichungen für mehrere Funktionen erweitert wird und der z.B. in der Differentialgeometrie zur Anwendung kommt. Vorausgeschickt sei folgende Vereinbarung betr. die

Bezeichnungen: (I) Es seien: $k, n \in \mathbb{N}^+$ und $(x_1, \ldots, x_n)$ bzw. $(y_1, \ldots, y_k)$ Basen des $\mathbb{R}^n$ bzw. des $\mathbb{R}^k$, also $\bigwedge_{x \in \mathbb{R}^n} x = \sum_{\nu=1}^{n} \chi_\nu x_\nu$ und $\bigwedge_{y \in \mathbb{R}^k} y = \sum_{\kappa=1}^{k} \eta_\kappa y_\kappa$. Weiter sei X ein offenes Intervall im $\mathbb{R}^n$, also $X := \{x : x \in \mathbb{R}^n \wedge \bigwedge_{\nu=1}^{n} \alpha_\nu < \chi_\nu < \beta_\nu\}$, ferner sei Y eine offene Teilmenge des $\mathbb{R}^k$ und $Z := X \times Y$.
(II) Für Abbildungen $\varphi : X \rightarrowtail \mathbb{R}^k$ bzw. $\psi : Z \rightarrowtail \mathbb{R}^k$ setzen wir $\varphi_{|\nu} := \varphi_{|x_\nu}$ (vgl. 3.1.3.1) und $\psi_{|Y} := (\psi_{|y_1}, \ldots, \psi_{|y_k})$, wobei also $\psi_{|Y}$ als („partieller") Gradient von ψ, nämlich bezüglich $y_1, \ldots, y_k$, eine k,k-Matrix ist. Schließlich werde $x_0 := (\chi_1^0, \ldots, \chi_n^0)$ und $y_0 := (\eta_1^0, \ldots, \eta_k^0)$ gesetzt.

Satz: Voraussetzung. (I) *Es sei* $f_\nu : Z \rightarrowtail \mathbb{R}^k$, $\nu = 1, \ldots, n$, *wobei* f_ν *stetige partielle Ableitungen nach allen* x_ν *und nach allen* y_κ *in* Z *besitze.*
(II) *Jedes* f_ν *genüge (in* Z*) einer Lipschitzbedingung hinsichtlich* y *d.h.*

$$\bigvee_{K \in \mathbb{R}^+} \bigwedge_{\nu \in \{1,\ldots,n\}} \bigwedge_{(x,y),(x,y') \in Z} |f_\nu(x,y) - f_\nu(x,y')| \leq K|y - y'|.$$

Behauptung: *Folgende beiden Aussagen sind gleichwertig:*
(1) *Das System (D) von (n. k reellen) „partiellen" Differentialgleichungen 1. Ordnung"*

$$(D) \qquad y_{|\nu} = f_\nu(x, y), \qquad \nu = 1, \ldots, n,$$

besitzt für jedes $z_0 = (x_0, y_0)$ *in einer hinreichend kleinen Umgebung* V_0 *von* x_0 *in* X *eine stetige Lösung* y, *welche der „Anfangsbedingung"* $y(x_0) = y_0$ *genügt.*

(2) *In* Z *gilt* $\bigwedge_{\mu,\nu} (\mu|\nu) = 0$, *wobei*

$$(\mu|\nu)(x,y) := f_{\mu|\nu}(x,y) - f_{\nu|\mu}(x,y) + f_{\mu|Y}(x,y) f_\nu(x,y) - f_{\nu|Y}(x,y) f_\mu(x,y)$$

und wobei z. B. das letzte Glied rechterhand ausführlich geschrieben lautet

$$f_{\nu|Y}(x,y)f_\mu(x,y):=\sum_{\kappa=1}^k f_{\nu|y_\kappa}(x,y)\varphi_{\mu\kappa}(x,y) \quad \textit{mit} \quad f_\mu(x,y):=\sum_{\kappa=1}^k \varphi_{\mu\kappa}(x,y)y_\kappa.$$

1. Zusatz: Unter den Vor. (I) und (II) folgt aus Beh. (2), daß die gemäß Beh. (1) existierende Lösung von (D) eindeutig bestimmt ist.

Anmerkung: (1) Systeme der Art (D) (vgl. Beh. (1)) repräsentieren den einfachsten Fall von Systemen partieller Differentialgleichungen, deren Lösungen nur von endlich vielen („willkürlichen") „Integrationskonstanten" abhängen, wie die Lösungen von Systemen „gewöhnlicher" Differentialgleichungen, d. h. von solchen Differentialgleichungen, in welchen Differentialquotienten hinsichtlich nur einer einzigen („unabhängigen") Variablen auftreten. In unserem Satz sind x_0, y_0, also $\chi_1^0, \ldots, \chi_n^0, \eta_1^0, \ldots, \eta_k^0$, solche Integrationskonstanten.
(2) Der obige Satz besagt – kurz ausgedrückt – daß die Differentiale unter den Differentialformen 1. Grades durch $(\mu|\nu)=0$ gekennzeichnet sind.
(3) Aus der Stetigkeit aller $f_{\mu|x_\nu}$ und $f_{\nu|y_\kappa}$ (vgl. Vor. (I)) folgt (gemäß 3.3.3) die Differenzierbarkeit der f_ν in Z und aus der Stetigkeit der $f_{\nu|y_\kappa}$ die Lipschitzeigenschaft von f_ν bezüglich der y_κ in einer Umgebung (in X) eines jeden x (gemäß 3.3.3, Anm. zum 2. Satz).

Beweis: *Betr.* (1)⟶(2). Es existiere also eine Lösung y von (D) gemäß der Beh. (1); und es seien $\mu, \nu, \varrho \in \{1, \ldots, n\}$. Zufolge der Voraussetzung (I) sowie der Existenz und Stetigkeit von $y_{|\varrho}$ $(=f_\varrho)$ für alle ϱ, existieren und sind stetig $y_{|\nu\mu}=f_{\nu|\mu}+f_{\nu|Y}y_\mu$ sowie $y_{|\mu\nu}=f_{\mu|\nu}+f_{\mu|Y}y_{|\nu}$. Gemäß 3.2.4, Vertauschungssatz, Beh. (II), gilt daher $y_{|\nu\mu}=y_{|\mu\nu}$, woraus wegen $y_{|\nu}=f_\nu$, $y_{|\mu}=f_\mu$ folgt $f_{\nu|\mu}+f_{\nu|Y}f_\mu=f_{\mu|\nu}+f_{\mu|Y}f_\nu$, also $(\mu|\nu)(x,y)=0$ für $x\in V_0$ und $y=y(x)$, wobei $y:=(x\longmapsto y(x))$ die in Rede stehende Lösung von (D) mit $y(x_0)=y_0$ bezeichnet. Es ist also $(\mu|\nu)(x_0,y_0)=0$ und, da $(x_0,y_0)\in Z$ beliebig auch $(\mu|\nu)=0$ in Z.
(4) Ein der Beh. (2) des Satzes, also den „Verträglichkeitsbedingungen" $\bigwedge_{\mu,\nu}(\mu|\nu)=0$ genügendes System (D) pflegt man als **vollständig** zu bezeichnen.
Betr. (2)⟶(1).

Erstens: Zunächst sei der Fall $n=2$ betrachtet, in welchem alles Wesentliche des Beweisganges schon klar erkennbar ist; der Beweis folgt dabei dem schon I., 3.1.1, angewandten euklidischen Schema. Demgemäß gehen wir so vor:
(A) *Analysis*, welche zugleich die *Eindeutigkeit* und eine *Konstruktion* der (etwa vorhandenen) Lösung y von (D) mit $y(x_0)=y_0$ liefert;
(B) *Verifikation:* Die gemäß **(A)** konstruierte Funktion y ist die Lösung von (D) mit $y(x_0)=y_0$.
Betr. **(A)**. Zur Vereinfachung erlauben wir uns z. B. statt $y:=((\chi_1,\chi_2)\longmapsto y(\chi_1,\chi_2))$ zu schreiben: $y(\chi_1,\chi_2)$ oder noch kürzer y, usw. – Es existiere also (mindestens) eine Lösung

y von (D) mit dem Anfangswert $y_0 = y(x_0)$ in einer offenen „Intervallumgebung" V_0 von x_0. Dann läßt sich y so konstruieren:
1. *Schritt:* Man nimmt χ_2 konstant gleich χ_2^0 und hat dann in

$$(D_1) \qquad y_{|1} = f_1(\chi_1, \chi_2^0, y)$$

eine bezügliche der Variablen χ_1 gewöhnliche Differentialgleichung 1. Ordnung (kurz gew. Dgl. 1. Ord.) im $\mathbb{R}^k$ für $u_1(\chi_1) := y(\chi_1, \chi_2^0)$ mit $u_1(\chi_1^0) = y_0 = y(\chi_1^0, x_2^0)$. *)
2. *Schritt:* Man betrachtet

$$(D_2) \qquad y_{|2} = f_2(\chi_1, \chi_2, y)$$

als gew. Dgl. 1. Ord. bezüglich der Variablen χ_2 mit χ_1 als Parameter, wobei $u_2(\chi_2, \chi_1) := y(\chi_1, \chi_2)$ eine Lösung von (D_2) mit dem Anfangswert $u_2(\chi_2^0, \chi_1) = u_1(\chi_1) = y(\chi_1, \chi_2^0)$ ist.

Folgerung: Im Hinblick auf die Voraussetzungen betr. f_1 und f_2 in unserem Satz folgt aus 3.7.2, daß u_1 und u_2 durch ihre Anfangswerte eindeutig festgelegt sind und damit auch y. Es gibt also höchstens ein, der Anfangsbedingung genügendes y. Existiert y, so ist y gemäß des 1. und 2. Schrittes konstruierbar.

Anmerkung: Geometrisch ausgedrückt, besagen der 1. und 2. Schritt: Zunächst (1. Schritt) wird längs einer festen Parallele zur χ_1-Achse integriert, beim 2. Schritt aber für jedes χ_1 längs der zugehörigen Parallelen zur χ_2-Achse, womit dann jeder Punkt $(\chi_1, \chi_2) \in X$ erreicht wird; anders ausgedrückt: Insgesamt handelt es sich um Integration längs „achsenparalleler Streckenzüge".
Betr. **(B)**. Die in (A) angegebene Konstruktion ist in einer hinreichend kleinen offenen Umgebung V_0 von x_0, etwa eines Würfels der Kantenlänge r, ausführbar; denn in einer solchen Umgebung ist $|f_\nu| < M$ und daher auf Grund der Konstruktion $|y(x) - y_0| < n \cdot r \cdot M$ für jedes x auf dem angegebenen Integrationsweg, sodaß für hinreichend kleines r die auftretenden y-Werte in dem offenen, y_0 enthaltenden Y liegen.
Zur Abkürzung setzen wir $v := u_2$ und $w_i := v_{|i} - f_i(x, y)$, $i = 1, 2$, wobei aber die Existenz von $v_{|i}$ vorausgesetzt ist. Zu zeigen ist also: Es existiert $v_{|i}$ und genügt den Gleichungen $w_i = 0$ in X (v ist dabei die in (A) konstruierte Funktion).
Wegen (D_2) $v_{|2} = f_2(x, v)$ existiert $v_{|2}$ und ist stetig mit $w_2 = 0$. Weiter folgt wegen der Voraussetzungen über f_2 aus (D_2) gemäß 3.7.3.4, daß $v_{|1}$ existiert und stetig ist. Direkt aus (D_2) ergibt sich weiter die Existenz und Stetigkeit von $v_{|21}$ mit $v_{|21} = f_{2|1} + f_{2|Y} \cdot v_{|1}$. Aber aus der Existenz und Stetigkeit von $v_{|1}$, $v_{|2}$ und $v_{|21}$ folgt die Existenz von $v_{|12}$ (mit $v_{|21} = v_{|12}$) gemäß 3.2.4. Damit ist die Existenz von w_i sowie von $w_{1|2}$ und $w_{2|1}$ gesichert. Nun ist

*) Die Existenz und Eindeutigkeit von u_1, sowie von u_2 beim 2. Schritt, folgt aus dem Satz in I., 9.3.0, dessen Vor. hier erfüllt sind.

$$\begin{aligned} w_{1|2} - w_{2|1} &= v_{|12} - f_{1|2} - f_{1|Y} \cdot v_{|2} - v_{|21} + f_{2|1} + f_{2|Y} \cdot v = \\ &= f_{2|1} - f_{1|2} + f_{2|Y} \cdot (w_1 + f_1) - f_{1|Y} \cdot (w_2 + f_2) = \\ &= [f_{2|1} - f_{1|2} + f_{2|Y} \cdot f_1 - f_{1|Y} \cdot f_2] + f_{2|Y} \cdot w_1 - f_{1|Y} \cdot w_2. \end{aligned}$$

In diesen Gleichungen ist die eckige Klammer im letzten Glied Null (wegen (2|1)), ferner ist $w_2 = 0$, also erst recht $w_{2|1} = 0$. Somit bleibt

$$(W_1) \qquad w_{1|2} = f_{2|Y} \cdot w_1,$$

wobei in $f_{2|Y}$ die x und $v(x)$ als Argumente auftreten. Daher ist $w_1(\chi_1, \chi_2)$ Lösung einer linearen homogenen gew. Diff. Gl. 1. Ordn. bezüglich der Variablen χ_2 mit dem Parameter χ_1, wobei $(\chi_1, \chi_2) \in X$. Dabei genügt $w_1 = v_{|1} - f_1$ wegen (D_1) als Funktion von χ_2 der Anfangsbedingung $w_1(\chi_1, \chi_2^0) = 0$ für beliebiges χ_1. Wie sofort gezeigt werden wird, gilt für (W_1) der Eindeutigkeitssatz aus 3.7.2; und da die triviale Lösung $\bar{w} = 0$ von (W_1) ebenfalls den Anfangswert $\bar{w}(\chi_2^0) = 0$ besitzt, folgt $w_1 = \bar{w} = 0$, w.z.z.w. – Daß für (W_1) die Voraussetzungen des Eindeutigkeitssatzes erfüllt sind, sieht man so: Zufolge der Vor. unseres Satzes ist $f_{2|Y}(x, v)$ stetig, also beschränkt in X, etwa mit $|f_{2|Y}| < M$, sodaß $|f_{2|Y} \cdot w^+ - f_{2|Y} \cdot w^{++}| < M|w^+ - w^{++}|$, also auch die Lipschitzbedingung für (W_1) erfüllt ist.

Folgerung: Die Integration längs achsenparalleler Streckenzüge (Anmerkung zu (A)) „erst nach χ_1, dann nach χ_2“, also $((\chi_1^0, \chi_2^0) \to (\chi_1, \chi_2^0) \to (\chi_1, \chi_2)$ liefert wegen der bewiesenen Eindeutigkeit von v das gleiche $v(\chi_1, \chi_2)$ wie die Integration „erst nach χ_2, dann nach χ_1“, d.h. gemäß $(\chi_1^0, \chi_2^0) \to (\chi_1^0, \chi_2) \to (\chi_1, \chi_2)$. Aus dieser Übereinstimmung können wir übrigens unmittelbar erkennen, daß v gemäß der 1. bzw. 2. Integrationsfolge (D_2) bzw. (D_1) erfüllt.

Zweitens: Im *Fall* $n > 2$ gehen wir aus von irgend einer Permutation $\nu_1, \ldots, \nu_n$ von $1, \ldots, n$, und integrieren (innerhalb X verbleibend) schrittweise „achsenparallel“ ausgehend von $(\chi_1^0, \ldots, \chi_n^0)$ erst nach χ_{ν_1}, dann nach $\chi_{\nu_2}, \ldots$ und schließlich nach χ_{ν_n}. Das so sich ergebende $v(\chi_1, \ldots, \chi_n)$ erfüllt die Dgl. (D_{ν_n}). Aber gemäß Folgerung in Erstens betr. (B) bleibt das Ergebnis ungeändert bei der Vertauschung von je zwei aufeinanderfolgenden Nummern der Permutation, ist also überhaupt unabhängig von der gewählten Permutation, sodaß v allen Gleichungen (D_ν), $\nu = 1, \ldots, n$, genügt.

2. Zusatz: Ist $Y := \mathbb{R}^k$, so kann im obigen Satz $V_0 = X$ gesetzt werden; denn dann entfällt bei der schrittweisen Konstruktion der Lösung die Rücksichtnahme darauf, daß die auftretenden y-Werte in einer vorgegebenen Teilmenge des $\mathbb{R}^k$ enthalten sein müssen, was durch passende Wahl von V_0 garantiert werden muß.

3.8.2 *Affine Invarianz des vollständigen Differentialgleichungssystems (D) sowie der Integrabilitätsbedingungen* $(\mu|\nu)$.

Schreiben wir grad $y := (y_{|x_1}, \ldots, y_{|x_n})$ (Zeilenvektor!) und $(f_1, \ldots, f_n) =: F$, so nimmt (D) die Gestalt an

$$(D) \qquad \operatorname{grad} y = F(x, y).$$

Gehen wir nun von den Koordinaten $(\chi_1, \ldots, \chi_n)$, wobei $x = (\chi_1, \ldots, \chi_n)$, über zu neuen Koordinaten $(\bar{\chi}_1, \ldots, \bar{\chi}_n)$, wobei dann $\bar{x} =: (\bar{\chi}_1, \ldots, \bar{\chi}_n)^T$, vermöge der linearen Transformation $x = A\bar{x}$ mit der nicht-singulären konstanten Matrix A, so ergibt sich mit $\bar{y} := (\bar{x} \longmapsto y(A\bar{x}))$ wegen $dx = Ad\bar{x}$ und $\operatorname{grad} y dx = \overline{\operatorname{grad}} y d\bar{x}$ (Kettenregel) für das transformierte Gleichungssystem

$$(\bar{D}) \qquad \overline{\operatorname{grad}} y = \operatorname{grad} y \cdot A = F(x, y) \cdot A =: \bar{F}(\bar{x}, y),$$

also wieder ein System der gleichen Bauart. Dabei genügt $\bar{F}$ ebenfalls den Voraussetzungen (I) (II), wie F im Satz in 3.8.1. Außerdem gilt für $(\bar{D})$ der „Eindeutigkeitssatz" (d. h. die Lösungen von $(\bar{D})$ sind durch vorgegebene Anfangswerte eindeutig bestimmt), wenn er für (D) gilt und umgekehrt. Zufolge des Satzes in 3.8.1 sind daher für (D) und $(\bar{D})$ gleichzeitig die Integrabilitätsbedingungen $(\mu|\nu)$ erfüllt, d. h. es ist $(\mu|\nu)$ invariant gegenüber affinregulären Koordinatentransformationen.

Diese Invarianz zusammen mit dem Eindeutigkeitssatz erlaubt eine neue Berechnungsweise für die Lösung von (D): Für jede im offenen n-dimensionalen Intervall V_0 enthaltene abgeschlossene Dreiecksfläche $\Delta\ (x_0, z, x_1)$ mit den Eckpunkten x_0, z, x_1 liefert die Integration längs der (orientierten) Verbindungsstrecke $x_0 x_1$ von x_0 und x_1 (mit x_0 als Anfangs- und x_1 als Endpunkt) mit $y_0 = y(x_0)$ als Anfangswert den gleichen Endwert $y_1 = y(x_1)$ wie die beiden aufeinander folgenden Integrationen längs $x_0 z$ mit y_0 als Anfangswert und mit dem Endwert $y(z)$ sowie längs $z x_1$ mit $y(z)$ als Anfangswert. Dabei ist die Integration längs einer Strecke $x_0 x_1$ so zu verstehen: Es sei $x := x_0 + (x_1 - x_0)t, 0 \leqq t \leqq 1$, eine Parametrisierung von $x_0 x_1$; wegen $dy/dt = (\operatorname{grad} y) dx/dt$ tritt an Stelle von (D) das System gewöhnlicher Differentialgleichungen (D_t) $d\eta/dt = F(x_0 + (x_1 - x_0)t, \eta)(x_1 - x_0)$, wobei $\eta := (t \longmapsto \eta(t) := y(x_0 + (x_1 - x_0)t))$. Der Integration längs $x_0 x_1$ entspricht nun die Integration von (D_t) mit dem Anfangswert $\eta(0) = y_0$ von $t = 0$ bis $t = 1$; bemerkt sei dazu, daß (D_t) wieder den Voraussetzungen des Satzes in I., 9.3.0, Genüge leistet, die Existenz und Eindeutigkeit von η also gewährleistet ist.

Da die Strecke $x_0 x_1$ beliebig in V_0 wählbar war, resultiert aus dem Vorstehenden die Unabhängigkeit des Integrationsergebnisses vom Integrationsweg, sofern dieser ein im (konvexen) V_0 enthaltener Streckenzug ist.

3.8.3 Die in 3.8.1 für den Fall eines offenen achsenparallelen n-dimensionalen Intervalls X gegebene Konstruktion einer (*lokalen*) Lösung von (D) läßt sich auf den Fall eines offenen einfach zusammenhängenden X ausdehnen. Um einer *globalen* Lösung, d. h. einer in ganz X definierten Lösung sicher zu sein, setzen wir zweckmäßig voraus, daß Y

(siehe 3.8.1, 2. Zusatz) der ganze $\mathbb{R}^k$ ist; diese Voraussetzung ist z.B. erfüllt, wenn jedes f_ν bei festem x als Funktion von $y := (\eta_1, \ldots, \eta_k)$ ganz rational in $\eta_1, \ldots, \eta_k$ ist.

Satz: Voraussetzung. *Es sei X eine einfach zusammenhängende offene Teilmenge des* $\mathbb{R}^n$, $Y := \mathbb{R}^k$ *und* $Z := X \times Y$. *Es erfülle* $f: Z \longrightarrow \mathbb{R}^k$ *die Voraussetzungen* (I) *und* (II) *des Satzes in* 3.8.1, *sowie die in der Behauptung* (2) *dieses Satzes genannten Integrabilitätsbedingungen* $(\mu|\nu) = 0$, $\mu, \nu = 1, \ldots, n$.

Behauptung: *Es gibt genau eine in X erklärte Lösung y von (D) mit dem vorgegebenem „Anfangswert" y_0 in $x_0 \in X$, und zwar erhält man den Wert $y(x)$, $x \in X$, durch „Integration von (D)" längs eines beliebigen, in X gelegenen, x_0 mit x verbindenden Streckenzuges.*

Beweis: Sind x_0 und $x \in X$ durch jeden der Streckenzüge w_0 und w_1 in X verbunden, so gibt es eine stückweise partiell affine Homotopie $h|Q$, $Q := [0; 1] \times [0; 1]$, mit $h(0, \cdot) = w_0$ und $h(1, \cdot) = w_1$ (2. Satz, 2.4.7, II.). Man wähle eine Unterteilung von Q in Teilrechtecke $Q_{s,t} := [a_{s-1}; a_s] \times [a'_{t-1}; a'_t]$ so fein, daß h auf jedem $Q_{s,t}$ partiell affin und jedes $h(Q_{s,t})$ in einem in X enthaltenen (achsenparallelen) offenen n-dimensionalen Intervall $V_{s,t}$ enthalten ist. Dann ergeben die Integrationen von (D) längs $h(a_{s-1}, .)$ bzw. $h(a_s, .)$ dasselbe Resultat (nach 3.8.1 und 3.8.2 kann man nämlich die Integration längs der Strecke $h(a_{s-1}, [a'_{t-1}; a'_t])$ durch eine längs des Streckenzuges $h([a_{s-1}; a_s], a'_{t-1}) + h(a_s, [a'_{t-1}; a'_t]) + h(\overline{[a_{s-1}; a_s]}, a'_t)$ ersetzen ohne Änderung des Resultats. Bei der Summation dieser Streckenzugintegrale heben sich die Integrationen längs der Deformationsbahnstücke weg. Induktion in s liefert die Unabhängigkeit vom Integrationsweg. Das übrige folgt wie in 3.8.1.

Bemerkung: Im Spezialfall, daß in dem in Rede stehenden Satz die f_ν von y unabhängig sind, d.h. die Ableitungen 1. Ordnung von y als Funktionen von x allein vorgegeben sind, spricht man bei der durch (D) gestellten Aufgabe auch vom *Stammfunktionsproblem* 1. *Ordnung*. – Dementsprechend bezeichnet man dann als Stammfunktionsproblem 2. *Ordnung* die Aufgabe, aus den vorgegebenen partiellen Ableitungen 2. Ordnung, etwa bei einer Funktion von zwei Variablen χ_1, χ_2, bei Vorgabe von $f_{|11}, f_{|12}, f_{|22}$ die Funktion f selbst zu bestimmen. Hierbei treten zwei Integrabilitätsbedingungen auf, bei deren Erfülltsein f eindeutig durch Vorgabe von $f(0)$, $f_{|1}(0)$ und $f_{|2}(0)$ bestimmt ist (entsprechende Regularitätseigenschaften der $f_{|11}$ usw. vorausgesetzt). Auch dieses Problem 2. Ordnung ist affin invariant. – Mit einem andersartigen „Stammfunktionsproblem" hat man es zu tun, wenn man nur (im Fall zweier Variablen) $f_{|12}$ vorschreibt; dann entfallen zwar Integrabilitätsbedingungen, aber das Problem ist an das Koordinatensystem gebunden und nicht affin invariant.

3.8.4 *Beispiel aus der Flächentheorie.*

Einem vollständigen System begegnet man beim sogenannten Fundamentalsatz der klassischen Theorie der Flächen (im $\mathbb{R}^3$): Es sei $J_i := [0; 1]$, $i = 1, 2$, und $z: J_1 \times J_2 \longrightarrow \mathbb{R}^3$ etwa injektiv und hinreichend oft differenzierbar mit $((t_1, t_2) \longmapsto z(t_1, t_2))$, $t_i \in J_i$. Die Menge der $z(t_1, t_2) \in \mathbb{R}^3$ werde als Flächenstück F bezeichnet. O.B.d.A. nehmen wir an, daß die beiden Krümmungslinien von F konstanten t_2 bzw. t_1 entsprechen. Die beiden Fundamentalformen von F lauten dann: $Edt_1^2 + Gdt_2^2$ bzw. $Ldt_1^2 + Ndt_2^2$. Die Einheitsvektoren x_j, $j = 1, 2, 3$, mögen entsprechen: x_1 und x_2 den Hauptkrümmungsrichtungen von F und x_3 der Richtung der Flächennormalen. Setzt man $x_{j|i} := \partial x_j / \partial x_i$, ferner $a := E^{-1/2}(G^{1/2})_{|1}$, $b := G^{-1/2}(E^{1/2})_{|2}$, $c := LE^{-1/2}$, $d := NG^{-1/2}$, so genügen die x_j den folgenden Differentialgleichungen

$$(V) \qquad \begin{aligned} x_{1|1} &= 0x_1 - bx_2 + cx_3, & x_{1|2} &= 0x_1 + ax_2 + 0x_3. \\ x_{2|1} &= bx_1 + 0x_2 + 0x_3, & x_{2|2} &= -ax_1 + 0x_2 + dx_3. \\ x_{3|1} &= -cx_1 + 0x_2 + 0x_3, & x_{3|2} &= 0x_1 - dx_2 + 0x_3. \end{aligned}$$

Für dieses System (V) werden die „Integrabilitäts-", also die „Verträglichkeitsbedingungen" $(\mu|\nu) = 0$ (vgl. 3.8.1, Satz) geliefert gerade durch die sogen. Gauss-Codazzi-Gleichungen der Flächentheorie. Es ist also (V) vollständig im Sinne von 3.8.1. Die Lösung von (V) hängt daher nur von endlich vielen Parametern ab, entsprechend dem Umstand, daß die Lösung eindeutig bestimmt ist bis auf Bewegungen im $\mathbb{R}^3$.

3.9. Integrabilitätskriterium von C. Carathéodory

In 3.8.1 war ein Kriterium angegeben dafür, daß ein System

$$(D) \qquad \frac{\partial y}{\partial x_\nu} = y_{|\nu} = f_\nu(x, y), \qquad \nu = 1, \ldots, n,$$

partieller Differentialgleichungen 1. Ordnung Lösungen y besitzt; dabei war dann eine Lösung eindeutig durch ihren Wert y_0 an einer Stelle x_0 bestimmt. Während es sich bei diesem Kriterium um *Differentialbeziehungen zwischen den* f_ν handelte, soll jetzt eine ebenfalls notwendige und hinreichende Bedingung gewonnen werden, die von C. Carathéodory in seinem axiomatischen Aufbau der Thermodynamik benutzt wurde, die wir kurz das C-Kriterium nennen wollen und welche das *topologische Verhalten* der Lösungen der gewöhnlichen Differentialgleichung

$$(*) \qquad \frac{dy}{dt} = \sum_{\nu=1}^{n} f_\nu(x, y) \frac{d\chi_\nu}{dt}$$

betrifft. Im Gegensatz zum früheren (3.8.1) benötigt man beim C-Kriterium keine expliziten Differenzierbarkeitsvoraussetzungen bzgl. der f_ν; spezieller als früher beschränken wir uns hier auf den Fall reeller Funktionen y und f_ν $(k = 1)$.

3.9.1 *Bezeichnungen und Voraussetzungen.* Wir gehen aus von der folgenden *Formulierung des Problems* (*D*):

Wann ist für die reelle Funktion $\varphi: X \longrightarrow \mathbb{R}$ mit $X \in \mathbb{R}^n$ und $x := ((\chi_1, \ldots, \chi_n) \longmapsto \varphi(\chi_1, \ldots, \chi_n) =: \varphi(x))$ die Differentialform

$$\sum_{\nu=1}^{n} f_\nu(x, \varphi(x)) d\chi_\nu$$

ihr (totales) Differential?

Bei der Behandlung dieses Problems gehen wir aus von der

Voraussetzung: Es sei $X \in \mathbb{R}^n$ offen und *einfach* zusammenhängend (vgl. 2.4.7), ferner $D := \{(x, y): x \in X \wedge y \in Y_x\} \subset X \times \mathbb{R}$, wobei $(x \longmapsto Y_x, x \in X)$ und $Y_x \subset \mathbb{R}$ offen und zusammenhängend, und so beschaffen, daß D offen in $\mathbb{R}^{n+1}$. Ferner sei $f: D \longrightarrow \mathbb{R}^n$ mit $((x, y) \longmapsto f(x, y))$ stetig in D sowie Lipschitzsch bezüglich y, d.h.

$$\bigvee_L \bigwedge_{x \in X} \bigwedge_{y', y'' \in Y_x} |f(x, y') - f(x, y'')| \leqq L |y' - y''|.$$

Mit $f := (f_1, \ldots, f_n)$ sind damit auch die f_ν stetig in (x, y) und Lipschitzsch in y.

Unter einem *X-Weg* $w = (\omega_1, \ldots, \omega_n)$ verstehen wir im folgenden stets einen Streckenzug in X mit $[0; 1]$ als Parameterintervall: $(t \longmapsto w(t) \in X)$, $t \in [0; 1]$; jeder X-Weg w ist, von endlich vielen Stellen abgesehen, stetig differenzierbar.

1. Definition: Ist w ein X-Weg und ist $v: [0; 1] \longrightarrow \mathbb{R}$ stetig und von endlich vielen Stellen abgesehen stetig differenzierbar, so bezeichnen wir das Paar $\mathfrak{z} := (w, v)$ als ein *C*-**Profil**, wenn

$$(1) \qquad \bigwedge_{t \in [0, 1]} \mathfrak{z}(t) \in D, \qquad \text{und}$$

$$(2) \qquad \frac{dv}{dt} = \sum_\nu f_\nu(w(t), v(t)) \omega_\nu^{\cdot} \qquad (\omega_\nu^{\cdot} := d\omega_\nu / dt)$$

von endlich vielen Ausnahmen abgesehen für alle $t \in [0; 1]$ gilt; dabei heißen $\mathfrak{z}_0 := (x_0, y_0) := (w(0), v(0))$ bzw. $\mathfrak{z}_1 := (x_1, y_1) := (w(1), v(1))$ **Anfangs-** bzw. **Endpunkt** und y_0 bzw. y_1 **Anfangs-** bzw. **Endwert** von $\mathfrak{z}$. Zu vorgegebenem X-Weg w und vorgegebenem Anfangswert y_0 mit $(w(0), y_0) \in D$ gibt es höchstens ein C-Profil $\mathfrak{z}$ (vgl. I., 9.3.0; die rechte Seite von (2) erfüllt eine Lipschitz-Bedingung bzgl. v!). Man beachte, daß auf Grund unserer Voraussetzungen das alleinige Hindernis für die Existenz eines solchen Profils darin besteht, daß man gegebenenfalls bei der Integration von (2) „längs w" (d.h. mit dem gegebenem w) von $x_0 = w(0)$ aus auf den Rand von D stößt.

2. Definition: Bei vorgegebenem $z_0 = (x_0, y_0) \in D$ bezeichne $E(z_0)$ die Menge aller **„von z_0 aus C-erreichbaren Punkte"**, d.h. die Menge aller Endpunkte z_1 von C-Profilen $\mathfrak{z}$ mit Anfangspunkt z_0. Offensichtlich gilt:

$$\bigwedge_{z' \in E(z_0)} E(z') = E(z_0).$$

3. Definition: Die C-**Bedingung** heißt *für* $z_0 = (x_0, y_0 \in D$ **erfüllt**, wenn folgende zwei Bedingungen erfüllt sind:
C_1. Zu jedem X-Weg w mit $w(0)=x_0$ existiert ein C-Profil $\mathfrak{z}:=(w, v)$ mit dem Anfangswert y_0;
C_2. Das Komplement $\complement_D E(z_0)$ ist dicht in D.

Bemerkung: C_1 besagt, daß die Integration von (2) mit $v(0)=y_0$ längs jedes X-Weges (in seiner vollen Erstreckung) möglich ist; sie ist z.B. von selbst erfüllt, wenn $D = X \times \mathbb{R}$. Nun gilt der

Satz: *(C. Carathéordory). Es ist* $\sum_\nu f_\nu(x, \varphi(x))\, d\chi_\nu$ *totales Differential einer Funktion* $\varphi: X \longrightarrow \mathbb{R}$ *mit* $\varphi(x_0) = y_0$ *genau dann, wenn die C-Bedingung für* $z_0 = (x_0, y_0)$ *erfüllt ist.*

Beweis:
(A) *Dann.* Es sei also die C-Bedingung erfüllt für z_0.
(A_1) Es gilt: *Sind* $z_1 := (x_1, y')$ *und* $z_2 := (x_1, y'')$ *in* $E(z_0)$ *enthalten, so auch* $(x_1, y' + \lambda(y'' - y'))$ *für alle* $\lambda \in [0; 1]$.
In der Tat: Es seien $\mathfrak{z}_1 := (w_1, v_1)$ bzw. $\mathfrak{z}_2 := (w_2, v_2)$ C-Profile mit Anfangspunkt z_0 und den Endpunkten z_1 bzw. z_2, und h sei eine stückweise partiell affine Homotopie (2.4.7), die w_1 in w_2 überführt. Zum X-Weg $h(\sigma, .)$ existiert genau ein C-Profil $\mathfrak{z}(\sigma) := (h(\sigma, .), \tilde{v}_\sigma)$ mit $\mathfrak{z}(0) = \mathfrak{z}_1$ und $\mathfrak{z}(1) = \mathfrak{z}_2$, wobei $\tilde{v}_\sigma$ (als Lösung von (2)) stetig von σ abhängt (3.7.3); insbesondere ist $(\sigma \longmapsto \tilde{v}_\sigma(1))$ der Endwert von $\mathfrak{z}(\sigma)$ stetig von σ abhängig. Wegen $\tilde{v}_0(1) = y'$, $\tilde{v}_1(1) = y''$ überdeckt daher das Bild $\{\tilde{v}_\sigma(1) : \sigma \in [0; 1]\}$ das Intervall $[y'; y'']$ und wegen $h(\sigma, 1) = x_1$ folgt die Behauptung (A_1).
(A_2) *Für jedes* $x' \in X$ *ist* $(\{x'\} \times \mathbb{R}) \cap E(z_0)$ *einelementig.*

In der Tat: Angenommen, $z_1 := (x', y')$, $z_2 := (x', y'')$ liegen beide in $E(z_0)$, etwa mit $y' < y''$; dann ist nach (A_1) auch $z_3 := (x', y''') \in E(z_0)$, wobei $y''' := 2^{-1}(y' + y'')$. Wegen C_2 gibt es daher in beliebiger Nähe von z_3 Punkte $\zeta \in D \setminus \{z_0\}$, etwa die gegen z_3 konvergente Folge $\zeta_r := (\xi_r, \eta_r)$, $r = 1, 2, \ldots$. Für hinreichend großes r dürfen wir annehmen, daß $w_r(t) := \xi_r + t(x' - \zeta_r)$, $t \in [0; 1]$, (d.h. die Strecke, die ξ_r mit x' verbindet) ein X-Weg ist und daß aus Stetigkeitsgründen zu w_r das Profil $\mathfrak{z}_r := (w_r, v_r)$ existiert mit dem Anfangswert ten η_r und einem Endwert $v_r(1) \in (y'; y'')$, so daß $z' := (w_r(1), v_r(1)) \in \{x'\} \times (y'; y'') \subset E(z_0)$. Da umgekehrt das zu w_r gehörige Profil mit Anfangspunkt z' den Punkt ζ_r zum Endpunkt hat, so ergibt sich $\zeta_r \in E(z_0)$ (Widerspruch!).
Das damit jedem $x' \in X$ eindeutig zugeordnete $y' \in (\{x'\} \times \mathbb{R}) \cap E(z_0)$ bezeichnen wir mit $y' := \varphi(x)$, womit eine Funktion $\varphi: X \longrightarrow \mathbb{R}$ erklärt ist mit $\varphi(x_0) = y_0$. Dabei gilt für jeden X-Weg w von x_0 zum Punkt x für das zugehörige C-Profil $\mathfrak{z} = (w, v)$ mit Anfangswert y_0

$$\varphi(x) - y_0 = \int_0^1 \sum_\nu f_\nu(w(t), v(t)) \omega_\nu' dt.$$

(A_3) Berücksichtigt man die Invarianz der Differentialgleichung (2) gegenüber beliebigen stetigen streng isotonen stückweise stetig differenzierbaren Transformationen des Kurvenparameters t – es ist mit jeder Lösung $(t \mapsto (w(t), v(t)))$ von (2) und jeder stetigen, stückweise stetig differenzierbaren Abbildung $(t \mapsto T(t))$ eines Intervalls $[a; b]$ auf $[0; 1]$ mit $dT/dt > 0$ auch $(t \mapsto (w(T(t))), v(T(t))$ Lösung von (2) –, so ergibt sich zusammen mit (A_2) für beliebige $x_1, x_2 \in X$

(3) $$\varphi(x_2) - \varphi(x_1) = \int_0^1 \sum_\nu f_\nu(w(t), v(t))\omega_\nu^\cdot dt,$$

worin w irgend einen X-Weg von x_1 nach x_2 und v die zugehörige Lösung von (2) mit $(w(0), v(0)) = (x_1, \varphi(x_1)) \in E(z_0)$ (und damit auch $(w(1), v(1)) = (x_2, \varphi(x_2)) \in E(z_0)$) bezeichnen.

Speziell für einen X-Weg, der zur ν-ten Koordinatenachse des $\mathbb{R}^n$ parallel ist folgt aus (3) für $x_2 \sim x_1$

$$\varphi_{|\nu}(x_1) = f_\nu(x_1, \varphi(x_1)) \qquad \text{für } x_1 \in X \text{ und } \nu = 1, \ldots, n.$$

(B) *Nur dann.* Ist $\sum_\nu f_\nu(x, \varphi)\, d\chi_\nu$ das totale Differential der Funktion $\varphi: X \to \mathbb{R}$ mit $\varphi(x_0) = y_0$ und $F := \{(x, \varphi(x)) : x \in X\} \in D$, so ist für jeden X-Weg w die Funktion $(t \mapsto v(t) := \varphi(w(t)))$ erklärt und wegen $v^\cdot = \sum_\nu f_\nu(w, v)\omega_\nu^\cdot$ das Paar (w, v) das zu w gehörige C-Profil, das stets in der Fläche F verläuft. Daher sind beide Teile der C-Bedingung erfüllt.

3.9.2 *Lokalisierung der Bedingung C_2.*

Satz: *Die Behauptung von Satz in* 3.9.1 *gilt auch dann, wenn man darin C_2 ersetzt durch die folgende schwächere Bedingung:*

$\tilde{C}_2$. *Zu jedem $\tilde{x} \in X$ gibt es eine offene Kugel $U_{\tilde{x}} := \{x : x \in X \wedge |x - \tilde{x}| < r(\tilde{x})\}$, $r(\tilde{x}) > 0$, so daß für jedes $\tilde{z} := (\tilde{x}, \tilde{y}) \in E(z_0)$*

$$\mathbf{C}_{D_{\tilde{x}}} E_{D_{\tilde{x}}}(\tilde{z}) \text{ dicht ist in } D_{\tilde{x}};$$

dabei ist $D_{\tilde{x}} := (U_{\tilde{x}} \times \mathbb{R}) \cap D$ und *$E_{D_{\tilde{x}}}(\tilde{z})$ ist die Menge aller Endpunkte von C-Profilen $\mathfrak{z} = (w, v) \in D_{\tilde{x}}$ und mit Anfangspunkt $(\tilde{x}, \tilde{y})$.*

Beweis: **1.** $\tilde{C}_2$ ist schwächer als C_2 in dem Sinne, daß $(C_1 \wedge C_2) \to \tilde{C}_2$. – **2.** Die wesentliche Aussage (3) über die Unabhängigkeit des Endwertes bei der Integration von (2) von der Wahl des Weges w bei Gültigkeit von C_1 und $\tilde{C}_2$ ergibt sich auf folgende Weise: Es seien w und $\bar{w}$ zwei die Punkte x_0 und x_1 verbindende X-Wege und $z_0 = (x_0, y_0)$. Die stückweise partiell affine Homotopie $h|Q$, welche w in $\bar{w}$ in X überführt (2.4.7), wählen wir so fein, daß für jedes Teilrechteck $Q_{\mu\varrho}$ von Q, auf welchem h partiell affin ist, $h(Q_{\mu\varrho})$ in einem gewissen $U_{\tilde{x}}$ enthalten ist. Für Wege in $U_{\tilde{x}}$ gilt wegen C_1 und $\tilde{C}_2$ die fragliche Unabhängigkeit, so daß wir bei festem μ die Integration von (2) längs $h(s_\mu, .)$ vom Punkt $h(s_\mu, t_\varrho)$ bis nach $h(s_\mu, t_{\varrho+1})$ ersetzen können durch die aufeinander folgenden Integrationen

längs $h(., t_\varrho)$ von $h(s_\mu, t_\varrho)$ nach $h(s_{\mu+1}, t_\varrho)$,
längs $h(s_{\mu+1}, .)$ von $h(s_{\mu+1}, t_\varrho)$ nach $h(s_{\mu+1}, t_{\varrho+1})$ und
längs $h(., t_{\varrho+1})$ von $h(s_{\mu+1}, t_{\varrho+1})$ nach $h(s_\mu, t_{\varrho+1})$,

jeweils mit dem Endwert der einen als Anfangswert der nächsten. Bei Zusammensetzung dieser Integrationen heben sich die längs der $h(., t_\varrho)$ alle weg, da je einmal hin und zurück integriert wird, so daß die Integrationen längs $h(s_\mu, .)$ und $h(s_{\mu+1}, .)$ bei gleichem Anfangspunkt (x_0, y_0) zu gleichem Endpunkt des zugehörigen Profils führen. Induktiv folgt nun daraus auch das Entsprechende für die Wege $h(0, .) = w$ und $h(1, .) = \bar{w}$.

3.9.3 Die Sätze in 3.9.1 und 3.9.2 gelten auch, wenn man unter „X-Weg" jede beliebige stetige, stückweise stetig differenzierbare Kurve in X versteht. Bezeichnen wir bei Unterstellung dieses Verständnisses die früheren Aussagen mit einem *Stern* *, so folgt

$$C_1^* \to C_1 \quad \text{und} \quad C_2^* \to C_2,$$

womit schon die Frage des *Dann* beantwortet ist. Die Frage des *Nur dann* erledigt sich genau so wie im *-Fall ((*B*), 3.9.1).

3.10. Das Gaußsche Prinzip des kleinsten Zwanges bei gebundenen mechanischen Systemen

3.10.1 Im Folgenden wird die Diskussion betr. die zu Grunde liegenden Definitionsbereiche sowie jeweils hinreichende Stetigkeits- und Differenzierbarkeitseigenschaften der betrachteten Funktionen dem Leser überlassen, ebenso eine weitergehende mechanische Interpretation als im Text angedeutet.

Bezeichnungen: $x := (x_1, \ldots, x_n)^T$ bzw. $x' := (x'_1, \ldots, x'_n)^T$ bezeichnet einen Punkt des $\mathbb{R}^n$ bzw. $V\mathbb{R}^n$, und t variiere im Intervall $^+(t_0; t_1)$. Gegeben sei weiter die Abbildung $f := ((x, x', t) \longmapsto f(x, x', t) \in V\mathbb{R}^n)$ (das „Bewegungsgesetz") und die in den $x'_1, \ldots, x'_n$ positiv-definite quadratische Form Q mit

$$Q(x, t', x') := \tfrac{1}{2} \textstyle\sum_{\nu,\mu=1}^n a_{\nu\mu}(x, t) x'_\nu x'_\mu$$

(das „kinetische Energiegesetz").

Falls $x := (t \longmapsto x(t))$ eine Funktion von t bezeichnet, gelten die Abkürzungen $\dot{x} := \dfrac{dx}{dt}$, $\ddot{x} := \dfrac{d^2x}{dt^2}$. (Der Punkt $\dot{}$ bezeichnet also die Ableitung nach t, während der Strich $'$ Teil der Variablenbezeichnung ist).

1. Definition: Unter einem **freien mechanischen System** (f, Q) mit n Freiheitsgraden werde verstanden das System der Bewegungen, d.h. der Lösungen $x := (t \longmapsto x(t))$ der gewöhnlichen Differentialgleichung 2. Ordnung

$$(1) \qquad (\bigwedge_t) \quad x^{\cdot\cdot}(t) = f(x(t), \quad x^{\cdot}(t), t);$$

dabei spielt $(t \longmapsto Q(x(t), t, x^{\cdot}(t)))$ nur die Rolle einer „begleitenden Funktion", die die augenblickliche kinetische Energie der betreffenden Bewegung (Lösung) x anzeigt.

2. Definition: Ein **gebundenes mechanisches System** $(f, Q, (b_1, \ldots, b_m))$ erhält man aus einem freien (f, Q) durch Hinzunahme kinematischer Nebenbedingungen

$$(2) \qquad (\bigwedge_t) \quad b_\mu(x(t), x^{\cdot}(t), t) = 0, \qquad \mu = 1, \ldots, m,$$

wobei $((x, x', t) \longmapsto b_\mu(x, x', t) \in \mathbb{R})$ vorgegebene reelle Funktionen bezeichnen.
Da im allgemeinen (1) und (2) keine gemeinsame Lösung besitzen, so muß erst definiert werden, was unter einer „Bewegung des gebundenen Systems" zu verstehen ist; dies geschieht durch das Gaußsche Prinzip.

Voraussetzung (betr. Nebenbedingungen). Um klare Verhältnisse zu haben, wird vorausgesetzt, daß für ein Tripel (x_0, x_0', t_0)

$$(2') \qquad b_\mu(x_0, x_0', t_0) = 0, \qquad \mu = 1, \ldots, m,$$

ferner, daß die Funktionalmatrix der Funktionen b_μ bzgl. der x_ν' für das genannte Tripel (und damit aus Stetigkeitsgründen auch in einer Umgebung desselben) maximalen Rang m hat.

3.10.2 Da wir von einer „Bewegung" des gebundenen Systems verlangen, daß (2) erfüllt ist, so kann die Unverträglichkeit von (1) und (2) nur dadurch beseitigt werden, daß man auf die Gültigkeit von (1) verzichtet und statt dessen das Bestehen einer „abgeänderten" Gleichung (1^+) verlangt, welche aus (1) hervorgeht durch Hinzufügung einer „*Zwangbeschleunigung*" $z := (z_1, \ldots, z_n)^T \in V\mathbb{R}^n$ von solcher Art, daß das als frei zu betrachtende System mit der Differentialgleichung

$$(1^+) \qquad x^{\cdot\cdot} = f(x, x^{\cdot}, t) + z(x, x^{\cdot}, t)$$

(bei unverändertem Q) nur Lösungen besitzt, die die Bedingungen (2) von selbst erfüllen (*Lagrangesches Befreiungsprinzip*: „Freiheit ist der Zweck des Zwanges"). Auf alle Fälle wird man, um die Beziehung zum ursprünglichen System (1) möglichst eng zu halten, die Zwangbeschleunigung z „möglichst klein" wählen. Wie das in natürlicher Weise geschehen kann, zeigen die folgenden Überlegungen.
(A) Es sei $x := (t \longmapsto x(t))$ eine gemeinsame Lösung von (1^+) und (2); dann folgt – wir unterdrücken im folgenden die Summationszeichen $\sum_?$, indem wir vereinbaren, daß über gleiche Indizes zu summieren ist – aus (2):

(3) $$b_{\mu|x_\nu}x^{\cdot}_\nu + b_{\mu|x^{\cdot}_\nu}x^{\cdot\cdot}_\nu + b_{\mu|t} = 0,$$

oder mit der Abkürzung

$$c_\mu(x, x', t) := b_{\mu|x_\nu}x'_\nu + b_{\mu|x'_\nu}f_\nu + b_{\mu|t}$$

(worin rechts in b_μ bzw. f_ν die Argumente x, x', t stehen) und mit (1^+)

(4) $$\bigwedge_t e_\mu + b_{\mu|x'_\nu}z_\nu = 0, \qquad \mu = 1, \dots, m,$$

(mit den Argumenten $x(t)$, $x^{\cdot}(t)$, t in c_μ, $b_{\mu|x'_\nu}$, z_ν).

(B) Umgekehrt, wählt man die Abbildung $z := ((x, x', t) \longmapsto z(x, x', t))$ so, daß

(4′) $$\bigwedge_{x,x',t} c_\mu + b_{\mu|x'_\nu}z_\nu = 0,$$

so befriedigt jede Lösung x von (1′) auch (3), woraus

$$\bigwedge_t b_\mu(x(t), x^{\cdot}(t), t) = \beta_\mu = \text{const.}$$

folgt, und zwar mit $\beta_\mu = 0$, wenn x_0, x'_0, t_0 als Anfangswerte für die Lösung x von (1′) gewählt wurden (wegen (2)).

(C) Es besagt (4′) wegen $\mathrm{Rg}(b_{\mu|x'_\nu}) = m$, daß z einem bestimmten affinen Teilraum $L(x, x', t)$ des $\mathbb{R}^n$ der Dimension $n - m$ angehört; dies legt z noch nicht eindeutig fest. Die Beurteilung der „Größe" von z vermittelt die (bisher nicht genutzte) begleitende Funktion Q:

3. Definition: Unter dem **Zwang** Z, der dem freien System (f, Q) im „Zustand" (x, x', t) durch die Zwangsbeschleunigung z auferlegt wird, verstehen wir die nicht-negative Zahl $Q(x, t; z)$.

Nun lautet das

Gaußsche Prinzip des kleinsten Zwanges:

(i) *Für alle x, x', t ist $z = z(x, x', t)$ so zu wählen, daß bei Einhaltung der Bedingung* (4′) *$Q(x, t; z)$ am kleinsten ausfällt.* – (ii) *Es gibt genau ein solches z, d.h. der Bewegungsablauf des gebundenen Systems ist durch die Minimalforderung* (i) *eindeutig festgelegt.*

Beweis: von (ii). Ein solches z bestimmt sich mittels der Lagrangeschen Multiplikatoren aus den Gleichungen

(5) $$a_{\nu\varrho}z_\varrho + \lambda_\mu b_{\mu|x'_\nu} = 0, \qquad \nu = 1, \dots, n,$$

zusammen mit den Gleichungen (4′). Die $m+n$ linearen Gleichungen (4′) und (5) für die $m+n$ Unbekannten λ_μ und z_ν haben eine Determinante $\neq 0$ (Beweis in 3.10.3, (I)), bestimmen also die Unbekannten eindeutig, und da Q positiv definit ist, so handelt es sich um ein Minimum.

Bemerkungen: 1. Fälle, wo eine der Nebenbedingungen von (2) die Gestalt (a)

$g(x, t) = 0$ hat, d. h. garnicht von der Geschwindigkeit x' abhängt – unsere Rangbedingung wäre dann trivialerweise verletzt – lassen sich in die Betrachtung einbeziehen, indem man anstelle von (a) die differentierte Gleichung (a') $\sum_\nu g_{|x_\nu} x'_\nu + g_{|t} = 0$ setzt und als solche erst in die Prüfung der Rangbedingung einbezieht. Im übrigen bewirkt das Erfülltsein von $g(x_0, t_0) = 0$, daß man bei der Integration des gebundenen Systems (mit (a') u. a.) wieder auf (a) zurückkommt.

2. Die in (B) und (C) beschriebene Verfahrensweise rechtfertigt sich *physikalisch* durch den Umstand, daß sie auf dieselben Bewegungsgleichungen führt wie die Anwendung der klassischen Prinzipien der analytischen Mechanik, wie z. B. des d'Alembertschen Prinzips. Die *mathematische Rechtfertigung* des Gaußschen Prinzips des kleinsten Zwanges gründet sich auf die Eigenschaft, daß es invariant ist gegenüber *skleronomen* (d. h. von t unabhängigen) nicht-singulären Transformationen der „Lagevariablen" $x_1, \ldots, x_n$ des Systems (Beweis in 3.10.3, (II)).

3.10.3 *Beweise.*

(I). *Zur Auflösung der Gleichung* (4') *und* (5).

In matrizieller Schreibweise lauten diese Gleichungen

$$c + B^T z = 0, \qquad B\lambda + Az = \bar{0}.$$

Da A nicht-singulär, so folgt $z = -A^{-1}B\lambda$, so daß für (den Vektor) λ die Gleichung $B^T A^{-1} B\lambda - c = \bar{0}$ verbleibt. Die Matrix $B^T A^{-1} B$ ist symmetrisch, kann also angesehen werden als Matrix einer quadratischen Form

$$u \longmapsto (Bu)^T A^{-1} Bu.$$

Als solche ist sie die nicht-singulär parametrisierte Einengung der positiv-definiten quadratischen Form $x \longmapsto x^T A^{-1} x$, und auf den durch $u \longmapsto x = Bu$ dargestellten Teilraum und ist daher selbst positiv-definit. Somit ist $\det B^T A^{-1} B \neq 0$.

(II). *Zur skleronomen Invarianz des Gaußschen Prinzips.* (Bemerkung 2.)

1. Um die Rechnung matriziell durchführen zu können, führen wir für das gebundene System $(f, Q, (b_\mu))$ (3.10.1, 2. Definition) folgende Bezeichnungen ein: $f, x, x^\cdot, x^{\cdot\cdot}, z$ bezeichnen Spaltenvektoren, ebenso $B_\mu := (b_{\mu|x_1}, \ldots, b_{\mu|x_n})^T$, $B'_\mu := (b_{\mu|x'_1}, \ldots, b_{\mu|x'_n})^T$; mit der n,n-Matrix $A := (a_{\nu\mu})$ ist weiter $Q = 2^{-1} x'^T A x'$. Die Bewegung des gebundenen Systems wird durch folgende Gleichungen beschrieben, wobei der hochgestellte Punkt „Ableitung nach t" bedeutet:

(1) $$x^{\cdot\cdot} = f(x, x^\cdot, t) + z(x, x^\cdot, t),$$

(2) $$c_\mu + B'^T_\mu z = 0, \qquad \mu = 1, \ldots, m, \text{ wobei}$$

$$(2') \qquad c_\mu(x, x', t) := B_\mu{}^T(x, x', t)x' + B_\mu'{}^T(x, x', t)f(x, x', t) + b_{\mu|t}(x, x', t),$$

$$(3) \qquad Az + \sum_\mu \lambda_\mu B_\mu' = \mathfrak{0}.$$

2. Wir betrachten nun eine bijektive Abbildung

$$(4_0) \qquad x \longmapsto \tilde{x} = S(x) \qquad (S := (S_1, \ldots, S_n))$$

des x-Raumes in den $\tilde{x}$-Raum. Für die Umrechnung von $(f, Q, (b_\mu))$ in das System $(\tilde{f}, \tilde{Q}, (\tilde{b}_\mu))$ ergeben sich folgende Formeln (dabei wird zunächst vorausgesetzt, daß x eine Funktion von t ist):

$$(4_1) \qquad \tilde{x}^{\cdot} = Fx^{\cdot}$$

mit der nicht-singulären Funktionalmatrix

$$F := (S_{|x_1}, \ldots, S_{|x_n}) = \begin{pmatrix} S_{1|x_1} & \ldots & S_{1|x_n} \\ \ldots & \ldots & \ldots \\ S_{n|x_1} & \ldots & S_{n|x_n} \end{pmatrix},$$

$$(4_2) \qquad \begin{matrix} x^{\cdot\cdot} = Fx^{\cdot\cdot} + x^{\cdot T}Gx^{\cdot} \quad \text{mit} \\ G := (S_{|x_\nu x_\tau}) \end{matrix}$$

(man beachte, daß die Elemente der Matrix G Vektoren sind).
Aus den Bewegungsgleichungen $\tilde{x}^{\cdot\cdot} = f(\tilde{x}, \tilde{x}^{\cdot}, t)$ des freien Systems $(\tilde{f}, \tilde{Q})$ wird $Fx^{\cdot\cdot} + x^{\cdot T}Gx^{\cdot} = \tilde{f}(S, Fx^{\cdot}, t)$, woraus sich der Zusammenhang zwischen $f(x, x^{\cdot}, t)$ und $\tilde{f}(\tilde{x}, \tilde{x}^{\cdot}, t)$ errechnet:

$$(4_3) \qquad Ff + x^{\cdot T}Gx^{\cdot} = \tilde{f}.$$

Aus $Q = \tilde{Q}$ folgt $x^{\cdot T}Ax^{\cdot} = \tilde{x}^{\cdot T}\tilde{A}\tilde{x}^{\cdot}$, was mit (4_1) auf den Zusammenhang zwischen $A(x, t)$ und $\tilde{A}(\tilde{x}, t)$ führt:

$$(4_4) \qquad A = F^T \tilde{A} F.$$

Schließlich ergibt sich für die Umrechnung der Nebenbedingungen

$$(4_5) \qquad b_\mu(x, x^{\cdot}, t) = \tilde{b}_\mu(S, Fx^{\cdot}, t), \qquad \mu = 1, \ldots, m.$$

Anmerkung: In den Gleichungen $(4_3)-(4_5)$ sind im Sinne von Umrechnungsformeln $x, x^{\cdot}, \tilde{x}, \tilde{x}^{\cdot}, t$ als Variablen zu betrachten und nicht als Funktionen; dabei sind die Argumente $x, x^{\cdot}, t$ in F, G, f, A, b_μ bzw. $\tilde{x}, \tilde{x}^{\cdot}, t$ in $\tilde{f}, \tilde{A}, \tilde{b}_\mu$ durch (4_0) und (4_1) gekoppelt.
3. Wir gehen nun aus von einer Lösung

$$t \longmapsto x(t)$$

des ursprünglichen Systems $(f, Q, (b_\mu))$ und zeigen, daß $\tilde{x}$, erklärt durch $\tilde{x}(t) := S(x(t))$, mit geeigneten $\tilde{z}$ und $\tilde{\lambda}_\mu$ die (1)–(3) entsprechenden Gleichungen $(\tilde{1})-(\tilde{3})$ erfüllt. Es sei also für x und gewisse reelle Funktionen λ_μ von t (1) – (3) erfüllt (wobei jetzt wieder der hochgestellte Punkt die Ableitung nach t bezeichnet).

Gültigkeit von $(\tilde{1})$. Aus (1) und (4_3) folgt

$Fx^{\cdot\cdot} = Ff + Fz = \tilde{f} - x^{\cdot T} G x^{\cdot} + Fz$, weiter mit (4_2) und

$$\text{(a)} \qquad \tilde{z} := Fz$$

$$x^{\cdot\cdot} = \tilde{f}(\tilde{x}, \tilde{x}^{\cdot}, t) + \tilde{z}(\tilde{x}, \tilde{x}^{\cdot}, t),$$

d.h. die Gültigkeit von $(\tilde{1})$.

Gültigkeit von $(\tilde{2})$. Es ist mit (a) (und (4_1))

$$\begin{aligned} q_\mu := \tilde{c}_\mu + \tilde{B}_\mu'^T \tilde{z} &= (\tilde{B}_\mu^{\dot{T}} \tilde{x}^{\cdot} + \tilde{B}_\mu'^T \tilde{f} + \tilde{b}_{\mu|t}) + \tilde{B}_\mu'^T Fz = \\ &= \tilde{B}_\mu'^T Fx^{\cdot} + \tilde{B}_\mu'^T (Ff + x^{\cdot T} G x^{\cdot}) + \tilde{b}_{\mu|t} + \tilde{B}_\mu'^T Fz. \end{aligned}$$

Gemäß (4_5) ist $B_\mu'^T = \tilde{B}_\mu'^T F$ und mit

$$D_\mu := \tilde{B}_\mu^T F + \tilde{B}_\mu'^T x^{\cdot T} G$$

wegen (2), (wobei $b_{\mu|t} = \tilde{b}_{\mu|t}$) sodann $q_\mu = (D_\mu - B_\mu^T) x^{\cdot}$.
Aus (4_5) folgt weiter

$$b_{\mu|x_\varrho} = \tilde{b}_{\mu|\tilde{x}_\nu} S_{\nu|x_\varrho} + \tilde{b}_{\mu|\tilde{x}^{\cdot}_\nu} S_{\nu|x_\tau x_\varrho} x^{\cdot}_\tau, \qquad \text{oder}$$

$$B_\mu^T = \tilde{B}_\mu^T F + \tilde{B}_\mu'^T x^{\cdot T} G,$$

also $D_\mu = B_\mu^T$, d.h. $q_\mu = 0$. $(\tilde{2})$ ist erfüllt.

Gültigkeit von $(\tilde{3})$. Aus (3) folgt $z + \lambda_\mu A^{-1} B_\mu' = 0$, mit (a) also $\tilde{z} + \lambda_\mu F A^{-1} B_\mu' = 0$, und weiter $\tilde{A}\tilde{z} + \lambda_\mu \tilde{A} F (F^{-1} \tilde{A}^{-1} (F^T)^{-1}) B_\mu' = 0$ (wegen (4_4)). Nun ist aber $(F^T)^{-1} B_\mu' = \tilde{B}_\mu'$, so daß mit

$$\text{(b)} \qquad \tilde{\lambda}_\mu := \lambda_\mu$$

$\tilde{A}\tilde{z} + \tilde{\lambda}_\mu \tilde{B}_\mu' = 0$ verbleibt, d.h. auch $(\tilde{3})$ erfüllt ist.

3.11. Funktionaldeterminante und Volumverzerrung

3.11.1 Vorangestellt sei der

Hilfssatz: Voraussetzung: Es sei $D \subset \mathbb{R}^n$ offen, $\mathfrak{0} \in D$ und $h: D \to \mathbb{R}^n$ in $\mathfrak{0}$ differenzierbar mit $h(\mathfrak{0}) = \mathfrak{0}$ und $h'(\mathfrak{0}) = E = (n,n)$-Einheitsmatrix, d.h. der Matrix mit lauter Einsen in der Hauptdiagonale, sonst mit lauter Nullen. – Unter $K(r)$ bzw. $\bar{K}(r)$ werde die offene bzw. abgeschlossene n-dimensionale Vollkugel im $\mathbb{R}^n$ mit dem Zentrum $\mathfrak{0}$ und dem Radius $r > 0$ verstanden.

Behauptung: Zu jedem $\alpha \in (0;1)$ gibt es $r \in \mathbb{R}^+$ von folgender Beschaffenheit: Für jedes $r' \in (0;r)^+$ wird $\underline{K}((1-\alpha)r')$ überdeckt von $h(\bar{K}(r'))$.

Beweis: (I) Wegen $h'(\bar{0}) = E$ gilt $h(z) - z = q(z)$ mit $q \in o(|z|)$ für $z \in D$. Daher gibt es zu jedem $\alpha \in (0;1)$ ein $r > 0$ mit $\bar{K}(r) \subset D$ und $|h(z) - z| < \alpha |z|$ für $z \in \bar{K}(r') \subset \bar{K}(r)$ bei beliebig gewähltem $r' \in (0;r)^+$. Wegen $\alpha|z| < |z - z'|$ für jedes $z' \in \underline{K}((1-\alpha)|z|)$ gilt aber
(+) $|h(z) - z| < |z - z'|$ für jedes $z' \in \underline{K}((1-\alpha)r')$, falls $|z| = r' \in (0;r)^+$.
(II) Gemäß (+) gilt für h der Satz in 2.4.5.2 (Prinzip v. spitzen Winkel), wenn dort ersetzt wird: f bzw. x_0 bzw. y durch h bzw. z' bzw. z. Folglich existiert für jedes $z' \in \underline{K}((1-\alpha)r')$ (mindestens) ein $z'' \in \bar{K}(r')$ mit $h(z'') = z'$.

3.11.2 Zwecks kürzerer Ausdrucksweise werde eingeführt die

Definition. Es seien X und Y topologische Räume. Eine Abbildung $g: X \to Y$ heißt **umgebungstreu in** $x_0 \in X$, wenn für jedes, eine Umgebung von x_0 (in X) enthaltende $X' \subset X$, in $g(X')$ eine Umgebung von $g(x_0)$ (in Y) enthalten ist.
Beispielsweise ist umgebungstreu in $\bar{0}$ das h des Hilfssatzes in 3.11.1. Unter den Voraussetzungen über dieses h ist wesentlich nur, daß $\det h'(\bar{0}) \neq 0$. Es gilt nämlich der

Satz: Voraussetzung. *Es sei $D \subset \mathbb{R}^n$ offen, $x_0 \in D$, $g: D \to \mathbb{R}^n$ differenzierbar in x_0 mit* $\det g'(x_0) \neq 0$.

Behauptung: *Es ist g umgebungstreu in x_0.*

Beweis: Transformation auf $x_0 = \bar{0}$, $h(x_0) = \bar{0}$ und $h'(x_0) = E$. – Wegen $\det g'(x_0) \neq 0$ existiert die zu $g'(x_0)$ reziproke (n,n)-Matrix A; es ist also $Ag'(x_0) = E$ und $\det A \neq 0$. Daher existiert $f(z) := (Ag)(x_0 + z)$ für $x_0 + z \in D$, wobei $f'(\bar{0}) = E$ ist. Setzt man $h(z) := f(z) - f(\bar{0})$, so wird $h(\bar{0}) = \bar{0}$ und es bleibt $h'(\bar{0}) = E$. Ist schließlich h umgebungstreu in $\bar{0}$, so auch g in x_0 und umgekehrt, weil die dem A entsprechende lineare Abbildung des $\mathbb{R}^n$ auf sich topologisch, also umgebungstreu ist. (Die Verkettung umgebungstreuer Abbildungen ist umgebungstreu). Nach dem oben Bemerkten ist aber h umgebungstreu.

3.11.3 *Volumverzerrung von Abbildungen.*

Bezeichnung: Es sei $K(x_0; r) := \{x : x \in \mathbb{R}^n \wedge |x - x_0| \leqq r\}$ die abgeschlossene Vollkugel im $\mathbb{R}^n$ mit x bzw. r als Zentrum bzw. Radius. Ferner sei $\bar{m}$ das äußere Maß des Lebesgueschen Maßes $m|\mathfrak{L}^n$ im $\mathbb{R}^n$.

Definition: Es sei $D \subset \mathbb{R}^n$ und $x_0 \in D$ mit $\bar{m}(D \cap K(x_0; r)) > 0$. Setzt man, wenn $f: D \to \mathbb{R}^n$, $v(r) := \bar{m}(f(D \cap K(x_0; r))) : \bar{m}(D \cap K(x_0; r))$, so heißt $\bar{v} := \limsup_{r \to 0} v(r)$ bzw. $\underline{v} := \liminf_{r \to 0} v(r)$ die **obere** bzw. **untere Volumverzerrung von** f **in** x_0. Im Falle $\underline{v} = \bar{v} = \lim_{r \to 0} v(r) =: v =: v(x_0, f)$ die **Volumverzerrung** von f in x_0.

Hinweis: Die (obere und untere) Volumverzerrung ist (definitionsgemäß) unabhängig von Koordinatensystemen.

3.11.4 *Affine Abbildungen.*
Im Spezialfall affiner Abbildungen hat man den

Satz: Voraussetzung. *Es sei D eine konstante n,n-Matrix, wobei D zugleich als Bezeichnung der linearen Abb.* $(x \mapsto Dx)$ *dienen soll.*
Weiter sei gegeben die affine Abbildung $g: \mathbb{R}^n \to \mathbb{R}^n$ *mit* $(x \mapsto g(x) := c + Dx)$, *wobei* $c \in \mathbb{R}^n$ *konstant ist.*

Behauptung: (1) *Es besitzt g die Volumverzerrung* $v(x_0, g) = |\det D|$ *in jedem* $x_0 \in \mathbb{R}^n$. – (2) *Es gilt sogar* $\bar{m}(g(M)) = |\det D| \bar{m}(M)$ *für jedes* $M \subset \mathbb{R}^n$ mit $\bar{m}(M) > 0$.

Zusatz: Existiert $v(x_0, f)$ für ein $f: G \to \mathbb{R}^n$ mit $x_0 \in G \subset \mathbb{R}^n$, so gilt: Bei Nach- bzw. Vorschalten des affinen, nicht-singulären g (d.h. bei $\det D \neq 0$) zu f, d.h. für $g \circ f$ bzw. $f \circ g$, gilt:

$$v(x_0, g \circ f) = |\det D| v(x_0, f) = v(g^{[-1]}(x_0), f \circ g).$$

Beweis: Wegen der Traslationsinvarianz von m bzw. $\bar{m}$ kann o.B.d.A. $x_0 = g(x_0) = \bar{0}$, d.h. g als linear angenommen werden. Es sei dann $d := |\det D|$ gesetzt und $e_1, \ldots, e_n$ eine orthonormierte Basis des $\mathbb{R}^n$.
Fall $d \neq 0$. Der von den Vektoren $re_1, \ldots, re_n$, $r > 0$, aufgespannte halboffene achsenparallele Würfel (1.2.4., Beispiel 4) geht bei g über in das von den Vektoren $Dre_1, \ldots, Dre_n$ aufgespannte halboffene Parallelotop mit dem Volumen $|\det(Dre_1, \ldots, Dre_n)| = dr^n$. Daraus folgt $m(g(G)) = dm(G)$ für jede offene Menge $G \subset \mathbb{R}^n$; denn G ist darstellbar als Vereinigung abzählbar vieler disjunkter halboffener Würfel, was eine Darstellung von $g(G)$ als Vereinigung der halboffenen disjunkten Bildparallelotope ergibt. Da sich $\bar{m}$ mittelst der Masse der offenen Mengen berechnet und da die offenen Mengen im Bild- und Urbildraum bei der Abbildung g einander eineindeutig entsprechen, ergeben sich die Beh. (1) und (2).
Fall $d = 0$. Hier ist Rang $D \leqq n-1$; es existiert daher eine Hyperebene $H \subset \mathbb{R}^n$ mit $g(\mathbb{R}^n) \subset H$. Daraus folgt $\bar{m}(g(M) \leqq \bar{m}(H) = 0$, also $v(x_0, g) = 0$ für jedes $x_0 \in \mathbb{R}^n$.

Beweis des Zusatzes: Die Nach- bzw. Vorschaltung einer nicht-singulären affinen Abb. g bedeutet gemäß der vorstehenden Beweisüberlegungen eine affine Verzerrung der orthogonalen Würfelgitter (vgl. Bd. III), was sich in der Volumverzerrung durch den Faktor d auswirkt.

3.11.5 *Differenzierbare Abbildungen.*
Mit Hilfe des über affine Abbildungen Bewiesenen gelangt man zum
Satz von der Volumverzerrung der, in einem Punkt differenzierbaren Abbildungen.

Voraussetzung: *Es sei* $G \subset \mathbb{R}^n$ *offen,* $x_0 \in G$ *und* $f: G \to \mathbb{R}^n$ *stetig in G sowie differenzierbar in* x_0.

Behauptung: *In x_0 existiert die Volumverzerrung $v(x_0, f)$ von f mit*

$$v(x_0, f) = |\det f'(x_0)|.$$

Beweis: Es sei $D := f'(x_0)$ die Funktionalmatrix von f in x_0 und $d := |\det D|$. O.B.d.A. kann $x_0 = \bar{0}$ angenommen werden. Es sei $K(r) := K(\bar{0}, r)$ die (n-dimensionale) abgeschlossene Vollkugel mit $\bar{0}$ als Zentrum und r als Radius. ($r > 0$). Es ist $\bar{m}(K(r)) = m(K(r)) = m(\underset{\sim}{K}(r))$.

Fall $d \neq 0$. O.B.d.A. kann D als die Einheitsmatrix E angenommen werden. In der Tat gilt $f = g \circ h$ mit $g := (x \mapsto Dx)$ und mit $h := g^{[-1]} \circ f = (x \mapsto x + p(x),\ p \in o(|j|)$. Für $\bar{p}(r) := \sup\{|p(x)| : |x| \leqq r\}$ hat man also $h(K(r)) \subset K(r + \bar{p}(r))$ und $q(r) := m(K(r + \bar{p}(r))) : m(K(r)) = (1 + r^{-1}\bar{p}(r))^n$. Andererseits genügt h, wegen $h'(0) = E$ den Vor. des Hilfssatzes in 3.11.1, sodaß $m(K(1-\alpha)r) \leqq \bar{m}(h(K(r)))$, woraus $m(K(1-\alpha)r) : m(K(r)) = (1-\alpha)^n \leqq \leqq q(r) \leqq (1 + r^{-1}\bar{p}(r))^n$. Da $\alpha > 0$ und $r > 0$ beliebig klein wählbar sind und da $r^{-1}\bar{p}(r) \rightsquigarrow 0$ für $r \rightsquigarrow 0$ ergibt sich $v(x_0, h) = 1$ und damit $v(x_0, f) = d$.

Fall $d = 0$. Dann ist $f(x) = Dx + p(x)$ mit $p \in o(|j|)$ und es ist Dx für alle x enthalten in der gleichen Hyperebene H, daher $f(K(r))$ enthalten in einer Menge $Z(r)$ mit

$$(+) \qquad Z(r) := D(K(r)) + K(s(r)), \qquad \text{wobei } s \in o(|j|),\ s \geqq 0.$$

Nun ist $D(K(r))$ ein in H enthaltenes, also $(n-1)$-dimensionales Ellipsoid, mithin enthalten in einer $(n-1)$-dimensionalen Kugel $K_{n-1}(\alpha r) \subset H$ mit $\bar{0}$ als Zentrum und mit nur von D abhängigem konstantem $\alpha > 0$. Gemäß (+) ist $Z(r)$ enthalten in dem n-dimensionalen Zylinder mit $K_{n-1}(\alpha r + s(r))$ als Basis und mit $2s(r)$ als Höhe. Wegen $s(r) = r\eta(r) \geqq 0$ mit $\eta(r) \rightsquigarrow 0$ für $r \rightsquigarrow 0$ hat man, falls $\eta(r) < 1$, die Ungleichung $m(Z(r)) \leqq c_{n-1}((\alpha + \eta(r))r)^{n-1}$ $2r\eta(r) \leqq c_{n-1} 2(1+\alpha)^{n-1}\eta(r)r^n$, woraus $m(Z(r)) : m(K(r)) \leqq \beta\eta(r)$ mit konstantem $\beta > 0$.

3.11.6 *Änderung des Volumens in einer Strömung.*

Satz: Voraussetzung. (1) *Es sei* $x := (x_1, \dots, x_n) \in \mathbb{R}^n$ *und* $y := (y_1, \dots, y_n) \in \mathbb{R}^n$, *ferner* $s \in \mathbb{R}$ und $G \subset \mathbb{R} \times \mathbb{R}^n$ offen. – (2) *Weiter sei* g: $\mathbb{R}^n \to \mathbb{R}^n$ *mit* $(x \mapsto g(x))$. – (3) *Es sei* $\tilde{x} : G \to \mathbb{R}^n$ *mit* $((s, y) \mapsto \tilde{x}(s, y))$ *eine Lösung der gewöhnlichen Differentialgleichung 1. Ordnung* ($\tilde{3}$) $d\tilde{x}/ds = g(\tilde{x})$.

Dabei sei y der „Anfangswert" von $\tilde{x}$ für ein beliebig gewähltes s' und für $(s', y) \in G$.

Behauptung: *Unter geeigneten Differenzierbarkeitsbedingungen betr. g genügt* $f: G \to \mathbb{R}^n$ *mit* $((s, y) \mapsto f(s, y) = \det(\tilde{x}_{|y_1}, \dots, \tilde{x}_{|y_n}))$ *der Differentialgleichung* $f_{|s} = ((\operatorname{div} g) \circ \tilde{x}) \cdot f$.

Beweis: (I) Es sei gesetzt $g_{|\nu} := g_{|x_\nu}$ und $\tilde{x}_{|\mu} := \tilde{x}_{|y_\mu}$. Gemäß ($\tilde{3}$) gilt nun

$$\tilde{x}_{|\mu s} = \tilde{x}_{|s\mu} = \textstyle\sum_{\varrho=1}^n g_{|\varrho} \tilde{x}_{\varrho|\mu}, \qquad \mu = 1, \dots, n,$$

und daher

$$f_{|s} = \textstyle\sum_{\nu=1}^n \det(\tilde{x}_{|1}, \dots, \tilde{x}_{|\nu-1}, \sum_\varrho g_{|\varrho} \tilde{x}_{\varrho|\nu}, \tilde{x}_{|\nu+1}, \dots, \tilde{x}_{|n}).$$

Demgemäß ist $f_{|s}$ linear und alternierend in den $\tilde{x}_{|1}, \ldots, \tilde{x}_{|n}$, also (vgl. 1.4.4) Produkt aus f und einem Skalar F. Zur Bestimmung von F: Wir wählen $s = s'$, sodaß $\tilde{x}_{\varrho|\nu} = \delta_{\varrho\nu} (= 0$ bzw. $= 1$ für $\varrho \neq \nu$ bzw. $\varrho = \nu)$.
Daher $f_{|s} = \sum_{\nu=1}^{n} \det(\delta_{\tau 1}, \ldots, \delta_{\tau,\nu-1}, g_{\tau|\nu}, \delta_{\tau,\nu+1}, \ldots, \delta_{\tau n})_n^{\tau=1} = \sum_\nu g_{\nu|\nu} = \operatorname{div} g \cdot f$, weil hier $f = 1$.

3.12. Koordinatentransformation und damit verbundene Umrechnungen. insbesondere von Ableitungen

3.12.1 *Koordinatentransformation.*
Aus der analytischen Geometrie ist bekannt: Bei „koordinateninvarianten", d.h. vom Koordinatensystem unabhängigen, also im eigentlichen Sinne „geometrischen" Problemen läßt sich die rechnerische Lösung durch die Wahl spezieller Koordinatensysteme oft erheblich vereinfachen.
In der affinen und projektiven Geometrie sind dabei die Transformationen (Abbildungen) der verschiedenen Koordinatensysteme in einander linear. – In der Analysis und in anderen Geometrien hingegen treten Transformationen allgemeinerer Art auf; man spricht dann auch von „krummlinigen" Koordinaten. Beispiel: Polarkoordinaten in der (χ_1, χ_2)-Ebene. Hierbei hat man $\chi_1 = r\cos\varphi$, $\chi_2 = r\sin\varphi$ mit $r > 0$, $0 \leqq \varphi < 2\pi$, also $r^2 = \chi_1^2 + \chi_2^2$, $\chi_1 : \chi_2 = \cos\varphi : \sin\varphi$. Der Punktmenge $r = \text{konst.}$ entspricht der Kreis vom Radius r mit $(\chi_1 = 0,\ \chi_2 = 0)$ als Zentrum, hingegen der Menge $\varphi = \text{konst.}$ die offene Halbgerade mit dem Anfangspunkt $(0, 0)$, welche mit der $+\chi_1$-Achse den Winkel φ bildet. Allgemein gesprochen handelt es sich um Formeln, welche den Zusammenhang von Darstellungen eines und desselben „Gegenstandes", etwa eines Punktes (wie im Falle der Polarkoordinaten), einer Abbildung, eines Skalar- oder Vektorfeldes, einer Differentialgleichung usw. bezüglich zweier Koordinatensysteme liefern („Transformation" oder „Umrechnung" der Darstellungen).

Vereinbarung: Alle im Folgenden betrachteten Funktionen werden stillschweigend als je hinreichend oft differenzierbar vorausgesetzt, ferner sollen auftretende Funktionaldeterminanten als von Null verschieden angenommen werden.
Es sei $x := (\chi_1, \ldots, \chi_n) \subset X \subset \mathbb{R}^n$ und $y := (\eta_1, \ldots, \eta_n) \subset Y \subset \mathbb{R}^n$ mit $\chi_\nu, \eta_\nu \in \mathbb{R}$. Gegeben sei eine allgemeine Koordinatentransformation durch

(*a*) $f : X \rightarrowtail Y$ mit $f := (f_1, \ldots, f_n)$, also

(1) $$y = f(x), \quad \text{d.h.} \quad \eta_\nu = f_\nu(x) = f_\nu(\chi_1, \ldots, \chi_n), \qquad \nu = 1, \ldots, n.$$

Dabei sei f bijektiv, sodaß

(2) $x=g(y)$, d.h. $\chi_\nu = g_\nu(y) = g_\nu(\eta_1,\ldots,\eta_n)$, $\nu=1,\ldots,n$,

wobei $g:=f^{[-1]}$ die in $Y:=f(X)$ erklärte Umkehrung von f ist.

Wie im Beispiel der Polarkoordinaten in der Ebene betrachten wir die $\chi_1,\ldots,\chi_n$ als kartesische Koordinaten (im $\mathbb{R}^n$), behalten also die ursprüngliche Deutung bei, deuten aber die $\eta_1,\ldots,\eta_n$ auf folgende Weise um als „krummlinige" Koordinaten im gleichen $\mathbb{R}^n$ wie im $\mathbb{R}^n$ der x: An Stelle nämlich der Hyperebenen $H_t(\beta_t):=\{y:\eta_t=\beta_t\}$ im $\mathbb{R}^n$ der y, $t=1,\ldots,n$, oder vielmehr ihrer Durchschnitte $H_t(\beta_t)\cap Y$ mit Y betrachten wir ihre Bilder in X vermöge (2):

(2′) $F_t(\beta_t):=g(H_t(\beta_t)\cap Y)$, $t=1,\ldots,n$.

Diese $(n-1)$-dimensionalen „krummen" Flächenstücke $F_t(\beta_t)$ in X liefern ein über X gelegtes „Koordinatennetz". In der Tat ist $A:=A(\beta_1,\ldots,\beta_n):=\bigcap_{t=1}^n H_t(\beta_t)$ einpunktig, also $\{y\}=\{(\eta_1,\ldots,\eta_n)\}=A\cap Y$, falls $A\cap Y\neq\emptyset$. Weil g bijektiv ist, gilt (vgl. I., 1.6.6, Aufg. 1.

(3) $\{x\}=\{(\chi_1,\ldots,\chi_n)\}=g(A\cap Y)=\bigcap_t F_t(\eta_t)\subset X$,

wenn $\eta_t=\beta_t$ (vgl. die Definition von $H_t(\beta_t)$).

Mit (3) haben wir eine „Parameterdarstellung" der x bzw. χ_ν vermittelst der „krummlinigen" Koordinaten $\eta_1,\ldots,\eta_n$, wobei (1) und (2) gelten.

Beispiele: (1) *Polarkoordinaten im* $\mathbb{R}^n$ für $n\geqq 3$ (vgl. 3.13.4 und 3.13.5).

(2) *Konfokale Systeme von Ellipsen und Hyperbeln* im ersten Quadranten $Q:=\{(\eta_1,\eta_2): \eta_1>0\wedge\eta_2>0\}$ in der (η_1,η_2)-Ebene. Es sei $s(\eta_1,\eta_2,\lambda):=(b^2-\lambda)\eta_1^2+(a^2-\lambda)\eta_2^2-(b^2-\lambda)(a^2-\lambda)$ mit $0<b^2<a^2<+\infty$. Durch $F_i(\beta_i):=\{(\eta_1,\eta_2):s(\eta_1,\eta_2,\beta_i)=0\}$, $i=1,2$, wobei $\beta_1<b^2<\beta_2<a^2$, werden dann zwei Kurvenscharen in Q geliefert derart, daß jeder Punkt $x\in Q$ je auf genau einem $F_1(\beta_1)$, nämlich einer Ellipse, und auf genau einem $F_2(\beta_2)$, nämlich einer Hyperbel liegt.

3.12.2 *Transformation einer Abbildung.*

1. Gegeben sei $\varphi:D\longrightarrow Z$ mit $D\subset X\subset\mathbb{R}^n$. Bei $g:Y\longrightarrow X$ (vgl. 3.12.1, (2)) ergibt sich als Transformierte von φ die Abbildung $\psi=\varphi\circ g$ mit $(y\longmapsto\psi(y)=\varphi(g(y))$ und $\psi(y)=\varphi(x)$ sowie $\varphi=\psi\circ f$, $\varphi(D)=\psi(f(D))$. (Man spricht hier auch von einer Transformation der unabhängig Veränderlichen in φ).

2. Gelegentlich transformiert man auch den Wertbereich (m. a. W. die abhängig Veränderliche) mittelst einer Abbildung $h:\varphi(D)\longrightarrow Y$. Man erhält dann $\chi:=h\circ\varphi$ mit D als Definitionsbereich.

3.12.3 *Transformation von Vektorfeldern.*

Bei einem Vektorfeld $h:D\longrightarrow V\mathbb{R}^n$, $D\subset X\subset\mathbb{R}^n$, unterscheidet man zwei Arten des Verhaltens gegenüber einer Transformation f der unabhängigen Veränderlichen und zwar je nachdem h auftritt als Skalarrepräsentant des Richtungsfeldes entweder einer gewöhnlichen Differentialgleichung oder einer Pfaffschen Form, d.h. einer (alternierenden) Differentialform 1. Grades; im ersten Fall spricht man von „**kontravariantem**", im zweiten Fall von „**kovariantem**" Verhalten. In beiden Fällen benutzt man die Umrechnungsformel für die „Grunddifferentiale" $d\chi_\nu$ in X bzw. $d\eta_\nu$ in Y (betr. f bzw. g), deren Zusammenhang gemäß 3.12.1, (1) und (2), gegeben ist durch

$$(\bar{1}) \qquad d\eta_\mu = \sum_{\nu=1}^n f_{\mu|\nu} d\chi_\nu$$

$$(\bar{2}) \qquad d\chi_\nu = \sum_{\mu=1}^n g_{\nu|\mu} d\eta_\mu .$$

Bemerkung: Da $(\bar{2})$ die Auflösung von $(\bar{1})$ ist, gilt die Matrizenbeziehung $((f_{\mu|\kappa}))\cdot$ $\cdot((g_{\kappa|\nu}))=((\delta_{\mu\nu}))=n,n$-Einheitsmatrix.

I. Kontravarianz: Mit der Bezeichnung $\dot{x}:=dx/ds$ und $\dot{y}:=dy/ds$ betrachten wir die durch das Vektorfeld h bestimmte gewöhnliche Differentialgleichung $\dot{x}=h(x)$ mit $x\in X$. Vermöge f transformiert sich dies in $\dot{y}=k(y)$ mit $k:=f'_{Y,X}\circ h$. Ist aber $h:=(\varphi_1,\dots,\varphi_n)$ und $k:=(\psi_1,\dots,\psi_n)$, so hat man (vgl. $(\bar{1})$, $(\bar{2})$) mit $y=f(x)$

$$(\bar{\text{I}}) \qquad \psi_\mu(y)=\sum_\nu f_{\mu|\nu}\varphi_\nu(x), \quad \varphi_\nu(x)=\sum_\mu g_{\nu|\mu}\psi_\mu(y).$$

II. Kovarianz: Wie oben sei $h:=(\varphi_1,\dots,\varphi_n)$ ein Vektorfeld über D. Wir fragen nach der Transformation (vermöge f bzw. g) der durch h bestimmten *Pfaffschen Form* $\sum_\nu \varphi_\nu(x)d\chi_\nu$. Gemäß $(\bar{2})$ hat man

$$\sum_\nu \varphi_\nu d\chi_\nu=\sum_\nu \varphi_\nu\left(\sum_\mu g_{\nu|\mu}d\eta_\mu\right)=\sum_\mu \tilde{\psi}_\mu d\eta_\mu=\sum_\mu\left(\sum_\nu \varphi_\nu g_{\nu|\mu}\right)d\eta_\mu,$$

woraus mit $y=f(x)$

$$(\bar{\text{II}}) \qquad \tilde{\psi}_\mu(y)=\sum_\nu \varphi_\nu(x)g_{\nu|\mu}(y), \quad \varphi_\nu(x)=\sum_\mu \tilde{\psi}(y)f_{\mu|\nu}(x).$$

3.12.4 *Transformation alternierender Differentialformen (beliebiger Ordnung).*
Sie erfolgt vermittels 3.12.3, $(\bar{2})$, analog wie dort, Ziff. II. – Beispiel:

$$d\chi_1\wedge d\chi_2=\sum_{\varrho,\mu=1,\dots,n}^{\varrho<\mu}(g_{1|\varrho}g_{2|\mu}-g_{1|\mu}g_{2|\varrho})d\eta_\varrho\wedge d\eta_\mu .$$

3.12.5 *Transformation partieller Ableitungen.*
Es sei jetzt die Bijektion $f:X\rightarrowtail Y$ mit ihrer Umkehrung $g:=f^{[-1]}:Y\rightarrowtail X$ (vgl. 3.12.1) differenzierbar. Weiter sei $\varphi:D\rightarrowtail Z$ mit $D\subset X$ und $Z\subset\mathbb{R}^n$ ebenfalls differenzierbar und wieder $\psi:=\varphi\circ g$ (vgl. 3.12.2).
(*a*) Die *partiellen Ableitungen* 1. *Ordnung* $\psi_{|\mu}$ von ψ nach den η_μ transformieren sich dann wegen $\sum_\nu \varphi_{|\nu}d\chi_\nu=d\varphi=d\psi=\sum_\mu \psi_{|\mu}d\eta_\mu$ gemäß

$$(4a) \qquad \psi_{|\mu}(y)=\sum_{\nu=1}^n \varphi_{|\nu}(x)g_{\nu|\mu}(y) \qquad \text{mit } x=g(y).$$

Die $\varphi_{|\nu}$ transformieren sich also kovariant (3.12.3, ($\tilde{\text{II}}$)).

Anmerkung: Bezeichnet $\varphi'_{Z,X}$ bzw. $\psi'_{Z,Y}$ bzw. g'_{XY} die Funktionalmatrix von $\varphi=(\varphi_1,\ldots,\varphi_n)$ bzw. $\psi=(\psi_1,\ldots,\psi_n)$ bzw. $g=(g_1,\ldots,g_n)$, so gilt $\psi'_{Z,Y}=\varphi'_{Z,X}\cdot g'_{X,Y}$ und daher $\det\psi'_{Z,Y}=\det\varphi'_{Z,Y}\cdot\det g'_{X,Y}$, Multiplikationssatz für die Funktionaldeterminante.

(*b*) *Partielle Ableitungen höherer Ordnungen* $p\geqq 2$ von ψ nach den η_μ. Man erhält sie aus (4*a*) als Polynome in partiellen Ableitungen der Ordnungen $p'\leqq p$ von φ und g nach den Regeln der Differentiation ganzrationaler Ausdrücke sowie der Kettenregel.
Beispielsweise hat man für $p=2$ (bei Benützung von (4*a*))

(4*b*) $$\psi_{|\sigma\mu}(y)=\sum_{\nu,\lambda}\varphi_{|\lambda\nu}(x)g_{\nu|\mu}(y)g_{\lambda|\sigma}(y)+\sum_\nu\varphi_{|\nu}g_{\nu|\sigma\mu}(y).$$

Für $p\geqq 3$ ergeben sich kompliziertere Ausdrücke (für den Fall $n=1$, vgl. I., 8.9.8., Aufg. (2)).

Bemerkung: Es lassen sich (4*a*) und (4*b*) auch durch Heranziehung entsprechender Differentiale gewinnen. – Für (4*a*) verfährt man wie in 3.12.3, II. Die $d\chi_\nu$, $d\eta_\nu$ können dabei in zweierlei Bedeutung Verwendung finden: Erstens als unabhängige reelle (nicht alternierende) Variable, wie beispielsweise im Falle der Taylorschen Formel; oder Zweitens als Differentiale im Sinne des alternierenden Kalküls. – Für den Nachweis von (4*b*) ist nur die Deutung Erstens zulässig. Die Berechnung der Ableitungen 2. Ordnung gestaltet sich dann so: Es sei $d:=\sum_\nu d\eta_\nu\frac{\partial}{\partial\eta_\nu}$ mit $\frac{\partial}{\partial\eta_\nu}(d\eta_\varrho)=0$ für alle ν, ϱ. Nun gilt

$$d\psi=d(\varphi\circ g)=\sum_\nu d\eta_\nu(\varphi\circ g)_{|\nu}=\sum_\nu d\eta_\nu\left(\sum_\varrho\varphi_{|\varrho}g_{\varrho|\nu}\right)\qquad\text{(vgl. (4}a\text{)).}$$
$$d^2\psi:=d(d\psi)=\sum_\nu d\eta_\nu d\left(\sum_\varrho\varphi_{|\varrho}g_{\varrho|\nu}\right)=$$
$$=\sum_{\nu,\mu}\left(\sum_\varrho\left(\sum_\lambda\varphi_{|\varrho\lambda}g_{\lambda|\mu}g_{\varrho|\nu}\right)+\varphi_{|\varrho}g_{\varrho|\nu\mu}\right)d\eta_\nu d\eta_\mu\right).$$

Aufgabe: Es sei $(\chi_1,\ldots,\chi_n)\in X$, $(\eta_1,\ldots,\eta_n)\in Y$, $(\zeta_1,\ldots,\zeta_n)\in Z$, $(\omega_1,\ldots,\omega_n)\in W$ mit $X,Y,Z,W\subset\mathbb{R}^n$. Gegeben sei $h:X\rightarrowtail Y$ und $i:Z\times W\rightarrowtail X$ sowie $k:Z\rightarrowtail W$, also $m:=h\circ i: Z\times W\rightarrowtail Y$. Man stelle die partiellen Ableitungen von h nach den χ_μ dar durch rationale Ausdrücke in den partiellen Ableitungen von i nach den ζ_ϱ, ω_τ und denen von k nach den ζ_ϱ sowie denen von m nach den ζ_ϱ.

3.13. Differentialausdrücke der Physik und alternierende Differentialformen

3.13.1 Es sei (x_1,x_2,x_3) eine Orthonormalbasis des $V\mathbb{R}^3$, ferner sei (χ_1,χ_2,χ_3) der S-Repräsentant des Punktes $x=\sum\chi_i x_i$ bezogen auf ein durch (x_1,x_2,x_3) gegebenes Koordinatensystem mit $x=\bar{0}$ als Ursprung. Zur Darstellung eines *Vektorfeldes* $f:D\rightarrowtail V\mathbb{R}^3$,

$D \subset \mathbb{R}^3$, ist es üblich und bequem, aber der ortsgebundenen Natur der Feldvektoren nicht ganz angemessen, ebenfalls die Basis (x_1, x_2, x_3) zu verwenden und zu schreiben $f = \varphi_1 x_1 + \varphi_2 x_2 + \varphi_3 x_3$ mit den S-Repräsentanten $(\varphi_1, \varphi_2, \varphi_3)$, wobei $\varphi_i : D \rightarrowtail \mathbb{R}$ *Skalarfelder* bezeichnen.

In der Vektoranalysis definiert man nun (unter den jeweiligen Differentierbarkeitsforderungen):

(a) $\operatorname{grad} \varphi := \sum_i \varphi_{|x_i} x_i$ (*Gradient* des Skalarfeldes φ)

(b) $\Delta \varphi := \sum_i \varphi_{|x_i x_i}$ (*Laplaceoperator* von φ)

(c) $\operatorname{div} f := \sum_i \varphi_{i|x_i}$ (*Divergenz* des Vektorfeldes f)

(d) $\operatorname{rot} f := (\varphi_{3|x_2} - \varphi_{2|x_3}) x_1 + (\varphi_{1|x_3} - \varphi_{3|x_1}) x_2 + (\varphi_{2|x_1} - \varphi_{1|x_2}) x_3$ (*Rotation* von f).

Diese Ausdrücke erlauben im Rahmen der Vektorrechnung des $V\mathbb{R}^3$ und mit Hilfe des „vektoriellen Differentiationsoperators" $\nabla := \left(\frac{\partial}{\partial \chi_1}, \frac{\partial}{\partial \chi_2}, \frac{\partial}{\partial \chi_3}\right)$ (sprich „Nabla") sehr prägnante *formale* Darstellungen:

(a') $\operatorname{grad} \varphi = \nabla \varphi$ („Multiplikation" von ∇ mit dem Skalar φ),

(b') $\Delta \varphi = \nabla \cdot (\nabla \varphi)$ („Skalarprodukt" von ∇ mit $\nabla \varphi$),

(c') $\operatorname{div} f = \nabla \cdot f$ („Skalarprodukt" von ∇ mit f),

(d') $\operatorname{rot} f = \nabla \times f$ („Vektorprodukt" von ∇ mit f).

3.13.2 Eine algebraische Begründung dieses Nabla-Formalismus ergibt sich erst durch die Einordnung der gesamten Betrachtungsweise in ein passendes algebraisches System, nämlich in den *Kalkül der alternierenden Differentialformen* $(\mathfrak{G}, d)$, eine *„Graßmannsche Algebra"* $\mathfrak{G}$ versehen mit einem darin wirkenden *„Differentialoperator"* d. Dies wird im folgenden näher dargelegt.

3.13.3 I. Im Sinne der genannten Einordnung, welche wir gleich im $\mathbb{R}^n$ vornehmen, verwenden wir zur Darstellung der Vektoren eines Vektorfeldes f nicht die („geometrische") Basis $x_1, \dots, x_n$ des $V\mathbb{R}^n$, sondern die zugehörige Teilbasis $e(1), \dots, e(n)$ der Graßmannschen Algebra über dem $V\mathbb{R}^n$ (1.4.6), welche wir hier mit

$$dx_1, \dots, dx_n$$

bezeichnen (vgl. hierzu III. Anmerkung 2). Dementsprechend wird dem Vektorfeld $f : D \rightarrowtail V\mathbb{R}^n$ mit $D \subset \mathbb{R}^n$ und den Komponenten $\varphi_1, \dots, \varphi_n$ bzgl. $x_1, \dots, x_n$ im Punkt $p \in D$ zugeordnet die Linearform $\hat{f}$ in den dx_i:

(*) $$\hat{f}(p) := \varphi_1(p) \wedge dx_1 + \dots + \varphi_n(p) \wedge dx_n,$$

wofür wir gemäß der Vereinbarung über die Multiplikation mit Skalaren auch

$$\hat{f}(p) = \varphi_1(p)dx_1 + \ldots + \varphi_n(p)dx_n$$

schreiben werden. Wir nennen (*) eine **(alternierende) Differentialform** (abgekürzt: DF) **ersten Grades**; analog ergeben Linearkombinationen (mit skalaren Koeffizienten) von $dx_1 \wedge dx_2, \ldots$ bzw. von $dx_1 \wedge \ldots \wedge dx_k, \ldots$ **DF 2-ten bzw. k-ten Grades**. Als DF **nullten Grades** sind die Skalare (Skalarfelder) erklärt; da in der Graßmannschen Algebra $e(\emptyset) = 1 \in \mathbb{R}$, so liefert die Umschreibung des Skalars φ als DF, nämlich $\hat{\varphi} := \varphi \wedge e(\emptyset)$ einfach $\hat{\varphi} = \varphi$. (Das „Dach" $\wedge$ über z. B. f weist also darauf hin, daß $\hat{f}$ die Umschreibung von f als DF ist). Das System $\mathfrak{G}$ aller DF ist somit die *Graßmannsche Algebra*, deren Basisvektoren der Grade $0, 1, \ldots, n$ je die Gestalt $1, dx_1, \ldots, dx_1 \wedge dx_2, \ldots, \ldots, dx_1 \wedge \ldots \wedge dx_n$ haben.

II. Von dem in Aussicht genommenen *Differentialoperator* $d: \mathfrak{G} \rightarrowtail \mathfrak{G}$ wird nun gefordert: Linearität, Distributivität bzgl. der äußeren Multiplikation $\wedge$ (im Sinne von 1.4.6) (also entsprechend der gewöhnlichen Differentialregel für das Produkt); weiter soll d angewandt auf einen Skalar α, d. h. ein Element vom Grade Null, das (gewöhnliche) Differential $d\alpha$ der Funktion α liefern; und schließlich soll d nilpotent sein, d. h. $dd = 0$ (wie es dem Alternieren der DF entspricht). In Formeln ausgedrückt:

(1) $d: \mathfrak{G} \rightarrowtail \mathfrak{G}$ ist linear;

(2) $d(\omega \wedge \eta) = (d\omega) \wedge \eta + \omega \wedge (d\eta)$ für alle $\omega, \eta \in \mathfrak{G}$;

(3) Für differenzierbare $\alpha: D \rightarrowtail \mathbb{R}$ gilt

$$d\alpha := \textstyle\sum_{\nu=1}^{n} \alpha_{|x_\nu} dx_\nu;$$

(4) $d(dx_\nu) = 0$ für $\nu = 1, \ldots, n$.

Folgerungen: (1) Für das Skalarfeld $p_\nu := (x \mapsto \chi_\nu)$ ist $dp_\nu = dx_\nu$. – (2) Für jedes $\omega \in \mathfrak{G}$ ist $d(d\omega) = 0$ (Nilpotenz). – (3) Zum Beispiel gilt für ein Skalar α

$$d(\alpha \wedge dx_i \wedge \ldots \wedge dx_j) = \textstyle\sum_\nu \alpha_{|x_\nu} dx_\nu \wedge dx_i \wedge \ldots \wedge dx_j$$

(wobei die Summe nur über jene ν mit $\nu \neq i \wedge \ldots \wedge \nu \neq j$ zu erstrecken ist).

III. Nun ergeben sich für die Ausdrücke (a), …, (d) von 3.13.1 folgende Darstellungen als DF (es ist hier $n = 3$):

(a'') $\widehat{\operatorname{grad}\varphi} = \sum_{\nu=1}^{3} \varphi_{|x_\nu} dx_\nu = d\varphi$;

(b'') $\widehat{\Delta\varphi} = \Delta\varphi$; daneben aber

$$\operatorname{adj} \Delta\varphi = (\Delta\varphi) dx_1 \wedge dx_2 \wedge dx_3 = d(\operatorname{adj} d\varphi);$$

(c'') $\widehat{\operatorname{div} f} = \operatorname{div} f$; daneben aber

$$\operatorname{adj} \widehat{\operatorname{div} f} = (\operatorname{div} f) dx_1 \wedge dx_2 \wedge dx_3 = d(\operatorname{adj} \hat{f});$$

(d'') $\widehat{\operatorname{rot} f} = (\varphi_{3|2} - \varphi_{2|3})dx_1 + (\varphi_{1|3} - \varphi_{3|1})dx_2 + (\varphi_{2|1} - \varphi_{1|2})dx_3 = \operatorname{adj} d\hat{f}$;
daneben aber $\operatorname{adj} \widehat{\operatorname{rot} f} =$

$$d\hat{f} = (\varphi_{3|2} - \varphi_{2|3})dx_2 \wedge dx_3 + (\varphi_{1|3} - \varphi_{3|1})dx_3 \wedge dx_1 + (\varphi_{2|1} - \varphi_{1|2})dx_1 \wedge dx_2.$$

(worin $\varphi_{i|j} := \varphi_{i|x_j}$).

Anmerungen: 1. Insbesondere die Formeln (d'') lehren, daß es zweckmäßig ist, neben einer DF ω sich auch adjω anzuschauen. – 2. Es sei hier noch darauf hingewiesen, daß die in 3.2.2.1 eingeführten Differentiale höherer Ordnung von reellen Funktionen mehrerer reeller Veränderlichen sich wesentlich dadurch von den DF unterscheiden, daß dort die Differentiale df, $d^2f, \ldots$ reelle Funktionen der $\alpha_i = dx_i$ sind, d.h. dort die dx_i die Bedeutung von reellen Variablen haben.

IV. Aufgaben: Man verifiziere (im DF-Kalkül oder mittels des Differentiationsoperators ∇) nachfolgende Gleichungen; dabei sei $\varphi_i : G \to \mathbb{R}$ und $f_i : G \to \mathbb{R}^3$, $i = 1, 2$, $G \in \mathbb{R}^3$, 1- oder 2-mal differenzierbar.

(i) $\operatorname{grad}(\varphi_1\varphi_2) = \varphi_2 \operatorname{grad}\varphi_1 + \varphi_1 \operatorname{grad}\varphi_2$;

(ii) $\operatorname{rot}(\varphi_1 f_1) = (\operatorname{grad}\varphi_1) f_1 + \varphi \operatorname{rot} f_1$;

(iii) $\operatorname{div}(\varphi_1 f_1) = (\operatorname{grad}\varphi_1) f_1 + \varphi_1 \operatorname{div} f_1$;

(iv) $\operatorname{div}(f_1 \times f_2) = f_1 \operatorname{rot} f_1 - f_1 \operatorname{rot} f_2$;

(v) $\operatorname{div}\operatorname{grad}\varphi_1 = \Delta\varphi_1$, $\operatorname{rot}\operatorname{grad}\varphi_1 = \bar{0}$, $\operatorname{div}\operatorname{rot} f_1 = 0$.

(vi) $\Delta(\varphi_1\varphi_2) = \varphi_1 \Delta\varphi_2 + \varphi_2 \Delta\varphi_1 + 2 \operatorname{grad}\varphi_1 \cdot \operatorname{grad}\varphi_2$;

(vii) Wenn $f : \mathbb{R}^+ \to \mathbb{R}$ und $r(x) := |x|$, so gilt

$$\Delta(f \circ r) = f'' \circ r + \frac{2}{r}(f' \circ r).$$

3.13.4 Anwendungen.

1. *Die Funktionaldeterminante als Divergenz.*

Satz: (C. Carathéodory). *Ist $X \in \mathbb{R}^n$ und $(f_1, \ldots, f_n) : X \to \mathbb{R}^n$ zweimal stetig differenzierbar, so gilt*

$$\frac{\partial(f_1, \ldots, f_n)}{\partial(x_1, \ldots, x_n)} = \operatorname{div} F$$

mit $F := n^{-1}(F_1, \ldots, F_n)$ und

$$F_\varrho := \sum_{\lambda=1}^n (-1)^{\lambda+\varrho} f_\lambda \frac{\partial(f_1, \ldots, f_{\lambda-1}, f_{\lambda+1}, \ldots, f_n)}{\partial(x_1, \ldots, x_{\varrho-1}, x_{\varrho+1}, \ldots, x_n)}.$$

Beweis: $n \dfrac{\partial(f_1 \ldots f_n)}{\partial(x_1 \ldots x_n)} dx_1 \wedge \ldots \wedge dx_n = n\, df_1 \wedge \ldots \wedge df_n = d(\sum_{\lambda=1}^n df_1 \wedge \ldots \wedge df_{\lambda-1} \wedge f_\lambda$ $\wedge df_{\lambda+1} \wedge \ldots \wedge df_n) = d(\operatorname{adj}\Phi)$ mit $\Phi := \operatorname{adj}(\sum_\lambda df_1 \wedge \ldots \wedge df_{\lambda-1} \wedge f_\lambda \wedge df_{\lambda+1} \wedge \ldots \wedge df_n) =$ $\sum_\lambda (-1)^{\lambda-1} f_\lambda \operatorname{adj}(df_1 \wedge \ldots \wedge df_{\lambda-1} \wedge df_{\lambda+1} \wedge \ldots \wedge df_n)$.

Nun ist (beispielsweise) $df_1 \wedge \ldots \wedge df_{n-1} = (\sum_{\varrho_1} f_{1|\varrho_1} dx_{\varrho_1}) \wedge \ldots \wedge (\sum_{\varrho_{n-1}} f_{n-1|\varrho_{n-1}} dx_{\varrho_{n-1}}) =$

$$\sum_{\varrho=1}^n \frac{\partial(f_1, \ldots, f_{n-1})}{\partial(x_1, \ldots, x_{\varrho-1}, x_{\varrho+1}, \ldots, x_n)} dx_1 \wedge \ldots \wedge dx_{\varrho-1} \wedge dx_{\varrho+1} \wedge \ldots \wedge dx_n,$$

so daß wegen $\operatorname{adj}(dx_1 \wedge \ldots \wedge dx_{\varrho-1} \wedge dx_{\varrho+1} \wedge \ldots \wedge dx_n) = (-1)^{\varrho-1} dx_\varrho$ gemäß 3.13.3, III., die Behauptung folgt.

2. *Transformation auf Polarkoordinaten im* $\mathbb{R}^3$.

(a) Die Beziehungen zwischen den *kartesischen* Koordinaten (χ_1, χ_2, χ_3) und den *Polarkoordinaten* (r, χ, ψ) eines Punktes $x \in \mathbb{R}^3$ sind gegeben durch die Abbildung $\tau := (\tau_1, \tau_2, \tau_3)$ gemäß

$$\begin{aligned} \tau_1 &:= ((r, \chi, \psi) \longmapsto r\cos\chi\cos\psi = \chi_1), \\ \tau_2 &:= ((r, \chi, \psi) \longmapsto r\cos\chi\sin\psi = \chi_2), \\ \tau_3 &:= ((r, \chi, \psi) \longmapsto r\sin\chi \qquad = \chi_3); \end{aligned}$$

dabei bezeichnet r den *Abstand* des Punktes x vom Ursprung, χ die *„geographische Breite"* und ψ die *„geographische Länge"*. Es ist $\dfrac{\partial(\tau_1, \tau_2, \tau_3)}{\partial(r, \chi, \psi)} = -r^2\cos\chi$ (das Minuszeichen rührt von der gewählten Reihenfolge r, χ, ψ her). Die Abbildung ist also bei der Einschränkung auf $r > 0$ und $-2^{-1}\pi < \chi < 2^{-1}\pi$ lokal topologisch (mit einer weiteren Einschränkung von ψ auf ein halboffenes Intervall der Länge 2π ist sie bijektiv).

(b) Bei der **Umrechnung von Differentialausdrücken in Polarkoordinaten** bedienen wir uns der Darstellungen 3.13.3 III. Für die Grunddifferentiale dx_1, dx_2, dx_3 des Raumes $A(1, 3, 3)$ (vgl. 1.4.2 III.) der DF (bzgl. der kartesischen Koordinaten χ_1, χ_2, χ_3) erhalten wir die Übergangsformeln

(1)
$$\begin{aligned} dx_1 &:= d\tau_1 = \cos\chi\cos\psi\, dr - r\sin\chi\cos\psi\, d\chi - r\cos\chi\sin\psi\, d\psi, \\ dx_2 &:= d\tau_2 = \cos\chi\sin\psi\, dr - r\sin\chi\sin\psi\, d\chi + r\cos\chi\cos\psi\, d\psi, \\ dx_3 &:= d\tau_3 = \sin\chi\, dr + r\cos\chi\, d\chi, \end{aligned}$$

welche sich mittels der Differentiale

(2)
$$dz_1 := dr, \quad dz_2 := r\,d\chi, \quad dz_3 := r\cos\chi\, d\psi$$

und der orthogonalen Matrix

(3)
$$M := \begin{pmatrix} \cos\chi\cos\psi & -\sin\chi\cos\psi & -\sin\psi \\ \cos\chi\sin\psi & -\sin\chi\sin\psi & -\cos\psi \\ \sin\chi & \cos\chi & 0 \end{pmatrix}$$

in

(4)
$$(dx_1, dx_2, dx_3)^T = M(dz_1, dz_2, dz_3)^T$$

zusammenfassen lassen; es ist also mit (dx_1, dx_2, dx_3) auch (dz_1, dz_2, dz_3) orthonormiert. Wegen dieser Orthogonalität und der einfachen Zusammenhänge (2), (3) und (4) ist es vorteilhaft anstelle von $(dr, d\chi, d\psi)$ als Basis für die Differentialformen (dz_1, dz_2, dz_3) zu verwenden; denn z.B. ist die von uns angegebene Berechnung der Adjungierten einer DF (vgl. 1.4.6, (III.)) nur bei orthonormierten Grunddifferentialen zutreffend.

(b 1) *Umrechnung von* $\operatorname{rot} f$ (gemäß $\operatorname{adj} \widehat{\operatorname{rot} f} = d\hat{f}$).
Mit geeigneten f_1, f_2, f_3 (als Funktionen von r, χ, ψ) hat man

$$\hat{f} = f_1 dz_1 + f_2 dz_2 + f_3 dz_3 = f_1 dr + (rf_2) d\chi + (\alpha f_3) d\psi \quad \text{mit} \quad \alpha := r\cos\chi,$$
$$d\hat{f} = (df_1) \wedge dr + (d(rf_2)) \wedge d\chi + (d(\alpha f_3)) \wedge d\psi = (f_{1|r} dr + f_{1|\chi} d\chi + f_{1|\psi} d\psi) \wedge dr +$$
$$+ ((rf_2)_{|r} dr + (rf_2)_{|\chi} d\chi + (rf_2)_{|\psi} d\psi) \wedge d\chi + ((\alpha f_3)_{|r} dr + (\alpha f_3)_{|\chi} d\chi + (\alpha f_3)_{|\psi} d\psi) \wedge d\psi =$$
$$= ((rf_2)_{|r} - f_{1|\chi}) dr \wedge d\chi + ((\alpha f_3)_{|\chi} - (rf_2)_{|\psi}) d\chi \wedge d\psi + (f_{1|\psi} - (\alpha f_3)_{|r}) d\psi \wedge dr =$$
$$= r^{-1}((rf_2)_{|r} - f_{1|\chi}) dz_1 \wedge dz_2 + r^{-1}\alpha^{-1}((\alpha f_3)_{|\chi} - (rf_2)_{|\psi}) dz_2 \wedge dz_3 +$$
$$+ \alpha^{-1}(f_{1|\psi} - (\alpha f_3)_{|r}) dz_3 \wedge dz_1,$$

somit $\widehat{\operatorname{rot} f} = \operatorname{adj} d\hat{f} = (r\cos\chi)^{-1}((\cos\chi f_3)_{|\chi} - f_{2|\psi}) dz_1 + ((r\cos\chi)^{-1} f_{1|\psi} - r^{-1}(rf_3)_{|r}) dz_2 +$
$+ r^{-1}((rf_2)_{|r} - f_{1|\chi}) dz_3$

im Sinne einer DF in den dz_1, dz_2, dz_3 (und damit auch in den dr, $d\chi$, $d\psi$).

(b 2) *Umrechnung von* $\operatorname{div} f$ (gemäß $\operatorname{adj} \widehat{\operatorname{div} f} = d(\operatorname{adj} \hat{f})$).

$$\operatorname{adj} \hat{f} = f_1 dz_2 \wedge dz_3 + f_2 dz_3 \wedge dz_1 + f_3 dz_1 \wedge dz_2 = r\alpha f_1 d\chi \wedge d\psi + \alpha f_2 d\psi \wedge dr + rf_3 dr \wedge d\chi,$$

somit

$d(\operatorname{adj} \hat{f}) = ((r\alpha f_1)_{|r} + (\alpha f_2)_{|\chi} + (rf_3)_{|\psi}) dr \wedge d\chi \wedge d\psi$ und damit

$$\operatorname{div} f = r^{-2}(r^2 f_1)_{|r} + (r\cos\chi)^{-1}(\cos\chi f_2)_{|\chi} + (r\cos\chi)^{-1} f_{3|\psi}$$

wegen $\operatorname{adj} d(\operatorname{adj} \hat{f}) = (\operatorname{div} f) dz_1 \wedge dz_2 \wedge dz_3$.

(b 3) *Umrechnung von* $\Delta\varphi$ (φ eine Funktion von r, χ, ψ) (gemäß $\Delta\varphi = \operatorname{adj}(d \operatorname{adj} d\varphi)$). Indem man die Operation d bzw. adj jeweils mit dr, $d\chi$, $d\psi$ bzw. dz_1, dz_2, dz_3 vollzieht, folgt (Aufgabe)

$$\Delta\varphi = r^{-2}(r^2 \varphi_{|r})_{|r} + (r^2 \cos\chi)^{-1}(\varphi_{|\chi} \cos\chi)_{|\chi} + (r\cos\chi)^{-2} \varphi_{|\psi\psi}.$$

Bemerkung: In analoger Weise läßt sich auch beim Übergang zu krummlinigen, aber orthogonalen Koordinatensystemen verfahren, wo sich die Flächen $F_t(\beta_t)$ (vgl. 3.1.5) mit verschiedenen t orthogonal durchsetzen.

3.13.5 *Polarkoordinaten im* $\mathbb{R}^n$.

In 3.13.4 waren „Polarkoordinaten" im $\mathbb{R}^3$ eingeführt worden, d.h. eine Abbildung $p_3 := ((r, \alpha_1, \alpha_2) \mapsto (\chi_1 := r\cos\alpha_1 \cos\alpha_2,\ \chi_2 := r\sin\alpha_1 \cos\alpha_2,\ \chi_3 := r\sin\alpha_2))$, $0 \leq \alpha_1 < 2\pi$;

$-2^{-1}\pi \leqq \alpha_2 \leqq 2^{-1}\pi$; $r \geqq 0$. Dabei waren zu deuten: die χ_1, χ_2, χ_3 als kartesische, orthogonale Koordinaten im $\mathbb{R}^3$ des Punktes $x := (\chi_1, \chi_2, \chi_3)$, ferner r als Betrag des Ortsvektors $\overrightarrow{Ox}$ und sodann $2^{-1}\pi - \alpha_2$ als Winkel von $\overrightarrow{Ox}$ mit der $+\chi_3$-Achse und α_1 als Winkel der Projektion von $\overrightarrow{Ox}$ auf die (χ_1, χ_2)-Ebene mit der $+\chi_1$-Achse. Die Restriktion $\bar{p}_3 : \mathbb{R}^3 \backslash \{0\} \rightarrowtail \mathbb{R}^3 \backslash \{0\}$ von p_3 ist ersichtlich topologisch. Bemerkt sei, daß Polarkoordinaten im $\mathbb{R}^2$ (Ebene) erklärt werden durch $\chi_1 := r\cos\alpha_1$, $\chi_2 := r\sin\alpha_1$.

Aufgabe: (1) Man verallgemeinere für den $\mathbb{R}^n$ die Definition des Begriffes „Polarkoordinaten", d.h. die Abbildung p_3 auf $p_n : \mathbb{R}^n \rightarrowtail \mathbb{R}^n$ mit $n \geqq 4$. – (2) Man zeige, daß die Restriktion $\bar{p}_n$ von p_n auf $\mathbb{R}^n \backslash \{0\}$ topologisch ist. – (3) Man zeige: Die Funktionaldeterminante $\det(p_n)$ von p_n ist gleich $r^{n-1}\cos^{n-2}\alpha_{n-1}\cos^{n-3}\alpha_{n-2}\ldots\cos\alpha_2$.
(Lösung der Aufgaben in 3.20.12).

3.14. Einhüllende von Kurven- und Flächenscharen

3.14.1 *Kurven- und Flächenscharen.*
Die nachstehend zu diskutierenden Sachverhalte seien zunächst an Beispielen von Kurvenscharen in der Ebene erläutert. Es sei $\mathfrak{S}$ die Schar der Tangenten S einer ebenen Kurve E. Es ist dann E Einhüllende von $\mathfrak{S}$ im folgenden Sinne: Erstens ist E „Transversale" von $\mathfrak{S}$, d.h. zu jedem Punkt $u := (\bar{x}, \bar{y}) \in E$ existiert ein $S = S(u) \in \mathfrak{S}$ mit $u \in S(u) \cap E$. Und Zweitens wird $S(u)$ von E in u „tangiert", d.h. in u haben $S(u)$ und E die gleiche Tangente (nämlich hier $S(u)$). Ist z.B. $E := (x \mapsto y := x^2)$, $x \in \mathbb{R}$, so wird E in jedem $u = (\bar{x}, \bar{x}^2)$ von $S(u)$ gestützt. – Anderes Beispiel: Ist die Kurvenschar $\mathfrak{S}$ gegeben durch $S(w) := (x \mapsto y := := (x-w)^3)$, wobei w der „Scharparameter", so wird die Einhüllende $E := \{(x, y) : y = 0 \wedge \wedge x \in \mathbb{R}\}$ in jedem ihrer Punkte $(x = w,\ y = 0)$ von $S(w)$ geschnitten.
Allgemein erklären wir:

Definition: Es seien $t := (t_1, \ldots, t_k) \in K \subset \mathbb{R}^k$, wobei $1 \leqq k \leqq n-1$, also $k < n$, und $u := (u_1, \ldots, u_p) \in P \subset \mathbb{R}^p$, wobei auch $p < n$, mit $t_\kappa, u_\varrho \in \mathbb{R}$. Ferner sei

($\mathfrak{S}'$) $\quad f : K \times P \rightarrowtail \mathbb{R}^n \quad$ mit $\quad ((t, u) \mapsto x := f(t, u) = (f_1(t, u), \ldots, f_n(t, u)))$,

($\mathfrak{S}''$) $\quad K$ und P beide offen ($K = \underline{K}$, $P = \underline{P}$) sowie Rang $((f_{|t_1}, \ldots, f_{|t_k})) = k (< n)$.

Es werde bezeichnet: t als **Flächenparameter** (für $k = 1$ als **Kurvenparameter**), ferner u als **Scharparameter** und das Paar $\mathfrak{S} := ((\mathfrak{S}'), (\mathfrak{S}''))$ als eine p-**parametrige Schar** von (echt) k-dimensionalen Flächen (für $k = 1$ Kurven).

Bemerkung: (1) Man beachte: Definitionsgemäß ist beispielsweise $f := (f_1 := (t_1 + u_1), f_2 := (t_1 + u_1)^2)$ eine 1-parametrige Kurvenschar, während aus geometrischer Sicht die Darstellung einer einzigen Kurve vorliegt. Man hat hier also keine „echte", d.h. geometrisch sinnvolle, 1-Parametrigkeit; eine solche ist, allgemein zu reden, erst unter Bezugnahme auf den jeweiligen geometrischen Sachverhalt zu gewinnen, nämlich durch von Fall zu Fall (i.a. verschiedene) zusätzliche Forderungen, soweit solche nötig.

(2) Bei der in (1) angesprochenen Problematik handelt es sich um Unterschiede zwischen funktionentheoretischem und geometrischem Standpunkt. Beim ersteren handelt es sich (nur) um die Funktionen selbst, beim zweiten um die Funktionen (nur) insoweit sie der Darstellung eines geometrischen Sachverhaltes dienen, also um Eigenschaften, die allen Darstellungen eines und desselben geometrischen Sachverhaltes zukommen.

3.14.1.1 *Einhüllende von Kurven- und Flächenscharen.*

Vereinbarung: Der Kürze wegen wird es in den folgenden Nummern dem Leser überlassen, die jeweils benötigten, stillschweigend als erfüllt angenommenen, Stetigkeits- und Differenzierbarkeitsvoraussetzungen selbst zu formulieren.

Definitionen: (a) Eine (echt) h-dimensionale Fläche T mit $v \mapsto T(v)$, wobei $v := (v_1, \ldots, v_h) \in V = \underline{V} \in \mathbb{R}^h$ und $T(v) \in \mathbb{R}^n$ sowie $1 \leqq h < n$, heißt **Transversale** der p-parametrigen Schar $\mathfrak{S}$ k-dimensionaler Flächen (vgl. 3.14.1), auch **transversal** zu $\mathfrak{S}$, wenn Abbildungen

$$\tilde{u} := (v \mapsto \tilde{u}(v) \in P) \quad \text{und} \quad \tilde{t} := (v \mapsto \tilde{t}(v) \in K), \qquad v \in V,$$

mit surjektivem $\tilde{u}$, also $p \leqq h$, existieren derart, daß

(T) $\quad T(v) = \tilde{f}(v) := f(\tilde{t}(v), \tilde{u}(v))$ für $v \in V$, daß also

$(T_{|v})$ $\quad T_{|v_i} = \sum_{\kappa=1}^{k} f_{|t_\kappa}(\tilde{t}, \tilde{u}) \tilde{t}_{\kappa|v_i} + \varphi_i$, $i = 1, \ldots, h$, wobei

(φ) $\quad k < n$ und $\varphi_i := \sum_{\varrho=1}^{p} f_{|u_\varrho}(\tilde{t}, \tilde{u}) \tilde{u}_{\varrho|v_i}$.

Definitionsgemäß ist

(RgT) $\operatorname{Rang}((T_{|v_1}, \ldots, T_{|v_h})) = h = \operatorname{Rang}((\tilde{f}_{|v_1}, \ldots, \tilde{f}_{v_h}))$.

(b) Eine Transversale T von $\mathfrak{S}$ heißt **Einhüllende von** $\mathfrak{S}$, wenn $\mathfrak{S}$ von T „tangiert" wird, in dem Sinne, daß der Tangentialraum

$[\![T_{|v_1}, \ldots, T_{|v_h}]\!]$ von T parallel ist zum Tangentialraum
$[\![f_{|t_1}, \ldots, f_{|t_k}]\!]$ von f im gemeinsamen Punkt $T(v) = \tilde{f}(v)$, $v \in V$.

Folgerung: Definitionsgemäß (vgl. ($\mathfrak{S}''$) und (RgT)) ist $\operatorname{Rang}((T_{|v_1}, \ldots, T_{|v_h})) = h$ und $\operatorname{Rang}((f_{|t_1}, \ldots, f_{|t_k})) = k$, daher besagt die Parallelität der beiden Tangentialräume: Je nachdem $k \leqq h$ bzw. $h \leqq k$ ist, sind die $f_{|t_\kappa}$ darstellbar als Linearkombinationen der $T_{|v_i}$ bzw. umgekehrt. Dies bedeutet, daß

$$\operatorname{Rang}((f_{|t_1}, \ldots, f_{|t_k};\ T_{|v_1}, \ldots, T_{|v_h})) = \max\{h, k\}$$

und, wenn man die Gleichungen $(T_{|v})$ benutzt, daß für die Matrix

$$M := ((f_{|t_1}, \ldots, f_{|t_k}, \varphi_1, \ldots, \varphi_h))$$

$$(E_0) \qquad \operatorname{Rang} M = \max\{h, k\} =: m.$$

Nach Vor. ist aber $\operatorname{Rang} M \geqq m$. Daher ist (E_0) gleichbedeutend mit dem Verschwinden aller $(m+1)$-reihigen Unterdeterminanten von M (dazu genügt es, daß alle $(m+1)$-reihigen Unterdeterminanten verschwinden, die eine nicht verschwindende, feste m-reihige Unterdeterminante enthalten); man beachte, daß $k < n$ und $h < n$, also $m < n$ vorausgesetzt ist. Somit ist (E_0) gleichbedeutend mit der Lösbarkeit eines Systems (E_1) von (Differential-)Gleichungen

$$(E_1) \qquad d_1(\tilde{t}, \tilde{u}, \tilde{u}_{|v}) = 0, \ldots, d_s(\tilde{t}, \tilde{u}, \tilde{u}_{|v}) = 0$$

in den „unbekannten" Funktionen $\tilde{t}$, $\tilde{u}$ von v. Jede Lösung $(\tilde{t}(v), \tilde{u}(v))$ von (E_1) liefert eine Einhüllende, wenn die Rangbedingungen $(\mathfrak{S}'')$, (RgT) erfüllt sind.
Zusammenfassung der Folgerung ergibt den

Satz: *Unter den in den Definitionen gemachten Voraussetzungen existiert zu der gegebenen Schar $\mathfrak{S} := ((t, u) \longmapsto f(t, u))$ eine h-dimensionale Einhüllende von $\mathfrak{S}$ genau dann, wenn (E_1) Lösungen $(\tilde{t}(v), \tilde{u}(v))$, $v \in V$, besitzt. Und zwar wird für solche $(\tilde{t}, \tilde{u})$ durch $f(\tilde{t}(v), \tilde{u}(v))$ eine Darstellung der Einhüllenden geliefert.*

Zusatz: Eine wesentliche Vereinfachung ergibt sich, wenn von $\tilde{u}$ sogar Bijektivität gefordert wird. Da nämlich, vom geometrischen Standpunkt aus, es auf bijektive Transformationen von v nicht ankommt, kann bei bijektivem $\tilde{u}$ o. B. d. A. $\tilde{u} = j =$ Identität angenommen werden und dann $V = P$, also $h = p$, sodaß $M = ((f_{|t_1}, \ldots, f_{|t_k}, f_{|u_1}, \ldots, f_{|u_p}))$ wird und (E_1) sich auf ein System von „gewöhnlichen" Gleichungen (d. h. nicht Differentialgleichungen) für die Abbildung $t := (u \longmapsto t(u))$ reduziert. Die Transversale erhält man jetzt, indem man auf der zum Scharparameter u gehörigen Fläche $F(u)$ der Schar den Punkt mit dem Wert $t(u)$ des Flächenparameters t wählt. Wir sprechen im Fall $\tilde{u} = j$, mit dem wir es im Folgenden meist zu tun haben, von **Transversalen** und **Einhüllenden im engeren Sinne** (i. e. S.).

Anmerkung: Im Falle 1-parametriger Scharen, also bei $p = 1$, $u = (u_1)$, ist $\varphi_i = f_{|u_1}(\tilde{t}, \tilde{u}_1)\tilde{u}_{1|v_i}$. Wenn dann $\tilde{u}_{1|v_i} \neq 0$, geht (E_0) über in $\operatorname{Rang}((f_{|t_1}, \ldots, f_{|t_k}, f_{|u_1})) = m$, sodaß (E_1) wieder gewöhnliche Gleichungen für $\tilde{t}$ liefert.

3.14.2 *Spezialfälle.*
Die Tragweite der in 3.14.1.1 angegebenen Definition der Einhüllenden sei an folgenden 6 Fällen im $\mathbb{R}^3$, also $n = 3$, erläutert (sowie an weiteren Beispielen in 3.14.3)

Fall	I	II	IIa	III	IV	IVa
k	1	2	2	2	1	1
p	2	1	1	2	1	1
h	2	1	2	2	1	2

Auf die zugehörigen Existenzfragen einzugehen, wird meist dem Leser überlassen.

I. Fall: *2-parametrige Schar von (1-dimensionalen) Kurven mit 2-dimensionaler Einhüllenden im* $\mathbb{R}^3$.
Hier ist $u=(u_1,u_2)\in P\subset\mathbb{R}^2$; $t\in K\subset\mathbb{R}^1$; $h=2$ sowie $\text{Rang}((f_{|u_1}, f_{|u_2}))=2$; $\text{Rang}((f_{|t}))=1$; $f(t,u)\in\mathbb{R}^3$. – Die Einhüllende (i.e.S.) wird bestimmt durch $((u_1,u_2)\longmapsto t=\tilde{t}(u_1,u_2))$. Es ist $\tilde{f}_{|u_i}=f_{|u_i}+f_{|t}\tilde{t}_{|u_i}$, $i=1,2$. Daher liefert hier (E_1): $\det((f_{|t}, f_{|u_1}, f_{|u_2}))=0$ eine (einzige) Gleichung für $t:=\tilde{t}=\tilde{t}(u_1,u_2)$. Jede für alle $(u_1,u_2)\in P$ existierende Lösung von (E_1) liefert eine 2-dimensionale Einhüllende.

Einfachstes Beispiel: Sind x, y, z rechtwinklige, kartesische Koordinaten im R^3, so sind die Ebenen $z=\pm 1$ Einhüllende der Schar aller Kreise vom Radius 1, deren Zentren in der Ebene $z=0$ liegen und deren Ebenen parallel sind zur (x,z)-Ebene (Analytische Durchführung sei dem Leser empfohlen, ebenso wie bei den Beispielen in den Fällen II usw.).

II. Fall: *1-parametrige Schar 2-dimensionaler Flächen im* $\mathbb{R}^3$ *mit 1-dimensionaler Einhüllender.*
Hier werden die Einhüllenden geliefert durch die Lösungen der (einzigen) Gleichung in (E_1), nämlich $\det((f_{|t_1}, f_{|t_2}, f_{|u}))=0$ für die (unbekannten) zwei Funktionen $t_1=\tilde{t}_1(u)$ und $t_2=\tilde{t}_2(u)$. Es gibt also i.a. unendlich viele Lösungen.

1. Beispiel: Jede Mantellinie (Gerade) eines geraden Kreiszylinders vom Radius 1 ist Einhüllende der 1-parametrigen Schar der dem Zylinder einbeschriebenen 2-dimensionalen Sphären vom Radius 1.

2. Beispiel: Zu den 1-dimensionalen Einhüllenden der 1-parametrigen Schar der 2-dimensionalen Schmiegsphären einer Raumkurve gehört die Raumkurve selbst. (Man erhält Zentra und Radien dieser Sphären analog wie für die Schmiegkreise ebener Kurven in I., 9.7.6.

IIa. Fall: *1-parametrige Schar von 2-dimensionalen Flächen mit 2-dimensionaler Einhüllender im* $\mathbb{R}^3$.
Hier hat man $t:=(v\longmapsto t)$ mit $t=(t_1,t_2)$ und $v=(v_1,v_2)$. Ist diese Abbildung bijektiv, so kann v als Funktion von t angenommen werden.

Wieder ist (E_1): $\det((f_{|t_1}, f_{|t_2}, f_{|u})) = 0$ und es kann $u := (t \longmapsto u(t))$ als durch (E_1) bestimmt angenommen werden.

Beispiel: Die Oberfläche des geraden Kreiszylinders vom Radius 1 ist Einhüllende der dem Zylinder einbeschriebenen 2-dimensionalen Sphären vom Radius 1.

Bemerkung: Die Fälle (I) und (IIa) sind bei gleichem $h = 2$ nur durch Vertauschung von p und k unterschieden ($p + k = 3$); es ist $f = (f_1, f_2, f_3)$ Funktion von 3 Variablen $(t_1, t_2, u) =: (s_1, s_2, s_3)$ mit (E_1): $\det(f_{|s_1}, f_{|s_2}, f_{|s_3}) = 0$. Man erhält also je nach Deutung der s_1, s_2, s_3 als Schar- bzw. Flächenparameter je 3 Möglichkeiten betr. 1-parametrige Scharen 2-dimensionaler Flächen oder betr. 2-parametrige Scharen von Kurven mit der gleichen 2-dimensionalen Einhüllenden. – Entsprechende Bemerkungen gelten in anderen Fällen.

III. Fall: *2-parametrige Schar von 2-dimensionalen Flächen mit 2-dimensionaler Einhüllender im* $\mathbb{R}^3$.
Hier liefert (E_1) die zwei Gleichungen $\det((f_{|t_1}, f_{|t_2}, f_{|u_1})) = 0$ und $\det((f_{|t_1}, f_{|t_2}, f_{|u_2})) = 0$ in den beiden Unbekannten $t_1 = \tilde{t}_1(u_1, u_2)$ und $t_2 = \tilde{t}_2(u_1, u_2)$. Im allgemeinen ist also die Existenz (mindestens) einer 2-dimensionalen Einhüllenden zu erwarten.

Beispiel: Eine Fläche ist Einhüllende der 2-parametrigen Schar der (2-dimensionalen) Tangentialebenen der Fläche.

IV. Fall. *1-parametrige Schar von (1-dimensionalen) Kurven mit einer (1-dimensionalen) Kurve als Einhüllender im* $\mathbb{R}^3$.
Hier ist $f = (f_1, f_2, f_3) := ((t, u) \longmapsto f(t, u))$. Da $h = 1$ sein soll, haben wir $u = v \in P \subset \mathbb{R}^1$ neben $t \in K \subset \mathbb{R}^1$, sodaß (E_0): Rang $((f_{i|t}, f_{i|u})) = 1$. Es müssen also die beiden Vektoren $f_{|t}$ und $f_{|u}$ parallel sein, d.h. (E_1): $f_{|t} \times f_{|u} = \vec{0}$. Wir haben also im wesentlichen ein System von 2 Gleichungen für die beiden Unbekannten $t_1(u)$, $t_2(u)$. Für die Existenz einer Einhüllenden ist also die von Lösungen von (E_1) für alle u erforderlich.

Beispiel: Die Schar der Schmiegkreise einer Kurve im $\mathbb{R}^3$ besitzt diese Kurve als Einhüllende (vgl. Fall II, Beispiel 2.).

IVa. Fall: *1-parametrige Schar von Kurven mit 2-dimensionaler Einhüllender im* $\mathbb{R}^3$.
Deutet man hier t und u als Flächenparameter für die Einhüllende, so wird diese geliefert durch $((t, u) \longmapsto f(t, u))$.

1. Beispiel: Die Zylinderfläche $\{(x, y, z) : x \in [0; 1] \wedge y = \cos\varphi \wedge z = \sin\varphi \wedge \varphi \in [0; 2\pi]\}$ ist Einhüllende der Kreisschar $\{(x, y, z); x = u_1 =: y = \cos t_1 =: z = \sin t_1 =: t_1 \in [0; 2\pi]\}$, $u_1 \in [0; 1]$.

2. Beispiel: Einhüllende einer 1-parametrigen Geradenschar. Es sei $x := a + bt$ mit

$a := a(u)$ und $b := b(u)$ eine Parameterdarstellung der Geradenschar mit t bzw. u als Kurven- bzw. Scharparameter. Setzt man $a' := a_{|u}$ und $b' := b_{|u}$, so erhält man als Bedingung für die Existenz einer (1-parametrigen) Einhüllenden die Gleichung (E_1): $b \times (a' + b't) = \bar{0}$. Dies, skalar mit a' multipliziert, ergibt: (1) $a'(b \times b') = \det(a', b, b') = 0$. Zusammen mit $b \times b' \neq \bar{0}$ ist (1) notwendig für die Auflösbarkeit von (E_1) nach $t(u) =: \tilde{t}$. Dann ist $\tilde{x} = x(u) = \tilde{a} + \tilde{b}\tilde{t}$ eine Darstellung der Einhüllenden mit u als Parameter. Daher liefert $\tilde{x}' = (\tilde{a}' + \tilde{b}'\tilde{t}) + \tilde{b}\tilde{t}'$ die Tangentenrichtung für die Einhüllende. Andererseits besagt (E_1), daß $\tilde{a}' + \tilde{b}'\tilde{t} = \alpha b$, sodaß $\tilde{x}' = \beta\tilde{b}$. Da $\tilde{b}$ die Tangentenrichtung der Schargeraden gibt, erweist sich die (1-parametrige) Einhüllende als Kurve, deren Tangenten die Schargeraden sind.

Bemerkung: Die Geraden der Schar überdecken eine Fläche, sogen. Torse. Diese kann als 2-parametrige Einhüllende der Geradenschar gedeutet werden. Jede Torse ist in die Ebene „abwickelbar", d.h. topologisch und längentreu in die Ebene abbildbar; hinsichtlich der dabei zu machenden Differenzierbarkeitsannahmen vgl. Lit. 3.8.4, Strubecker I., S. 208.

3.14.3 *Implizit gegebene Kurven- und Flächenscharen.*

A. Bisher hatten wir nur Scharen $\mathfrak{S}$ in Parameterdarstellung betrachtet. Nunmehr sei $\mathfrak{S}$ implizit gegeben, d.h. durch ein System von $r := n - k$ Gleichungen; $k < n$; $n \geqq 2$,

$$(\underline{S}) \qquad g_\varrho(x, u) = 0 \quad \text{mit} \quad x = (x_1, \ldots, x_n) \in \underline{X} \subset \mathbb{R}^n; \qquad u = (u_1, \ldots, u_p) \in \underline{P} \subset \mathbb{R}^p,$$

wobei $g_\varrho(x, u) \in \mathbb{R}$ und $\varrho = 1, \ldots, r$, und die Funktionalmatrix $((g_{\varrho|x_1}, \ldots, g_{\varrho|x_n}))$ den Rang r besitzen soll; durch letztere Forderung ist die k-Dimensionalität der einzelnen Scharfläche $F(u)$ (also bei festem u) gesichert. (Denn der Tangentialraum von $F(u)$ wird aufgespannt durch die zu den l.u. $\operatorname{grad} g_\varrho$ orthogonalen Vektoren).

B. Wir begnügen uns hier mit der Durchführung des weiteren Vorgehens für den Fall, daß $p = 1$, $r = 1 (= n - k)$, $h = n - 1 (= k)$. Insbesondere wird also hier $\mathfrak{S}$ gegeben durch eine (einzige) Gleichung

$$(0) \qquad g(x, u) = g(x_1, \ldots, x_n, u) = 0 \quad \text{mit} \quad \operatorname{grad}_x g \neq \bar{0}.$$

Die $(n-1)$-dimensionale Einhüllende denken wir uns gegeben in einer Parameterdarstellung $x = h(v)$, wobei $x_\nu := h_\nu(v)$, $\nu = 1, \ldots, n$, mit $v = (v_1, \ldots, v_{n-1})$ und Rang $(h_{\nu|v_i}) = n - 1$, $i = 1, \ldots, n-1$. Zu h existiert dann ein $\tilde{u}(v_1, \ldots, v_{n-1}) =: \tilde{u}$, sodaß

$$(1) \qquad g(h, \tilde{u}) = 0 \qquad \text{für alle } v \in V.$$

Die Forderung (E_0) der Parallelität der Tangentialräume von Fläche und Einhüllender (im gemeinsamen Punkt) besagt hier, daß $\operatorname{grad}_x g$ und die $h_{|v_i}$ orthogonal sind, d.h. daß

$$(2) \qquad (\operatorname{grad}_x g)\, h_{|v_i} = \textstyle\sum_{\nu=1}^{n} g_{|x_\nu} h_{\nu|v_i} = 0, \qquad i = 1, \ldots, n-1.$$

Daneben liefert Differentiation von (1) nach v_i:

(3) $$\sum_{\nu=1}^{n} g_{|x_\nu} h_{\nu|v_i} + g_{|u} \tilde{u}_{|v_i} = 0, \qquad i = 1, \ldots, n-1.$$

Setzt man noch (was der lokalen Surjektivität von $(v \mapsto \tilde{u}(v))$ entspricht) voraus, daß

(1′) $$\operatorname{grad}_v \tilde{u} = (\tilde{u}_{|v_1}, \ldots, \tilde{u}_{|v_{n-1}}) \neq \vec{0},$$

so ergeben (2) und (3), daß

(4) $$g_{|u}(h, \tilde{u}) = 0.$$

Für die Existenz einer Einhüllenden E mit der Darstellung $x = h(v)$ ist also notwendig, daß (1) und (4) gleichzeitig erfüllbar sind. Eine implizite Darstellung $H(x) = 0$ von E erhält man durch Elimination von $\tilde{u}$ aus (1) und (4), wozu etwa $g_{|uu} \neq 0$ hinreicht.

C. Umgekehrt. Existieren $\tilde{x} = \tilde{x}(v)$ und $\tilde{u} = \tilde{u}(v)$ mit $\operatorname{grad}_{v_i} \tilde{u} \neq \vec{0}$, welche den Bedingungen (0), (2) und (4) genügen, so gilt auch (3). In Rücksicht auf $x = h(v)$ ersetzen wir h durch $\tilde{x}$. Setzen wir $\tilde{u} = $ konst., so folgt aus (3) und (4), daß

(2′) $$(\operatorname{grad}_x g)\, \tilde{x}_{|v_i} = 0.$$

Gemäß (2) und (2′) spannen die $h_{|v_i}$ und die $\tilde{x}_{|v_i}$ parallele Hyperebenen auf. Wir haben damit den

Satz: *Die durch* $g(x, u) = 0$, *mit* $\operatorname{grad}_x g \neq 0$ *und mit* $g_{|uu} \neq 0$, *dargestellte* 1*-parametrige Schar* $\mathfrak{S}$ *von* $(n-1)$*-dimensionalen Flächen im* $\mathbb{R}^n$ *besitzt Einhüllende genau dann, wenn die Gleichungen* $g(\tilde{x}, \tilde{u}) = 0$ *und* $g_{|u}(\tilde{x}, \tilde{u}) = 0$ *Lösungen* $(\tilde{x}, \tilde{u})$ *besitzen mit* $\operatorname{Rang}((\tilde{x}_{|v_1}, \ldots, \tilde{x}_{|v_{n-1}})) = n-1$.

1. Beispiel: *Spezielle Fläche zweiten Grades im* $\mathbb{R}^n$ *als Einhüllende.* Es sei $x := (x_1, \ldots, x_n)^T \in \mathbb{R}^n$ und $u := (u_1, \ldots, u_n)^T \in \mathbb{R}^n$, ferner $A := ((a_{ij}))$ eine symmetrische n,n-Matrix mit $a_{ij} \in \mathbb{R}$. Die Schar $\mathfrak{S}$ der Hyperebenen sei gegeben durch $g(x, u) := u^T x = 0$ mit der Nebenbedingung $u^T A u = 0$ für u. Behauptet wird:

Durch $\det \begin{pmatrix} A & x \\ x^T & 0 \end{pmatrix} = 0$ wird eine (implizite) Darstellung einer Einhüllenden von $\mathfrak{S}$ geliefert. (Um welche Fläche handelt es sich bei der Einhüllenden? Wieviel echt parametrig ist $\mathfrak{S}$?).

Skizze des Beweises. Es sei $x = f(t, u)$ eine Parameterdarstellung von $\mathfrak{S}$, wobei $t := (t_1, \ldots, t_{n-1}) \in \mathbb{R}^{n-1}$ und $f(t, u) := b_1 t_1 + \ldots + b_{n-1} t_{n-1}$ mit von u allein abhängigen $b_i = b_i(u)$, $i \in I := \{1, \ldots, n-1\}$. Wegen der Unabhängigkeit der t_i voneinander folgt aus $g(x, u) = 0$, daß

(1′) $$u^T x = u^T b_i = 0, \qquad i \in I.$$

Weiter sei $\bar{t} := t(v)$ und (weil die $u_1, \ldots, u_n$ wegen der Nebenbedingung nicht unabhängig)

auch $\tilde{u} := u(v)$ mit $v := (v_1, \ldots, v_{n-1}) \in \mathbb{R}^{n-1}$ eine gemeinsame Parameterdarstellung von t und u. Mit den Bezeichnungen: $\tilde{x} := x(\tilde{t}) := \tilde{x}(v)$ und $\tilde{b}_i := b_i(\tilde{u}) := \tilde{b}_i(v)$ sowie $\tilde{x}_{|i} := \tilde{x}_{|v_i}$, ferner $\tilde{b}_{j|i} := \tilde{b}_{j|v_i}$ usw., $j, i \in I$, ergibt sich aus (E_0), daß die

$$(2') \qquad \tilde{x}_{|i} = (\tilde{b}_{1|i}\tilde{t}_1 + \ldots + \tilde{b}_{n-1|i}\tilde{t}_{n-1}) + (\tilde{b}_1\tilde{t}_{1|i} + \ldots + \tilde{b}_{n-1}\tilde{t}_{n-1|i})$$

Linearkombinationen der $\tilde{b}_1, \ldots, \tilde{b}_{n-1}$ sein müssen. Gemäß (1′) gilt also

$$(3') \qquad \tilde{u}^T \tilde{x}_{|i} = 0, \qquad i \in I.$$

Andererseits ergibt Differentiation von (1′), daß

$$(4') \qquad \tilde{u}_{|i}^T \tilde{b}_j + \tilde{u}^T \tilde{b}_{j|i} = 0, \qquad j, i \in I.$$

Aus (3′) folgt in Rücksicht auf (1′), (2′) und (4′), daß

$$(5') \qquad \tilde{u}_{|i}^T \tilde{x} = 0.$$

Differenziert man die Nebenbedingung $\tilde{u}^T A \tilde{u} = 0$, so ergibt sich wegen der Symmetrie von A, daß

$$(6') \qquad \tilde{u}_{|i}^T A \tilde{u} = 0 \, (= \tilde{u}^T A \tilde{u}_{|i}).$$

Wegen Rang $((\tilde{u}_{|1}, \ldots, \tilde{u}_{|n-1})) = n-1$ besagt (5′) zusammen mit (6′), daß $\tilde{x}$ und $A\tilde{u}$ proportional sind, also $A\tilde{u} + \alpha\tilde{x} = 0$ $(= \tilde{u}^T A + \alpha \tilde{x}^T)$. Wegen $\tilde{u}^T A \tilde{u} = 0$ ist daher auch $\tilde{x}^T \tilde{u} + \alpha 0 = 0$, woraus die Beh. folgt.

2. Beispiel: Die *Evolute E* eines ebenen Bogens B ist Einhüllende der Schar der *Normalen von B*, d.h. der Geraden, die im Berührungspunkt der Tangente orthogonal zur Tangente sind (vgl. I., 9.7.6).

3. Beispiel: Ein ebener Bogen ist Einhüllende der *Schar seiner Schmiegkreise* (vgl. I., 9.7.6).

4. Beispiel: Die Einhüllende der *Schar, der Wurfparabeln* im $\mathbb{R}^2$ ist wieder eine Parabel. – Genauer: Es seien (x, y) kartesische orthogonale Koordinaten (in der Ebene); die Richtung der positiven y-Achse sei die der (nach dem Zenit zielenden) Vertikale. Wird ein Massenpunkt von $(x = 0, y = 0)$ aus unter dem Winkel u (gegen die Horizontale) mit der (konstanten) Geschwindigkeit $a > 0$ nach oben geworfen, so ist die Wurfbahn eine Parabel. Man bestimme die Einhüllende der, den verschiedenen Winkeln u entsprechenden Wurfparabeln.

5. Beispiel: In der Ebene werde an einem spiegelnden Kreisbogen ein Büschel paralleler Lichtstrahlen reflektiert. Man bestimme die Einhüllende der Schar der reflektierten Strahlen (Brennlinie oder Katakaustik). Die Einhüllende ist ein Epizykloidenbogen (vgl. I., 9.7.6).

6. Beispiel: In der Ebene werden die von einer punktförmigen Lichtquelle q ausgesandten Strahlen beim Übergang in ein anderes Medium längs einer (zu q fremden) Geraden G gebrochen. Man bestimme die Brennlinie (Diakaustik), d.h. die Einhüllende H der Schar der an G gebrochenen Strahlen. (Es ist H, falls der Brechungskoeffizient $n<1$ ist, ein Bogen der Evolute einer Ellipse, deren einer Brennpunkt q ist).

7. Beispiel: Als „Kanalfläche" bezeichnet man eine Einhüllende einer einparametrigen Kugelschar. Man bestimme die Kanalfläche. Man bestimme diese Fläche insbesondere in dem Fall, daß die Kugeln der Schar kongruent sind und daß ihre Zentra auf einem Kreis liegen. (Bew. von Beisp. 2.–7. als Aufg.).

Aufgabe: Zu den Lösungen der Differentialgleichung $z = xz_{|x} + 2^{-1}yz_{|y}$ gehören (Beweis!) $z = \alpha x + \beta y^2$ mit konstanten $\alpha, \beta \in \mathbb{R}$ und $y > 0$. Man zeige: Ist β eine 2-mal differenzierbare Funktion von α mit $\beta'' \neq 0$, so liefert die Einhüllende der durch $z = \alpha x + \beta(\alpha)y^2$, $y > 0$, dargestellten, 1-parametrigen Flächenschar (im Raum der (x, y, z)) ebenfalls eine Lösung der Differentialgleichung.

3.15. Scharen äquidistanter Flächen

Vorbemerkung: Es wird dem Leser überlassen, bei den nachstehenden Definitionen und Sätzen die jeweils erforderlichen Voraussetzungen betr. Differenzierbarkeit usw. anzugeben.

3.15.1 *Definitionen.*

(a) Es sei G ein **Gebiet** (d.h. offen und zusammenhängend) im $\mathbb{R}^n$ der $x := (\chi_1, \ldots, \chi_n)$, $n \geqq 2$. Ferner sei $f: G \longrightarrow \mathbb{R}$ und $\operatorname{grad} f \neq \mathfrak{0}$ in G. Durch $f(x) = \text{konst.} = t$ wird, wie man sagt, eine **Schar** $\mathfrak{F}$ von $(n-1)$-dimensionalen **Niveauflächen** $F(t) := \{x : x \in G \wedge f(x) = t\}$ in G mit dem (Schar-)Parameter t bestimmt. O.B.d.A. kann dabei $t \in [0; 1] = J \supset f(G)$ angenommen werden (weil dies anderenfalls für $h \circ f$ (statt für f) bei passendem topologischem $h: \mathbb{R} \longrightarrow \mathbb{R}$ gilt).

(b) Gemäß 3.1.4, II., ist der Vektor $\operatorname{grad} f = (f_{|1}(x), \ldots, f_{|n}(x))$, wobei $f_{|\nu} := f_{|\chi_\nu}$ orthogonal zu $F(t)$ in x. Jede Lösung der Differentialgleichung

$$(D) \qquad dx/ds = g(x) \quad \text{mit} \quad g(x) := |\operatorname{grad} f|^{-1} \operatorname{grad} f, \qquad x \in G,$$

liefert daher eine Kurve, welche orthogonal ist zu jeder Scharfläche, d.h. der Tangentenvektor der Kurve im Schnittpunkt von Kurve und Fläche ist orthogonal zur Tangentialhyperebene der (Schar-)Fläche. Man kann sich auf diejenigen Lösungen $\tilde{x} := ((s, x) \longmapsto \tilde{x}(s, x))$, $x \in G$, von (D) beschränken, für welche $\tilde{x}(0, x) = x$ für alle $x \in G$. Es existiert $\tilde{x}$ und ist eindeutig bestimmt (vgl. 3.7.2). Die durch $\tilde{x}(.,x)$ bei je festem x dargestellten Kurven seien als die **Orthogonaltrajektorien** $T(x)$ **von** $\mathfrak{F}$ bezeichnet. Wegen $|g(x)|=1$ ist s die von x aus gemessene orientierte Bogenlänge auf $T(x)$, (I., 9.7.6).

(c) Die Flächenschar $\mathfrak{F}$ heißt **äquidistant**, wenn je zwei Flächen $F_1 := F(t_1)$ und $F_2 := F(t_2)$ aus allen Orthogonaltrajektorien Bogen gleicher Länge ausschneiden, d.h. also: Setzt man $x \in F(t) :\leftrightarrow x \in G \wedge f(x) = t$, so soll gelten:

$$(c') \qquad \bigwedge\nolimits_{F_1,F_2} \bigvee\nolimits_{\sigma} \bigwedge\nolimits_{x \in F_1} \tilde{x}(\sigma, x) \in F_2.$$

Es genügt, (c') nur für $F_1 = F(0)$ zu fordern. An Stelle von (c') tritt dann das mit (c') gleichwertige

$$(c'') \qquad \bigwedge\nolimits_t \bigvee\nolimits_s \bigwedge\nolimits_{x \in G} f(x) = 0 \rightarrow f \circ \tilde{x}(s,x) = t,$$

wodurch eine bijektive Beziehung zwischen t und s hergestellt ist.

Folgerung: Aus (c'') ergibt sich $dt/ds = (\operatorname{grad} f)(d\tilde{x}/ds) = |\operatorname{grad} f| (= |\operatorname{grad} f|^{-1} (\operatorname{grad} f)^2) > 0$. Für $f^+ := s \circ f$ gilt daher $f^+ \circ \tilde{x}(s,x) = s$, sodaß bei Darstellung der Schar $\mathfrak{F}$ durch $f^+ = t^+$ der Scharparameter t^+ gleich der Bogenlänge der Orthogonaltrajektorien wird (denn $|\operatorname{grad} f^+| = |ds/dt \cdot (\operatorname{grad} f)| = 1$). Man bezeichnet die Darstellung $f^+ = t^+$ als Normaldarstellung der Äquidistanten-Schar $\mathfrak{F}$.
Soweit nicht anderes bemerkt wird, bedienen wir uns im Folgenden bei den Beweisen der bequemen Normaldarstellung.

3.15.2 *Kennzeichnung äquidistanter Flächenscharen.*

(A) Vorbemerkungen: – (I) Vereinbarungen.
(I 1) Tritt in einer Formel ein Index ν oder (und) ϱ usw. zweimal auf, so ist über ν bzw. ϱ usw. von 1 bis n zu summieren, wobei das Summenzeichen $\sum_\nu$ usw. fortgelassen wird.
(I 2) Neben $x := (\chi_1, \ldots, \chi_n) \in \mathbb{R}^n$ benutzen wir $g := (g_1, \ldots, g_n) \in \mathbb{R}^n$ als Skalarrepräsentanten von g (also mit $g_\nu : G \rightarrow\!\!\!- \mathbb{R}$). Entsprechend sei $\tilde{x} := (\tilde{\chi}_1, \ldots, \tilde{\chi}_n)$, wobei $\tilde{\chi}_\nu := ((s,x) \mapsto\!\!\!- \tilde{\chi}_\nu(s,x))$ mit $\tilde{\chi}_\nu : G \rightarrow\!\!\!- \mathbb{R}$, die in 3.15.1, (*b*), eingeführte Lösung von (*D*), also mit $\tilde{x}(0,x) = x$, ist.
(I 3) Abkürzungen. $\tilde{f} := f \circ \tilde{x}$ und $\tilde{g} := g \circ \tilde{x}$, also z.B. $\tilde{f} := (\tilde{f}_1, \ldots, \tilde{f}_n)$ mit $\tilde{f}_\nu := ((s,x) \mapsto\!\!\!- f_\nu (\tilde{x}(s,x)))$. – Weiter $f_{|\nu} := f_{|\chi_\nu}$, $g_{\varrho|\nu} := g_{\varrho|\chi_\nu}$, $\tilde{f}_{t|\nu} := \tilde{f}_{t|\chi_\nu}$ usw.
(II) Für $|g| = 1$ gilt $g_\nu g_{\nu|\varrho} = 0$ für alle $\varrho = 1, \ldots, n$, in G.
(III) Für $\tilde{g}$ und $\tilde{x}$ im Sinne von 3.15.1, (b), gilt $(\tilde{g}_\nu \tilde{x}_{\nu|\mu})_{|s} = \tilde{g}_{\nu|\varrho} \tilde{g}_\varrho \tilde{x}_{\nu|\mu}$. – Denn $(\tilde{g}_\nu \tilde{x}_{\nu|\mu})_{|s} = \tilde{g}_{\nu|\varrho} \tilde{\chi}_{\varrho|s} \tilde{\chi}_{\nu|\mu} + \tilde{g}_\nu (\tilde{\chi}_{\nu|s})_{|\mu}$. Gemäß 3.15.1, (*D*), ist aber $\tilde{\chi}_{\varrho|s} = \tilde{g}_\varrho$ und (gemäß (II)) $\tilde{g}_\nu \tilde{g}_{\nu|\mu} = 0$.
(IV) Definitionsgemäß (vgl. 3.15.1, (c)), ist $\tilde{x}$ eindeutig bestimmt durch x. Für $\varphi(s,x) := \det(\tilde{x}_{|1}, \ldots, \tilde{x}_{|n})$ gilt (Bew. als Aufgabe)

$$(\det) \qquad \varphi_{|s} = ((\operatorname{div} g) \circ \tilde{x}) \cdot \varphi \quad \text{für} \quad s \in f(G) \quad \text{und} \quad f(x) = s.$$

Wegen $\varphi(0,x)=1$ und (det) gilt daher $\varphi(s,x)\neq 0$ für alle (s,x). (Denn (det) ist eine homogene lineare Diff.-Gl. 1. Ordn.).

(B) Unter Benutzung von (A) läßt sich jetzt zeigen:

Kennzeichnungssatz: *Unter der Vor., daß* grad $f \neq \bar{0}$, *sind gleichwertig:* (1) *Die Flächenschar* $\mathfrak{F}$ *mit* $f=$ konst. *ist äquidistant.* – (2) *Es existiert ein reelles* $\sigma := ((s,x) \mapsto \sigma(s,x))$ *derart, daß* $\sum_\nu \tilde{g}_\nu \tilde{\chi}_{\nu|\mu} = \sigma g_\mu$, $\mu = 1, \ldots, n$, *für alle* (s,x) (vgl. (*A*), (IV)). – (3) *Es existiert ein* $\alpha: G \to \mathbb{R}$ *derart, daß* $\sum_\nu g_\nu g_{\mu|\nu} = \alpha g_\mu$ für $\mu = 1, \ldots, n$, *und alle* (s,x) (vgl. Beh. (2)).

Zusatz: Ein Zusammenhang zwischen σ und α wird geliefert durch die Differentialgleichung $\sigma_{|s} = \tilde{\alpha}\sigma$.

Beweis: *Betr.* (1) $\leftrightarrow$ (2). Gemäß 3.15.1, (*c*), besagt Beh. (1), d. h. die Äquidistanz, daß aus $f(x)=0$ folgt $f(\tilde{x}(s,x)) = s$ für alle (s,x). Mithin ergibt sich aus $0 = f_{|\varrho} d\chi_\varrho$, daß $0 = \tilde{f}_{|\nu} \tilde{x}_{\nu|\varrho} d\chi_\varrho$ für alle $d\chi_\varrho$. Weil aber (wegen grad $f \neq \bar{0}$) der Rang der 2,n-Matrix aus den $f_{|\varrho}$ und $\tilde{f}_{|\nu} \tilde{x}_{\nu|\varrho}$ gleich 1 ist, folgt die Existenz eines $\tilde{\sigma}$ mit $\tilde{f}_{|\nu} \tilde{\chi}_{\nu|\varrho} = \tilde{\sigma} f_{|\varrho}$. Setzt man $\sigma := \tilde{\sigma}\,|\text{grad} f|:|\text{grad} \tilde{f}|$, so erhält man Beh. (2). – Und da sich die Schlüsse umkehren lassen, gilt auch: (2) $\to$ (1).

Betr. (2) $\to$ (3). (Partielle) Differentiation nach s liefert aus (2) gemäß (A), (III), die Gleichung $\sigma \tilde{g}_{\nu|\varrho} \tilde{g}_\varrho \tilde{x}_{\nu|\mu} = \sigma g_\mu \sigma_{|s} = \tilde{g}_\nu \tilde{x}_{\nu|\mu} \sigma_{|s}$ (es hängt g_u nicht von s ab); daher $h_\nu \tilde{x}_{\nu|\mu} = 0$ mit $h_\nu := \sigma \tilde{g}_{\nu|\varrho} \tilde{g}_\varrho - \sigma_{|s} \tilde{g}_\nu$ für alle $\mu = 1, \ldots, n$. Wegen (A) (IV), d. h. $\varphi \neq 0$, folgt $h_\nu = 0$ für alle $\nu = 1, \ldots, n$. Wegen grad $f \neq \bar{0}$ ist für jedes $\tilde{x}$ je mindestens ein $\tilde{g}_\nu \neq 0$ in der Umgebung von $\tilde{x}$. Somit wird durch $h_\nu = 0$ eine lineare homogene Differentialgleichung 1. Ordn. für σ bezüglich s, nämlich $\sigma_{|s} = \tilde{\alpha}\sigma$, wobei $\tilde{\alpha}$ nur von $\tilde{x}$ abhängt. Da definitionsgemäß G der Wertbereich der $\tilde{x}$ ist, folgt $g_{\nu|\varrho} g_\varrho = \alpha g_\nu$, d. h. Beh. (3). Zugleich ist der Zusatz bewiesen.

Betr. (3) $\to$ (2). Es gilt (3) insbesondere bei Ersetzung von x durch $\tilde{x}$. Gemäß (A) (III) gilt $(\tilde{g}_\nu \tilde{x}_{\nu|\mu})_{|s} = \tilde{g}_{\nu|\varrho} \tilde{g}_\varrho \tilde{x}_{\nu|\mu}$. Ist weiter σ eine Lösung von (+) $\sigma_{|s} = \tilde{\alpha}\sigma$ (vgl. (2) $\to$ (3)), so ergibt sich (+ +) $\bar{k}_{|s} = \tilde{\alpha}\bar{k}$ mit $\bar{k} := \tilde{g}_\nu \tilde{x}_{\nu|\mu} - \sigma g_\mu$ für jedes $\tilde{x}$. Ist σ diejenige Lösung von (+), für die $\sigma = 1$ bei $s=0$, so folgt $\bar{k} = 0$ für $s=0$ (wegen $\tilde{x}_{\nu|\mu} = \delta_{\nu\mu}$ für $s=0$). Demnach hat man $\bar{k} = 0$ für alle s und somit (2).

Geometrische Deutung der Eigenschaft (3) *im Kennzeichnungssatz.*
(a) Die Relation (3) hat metrisch invarianten Charakter (denn (1) $\to$ (3) und (1) ist metrisch invariant, d. h. invariant bezüglich der klassischen Metrik $|x-x'| = (\sum_\nu (\chi_\nu - \chi'_\nu)^2)^{1/2}$ im $\mathbb{R}^n$). Man beweise diese Invarianz rechnerisch (orthogonale Transformation). – (b) Es besagt (3): Es ist grad f „richtungsstationär" in Richtung grad f, nämlich: Wählt man das Koordinatensystem so, daß im Punkt $x \in F(t)$ gilt $(g_1, \ldots, g_{n-1}, g_n) = (0, \ldots, 0, 1)$, so besagt (3), daß $g_{\mu|n} = \alpha g_\mu$ für $\mu = 1, \ldots, n$.

Bemerkung: Die äquidistanten Flächenscharen liefern ein wichtiges Beispiel zum Cavalierischen Prinzip der Integralrechnung (Fubinischer Satz).

3.16. Derivierte beliebiger reeller Funktionen einer reellen Variablen

Verabredung: Im Folgenden sei $J \subset \mathbb{R}$ ein offenes oder halbabgeschlossenes oder auch abgeschlossenes Intervall und $f: J \to \mathbb{R}$, also f endlich. Stillschweigend wird bei der Bildung des Differenzenquotienten $[x'x''](f)$ vorausgesetzt, daß $x' \neq x''$ mit $x', x'' \in J$.

3.16.1 *Gebundene und freie Differenzierbarkeit.*

Definition: Wir sagen, es existiere der **freie**, **eigentliche** oder **uneigentliche**, Limes C von $[x'x''](f)$ in $c \in J$, in Zeichen $C = \lim_{x', x'' \rightsquigarrow c}[x'x''](f)$, wenn folgendes gilt: Ist C endlich, so existiert zu beliebigem $\varepsilon > 0$ ein $\delta = \delta(\varepsilon) > 0$, sodaß $|C - [x'x''](f)| < \varepsilon$, falls nur $x', x'' \in (c - \delta; c + \delta)$; ist aber z.B. $C = +\infty$, so ist $[x'x''](f) > Q$ für jedes $Q > 0$, falls $x', x'' \in (c - \delta; c + \delta)$, wobei $\delta = \delta(Q) > 0$. Existiert der freie Limes von $[x'x''](f)$ in c, so wird f als in c **frei differenzierbar** bezeichnet. Wird aber neben $x' \neq x''$ noch gefordert, daß $x' \leqq c \leqq x''$ bei $x' \rightsquigarrow c$, $x'' \rightsquigarrow c$, so sprechen wir von der Existenz des **gebundenen Limes** von $[x'x''](f)$ und bezeichnen f als in c **gebunden differenzierbar**.

1. Satz: Voraussetzung: *Es sei $c \in J := (a; b)$.*

Behauptung: *Gleichwertig sind die Aussagen:* (1) *Es ist f in c differenzierbar im üblichen Sinne.* – (2) *Es ist f gebunden differenzierbar in c.*

Beweis: (1)→(2). Für $x' < c < x''$ liegt $[x'x''](f)$ zwischen $[x'c](f)$ und $[x''c](f)$ und für $x' < c = x''$ oder $x' = c < x''$ ist $[x'x''](f) = [x'c](f)$ bzw. $[x'x''](f) = [x''c](f)$. Daher existiert der gebundene Limes C von $[x'x''](f)$ und ist gleich $f'(c)$. – (2)→(1). Da $x' = c$ oder $x'' = c$ zugelassen ist, existiert $f'(c)$ und ist gleich C.

2. Satz: Voraussetzung. *Es sei $f|J$ in $J := [a; b]$ eigentlich differenzierbar. Ferner sei $c \in J$.*

Behauptung: *Folgende beiden Aussagen sind gleichwertig:* (1) *Es ist f' stetig in c.* – (2) *Es ist f in c frei differenzierbar.*

Beweis: Es sei $J(\delta) := (c - \delta; c + \delta)$ mit beliebigem $\delta > 0$ und $J^+(\delta) := J(\delta) \cap J$. Wegen der vorausgesetzten Existenz von f' in J (mit $|f'| < +\infty$) gilt (vgl. I., 8.6.1) $i(\delta) := \inf\{f'(x): x \in J^+(\delta)\} = \inf\{[x'x''](f): x', x'' \in J^+(\delta)\} \leqq \sup\{[x'x''](f): x', x'' \in J^+(\delta)\} = \sup\{f'(x): x \in J^+(\delta)\} =: s(\delta)$. Aber sowohl Beh. (1) als Beh. (2) sind gleichwertig mit $0 \leqq s(\delta) - i(\delta) < \varepsilon$ für passendes $\delta = \delta(\varepsilon) > 0$.

3.16.2 *Extreme Derivierte.*

Die beim Beweis von 3.16.1, Satz 2., benutzte Gleichheit der oberen und der unteren

Grenzen von f' und von $[x'x''](f)$ ist Spezialfall eines für beliebige stetige (endliche) Funktionen geltenden Satzes. Dieser gründet sich auf folgende Verallgemeinerung des Begriffes der einseitigen Ableitung.

Definition: Es sei $c \in J$ *vorderer* (*rechtsseitiger*) bzw. *hinterer* (*linksseitiger*) *Häufungspunkt von J*. Wir setzen $\bar{D}_h(f; c) := \limsup_{x \to c-} [xc](f)$, wobei $x \in (-\infty; c) \cap J$, sowie $\underline{D}_h(f; c) := \liminf_{x \to c-} [xc](f)$ und bezeichnen $\bar{D}_h(f; c)$ bzw. $\underline{D}_h(f; c)$ als den **Wert der hinteren oberen bzw. unteren Derivierten** $\bar{D}_h f$ bzw. $\underline{D}_h f$ von f in c. Entsprechend heißt $\bar{D}_v(f; c) := \limsup_{x \to c+} [xc](f)$ bzw. $\underline{D}_v(f; c) := \liminf_{x \to c+} [xc](f)$ der Wert der **vorderen** oberen bzw. unteren Derivierten $\bar{D}_v f$ bzw. $\underline{D}_v f$ von f in c. Gemeinsame Bezeichnung für $\bar{D}_h f$ und $\underline{D}_h f$ bzw. $\bar{D}_v f$ und $\underline{D}_v f$ ist **extreme hintere** bzw. **extreme vordere Derivierte** (vgl. auch I., 9.7.15.1).

Wegen $[xx'](f+g) = [xx'](f) + [xx'](g)$ und $[xx'](\alpha f) = \alpha [xx'](f)$ gilt (vgl. I., 5.1.4.2) für $i = v$ oder $i = h$:

$$\underline{D}_i(f; c) + \underline{D}_i(g; c) \leqq \underline{D}_i(f+g; c) \leqq \underline{D}_i(f, c) + \bar{D}_i(g; c) \leqq \bar{D}_i(f+g; c) \leqq \bar{D}_i(f; c) + \bar{D}_i(g; c),$$

$\alpha \underline{D}_i(f; c) = \underline{D}_i(\alpha f; c)$, $\alpha \bar{D}_i(f; c) = \bar{D}_i(\alpha f; c)$ für $\alpha > 0$; entsprechend für $\alpha < 0$. Es ist f in c, eigentlich oder uneigentlich, vorn bzw. hinten differenzierbar genau dann, wenn $\underline{D}_i(f; c) = \bar{D}_i(f; c)$, $i \in \{v, h\}$. Ferner ist f differenzierbar in c genau dann, wenn alle vier extremen Deriviertenwerte von f in c gleich sind.

3.16.3 *Deriviertenwerte.*

Die Werte der extremen Derivierten sind die Maxima bzw. Minima der vorderen bzw. hinteren sogenannten Deriviertenwerte gemäß der

Definition: Es sei gegeben eine (etwa monotone) Folge $\mathfrak{x}_i := (x_n)_n$, $i \in \{v, h\}$, mit $x_n < c$ bzw. $x_n > c$ für $i = h$ bzw. $i = v$ und $x_n \in J$, sowie $c = \lim_n x_n$. Existiert dann $D_i(f, c, \mathfrak{x}_i) := \lim_n [x_n c](f)$, so heißt $D_i(f, c, \mathfrak{x}_i)$ ein **i-seitiger** (vorderer, hinterer) **Deriviertenwert** von f in c, ferner heißt $\mathfrak{x}_i$ **zulässig** (für f und c). Zwei i-seitige Deriviertenwerte $D_i(f, c, \mathfrak{x}_i)$ und $D_i(f, c, \mathfrak{x}'_i)$ heißen **konkomitant**, wenn $\mathfrak{x}_i$ und $\mathfrak{x}'_i$ eine gemeinsame unendliche (konfinale) Teilfolge besitzen.

Allgemein ist $\underline{D}_i(f; c) \leqq D_i(f, c, \mathfrak{x}_i) \leqq \bar{D}_i(f; c)$ für jedes zulässige $\mathfrak{x}_i$.

Die Konkomitanz ist keine Äquivalenz. Indessen gilt wenigstens der

1. Satz: *Gegeben seien $g | J$ und $f_k | J$, $k = 1, 2, \ldots$, sowie $D_i(g, c, \mathfrak{x}_i)$. Dann existiert ein für alle f_k (und für c) zulässiges $\mathfrak{x}'_i$ derart, daß die $D_i(f_k, c, \mathfrak{x}'_i)$ untereinander und zu $D_i(g, c, \mathfrak{x}_i)$ konkomitant sind.*

Beweis: Mittels (Auswahl- und) Diagonalverfahren: Es existiert eine Teilfolge $\mathfrak{x}_{i1} := (x_{1n})_n$ von $\mathfrak{x}_i$ die zulässig ist für f_1 (und c) und wobei o. B. d. A. $x_{11} = x_1$ gefordert wird. Mit $\mathfrak{x}_{i1}$ für f_2 verfährt man wie mit $\mathfrak{x}_i$ für f_1 usw. (vgl. auch I., 3.3.4).

Zusatz: Für das rationale Rechnen mit konkomitanten Deriviertenwerten gelten die gleichen Regeln wie für das Rechnen mit Ableitungen. (Vgl. I., 8.3.1).
Für den Fall stetiger Funktionen sei noch bemerkt

2. Satz: Voraussetzung. *Es sei* $f|J$ *mit* $J:=(a;b)$ stetig *(und endlich). Ferner seien* w', w'' *verschiedene i-seitige (eigentliche oder uneigentliche) Deriviertenwerte von* f *in* $c \in J$, *etwa mit* $w' < w''$.

Behauptung: *Es ist auch jeder Zwischenwert* w, *also mit* $w' < w < w''$, *ein i-seitiger Deriviertenwert von* f *in* c.

Beweis: Konstruktion eines $D_i(f, c, \chi) = w$ mit Hilfe des Zwischenwertsatzes für die stetige Funktion $[xc](f)(x \neq c)$ (vgl. I., 6.2.7).

3.16.4 *Deriviertenfunktionen.*

Definition: Es seien (beliebig) gegeben $f: J \longrightarrow \mathbb{R}$ und $\sigma: J \longrightarrow \{v, h\}$, ferner eine „$\sigma(x)$-seitige" für f und x zulässige Folge $\mathfrak{y}(x) := (y_n(x))_n$ sodaß $D_{\sigma(x)}(f, x, \mathfrak{y}(x))$ existiert, $x \in J$. Man bezeichnet dann $\vartheta(f) := (x \longmapsto D_{\sigma(x)}(f, x, \mathfrak{y}(x))$ als eine (allgemeine) *Deriviertenfunktion* von f. Im Folgenden treten vor allem einseitige, genauer ***i*-seitige, Deriviertenfunktionen** auf, $i \in \{v, h\}$; das sind solche mit konstantem $\sigma(x) = i$, wir bezeichnen sie allgemein mit $\vartheta_i(f)$. Spezialfälle davon sind die *i*-seitigen, extremen Deriviertenfunktionen $\underline{D}_i(f;.)$ und $\bar{D}_i(f;.)$.

3.16.4.1 *Schrankensatz für Deriviertenfunktionen stetiger Funktionen.*

In jedem Teilintervall hat der Differenzenquotient die gleiche obere bzw. untere Grenze (Supremum bzw. Infimum) wie jede einseitige Deriviertenfunktion. Genauer

Schrankensatz: Voraussetzung. *Es sei* $f: J \longrightarrow \mathbb{R}$ *mit* $J := [a; b]$. *Es sei* T *irgend eine mehrpunktige Teilmenge von* J. *Ferner sei*

$$q(f;T) := \inf\{[y'y''](f) : y', y'' \in T\} \qquad \textit{und}$$
$$Q(f;T) := \sup\{[y'y''](f) : y', y'' \in T\}.$$

Behauptung: (1) *Für jede Deriviertenfunktion* $\vartheta(f|T)$ *gilt*

(1') $q(f;T) \leq \vartheta(f|T)(x) \leq Q(f;T)$ *für alle* $x \in T$, *für die* $\vartheta(f|T)$ *erklärt ist.*

(2) *Hinsichtlich des Gleichheitszeichens in* (1') *gilt (mit leichter Verschärfung): Wird* T *als ein (offenes oder abgeschlossenes) Teilintervall von* J *vorausgesetzt, ferner* $f|J$ *als stetig und* $\vartheta(f|T)$ *als einseitig, z.B. als* $\vartheta_i(f|T)$ *(speziell als extrem), so gilt*

(2') $\quad q(f;T) = \inf\{\vartheta_i(f|T)(x) : x \in \underline{T}\}$ *und* $Q(f;T) = \sup\{\vartheta_i(f|T)(x) : x \in \underline{T}\}$,

wobei $\underline{T}$ *den offenen Kern von* T *bezeichnet.*

Beweis: *Betr.* (1). Folgt unmittelbar aus der Definition von $\vartheta_i(f|T)$, bei der ja nur Werte von $[y'y''](f)$ mit $y', y'' \in T$ benutzt werden.
Betr. (2). Wir beweisen zunächst

(2.1.) **Lemma:** Es sei $Q' := [x'x''](f)$ für stetiges $f: [x'; x''] \longrightarrow \mathbb{R}$. Dann gibt es zu jedem $i \in \{v, h\}$ solche $a' = a'(i)$, $a'' = a''(i) \in [x'x'']$, daß

$$\bar{D}_i(f; a') \leqq Q' \leqq \underline{D}_i(f; a''). \tag{2.1.}$$

Beweis des Lemmas: Geometrisch (anschaulich): In der x, y-Ebene sei die y-Achse nach oben gerichtet. Das x, y-Bild von $f|[x'; x'']$ ist ein Bogen B. Es sei S die Verbindungsstrecke der Endpunkte $(x', f(x'))$ und $(x'', f(x''))$ von B; es ist Q' die Steigung von S. Weiter bezeichne $\underline{S}$ bzw. $\bar{S}$ die zu S parallele Gerade, durch die B von unten bzw. von oben her gestützt wird. Vier Fälle sind zu unterscheiden: (I) $S = B$. Dann ist jedes $\vartheta_i(f|T) = Q' =$ konst., also nichts zu beweisen. – (II) $S \neq B$, aber $\underline{S} = S$. Dann sind x' und x'' Stützstellen auf $\underline{S}$, also (II') $\bar{D}_h(f; x'') \leqq Q' \leqq \underline{D}_v(f; x')$; außerdem gibt es Stützstellen $(\bar{x}, f(\bar{x}))$ von B mit $\bar{S}$, sodaß (II'') $\bar{D}_v(f; \bar{x}) \leqq Q' \leqq \underline{D}_h(f; \bar{x})$, wobei $\bar{x} \in (x'; x'')$.
(III) $S \neq B$, aber $\bar{S} = S$. Analog wie im II. Fall ergibt sich

(III') $\bar{D}_v(f; x') \leqq Q' \leqq \underline{D}_h(f; x'')$ und (III'') $\bar{D}_h(f; \underline{x}) \leqq Q' \leqq \underline{D}_v(f; \underline{x})$.

(IV) $\underline{S} \neq S \neq \bar{S}$. Hier gibt es $\bar{x}$ bzw. $\underline{x}$, für die (II'') bzw. (III'') gilt. Damit ist das Lemma bewiesen.

Aufgabe: Man führe den Beweis für (2.1.) „analytisch", etwa durch Heranziehung der Maxima und Minima der stetigen Funktion $(x \mapsto f(x) - f(x') - Q' \cdot (x - x'))$ für $x \in [x'; x'']$.
(2.2.) Aus (2.1.) und (1') folgt unmittelbar (2'), falls T ein offenes Intervall ist und daraus (2') für jedes Intervall T, weil wegen der Stetigkeit von f in T z. B. $q(f; T) = q(f; \underline{T})$.

3.16.4.2 Wie das unten angegebene Beispiel zeigt, braucht der Schrankensatz (3.16.4.1) für nicht-einseitige Deriviertenfunktionen nicht zu gelten. Diese Tatsache gibt Anlaß zu der

Definition: Eine Deriviertenfunktion $\vartheta(f)$ heißt **ausgezeichnet**, abgekürzt ausgez., wenn $\vartheta(f)$ in jedem Teilintervall T das gleiche Supremum und das gleiche Infimum besitzt, wie $[y'y''](f)$, $(y', y'' \in T)$.
Die Beh. (2) des Schrankensatzes kann jetzt so gefaßt werden:
Jede einseitige Deriviertenfunktion eines stetigen $f|J$ ist ausgezeichnet; insbesondere gilt dies also für die „extremen" Derivierten Funktionen. $\underline{D}_i(f; .)$ und $\bar{D}_i(f; .)$.

Beispiel einer nicht – ausgez. (also nicht einseitigen) Deriviertenfunktion $\vartheta(f)$ mit stetigem f. – Es sei $f|J$ stetig und nirgends differenzierbar, wie in I., 8.9.2.2, konstruiert.

Denn bei diesem f ist für jedes x ein Deriviertenwert $+\infty$, sodaß $\vartheta(f) := (x \longmapsto \vartheta(f)(x) = +\infty)$ existiert. Andererseits gibt es in jedem Teilintervall T von J solche x', x'', für die $[x'x''](f) \leqq 0$.

3.16.5 *Anwendungen des Schrankensatzes.*

Hinsichtlich der Stetigkeit und Differenzierbarkeit von Deriviertenfunktionen kann behauptet werden:

1. Satz: Voraussetzung. *Es sei* $J := [a; b]$ *und* $f: J \longrightarrow \mathbb{R}$ *stetig. Ferner sei* $c \in J$ *und* $J' := J \setminus \{c\}$.

Behauptung: *Folgende drei Aussagen sind gleichwertig:*
(1) *Es ist f in c (eigentlich oder uneigentlich) frei differenzierbar (auf J) mit* $f'(c) = \alpha$.
(2) *Für (mindestens) eine ausgezeichnete Deriviertenfunktion von f in J (oder in J') existiert auf J (oder auf J') der (punktierte) Limes in c und ist gleich α.*
(3) *Die Deriviertenfunktionen von f in J sind sämtlich gleichgradig stetig in c und besitzen in c sämtlich den gleichen Wert α.*

Anmerkung: *Betr. Beh.* (3). Falls α nicht endlich ist, etwa $\alpha = +\infty$, besagt „Stetigkeit" der Funktion $k|J$ in c, daß $k(c) = \alpha$ und daß $k(x) > \beta$ bei beliebigem $\beta > 0$ für zu c hinreichend benachbarte $x \in J$ (vgl. I., 6.2.8).

Zusatz: Ist $J = (c; b)$ oder $J = (a; c)$, so existiert der freie Limes von $[x'x''](f)$ für $x' \rightsquigarrow c$, $x'' \rightsquigarrow c$, $x' \neq x''$, und hat den Wert α, wenn und nur wenn (mindestens) eine ausgez. Deriviertenfunktion für $x \rightsquigarrow c$ den Limes α besitzt.

Beweis: Es sei U eine beliebige Umgebung von c auf J und $U' := U \setminus \{c\}$.
(I) Es sei $|\alpha| < +\infty$. – Aus (1) folgt (2). Zufolge (1) gilt nämlich $0 \leqq \sup\{[x'x''](f) : x', x'' \in U'\} - \inf\{[x'x''](f) : x', x'' \in U'\} < \varepsilon$ für hinreichend kleines U' bei beliebigem $\varepsilon > 0$. Gemäß 3.16.4.1 folgt $|\vartheta(f)(x) - \vartheta(f)(y)| < \varepsilon$ für beliebige $x, y \in U'$, wenn $\vartheta(f)$ ausgezeichnete Deriviertenfunktion. Es existiert also der Limes von $\vartheta(f)$ in c; und daß er gleich α ist, folgt wieder aus 3.16.4.1. – Aus (2) folgt (3). Gemäß 3.16.4.1 ist nämlich $0 \leqq Q(f; U') - q(f; U') < \varepsilon$ für hinreichend kleines U' bei beliebigem $\varepsilon > 0$; und $q(f; U') \leqq \vartheta(f) \leqq Q(f; U')$ für jede Deriviertenfunktion $\vartheta(f)$ in U'. – Aus (3) folgt (1) wieder gemäß 3.16.4.1.
(II) Die Beweise betr. die Fälle $\alpha = \pm\infty$ können dem Leser überlassen bleiben.

2. Satz: Voraussetzung. (1) *Es sei* $f: J \longrightarrow \mathbb{R}$ *stetig, wobei* $(a; b) \subset J \subset [a; b]$. *Ferner sei* $c \in J$. – (2) *Mindestens eine einseitige Deriviertenfunktion* $\vartheta_i(f)$ *von f sei endlich in J und eigentlich differenzierbar in c mit* $(d\vartheta_i(f)/dx)_{x=c} = \alpha$ *(mit* $\alpha \in \mathbb{R}$*).*

Behauptung: (I) *Sämtliche Deriviertenfunktionen* $\vartheta(f)$ *von f sind in c eigentlich diffe-*

renzierbar mit α als dem Wert der Ableitung in c. – (II) *Alle $\vartheta(f)$ sind in c sogar gleichgradig differenzierbar, d.h. für $F:=\vartheta(f)$ gilt*
$|[x'x''](F)-F'(c)|<\varepsilon$, *wenn* $\max\{|x'-c|, |x''-c|\}<\delta(\varepsilon)$ *mit von F unabhängigem* $\delta(\varepsilon)$ $(x', x''\in J$ und $x'\neq x'')$.

Beweis: (*A*) Ist $t:=(x\longmapsto x-c=:z)$ und $g(z):=f(x)-f(c)-2^{-1}\alpha(x-c)^2$, so ist g endlich und stetig im Bild Z von J bei t; ferner liefert $\vartheta_i(f)-\alpha(j-c)$ eine i-seitige endliche Deriviertenfunktion $\vartheta_i(g)$ von g in Z mit $\vartheta_i(g)(0)=0$ (O.B.d.A); auch existiert $(d\vartheta_i(g)/dz)_{z=0}=$ $=(d\vartheta_i(f)/dx)_{x=c}-\alpha=0$. Daher ist $|\vartheta_i(g)(z)|\leqq\varepsilon|z|$ für $|z|\leqq\delta(\varepsilon)=:\delta<1$, und daher

(V) $|\vartheta_i(g)(z)|\leqq\varepsilon p$ für $|z|\leqq p$ bei beliebigem $p\in(0;\delta(e))^{+}$.

(B) Zufolge der Stetigkeit von g und gemäß 3.16.4.1 kann in (A), (V) bei festem δ jede Deriviertenfunktion $\vartheta(g)$ von g an Stelle von $\vartheta_i(g)$ treten; d.h. es gilt mit für alle $\vartheta(g)$ keinem $\delta=\delta(\varepsilon)$

$$\bigwedge\nolimits_{p\in(0;\delta)}\bigwedge\nolimits_{z\in[-p;p]}|\vartheta(g)(z)|\leqq\varepsilon p,$$

insbesondere also

$$\bigwedge\nolimits_{p\in(0;\delta)}|\vartheta(g)(\pm p)|\leqq p\varepsilon \quad \text{oder} \quad \bigwedge\nolimits_{z\in(-\delta;\delta)}|\vartheta(g)(z)|\leqq\varepsilon|z|$$

und folglich $|[z\,0](\vartheta(g))|\leqq\varepsilon$ für $|z|\in(0;\delta)$. Damit ist die Differenzierbarkeit und die gleichgradige Differenzierbarkeit von g in $z=0$ mit 0 als Wert der Ableitung bewiesen, also auch die Beh. betr. f.

3.16.6 *Verschärftes Monotoniekriterium.* *

Die Voraussetzungen der in I., 8.6.1.1, aufgestellten Kennzeichnung der monotonen Funktionen lassen sich abschwächen. Es gilt nämlich der

Satz: Voraussetzung. (1) *Es sei $f|J$ mit $J=[a;b]$ endlich und stetig.* – (2) *Ferner existiere eine abzählbare Menge $A\subset J$ und eine vordere Deriviertenfunktion $\vartheta_v(f)$, die endlich in $J\setminus A$ ist.* – (3) *Die vordere obere Deriviertenfunktion $\bar{D}_v(f):=(x\longmapsto\bar{D}_v(f;x))$, $x\in J$, sei nicht-negativ L-fast überall, d.h. überall in J ausgenommen eine L-Nullmenge* (I., 9.5.6).

Behauptung: (1) *Es steigt f in J.* – (2) *Jede Deriviertenfunktion von f ist nicht-negativ überall in J.*

Beweis: *Betr. Beh.* (2). Aus Beh. (1) folgt $[x'x''](f)\geqq 0$; es ist also jede extreme Deriviertenfunktion von f (vgl. 3.16.4, Definition) nicht negativ und damit jede Deriviertenfunktion von f.

*) In 3.16.6 und 3.16.7 sind Mitteilungen von Chr. Y. Pauc benutzt.

Betr. Beh. (1).

(I) Im Folgenden bedienen wir uns analytischer Induktion (vgl. I., 5.6.7.1) in Form des folgenden

Lemma: Voraussetzung. Es sei $J := [a; b]$. Die Aussage $\mathfrak{A}(x)$ sei sinnvoll für jedes $x \in J$; es sei W die Menge derjenigen $x \in J$, für die $\mathfrak{A}(x)$ richtig ist. W soll folgende Eigenschaften besitzen: (1′) Es ist $a \in W$. – (2′) Es enthält W alle seine linksseitigen Häufungspunkte. – (3′) Jedes $x \in W \setminus \{b\}$ ist rechtsseitiger Häufungspunkt von W.

Behauptung: Es ist $W = J$.

Beweis: Siehe Lösung der Aufgabe in I., 5.6.7.1.

(II) Der Bew. für Beh. (1) des Satzes wird jetzt erbracht durch Konstruktion einer Funktion $t | J$ zu beliebig vorgegebenem $\eta > 0$, die folgende Eigenschaft besitzt: Für beliebige $x, x' \in J$ mit $x' \leqq x$ gilt

(II′) $$f(x) - f(x') \geqq t(x) - t(x') > -\eta.$$

Da $\eta > 0$ beliebig wählbar war, folgt aus (II′), daß $f(x) - f(x') \geqq 0$, wie im Satz behauptet.

(III) Konstruktion einer Funktion $t | J$ für vorgegebenes $\eta > 0$.

III. 1. Wegen der Endlichkeit von $\vartheta_v(f)$ (Vor. (2) in $J \setminus A$ ist $J \setminus A = \bigcup_{i=1}^{\infty} T_i$ mit $T_i := \{x : i - 1 \leqq |\vartheta_v(f)(x)| < i\}$. Wir setzen $N_i := T_i \cap N$, wobei N die die in Vor. (3) postulierte L-Nullmenge ist, sodaß $L(N_i) = 0$. Daher gilt $N_i \in \bigcup_n J_{in}$ $(i, n = 1, 2, \ldots,)$, wobei J_{in} ein offenes Intervall der Länge m_{in} mit $m_i := \sum_n m_{in} < 2^{-i} i^{-1} \varepsilon$ bei beliebig vorgegebenem $\varepsilon > 0$ und mithin $m := \sum_i i m_i < \varepsilon$. Nun ist $J_{in}(x) := [a; x] \cap J_{in}$ entweder ein Intervall einer Länge $m_{in}(x) \leqq m_{in}$ oder leer, wobei $m_{in}(x) := 0$ gesetzt wird. Die durch $m_{in}(x)$ sowie $m_i(x) := \sum_n m_{in}(x)$ und $m(x) := \sum_i i m_i(x)$ definierten Funktionen von x in J sind isoton, stetig und nicht negativ. (Die Stetigkeit folgt daraus, daß die Reihen für $m_i(x)$ und $m(x)$ gleichmäßig in J konvergieren (wegen $0 \leqq m_{in}(x) \leqq m_{in}$ und $0 \leqq i m_i(x) \leqq i m_i$ sowie $m(x) < \varepsilon$ etc.) und daß $m_{in}(x)$ stetig ist).

III. 2. Wegen der Abzählbarkeit von A (Vor. (2)) ist $A \setminus \{b\} = \bigcup_r \{x_r\}$. Es sei $A_r := [x_r; y_r] \subset J$ derart, daß $0 < s_r := y_r - x_r < 2^{-r} \varepsilon$, $r = 1, 2, \ldots$; solche A_r existieren für jedes r. Es ist $A \setminus \{b\} \subset \bigcup_r A_r$. Weiter sei $s(x) := \sum_r' s_r$, die Summe rechterhand erstreckt über alle r mit $x_r \in^+ (a; x)$. Die Reihe für $s(x)$ ist gleichmäßig konvergent in J mit $0 \leqq s(x) < \varepsilon$. Außerdem ist $s := (x \longmapsto s(x))$, $x \in J$, nicht negativ, isoton und unstetig genau in jedem x_r; und zwar ist $s(x_r -) = s(x_r) = s(x_r +) - s_r$, es ist also s (von) links (her) stetig.

III. 3. Es sei jetzt $t := (x \longmapsto t(x) := -m(x) - s(x) - \varepsilon(x - a))$ für $x \in J$.

Wegen der Isotonie von m, s und j ist t antiton und es gilt

$$t(x) - t(x') \geqq -\varepsilon(b - a + 2) \quad \text{für} \quad a \leqq x' < x \leqq b.$$

Setzt man $\eta := \varepsilon(b - a + 2) > 0$, so ist bei vorgegebenem η das in III. 1. und III. 2. noch beliebige ε festgelegt. Es ist t links stetig, weil dies für m, s und $j - a$ gilt.

IV. Verifikation von (II') für das in III. 3. definierte t.

Gemäß II. ist zu zeigen: Bei beliebig vorgegebenem η und beliebig gewähltem, aber dann festgehaltenem $x' \in^{+}(a;b)$ ist richtig die Aussage

$$\mathfrak{A}(x) \qquad F(x) := f(x) - f(x') \geqq T(x) := t(x) - t(x') > -\eta \quad \text{für} \quad x \in (x';b)^{+}.$$

Zu diesem Beweis genügt es, das Lemma in I. für die Aussage $\mathfrak{A}(x)$ bei beliebigem $x' \in J$ als erfüllt zu zeigen, d. h. dessen Vor. zu verifizieren; dabei tritt dann x' an Stelle von a. Zunächst ist $T(x) > -\eta$ gemäß III. 3. erfüllt. Es sei nun W die Menge aller $x \in [x';b]$ für die $\mathfrak{A}(x)$ gilt. – Betr. Vor. (1') (des Lemmas in I.). Wegen $F(x') = T(x') = 0$ gilt $x' \in W$. – Betr. (2'). Zu W gehören alle seine linksseitigen Häufungspunkte, d. h.: Gibt es zu $x \in (x';b)^{+}$ solche $x''_n \in (x';x) \cap W$, daß $x''_n \rightsquigarrow x-$ für $n \rightsquigarrow +\infty$, so ist $x \in W$. Dies folgt aus der linksseitigen Stetigkeit von f und t. – Betr. (3') Zu zeigen ist also, daß jedes $x \in W \setminus \{b\}$ rechtsseitiger Häufungspunkt von W ist. Es sei also $x \in^{+}(x';b) \cap W \subset W \setminus \{b\}$, mithin $F(x) \geqq T(x)$. Nur folgende drei Fälle sind denkbar: *Erstens.* Es ist $x \in (J \setminus A \setminus N) \cap W$. Dann ist $0 \leqq \bar{D}_v(f)(x)$. Demzufolge gibt es zu x beliebig benachbarte $x'' \in (x;b)$ mit $f(x'') - f(x) \geqq \geqq -\varepsilon(x''-x)$, sodaß $F(x'') = F(x) + f(x'') - f(x) \geqq T(x) - \varepsilon(x''-x) = t(x) - t(x') - \varepsilon(x''-x) = -m(x) - s(x) - \varepsilon(x-a) - t(x') - \varepsilon(x''-x) \geqq -m(x'') - s(x'') - \varepsilon(x''-a) - t(x')$ (weil $-m(x) - s(x)$ fällr). Somit gilt $T(x'') \leqq F(x'')$, d. h. $x'' \in W$. Das (beliebige) $x \in W \setminus \{b\}$ ist also rechtsseitiger Häufungspunkt von W. – *Zweitens.* Es ist $x \in N \cap W$. Dann gibt es i und n mit $x \in J_{in}$; daher ist $\vartheta_v(f)(x) > -i$. Weil J_{in} offen ist, gibt es $x'' \in J_{in} \cap (x;b)$ mit $0 < x'' - x < 2^{-i} i^{-1}$ derart, daß $[x''x](f) > -i$, also $f(x'') - f(x) > -i(x''-x)$. Nun ist (vgl. III. 1.) $-i(x''-x) = -im_{in}(x'') + im_{in}(x)$. Wegen $0 \leqq im_{in}(x) \leqq m(x)$ und $0 \leqq m_{in}(x'') - m_{in}(x)$ (weil $m_{in}(x)$ steigt) gilt $-i(x''-x) \geqq -\sum_{i,n} i(m_{in}(x'') - m_{in}(x)) = = -m(x'') + m(x) = t(x'') - t(x) + s(x'') - s(x) + \varepsilon(x''-x) \geqq t(x'') - t(x) = T(x'') - T(x)$, wobei $s(x'') - s(x) \geqq 0$ benutzt ist. Somit $F(x'') = (f(x'') - f(x)) + (f(x) - f(x')) \geqq (T(x'') - T(x)) + T(x) = T(x'')$, wobei $F(x) \geqq T(x)$ für $x \in W$ benutzt ist. – *Drittens.* Es ist $x \in A \cap W$, etwa $x = x_r$, wobei also $x' \leqq x$. Wegen der Stetigkeit von f gibt es $x'' \in (x_r; y_r)$ (vgl. III. 2.) mit $f(x'') - f(x) > > -s_r = -s(x_r+) + s(x_r)$. Wegen der Stetigkeit von $m|J$ ist $m(x_r+) = m(x_r)$, also $-s_r = -m(x_r+) - s(x_r+) + m(x_r) + s(x_r) = t(x_r+) - t(x_r)$. Weil t fällt, ist $-s_r \geqq t(x'') - t(x_r) = T(x'') - T(x_r)$. Wegen $x_r \in W$ gilt $F(x_r) = f(x_r) - f(x') \geqq T(x_r)$. Somit $F(x'') = = (f(x'') - f(x_r)) + (f(x_r) - f(x')) \geqq -s_r + T(x_r) \geqq (T(x'') - T(x_r)) + T(x_r)$, also $F(x'') \geqq T(x'')$.

Aufgabe: Man formuliere und beweise einen entsprechenden Satz für fallende stetige Funktionen f.

3.16.7 Aus 3.16.6 folgen die Sätze:

1. Satz: Voraussetzung. *Es sei $J := [a;b]$ und $f|J$ (endlich sowie) stetig. Weiter existiere eine einseitige, etwa vordere Deriviertenfunktion $\vartheta_v^{+}(f)$ von f in J, welche endlich ist bis auf die Punkte einer abzählbaren Menge A, kurz: A-fast überall.*

Behauptung: *Für jede vordere Deriviertenfunktion* $\vartheta_v(f)$ *von* f *in* J *bleibt das Supremum sowie das Infimum von* $\vartheta_v(f)$ *in* J *ungeändert bei Vernachlässigung einer L-Nullmenge; d.h. ist* $N \subset J$ *eine beliebige L-Nullmenge, so gilt* $S(J) = S(J \setminus N)$ *und* $I(J) = I(J \setminus N)$, *wobei*

$$S(X) := \sup\{\vartheta_v(f)(x) : x \in X\} \quad \text{und} \quad I(X) := \inf\{\vartheta_v(f)(x) : x \in X\}, \qquad X \subset J.$$

Beweis: Indirekt. Jedenfalls ist $S(J \setminus N) \leqq S(J)$. Wäre $S(J \setminus N) < S(J)$, so betrachte man die Funktion $F := (x \longmapsto f(x) - S(J \setminus N)x)$. Es gilt dann $\underline{D}_v(F; x) = \underline{D}_v(f; x) - S(J \setminus N) \leqq 0$ für $x \in J \setminus N$. Außerdem ist eine mit $\vartheta_v^+(f)$ konkomitante vordere Deriviertenfunktion von F endlich in $J \setminus A$. Für $F|J$ sind daher die Vor. des Satzes in 3.16.6 erfüllt, sodaß $\bar{D}_v(F; x) \leqq 0$ für $x \in J$. Wegen $\underline{D}_v(f; x) - S(J \setminus N) \leqq \bar{D}_v(F; x)$ gilt aber $\underline{D}_v(f; x) \leqq S(J \setminus N) < S(J)$ Gemäß 3.16.4.1 folgt $S(J) \leqq s(J \setminus N) < S(J)$. Widerspruch. – Entsprechend ergibt sich die Beh. für $I(J)$.

2. Satz: Verschärfter Eindeutigkeitssatz der Differentialrechnung.

Voraussetzung: (1) *Es seien* $f|J$ *und* $g|J$ *stetig (und endlich) in* $J := [a; b]$. *Es sei* $A \subset J$ *abzählbar.* – (2) *Es seien* $\vartheta_v(f)$ *und* $\vartheta_v(g)$ *in* J *konkomitante, in* $J \setminus A$ *endliche vordere Deriviertenfunktionen von* f *bzw.* g. – (3) *Es sei* $\bar{D}_v(f) - \bar{D}_v(g)$ *sinnvoll und gleich Null L-fast überall in* J.

Behauptung: *Es ist* $f = g + C$ *in* J, *wobei* $C \in \mathbb{R}$ *eine Konstante ist.*

Beweis: Für $F := f - g$ ist $\bar{D}_v(F) \geqq \bar{D}_v(f) - \bar{D}_v(g) = 0$ L-fast überall in J. Ferner ist $\vartheta_v(F) = \vartheta_v(f) - \vartheta_v(g)$ eine in $J \setminus A$ endliche vordere Deriviertenfunktion von F. Somit ist 3.16.6 anwendbar, also $F(x) - F(a) \geqq 0$. Da für $G := g - f$ ebenso folgt $G(x) - G(a) \geqq 0$, ergibt sich $f = g + C$ mit $C := f(a) - g(a)$.

3.16.8 Neues Kriterium für freie Differenzierbarkeit.

Voraussetzung: *Es sei* $f|J$ *mit* $J := [a; b]$ *(endlich und) stetig. Es sei* $c \in J$.

Behauptung: *Folgende beiden Aussagen sind gleichwertig:* (1) *Es ist* f *eigentlich frei differenzierbar in* c. – (2) *Es ist* f *in einer Umgebung* U *von* c *auf* J *L-fast überall (etwa in* $U \setminus N$, *wobei* $L(N) = 0$) *eigentlich differenzierbar und es konvergiert* $f'(x)$ *eigentlich bei* $x \rightsquigarrow c$, *wobei* $x \in U' := U \setminus N \setminus \{c\}$. *Außerdem existiert in* U *eine endliche einseitige, etwa vordere Deriviertenfunktion* $\vartheta_v(f)$ *von* f.

Beweis: Aus (1) folgt (2). Wegen (1) ist f in einer Umgebung U von c auf J von beschränkter Steigung, also L-fast überall in U eigentlich differenzierbar, etwa in $U \setminus N$ mit $L(N) = 0$, (I., 9.7.15.5). Wegen (1) ist ferner etwa $\bar{D}_v(f)$ endlich in U. Zufolge 3.16.5, Satz 1., Beh. (3), ist daher $f'(c) = \lim_{x \rightsquigarrow c, x \in U} \bar{D}_v(f)(x) = \lim_{x \rightsquigarrow c, x \in U'} f'(x)$, wobei $U' = U \setminus N \setminus \{c\}$; dabei ist benutzt, daß c Häufungspunkt von U' ist. – Aus (2) folgt (1). Nach (2) existiert

$\alpha = \lim_{x \to c, x \in U'} f'(x)$. Zu beliebigem $\varepsilon > 0$ gibt es daher eine Umgebung $V \subset U$ von c, für die, weil $|\alpha| < +\infty$ (gemäß (2)) gilt:

$$\alpha - \varepsilon < \inf\{f'(x) : x \in V \cap U'\} \leqq \sup\{f'(x) : x \in V \cap U'\} < \alpha + \varepsilon.$$

Ersetzen wir $\vartheta_v(f)$ in U' durch f', so erhalten wir eine in U ebenfalls endliche vordere Deriviertenfunktion $\vartheta_v^+(f)$ von f. Für diese ist aber $\inf\{\vartheta_v^+(f)(x) : x \in V \cap U\} = \inf\{\vartheta_v^+(f)(x) : x \in V \cap U'\} = \inf\{f'(x) : x \in V \cap U'\}$ (vgl. 3.16.7, Satz 2.). Entsprechendes gilt für sup. Gemäß 3.16.5, Satz 1., folgt Beh. (1), wenn $\vartheta_v^+(f)$ als die in Beh. (2) erwähnte vordere Deriviertenfunktion $\vartheta_v(f)$ gewählt wird.

3.17. Interpolation

3.17.1 *Lineare Interpolationsaufgaben.*

Gegeben seien: Eine mindestens $(n+1)$-punktige Menge M, ferner ein „Interpolationssystem“ bestehend aus Funktionen $\varphi_\nu : M \longrightarrow \mathbb{R}$, $\nu \in A_n := \{0, 1, \ldots, n\}$, $n \geqq 1$, und dazu $(n+1)$ „Stützstellen“ $x_\nu \in M$, $x_\nu \neq x_\mu$ für $\nu \neq \mu$; $\nu, \mu \in A_n$.

Definition: Unter der (allgemeinen, linearen) **Interpolationsaufgabe bezüglich** des Systems (φ_ν, x_ν) versteht man die Aufgabe, zu beliebigen „Stützwerten“ $y_\nu \in \mathbb{R}$, $\nu \in A_n$, solche $\lambda_\nu \in \mathbb{R}$, $\nu \in A_n$, zu finden, daß die Linearkombination $f := \lambda_1 \varphi_1 + \ldots + \lambda_n \varphi_n$ eine **Interpolationsfunktion für** (φ_ν, x_ν) ist, d.h. daß $f(x_\nu) = y_\nu$, $\nu \in A_n$; je nachdem (mindestens) ein solches $(n+1)$-tupel $(\lambda_0, \ldots, \lambda_n)$ existiert oder genau eines heißt die Interpolationsaufgabe *lösbar* bzw. *eindeutig* lösbar.

Lösbarkeitskriterien liefern die beiden Sätze:

1. Satz: *Die Interpolationsaufgabe bezüglich* (φ_ν, x_ν) *ist eindeutig lösbar genau dann, wenn* $\det(\varphi_\mu(x_\nu)) \neq 0$, $\mu, \nu \in A_n$.

Beweis: Für die eindeutige Lösbarkeit des (linearen) Gleichungssystems

$$\textstyle\sum_{\mu=0}^{n} \lambda_\nu \varphi_\nu(x_\mu) = y_\nu, \qquad \nu \in A_n$$

bei beliebiger Wahl der $y_0, \ldots, y_n \in \mathbb{R}$ ist $\det \neq 0$ notwendig und hinreichend (nach bekannten Sätzen).

2. Satz: *Bei gegebenen* $\varphi_0, \ldots, \varphi_n$ *sind gleichwertig:*

(1) *Die Interpolationsaufgabe bezüglich* (φ_ν, x_ν) *ist eindeutig lösbar sogar bei* jeder *Wahl der* $n+1$ *verschiedenen Stützstellen* $x_0, \ldots, x_n \in M$. – (2) *Jede nicht-triviale Interpolationsfunktion* $f := \sum_\nu \lambda_\nu \varphi_\nu$, *d.h. jedes* f *mit* $(\lambda_0, \ldots, \lambda_m) \neq (c, \ldots, c)$, *besitzt in* M *höchstens* n *Nullstellen.*

Beweis: (1)$\to$(2). Indirekt. Hat die nicht-triviale Interpolationsfunktion $n+1$ verschiedene Nullstellen $\xi_0,\dots,\xi_n$, so hat die Interpolationsaufgabe bzgl. (φ_ν, ξ_ν) z.B. für $y_0=\dots=y_n=0$ unendlich viele verschiedene Lösungen, nämlich $\varrho\lambda_0,\dots,\varrho\lambda_n$ mit $\varrho\in\mathbb{R}$, von $\sum_{\nu=0}^n \varrho\lambda_\nu\varphi_\nu(\xi_\mu)=0$, $\mu\in A_n$. – (2)$\to$(1). Indirekt. Ist bzgl. der $n+1$ Stellen $\xi_0,\dots,\xi_n$ die Interpolationsaufgabe nicht eindeutig lösbar, so ist nach dem 1. Satz $\det(\varphi_\mu(\xi_\nu))=0$, also hat das System $\lambda_0\varphi_0(\xi_\nu)+\dots+\lambda_n\varphi_n(\xi_\nu)=0$, $\nu\in A_n$, eine nicht-triviale Lösung $(\lambda_0,\dots,\lambda_n)$, d.h. die nicht triviale Interpolationsfunktion $\lambda_0\varphi_0+\dots+\lambda_n\varphi_n$ hat $n+1$ verschiedene Nullstellen $\xi_0,\dots,\xi_n$.

Beispiele eindeutig lösbarer Interpolationsaufgaben.

(I) *Verallgemeinerte Polynome.* Es ist $M:=[a;b]$ und $\varphi_0:=\exp j>0$, $\varphi_{\nu+1}:=(x\longmapsto\int_a^x\varphi_\nu)$, $\nu\geqq 0$. Siehe I., 9.7.5.1.

(II) *Systeme von gewöhnlichen Polynomen.*

(II 1) *Newtonsche Polynome.* $\varphi_0:=N_0:=j^0=1$; $\varphi_\nu:=N_\nu:=(j-x_0)\dots(j-x_{\nu-1})$, $\nu=1,\dots,n$. Hier ist $N_0(x_\nu)=1$, $N_\mu(x_\varrho)=0$ für $0\leqq\varrho\leqq\mu-1$ sowie $N_\mu(x_\mu)\neq 0$. Daher sind die Elemente der Matrix $((N_\mu(x_\nu)))$ unterhalb der Hauptdiagonale Null, also $\det(N_\mu(x_\nu))=$ $=\prod_{\mu=0}^n N_\mu(x_\mu)\neq 0$ sogar für beliebige $(x_0,\dots,x_n)\in\mathbb{R}^{n+1}$ mit $x_\nu\neq x_\varrho$, $\nu\neq\varrho$; und damit ist Satz 2 anwendbar.

(II 2) Die Polynome $\varphi_0:=j^0$; $\varphi_\mu:=j^\mu$, $\mu=1,\dots,n$. Hierbei ist

$$\det(\varphi_\nu(x_\mu))=\det(x_\mu^\nu)=\prod_{\nu,\mu=0,\dots,n}^{\nu<\mu}(x_\mu-x_\nu)=\prod_{\nu=0}^n N_\nu(x_\nu)$$

sogenannte *Vandermondsche Determinante.* Die Interpolationsaufgabe ist also auch hier sogar für beliebige $(x_0,\dots,x_n)\in\mathbb{R}^{n+1}$ mit $x_\mu\neq x_\nu$, $\mu\neq\nu$, eindeutig lösbar (Bew. als Aufgabe).

(II 3) *Lagrangesche Polynome.* Es sei $q(j):=\prod_{\nu=0}^n(j-x_\nu)$, also $q'(x_\nu)=\prod_{\mu=0,\dots,n}^{\mu\neq\nu}(x_\nu-x_\mu)$, und dann $\varphi_\nu:=L_\nu:=(j-x_\nu)^{-1}q(j)$ in $M':=M\setminus\{x_0,\dots,x_n\}$ sowie $L_\nu(x_\nu):=q'(x_\nu)$. Wieder ist die Interpolationsaufgabe eindeutig lösbar, sogar für beliebige $x_0,\dots,x_n\in M$, $x_\nu\neq x_\mu$ für $\nu\neq\mu$. (Denn $L_\nu(x_\mu)=0$ bzw. $\neq 0$ für $\nu\neq\mu$ bzw. $\mu=\nu$).

3.17.2 *Polynomische Interpolation.*

Im Folgenden ist $M:=[a;b]$ und als Interpolationssysteme dienen die N_ν oder j^ν oder L_ν. Sind die Stützwerte die Werte einer Funktion $f\colon M\longrightarrow\mathbb{R}$ an den Stützstellen, d.h. $y_\nu=f(x_\nu)$, $\nu\in A_n$, so sprechen wir von einer *Interpolation der Funktion f in* $[a;b]$. Das eindeutig bestimmte Interpolationspolynom für die Stellen $x_0,\dots,x_n$ und die Funktion f wird mit $[x_0,\dots,x_n;f](j)$ bezeichnet, wobei also

$$[x_0,\dots,x_n;f](j)=\sum_\nu\lambda_\nu N_\nu(j)=\sum_\nu\lambda'_\nu j^\nu=\sum_\nu\lambda''_\nu L_\nu(j).$$

(Das Verhalten von $[x_0,\dots,x_n;f](j)$ an von den x_ν verschiedenen Stellen bleibt dabei zunächst außer Betracht).

Besonders einfach bestimmen sich die λ_ν'', also im *Lagrangeschen* Fall; es gilt nämlich $[x_0,\dots,x_n;f](j)=\sum_\nu f(x_\nu)a_\nu L_\nu(j)$, wobei $a_\nu L_\nu(x_\nu)=1$, also $a_\nu=(q'(x_\nu))^{-1}$, und mithin

$$(L) \qquad [x_0,\dots,x_n;f](j)=\sum_{\nu=0}^n f(x_\nu)(q'(x_\nu))^{-1}L_\nu(j).$$

(Interpolationsformel vom Lagrange).
Eine andere Darstellung des Interpolationspolynoms $[x_0,\dots,x_n;f](j)$, aus welcher sich die Darstellung mittelst der N_ν ergibt, erhält man durch folgende rekursive Konstruktion, wie sie im 1. Satz formuliert wird, mittelst der *interpolatorischen Grundfunktion*

$$(x_0,x_1,x;y_0,y_1)\longmapsto(x_1-x_0)^{-1}((x-x_0)y_1-(x-x_1)y_0)=:\begin{bmatrix}x_0 & x_1\\ y_0 & y_1\end{bmatrix}(x),$$

wobei $x_0\neq x_1$, welche auch für numerische Zwecke brauchbar ist.

1. Satz: *Für $n=1$ ist*

$$[x_0,\dots,x_n;f](j)=\begin{bmatrix}x_0 & x_1\\ f(x_0) & f(x_1)\end{bmatrix}=(x_1-x_0)^{-1}((j-x_0)f(x_1)\ -(j-x_1)f(x_0)).$$

Für $n\geqq 2$ gilt $[x_0,\dots,x_n;f](j)=$

$$\begin{bmatrix}x_{n-1} & x_n\\ [x_0,\dots,x_{n-2},x_{n-1};f](j) & [x_0,\dots,x_{n-2},x_n;f](j)\end{bmatrix}.$$

Beweis: $\begin{bmatrix}x_0 & x_1\\ y_0 & y_1\end{bmatrix}(x_0)=y_0$, $\begin{bmatrix}x_0 & x_1\\ y_0 & y_1\end{bmatrix}(x_1)=y_1$, $\begin{bmatrix}x_0 & x_1\\ z & z\end{bmatrix}(x)=z$.

Ferner $[x_0,\dots,x_{n-2},x_{n-1};f](x_\nu)=f(x_\nu)=[x_0,\dots,x_{n-2},x_n;f](x_\nu)$ für $0\leqq\nu\leqq n-2$, und $[x_0,\dots,x_{n-2},x_{n-1};f](x_{n-1})=f(x_{n-1})$ sowie $[x_0,\dots,x_{n-2},x_n;f](x_n)=f(x_n)$.

Definition: Im Interpolationspolynom (höchstens) n-ten Grades $[x_0,\dots,x_n;f](j)$, $n\geqq 1$, werde der Koeffizient von j^n mit $(n!)^{-1}[x_0,\dots,x_n](f)$ bezeichnet und $[x_0,\dots,x_n](f)$ als der **n-te Differenzenquotient** oder als der Differenzenquotient **n-ter Ordnung** von f für die $n+1$ verschiedenen Stellen $x_0,\dots,x_n$. Als 0-ter Differenzenquotient (oder Differenzenquotient 0-ter Ordnung) von f für x_0 werde erklärt $[x_0](f):=f(x_0)$.

2. Satz: Voraussetzung. *Es sei $n\geqq 1$ und die $x_0,\dots,x_n\in M:=[a;b]$ seien paarweise verschieden.*

Behauptung: *Für $n=1$ ist* $[x_0,x_1](f)=(x_1-x_0)^{-1}(f(x_1)-f(x_0))$. *Für $n\geqq 2$ gilt*

$$[x_0,\dots,x_n](f)=n(x_n-x_{n-1})^{-1}([x_0,\dots,x_{n-2},x_n](f)-[x_0,\dots,x_{n-2},x_{n-1}](f)).$$

Beweis: Aus der Konstruktion gemäß Satz 1.

Zufolge der Unabhängigkeit des Interpolationspolynoms von der Reihenfolge der Stützstellen $x_0, \dots, x_n$ gilt der

3. Satz: *Interpolationspolynom und n-ter Differenzenquotient sind symmetrisch bezüglich der (untereinander verschiedenen) Stützstellen, d.h. es gelten*

$$[x_0, \dots, x_n; f](j) = [x_{\nu_0}, \dots, x_{\nu_n}; f](j) \quad \textit{und} \quad [x_0, \dots, x_n](f) = [x_{\nu_0}, \dots, x_{\nu_n}](f)$$

für eine beliebige Permutation $x_{\nu_0}, \dots, x_{\nu_n}$ der $x_0, \dots, x_n$.

4. Satz: *Linearität von Interpolationspolynom und Differenzenquotient bezüglich f:*

$$[x_0, \dots, x_n; \textstyle\sum_\varrho \alpha_\varrho h_\varrho](j) = \sum_\varrho \alpha_\varrho [x_0, \dots, x_n; h_\varrho](j),$$
$$[x_0, \dots, x_n](\textstyle\sum_\varrho \alpha_\varrho h_\varrho) = \sum_\varrho \alpha_\varrho [x_0, \dots, x_n](h_\varrho).$$

Beweis: Zum Beispiel aus der Interpolationsformel von Lagrange, zunächst für $[x_0, \dots, x_n; f](j)$; und dann für $[x_0, \dots, x_n](f)$.

5. Satz: *Der k-te Differenzenquotient eines* Polynoms p_n *von genau dem Grade n ist ein in x_0 ganzrationaler Ausdruck genau vom Grade $n-k$, falls $0 < k \leqq n$; $n \geqq 1$.*

Beweis: In Rücksicht auf Satz 4 genügt es, $p_n := j^n$ zu betrachten und sodann Induktion nach k anzuwenden. – Für $k = 0$ ist die Beh. richtig; sie sei schon für $0 \leqq k \leqq t$ bewiesen. Es ist dann

$[x_0, \dots, x_t](j^n) = bx^{n-t} + b'x^{n-t-1} + \dots$ mit $b \neq 0$, sodaß $[x_0, \dots, x_t, x_{t+1}](j^n) = (t+1)(x_0 - - x_{t+1})^{-1}(bx_0^{n-t} + \dots - bx_{t+1}^{n-t} - \dots) = (t+1)(b(x_0^{n-(t+1)} + x_0^{n-(t+2)}x_{t+1} + \dots) + + b'(x_0^{n-(t+2)} + x_0^{n-(t+3)}x_{t+1} + \dots) + \dots)$ falls $t + 1 \leqq n$.

Bemerkung: Daß in $(t+1)(x_0 - x_{t+1})^{-1}(bx_0^{n-t} + \dots - bx_{t+1}^{n-t} - \dots)$ als Faktor von x_0^{n-t} sowohl wie von x_{t+1}^{n-t} die gleiche Funktion $b := (\{x_1, \dots, x_t)\} \longmapsto \mathbb{R})$ auftritt, folgt aus dem Satz 3. Entsprechendes gilt auch für die übrigen Koeffizienten b' usw.

3.17.2.1 Gemäß 3.17.2 gilt

$$[x_0, \dots, x_n; f](j) = \textstyle\sum_{\nu=0}^n \lambda_\nu N_\nu(j) = (n!)^{-1}[x_0, \dots, x_n](f) j^n + p_{n-1}(j),$$

wobei p_{n-1} ein Polynom von höchstens dem Grade $n-1$ ist. Somit gilt auch

$$[x_0, \dots, x_n; f](j) = (n!)^{-1}[x_0, \dots, x_n](f) N_n(j) + \textstyle\sum_{\mu=1}^{n-1} \lambda_\mu N_\mu(j).$$

Der zweite Summand rechterhand ist aber gleich $[x_0, \dots, x_{n-1}; f](j)$, weil $[x_0, \dots, x_n; f](x_\varrho) = \sum_{\mu=0}^{n-1} \lambda_\mu N_\mu(x_\varrho)$ für $0 \leqq \varrho \leqq n-1$ (wegen $N_n(x_\varrho) = 0$).

Mithin haben wir die **Newtonsche Interpolationsformel**

$$(N) \qquad [x_0, \dots, x_n; f](j) = \textstyle\sum_{\nu=0}^n (\nu!)^{-1}[x_0, \dots, x_\nu](f) N_\nu(j).$$

Bemerkung: Die *Newtonsche* Darstellung (N) des Interpolationspolynoms ist gegenüber z.B. der Lagrangeschen (L) dadurch *ausgezeichnet*, daß *bei Hinzunahme neuer Interpolationsdaten* $(x_{n+1}, f(x_{n+1}))$ usw., also beim Übergang von $(x_0, \ldots, x_n)$ zu $(x_0, \ldots, x_{n+1})$ usw., es nur der Addition der entsprechenden Glieder $((n+1)!^{-1}[x_0, \ldots, x_{n+1}](f)N_{n+1}(j)$ usw. zur rechten Seite von (N) bedarf. – Das gleiche Verhalten zeigt auch die rekursive Konstruktion mittelst der interpolatorischen Grundfunktionen (3.17.2, Satz 1.).

3.17.3 Beziehungen zwischen f und $[x_0, \ldots, x_n; f](j)$ im Definitionsbereich $M := [a; b]$ wurden bisher nur bezüglich der Stützstellen x_ν untersucht (vgl. die Bemerkung am Anfang von 3.17.2). Jetzt soll der ganze Definitionsbereich in Betracht gezogen werden; hierbei kommen insbesondere Approximationseigenschaften zur Geltung (vgl. 3.17.3.1). Wir notieren zunächst den

Ersten Mittelwertsatz für Differenzenquotienten n-ter Ordnung.

Voraussetzung: *Es sei* $1 \leqq k \leqq n$ *und* $M := [a; b]$. *Es besitze* $f: M \longrightarrow \mathbb{R}$ *stetige* $(k-1)$*-te Ableitung* $f^{(k-1)}$ *und außerdem existiere* $f^{(k)}$ *eigentlich oder uneigentlich in* M. – *Es sei* $x_\nu \in M$ *mit* $\nu \in A_n$ *und* $x_\varrho < x_{\varrho+1}$ *für* $0 \leqq \varrho \leqq n-1$.

Behauptung: *Es gibt* $(n-k+1)$ *verschiedene Punkte* $x'_\mu \in M$ *mit* $\underline{m} := \min\{x_0, \ldots, x_n\} < x'_\mu < \bar{m} := \max\{x_0, \ldots, x_n\}$, $0 \leqq \mu \leqq n-k$, *derart, daß* $[x'_0, \ldots, x'_{n-k}](f^{(k)}) = [x_0, \ldots, x_n](f)$.

Beweis: Man setze $p(j) := [x_0, \ldots, x_n; f](j)$ und $d(j) := p(j) - f(j)$. Dann ist $d(x_\nu) = 0$, $0 \leqq \nu \leqq n$. Nach dem Rolleschen Satz (I., 8.6.2) existieren daher x''_ϱ, $0 \leqq \varrho \leqq n-1$, mit $\underline{m} < x''_\varrho < \bar{m}$ und $d'(x''_\varrho) = 0$. Es ist also $p'(x''_\varrho) = f'(x''_\varrho)$ und p', als Polynom von höchstens dem Grade $n-1$, gleich $[x''_0, \ldots, x''_{n-1}; f'](j)$ mit $((n-1)!)^{-1}[x''_0, \ldots, x''_{n-1}](f')$ als Koeffizienten von j^{n-1} (gemäß 3.17.2). Andererseits ist $((n-1)!)^{-1}[x''_0, \ldots, x''_{n-1}](f)$ der Koeffizient von j^{n-1} in p'. Somit ist $[x''_0, \ldots, x''_{n-1}](f') = [x_0, \ldots, x_n](f)$. Damit ist die Beh. für $k = 1$ bewiesen. Induktiv schließend wendet man auf die linke Seite der letzten Gleichung die gleichen Schlüsse an wie vorher auf die rechte und erhält dann die Beh. für $k = 2$ usw. Im Falle $k = n$ gibt der 1. Mittelwertsatz

$$(F) \qquad f^{(n)}(x'_0) = [x_0, \ldots, x_n](f);$$

wir zeigen, daß ein solches $z' := x'_0$ sich für $(x_0, \ldots, x_n) \rightsquigarrow (z', \ldots, z')$ vom arithmetischen Mittel der $x_0, \ldots, x_n$ nur um ein Glied von höherer als 1-ter Ordnung unterscheidet. Genauer:

Satz: Voraussetzung: (1) *Es sei* $M := [a; b]$, *ferner* $h > 0$, $c > 0$ *und* $x' \in \underline{M}$ *mit* $\underline{J} := (x' - h; x' + h)$. *Weiter sei* $x_\nu \in \underline{J}$, $\nu \in A_n$, $n \geqq 1$, *mit* $ch \leqq x_{\varrho+1} - x_\varrho$, $\varrho = 0, 1, \ldots, n-1$. – (2) *Es sei* $f: M \longrightarrow \mathbb{R}$ *n-mal eigentlich differenzierbar in* M *sowie* $(n+1)$*-mal eigentlich differenzierbar in* x' *mit* $f^{(n+1)}(x') \neq 0$. – (3) *Es sei* $f^{(n)}(z') = [x_0, \ldots, x_n](f)$ (vgl. (F)), *wobei also* $z' \in (x_0; x_n)$ *Funktion der* $x_0, \ldots, x_n$.

Behauptung: *Bei festem* $c>0$ *gilt* $z'=(n+1)^{-1}(x_0+\dots+x_n)+\eta h$ *mit* $0=\lim_{h\to 0}\eta$.

Zusatz: (1) *Ist* f *ein Polynom von (genau) dem Grade* $n+1$, *so gilt die Gleichung* $z'=(n+1)^{-1}(x_0+\dots+x_n)$. – (2) *Es ist* $0<c<2n^{-1}$.

Anleitung zum Beweis: Es sei $s:=x_0+\dots+x_n$ und (o.B.d.A.) $x'=0$.
(I) Ist f ein Polynom vom Grade $n+1$, etwa $p:=(x\longmapsto a_{n+1}x^{n+1}+a_nx^n+\dots)$ mit $a_{n+1}\neq 0$, so gilt

(I 1) $$[x_0,\dots,x_n](p)=n!\,(a_{n+1}s+a_n);$$

denn $[x_0,\dots,x_n](x^r)=0$ für $0\leqq r\leqq n-1$ bzw. $=n!$ für $r=n$ bzw. $=n!s$, wie aus 3.17.2, Satz 5., folgt
(II) Ist $t_{n+1}:=(x\longmapsto t_{n+1}(x)=t_{n+1}(f;x;0))$ das Taylorpolynom $(n+1)$-ten Grades von f an der Stelle $0\ (=x')$, so gilt (gemäß I., 8.9.4, Satz 1)

(II 1) $$R_{n+1}\in o(h^{n+1}) \qquad \text{für } x\in J, \text{ wobei}$$

(II 2) $$f=t_{n+1}+R_{n+1}.$$

(III) Differentiation von (II 2) nach x ergibt im Hinblick auf die Definition von t_{n+1}

(III 1) $$f^{(n)}(z')=f^{(n)}(0)+f^{(n+1)}(0)z'+B \quad \text{mit} \quad B:=(R_{n+1})^{(n)}(z').$$

Andererseits folgt aus (II 2), (I 1) und $[x_0,\dots,x_n](f)=f^{(n)}(z')$

(III 2) $$\begin{aligned} f^{(n)}(z')&=[x_0,\dots,x_n](f)=[x_0,\dots,x_n](t_{n+1})+A=\\ &=n!(((n+1)!)^{-1}f^{(n+1)}(0)s+(n!)^{-1}f^{(n)}(0))+A \end{aligned}$$

wobei
$$A:=[x_0,\dots,x_n](R_{n+1}).$$

Aus (III 1) und (III 2) folgt $f^{(n+1)}(0)((n+1)z'-s)=(n+1)(A-B)$. Die Beh. des Satzes ist also richtig, wenn $A\in o(h)$ und $B\in o(h)$.
(IV) *Betr.* $A\in o(h)$. Gemäß 3.17.2, (L), ist $A=\sum_{\nu=0}^{n}R_{n+1}(x_\nu)(q'(x_\nu))^{-1}$. Wegen Vor. (1) ist aber $q'(x_\nu)\geqq(ch)^n$, sodaß wegen (II 1) $A\in o(h)$.
(V) *Betr.* $B\in o(h)$. Gemäß der Definition von $f^{(n+1)}(0)$ ist $f^{(n)}(z')=f^{(n)}(0)+f^{(n+1)}(0)z'+Q_n$ mit $Q_n\in o(h)$.
Der Vergleich mit (III 1) zeigt, daß

$$(R_{n+1})^{(n)}=Q_n\in o(h).$$

3.17.3.1 Die Werte des Interpolationspolynoms $[x_0,\dots,x_n;f](j)$ stimmen zwar mit den Werten von f im allgemeinen nur für $x=x_\nu$, $\nu\in A_n$, überein, liefern aber je nach der Größe von $|f(x)-[x_0,\dots,x_n;f](x)|$ eine mehr oder minder gute Approximation von $f(x)$ durch $[x_0,\dots,x_n;f](x)$. Wir setzen

$$f(j) = [x_0, \ldots, x_n; f](j) + R(j; x_0, \ldots, x_n; f)$$

und bezeichnen $R := R(j; x_0, \ldots, x_n; f)$ als **Rest (Restglied)**.

Eine einfache *Darstellung von R als Differenzenquotient* ergibt sich so: Neben den $n+1$ Gleichungen $[x_0, \ldots, x_n; f](x_\nu) = f(x_\nu), 0 \leqq \nu \leqq n$, gilt nach obigem noch $[x_0, \ldots, x_n; f](x') + R(x'; x_0, \ldots, x_n; f) = f(x')$. Aus $R(x_\nu; x_0, \ldots, x_n; f) = 0$ (d.h. aus den ersten $n+1$ Gleichungen sowie aus 3.17.2.1, insbesondere Bemerkung, folgt aber

$$R(x'; x_0, \ldots, x_n; f) = ((n+1)!)^{-1} [x_0, \ldots, x_n](f) N_{n+1}(x')$$

mit $N_{n+1}(j) = (j - x_0) \ldots (j - x_n)$. Es gilt also der

1. Satz: *In* $f(x') = \sum_{\nu=0}^{n} (\nu!)^{-1} [x_0, \ldots, x_\nu](f)(x' - x_0) \ldots (x' - x_{\nu-1}) + R$ *ist das Restglied* $R = R(x'; x_0, \ldots, x_n; f) = ((n+1)!)^{-1} [x_0, \ldots, x_n, x'](f)(x' - x_0) \ldots (x' - x_n)$.

Zusatz: Ist $f|[a; b]$ n-mal stetig differenzierbar in $[a; b]$, ferner f $(n+1)$-mal eigentlich oder uneigentlich differenzierbar in $(a; b)$, so existiert $\chi \in (a; b)$ mit

$$R(x'; x_0, \ldots, x_n; f) = ((n+1)!)^{-1} f^{(n+1)}(\chi)(x' - x_0) \ldots (x' - x_n).$$

Es ist sogar $\min\{x_0, \ldots, x_n, x'\} < \chi < \max\{x_0, \ldots, x_n, x'\}$.

Beweis *betr. den Zusatz*: Ergibt sich aus 3.17.3 (Mittelwertsatz) für $x' = x_{n+1}$ und $k = n+1$.

2. Satz: *Es ist* $f: [a; b] \longrightarrow \mathbb{R}$ *ein Polynom von höchstens dem Grade k genau dann, wenn der* $(k+1)$*-te Differenzenquotient* $[x, x_0, \ldots, x_k](f) = 0$ *ist für alle, von den* x_ν *verschiedenen* $x \in [a; b]$ (gilt dies für ein System $(x_0, \ldots, x_n)$, so für alle Systeme von einander verschiedener $x_\kappa \in [a; b]$, $\kappa \in A_k$).

Beweis: Aus dem 1. Satz.

Wir beweisen noch eine für später benötigte Formel für die *Differenz zweier Differenzenquotienten*.

3. Satz: Voraussetzung. *Es sei* $\mu, \nu \in A_{n-1}, n \geqq 1$; *ferner sei* $M := [a; b]$ *und* $x_\mu, x'_\nu \in M$ *mit* $x_\mu \neq x_\nu$ *und* $x'_\mu \neq x'_\nu$ *für* $\mu \neq \nu$. *Außerdem sei* $x_\mu \neq x'_\nu$ *für* $\mu < \nu$. *Es sei* $f: M \longrightarrow \mathbb{R}$.

Behauptung: *Die Differenz der beiden* $(n-1)$*-ten Differenzenquotienten von f, gebildet für die* x_μ *bzw. die* x'_ν *ist darstellbar als lineare Verbindung von n-ten Differenzenquotienten von f, gebildet für die* $(n+1)$*-tupel* $(x_0, \ldots, x_\nu, x'_\nu, x'_{\nu+1}, \ldots, x'_{n-1})$; *es gilt nämlich*

$$(G_{n-1}) \qquad [x_0, \ldots, x_{n-1}](f) - [x'_0, \ldots, x'_{n-1}](f) = n^{-1} \left(\sum_{\nu=0}^{n-1} (x_\nu - x'_\nu)[x_0, \ldots, x_\nu, x'_\nu, x'_{\nu+1}, \ldots, x'_{n-1}](f)\right)$$

mit der Verabredung, *daß in* (G_{n-1}) *rechterhand alle Summanden gleich Null zu setzen sind, in welchen der Faktor* $(x_\nu - x'_\nu)$ *Null ist.*

Zusatz: Die Voraussetzung, daß $x_\mu \neq x'_\nu$ für $\mu < \nu$ sei, ist erforderlich, damit die in (G_{n-1}) rechterhand auftretenden n-ten Differenzenquotienten existieren. Im Grunde bedeutet aber diese Voraussetzung keine Beschränkung der Allgemeinheit; denn durch geeignete Permutation der x_μ, x'_ν läßt sich stets erreichen, daß die Voraussetzung erfüllt wird.

Beweis: (1) *Betr. den Zusatz.* Zu gegebenen $(x_0, \dots, x_n)$, $(x'_0, \dots, x'_n)$ erhält man eine Permutation der x_ν, x'_ν von der gewünschten Art so: Ist $x_\mu \neq x'_\nu$ für alle μ, ν, so bedarf es keiner Permutation. Andernfalls existiert eine größte Anzahl t mit $1 \leqq t \leqq n$ derart, daß t der x_μ gleich t der x'_ν sind; nach geeigneten Permutationen der x_μ und x'_ν ist dann $x_\mu = x'_\mu$ für $0 \leqq \mu \leqq t-1$, sowie $x_\mu \neq x'_\nu$ für alle $\mu = 0, \dots, n$ und alle ν mit $t \leqq \nu \leqq n$. Weil alle x_μ bzw. alle x'_ν untereinander verschieden sind, folgt $x_\mu \neq x'_\nu$ für alle $\mu < \nu$.
(2) *Betr. die Beh.* (des 3. Satzes). Gemäß der induktiven Definition der Differenzenquotienten (3.17.2, Satz 2.) gilt zunächst

$$[x_0, \dots, x_{n-2}, x_{n-1}](f) = [x_0, \dots, x_{n-2}, x'_{n-1}](f) + n^{-1}(x_{n-1} - x'_{n-1}) \\ [x_0, \dots, x_{n-2}, x_{n-1}, x'_{n-1}](f)$$

$$[x_0, \dots, x_{n-2}, x'_{n-1}](f) = [x_0, \dots, x_{n-3}, x_{n-2}, x'_{n-2}, x'_{n-1}](f) + n^{-1}(x_{n-2} - x'_{n-2}) \\ [x_0, \dots, x_{n-3}, x_{n-2}, x'_{n-2}, x'_{n-1}](f)$$

....

$$[x_0, \dots, x_{t-1}, x_t, x'_{t+1}, \dots, x'_{n-1}](f) = \\ [x_0, \dots, x_{t-1}, x'_t, x'_{t+1}, \dots, x'_{n-1}](f) + n^{-1}(x_t - x'_t)[x_0, \dots, x_{t-1}, x_t, x'_t, x'_{t+1}, \dots, x'_{n-1}](f)$$

Addition dieser Gleichungen führt zu (G_{n-1}), wobei die Glieder mit $x_\nu - x'_\nu = 0$ schon fehlen.

3.18. Freier und gebundener Limes von Differenzenquotienten n-ter Ordnung

3.18.1 Für ein in $J := [a; b]$ differenzierbares $f: J \longrightarrow \mathbb{R}$ ist die Stetigkeit der Ableitung f' in $x_0 \in J$ gleichbedeutend mit der Existenz des „freien" Limes des Differenzenquotienten 1. Ordnung, kürzer des 1-ten Differenzenquotienten $[x'x''](f)$ von f in x_0, nämlich bei *beliebig* gegen x_0 konvergierenden x', x'' (mit $x' \neq x''$) (Bew. als Aufg. etwa mit Hilfe von I., 8.6.1). Diese Tatsache ist spezieller Fall eines entsprechenden Zusammenhanges zwischen der Stetigkeit der n-ten Ableitung von f in x_0 und der Existenz des „freien" Limes des n-ten Differenzenquotienten ($n \geqq 1$) von f. Der Beweis hierfür sowie für andere, diesem Fragekreis zugehörige Sätze soll nachstehend erbracht werden.

3.18.1.1 Vorausgeschickt seien die folgenden Bemerkungen: Gemäß 3.17.3.1 gilt für $f: J \longrightarrow \mathbb{R}$ mit $J := [a; b]$ die Darstellung

$$f(x') = \sum_{\nu=0}^{n} (\nu!)^{-1} [x_0 \dots x_\nu](f)((x' - x_0) \dots (x' - x_{\nu-1}) + R, \qquad n \geqq 0,$$

wobei

$$R := ((n+1)!)^{-1}[x_0 \dots x_n x'](f)(x'-x_0)\dots(x'-x_n).$$

Beachtet man, daß für $\nu = 0$ der Summand rechterhand gleich $f(x_0)$ ist, und löst man die vorstehende Gleichung nach $[x_0 \dots x_n x'](f)$ auf, so folgt

$$[x_0 \dots x_n x'](f) = (n+1)!([x' x_0](f) - p_{n-1}(f; x'; x_0, \dots, x_n)) \cdot ((x'-x_1)\dots(x'-x_n))^{-1};$$

dabei ist p_{n-1} ein Polynom in x' von höchstens dem Grade $(n-1)$. In (1) konvergiert aber die rechte Seite (eigentlich oder uneigentlich) für $x' \rightsquigarrow x_0$ genau dann, wenn $\lim_{x' \rightsquigarrow x_0} [x' x_0](f)$, d.h. wenn und nur wenn $f'(x_0)$ existiert. Setzt man (falls der Limes existiert)

$$[x_0 x_0 x_1 \dots x_n](f) := \lim_{x' \rightsquigarrow x_0} [x' x_0 \dots x_n](f),$$

so gilt also, für $n \geqq 1$:

(1′) $$[x_0 x_0 \dots x_n](f) = (n+1)!(f'(x_0) - p_{n-1}(f; x_0; x_0, \dots, x_n)) \cdot ((x_0-x_1)\dots(x_0-x_n))^{n-1};$$

und für $n=0$: $[x_0 x_0](f) = f'(x_0)$.

Man bezeichnet $[x_0 x_0 x_1 \dots x_n](f)$ als eine (von f und $x_0, x_1, \dots, x_n$ abhängige) **Grenzsteigung n-ter Ordnung** von f in x_0. Dabei wird, entsprechend der Symmetrie von $[x, x_0 \dots x_n](f)$ in den $x, x_0, \dots, x_n$, diese *Symmetrie auch für die Grenzsteigung postuliert*, also gefordert $[x_0 x_0 x_1 \dots x_n](f) := [x'_0 x'_1 \dots x'_{n+1}](f)$ für jede Permutation

$$x'_0 x'_1 \dots x'_{n+1} \quad \text{der} \quad x_0 x_0 x_1 \dots x_n.$$

Um zwei einfache Darstellungen für Grenzsteigungen zu erhalten, notieren wir die beiden Folgerungen aus der induktiven Definition von $[x, x_0 \dots x_n](f)$:

(2) $$[x, x_0 \dots x_n](f) = (n+1)(x-x_0)^{-1}([x, x_1 \dots x_n](f) - [x_0 x_1 \dots x_n](f))$$

(3) $$\begin{gathered}[x_\nu x_0 \dots x_{\nu-1} x x_{\nu+1} \dots x_n](f) = (n+1)(x_1-x_0)^{-1} \cdot \\ \cdot ([x_\nu x_1 x_2 \dots x \dots x_n](f) - [x_\nu x_0 x_2 \dots x \dots x_n](f)).\end{gathered}$$

Für $x \rightsquigarrow x_0$ bzw. $x \rightsquigarrow x_\nu$ folgen, falls die betr. Limiten existieren, aus (2) und (3):

(2′) $$[x_0 x_0 x_1 \dots x_n](f) = (n+1)(d[x_\nu x_1 x_2 \dots x \dots x_n](f)/dx)_{x=x_0}.$$

(3′) $$\begin{gathered}[x_\nu x_0 \dots x_\nu \dots x_n](f) = \\ = (n+1)(x_1-x_0)^{-1}([x_\nu x_1 x_2 \dots x_\nu \dots x_n](f) - [x_\nu x_0 x_2 \dots x_\nu \dots x_n](f)), \quad 0 \leqq \nu \leqq n.\end{gathered}$$

Aus (1′), (2′), (3′) entnimmt man unmittelbar den

1. Satz: Voraussetzung. *Es sei $D := [a; b]$ und $f: D \longrightarrow \mathbb{R}$ ferner $x_\nu \in D$ mit $x_\nu \neq x_\tau$ für $\nu \neq \tau$; $\nu, \tau = 0, \dots, n$; $n \geqq 0$.*

Behauptung: **A.** *Folgende Aussagen sind gleichwertig:*

I. *Es ist f in x_0 (eigentlich oder uneigentlich) differenzierbar nach x;*

II. *Es ist* $(x \longmapsto [xx_1 \dots x_n](f))$ *in* x_0 *(eigentlich oder uneigentlich) differenzierbar (nach* x*)*;
III. *Es existiert die Grenzsteigung* $[x_0x_0x_1 \dots x_n](f)$ *in* x_0 *(eigentlich oder uneigentlich)*;
(IV) *Es kann* $(x \longmapsto [xx_0 \dots x_n](f))$ *(wobei* $x \neq x_\nu$, $\nu = 0, \dots, n$*) erweitert werden zu einer in* x_0 *stetigen Funktion.*
B. *Die Grenzsteigung* $[x_0x_0x_1 \dots x_n](f)$ *ist gleich dem* $(n+1)$*-fachen der Ableitung von* $(x \longmapsto [xx_1 \dots x_n](f))$ *in* x_0 *nach* x.
C. *Jede Grenzsteigung n-ter Ordnung ist darstellbar als das* $(n+1)$*-fache des Differenzenquotienten (erster Ordnung) zweier Differenzenquotienten* $(n-1)$*-ter Ordnung.*
Mit Hilfe von (3′) ergibt sich überdies die folgende Beziehung zwischen den Grenzsteigungen n-ter Ordnung von f und dem Differenzenquotienten n-ter Ordnung von f':

2. Satz: Voraussetzung: (1) *Wie im* 1. *Satz.* – (2) *Es sei* f *eigentlich differenzierbar in jedem der Punkte* x_ν, $\nu = 0, 1, \dots, n$; $x_\nu \neq x_\tau$ *für* $\nu \neq \tau$; $n \geqq 0$.

Behauptung: $(n+1)[x_0x_1 \dots x_n](f') = \sum_{\nu=0}^{n} [x_\nu x_0 x_1 \dots x_n](f)$.

Beweis: Induktion. Für $n=0$ ist $[x_0](f') = f'(x_0) = [x_0x_0](f)$. – Der Bew. sei schon für alle k mit $0 \leqq k < n$ erbracht. Dann gilt zunächst
$(n+1)\ \ [x_0x_1 \dots x_n](f') = n(n+1)([x_1x_2 \dots x_n](f') - [x_0x_2 \dots x_n](f'))(x_1 - x_0)^{-1}$.

Da für die beiden Glieder in der runden Klammer rechterhand die Beh. richtig ist, ergibt sich für ihre Differenz D nach Hinzufügung von $[x_0x_1 \dots x_n](f) - [x_1x_0 \dots x_n](f) = 0$, daß

$$D = \sum_{\nu=0}^{n}([x_\nu x_1 x_2 \dots x_n](f') - [x_\nu x_0 x_2 \dots x_n](f)).$$

Multipliziert man D mit $(x_1 - x_0)^{-1}$ und wendet (3′) (für $n-1$) auf die so entstehenden Differenzenquotienten 1-ter Ordnung von Differenzenquotienten $(n-1)$-ter Ordnung an, so ergibt sich die Beh. für $k = n$.
Aus dem 2. Satz ergibt sich der, für den Fall der 1. Ableitung formulierte

3. Satz: Zweiter Mittelwertsatz für Differenzenquotienten n-ter Ordnung.

Voraussetzung. (1) *Es sei* $f: [a; b] \longrightarrow \mathbb{R}$ *und* $x_\nu \in [a; b]$ *mit* $x_\nu < x_\varrho$ *für* $\nu < \varrho$; $\nu, \varrho = 0, \dots, n$; $n \geqq 2$. – (2) *Es existiere* $f'(x_\nu) \in \mathbb{R}$ *für* $\nu = 0, \dots, n$.

Behauptung: *Es existiert ein* $\xi \in (x_0; x_n)$ *mit* $[x_0x_1 \dots x_n](f') = [\xi x_0 x_1 \dots x_n](f)$.

Beweis: Gemäß Satz 1. existiert die stetige Erweiterung $g: [a; b] \longrightarrow \mathbb{R}$ von $(x \longmapsto [xx_0 \dots x_n](f))$, wobei $x \in [a; b] \setminus (\bigcup_{\nu=0}^{n} \{x_\nu\})$. Und zufolge des 2. Satzes gilt

$$(n+1)\alpha := (n+1)[x_0x_1 \dots x_n](f')) = \sum_{\nu=0}^{n} g(x_\nu),$$

sodaß $\min\{g(x_\nu): \nu = 0, \dots, n\} \leqq \alpha \leqq \max\{g(x_\nu): \nu = 0, \dots, n\}$. Gilt hier eines der Gleichheitszeichen, so gelten beide und es sind alle $g(x_\nu)$ gleich, also $[x_0x_1 \dots x_n](f') = g(x_1) =$

$[x_1 x_0 x_1 \dots x_n](f)$. Andernfalls existiert wegen der Stetigkeit von g ein $\xi \in (x_0; x_n)$ der gewünschten Art.

Anmerkung: Unter Umständen ist $\xi = x_\nu$ (vgl. den Beweis).

3.18.1.2 Im Interesse einer der Sachlage angemessenen *Bezeichnung* verabreden wir folgendes:
Für $D \subset \mathbb{R}$, etwa $D := [a; b]$, sei $k \geqq 1$ und

$$z := (x_0, \dots, x_k) \quad \text{und} \quad D^{k+1} := \{z : x_\kappa \in D \wedge \kappa = 0, 1, \dots, k\},$$
$$E^{k+1} := E^{k+1}(D) := \{z : z \in D^{k+1} \wedge x_\kappa \neq x_\tau \quad \text{für} \quad \kappa \neq \tau;\ \kappa, \tau = 0, \dots, k\},$$
$$E^k(c) := \{z : z \in E^{k+1}(D) \wedge x_0 = c\} \quad \text{für} \quad c \in D,$$
$$E_{k+1} := E_{k+1}(D) := \{z : z = (c, \dots, c) \in D^{k+1}\}.$$

Für $f: D \rightarrow \mathbb{R}$ liefert dann der k-te Differenzenquotient $[x_0 \dots x_k](f)$ von f eine Abbildung $Q_k(f): E^{k+1}(D) \rightarrow \mathbb{R}$ mit $(z = (x_0, \dots, x_k) \mapsto Q_k(f; z) := [x_0 \dots x_k](f))$. Demgemäß bezeichnen wir den k-ten Differenzenquotienten $Q_k(f)$ von f für D als **beschränkt** *in* E^{k+1} bzw. in $E^k(c)$ und sprechen im letzteren Falle auch von c-**Beschränktheit**, wenn

$$\bigvee_{p \in \mathbb{R}^+} \bigwedge_{z \in E^{k+1}} |Q_k(f; z)| \leqq p \qquad \text{bzw.}$$
$$\bigvee_{p(c) \in \mathbb{R}^+} \bigwedge_{z_c \in E^k(c)} |Q_k(f; z_c)| \leqq p(c).$$

Zunächst ergibt sich der

1. Satz: Voraussetzung. *Es sei* $D := [a; b]$ und $f: D \rightarrow \mathbb{R}$. *Es sei* $n \geqq 1$.

Behauptung: (1) *Ist der n-te Differenzenquotient $Q_n(f)$ von f c-beschränkt mit der Schranke $p_n(c)$, so genügt der $(n-1)$-te Differenzenquotient $Q_{n-1}(f)$ der Ungleichung*

$$\bigwedge_{z_c \in E^{n-1}(c)} \bigwedge_{z \in E^n} |Q_{n-1}(z_c) - Q_{n-1}(z)| \leqq p_n(c) \cdot |z_c - z|;$$

insbesondere folgt die Beschränktheit von $Q_{n-1}(f)$ aus der c-Beschränktheit von $Q_n(f)$ für ein $c \in D$.
(2) *Ist $Q_n(f)$ beschränkt mit der Schranke p, so ist $Q_{n-1}(f)$ dehnungsbeschränkt mit der Dehnungsschranke p_n.*

Zusatz: Bei $n \geqq 2$ und c-beschränktem $Q_n(f)$ ist $Q_k(f)$ für $k \leqq n-2$ dehnungsbeschränkt und f ist in $x = c$ eigentlich frei differenzierbar.

Beweis: *Betr. Beh.* (1). Es sei $z_c := (c, x_1, \dots, x_{n-1})$, $z := (y_0, y_1, \dots, y_{n-1})$. Aus 3.17.3.1, Satz 3., folgt

$$(1') \qquad |Q_{n-1}(f; z_c) - Q_{n-1}(f; z)| \leqq n^{-1} p_n(c)(|c - y_0| + \textstyle\sum_{\varrho=1}^{n-1} |x_\varrho - y_\varrho|).$$

Die in (1') rechterhand stehende Summe ist aber nicht größer als z. B. $n|z_c - z|$, sodaß aus

(1′) folgt

(1″) $$|Q_{n-1}(f; z_c) - Q_{n-1}(f; z)| \leqq p_n(c) \cdot |z_c - z|$$

und zwar für beliebige $z_c \in E^{n-1}(c)$, $z \in E^n$. – Gemäß (1″) gilt ferner für die gleichen z_c, z

$$|Q_{n-1}(f; z)| \leqq |Q_{n-1}(f; z_c)| + p_n(c) \cdot |z_c - z|,$$

insbesondere also für beliebiges $z \in E^n$ und festes z_c. Es ist aber z. B. $|z_c - z| \leqq n(b-a)$, woraus die Beschränktheit von $Q_{n-1}(f)$ in E^n folgt.

Betr. Beh. (2). Ist $Q_n(f)$ sogar beschränkt (nicht nur c-beschränkt) in E^{n+1}, so gilt (1′) für beliebiges c mit von c unabhängigem p_n (statt $p_n(c)$), also

$$\bigwedge_{z', z \in E^{n+1}} |Q_{n-1}(f; z') - Q_{n-1}(f; z)| \leqq p_n(f) |z' - z|.$$

Betr. Zusatz: Unter der Vor. des Zusatzes ist $Q_{n-1}(f)$ beschränkt (gemäß Beh. (1)), also $Q_{n-2}(f)$ dehnungsbeschränkt (gemäß Beh. (2)). Durch Induktion nach absteigendem n ergibt sich die Beh. des Zusatzes, weil aus der Dehnungsbeschränktheit einer Abbildung deren Beschränktheit (bei beschränktem D) folgt. Für $n=2$ ergibt sich aus (1′), daß

(1⁺) $$|[x_1 c](f) - [y_1 y_0](f)| \leqq 2^{-1} p_n(c)(|c - y_0| + |x_1 - y_1|).$$

Für $y_0 = c$ folgt (wegen $|x_1 - y_1| \leqq |c - x_1| + |c - y_1|$), daß

$$|[x_1 c](f) - [y_1 c](f)| \leqq 2^{-1} p_n(c)(|x_1 - c| + |y_1 - c|),$$

woraus nach dem allgemeinen Konvergenzprinzip (vgl. I., 6.2.1.2) angewandt auf $(x \mapsto [xc](f))$ die Existenz von $f'(c) = \lim_{x \rightsquigarrow c} [xc](f)$ folgt. Daher ergibt (1⁺) nach Ausführung des Grenzüberganges $x_1 \rightsquigarrow c$, daß $|f'(c) - [y_0 y_1](f)| \leqq 2^{-1} p_n(c)(|c - y_0| + |c - y_1|)$, also die freie Differenzierbarkeit von f in $x = c$.
Mit Hilfe der vorangehenden Sätze erhält man zunächst den

2. Satz: Voraussetzung. *Es sei* $D := [a; b]$ *und* $f: D \to \mathbb{R}$ *sowie* $n \geqq 1$.

Behauptung: (I) *Die beiden folgenden Aussagen sind gleichwertig:* (1) *Es ist* $Q_n(f)$ *beschränkt (in* $E^{n+1}(D)$*).* – (2) *Es ist* f $(n-1)$*-mal stetig differenzierbar in D und die ausgezeichneten Deriviertenfunktionen von* $f^{(n-1)}$ *sind beschränkt in D.*
(II) *Ist* $\bar{\alpha}$ *die obere Grenze von* $Q_n(f)$ *bzw.* $\bar{\beta}$ *die obere Grenze der ausgezeichneten Deriviertenfunktionen von* $f^{(n-1)}$*, so gilt im Falle der Beh.* (I) (1) *oder* (I) (2) $\bar{\alpha} = \bar{\beta}$.

Zusatz: Entsprechend sind im Falle der Beh. (I) (1) gleich: Die untere Grenze $\underline{\alpha}$ des $Q_n(f)$ und $\underline{\beta}$ der ausgezeichneten Deriviertenfunktionen von $f^{(n-1)}$.

Anmerkung: Betr. $n=1$. Gemäß I., 8.5.1, ist f als 0-mal stetig differenzierbar in D zu bezeichnen, wenn f in D stetig ist.

Beweis: *Betr. Beh.* (I). – (A) *Für* $n=1$ ist die Beh. richtig. In der Tat: Aus (1) folgt (2), weil (gemäß Satz 1) f dehnungsbeschränkt, also stetig und mithin (vgl. Anmerkung) 0-mal stetig differenzierbar ist. Aus dem gleichen Satz folgt, daß auch (2) die Beh. (1) nach sich zieht. Daß $\bar{\alpha}=\bar{\beta}$ ist, folgt aus dem Schrankensatz (3.16.4.1), ebenso $\underline{\alpha}=\underline{\beta}$. (B) Für $n \geqq 2$ schließt man induktiv, nimmt also die Gültigkeit der Beh. (I) als für $1 \leqq n < m$ schon bewiesen an ($m \geqq 2$).

(B') *Aus* (1) *folgt* (2), und zwar (2) zunächst nur mit $\bar{\beta} \leqq \bar{\alpha}$ (statt $\bar{\alpha}=\bar{\beta}$) und mit $\underline{\alpha} \leqq \underline{\beta}$. Es sei also $\underline{\alpha} \leqq Q_n(f)=[x_0x_1 \ldots x_m](f) \leqq \bar{\alpha}$. Gemäß Satz 1, Zusatz, ist f eigentlich frei, also stetig differenzierbar, Anwendung des zweiten Mittelwertsatzes (3.18.1.1, Satz 3.) liefert $\underline{\alpha} \leqq \underline{\alpha}' \leqq Q_{m-1}(f') \leqq \bar{\alpha}' \leqq \bar{\alpha}$, wobei $\underline{\alpha}'$ bzw. $\bar{\alpha}'$ die untere bzw. obere Grenze von $Q_{m-1}(f')$ bezeichnet. Es ist also $Q_{m-1}(f')$ beschränkt. Nach Induktionsannahme gilt (2) für f', sodaß $f^{(m-1)}=(f')^{(m-2)}$ existiert und stetig in D ist; außerdem gilt (wieder nach Induktionsannahme) $\underline{\alpha}'=\underline{\beta}$ und $\bar{\alpha}'=\bar{\beta}$, also $\underline{\alpha} \leqq \underline{\beta}$ und $\bar{\beta} \leqq \bar{\alpha}$.

(B'') *Aus* (2) *folgt* (1), und zwar (1) zunächst mit $\underline{\beta} \leqq \underline{\alpha}$ und $\bar{\alpha} \leqq \bar{\beta}$. Da nach Annahme $f^{(m-1)}=(f')^{(m-2)}$ stetig in D ist und die ausgezeichneten Deriviertenfunktionen von $(f')^{(m-2)}$ beschränkt sind, gilt (1) für f' (gemäß Induktionsannahme); es ist also $Q_{m-1}(f')$ beschränkt, etwa mit $\underline{\beta}'$ bzw. $\bar{\beta}'$ als unterer bzw. oberer Grenze, wobei $\underline{\beta}'=\underline{\beta}$, $\bar{\beta}'=\bar{\beta}$. Aus dem 1. Mittelwertsatz (3.17.3) für $k=1$ folgt $\underline{\beta}' \leqq \underline{\alpha} \leqq Q_m(f) \leqq \bar{\alpha} \leqq \bar{\beta}'$. Es ist also $Q_m(f)$ beschränkt mit $\underline{\beta} \leqq \underline{\alpha}$, $\bar{\alpha} \leqq \bar{\beta}$, *Betr. Beh.* (II). Gilt der Satz für $1 \leqq n < m$, so ist für $n=m$ zufolge (A) und (B): $\underline{\alpha} \leqq \underline{\beta} \leqq \underline{\alpha}$ und $\bar{\beta} \leqq \bar{\alpha} \leqq \bar{\beta}$, mithin $\underline{\alpha}=\underline{\beta}$ und $\bar{\alpha}=\bar{\beta}$. (Dabei ist benutzt, daß der Satz für $n<2$ gilt).

3.18.2 *Freier Limes des n-ten Differenzenquotienten.*

Es sei jetzt $z_0 \in E_{n+1}(D)$, also $z_0 := (c, \ldots, c)$, $c \in D$. Existiert in $E^{n+1}(D)$ der totale Limes $\lim_{z \rightsquigarrow z_0} Q_n(f; z)$ des n-ten Differenzenquotienten $Q_n(f)$ von f in $D := [a; b]$, wobei also $z \in E^{n+1}(D)$ ist, so sagen wir, es existiere der **freie Limes von** $Q_n(f)$ *in* z_0 und sprechen von **freier Konvergenz** des $Q_n(f)$ für $z \rightsquigarrow z_0$. *Für* $n=1$ ist die freie Konvergenz von $Q_1(f)$ in $z_0 := (x_0, x_0)$ gleichbedeutend mit der *freien Differenzierbarkeit von* f in x_0.

Anmerkung: Die in den folgenden Nummern zu besprechenden Sätze betr. die Existenz von Limiten von Differenzenquotienten und die Existenz von Ableitungen von Funktionen gehören – unter anderem – zum Kreis der Fragen nach Beziehungen zwischen den „k-fachen" Grenzsteigungen von f und den Ableitungen von f.

Allgemein gilt nun der

1. Satz: Vom freien Limes des n-ten Differenzenquotienten.

Voraussetzung: *Es sei* $D := [a; b]$ *und* $f: D \longrightarrow \mathbb{R}$, *ferner* $c \in D$ *und* $n \geqq 1$.

Behauptung: *Folgende beiden Aussagen sind gleichwertig:*

(I) *In* $z_0 := (c, \ldots, c) \in E_{n+1}(D)$ *existiert der* freie *Limes des n-ten Differenzenquotienten* $Q_n(f)$ *mit* $s = \lim_{z \rightsquigarrow z_0} Q_n(f; z) \in \mathbb{R}$;

(II) *In einer Umgebung von* $x=c$ *ist* f *(eigentlich)* $(n-1)$*-mal stetig differenzierbar. Die ausgezeichneten Deriviertenfunktionen von* $f^{(n-1)}$ *sind stetig in* $c\in D$ *mit dem Wert* $s\in\mathbb{R}$; *und zwar ist* $f^{(n-1)}$ *in* c *frei differenzierbar mit* $f^{(n)}(c)=s$.

Hinweis: Es bedeutet 0-malige stetige Differenzierbarkeit von f in c soviel wie Stetigkeit des (endlichen) f in c.

Beweis: *Aus* (I) *folgt* (II). Wegen der Existenz des freien Limes mit dem Wert s in z_0 ist $Q_n(f)$ beschränkt in der Umgebung U von z_0. Zufolge des 2. Satzes in 3.18.1.2 existiert somit $f^{(n-1)}$ und ist stetig in einer Umgebung von $x=c$ in D, in welcher die ausgezeichneten Deriviertenfunktionen von $f^{(n-1)}$ die gleiche untere bzw. obere Grenze besitzen wie $Q_n(f)$. Diese Grenzen sind aber bei hinreichend kleinem U beliebig wenig von s verschieden. Daher konvergieren diese Deriviertenfunktionen für $x\rightsquigarrow c$ gegen s, sodaß (vgl. den eben zitierten Satz) die (eigentliche) freie Ableitung $f^{(n)}$ von $f^{(n-1)}$ in c existiert mit $s=f^{(n)}(c)$.

Aus (II) *folgt* (I). Gemäß des 2. Satzes in 3.18.1.2 sind die beim Beweis für (I)$\rightarrow$(II) gemachten Schlüsse umkehrbar.

Als unmittelbare Folge aus diesem 1. Satz sei notiert der

2. Satz: Voraussetzung. *Es sei* $D:=[a;b]$ *und* $f: D \to \mathbb{R}$.

Behauptung: *Die beiden folgenden Aussagen sind gleichwertig:*

(1) *Es existiert die n-te Ableitung* $f^{(n)}: D \to \mathbb{R}$ *und ist stetig in* D;

(2) *Für jedes* $z_0\in E_{n+1}(D)$ *existiert (eigentlich) der freie Limes* $f_{(n)}$ *von* $Q_n(f)$.

Zusatz: Gilt die Beh. (1) oder (2), so ist $f^{(n)}(c)=f_{(n)}(c,\dots,c)$.

3.18.3 *Gebundener Limes des n-ten Differenzenquotienten.*

Definition: Wir sprechen von **gebundener Konvergenz** des $Q_n(f)$ in $z_0:=(c,\dots,c)\in E_{n+1}(D)$, wenn $\lim_{z\rightsquigarrow z_0} Q_n(f;z)$ existiert unter der *Nebenbedingung* $\min\{x_0,\dots,x_n\}\leqq c\leqq\max\{x_0,\dots,x_n\}$ für $z\in E^{n+1}$; $z:=(x_0,\dots,x_n)$; der Limes(wert) selbst heiße **gebundener Limes** von $Q_n(f)$ in z_0.

Es handelt sich beim gebundenen Limes von $Q_n(f)$ also um eine Verallgemeinerung für den Fall $n\geqq 2$ des für $n=1$, also für $Q_1(f;z)=[x_1 x_0](f)$ früher eingeführten Begriffes (vgl. 3.16.1). Zunächst werde gezeigt:

1. Satz: Voraussetzung. *Es sei* $D:=[a;b]$ *und* $f: D\to\mathbb{R}$ *sowie* $n\geqq 1$. *Außerdem sei* $z_0:=(c,\dots,c)\in E_{n+1}(D)$ *und* $\gamma\in\mathbb{R}$.

Behauptung: *Die nachstehenden drei Aussagen sind gleichwertig:*

(1) *Auf* $E^{n+1}(D)$ *existiert in* z_0 *der gebundene Limes von* $Q_n(f)$ *und ist gleich* γ.

(2) *Auf* $E^n(c)$ *existiert in* z_0 *der freie Limes von* $Q_n(f)$ *und ist gleich* γ.

(3) *Es ist* f *in* $x=c$ *differenzierbar. Für* $g:=[jc](f)$ *und* $g(c):=f'(c)$ *existiert der freie Limes von* $Q_{n-1}(g)$ *auf* $E^n(c)$ *und ist gleich* $n^{-1}\gamma$.

Beweis: *Aus* (1) *folgt* (2). Denn (2) fordert weniger als (1).
Aus (2) *folgt* (1). Es sei also $z:=(x_0, x_1, \ldots, x_n)\in E^{n+1}(D)$. Wegen der Gültigkeit von (2) brauchen wir nur z mit $\bigwedge_\nu c \neq x_\nu$ in Betracht zu ziehen und können (wegen der Symmetrie von $Q_n(f)$ in den x_ν) o.B.d.A. $x_0 < c < x_1$ annehmen. Da $Q_n(f; z)$ dann zwischen $[cx_1 \ldots x_n]$ und $[cx_0x_2 \ldots x_n](f)$ liegt (Bew. als Aufgabe), konvergiert $Q_n(f; z)$ mit diesen beiden gegen γ für $z \rightsquigarrow z_0$.
Aus (2) *folgt* (3) *und umgekehrt.* Da dies für $n=1$ richtig ist, werde $n \geqq 2$ angenommen. Außerdem hat man (Bew. als Aufgabe)

$$(+) \qquad [cx_1 \ldots x_n](f) = n[x_1 \ldots x_n](g) = n[x_1, \ldots, x_n]([c](f)).$$

Aus (2) *folgt* (3). Wenn (2) gilt, ist die linke Seite in (+) beschränkt in einer Umgebung von z_0 in $E^n(c)$. Zufolge 3.18.1.2, Satz 1., Zusatz, ist daher f in $x=c$ eigentlich frei differenzierbar, also g stetig in $x=c$ (vgl. 3.18.1.1, Satz 1., Beh. (A) (IV)). Weil für die linke Seite in (+) die Beh. (2) gelten soll, ergibt die rechte Seite in (+) die Existenz des freien Limes von $Q_{n-1}(g)$ auf $E^n(c)$ und $n^{-1}\gamma$ als dessen Wert. Es gilt also (3). – *Aus* (3) *folgt* (2) unmittelbar gemäß (+).
Nun erhält man als Verallgemeinerung von 3.18.1.1, Satz 1.;

2. Satz: Voraussetzung. *Es sei* $D:=[a; b]$ *und* $f: D \rightarrow \mathbb{R}$, *ferner* $n \geqq 2$ *sowie* $\gamma \in \mathbb{R}$. *Außerdem sei* $z_0 := (c, \ldots, c) \in E_{n+1}(D)$.

Behauptung: *Folgende drei Aussagen sind gleichwertig:*
(1) *In* z_0 *existiert (auf* $E^{n+1}(D)$*) der gebundene Limes von* $Q_n(f)$ *und hat den Wert* γ;
(2) *Es ist* f *in einer Umgebung von* c *in* D *(mindestens)* $(n-2)$*-mal stetig differenzierbar. Außerdem sind die ausgezeichneten Deriviertenfunktionen von* $f^{(n-2)}$ *eigentlich differenzierbar in* c *und besitzen* γ *als gemeinsamen Wert ihrer Ableitungen*;
(3) *Es ist* f *in einer Umgebung von* c *in* D *(mindestens)* $(n-2)$*-mal stetig differenzierbar. Außerdem existiert der gebundene Limes von* $Q_2(f^{(n-2)})$ *in* (c, c, c) *und ist gleich* γ.

Beweis: Gemäß 3.16.5, Satz 1., genügt es, die Aussage (2) nur für eine einzige ausgezeichnete Deriviertenfunktion, etwa $\bar{D}_v$, in Betracht zu ziehen.
I. Es ist (1) gleichwertig mit (1'), nämlich mit
(1') In einer Umgebung U von $c \in D$ existiert, ist endlich und stetig $g^{(n-2)}$ mit $g:=[jc](f)$. Ferner ist $\bar{D}_v(g^{(n-2)})$ (endlich und) stetig in $x=c$ mit $\bar{D}_v(g^{(n-2)}; c) = n^{-1}\gamma$.
In der Tat: Es ist (1) gleichwertig mit: Es ist g stetig in c und es existiert der freie Limes von $Q_{n-1}(g)$ in z_0 mit $n^{-1}\gamma$ als Limeswert. Dies folgt aus Satz 1., (1)$\rightarrow$(2). Und gemäß 3.18.2, Satz 1., ist die eben angegebene Aussage gleichwertig mit (1').
II. *Es ist* (1') *gleichwertig mit* (2).

Aus (1′) *folgt* (2). Wegen $f(x)=f(c)+(x-c)g(x)$ ist (gemäß (1′)) f $(n-2)$-mal stetig differenzierbar in U und (Produktregel, vgl. I., 8.3.1)

$$(\mathrm{II}, n-2) \qquad \begin{aligned} f^{(n-2)}(x) &= (n-2)g^{(n-3)}(x)+(x-c)g^{(n-2)}(x),\\ f^{(n-2)}(c) &= (n-2)g^{(n-3)}(c). \end{aligned}$$

Aus (II, $n-2$) folgt, wegen $\bar{D}_v(g^{(n-3)}; x)=g^{(n-2)}(x)$,

$$(\mathrm{II}') \qquad \bar{D}_v(f^{(n-2)}; x)=(n-1)g^{(n-2)}(x)+(x-c)\bar{D}_v(g^{(n-2)}; x).$$

Es ist also $\bar{D}_v(f^{(n-2)})$ stetig in $x=c$. Aus (II′) folgt gemäß (1′), daß (für $x \rightsquigarrow c$)

$$(\mathrm{II}'') \qquad \bar{D}_v(f^{(n-2)}; c)=f^{(n-1)}(c)=(n-1)g^{(n-2)}(c);$$

dabei ist benutzt, daß bei in c stetigem $\bar{D}_v(h)$ eines (stetigen) $h: D \rightarrow \mathbb{R}$ gilt: $\bar{D}_v(h; c)=h'(c)$ (vgl. 3.16.5, Satz 1.). Aus (II′) und (II″) ergibt sich jetzt

$$[xc](\bar{D}_v(f^{(2-n)}; x))=(n-1)[xc](g^{(n-2)})+\bar{D}_v(g^{(n-2)}; x).$$

Und diese Gleichung liefert für $x \rightsquigarrow c$, wieder in Rücksicht auf (1′), die Differenzierbarkeit von $F:=\bar{D}_v(f^{(n-2)})$ mit $F'(c)=n\bar{D}_v(g^{(n-2)}; c)=n(n^{-1}\gamma)=\gamma=g^{(n-1)}(c)$.
Aus (2) *folgt* (1′). Gemäß (2) ist $F:=\bar{D}_v(f^{(n-2)})$ in $x=c$ (eigentlich) differenzierbar, also F stetig in $x=c$ mit $F'(c)=f^{(n-1)}(c)$ (vgl. 3.16.5, Satz 1.). Weiter ist $g:=[jc](f)$ (zugleich mit f) $(n-2)$-mal stetig differenzierbar in einer Umgebung U' von c in $D\backslash\{c\}$.
A. *Zunächst sei* $n \geqq 3$, also $1 \leqq n-2$. Gemäß (2) existiert $f'(c)$, sodaß g als stetig auch in c erklärt werden kann mit $g(c)=f'(c)$. Ferner folgt aus (II, 1), daß in $U:=U' \cup \{c\}$ gilt

$$(\mathrm{II}, \nu) \qquad f^{(\nu)}(x)=\nu g^{(\nu-1)}(x)+(x-c)g^{(\nu)}(x); \qquad \nu=0,\dots,n-2.$$

Ist daher die Stetigkeit von $g^{(\nu)}$ auch in $x=c$ schon für $\nu=0,\dots,m<n-3$, gesichert, mit $f^{(\nu+1)}(c)=(\nu+1)g^{(\nu)}(c)$, so folgt aus (II, ν), daß

$$[xc](f^{(m+1)})=(m+1)[xc](g^{(m)})+g^{(m+1)}(x).$$

Hier konvergiert (wegen $m+1 \leqq n-2$ und gemäß (2)) die linke Seite für $x \sim c$ gegen $f^{(m+2)}(c)$. Andererseits ist die rechte Seite der Gleichung, wenn $g^{(m)}$ durch f ersetzt wird, ein F im Sinne von 3.16.5, Satz 2.). Daher ist $\bar{D}_v g^{(m)}$ in $x=c$ stetig mit $f^{(m+2)}(c)= =(m+2)g^{(m+1)}(c)$, (wobei $m+1 \leqq n-2$). Induktion nach m liefert

$$(\mathrm{II}''') \qquad f^{(n-1)}(c)=(n-1)g^{(n-2)}(c).$$

Aus (II, $n-2$) ergibt sich, wenn man für die linke und rechte Seite $\bar{D}_v$ bildet und sodann, unter Benutzung von (II‴), je den ersten Differenzenquotienten mit diesen Derivierten-funktionen:

$$[xc](\bar{D}_v(f^{(n-2)}))=(n-1)[xc](g^{(n-2)})+\bar{D}_v(g^{(n-1)}; x).$$

Konvergiert hier x gegen c derart, daß $[xc](g^{(n-2)})$ gegen $\bar{D}_v(g^{(n-2)}; c)$ geht, und bemerkt man, daß dabei wegen (2) die linke Seite gegen γ konvergiert und $\bar{D}_v(g^{(n-2)}; x)$ gegen $\bar{D}_v(g^{(n-2)}; c)$, so ergibt sich: Wenn (2) dann (1').
B. In dem noch nicht erledigten Fall $n=2$ führen (ohne Induktion) die gleichen Schlüsse zu (1'), wenn man von (II 0) statt von (II v), $v \geqq 1$, ausgeht.
III. *Es ist* (2) *gleichwertig mit* (3). – Ersetzt man nämlich $f^{(n-2)}$ in (2) und (3) durch f, so besagt (2) $\leftrightarrow$ (3) soviel wie (1) $\leftrightarrow$ (2) für $n=2$. Dies ist aber wegen (1) $\leftrightarrow$ (1') $\leftrightarrow$ (2) richtig.
Als unmittelbare Folgerung aus dem 2. ergibt sich der (Bew. als Aufg.).

3. Satz: *Es ist $f: D \rightarrowtail \mathbb{R}$ mit $D := [a; b]$ genau dann n-mal (eigentlich) differenzierbar in D, wenn für jedes $c \in D$ der gebundene Limes von $Q_n(f)$* in $z_0 := (c, \ldots, c) \in E_{n+1}(D)$ *existiert.*

3.18.4 *Anwendungen.*

3.18.4.1 *Konvexe und konvexoide Funktionen n-ter Ordnung.*

Es sei $D := [a; b]$ und $f: D \rightarrowtail \mathbb{R}$. Die in D nicht negativen bzw. isotonen f sind gekennzeichnet dadurch, daß $Q_0(f)$ bzw. $Q_1(f)$ nirgends negativ sind. Weiter ist f konvex im Sinne von I., 8.3.4.3, genau dann, wenn $Q_2(f) \geqq 0$ ist. Damit erhebt sich die Frage nach einer Kennzeichnung derjenigen stetigen f, für die $Q_n(f) \geqq 0$; es liegt dabei nahe, solche f als ***n*-konvex** zu bezeichnen, hingegen die f mit $Q_n(f) \leqq 0$ als ***n*-konkav**. Die n-konvexen bzw. n-konkaven Funktionen sind dann Spezialfälle von ***n*-konvexoiden** bzw. von ***n*-konkavoiden**, d.h. von solchen, für welche $Q_n(f)$ nach unten bzw. nach oben beschränkt ist.

Beispiele liefern die Polynome $p := a_0 + \ldots + a_n j^n$. Denn $Q_n(p) = n! a_n = \text{konst.}$, p also n-konvex bzw. n-konkav, wenn $a_n \geqq 0$ bzw. $a_n \leqq 0$, und für alle $a_n = 0$ ist p zugleich n-konvexoid und n-konkavoid.
Ein f ist n-konkav genau dann, wenn $-f$ n-konvex ist; daher genügt für das Folgende die Betrachtung *nur der n-konvexen* (bzw. der *n-konvexoiden*) Funktionen. Eine Aussage über den Zusammenhang zwischen n-konvexen und n-konvexoiden Funktionen enthält (Bew. als Aufgabe) der

1. Satz: *Es ist $f: D \rightarrowtail \mathbb{R}$ n-konvexoid genau dann, wenn f darstellbar ist als $f = k + p$, wobei k eine n-konvexe Funktion (in D) und p ein Polynom von höchstens dem Grade n ist.*
Im Hinblick auf diesen 1. Satz betrachten wir von jetzt ab nur noch die n-konvexen Funktionen.

2. Satz: Kennzeichnung der n-konvexen Funktionen für $n \geqq 2$.

Voraussetzung: *Es sei $f: \underline{J} \rightarrowtail \mathbb{R}$ mit $\underline{J} := (a; b)$, ferner $n \geqq 2$.*

Behauptung: (1) *Es ist f n-konvex genau dann, wenn $f^{(n-2)}: \underline{J} \rightarrowtail \mathbb{R}$ existiert und 2-*

konvex ist. – (2) *Es ist* f *2-konvex, wenn und nur wenn* f *konvex ist im üblichen Sinne* (vgl. I., 8.3.4.1) *und überdies stetig.*

Zusatz: Jedes n-konvexe f ist stetig ($n \geqq 2$).

Anmerkung zu Beh. (2). Während gemäß des Zusatzes jedes 2-konvexe f stetig ist, folgt die Stetigkeit von f nicht aus der Konvexität von f im üblichen Sinne.

Beweis: *Betr. Beh.* (1). Für $n=2$ existiert $f^{(n-2)}=f$, sodaß die Beh. trivial ist. Induktiv schließend sei die Beh. (1) als schon für $2 \leqq n < m$ bewiesen angenommen ($m \geqq 3$).
Nur dann. Es sei also $Q_m(f) \geqq 0$ mit $m \geqq 3$.
(I) Für beliebiges $\varepsilon > 0$ und $J(\varepsilon) := [a+\varepsilon; b-\varepsilon]$ gilt dann: Es ist $Q_{m-1}(f)$ beschränkt in $E^m(J(\varepsilon))$. – In der Tat: Es sei $y_\nu \in (a; a+\varepsilon)$, $x_\nu \in {}^+(a+\varepsilon; b)$ mit $x_\nu \neq x_\varrho$, $y_\nu \neq y_\varrho$ für $\nu \neq \varrho$; $\nu, \varrho = 0, 1, \ldots, m-1$. Wegen $Q_m(f) \geqq 0$ und $x_\nu - y_\nu > 0$ (sowie gemäß 3.17.3.1, Satz 3.) gilt

$$[x_0 \ldots x_{m-1}](f) - [y_0 \ldots y_{m-1}](f) = m^{-1}\left(\textstyle\sum_{\nu=0}^{m-1}(x_\nu - y_\nu)[x_0 \ldots x_\nu y_\nu \ldots y_{m-1}](f)\right)$$

und ist die rechte Seite $\geqq 0$, sodaß $[x_0 \ldots x_{m-1}](f) \geqq [y_0 \ldots y_{m-1}](f)$; bei festen $y_\nu \in (a; a+\varepsilon)$ ist also $Q_{m-1}(f)$ beschränkt nach unten in $E^m({}^+(a+\varepsilon; b))$. Entsprechend ergibt sich $Q_{m-1}(f)$ als beschränkt nach oben in $E^m((a; b-\varepsilon)^+)$. Da $\varepsilon > 0$ beliebig, ist daher f in $\underline{J}$ $(m-2)$-mal stetig differenzierbar (gemäß 3.18.1.2, Satz 2.).

Bemerkung: Die vorstehende Überlegung bleibt richtig auch für $m=2$. Ein 2-konvexes f ist also stetig in $\underline{J}$ (nämlich 0-mal stetig differenzierbar).
(II) Wegen $m \geqq 3$ existiert f', sodaß der 2. Mittelwertsatz (3.18.1.1, Satz 3.) anwendbar ist. Mithin ist $[x_0 \ldots x_{m-1}](f') = [\xi x_0 \ldots x_{m-1}](f) \geqq 0$ für beliebige $(x_0 \ldots x_{m-1}) \in E^m(\underline{J})$, also f' $(m-1)$-konvex in $\underline{J}$. Gemäß der Induktionsvoraussetzung ist daher $(f')^{(m-3)} = f^{(m-2)}$ 2-konvex in $\underline{J}$. Die Beh. (2) folgt also aus (1), wenn für $m-1$, dann für m.
Dann. Wegen $m \geqq 3$ und gemäß der Beweisannahme existiert $g := f'$ in $\underline{J}$ sowie $g^{(n-3)} = f^{(m-2)}$, wobei $g^{(m-3)}$ 2-konvex ist. Zufolge der Induktionsannahme ist daher $Q_{m-1}(g) \geqq 0$. In Rücksicht auf die Existenz von f' folgt aus dem 1. Mittelwertsatz (3.17.3).

$$Q_m(f) = [x_0 \ldots x_m](f) = [x_0' \ldots x_{m-1}'](g) = Q_{m-1}(f') \geqq 0, \text{ d.h. die } m\text{-Konvexität von } f.$$

Betr. Beh. (2). Es ist f, wenn stetig, konvex im üblichen Sinne genau dann, wenn (vgl., I., 8.3.4.2)

$$(U) \qquad f((1-\theta)x' + \theta x'') \leqq (1-\theta)f(x') + \theta f(x'') \quad \text{für} \quad x', x'' \in \underline{J} \text{ und } \theta \in (0; 1).$$

Durch Umformung von (U) ergibt sich (U) als gleichwertig mit

$$[x_0 x' x''](f) \geqq 0 \quad \text{für} \quad x_0 := (1-\theta)x' + \theta x''$$

(vgl. I., 8.3.4.3).

Jedes stetige 2-konvexe f ist also konvex im üblichen Sinne. Und daß jedes 2-konvexe f von selbst stetig ist, folgt aus dem Zusatz.

Betr. Zusatz: Ist $n \geqq 3$, so folgt aus der n-Konvexität von f gemäß Beh. (1) die Existenz von $f': \underline{J} \to \mathbb{R}$ und damit die Stetigkeit von f. Ist aber $n=2$, so folgt die Stetigkeit von f aus der Bemerkung zum Bew. betr. Beh. (1), Nur dann.
Für den Fall $n=2$ hat man überdies den

3. Satz: Voraussetzung. *Es sei* $\underline{J} := (a; b)$ *und* $f: \underline{J} \rightarrowtail \mathbb{R}$ stetig *in* $\underline{J}$.

Behauptung: *Folgende vier Aussagen sind gleichwertig:*
(1) *Es ist* f *2-konvex.*
(2) *Es gibt (mindestens) eine ausgezeichnete Deriviertenfunktion von* f, *die endlich und isoton in* $\underline{J}$ *ist.*
(3) *Jede einseitige Deriviertenfunktion von* f *ist endlich und isoton in* $\underline{J}$.
(4) *Es existiert überall in* $\underline{J}$ *sowohl die hintere (linksseitige) Ableitung* $D^-(f)$ *als die vordere (rechtsseitige) Ableitung* $D^-(f)$ (vgl. I., 8.1.2). *Und dabei ist* $D^-(f)$ bzw. $D^+(f)$ *isoton und links- bzw. rechtsseitig stetig mit* $D^-(f; x') \leqq D^+(f; x') \leqq D^-(f; x'')$ *für* $x' < x''$.

Zusatz: Ist f konvex und stetig mit $Q_2(f; z) = 0$ für ein $z := (x_0 x_1 x_2) \in E^3(\underline{J})$, so ist f linear in $(x_0; x_2)$, wenn o. B. d. A. $x_0 < x_1 < x_2$.

Beweis: *Aus* (1) *folgt* (2). Zufolge der vorausgesetzten Stetigkeit von f ist f auch konvex im üblichen Sinne. Gemäß I., 8.3.4.4, existiert aber z. B. die vordere Ableitung $D^+(f)$ in $\underline{J}$ und ist isoton; dabei ist $D^+(f)$ gleich der (vorderen) extremen Derivierten und endlich.
Aus (2) *folgt* (3). Eine ausgezeichnete Deriviertenfunktion $\vartheta(f)$ sei endlich und isoton. Dann existiert und ist endlich $\alpha(x') := \sup\{\vartheta(f)(x) : x < x'\} = \lim_{x \sim x'-} \vartheta(f)(x)$ in $(a; x')^+$. Gemäß 3.16.5, Satz 1., folgt daher, daß $\alpha(x')$ gemeinsamer Wert der linksseitigen Limites aller linksseitiger Deriviertenfunktionen von f ist. Somit existiert und ist endlich $D^-(f; x') = \alpha(x')$. Wegen der Isotonie von $\vartheta(f)$ ist auch $D^-(f)$ isoton; ebenso existiert $D^+(f)$ und ist isoton und endlich. Aus der Isotonie von $D^\pm(f)$ ergibt sich die Isotonie (und Endlichkeit) aller rechtsseitigen Deriviertenfunktionen sowie aller linksseitigen. Es gilt also (3).
Aus (3) *folgt* (4). Beim Beweis von (2) → (3) ist schon gezeigt, daß die Existenz mindestens einer endlichen und isotonen ausgezeichneten Deriviertenfunktion von f die Existenz und Isotonie von $D^+(f)$ und $D^-(f)$ nach sich zieht.
Aus (4) *folgt* (1). Man schließe indirekt: Bei stetigem f folgt aus (4) die für die Konvexität und 2-Konvexität von f kennzeichnende Ungleichung (U) (vgl. Satz 2., Bew. betr. Beh. (2)). Es sei also (4), aber nicht (U) erfüllt. Es existiert dann ein Punkt $\bar{p} := (\bar{x}, f(\bar{x}))$ im (x, y)-Bild von f (vgl. I., 6.1.4), welcher "oberhalb" der Verbindungsgeraden G zweier Punkte $p' := (x', f(x'))$, $p'' := (x'', f(x''))$ liegt, wobei o. B. d. A. $x' < \bar{x} < x''$. Überdies kann angenom-

men werden, daß für alle $x \in (x'; x'')$ der Punkt $p := (x, f(x))$ oberhalb G liegt; denn zufolge der Stetigkeit von f gibt es ein größtes, $\bar{p}$ enthaltendes offenes Intervall $(\bar{x}'; \bar{x}'')$, für welches p oberhalb G liegt, wenn $x \in (\bar{x}'; \bar{x}'')$, während $(\bar{x}', f(\bar{x}')) \in G$ und $(\bar{x}'', f(\bar{x}'')) \in G$. Dann ist $D^+(f; x') \geqq D^-(f; x'')$. Nach Voraussetzung ist aber $D^+(f; x') \leqq D^-(f; x) \leqq D^-(f; x'')$ und $D^+(f; x') \leqq D^+(f; x) \leqq D^-(f; x'')$ für $x' < x < x''$. Daher $D^+(f; x) = D^-(f; x) = D^+(f; x'') = D^-(f; x'')$, also $D^+(f) = D^-(f) = \text{konst.}$ in $(x'; x'')$, woraus die Linearität von f folgt. Dann ist aber $\bar{p} \in G$ im Widerspruch zur Beweisannahme.

Betr. Zusatz: Folgt aus der Gleichwertigkeit von $f(x_1) = (1-\theta) f(x_0) + \theta(f(x_2)$ für $x_1 := (1-\theta)x_0 + \theta x_2$, wobei $x_0 < x_1 < x_2$, mit $[x_0 x_1 x_2](f) \geqq 0$ (vgl. I., 8.9.1.3).

4. Satz: Voraussetzung. *Es sei* $J := (a; b)$ *und* $f : J \longrightarrow \mathbb{R}$ *stetig sowie konvex (also 2-konvex).*

Behauptung: (1) *Es existiert eine abzählbare Teilmenge* A *von* J *derart, daß* f *frei differenzierbar ist in jedem* $x \in J \setminus A$;

(2) *Jede Deriviertenfunktion* $\vartheta(f)$ *von* f *ist isoton, unstetig (höchstens) in* A *und eigentlich differenzierbar für jedes* $x \in J \setminus N$, *wobei* N *eine (Lebesguesche) Nullmenge in* J *bedeutet.*

Beweis: Gemäß Satz 3. ist jedes $\vartheta(f)$ (endlich) und isoton, also unstetig in einem A (I., 8.3.4.4). Daher ist f in $J \setminus A$ frei differenzierbar (vgl. 3.18.2, Satz 1.). Und gemäß I., 9.7.15.3, ist das isotone $f' | (J \setminus A)$ eigentlich differenzierbar in $J \setminus A$.

3.18.4.2 *Geometrische Deutung der n-konvexen und n-konkaven Funktionen.*

Im Folgenden wird unter einem *Bogen* verstanden der Graph (in $\mathbb{R}^2$) eines stetigen $f : J \longrightarrow \mathbb{R}$ mit $J := [a; b]$. Speziell werde der Graph eines Polynoms $p : J \longrightarrow \mathbb{R}$ von höchstens dem Grade n bzw. einer n-konvexen oder n-konkaven Funktion $k : J \longrightarrow \mathbb{R}$ bezeichnet als eine **n-Parabel** bzw. als ein **n-konvexer** oder **n-konkaver Bogen**. Es gilt:

1. Satz: *Ein n-konvexer oder n-konkaver Bogen B hat mit (mindestens) einer* $(n-1)$*-Parabel P mehr als n-Punkte gemeinsam genau dann, wenn ein Teilbogen von B einer* $(n-1)$*-Parabel angehört* $(n \geqq 2)$.

Zusatz: Ist $k : J \longrightarrow \mathbb{R}$ n-konvex (oder n-konkav) mit $Q_n(k; z) = 0$ für ein $z := (x_0, \ldots, x_n) \in E^{n+1}(J)$, wobei o.B.d.A. $x_0 < x_1 < \ldots < x_n$ angenommen wird, so ist die Restriktion $k | [x_0; x_n]$ (von k auf das Intervall $[x_0; x_n]$) ein Polynom von höchstens dem Grade $(n-1)$.

Beweis: *Nur dann.* Es sei o.B.d.A. f n-konvex. Ferner sei $x_\nu \in J$, $\nu = 0, \ldots, n$, mit $x_\nu \neq x_\varrho$ für $\nu \neq \varrho$, und $[a'; b']$ das kleinste, alle x_ν enthaltende Intervall. Ist p das Polynom (höchstens vom Grade $n-1$) mit $f(x_\nu) = p(x_\nu)$, $\nu = 0, \ldots, n-1$, so gilt $f - p = (n!)^{-1} [j x_0 \ldots x_{n-1}] (f)(j - x_0 \ldots (j - x_{n-1})$ (3.17.3.1, Satz 1.). Ist überdies $f(x_n) = p(x_n)$, so folgt

$[x_0 \dots x_n](f) = 0$. Wegen der vorausgesetzten n-Konvexität von f existiert und ist stetig $f^{(n-2)}$ in $\underline{J}$ (3.18.4.1, Satz 2 und Zusatz), sodaß es nach dem 1. Mittelwertsatz (3.17.3) $x, x', x'' \in (a'; b')$, etwa mit $x < x' < x''$, gibt, sodaß $[x x' x''](f^{(n-2)}) = 0$. Andererseits ist $f^{(n-2)}$ 2-konvex (vgl. 3.18.4.1, Satz 2), also $f^{(n-2)} | [x; x'']$ linear (3.18.4.1, Satz 3., Zusatz). Folglich ist $f | [x; x'']$ ein Polynom von höchstens dem Grade $n-1$ (vgl. I., 8.7.1, Anm. 1.). – *Dann*. Klar.

1. Definition: Ein n-konvexes bzw. n-konkaves (stetiges) $f: J \rightarrow \mathbb{R}$ mit $J := [a; b]$ heiße **streng** n-konvex bzw. **streng** n-konkav, wenn $Q_n(f; z) > 0$ bzw. $Q_n(f; z) < 0$ für alle $z \in E^{n+1}(J)$. Die Graphen streng n-konvexer bzw. streng n-konkaver Funktionen werden als streng n-konvexe usw. *Bogen* bezeichnet, ferner irgend ein Bogen B als **n-ordinär**, wenn B mit keiner $(n-1)$-Parabel einen Teilbogen gemeinsam hat. Der 1. Satz läßt sich dann so aussprechen:

1a. Satz: *Ein n-konvexer bzw. n-konkaver Bogen ist streng n-konvex bzw. streng n-konkav genau dann, wenn der Bogen n-ordinär ist.*

2. Definition: Es sei $\mathfrak{P}_n$ das System aller $(n-1)$-Parabeln, entsprechend dem System aller Polynome $p: J \rightarrow \mathbb{R}$ höchstens $(n-1)$-ten Grades. Wir sagen dann, ein Bogen B besitze den ($\mathfrak{P}_n$-Punkt-)**Ordnungswert** $POW(B; \mathfrak{P}_n) = t \in \mathbb{N}^+$, wenn $\max\{\text{kard}(B \cap P) : P \in \mathfrak{P}_n\} = t$ existiert.

Es ist $POW(B; \mathfrak{P}_n) = n$ das Minimum von t. Denn $n \leqq t$ folgt daraus, daß durch je n Punkte eines jeden B ein $P \in \mathfrak{P}_n$ geht. Und daß es B mit $POW(B; \mathfrak{P}_n) = n$ gibt, wird im nachstehenden 2. Satz gezeigt. Für $n = 2$ ist $t = n$ für die streng n-konvexen (und streng n-konkaven) Bogen. Denn hier ist $\mathfrak{P}_2$ das System aller zur y-Achse nicht parallelen Geraden, genauer der zwischen den y-Parallen $x = a$ und $x = b$ liegenden Strecken dieser Geraden; und aus I., 8.9.1.3, folgt, daß $POW(B; \mathfrak{P}_2) = 2$ genau für die streng 2-konkaven (und 2-konkaven) Bogen. Daß Entsprechendes auch für $n \geqq 3$ gilt, behauptet der

2. Satz: *Der Bogen B besitzt (bezüglich $\mathfrak{P}_n$) den minimalen $POW(B; \mathfrak{P}_n) = n$ genau dann, wenn B streng n-konvex oder streng n-konkav ist* ($n \geqq 2$).

Anmerkung: Jeder Bogen B mit $POW(B; \mathfrak{P}_n) = t < +\infty$ ist n-ordinär.

Beweis: *Dann.* Folgt aus Satz 1.

Nur dann. Es sei B der Graph des in $J := [a; b]$ stetigen $f: J \rightarrow \mathbb{R}$ und $POW(B; \mathfrak{P}_n) = n$. Ist nun $x_\nu \in J$ mit $x_\nu \neq x_\varrho$ für $\nu \neq \varrho$; $\nu, \varrho = 0, \dots, n-1$, und p das Polynom höchstens vom Grade $n-1$ mit $f(x_\nu) = p(x_\nu)$, $\nu = 0, \dots, n-1$, so ist $f(x) - p(x) = (n!)^{-1} [x x_0 \dots x_{n-1}] (f)(x - x_0) \dots (x - x_{n-1})$. Für alle $x \neq x_\nu$ soll nach Vor. $f(x) - p(x) \neq 0$ sein, sodaß $Q_n(f) \neq 0$ für jedes $z \in E^{n+1}(J)$. Wegen der Symmetrie von $Q_n(f)$ in den $x, x_0, \dots, x_{n-1}$ genügt es, nur $z \in E := \{z; z = (x, x_0, \dots, x_{n-1}) \wedge x < x_0 < \dots < x_{n-1}\}$ in Betracht zu ziehen.

Es ist aber E zusammenhängend, weil sogar konvex; denn aus $(x',\ldots,x'_{n-1})\in E$ und $(x'',\ldots,x''_{n-1})\in E$ folgt $\alpha x'+(1-\alpha)x''<\alpha x'_0+(1-\alpha)x''_0<\ldots<\alpha x'_{n-1}+(1-\alpha)x''_{n-1}$ für alle $\alpha\in[0;1]$. Da aber $Q_n(f)$ stetig in E ist, folgt aus $Q_n(f)\neq 0$, daß entweder $Q_n(f)>0$ oder $Q_n(f)<0$ ist in E.
Im Hinblick auf 3.18.4.1, Satz 2., ergibt sich aus dem vorstehenden 2. Satz der

3. Satz: *Die (n-ordinären) Bogen B vom minimalen $POW(B;\mathfrak{P}_n)=n$ sind $(n-2)$-mal stetig differenzierbar (genauer gilt dies für die f, deren (x,y)-Bilder die B sind).*

Bemerkung: Der 3. Satz liefert ein Beispiel dafür, daß aus einer „ordnungsgeometrischen" Eigenschaft eines Bogens eine Differenzierbarkeitseigenschaft folgt.

3.18.4.3 *Schmiegkreise ebener Bogen.*

Definition: Ein *Kreis* K heißt **ausgeartet**, wenn K entweder Nullkreis oder Gerade (d.h. wenn der „Radius" von K entweder Null oder Unendlich) ist. Ist nun der Bogen B Graph eines *stetigen* $f\colon J{:=}[a;b]\longrightarrow\mathbb{R}$, so sagt man, es existiere an B im Punkt $q_0{:=}(x_0,y_0{:=}$ ${:=}f(x_0))\in B$ der **freie** bzw. **gebundene Schmiegkreis** K_0, wenn der Kreis K durch beliebige drei Punkte $q_i\in B$, $i=1,2,3$, bzw. der Kreis K durch q_0 und beliebige zwei, von q_0 verschiedene Punkte $q_1,q_2\in B$ gegen den *nicht ausgearteten* Kreis K_0 konvergiert, falls $q_i\rightsquigarrow q_0$, $i=1,2,3$ bzw. $i=1,2$. („Konvergenz von K gegen K_0" bedeutet dabei: Konvergenz des Radius und des Zentrums von K gegen Radius und Zentrum von K_0).
Es gilt nun der

1. Satz: *Bei stetigem $f\colon J\longrightarrow\mathbb{R}$ mit $J{:=}[a;b]$ sind bezüglich des Graphen B von f gleichwertig die Aussagen:*
(I) *Es existiert und ist weder Null noch unendlich der freie bzw. gebundene Limes von $Q_2(f)$ für $z{:=}(x_1,x_2,x_3)\rightsquigarrow z_0{:=}(x_0,x_0,x_0)$ bzw. für $z{:=}(x_0,x_1,x_2)\rightsquigarrow z_0$.*
(II) *Es existiert der freie bzw. gebundene (nicht ausgeartete) Schmiegkreis an B in $q_0{:=}(x_0,f(x_0))$.*

Beweis: (A) Es sei $q_0{:=}(x_0,f(x_0))$ und $q_i{:=}(x_i,f(x_i))$, $i=1,2,3$, mit $x_s\neq x_t$ für $s\neq t$; $s,t=1,2,3$. Es sei $\Delta{:=}\Delta(q_1,q_2,q_3)$ das Dreieck mit den Ecken q_1,q_2,q_3; wie sich zeigen wird (vgl. (C)) kann o.B.d.A. angenommen werden, daß Δ nicht in eine Strecke ausgeartet ist. Es sei dann $K{:=}K(q_1,q_2,q_3)$ der Umkreis von Δ mit dem Radius $r{:=}r(q_1,q_2,q_3)>0$. Der Winkel in Δ an der Ecke q_i sei $\varphi_i=\varphi(q_sq_iq_t)$ mit $0<\varphi_i<\pi$. Mit diesen Bezeichnungen gilt dann

(A 1) $\quad r^{-1}=|Q_2(f)|(\prod_{s<t}(1+([x_sx_t](f))^2))^{-1/2}$ $\qquad$ mit $Q_2(f)=[x_1x_2x_3](f)$,

(A 2) $\quad r^{-1}=2(\sin\varphi_i)|q_sq_t|^{-1}$, $\qquad i\neq s\neq t\neq i$.

In der Tat: Nach Sätzen der Elementargeometrie gilt: Erstens ist der Umkreisradius von Δ gleich der Länge einer Seite von Δ dividiert durch das Doppelte des Sinus des, der Seite gegenüberliegenden Winkels; genau dies besagt (*A* 2). – Zweitens ist der Flächeninhalt von Δ absolut gleich dem halben Produkt des Sinus eines Winkels mit dem Produkt der Längen der beiden, den Winkel einschließenden Dreiecksseiten. Aber der Inhalt von Δ ist absolut auch gleich $2^{-1}|(y_3-y_2)(x_2-x_1)-(y_2-y_1)(x_3-x_2)|$ (vgl. 1.4.1). Hieraus und aus (*A* 2) ergibt sich (*A* 1).

(*B*) Es konvergiert $|Q_2(f;z)|$ für $x_i, x_s, x_t \rightsquigarrow x_0$ gebunden bzw. frei genau mit $Q_2(f;z)$. – In der Tat: Aus der Konvergenz von F folgt die von $|F|$. Es konvergiere umgekehrt $|F|$. Ist $\lim|F|=0$, so auch $\lim F=0$. Es sei also $\lim|F|>0$. Dann gibt es ein $\alpha>0$ und in $E:=\{z:z:=(x_1,x_2,x_3)\wedge z_1<z_2<z_3\}$ eine Umgebung U von $z_0=(x_0,x_0,x_0)$ derart, daß $|F(z)|>2\alpha$ für $z\in U$. Ist nun $\liminf F \neq \limsup F$, so gibt es $z', z''\in U$ mit $F(z')<-\alpha<0$ und $F(z'')>\alpha>0$. Da aber F stetig in U ist und da U als zusammenhängend angenommen werden kann (vgl. 3.18.4.2, Satz 2., Bew.), existieren (Zwischenwertsatz) $z\in U$ mit $F(z)=0$ im Widerspruch mit $|F|>0$.

(*C*) *Aus* (I) *folgt* (II). Es existiere $\lim_{z\rightsquigarrow z_0}Q_2(f;z)=\alpha\in\mathbb{R}\backslash\{0\}$, sodaß Δ als nicht ausgeartet angenommen werden kann. Gemäß 3.18.3, Satz 1., konvergieren die $[x_s x_t](f)$ frei gegen $f'(x_0)\in\bar{\mathbb{R}}$. Daher existiert gemäß (*A* 1) der Limes von $r\in\mathbb{R}^+$ und konvergieren die Mittellote auf den Seiten von Δ gegen die „Normale" (vgl. I., 9.7.6) an B in $q_0:=(x_0, f(x_0))$, d. h. gegen die in q_0 auf der Tangente in q_0 an B orthogonale Gerade. Wegen $0<\lim r<+\infty$ konvergieren die Zentra der $K(q_1,q_2,q_3)$ gegen das Zentrum des Limeskreises (das Krümmungszentrum), der nicht ausgeartet ist.

Aus (II) *folgt* (I). – (1) Es genügt, zu zeigen: Aus der Existenz des gebundenen (also erst recht des freien) nicht ausgearteten Schmiegkreises, d. h. aus $0<\lim r<+\infty$, folgt die freie Differenzierbarkeit von f in x_0, d. h. die Existenz des (freien) Limes der $[q_s q_t](f)$ für $q_s\rightsquigarrow q_0$ und $q_t\rightsquigarrow q_0$. Denn alsdann folgt aus (*A* 1) die Existenz des gebundenen bzw. freien Limes von $|Q_2(f;z)|$, also (gemäß (*B*)) von $Q_2(f;z)$.

(2.1) Es existiert $f'(x_0)$. Andernfalls nämlich gibt es $\underline{\alpha}>0$, ferner Folgen $(x_t')_t$, $(x_t'')_t$ mit $x_t', x_t''\in J\backslash\{x_0\}$ sowie mit $\lim_t x_t'=x_0$, $\lim_t x_t''=x_0$ von folgender Art: Es existiert $\lim_t[x_t' x_0](f)=\alpha\in\bar{\mathbb{R}}$ und $\lim_t[x_t'' x_0](f)=\beta\in\bar{\mathbb{R}}$ mit $\alpha\neq\beta$. Ist $q_t':=(x_t', f(x_t'))$ und $q_t'':=(x_t'', f(x_t''))$, so besitzt also der Winkel $\varphi(q_t', q_0, q_t'')$ in $\Delta(q_t', q_0, q_t'')$ eine positive obere Schranke $\gamma<\pi$. Daher besitzen die Kreise $K_t:=K(q_t', q_0, q_t'')$ für schließlich alle t beliebig kleine Radien, sodaß $\lim_t K_t$ Nullkreis ist im Widerspruch zur Existenz eines Schmiegkreises. Es existiert also $f'(x_0)\in\bar{\mathbb{R}}$. Überdies aber ist $|f'(x_0)|<+\infty$. Andernfalls ist nämlich die Tangente T an B in q_0 Limes von Geraden S_t durch q_0 derart, daß schließlich jedes S_t mit $B\backslash\{q_0\}$ noch (mindestens) zwei, zu q_0 beliebig benachbarte Punkte q_t', q_t'' gemeinsam hat (vgl. I., 8.1.6.2). Der ausgeartete Kreis (d. h. die Gerade) T ist also Limes von (ausgearteten) Kreisen $K(q_t', q_0, q_t'')=S_t$ im Widerspruch zur Existenz des Schmiegkreises an B in q_0.

(2.2) Es ist f in x_0 sogar frei differenzierbar. Denn sonst gibt es (vgl. (2.1)) $(x_t')_t$, $(x_t'')_t$ mit $\lim_t x_t'=\lim_t x_t''=x_0$ derart, daß für schl. a. t sowohl $|[x_t' x_t''](f)-f'(x_0)|>2\alpha>0$ als $|[x_t' x_0](f)-f'(x_0)|<\alpha$ (letzteres zufolge der Existenz von $f'(x_0)$). Mithin gilt für schl.

a. t $|[x_t'' x_t'](f)-[x_0 x_t'](f)|>\alpha>0$. Daher ist wieder $\varphi(q_0, q_t', q_t'')<\gamma<\pi$ in $\Delta(q_0, q_t', q_t'')$ für schl. a. t, woraus sich wie in (2.1) ein Widerspruch herleitet.

Anmerkung: Der gebundene Schmiegkreis existiert (nicht ausgeartet) in q_0 genau dann, wenn die Kreise durch 3, den Punkt q_0 auf B umschließende Punkte von B gegen einen nicht ausgearteten Kreis konvergieren, falls diese 3 Punkte auf B gegen q_0 konvergieren. (Folgt aus 3.18.4.3, Satz 1.).
Aus 3.18.4.3, Satz 1., bzw. 3.18.3, Satz 3., folgt jetzt der

2. Satz: *Für in $J:=[a;b]$ stetige $f: J \longrightarrow \mathbb{R}$ sind gleichwertig:*
(1) *Es existiert der gebundene bzw. der freie Schmiegkreis in jedem Punkt des Graphen von f;*
(2) *Es ist f überall in J zweimal eigentlich differenzierbar bzw. zweimal stetig differenzierbar.*

3.18.4.4 *Tangentialschmiegkreis.*
Neben dem (gebundenen und freien) Schmiegkreis betrachten wir noch den **Tangentialschmiegkreis** an den Graphen B von f in $q_0:=(x_0, f(x_0))$; darunter sei hier verstanden der Limes – falls er existiert und weder Nullkreis noch Gerade ist – der Kreise durch q_0 und benachbarte Punkte $q:=(x, f(x))$ auf B derart, daß diese Kreise in q_0 mit B die Tangente gemeinsam haben. Dabei wird f als in x_0 eigentlich differenzierbar vorausgesetzt.

Für Tangentialschmiegkreise gilt nun der folgende

Satz: *Ist $J:=[\alpha;\beta]\subset\mathbb{R}$ und ist $f: J \longrightarrow \mathbb{R}$ stetig, so sind gleichwertig:* (1) *Es ist f eigentlich differenzierbar in $x_0 \in J$ und es existiert der Tangentialschmiegkreis in $q_0:=(x_0, f(x_0))$ an den Graphen B von f.* – (2) *Es ist f darstellbar als Summe aus einem Polynom genau 2-ten Grades und aus einem Glied von höherer als 2-ter Ordnung in $x-x_0$, d.h. es ist $f=a+b\ (j-x_0)+c(j-x_0)^2+d(j)$ mit $d\in o((j-x_0)^2)$ und $a, b, c\in\mathbb{R}$ sowie $c\neq 0$.*

Beweis: (I) O.B.d.A. sei $x_0:=0$ und $f(x_0):=0$. Falls $b:=f'(x_0)$ existiert, gilt $f(x)=bx+g(x)$ mit $g\in o(|j|)$, also $g(x)=\eta x$ mit $\eta\sim 0$ für $x\sim 0$. Bezeichnen (α,β) bzw. r Mittelpunkt bzw. Radius des Kreises durch q_0 und $(x, f(x))$ mit $x\neq 0$, der außerdem in q_0 mit B die Tangente gemein hat, so ergeben sich aus der Kreisgleichung die Beziehungen $\alpha=-\beta b$ (1) $\beta^2(b^2+1)=r^2$, und $x^2+(bx+g)^2=2g\beta$, oder (2) $1+(b+x^{-1}g)^2=2x^{-2}g\beta$. Hieraus folgt nun: Für $x\sim 0$ gilt wegen (1) $r\sim r_0>0\leftrightarrow\beta\sim\beta_0\neq 0$, ferner wegen (2) $\beta\sim\beta_0\neq 0\leftrightarrow$ $\leftrightarrow x^{-2}g\sim c\neq 0$.

Anmerkung: Der Fall $c=0$ ist kennzeichnend dafür, daß der Tangentialschmiegkreis in eine Gerade ausartet.

3.19 Interpolation und Differenzquotienten bei reellen Funktionen

3.19.1 *Gemischte Interpolationsformeln.*

Vormerkung: Der n-te Differenzenquotient kann erhalten werden, indem man zunächst den $(n-k)$-ten Differenzenquotienten bildet und von diesem dann den k-ten. (Man vgl. dazu die entsprechende Eigenschaft des Differentialquotienten). Genauer gilt: Für $n \geqq 1$ und $0 \leqq k \leqq n-1$ ist

$$(Q_k) \qquad [x_0 x_1 \ldots x_n](f) = \tbinom{n}{k}[x_0 \ldots x_k]([j x_{k+1} \ldots x_n](f)).$$

In der Tat: Die Formel ist richtig für $k=1$ und beliebiges $n \geqq 2$. Für beliebiges $k \leqq n+1$ ergibt sich (Q_k) durch Induktion nach k.

I. Es sei $f: J \rightarrowtail \mathbb{R}$, wobei $J := [a; b]$, etwa n-mal stetig differenzierbar; $n \geqq 1$. Für $0 \leqq k \leqq n+1$ konvergiert, wenn $x_0, \ldots, x_n \sim \chi$ der Koeffizient $[x_0 \ldots x_k](f)$ von $(k!)^{-1}$ $(x-x_0) \ldots (x-x_{k-1})$ im Newtonschen Interpolationspolynom gegen $f^{(k)}(\chi)$. (Vgl. 3.18.2., Satz 2.), also gegen den Koeffizienten von $(k!)^{-1}$ $(x-\chi)^k$ im Taylorpolynom von f an der Stelle χ, in Übereinstimmung mit der Kennzeichnung des Taylorpolynoms (n-ten Grades) von f als desjenigen Polynoms von höchstens dem Grade n, dessen k-te Ableitung in χ mit der k-ten Ableitung von f in χ übereinstimmt. Bei Existenz und Stetigkeit von $f^{(n+1)}$ konvergiert überdies bei $x_0, \ldots, x_n \rightsquigarrow \chi$ auch das Restglied der Newton-Interpolationsformel gegen das Restglied der Taylorformel.

II. Eine Verallgemeinerung der Newtonsche Interpolationsformel ergibt sich, bei Berücksichtigung von I., im Falle, daß die $x_0, \ldots, x_n$ nicht alle gegen den gleichen Punkt χ konvergieren, sondern gruppenweise gegen verschiedene Punkte $\chi_0, \ldots, \chi_m$. Man erhält dann eine Darstellung von f durch ein Polynom, entwickelt nach Potenzprodukten $(j-\chi_0)^{t_0} \ldots (j-\chi_m)^{t_m}$, wobei die Koeffizienten partielle Ableitungen von Differenzenquotienten von f sind. Dies sei erläutert im speziellen Fall $m=1$, wobei (a) $x_0, \ldots, x_k \rightsquigarrow x_0$ und zugleich (b) $x_{k+1}, \ldots, x_n \rightsquigarrow x_n$.

Bei (a) gehen die ersten $k+1$-Glieder der Newtonschen Interpolationsformel (N) unmittelbar in das Taylorpolynom $f(x_0) + \ldots + (k!)^{-1} f^{(k)}(x_0)(x-x_0)^k$ über. Für die übrigen Glieder von (N) ergibt sich bei Heranziehung von (b) folgendes: Ersetzt man in (Q_k) das n durch r, wobei $k+1 \leqq r \leqq n$, so erhält man

$$[x_0 \ldots x_r](f) = \binom{n}{k}[x_0 \ldots x_k]([j x_{k+1} \ldots x_r](f)).$$

Weiter liefert (Q_k) mit $[x_{k+1} \ldots x_k]$ bzw. $[j]$ an Stelle von $[x_0 \ldots x_k]$ bzw. $[x_{k+1} \ldots x_n]$

$$[j x_{++1} \ldots x_r](f) = \binom{r-k}{r-k-1}[x_{k+1} \ldots x_r]([j' j](f)), \quad \text{also}$$

$$[x_0 \ldots x_r](f) = \binom{r}{k}\binom{r-k}{r-k-1}[x_0 \ldots x_k]([x_{k+1} \ldots x_r]([j' j](f)).$$